内容简介

本书是一部科学性与艺术性、学术性与普及性、工具性与收藏性完美结合的蛙类高级科普读物，详细介绍了全世界最具代表性的600个蛙类物种及其相近物种。这些重要蛙类分布范围遍及全球，分布地从湿润的森林到干旱的荒漠，从寒冷的山顶到庭院、池塘。

每个蛙类物种都配有两种高清原色彩图，一种图片与原物种真实尺寸相同，另一种为特写图片，能清晰辨识出该物种的主要特征。此外，每个蛙类物种均配有相应的黑白图片，并详细标注了尺寸。全书共1800余幅插图，不但真实再现了每个蛙类物种的大小和形状多样性，而且也展现了它们美丽的艺术形态。

作者还在形态、色斑、体型、生境、生活史、相近物种以及濒危等级等方面探讨蛙类引人入胜的多样性。本书为蛙类的多样性与进化，以及保护生物学等研究提供了重要的参考信息。

本书既可作为蛙类研究人员的重要参考书，也可作为收藏爱好者的必备工具书，还可作为广大青少年读者的高级科普读物。

世界顶尖蛙类专家联手巨献

600幅地图明确标注物种地理分布

1800余幅高清插图，真实再现600个蛙类物种美丽形态和实际尺寸

详解形态、色斑、体型、生境、生活史、相近物种以及濒危等级

科学性与艺术性、学术性与普及性、工具性与收藏性完美结合

本书作者

〔英〕蒂姆·哈利迪（Tim Halliday），世界著名两栖动物学家。曾担任英国开放大学生物学教授，于2009年退休。1993—2006年担任世界自然保护联盟 (IUCN) 两栖类种群衰减专家委员会主任。从事两栖爬行动物学研究30余年，参与了一项非常成功的人工保育项目，拯救了濒危的马略卡产婆蟾。撰写了一系列科普读物，包括《消失的鸟类》 (1978年)，《性策略》 (1980年) 和《DK两栖爬行动物手册》 (2002年)。与鹰岩 (Kraig Adler) 共同编著了两版受到高度评价的《两栖爬行动物百科全书》 (2002年)。发表了超过80篇关于性行为、繁殖生物学和两栖类保护领域的学术论文。

The Book of Frogs

蛙类博物馆

博物文库

总策划：周雁翎

博物学经典丛书	策划：陈　静
博物人生丛书	策划：郭　莉
博物之旅丛书	策划：郭　莉
自然博物馆丛书	策划：唐知涵
生态与文明丛书	策划：周志刚
自然教育丛书	策划：周志刚
博物画临摹与创作丛书	策划：焦　育

The Book of Frogs

蛙类博物馆

〔英〕蒂姆·哈利迪（Tim Halliday） 著

蒋珂 吴耘珂 任金龙 王聿凡 译

雷隽 吴昊昊 审校

著作权合同登记号 图字：01-2016-1071
图书在版编目 (CIP) 数据

蛙类博物馆 / (英) 蒂姆·哈利迪（Tim Halliday）著；蒋珂等译 . — 北京：北京大学出版社，2018.7
（博物文库·自然博物馆丛书）
ISBN 978-7-301-29401-7

Ⅰ . ①蛙… Ⅱ . ①蒂… ②蒋… Ⅲ . ①蛙科—普及读物 Ⅳ . ① Q959.5-49

中国版本图书馆 CIP 数据核字 (2018) 第 036340 号

Jacket Images
Shi Jingsong: *Leptobrachium boringii*; Ruchira Somaweera: *Pseudophryne corroboree*; Andreas and Christel Nöllert: *Bufotes viridis*; U.S. Fish and Wildlife Service / Charles H. Smith / Public domain: *Incilius periglenes*; Angel Solis: *Cochranella euknemos*; Twan Leenders: *Sachatamia ilex*; Santiago Ron / FAUNAWEBEQUADOR: *Dendropsophus sarayacuensis*; Luis A. Coloma (Centro Jambatu): *Hyloscirtus princecharles*i; Shutterstock /Ryan M. Bolton: *Trachycephalus coriaceus*; Shutterstock/ Aleksey Stemmer: *Trachycephalus resinifictrix*; Shutterstock/Vitalii Hulai: *Litoria caerulea*; Eric Vanderduys: *Litoria infrafrenata*; Maik Dobiey: *Dentrobates leucomelas*; Bernard Dupont: *Dentrobates tintorius*; John Clare /Amphibianphotos.com: *Ranitomeya imitator*; Tyrone Ping: *Hemisus guttatus*; Luis A. Coloma (Centro Jambatu): *Cetenophryne aterrima*

书　　名　蛙类博物馆
WALEI BOWUGUAN
著作责任者　〔英〕蒂姆·哈利迪（Tim Halliday） 著
蒋 珂　吴耘珂　任金龙　王聿凡 译
雷 隽　吴昊昊　审校
丛书主持　唐知涵
责任编辑　唐知涵
标准书号　ISBN 978-7-301-29401-7
出版发行　北京大学出版社
地　　址　北京市海淀区成府路 205 号　100871
网　　址　http://www. pup. cn　　新浪微博：@ 北京大学出版社
微信公众号　科学与艺术之声（微信号：sartspku）
电子信箱　zyl@ pup. pku. edu. cn
电　　话　邮购部 62752015　发行部 62750672　编辑部 62753056
印 刷 者　北京华联印刷有限公司
经 销 者　新华书店
889 毫米 ×1092 毫米　16 开本　42.25 印张　450 千字
2018 年 7 月第 1 版　2018 年 7 月第 1 次印刷
定　　价　680.00 元

Frogs Are Really Cool!

Foreword to the Chinese edition of Tim Halliday's *The Book of Frogs*

KRAIG ADLER
(Professor of Cornell University)

Frogs are a great wonder of Nature and are one of the most easily recognized life forms because of their odd body shapes, unusual modes of locomotion, and musical calls. They live almost everywhere—moist forests, dry deserts, and cool mountain tops, waterways of all kinds, backyard ponds, and even in potted plants on the decks of high-rise buildings. In America, frogs are universally beloved by children and sometimes star in their television programs. Frogs are so familiar to us that we often underestimate just how remarkable and diverse these animals are and the key roles they play in our planet's ecosystems. Our interest and even respect for frogs grows larger whenever we learn more details about their curious lives.

This book by Tim Halliday, one of the world's leading experts on amphibians, is a highly readable and beautifully illustrated account of 600 kinds of frogs. These species have been carefully selected by him—from among the nearly 7000 known kinds—in order to discuss the striking variety of frogs in terms of their colors, patterns, shapes, sizes, behaviors, reproductive modes, and physiological abilities. Halliday points out remarkable facts about the natural history of various species that show their sometimes bizarre lifestyles and how well the species are adapted even to the most extreme or unusual habitats. The entry for each species has a distribution map, sketches of frogs, species identification details, basic natural history, and current conservation status. There are also life-size color photographs of each species, as well as photographic enlargements, contributed to this project by dozens of outstanding natural history photographers from around the world.

Here is a sample of just a few of Halliday's species that give some idea about why they are so fascinating and worthy of our attention and concern:

The Golden Toad (page 183), found in the Monteverde Cloud Forest of Costa Rica, is one of the most sexually dimorphic species of animals. You would think the males and females represent two different species, for the male is uniformly bright orange whereas the female is black with red spots bordered in yellow (but not illustrated in Halliday's original book). Why evolution has produced such different-looking sexes in the same species is not immediately obvious.

2

Some frog species can carry eggs, tadpoles, or froglets in or on their bodies—in strings around the father's legs; inside the father's vocal sac; or in pouches or pockets in the mother's back, or using oral suckers to stick on the mother's or father's back. In the Gastric Brooding Frogs (page 117) of northeastern Australia, the fertilized eggs are ingested by the mother and brooded in her stomach. Her gastric acid secretions stop and she does not feed for two months until the tiny froglets pop out of her mouth and hop away!

The Golden Poison Frog (page 384) of Colombia, from which toxic skin secretions are collected by indigenous people to tip their hunting darts, is the most poisonous frog ever discovered. One frog contains enough poison to kill a dozen people. They are so dangerous to handle that scientists must wear surgical gloves, special glasses, and a mask to protect their lungs. In contrast, a related species, the Phantasmal Poison Frog (page 371) of Ecuador, produces a very different skin toxin that can provide pain-killing benefits to humans and is 200 times stronger than morphine but with fewer side effects.

Several frogs, including the North American Wood Frog (page 569) that ranges north to the Arctic Circle, can survive freezing of up to 2/3rds of their body water. The rest of the body fluids remain unfrozen because the urea and glucose the frog accumulates in its bloodstream prevent formation of ice crystals. Thus, these frogs can freeze and thaw many times during the winter months and live to breed again in the spring.

The Concave-eared Torrent Frog (page 552), native to the Huangshan Mountains of eastern China, is the first frog known to communicate in the ultrasonic spectrum like bats and cetaceans. Humans can't hear in this high-frequency range, but males and females of this species can communicate with one another even in the very noisy streams in which they live.

Unfortunately, many of the species mentioned by Halliday are threatened in nature—by pollution, infectious diseases, climate change, deforestation, and overcollecting for the pet trade—and population sizes are declining. In fact, two of these frogs have already become extinct: the Golden Toad and the Gastric Brooding Frogs. We will never again be able to study their unusual adaptations.

All of the illustrations and text materials in this book have been masterfully integrated by Halliday who is unusually well qualified to do so as a scientist, public educator, artist, and conservationist. He is an Oxford-trained evolutionary ecologist who recently retired as Professor in Biology at The Open University (UK). He has authored (and often illustrated) many notable books on amphibians, reptiles, and birds, and has regularly served as scientific advisor for BBC radio and television programs. Halliday has also been one of the leaders in the global effort to conserve amphibians, which are undergoing declines in many parts of the world. He served for 12 years as Director of the Task Force on Declining Amphibians of the International Union for

Conservation of Nature (IUCN).

Beyond these and his many other professional qualifications, Tim Halliday is, most importantly, an observant and spirited naturalist who knows his animals in the field. It was my privilege to host him during his first visit to America, in 1976, when we spent several days in the Appalachian Mountains of North Carolina. One very humid, moonless night while walking along a long-abandoned road at the base of Grandfather Mountain, we observed and photographed hundreds of amphibians of nearly 20 species. There were salamanders courting on the open ground and others climbing high above us into the vegetation to find food. Toads sat perfectly still and methodically ate insects, one at a time, as they crawled nearby. Frogs called and counter called from their hidden perches in the trees. The explosion of all this activity and sound around us was surreal. The emotional impact on Halliday was profound and his excitement and shouts of joy were contagious.

Fortunately, two of the translators for this book—JIANG Ke and WU Yunke, among today's most outstanding young Chinese herpetologists—are also experienced field naturalists like Halliday and can be counted on to produce a Chinese edition that is faithful to the high standards and spirit of Halliday's original.

If you wish to try being a field naturalist, get a flashlight and go out to a pond or stream on a humid night when the frogs are calling. Be prepared to be amazed and inspired by the antics of these delightful creatures!

KRAIG ADLER

January 26, 2018

***at* Cornell University (USA)**

炫酷的蛙类

（中文版序）

鹰　岩[①]

蛙类是大自然的杰作，也是最易辨识的生物之一，它们拥有奇特的体态、非凡的运动模式，以及悦耳的鸣叫声。其身影随处可见——湿润的森林、干旱的荒漠、寒冷的山顶、各种水沟、庭院池塘，甚至在高楼阳台的盆景里。在美国，蛙类深受小朋友们的喜爱，有时还是儿童电视节目中的主角。蛙类对我们来说再熟悉不过了，而我们却常常低估了这类动物的壮丽与缤纷，及其在我们地球生态系统里所发挥的关键作用。当我们对蛙类奇妙的生活有更多了解之后，我们的兴趣乃至敬意都会随之增加。

蒂姆·哈利迪是世界上最杰出的两栖动物学家之一，他所著的这本书图文并茂地介绍了600种蛙类。这些物种都由他亲自精心挑选——从已知的近7000种蛙类里——在色彩、斑纹、形状、体型、行为、繁殖模式和生理性征等方面探讨蛙类引人入胜的多样性。哈利迪以不同物种非凡的生活史为例，展现它们奇异的生活方式，以及这些物种如何适应于特殊生境乃至极端的生境。进入各物种页面，都有分布地图、墨线图、物种鉴别特征、基本生活史以及当前的保护等级等信息。同时，每个物种都有由世界各地许多杰出生态摄影师所提供的原尺寸和放大彩色照片。

---

① 鹰岩 (Kraig Adler)，美国康奈尔大学生物学教授，世界著名生物学家，长期从事两栖爬行动物系统学和行为学等领域研究。鹰岩教授是美国两栖爬行动物学会（SSAR，目前规模最大的国际性两栖爬行动物学会）主要创始人之一，曾任该会主席；他还曾担任世界两栖爬行动物学会 (WCH) 首任秘书长，第八届世界两栖爬行动物学大会已于2016年8月在中国（杭州）召开。鹰岩教授曾与中国两栖爬行动物学家赵尔宓院士合作，于1993年出版《中国两栖爬行动物学》。

我在这里列举书中的几个物种，说明它们为何如此迷人并值得我们关注与关心。

金蟾蜍（第183页）分布于哥斯达黎加的蒙泰韦尔德云雾森林保护区，是性二态最显著的动物物种之一。雄性全身呈鲜艳的橘黄色，而雌性则全身黑色并带有镶黄边的红斑（本书里没有雌性的照片），你甚至会认为其雄性和雌性是两个不同的物种。很难想象在进化中同一个物种为何能产生这么大的性别差异。

为直观展示金蟾蜍雌雄间的巨大体色差异，鹰岩教授特别提供了一张雌性金蟾蜍的珍贵照片（右图，Jay M. Savage 摄）与雄性（左图，引自本书第183页）作为对比。

一些蛙类会将卵、蝌蚪或幼蛙放在体内或体外——呈带状缠在雄性的后腿上；放在雄性的声囊里；在雌性背部的囊、袋里；或用椭圆形吸盘吸附在雌性或雄性的背上。澳大利亚东北部的南部胃孵蟾（第117页）则由雌性将受精卵吞下而在胃里孵化，胃酸分泌会暂停，并停食两个月，直到微型幼蛙从它嘴里钻出来并跳走！

哥伦比亚的黄金叶毒蛙（第384页）在已知蛙类里毒性最大，其有毒的皮肤分泌物被土著人涂抹在用于捕猎的箭头上。一只黄金叶毒蛙所含的毒素足以杀死许多人。因此科学家们不能直接把它拿在手里，而要戴上外科手套、防护眼镜，还要戴上面罩来保护肺部。不同的是，分布于厄瓜多尔的相近种三色地毒蛙（第371页），则产生一种截然不同的皮肤毒素，对人类的镇痛作用强于吗啡200倍，而且副作用很小。

一些蛙类，包括北美林蛙（第569页），分布区可达北极圈内，在其体内2/3的水分被冻结时仍能存活。其剩余体液则因血液里所积累的尿素和葡萄糖可以防止形成冰晶而不凝结。因此，该蛙在冬季被冻结，春季时则融解复苏去繁殖，周而复始。

凹耳臭蛙（第552页）最初被发现于华东地区的黄山，是已知的能像蝙蝠和鲸类那样用超声进行通信的第一种蛙类。人类听不到这段高频音，但雄性和雌性凹耳臭蛙则能在非常嘈杂的溪流环境里彼此交流。

不幸的是，哈利迪提到的很多物种都在自然界里受到威胁——因污染、传染性疾病、气候变化、森林砍伐或宠物贸易过度捕捉——种群数量正在下降。事实上，书中提到的两种蛙类已经灭绝：金蟾蜍和南部胃孵蛙我们再也不能研究它们独特的适应性了。

本书的插图和文字相得益彰，哈利迪很出色地将科学家、公众教育家、艺术家和自然保护者的身份融为一体。他是毕业于牛津大学的一位进化生态学家，在英国开放大学任生物学教授，近年已退休。他著有两栖类、爬行类和鸟类的很多优秀书籍（通常图文并茂），他也经常担任BBC广播电视节目的科学顾问。当世界各地的两栖类数量下降之际，哈利迪成为全球保护工作的领军人之一。他担任世界自然保护联盟(IUCN)两栖类种群衰减专家委员会主任长达12年。

除以上和其他很多专业成就外，最重要的是，哈利迪是一位在野外研究动物的目光敏锐、精力充沛的博物学家。1976年，当他第一次访美时，我很荣幸地接待他，一起在北卡罗莱纳州的阿巴拉契山脉待了几天。很潮湿的一个黑夜里，我们走在老爷爷山山脚一条早已废弃的路上，拍摄了近20种两栖类、上百张照片。有蝾螈在地面上求偶，或爬到高处的植物上觅食；蟾蜍一动也不动，当有昆虫从它身旁爬过时，则有条不紊地一个个吃掉；蛙类在各自栖身的树枝上大声鸣叫，试图盖过对方的声音。我们被笼罩在这种爆发式求偶鸣叫声之中，如同进入了蛙类的世界。哈利迪被深深地打动，他兴奋而狂喜的呼声也感染了在场的所有人。

幸运的是，本书译者中的两位——蒋珂和吴耘珂，跻身于当今中国最优秀的年轻两栖爬行动物学家行列，与哈利迪一样也是经验丰富的野外博物学家，他们一定能在中文版里忠实地展现出原著的高水平和精神。

如果你想尝试成为一名野外博物学家，那就拿起一把手电，在潮湿的夜晚到户外有蛙叫的池塘或溪流边，准备好被这些呆萌的小精灵所震撼和激发吧！

2018 年 1 月 26 日于

美国康奈尔大学

译者序

在漫长的进化历程中，两栖纲动物实现了从水到陆的伟大转变，具有里程碑意义。蛙类（无尾目）是两栖纲中的“大户”，全世界共有6800多种，占两栖纲物种总数的近九成。蛙类体态优美，色彩缤纷，生活习性迥异，吸引了众多爱好者和研究人员的兴趣。我也是其中的一员，既是蛙类的“真爱粉”，又从事相关研究。但是，就我个人而言，通常只能认识和接触到国内的物种，因此一直期待有一本书能介绍世界各地千奇百怪的蛙类。幸运的是，目前这本书就做到了。

2016年10月，北京大学出版社唐知涵编辑将本书推荐给我翻译，我当然义不容辞，立即邀请从事相关研究的三位好友协作——吴耘珂、王聿凡、任金龙，虽然大家各有工作，但都乐意挤出时间为自然科普事业尽一份力量。

作者哈利迪教授是著名的两栖动物学家，同样也是蛙类的“真爱粉”，他将本书内容的难易程度把握得当，深入浅出地介绍了世界各地600种蛙类——代表了蛙类近10%的物种，包括了蛙类几乎所有的科级单元，以及有代表性的属、种。我对其定位是“专业而通俗易懂”。本书开篇整体介绍蛙类的多方面概况。之后的每一页介绍一个物种：以表格罗列物种的分布范围、成体及幼体生境、保护等级等基本信息，并附有分布地图；正文里大多描述有趣的生活史等内容；提供物种的体型数据、相近种比较、形态特征等资料；物种的墨线图、放大照片和原体型照片，则可令读者直观地认识其外形特征和实际体型大小。因此，本书不仅让读者欣赏到蛙类的多姿多彩、千奇百怪，还能获得丰富而严谨的专业知识。作为译者，我们自己也受益匪浅。

书中绝大多数是国外的物种，很多都没有现成的中文名。虽然国内有1993年出版的《拉汉英两栖爬行动物名称》（后文简写为《名称》），但因其出版时间较早，收录的物种数量很有限，或现在已产生了分类变动，而且那时获取国外文献和信息比较困难，有些中文名不太准确。因此，对于我们的翻译工作来说，难度最大的就是拟定合理的中文名。我们的拟定原则大致如下。

1. 首先查阅《名称》，对已有且合理的中文名尽量采用，对不合理的则做相应修改。例如第297页的物种 *Hyla chrysoscelis*，种本名中的“*chrys*”是“金色的”，而“*scelis*”的词源“*scelion*”是“腿、肋”，故《名称》中译为“金肋雨蛙”。但根据物种描述和图片，其肋部并无金色，而是后腿内侧呈橘黄色或黄色，因此，我们将其改为“金腿雨蛙”。

2. 尽量保持常用物种中文名的稳定，尤其对于知名度高的物种，我们尽量采用已广泛使用的中文名，避免产生混乱。如第217页的物种 *Ceratophrys ornata*，虽然在《名称》中被译为“饰纹角花蟾”，但它在国内已被广泛地称为“钟角蛙”，我们便接纳此名（尽管该名称最初翻译有误，详见第217页译者注）；第331页的物种 *Trachycephalus resinifictrix*，其属名在《名称》中被译为“糙头蛙属”，但该物种在国内被广泛称为“亚马孙牛奶蛙”，我们也接纳此名，但在提及其属名时，仍用“糙头蛙属”。另外，有些物种中文名已被广泛使用，虽然发生了属级分类变动，但我们不改变其物种中文名。如第174页的黑眶蟾蜍，现已被改隶于头棱蟾属 *Duttaphrynus*，但我们并不称之为“黑眶头棱蟾”；第356页的霓股箭毒蛙，现已被改隶为异毒蛙属 *Allobates*，但我们并不称之为“霓股异毒蛙”。

3. 对于尚无中文名的物种，我们尽量查阅其原始描述文献，若原文已指出命名缘由，我们则据此拟定中文名；若未指出，则根据具体情况，从学名词源、英文名、形态特征、模式产地或分布地等方面进行拟定。如第402页的离趾蟾属物种 *Eleutherodactylus coqui*，尚无合理的中文名。根据命名缘由，种本名“*coqui*”得名于其雄性的鸣叫声是由“co”与“qui”两个音调组成，而汉字里正好有“叩”和“呿”两字与其发音相近，因此我们将其译为“叩呿离趾蟾”。

4. 对以姓氏命名的物种中文名进行统一。不少物种是以某人的姓氏命名，其特点通常是种本名末尾字母为“*i*（多为男性姓氏）”或“*ae*（多为女性姓氏）”。为求简洁和统一，我们均以该姓氏的第一个发音音节而音译为“某氏”。如第 60 页的物种 *Scaphiopus holbrooki*，我们没有按照《名称》译为“霍尔布掘足蟾”，而是译为“霍氏掘足蟾”；第 71 页是 2009 年新发表的物种 *Leptolalax applebyi*，我们译为“安氏掌突蟾”。但个别特殊情况例外，如第 261 和 262 页的两种玻璃蛙，种本名分别以姓氏“Sabin”和“Savage”而命名，这两个姓氏的第一个音节发音都是“萨”，为避免重复，只能全部音译，为“萨宾玻璃蛙”和“萨维奇玻璃蛙”。

本书所采用的分类系统是依据“AmphibiaWeb”（两栖类网站）数据库。这是由美国加州大学伯克利分校韦克 (David B. Wake) 教授主持开发的在线数据库，其特色是提供两栖类物种的生活史和保护情况等信息，以及物种照片、鸣叫声录音等资源，但对于新发表的分类变动则采取相对保守的态度。另一方面，本书原版于 2016 年出版，近两年来，书中涉及的部分属级和种级分类单元，甚至是科级分类单元，已经发生了一些分类变动。为了尽可能提高本书的学术参考价值，让读者了解最新的分类变动，我们投入了很大精力，以“译者注”的形式总结出最新分类学进展（截至 2018 年 2 月）。在此过程中，我们主要参考“Amphibian Species of the World”（世界两栖类物种）数据库的分类系统。其前身是由美国自然历史博物馆弗罗斯特 (Darrel R. Frost) 博士主编，于 1985 年出版的一本同名纸质版书籍，自 2002 年起被开发为在线数据库，其特色是根据最新文献进行实时更新，因此能快速反映分类学的最新研究进展。读者若想进一步了解蛙类的其他信息，可参考上述两个数据库，以及本书“资源”章节里所提供的其他数据库或网站。

在本书翻译过程中，我们得到了很多帮助。特别感动的是，深受敬仰的世界著名两栖爬行动物学家、年近耄耋的鹰岩教授欣然为中文版撰写了热情洋溢的精彩序言，增色不少。他在序言中对我们的赞誉，实在愧不敢当，谨当作勉励与鞭策吧。在邮件交流中，他还讲述了与作者哈利迪教授之间感人的友谊，对于前辈学者的科学精神，我们不禁神往，更增动力。澳大利亚昆士兰大学雷隽博士在百忙之中惠允审稿，他的爱人崔冉 (Amber Cui) 女士给予了部分协助；厦门大学吴昊昊博士对译稿进行审订。美国加州大学默塞德分校曾昱博士，以及在澳大利亚昆士兰州留学的乔梓宸同学，也为本书提出诸多宝贵意见。我国两栖动物学泰斗、中国科学院成都生物研究所费梁研究员和叶昌媛研究员伉俪给予我们很多鼓励。感谢北京大学出版社，尤其是唐知涵编辑，为出版工作所付出的努力；以及国家动物博物馆张劲硕博士的引荐。在中文版即将付梓之际，向以上师友及其他给予我们支持和帮助的朋友谨致谢忱。

本书翻译耗时近一年半，可谓艰辛与快乐并存，尤记得其间经历两个春节假期，窗外虽欢声笑语，而我却独自为译稿苦苦思索，每有所得又不禁沾沾自喜，现在回想起来也颇有一番趣味。本书内容极为丰富，如果我们的工作能为大家认识蛙类有所帮助，那将是我们的荣幸。但科学研究的进展和信息的更新速度很快，且限于译者水平，书中疏漏在所难免，尤其是中文名拟定存在很大难度，未必能尽善尽美，故恳请各位读者不吝指正，以便我们今后改进。

蒋　珂

2018 年 3 月 18 日于

四川成都

蒋　珂　吴耘珂

王聿凡　任金龙

2018 年 3 月 18 日修定

目　录

前　言

上图：**红眼叶蛙** *Agalychnis callidryas* 栖息于中美洲森林中，是世界上最艳丽、最上镜的蛙类之一。它善于攀爬——手指和脚趾端部的大吸盘使其能够爬上垂直面。

尽管蛙类包括世界上最喧闹、最艳丽和毒性最强的一些动物，但它们通常是比较害羞和腼腆的，很少与人类邂逅。它们大多只在夜间活动，以避免白天的高温和干燥的空气。它们在不进食的情况下可以存活很长时间，其一生大部分都在隐居中度日。因此，大多数人完全不知道在地球上生存着数量极多、物种多样性极为丰富的蛙类也不足为奇。

例如，人们大多知道蛙类能够跳出很远的距离，但仅以此来评价它们多样的运动方式有失偏颇——有的善于游泳，有的善于在地下掘洞，

编者注：英文版正文内容从此页开始，中文版与此保持页码顺序一致。

有的可以轻松地在垂直的平面上攀爬，甚至还有的可以把张开的前后足当作滑翔伞而在空中滑翔。

上图：**叩呿离趾蟾** *Eleutherodactylus coqui* 它的种名“*coqui*”来源于雄性的双音节鸣叫声。其他雄性可以感知到低音的“叩”(co) 音节，而雌性则主要感知到高音的“呿”(qui) 音节。

关注度的提升

在过去的 30—40 年里，蛙类的形象有了大幅度提升，主要有如下三个原因。

首先，在 20 世纪七八十年代，很多生物学家对动物行为学研究产生兴趣并将他们的注意力转移到蛙类身上。他们发现许多蛙类——特别是在繁殖期间，所展现的复杂行为出人意料。虽然早就知道雄性会通过鸣叫来吸引雌性进行交配，但研究显示蛙叫声的种类很多，其中也包括雄性之间的交流——雄性以此来估计对手的竞争力。对于雌性来说，它们不仅仅可以通过求偶叫声来找到雄性所在位置，越来越多的证据表明，雌性还能以此来评估求偶者的基因质量。虽然一直认为蛙类通常产卵以后就让蝌蚪自生自灭，但新的发现揭示了不同的亲代抚育类型——由单亲或双亲抚育。

其次，蛙类正面临生存威胁。蛙类研究学者的第一次国际集会是在 1989 年，当时大家的主要兴趣是蛙类生活史方面的新发现，而保护工作还没有太多实质性行动，但世界上一些曾经常见的蛙类却变得日益稀少，有的甚至已消失。全世界范围内的蛙类和其他两栖类数量都在下降，这种情况很快就变得尤为明显，即便在保护区内也不例外。目前人们已经明白两栖类的数量下降是全球灭绝事件的重要表现，常被称作“第六次大灭绝”。

最后，生活在世界上的蛙类比之前所想象的要多很多。为了探寻两栖类数量下降的原因，要做出巨大的努力去确认两栖类的物种数究竟有多少。目前的物种数量比 20 多年前所认知的多了很多。1986 年，记录有 4015 种两栖类；到了 2015 年中期，这一数字已经增加到了 7432 种，而且每周都有新的物种被报道。

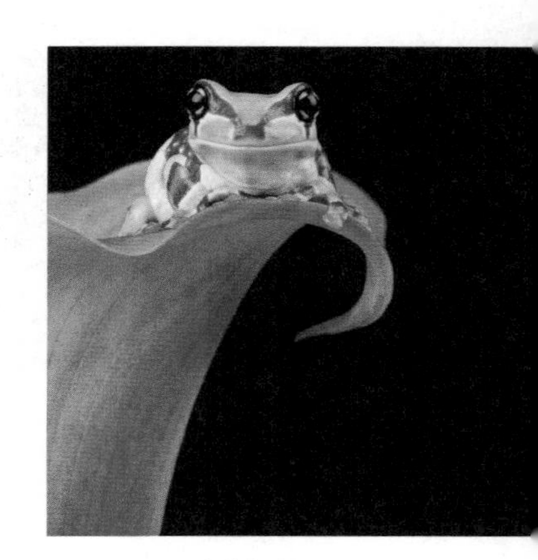

上图：**亚马孙牛奶蛙** *Trachycephalus resinifictrix* 它将卵产在积水的树洞里，未受精卵是其蝌蚪的食物之一。

本书以 600 个物种为代表来展现蛙类的概况，既包括了每个物种真实尺寸的物种照片、生活史和行为的多方面描述，又介绍了每个物种的濒危等级及其数量下降的原因。

概　述

什么是蛙?

无尾目由蛙和蟾蜍[1]共同组成，是脊椎动物门两栖纲三个目里物种数量最多的一个。它们的一生中，通常有一部分时间会生活在水中，另一部分时间则是生活在陆地上。无尾目中的“无尾”，顾名思义是指“没有尾巴”，这个特征是蛙和蟾蜍与两栖纲另外两个目最为明显的区别，这两个目分别为有尾目（包括各种鲵和蝾螈）及蚓螈目（包括各种蚓螈和鱼螈），它们都有修长而灵活的尾部。无尾目物种数量占两栖类所有物种数量的 88%。

上图：**大蟾蜍** *Bufo bufo* 大部分时间生活在陆地，仅在春天的几天时间里在水里繁殖。

无尾类与其他两栖类有很多相似的特征，这些特征对于它们的自然史和地理分布都有重要意义。两栖类与除鸟类和哺乳类外的其他动物一样都是外温动物，也就是其体温来自环境，直接或间接来源于太阳。因此，两栖类在地球上最冷的地区是难以生存的。例如，在北美洲，仅有北美林蛙（第 569 页）这一个物种分布于北极圈以内。外温动物的繁殖时间也仅限于一年里最温暖的时间，因为它们旺盛的活动，像鸣叫和打斗，都需要由外界环境来提供热量。两栖类和爬行类相比，它们的皮肤薄而软，极易流失水分，因此它们只能生活在潮湿的环境里，此外，它们通常也需要在雨水充沛的季节里繁殖。

① 译者注：合称无尾类或蛙类。

生活史

与其他两栖类一样，蛙类也有复杂的生活史，主要包括四个阶段：卵、蝌蚪、幼体和成体。蛙类的蝌蚪完全营水生生活，靠一对外鳃获取水中的氧气；靠摆动尾巴游泳。由蝌蚪向成体转变的过程，称为变态发育，这也可能是蛙类最显著也最为人们所熟知的特征了。变态过程包括了解剖学结构的重要变化，如蝌蚪的尾巴消失，四肢发育出来，由鳃呼吸水中的溶解氧转变为由肺和皮肤呼吸空气中的氧气。

大多数蛙类都把卵产在水里，孵化出的蝌蚪也生活在水里，因此这些蛙类需要依赖水来进行繁殖。然而有一些蛙类已经摆脱了水的限制，它们可以在陆地上完成产卵，将卵包裹在能保持水分的卵胶囊里，或者把卵储存在它们自己的身体里。蛙类一般只生活在淡水环境里，也有一些蛙类可以生活在半咸水环境里，但目前还没有蛙类能完全生活在海水里。

蛙类的身体显得肥胖，脊椎很短，椎骨只有八枚或更少；后肢一般比前肢长，主要是因为跗骨（脚踝）明显延长。当它们不动时，后肢可以叠放在身体下面；当捕食或逃避敌害时，便迅速伸开后肢而跳跃起来。它们的肌肉通常非常发达，因此，一些地区的人们会将蛙腿作为美食。蛙类的头部很宽，几乎没有脖子，嘴巴可以张开很大，能吞下大得惊人的猎物。几乎所有的蛙类都是肉食性动物，捕食活动的猎物，特别是昆虫。它们的眼睛通常很大，这对捕捉活动的猎物非常有利。其实，它们的眼睛大得已挤入口腔里——有些蛙类还通过“闭眼”

下图：**莱氏侧褶蛙** *Pelophylax lessonae*（左）的主要解剖学特征。**欧洲雨蛙** *Hyla arborea*（右）的手指和脚趾末端具有吸盘，这使它们能在光滑而垂直的平面上攀爬。

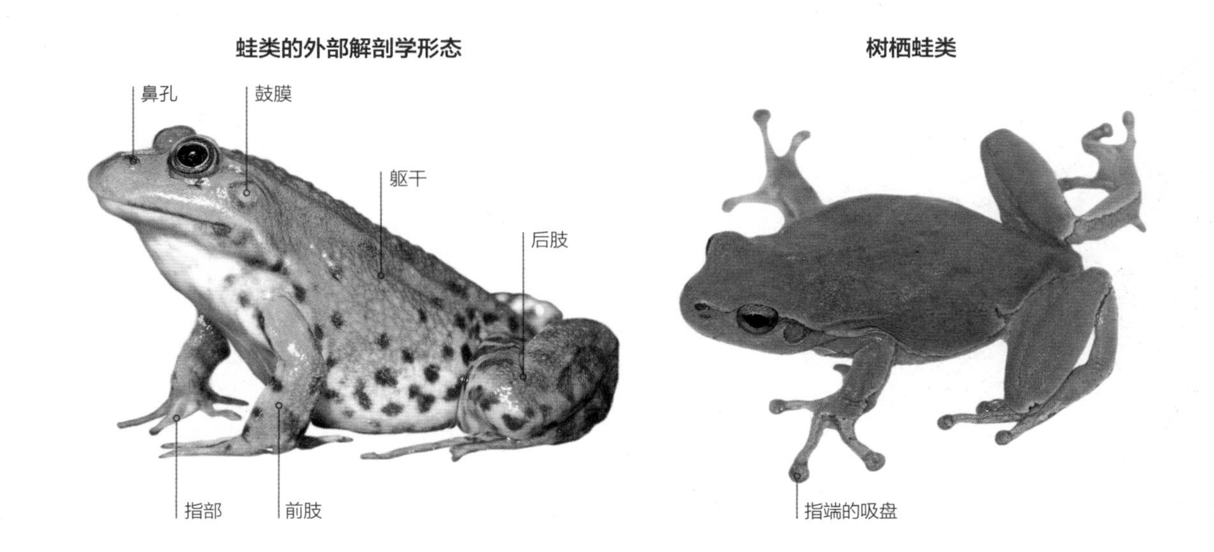

来帮助吞咽食物。

蛙类一般有四根手指、五根脚趾。手指和脚趾的形状、长短在不同物种之间差异很大，这与它们的运动模式密切相关。例如，水栖蛙类的脚趾间有蹼，甚至手指间也有蹼，这使它们游泳的效率更高；树栖蛙类的手指和脚趾末端通常都有吸盘，这使它们能在光滑而垂直的平面上攀爬；穴居蛙类的脚上通常有突起的角质蹠突，像铲子一样，这使它们能在土里掘洞。

很多蛙类都有鼓膜，位于眼睛后面。听觉对于蛙类来说很重要，因为它们需要靠鸣叫声来互相交流。鸣叫声是依靠口腔和肺之间空气的进出流动而产生的，很多蛙类有一个或两个声囊，开口在嘴里，可以通过声囊充气而将鸣叫声扩大。肺的主要功能是呼吸，但大多数蛙类也能通过它们湿润的皮肤获取所需的大部分氧气。

本页与对页下图：很多**蛙类的体色**与它们主要的生境相关，使它们不易被捕食者发现。从左往右：西北蟾蜍 *Anaxyrus boreas* 有时可见于半荒漠地区；变色雨蛙 *Hyla versicolor* 可以根据环境颜色而变换体色；珍珠蟾蜍 *Rhinella margaritifera* 栖息于森林底部的落叶层上；越南棱皮树蛙 *Theloderma corticale* 白天趴伏在有苔藓的树木上。

蛙类的皮肤很薄，含有很多腺体，能分泌黏液来保持体表湿润。有些腺体还能分泌毒液，但绝大多数情况下不会对捕食者产生严重影响，仅少数蛙类的毒液会将捕食者置于死地。蛙类皮肤含有多种不同颜色的细胞。比如箭毒蛙类体色一般都非常鲜艳，对于企图攻击它们的天敌来说是一种警戒色。对于大多数蛙类来说，皮肤色彩主要还是用于伪装保护。很多蛙类都可以变换皮肤的颜色，但通常变换速度比较慢，仅有部分蛙类能在几分钟内快速变色。

“蛙”和“蟾”通常会区分开来，但这种区分有时候也会混淆，因为在世界的不同地区会有不同的情况。在欧洲和北美洲，皮肤光滑和水栖的被叫作“蛙”，皮肤粗糙和陆栖为主的被叫作“蟾”。然而产自非洲的爪蟾属 *Xenopus* 物种，虽然被叫作“蟾”，但它们完全营水栖生活，皮肤也非常光滑。“蛙”和“蟾”的区分在生物学上并没有意义，就像这本书的书名，蛙和蟾蜍都被统称为“蛙类”，尽管很多物种的名称实际上是叫作“某蟾”。

上图：**色彩鲜艳的箭毒蛙类**，如草莓箭青蛙 *Oophaga pumilio*（右）和染色箭毒蛙 *Dendrobates tinctorius*（左），它们的皮肤有剧毒，对捕食者产生警告作用从而保护自己。因此，它们白天可以自由地活动。

复杂的生活史

上图：**产婆蟾** *Alytes obstetricans* 的雄性为卵提供亲代抚育。从交配到卵即将孵化成蝌蚪期间，雄性一直将卵带缠绕在后腿上，孵化后再将其放入水中。

与其他两栖类一样，蛙类的生活史包括四个明确的阶段：卵、蝌蚪、幼体和成体。每个阶段所持续的时间在种内和种间都有很大差异。

卵

两栖类所产的卵与鱼类相似，卵都没有外壳，但有一层渗透膜将其包裹成球状，里面充满了有保护作用的胶状物。卵需要湿润的条件，否则将很快脱水并死亡。每枚卵都由卵黄提供营养，孵化完成后，蝌蚪仍然要依靠于卵黄，直到能自己捕食为止。根据不同的繁殖模式，卵黄量在物种间差异很大。在大型水体中产卵的蛙类，因为有充足的食物，往往会产很多小型卵，每枚卵仅有少量卵黄；相反，那些在植物叶腋的小水洼里产卵的蛙类，因为环境中没有什么食物提供给蝌蚪，所以产卵很少，但卵很大，有充足的卵黄来保证蝌蚪的大部分或全部发育阶段。同样地，有亲代抚育行为的蛙类比没有亲代抚育行为的蛙类产卵量更少，卵也更大。

对蛙卵和蝌蚪来说，水是危险的环境，有很多鱼类、昆虫幼体及其他天敌都能轻而易举地吃掉它们。一些蛙类进化出某些产卵模式，将卵从水里解脱出来以降低被捕食的风险。例如，很多树蛙将卵附着在高处的树上；有些蛙类将卵产在一团泡沫里，这不仅避免了蛙卵被捕食，也可以为蝌蚪发育提供适合的湿润环境；一些蛙类将卵产在陆地上；

还有一些蛙类将卵背在自己的背上；最奇特的是，有些蛙类把卵藏在自己身体的某个部分里面，如皮肤、内脏、声囊或输卵管里。

热带的很多陆栖蛙类，卵很大，产在陆地上，直接从卵里孵化出小蛙，这种发育模式被称为“直接发育”，这样的生活史看似是去掉了蝌蚪期，实则不然——卵依然孵化成蝌蚪，但蝌蚪在卵胶囊里以母体提供的卵黄继续完成发育。因此，直接发育的蛙类，改进了它们的生活史，尽管还是需要湿润的环境，但已能不依赖于水塘或溪流。

产卵量的大小，可从大型水栖蛙类的上千枚，到小型、有亲代抚育的陆栖蛙类的少量几枚。在一个物种里，产卵量大小与雌性的体型有关，体型大的雌性能产更多卵。有些蛙类的卵里含有更多卵黄。

产在水里的蛙卵，往往呈黑色，因为表面包裹有一层黑色素，可以保护蛙卵里的遗传物质（DNA）在阳光下不会被紫外线破坏；产在地下或背阴处的蛙卵则往往呈白色或乳白色。

蝌蚪

蝌蚪是较简单的生命形式，能游泳，不停地吃而尽快长大。对于很多捕食者来说，大多数蝌蚪都是美味佳肴，因此它们得尽快完成变态并逃到相对安全的陆地上。对生活在临时性水塘的蝌蚪来说，能否快速发育可谓生死攸关——虽然这里通常没有捕食者，但可能会很快干涸。沙漠里的一些蛙类蝌蚪，孵出后仅需八天就能完成变态。生活在水里的蝌蚪主要通过鳃来获取氧气。它们通常是植食性的，生长速率取决于温度和食物供应量。植食性的蝌蚪需要较长的肠道来消化食物，其体型呈卵圆形，主要就是由于这些长而盘绕的肠道。很多蝌蚪以刮食附着于植物、石头或其他东西上的藻类碎片为生，因而嘴周围长有几行由角蛋白（构成人类指甲的物质）构成的细唇齿。生活在水中浅滩的蝌蚪，通常没有唇齿，而是在水里游动时张开嘴，过滤水里的细小食物。溪流

下图：**蛙卵**有一层卵胶囊，可保护正在发育的胚胎。图中所示的是附着在植物上的肱刺蛙科物种的卵。

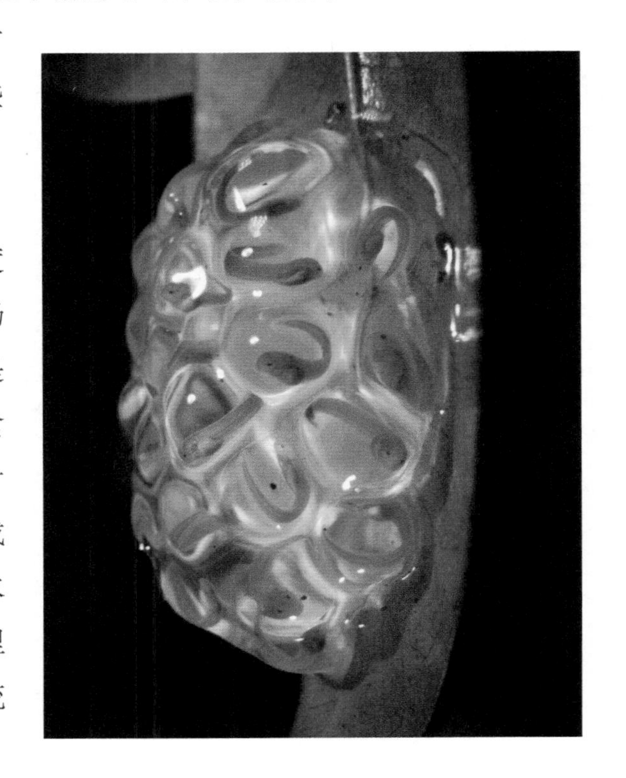

上图：中美洲的**科潘杜雨蛙** *Duellmanohyla soralia* 蝌蚪，有一个漏斗形的嘴，用以过滤水里细小的食物。它们身上有与众不同的、带有光泽的绿色斑点。

繁殖型蛙类的蝌蚪口部周围通常有一个吸盘，使之能吸附在水里的石头上而不被流水冲走。很多物种的蝌蚪在变态过程中，食性会从植食性转变为肉食性。它们变成食腐动物，以死去的动物包括同类的尸体为食。有少数物种，较大的蝌蚪会变成捕食者，捕食同种或其他种的蝌蚪。

蝌蚪看似很简单，结构也并不复杂，但有研究显示，它们能根据环境的变化来改变自己的行为。例如，很多物种的蝌蚪在感觉到有捕食者存在时，会聚拢成密集的一群，这是因为它们探测到了某个蝌蚪受到攻击时在水里释放的化学物质。特别有意思的是，有些物种的蝌蚪会优先靠近自己的同胞，这种识别机制可能是由气味所介导的。

蛙类变态过程中，在解剖学方面，蝌蚪形态将完全转变为成体形态，包括肺和四肢的出现，以及鳃和尾的消失。此外，还有食性的彻底改变，从发育成幼蛙开始，就需要具备寻找和捕捉小型昆虫或其他移动的猎物的能力，这需要发育出较大的眼睛。

幼体

完成变态后，幼蛙就开始营陆栖生活，有的物种需要数年时间之后才能达到性成熟并返回到水中进行繁殖。这种幼体阶段在蛙类生活史中是最不为人知的——幼蛙很小，而且在栖息环境里很隐蔽。有些蛙类的幼体阶段仅持续数月，但大部分蛙类则需要数年。例如，尾蟾（第40页）在第四年才能达到成年。

成体

尽管生长速率很慢，但成体终生都能持续生长，产生差异很大的成体体型。正因如此，在本书里，蛙类的体长通常处于一个范围而非一个确切值。很多蛙类的雌性要比雄性大，但少数蛙类物种里也存在反例。一些物种，如大蟾蜍（第 163 页），其体型的不同是由于雄性的性成熟比雌性早一年，因而体型也较雌性小。这种性成熟时间的差异也导致了性比的偏差——雄性成体的数量远多于雌性成体。

亲代抚育

很多蛙和蟾蜍的雌性，对自己的卵和蝌蚪的存活有一定贡献。交配时，如果任由产在水里的卵自生自灭，由于捕食者、干旱、严寒、疾病或其他可能性的存在，卵和蝌蚪的死亡率就会变得非常高，因此有的物种会产出大量卵来增加子代存活率。然而有些蛙和蟾蜍则进化出另一种策略，就是产出少量卵，由单亲或双亲提供某些形式的抚育，以提高每枚卵的存活率。

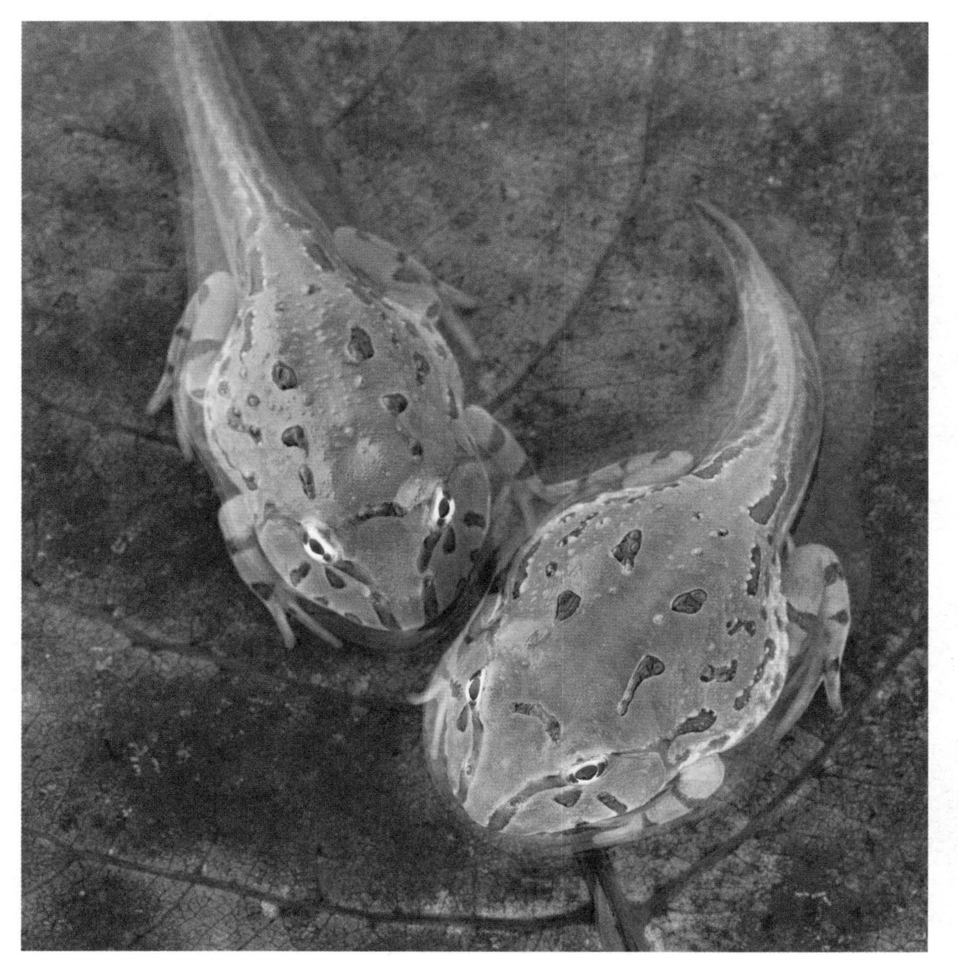

左图：**变态过程中的草原角蛙** *Ceratophrys joazeirensis*，已经具备了成体的特征，如前、后肢，但尾巴还没有完全消失。

几乎所有的蛙类都是体外受精——雄性趴在雌性背上，将精液排在卵上。然而，大约有 12 个物种是体内受精——雄性将精液注入雌性的输卵管里。像这类物种，蝌蚪能在雌性体内非常安全的环境中完成部分或全部发育过程。近期发现于苏拉威西的物种，娩幼大头蛙 *Limnonectes larvaepartus* 可以直接产出蝌蚪；水雾胎生蟾（第 192 页）则产出微小的幼蛙。

一些热带蛙类将卵产在一团泡沫里而起到保护作用，通常由雌性产生出分泌物，再由雄性和雌性通过后腿搅打成泡沫；非洲的非刺蛙属 *Afrixalus* 物种（第 438—440 页）用一片叶子将卵折叠在内；欧洲的产婆蟾属 *Alytes* 物种（第 48—49 页），雌性产下成串的卵，雄性进行体外受精，然后把卵带缠在自己的后腿上直到完成孵化，其间为了保持卵带的湿润，雄性偶尔会进入水塘里。

下图：**正在抱对的红眼叶蛙** *Agalychnis callidryas*，和大多数蛙类一样，雄性的体型小于雌性。该物种的卵产下后，附着于水塘上方的树叶上，蝌蚪孵化后便掉进水里。

大部分直接发育的物种，都有单亲或双亲留守在卵附近，来防御捕食者并保持卵的清洁以防真菌感染。

箭毒蛙类的很多物种，如黄带箭毒蛙（第 375 页），由雄性进行亲代抚育，守护蛙卵直到孵化，然后将蝌蚪驮在背上再放进积水凤梨叶腋的小水洼里，继续完成发育。短指毒蛙属 *Ranitorneya* 蛙类（第 386—388 页）的雄性将蝌蚪驮进积水凤梨叶腋的小水洼里，再由雌性产下未受精的蛙卵来喂食蝌蚪。其中，如拟态短指毒蛙（第 386 页），雄性和雌性形成稳定的一夫一妻制，产卵后全程共同抚育子代。

有些蛙类将子代藏在自己身体里（非生殖道）来进行发育。雄性袋蟾（第 109 页）身体两侧各有一个由皮肤形成的育儿袋，可以容纳蝌蚪在里面发育；现在已绝迹的南部胃孵蟾（第 117 页）的蝌蚪在母亲的胃里发育；濒危物种达尔文蟾（第 257 页）的蝌

蚪在父亲的声囊里发育。最有名的便是负子蟾（第 54 页）了，从受精卵到幼蛙的整个发育过程都在母亲背部的皮囊中完成的。

有些蛙类在其子代变态为幼蛙后，才将其驮在背上。分布于巴布亚新几内亚的角楔姬蛙（第 483 页），雄性会驮着幼蛙几天，在天黑后到处移动。每晚都会有幼蛙跳走并消失在森林里，这种适应行为能确保幼蛙广泛地扩散。

上图：秘鲁的**蓝腹林跳毒蛙** *Hyloxalus azureiventris* 雄性守卫蛙卵，再将孵化的蝌蚪送入溪流，使其继续完成发育。

声音的世界

蛙类合鸣是自然界中最壮观的场景之一。在热带和亚热带的很多地方，数量巨大的雄性通常于夜间在某个局部地方聚集，所发出的鸣叫声在 1.5 km 之外都能听得见。蛙类合鸣有的只包含一个物种，但在有的地方，尤其是热带地区，可以多达 20 个不同的物种在一起鸣叫。合鸣通常发生在水塘或大型水体附近，以便雌性与雄性交配并产卵。

由于鸣叫通常伴随着交配，因此雄性的叫声常被认为是“交配鸣

下图：**美味侧褶蛙** *Pelophylax esculentus* 白天在一根原木上休息，雄性主要于夜间浮在水面上鸣叫。

叫”。其实，更准确的说法是“广告鸣叫”，因为其在雄性间的行为作用与交配时的作用同样重要。雄性会对其他雄性的叫声进行回应，有时会通过打斗的方式，但通常是变换自己的位置，以确保自己与竞争者没有靠得太近。保持一定的距离，便于雌性在合鸣中区分出不同雄性的叫声。

上图：**美洲牛蛙** *Rana catesbeiana* 正在打斗。雄性美洲牛蛙有领地意识，会守卫一块地盘，用叫声吸引雌性。打斗很罕见，大多数争斗都靠变换叫声来解决。

物种识别

对于雌性来说，最重要的任务就是要在合鸣的多个物种里辨别出同种的雄性，避免与其他物种的雄性交配。对于很多蛙类来说，物种识别是依赖于雄性叫声的特性和雌性听觉的敏感度。雄性叫声是有固定模式的且具有物种特异性，包含一定范围的音频，而能够与其他物种相区分。与人类耳朵能对较广的音频敏感不同，蛙类仅对相同物种的广告鸣叫的音频敏感。因此，相较于同种雄性，雌性对异种雄性的叫声可以说是充耳不闻。

叩咗离趾蟾（第 402 页）的种名就来源于其雄性的广告鸣叫声，包括了一个低频音节“叩”（co），随后是一个高频音节“咗”（qui）。雄性的耳中有仅对“叩”音节有反应的听觉细胞，而雌性耳中的细胞则对“咗”特别敏感。这种特别的例子说明了雄性叫声的双重功能，以及蛙耳对同种的叫声的选择性识别方法。

鸣声变化

对于蛙类来说，利用鸣叫进行相互交流远多于物种识别作用。对蛙叫的录音进行详细分析后发现，同一个物种的叫声也极富变化。例如，个别雄性叫声可能比同种其他雄性的叫声更频繁、更长，或是音频略有不同。有些蛙类能集群鸣叫数周或数月，使得雄性间能相互识别。美洲牛蛙（第 561 页）的繁殖期长，雄性们排列在水塘附近，它们能识别邻居的叫声。相较于熟悉的邻居，它们对叫声陌生的入侵者有更强的攻击性。这种现象被称作“亲敌效应”。

上图：**理纹非洲树蛙** *Hyperolius marmoratus* 正在鸣叫，其声囊已完全扩张。这个南非的物种耗费巨大的精力来发出非常响亮的叫声。相比仅鸣叫一晚的雄性，持续鸣叫数晚的雄性拥有更高的交配成功率。

雄性叫声的变化为雌性择偶提供了很多种选择，雌性会优先选择那些叫声有某些特征的雄性。有些物种，雌性偏爱体型大的雄性，它们的叫声比体型小的雄性稍深沉。更普遍的是，雌性会偏爱那些叫声更有活力的雄性，比如叫声更频繁、持续时间更长者。对于很多蛙类来说，鸣叫是最旺盛的活动并贯彻终生，长时间精力充沛的鸣叫能力反映出它们的健康和精力状况。雌性选择特别的叫声，因而使之可能与遗传优秀的雄性优先交配。

活跃地鸣叫意味着雄性所储存的能量可能会被迅速消耗掉，因而对其鸣叫的天数有所限制。筋疲力尽的雄性会变得沉默，可能无力进行交配。在有些物种中，这样的雄性会采取“随从”策略，即埋伏在一只正在鸣叫的雄性附近，企图阻截并紧紧抱住靠近它的雌性。

在很多蛙类里，雄性叫声的响度由声囊进行放大——肺里的空气通过声带进入口腔，再进入声囊使之膨胀。有些蛙类物种的喉部有一个单声囊，有的则是双声囊，位于口角两侧。声囊的颜色通常是白色或浅黄色，来自部分物种的证据表明，这样可以使雌性在黑夜里能看到雄性膨胀的声囊，以增加其交配概率。

求救鸣叫和释放鸣叫

很多蛙类还会发出有别于广告鸣叫的其他鸣叫声。如欧洲林蛙（第570页）在被猫攻击时，发出刺耳的尖叫声，会把猫吓一跳，而自己便能够逃之夭夭。很多物种的雄性在繁殖期时，会不分青红皂白地企图抱住任何移动的蛙类，包括同种或异种的雄性或雌性。当某只蛙被一只雄性抱错时，通常会发出"释放鸣叫"，使其将自己释放。雄性大蟾蜍（第163页）在争夺雌性的打斗中，释放鸣叫起了一定的作用。大体型雄性的叫声比小体型的更深沉，当两只雄性扭打在一起时，若小体型雄性听到大体型竞争者发出的深沉释放鸣叫，则会选择退出打斗。

下图：**雄性美味侧褶蛙** *Pelophylax esculentus* 正浮在水面鸣叫，其成对的声囊能将其叫声放大。

蛙、蟾与人

上图：《青蛙王子》的童话故事流传着许多版本。故事中，一位公主轻吻了一只青蛙，青蛙就变回了英俊的王子。这幅插图选自 1897 年出版，由梅布尔・迪尔默所绘的《青蛙王子》。

蛙类的变态现象，即由水栖的蝌蚪转变为陆栖的成体，或许是不少民间传说中虚构的变身故事的灵感来源。在青蛙王子的故事中，女巫将一位王子变成了青蛙，而来自公主的一个吻又能把丑陋的青蛙变回英俊的王子。在古埃及，当尼罗河泛滥之后，会有数以百万的蛙类出现，古埃及人认为这是形象为青蛙的女神海奎特显灵。因为洪水可以使贫瘠的土地重新变得肥沃，海奎特也被视为生育的象征。

蛙类作为食物和宠物

某些蛙类物种的后肢又长又粗，肌肉发达，自古就被人们视为美味佳肴，特别是在北美洲、亚洲和欧洲部分地区。比如，北红腿林蛙（第 558 页）就在 1849 年的淘金热潮中被作为食物。到了 1870 年，该蛙在旧金山周围的种群数量已经急剧下降。而 19 世纪末至 20 世纪初，北红腿林蛙的蛙腿向法国出口，更使它们的种群数量雪上加霜。野外种群的消耗殆尽促使欧洲和其他地区不得不另谋出路，开始发展大规模人工饲养体型巨大的美洲牛蛙（第 561 页）。

上图：世界上很多地方都有**美洲牛蛙** *Rana catesbeiana* 的养殖场，将其作为食物出售。令人担忧的是养殖场常有个体逃逸，它们在当地建立起入侵种群，威胁到本土物种的生存。

蛙类在世界上不同地区之间的进出口又引发了新的问题。从养殖场逃逸的美洲牛蛙在当地建立起入侵种群，不仅消灭并取代了本土的蛙类物种，并且传播如壶菌病等疾病。法国、英国和欧洲其他国家已经花费了大量的精力来试图消灭美洲牛蛙。

在世界的另一些地区，比如西非，蛙类不仅仅是一道美食，更是当地人宝贵的蛋白质来源。因此，一些大型蛙类的种群，例如巨谐蛙（第527页），已经被严重消耗掉。一只巨谐蛙的体重可达3 kg，是世界上现存最大的蛙类。除了被当地人大量捕食，巨谐蛙还被捕捉供给动物园和宠物贸易。目前巨谐蛙的濒危等级已被列为濒危。

日益庞大的国际贸易使得蛙类成为人们饲养在生态缸里的宠物，最流行的要数产自中美洲和南美洲的箭毒蛙类（第356—390页）和马达加斯加的曼蛙类（第632—635页）。这两个类群的体型都较小，而且色彩艳丽。有的物种不仅在生态缸环境中存活得很好，甚至能够进行繁殖。因宠物贸易引起的捕捉给某些蛙类的野生种群以沉重的打击，这是导致其数量下降的主要原因之一。尽管有的蛙类容易在生态缸中存活并繁殖，但大多数物种并非如此。所以，捕捉野生个体以供给宠物贸易，将长期威胁到蛙类野生种群的生存。

蛙类在科研中的应用

蛙类在医学和生物学研究中的作用至关重要。世界上研究得最多的蛙类便是非洲爪蟾（第 56 页）了，这个水栖物种的人工饲养非常容易。在 20 世纪四五十年代，非洲爪蟾广泛用于人工孕检，因为把孕妇的尿液注射到雌性体内就能促使它产卵。尽管这种测试现在已经被其他方法取代，但非洲爪蟾一直被广泛地用作模式生物，用于研究动物如何从卵细胞发育到成体。它也是第一个被克隆的脊椎动物。

近年来，人们从许多蛙类的皮肤分泌物中提取到具有抗菌功效的化合物，从而引发科学界极大的兴趣。自从现有抗菌素逐渐失去功效，人们迫切地需要寻找新的化合物来控制细菌感染。而蛙类或许能给这个难题带来一线希望。地毒蛙属（参见第 370—371 页）的物种能分泌一种独特的物质，被称为地棘蛙素（Epibatidine），或称蛙皮素。该化合物作为镇痛剂比吗啡更有效，而且与后者不同的是似乎不会使人上瘾。箭毒蛙类的皮肤分泌物很早就被中美洲和南美洲的印第安人涂在箭头上用于打猎，而某些蟾蜍的皮肤分泌物则被世界上很多地方用作致幻剂。中医亦把一些蛙类作为治疗各种病痛的良药，从而这也导致了许多亚洲蛙类物种被过度捕捉。

下图：三色地毒蛙 *Epipedobates tricolor* 的**皮肤分泌物**中含有一种强有效的镇痛剂，被称为地棘蛙素，或称蛙皮素。

除了正面的应用，一项试图把蟾蜍当作生物防治媒介的尝试却带来了一场巨大的生态灾难。体型庞大的蔗蟾蜍（第 210 页）原产于中美洲和南美洲，1935 年被引入到澳大利亚的昆士兰州，用于消灭甘蔗地里的害虫，因此叫蔗蟾蜍。然而蔗蟾蜍的引入并没有任何效果，因为它在夜里捕食，而害虫则在白天活动，而且蔗蟾蜍也不能爬到甘蔗上去捕食高处的害虫。然而，蔗蟾蜍的种群在澳大利亚却日益壮大，因为它可以肆无忌惮地捕食其他本土生物，其种群密度甚至比原产地还

左图：**非洲爪蟾** *Xenopus laevis*，也叫作光滑爪蟾，人工大量繁殖以供医学研究。

高。蔗蟾蜍的分布范围正以每年 30 km 的速度蔓延开来。现在，整个澳大利亚西部和北部都有它的身影。蔗蟾蜍给澳大利亚的生物多样性带来极其严峻的冲击。它不仅导致本土蛙类种群下降，还影响到爬行类的生存——因为捕食蔗蟾蜍时，爬行类会被其皮肤分泌物中的毒素杀死。

左图：一只在甘蔗地里的**蔗蟾蜍** *Rhinella marina*，它们被引入澳大利亚的昆士兰州，试图用于害虫防治。

种群数量下降

自20世纪80年代起，世界各地研究蛙类和其他两栖类的生物学家们纷纷发现，他们研究对象的种群数量都在以令人担忧的速度急剧下降。两栖类下降的具体程度随着2004年“全球两栖类评估”（Global Amphibian Assessment）的发布而拨云见日。该评估结果表明，世界上32%的两栖类物种都受到灭绝的威胁。这个百分比代表了近2000个物种（参见下页表所列的濒危等级）。科学家相信，在最近20年，有170种左右的两栖类已经灭绝了。而全球近一半的物种都出现了种群下降的现象。

两栖类的数量下降并非个例。在世界范围内，所有动植物种类的数量都在下降。生物学家们认为，这代表着地球历史上第六次生物集群

右图：**象征两栖类数量下降现象的图标**是哥斯达黎加的金蟾蜍 *Incilius periglenes*，它们在大约15年之前已经灭绝了。其灭绝的真正原因目前尚不清楚，但是很有可能是由于气候变化和壶菌病所导致的。

两栖类物种濒危等级

濒危等级	物种数量	所占比例/(%)
数据缺乏（DD)	1294	22.5
无危 (LC)	2203	38.4
近危 (NT)	359	6.3
易危 (VU)	668	11.6
濒危 (EN)	761	13.3
极危 (CR)	427	7.4
灭绝 (EX)	35	0.6
总数	5743	

数据来自“全球两栖动物评估”2004 年版本，显示了世界上两栖类相应的濒危等级。这七个等级中，易危、濒危和极危可以合称为受威胁（T），共包含 1856 个物种，代表了所有已知两栖类物种总数的近 32%。

数据来源：Stuart et al.（2004）[①]

灭绝事件。之前的五次大灭绝均为自然发生，比如第五次大灭绝就是因为 6600 万年前一颗大陨石撞击了地球[②]。然而这一次大灭绝则是由人类活动一手造成的。世界自然基金会（WWF）在 2014 年发布了《地球生命力报告》的最新版本，分析了长期监测不同物种的野外种群状态的数据。结果表明，自 1970 年开始，全世界的脊椎动物（即鱼类、两栖类、爬行类、鸟类和哺乳类）种群数量已经下降了 52%。因此，两栖类的数量减少只是地球上生物多样性整体衰落的一环而已。

物种数量下降和灭绝的速率与所属的生态系统有关。全球所有的淡水水生动物下降了 76%，这一比例远大于其他任何生态系统。两栖类由于完全依赖于淡水环境，所以它们是地球淡水资源丰寡与质量的指

①译者注：目前，上述数据有更新。依据“全球两栖类评估”2016年3月版本，显示了世界上两栖类相应的濒危等级为8个。其中，易危、濒危和极危可以合称为受威胁（T），共包含1991个物种，代表所有已知两栖类物种总数的近32%。

濒危等级	物种数量	所占比例/(%)
数据缺乏（DD)	1533	24.5
无危 (LC)	2316	37.0
近危 (NT)	381	6.1
易危 (VU)	715	11.4
濒危 (EN)	787	12.6
极危 (CR)	489	7.8
野外灭绝（EW)	1	0.02
灭绝 (EX)	38	0.6
总数	6260	

②译者注：该撞击很可能导致了恐龙的灭绝。

右图：造成世界两栖类种群数量下降和灭绝**最为重要的因素**就是栖息地的破坏。这里图示厄瓜多尔的雨林由于需要用作农业耕地而遭到毁坏。

示器。淡水资源中，大型湖泊或河流由于盛产鱼类资源，往往都受到一定程度的保护，但它们却不是两栖类的主要栖息地。两栖类通常生活在小池塘、湿地、沼泽和山溪里，而这些淡水资源一般都缺乏保护。

两栖类自身的许多特征使其更容易受到那些导致环境恶化的因素的威胁。其中最重要的特征即它们对淡水的依赖，特别是在繁殖过程中。另一个重要特征是两栖类的身体缺乏最外层的保护[①]，尤其在卵和蝌蚪阶段。因此它们在面对各种污染源的时候显得更加脆弱。从本书中，读者可以看到，很多两栖类的分布范围都非常狭窄，以致它们特别容易受到栖息地被破坏和由气候变化引起的环境改变的影响。

造成两栖类种群数量下降的原因

造成两栖类种群数量下降最普遍的原因就是栖息地被破坏。在全球范围内，自然环境不断给农业开垦和人居建设让步。其中与两栖类息息相关的是滥伐森林和人为排干湿地。同时，许多两栖类因淡水栖息地被化学污染——特别是农业化学药品，例如杀虫剂、除草剂和化肥——而受到侵害。在世界上某些地区，外来物种的入侵也会导致本土两栖类数量下降，尤其是会捕食蝌蚪的外来鱼类的引入。有的时候，这些外来物种是人们刻意引入的，包括供垂钓的鳟鱼和控制昆虫虫害的食蚊鱼等。此外，某些两栖类因为人类的过度捕捉而数量锐减。捕捉的目的包括作为食物、宠物或者传统药物。

人类活动已经造成地球大气层的改变，包括形成臭氧层空洞。臭氧

① 译者注：其皮肤具渗透性，隔离有害物质的能力弱。

层本来能够保护生物体不受到来自太阳的紫外光B（UV-B）的辐射伤害。在世界上某些地区，UV-B 辐射量的增加可使两栖类的卵受到损伤，导致畸形发育和夭折。气候变化对两栖类有着巨大的影响，不仅使其繁殖期提前，还会改变繁殖场所中水量适宜的时间段，导致蝌蚪没有足够时间完成变态。可以预见，随着降水格局、植被和其他环境因素随气候变化而改变，两栖类还会遭受更加严峻的考验。

除了上面提到的各种人类活动因素以外，两栖类还饱受一系列自身特有病害的困扰。两栖类的头号杀手就是壶菌病。这是一种真菌引起的疾病，有两个显著特点：其一，壶菌病已经传播到世界各个角落；其二，该真菌可以感染大量两栖类物种。而一般野生动物的疾病仅仅感染一个或几个物种而已。

并非所有种群下降的例子都涉及上述的各种环境改变。有时单个因素就足以造成两栖类数量减少。但更需要引起注意的是，在许多种群下降的例子里，多个因素会相互协同作用。比如在美国西北部的喀斯喀特山脉，一系列持续的干旱导致西北蟾蜍（第 143 页）繁殖水塘的水位下降。因而水中的蟾卵受到更高剂量的 UV-B 辐射，造成基因突变的概率增加，也使蟾卵更容易被水霉菌 *Saprolegnia* 所感染。

下图：**西北蟾蜍** *Anaxyrus boreas* 在其广阔的分布地区中数量不断下降，这主要是由栖息地退化、紫外线辐射增加和壶菌病等多种因素造成的。

许多环境因素给两栖类带来的负面影响往往十分微妙，只有非常仔细的研究才能发现这些不足以致命的改变。其中，各种化学污染物，也被称为“性别扭曲剂”，正影响着两栖类的生殖系统。例如，广泛使用的除草剂“草脱净”就被证明能使多种鱼类和蛙类的雄性变得雌性化。这种性别改变对种群的繁衍危害极大。又如，当含氮的化肥污染水源时，化肥本身的剂量一般不会直接杀死蝌蚪，但却能抑制蝌蚪的生长，最终导致成体体型弱小，成活率降低。在英国，气候变化导致冬季变得温暖，和以前寒冷的冬季相比，大蟾蜍 *Bufo bufo*（第 163 页）也变得更加活跃，其结果就是雌性会消耗更多本该用于春季繁殖的脂肪储备，而最终导致产卵量减少。

两栖类疾病

和其他动物包括人类一样，两栖类对各种传染病同样敏感。这些疾病的罪魁祸首是各种微生物，统称为病原体。在不同时期，某种特定疾病的发病率会突然显著增加，随之上升的还有其致病性、传播范围或者感染对象的类群。这类“新兴传染病”的例子包括人类的艾滋病和埃博拉出血热。近些年来，新兴传染病在局部、地区和全球范围内给许多两栖类物种带来致命的打击。

蛙病毒，20 世纪 60 年代首先发现于美国，普遍认为由鱼类病毒进化而来，专门感染水栖爬行类和两栖类。该病毒造成目标动物皮肤病变以及四肢肿胀，最终引发大规模的群体死亡。例如，蛙病毒与 20 世

右图：繁殖池塘里的**欧洲林蛙** *Rana temporaria*。当数量众多的蛙类聚集到繁殖场所进行繁殖时，病毒、细菌和真菌等病原体的传播就变得非常容易。

左图：英国伦敦一个花园中已死亡的欧洲林蛙 *Rana temporaria*。该蛙大腿内侧显现的红色将死亡原因直指红腿病。

纪 80 年代英国东南部的欧洲林蛙（第 570 页）大范围死亡事件有关。这些林蛙在城市的花园池塘中极为常见，具有数量庞大的种群。它们用于繁殖的池塘往往也生活着人工引入的外来鱼类，比如金鱼。

红腿病是由嗜水气单胞菌 *Aeromonas hydrophila* 所引起的另一种传染病。该疾病得名于其最明显的症状——大腿内侧出血。与红腿病有关的大规模死亡包括 1979 年美国加利福尼亚州的山黄腿蛙（第 565 页）死亡事件和 20 世纪七八十年代科罗拉多州的西北蟾蜍（第 143 页）死亡事件。

壶菌病

目前，感染两栖类最严重的新兴传染病就是壶菌病。这是已知的唯一能在原始生态环境中造成种群数量大幅度下降以致灭绝的野生动物疾病，因此壶菌病没有任何其他环境压力。壶菌病于 1993 年于澳大利亚的昆士兰州首次发现，是由称为蛙壶菌 *Batrachochytrium dendrobatidis*（简称 *Bd*）的真菌所引起的传染病。蛙壶菌主要感染两栖类的最表层的皮肤，并作用于该层皮肤所含的纤维状角蛋白。在蝌蚪中，角蛋白只存在于坚硬的口器部分，因此蛙壶菌对蝌蚪没什么负面影响[①]。当蝌蚪完成变态后，蛙壶菌便侵入成体的角质化皮肤，阻断两栖类皮肤中复杂的生理反应[②]，最终引发心脏停止跳动从而导致死亡。

---

① 译者注：近年来科研表明，蛙壶菌会导致蝌蚪进食效率降低，并引起一系列生理应激反应。

② 译者注：蛙壶菌导致角质化增生，皮肤增厚，从而阻碍皮肤的呼吸功能和保持体内外水分平衡等。

右图：一只死于壶菌病的**蛙**。

目前人们对壶菌病的很多方面依然不够了解。比如，人们不确定壶菌病能否通过两栖类以外的动物传播，也不清楚为什么有的物种就比其他物种更容易受到感染。但可以确定的是，壶菌病已经造成至少 200 种两栖类出现种群数量大范围的下降，甚至是灭绝，而同时又有一些物种完全不受其影响。后者就包括美洲牛蛙（第 561 页）和非洲爪蟾（第 56 页）。这两种动物都能携带蛙壶菌，并通过人类运输散布到世界各地。因此，壶菌病在世界范围内的传播，人类很有可能也负有一定责任。

显而易见，壶菌病的传播速度非常快。生物学家们一直都在密切关注这种疾病的分布范围。特别是在中美洲，壶菌病由北向南扩散；而在澳大利亚西部，则是由南向北传播。在某些地区，壶菌病蔓延的速度甚至达到每年 100 km。虽然在世界上有的地方，壶菌病还只是一种新兴疾病，但在另一些地方它却已经潜伏了很久。最近一项科研发现，在一批 1888—1889 年采集于美国伊利诺伊州的博物馆标本中，已经检测到壶菌病。这说明该疾病早在 120 年前就已经出现在伊利诺伊州了。与之类似，在非洲大陆，人们在 1933 年采集于喀麦隆和 1938 年采集于南非的标本中也检测出了蛙壶菌。

关于壶菌病的起源，现在主要有两种争论：第一种观点指出，蛙壶菌是一种最近才进化出的病原体，然后迅速传播到世界各地；而第二种观点认为，壶菌病早就存在于世界上某些地区，只是最近才因为人类活动而到处传播。同时也有观点表明，单个或多个环境刺激，比如

左图：在高高的内华达山脉中，壶菌病造成山黄腿蛙 *Rana muscosa* 的**大规模死亡**。生活在高海拔地区的蛙类特别容易受到这种致命真菌的感染。

化学污染、UV-B 辐射量增加或者气候变化，都可能导致两栖类更容易受到壶菌病的感染。

迄今为止，已知至少有 350 个两栖类物种有感染壶菌病的记录。蛙壶菌对于不同物种的蛙类的感染效果并不一样。对某些物种而言，一旦感染就意味着死亡；而在另一些物种中，壶菌病却没有明显的症状。不过这些物种依然能作为携带者，将病原体传染给其他易受感染的物种。在山溪里繁殖的物种尤其容易感染上壶菌病，因为溪水水温较低，正好给蛙壶菌提供适宜的生长环境。以澳大利亚的蛙类为例，某些物种在高海拔地区的种群数量已经因壶菌病而大幅度下降；而同一物种在低海拔地区的种群却未受到太大影响。

人们已经进行了大量科研尝试，希望能找出治疗壶菌病的办法。在实验室里，改变水体温度、使用抗真菌因子以及其他一些疗法都初具成效，但这些手段对于野外种群的治疗却并不适用。最有可能阻止壶菌病继续传播的措施就是限制人为迁移已被感染的两栖类。世界各地的生物学家在从一个野外工作地点前往下一个地点之前，也开始常规性地认真清理自己的鞋子和野外装备，以避免携带蛙壶菌。眼下的当务之急是阻断两栖类在世界食物和宠物贸易网络中的流通。不过该举措会面临实际操作和法律层面的巨大挑战。

分布与分类

蛙类分布于除南极洲外的世界各大洲，物种数量最多的是南美洲热带地区。蛙类的新物种还在不停地被人们所发现和描述。哥伦比亚分布有711种蛙类，其中353种都是特有种，也就是说在世界其他任何地方都没有分布。相比之下，英国分布的11种蛙类仅4种是原生种，并且还都不是特有种。蛙类的分布要比蝾螈类广泛很多，后者主要分布于北半球，北美洲的多样性最高；蚓螈类则分布于南美洲、中美洲、非洲和南亚的热带地区。

蛙类的分类在近期经历了颠覆性的改变。2006年之前，它们被归为28个科。近期基于物种间DNA序列的比较分析，为无尾目的分类带来了革命性的进展，现在已经确认有55个科[①]。物种最多的科是斜蟾科 Strabomantidae[②]，它在以前的分类系统里是不存在的，目前包括625个物种，均分布于南美洲。无尾目的第二大科是蟾蜍科 Bufonidae在以前的分类系统里是已有的，包括592个物种，几乎分布于全球；而澳大利亚没有蟾蜍科原生种分布，但有入侵物种蔗蟾蜍（第210页）。

蛙类的进化与早期大陆板块间的分裂和漂移的构造运动有关。因此，一些较早分化的科，如蟾蜍科，在很多大陆都有分布；相反，一些近期起源的科，则分布相对局限。例如，马达加斯加岛分布有303个物种，其中207种都隶属于该岛特有的曼蛙科 Mantellidae。

---

① 译者注：依据Frost (2018)，无尾目有56个科。

② 译者注：斜蟾科已于2014年被并入鼓腹蟾科Craugastoridae，依据Frost (2018)，该科有816个物种，是目前物种数量最多的科。

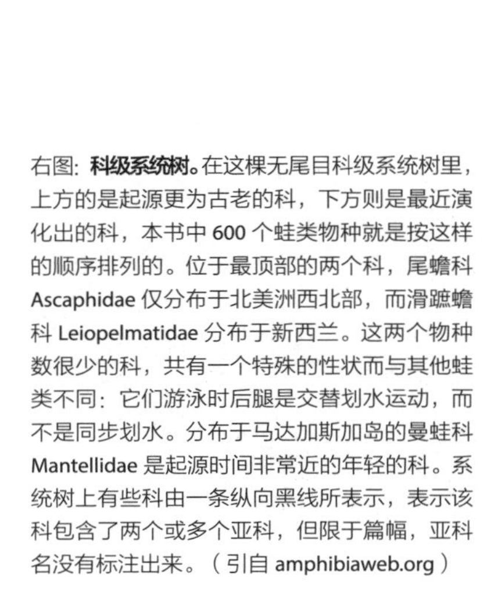

右图：**科级系统树。**在这棵无尾目科级系统树里，上方的是起源更为古老的科，下方则是最近演化出的科，本书中 600 个蛙类物种就是按这样的顺序排列的。位于最顶部的两个科，尾蟾科 Ascaphidae 仅分布于北美洲西北部，而滑蹠蟾科 Leiopelmatidae 分布于新西兰。这两个物种数很少的科，共有一个特殊的性状而与其他蛙类不同：它们游泳时后腿是交替划水运动，而不是同步划水。分布于马达加斯加岛的曼蛙科 Mantellidae 是起源时间非常近的年轻的科。系统树上有些科由一条纵向黑线所表示，表示该科包含了两个或多个亚科，但限于篇幅，亚科名没有标注出来。（引自 amphibiaweb.org）

为什么蛙类的物种数量在持续增加

尽管世界上有超过两百万种动植物已被正式描述，但地球上仍有大量的物种并不为人所知。据估计，生物学家已记录和命名了的物种大约只占全球物种总数的 10%。从目前来看，以后生物学家要想再发现新的哺乳类和鸟类物种会越来越困难。不过近些年两栖类新种却大量涌现，这让人始料不及。2002 年，科学界已知的两栖类物种为 5339 种；而到了 2015 年伊始，这一数字已经攀升到了 7387 种[①]。仅 2014 年一年，网站 AmphibiaWeb 就在其两栖类物种列表中添加了至少 163 个新种。本书中也涵盖了很多近几年新发表的蛙类物种。

右图：作为**世界上体型最大的蛙类之一**，的的喀喀湖蛙 *Telmatobius culeus* 仅分布于玻利维亚和秘鲁交界的的的喀喀湖中。由于被大量捕捉食用，现在该物种的濒危等级已经为极危。

① 译者注：依据Frost (2018)，截至2018年2月，全球两栖类共7787种。

左图：**小条纹蛙** *Dendropsophus minimus* 分布范围广阔，几乎遍布南美洲。通过研究不同地区种群的遗传分化，人们发现该蛙可能包含多个物种。

在过去，动植物新物种的发现一般来自人类极少涉足的偏远地区的调查记录。部分蛙类新种就是这类科学考察的成果，尤其是在世界上鲜有人研究的地区——如巴布亚新几内亚，和人类难以到达的地方——比如南美洲的安第斯山脉。绝大部分两栖类的体型都较小，在其生境中也善于伪装自己，而且一年之中的活跃时间很短。因此，在对一个地区的短期考察中，两栖类极易被忽视。然而，并非所有的两栖类新种都发现于异域密境之中。纽约豹纹蛙（第 564 页）就生活在纽约都会区，直到 2014 年才被正式描述为新种。

DNA 数据分析

相对传统的科学考察而言，更多新物种的发现源自对“隐存种”进行现代化的 DNA 数据分析。包括上文提到的纽约豹纹蛙也属于类似情况。DNA 分析能够呈现物种间的遗传分化模式，而这种模式却无法用肉眼观察到。遗传分化往往和地理分布有极大关系，即生活在不同地区的蛙类种群之间会有明显的 DNA 层面的差别。因此，生物学家已经把不少曾经认为是广泛分布的物种重新细分成了多个新物种。例如，最近人们发现非洲爪蟾（第 56 页）其实包含了四个不同的物种。它们在地理分布和遗传基因上分化显著，但形态上却没有分别。又例如，小条纹蛙广泛分布于南美洲大陆，而最近一项研究其遗传分化的工作表明，该蛙实际包含了至少 43 个不同的进化支系，其中很多支系可能代表独立的物种。

蛙　类

The Frogs

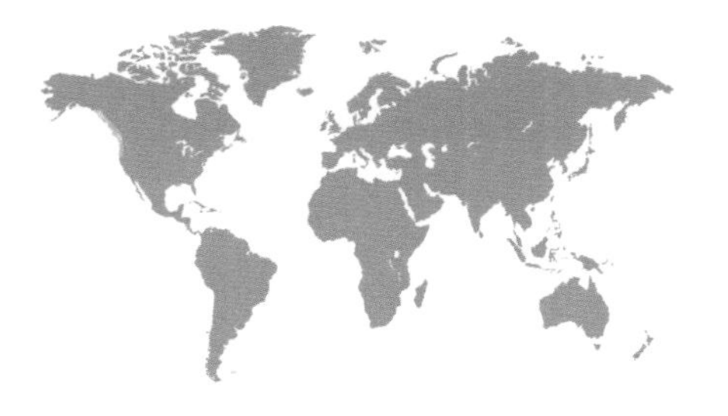

科名	尾蟾科Ascaphidae
其他名称	临海尾蟾、西部尾蟾
分布范围	美国西北部、加拿大
成体生境	湿润森林，最高海拔2000 m
幼体生境①	山区溪流
濒危等级	无危。易受伐木和道路建设的影响

成体体长
1—2 in（25—51 mm）；
雄性一般小于雌性

尾蟾
Ascaphus truei
Pacific Tailed Frog
(Stejneger, 1899)

实际大小

尾蟾因其雄性的尾状突起而得名，而图示的雌性则没有这样的突起；在繁殖期，雄性的前肢会显著膨大；眼大，虹膜金色；背面通常为米黄色、灰色、红色或者黑色，伴有不同形式的暗色条纹或者斑块。

这种不同寻常的蛙类为体内受精，即受精卵在雌性体内开始发育。交配在水中进行，雄性利用泄殖腔末端的尾状突起将精液注入雌性体内，雌性通常在湍急溪流中的石块下产28—96枚卵，受精卵被包裹在条状的卵带中。针对溪流中快速的流水，尾蟾蝌蚪进化出吸盘状的口器，使它们能够牢牢地吸附在水中的石块上。虽然成体基本在陆地上生活，但尾蟾的后脚趾间依然保留了蹼，使得它们在水中也能强劲地游泳。和大部分蛙类不同，尾蟾的雄性并不鸣叫。

相近物种

依据分子遗传的证据，洛基山尾蟾 *Ascaphus montanus* 是最近从尾蟾中分出的新种。洛基山尾蟾分布于内陆的几条山脉，以蒙大拿州为主，也包括华盛顿州、爱达荷州和俄勒冈州。据报道，洛基山尾蟾喜欢冷水环境，隔年才繁殖一次。

① 译者注：幼体生境主要指蝌蚪期所处的生境。后文同。

科名	滑蹠蟾科Leiopelmatidae
其他名称	无
分布范围	仅限于新西兰北岛的两个地区
成体生境	潮湿森林，海拔200—1000 m
幼体生境	卵内直接发育，产卵于地面浅巢里
濒危等级	极危。在1996年时还相对常见

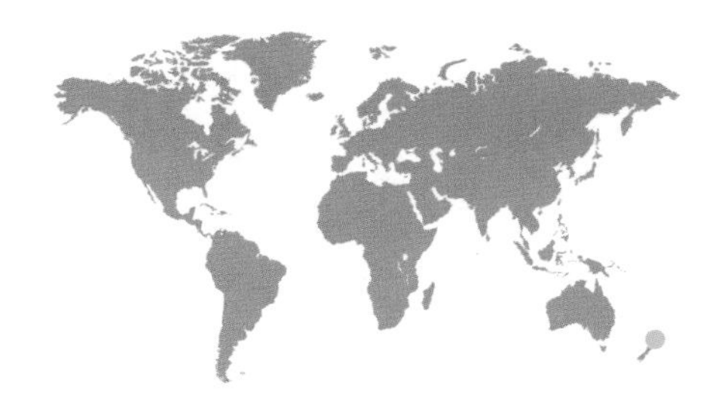

成体体长
雄性
最大 1¼ in (31 mm)
雌性
最大 1⁷⁄₁₆ in (37 mm)

阿氏滑蹠蟾
Leiopelma archeyi
Archey's Frog
(Turbott, 1942)

这种原始蛙类缺乏可以弹射的舌头，所以只能张开大嘴利用俯冲捕食猎物。成体通常在倒伏枯木下潮湿的凹陷处进行交配，然后雌性产下成串的卵，卵径大。雄性会守护受精卵，并会在卵上分泌含有抗菌素的黏液。蝌蚪在卵内发育，直到变态。拖着尾巴的幼蛙破卵而出，然后爬到雄性的背上。在接下来的几周时间，雄性会一直背负幼蛙四处活动，直到幼蛙完全变态。当受到攻击时，成体会采取绷直四肢的防御姿势。一项全面的保育计划正在开展中，人们希望通过人工繁殖和野外释放幼体的方法来保护阿氏滑蹠蟾。

实际大小

阿氏滑蹠蟾颜色变化较大，常为绿色或者棕色并伴有深色斑块；皮肤光滑；头部宽阔；瞳孔为圆形；皮肤内包含大量防御性的颗粒状腺体，特别是在背部六条纵棱内；化石证据表明，阿氏滑蹠蟾和它的近亲们在 2 亿年内都几乎没有发生形态改变，所以它们堪称活化石。

相近物种

滑蹠蟾属 *Leiopelma* 包含了四个物种，均仅分布于新西兰。在近几年中，它们都受到壶菌病的影响，种群数量急剧下降。滑蹠蟾在夜间尤为活跃，但它们都缺乏声囊，所以不能发出求偶鸣叫。霍氏滑蹠蟾 *Leiopelma hochstetteri* 是该属分布最广的物种，但也被列为易危物种，它在水中产卵。另见哈氏滑蹠蟾（第 42 页）。

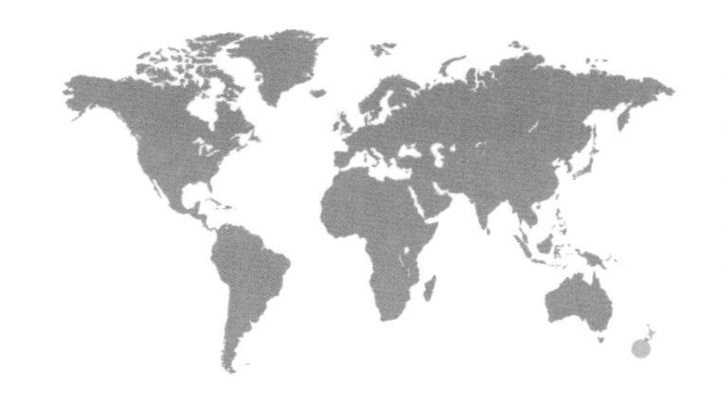

科名	滑蹠蟾科Leiopelmatidae
其他名称	斯蒂芬岛滑蹠蟾
分布范围	新西兰南岛以北的斯蒂芬岛（毛利语Takapourewa）
成体生境	林中巨石之间的深缝隙中
幼体生境	卵内直接发育
濒危等级	濒危。有人认为整个种群少于300个个体

成体体长
雄性
最大 1 11/16 in (43 mm)
雌性
最大 2 in (52 mm)

哈氏滑蹠蟾
Leiopelma hamiltoni
Hamilton's Frog
(Mcculloch, 1919)

实际大小

哈氏滑蹠蟾体色隐蔽，依靠保护色来躲避捕食者；通常全身为褐色（偶尔是绿色），带有黑色斑纹，有一条黑色的条纹从眼部穿过；身上带有许多颗粒状的腺体，背部的腺体排成六条纵棱，能分泌防御性的分泌物。

哈氏滑蹠蟾曾经广泛分布于新西兰的主要岛屿上，但现在已经难见踪影。最初是因为老鼠和其他外来捕食者的捕食，近年来又受到壶菌病的感染。现在哈氏滑蹠蟾仅残存于库克海峡中狭小的斯蒂芬岛，面积不足 1.5 km^2。雄性没有声囊，所以不会鸣叫。交配过程中，雌性会产下 7—19 枚大卵，卵连成一串，由雄性守卫卵。蝌蚪在卵内直接发育成小幼蛙，然后由雄性背负着四处活动。

相近物种

毛德岛滑蹠蟾 *Leiopelma pakeka* 直到最近才被承认为一个独立的物种，仅分布于马尔堡峡湾的毛德岛（毛利语 Te Hoiere）。毛德岛滑蹠蟾已经成功地在人工饲养下繁殖，以后可能会放归到其他没有捕食者的岛屿。和滑蹠蟾属的其他物种以及尾蟾 *Ascaphus* 相似，毛德岛滑蹠蟾游泳的时候，两条腿是交替向后蹬水，而不同于大多数蛙类双腿同时向后蹬水。

科名	铃蟾科Bombinatoridae
其他名称	无
分布范围	欧洲中部和东部
成体生境	湿地、池塘和小型湖泊里或周围，能够耐受被污染的水质
幼体生境	池塘和小型湖泊
濒危等级	无危。部分地区因为湿地枯竭而种群下降

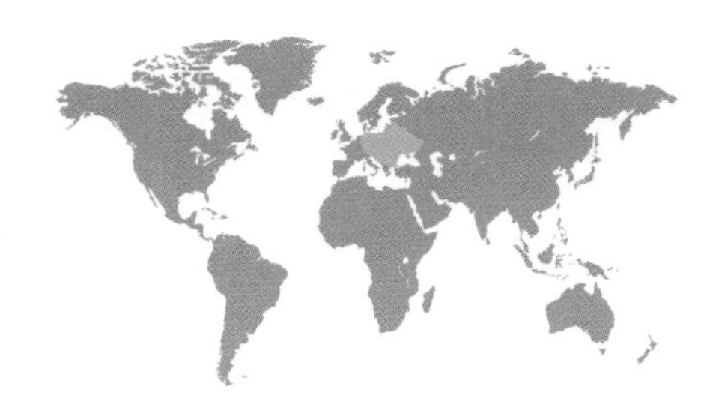

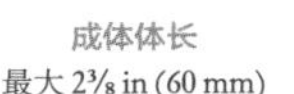

成体体长
最大 $2\frac{3}{8}$ in (60 mm)

红腹铃蟾
Bombina bombina
European Fire-bellied Toad
(Linnaeus, 1761)

红腹铃蟾多在池塘和小型湖泊里繁殖，雄性漂浮在水面鸣叫求偶，交配时从后方抱住雌性的胯部。雄性前臂具有黑色粗糙的婚垫，使其能在抱对时将雌性牢牢抱住。雌性产下 80—300 枚卵，蝌蚪经 2—2.5 个月的发育后开始变态，2—4 岁达到性成熟。红腹铃蟾至少能存活 12 年。其皮肤里的腺体能分泌黏液，保护它们不受真菌的感染，也能赶走潜在的捕食者，它的分泌物还能导致人不断打喷嚏。

红腹铃蟾体型短粗；皮肤上具有疣粒；眼睛向上突起；背面通常为深灰色（偶尔为绿色）并伴有黑色斑纹，腹面为红色或者橘红色伴有黑色斑纹；这种体色代表了一种双重防御系统：背面颜色属于保护色，但如果一旦遭到攻击，它会采取预感反射的姿势来展示腹面的警戒色。

相近物种

多彩铃蟾（第 46 页）的大小和形态都与红腹铃蟾相似，区别在于多彩铃蟾的腹部是黄色而红腹铃蟾的腹部是红色。多彩铃蟾分布在欧洲南部和西部的广袤地区，在很多地方这两种铃蟾都存在同域分布。与多彩铃蟾相比，红腹铃蟾更偏好于较大的池塘。从德国北部到罗马尼亚，两种铃蟾之间存在一条狭窄的杂交带。

实际大小

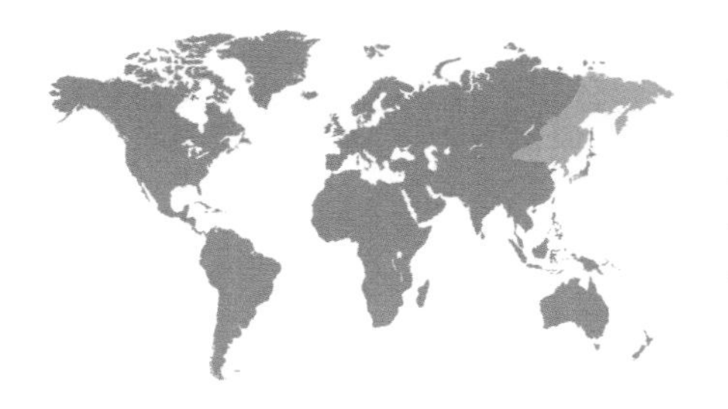

科名	铃蟾科Bombinatoridae
其他名称	火腹铃蟾、红肚蟾
分布范围	中国东北部、朝鲜半岛、日本南部、俄罗斯东部
成体生境	静水或缓流水附近各种生境
幼体生境	静水或缓流水
濒危等级	无危。在农田中随处可见

成体体长
雄性最大
2⅛ in (55 mm)
雌性最大
2⅝ in (65 mm)

东方铃蟾
Bombina orientalis
Oriental Fire-bellied Toad
(Boulenger, 1890)

这种像蟾蜍似的蛙类很容易人工繁育。在自然界中，它的繁殖期是5—8月。繁殖期时，雄性的第一、二指上会长婚垫，这使它能够紧紧抓住雌性的胯部。雌性分批产卵，每次3—45枚，整个繁殖期总共40—260枚。成体能存活至少20年。当受到攻击时，它的后腿上会分泌一种有毒的乳白色分泌物，并把身体和四肢向上翘起，露出颜色艳丽的腹部。

相近物种

铃蟾属 *Bombina* 在亚洲分布的物种中，有三个被列为易危物种，它们因森林砍伐而丧失栖息地。强婚刺铃蟾 *Bombina fortinuptialis* 分布区狭窄，利川铃蟾 *Bombina lichuanensis*[①]也仅分布于两个狭窄的分布区。微蹼铃蟾 *Bombina microdelafigitora* 是其中最独特的，它们在树洞里鸣叫和产卵。

东方铃蟾的别名（火腹铃蟾、红肚蟾）来源于它色彩艳丽的腹面，由红色渐变到黄色，带有黑色斑点；背面杂以绿色、灰色或棕色，并带有黑色斑点；身体背面布满突出的疣粒；眼睛瞳孔呈三角形，眼部向上突出，以便在水面漂浮时能看得见水上的情形。

实际大小

① 译者注：依据Frost (2018)，强婚刺铃蟾和利川铃蟾被作为微蹼铃蟾的同物异名。

科名	铃蟾科Bombinatoridae
其他名称	无
分布范围	意大利半岛波河以南
成体生境	森林里和开阔环境中的露天池塘，包括农田
幼体生境	临时性小水塘
濒危等级	濒危。20世纪90年代以后，在意大利北部和中部大量减少

成体体长
1⁹⁄₁₆—1¹⁵⁄₁₆ in (40—50 mm)

厚皮铃蟾
Bombina pachypus
Apennine Yellow-bellied Toad
(Bonaparte, 1838)

从冬眠中苏醒不久，这种日行性蛙类便开始了它们漫长的繁殖期，从5月持续到9月。在这期间，雌性是个机会主义者，忙碌于各个临时性水塘之间，与不同的雄性交配，并产下一小堆卵。在整个繁殖期，雌性会在不同的水塘产下多批卵。至20世纪90年代以后，厚皮铃蟾在意大利的某些地区显著减少，部分原因是栖息地的减少，而另一部分原因则是壶菌病的侵扰。它非常容易受壶菌的感染。所幸的是，厚皮铃蟾很容易在人工饲养下繁殖。现在已经有保育项目，对其进行人工繁殖并配合野外放生。

实际大小

厚皮铃蟾身体短粗，略微扁平；吻端圆；眼睛向上突起；瞳孔为三角形；背面浅灰到深灰色，伴有深色小圆斑；腹部为明亮的黑黄相间；当做出铃蟾属特有的预感性防御姿势时，腹面的明亮颜色便充分展示出来。

相近物种

厚皮铃蟾以前一直被认为是多彩铃蟾（第46页）的一个亚种，直到最近才依据遗传分化被认为是一个独立的物种。多彩铃蟾广泛分布于欧洲中部和南部，其栖息地也各式各样。作为一种两栖类，多彩铃蟾能够耐受被污染的水质。但在欧洲某些地区，由于湿地被人为排干，其种群数量已经出现下降。

科名	铃蟾科Bombinatoridae
其他名称	黄腹铃蟾
分布范围	欧洲中部、南部和东部
成体生境	湿地旁的树林里，水塘和小型湖泊。能忍受被污染的水质
幼体生境	水塘和小型湖泊，偶尔在溪流里
濒危等级	无危。部分种群由于湿地干涸而数量下降

成体体长
1¾—2⅛ in (45—55 mm)

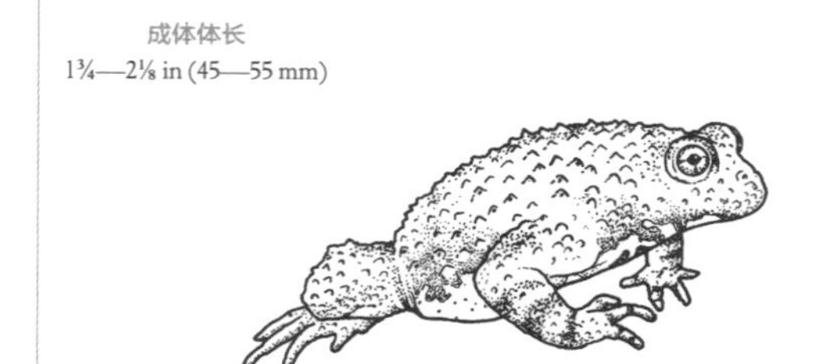

多彩铃蟾
Bombina variegata
Yellow-bellied Toad
(Linnaeus, 1758)

实际大小

多彩铃蟾体型稍扁；浑身布满疣粒；手指和脚趾又短又粗；眼睛向上突起，瞳孔三角形；背面深灰绿色，使它可以隐藏在各种背景颜色之中；腹面亮黄色带有黑色斑点；当它摆出预感性防御姿态的时候，就会露出腹面的警告色。

这种小型蛙类已经被证实能够在野外环境中存活20年以上，而人工饲养下则能活27年。作为机会主义者，多彩铃蟾对暴雨反应迅速，雨后即开始繁殖，一年之内最多能繁殖三次。虽然成体对繁殖水体并不挑剔，但它们更偏好大型池塘，这样就可以避免在蝌蚪变态过程中池塘干涸。求偶时，雄性在池塘和湖泊里集群鸣叫，发出“咕 - 咕 - 咕”（poop-poop-poop）的叫声。雄性前臂和掌上会长出婚垫，便于它们在抱对过程中牢牢地抓住雌性。冬天时，成体会躲进洞穴或者躲在岩石和倒伏的树干之下。

相近物种

多彩铃蟾和厚皮铃蟾（第45页）在大小、外观和生活环境上都很相似。在欧洲的大部分地区，多彩铃蟾的分布范围和体型稍大的红腹铃蟾（第43页）相互重叠，从德国北部到罗马尼亚，这两个物种之间存在一条狭窄的杂交地带。

科名	产婆蟾科Alytidae
其他名称	巴勒斯坦油彩蛙
分布范围	以色列北部胡拉峡谷地区的湿地
成体生境	湿地
幼体生境	未知，可能同样生活在湿地
濒危等级	极危。曾经一度被认为已经灭绝

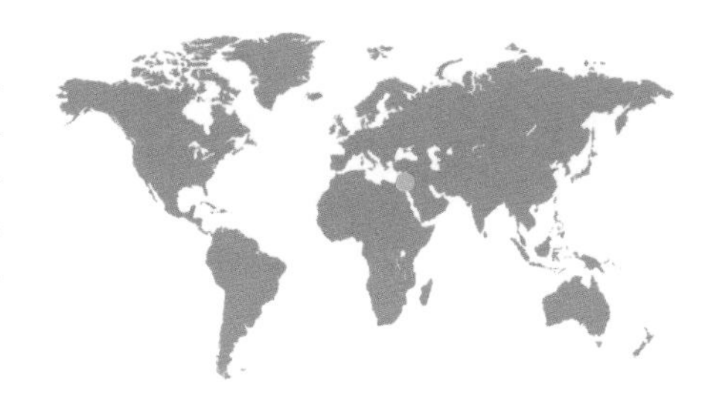

成体体长
约 1⁹⁄₁₆ in (40 mm);
依据一号标本

胡拉油彩蛙
Latonia nigriventer
Hula Painted Frog
(Mendelssohn & Steinitz, 1943)

胡拉油彩蛙被称为“活化石”，它是一种极度稀有的蛙类。20 世纪 50 年代，为了消除疟疾和开垦农田，胡拉峡谷湿地的水被排干，与此同时，胡拉油彩蛙随之消失了。1964 年，一片小得仅有一个水塘周围及其残存湿地被划为保护区，人们于 1955 年在这里最后一次见到胡拉油彩蛙。它于 1996 年被宣布灭绝，但在 2011 年又重新发现了一个个体。目前，对于它的生活史、生态学或行为学资料都一无所知。该物种可能在叙利亚南部也有分布。

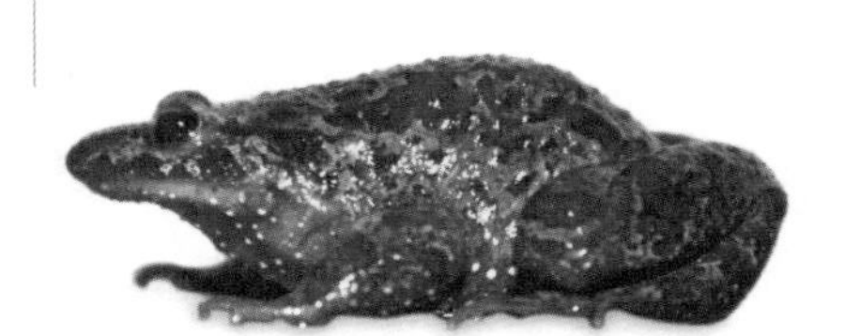

实际大小

胡拉油彩蛙因其黑色腹面布满白斑而得名；背面淡灰色或者红棕色，伴有黑色或暗灰绿色的斑纹；身体球型；吻端突出；眼睛向上突起；通过对化石遗骸的分析，盘舌蟾属和拉托娜蟾属早在 3200 万年前就已经在进化史上分道扬镳了。

相近物种

因为和盘舌蟾属 *Discoglossus* 其他物种（第 50 和 51 页）形态接近，胡拉油彩蛙之前一直被认为隶属于盘舌蟾属。和绣锦盘舌蟾 *Discoglossus pictus* 相比，胡拉油彩蛙前肢更长，吻部不如前者突出，双眼间隔也更远。一些生活在 1.5 万年前的蛙类化石标本被鉴定为和胡拉油彩蛙同属于拉托娜蟾属 *Latonia*。

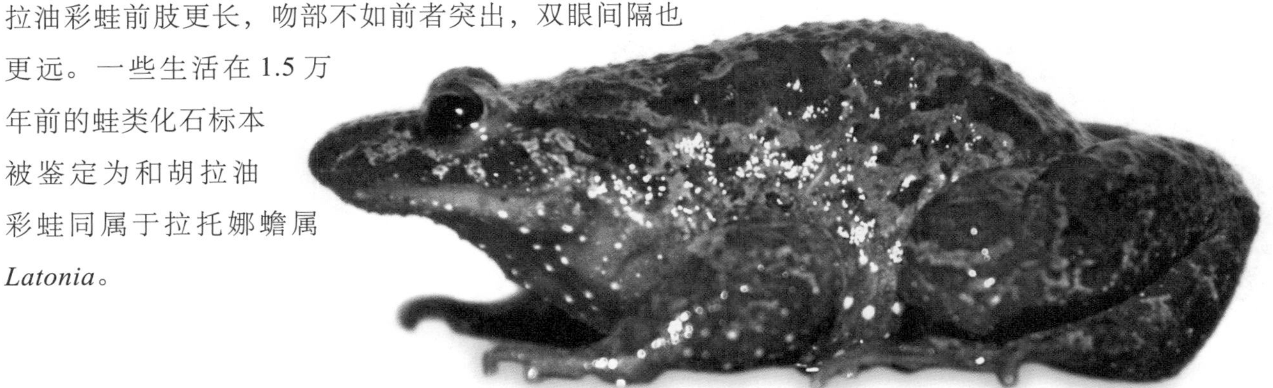

科名	产婆蟾科Alytidae
其他名称	Ferreret（西班牙语）
分布范围	西班牙马略卡岛上的特拉蒙塔纳山脉中人迹罕至的峡谷
成体生境	岩石缝隙之间
幼体生境	山区溪流中的水潭
濒危等级	易危。该等级的依据是种群小、栖息地狭窄和对疾病的敏感

成体体长
雄性
1—1⅜ in (25—35 mm)
雌性
1—1½ in (26—38 mm)

马略卡产婆蟾

Alytes muletensis

Mallorcan Midwife Toad

(Sanchiz & Adrover, 1979)

实际大小

马略卡产婆蟾的体型小，头相对较大；眼大而突出；四肢、手指、脚趾都很长；皮肤颜色为黄色、浅棕色或浅绿色，伴有墨绿色或黑色斑点；背部具有少量疣粒；蝌蚪体型很大，幼体变态后其体型基本不再生长。

这种小型蛙类在很长一段时间内仅仅作为化石为人所知，然而1977年人们却发现了活的个体。它曾经广泛分布于马略卡岛，而现在仅仅局限于岛西侧的几个地点。马略卡产婆蟾的自然栖息地已经被保护起来，人工繁育项目也繁殖出幼体以放归野外。早在罗马帝国时期，其数量就因外来物种被引入马略卡岛而减少。欧洲水蛇 *Natrix maura* 捕食马略卡产婆蟾；而佩氏侧褶蛙 *Pelophylax perezi* 则是马略卡产婆蟾的竞争对手——因为两种蝌蚪的食性相同。这些外来物种已经在低海拔地区繁衍昌盛，但尚未占领马略卡岛的高山。

相近物种

生活在欧洲大陆本土上的三种产婆蟾属 *Alytes* 物种，包括产婆蟾（第49页），都比马略卡产婆蟾体型更大，产卵数量更多，但卵径也更小。这四种产婆蟾都容易感染壶菌病。

科名	产婆蟾科Alytidae
其他名称	暗绿产婆蟾
分布范围	欧洲本土西部，后被引入英国
成体生境	林间地带、花园、石墙缝隙之间、采石场、岩石缝里，最海拔2000 m。能在农田和城市的栖息地繁衍昌盛。
幼体生境	水塘、缓速溪流和河流
濒危等级	无危。但大部分地区变得越来越少见，原因包括栖息地消失，外来鱼类的捕食，以及壶菌病。后者在西班牙已经造成大量个体死亡

成体体长
最大 2⅛ in (55 mm)

产婆蟾
Alytes obstetricans
Common Midwife Toad
(Laurenti, 1768)

这种小型蛙类因雄性会给受精卵提供长时间的亲代抚育而闻名。当春天来临，雄性开始洞穴里鸣叫，发出“咕 - 咕 - 咕”（poo-poo-poo）的叫声。在复杂的交配过程中，雌性会产下成串的卵，雄性则会给蟾卵受精，然后把卵带缠在自己的后腿上。在之后的 3—6 周里，雄性会带着卵带四处活动，寻找湿润的场所，偶尔也会进到水中，让卵保持湿润。雌性每年最多能产四次卵，而雄性则最多能同时携带三条卵带。这些卵带往往来源于不同的雌性。

实际大小

产婆蟾背面布满疣粒，其分泌物能使其味道很差，致使捕食者难以下咽；同时分泌物还能保护受精卵不受真菌感染；如果把卵从雄性的后腿上剥离，卵就会很快被真菌感染而死亡；当雄性携带卵带时，其行动会受到极大的限制，以致雄性无法捕食，体重也会下降。

相近物种

除产婆蟾以外，产婆蟾属 *Alytes* 还有另外四个物种，它们的体型都小于产婆蟾：西班牙产婆蟾 *Alytes cisternasii*，分布于西班牙西南部和葡萄牙南部；贝特克产婆蟾 *Alytes dickhilleni*，分布于西班牙东南部；摩洛哥产婆蟾 *Alytes maurus*，一种近危物种，分布于摩洛哥。而被列为易危物种的马略卡产婆蟾（第 48 页），则仅仅局限分布于马略卡岛的几个高海拔地点。

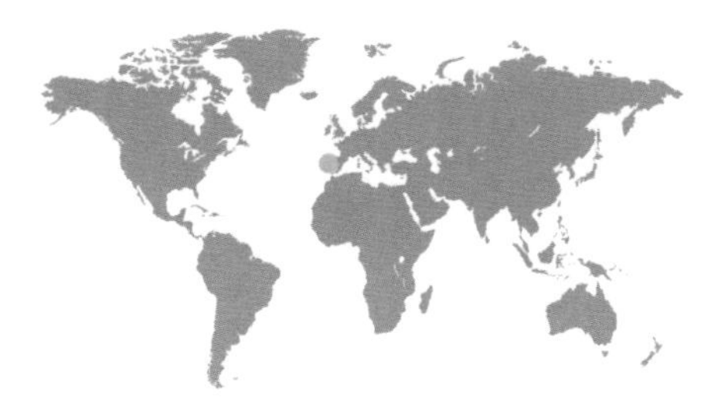

科名	产婆蟾科Alytidae
其他名称	无
分布范围	葡萄牙、西班牙西部
成体生境	水塘、沼泽、山区溪流。在人工池塘里也能经常见到
幼体生境	水塘、沼泽、山区溪流
濒危等级	无危

成体体长
雄性
最大 3⅛ in (80 mm)
雌性
最大 2 15/16 in (75 mm)

伊比利亚盘舌蟾

Discoglossus galganoi

Iberian Painted Frog

Capula, Nascetti, Lanza, Bullini & Crespo, 1985

伊比利亚盘舌蟾有着不同寻常的繁殖策略。它的繁殖期很长，从 10 月持续到第二年夏末。在温度升高和湿润条件的刺激下，雄性便开始在夜晚鸣叫以吸引雌性。一个繁殖期中，雌性最多能产六团卵，每团通常有 300—1500 枚卵。在极端情况下，雌性每次交配只产 20—50 枚卵，但它的产卵总量很大——整个繁殖期内约 5000 枚——由许多不同雄性来受精。因此，伊比利亚盘舌蟾的后代的遗传多样性比大部分蛙类都高得多。

伊比利亚盘舌蟾有三种色斑变异：纯色、带斑点和带条纹；身体主体颜色是浅褐色或绿色，斑点和条纹的颜色则为深棕色或黑色；伊比利亚盘舌蟾体态丰腴，头部扁平，后肢长且肌肉发达；眼大而突出，瞳孔形状像倒置的水滴。

相近物种

西班牙盘舌蟾 *Discoglossus jeanneae* 和伊比利亚盘舌蟾形态相似，但体型略小，分布于西班牙东部。科西嘉盘舌蟾 *Discoglossus montalenti* 被列为近危物种，其数量因被引入科西嘉岛的外来鱼类捕食而减少。撒丁盘舌蟾 *Discoglossus sardus* 主要分布于撒丁岛和科西嘉岛，其部分种群已经受到壶菌的严重侵害。

实际大小

科名	产婆蟾科Alytidae
其他名称	无
分布范围	非洲北部、西西里岛、马耳他岛，后被引入欧洲大陆南部地区
成体生境	各种各样的水体，包括人工修建的在内
幼体生境	池塘、沼泽、山区溪流
濒危等级	无危。在大兴农业生产以及湿地被排干的地区，种群数量已经开始下降

绣锦盘舌蟾
Discoglossus pictus
Painted Frog
Otth, 1837

成体体长
雄性
最大 2¹³⁄₁₆ in (70 mm)
雌性
最大 2¾ in (68 mm)

绣锦盘舌蟾不同寻常的是其分布范围居然在扩大。它原产自阿尔及利亚、突尼斯以及地中海岛屿中的西西里岛、马耳他岛和戈佐岛，并被人为引入法国南部和西班牙东北部的赫罗纳省。其分布范围正以每6—7年增长10 km^2 的速度扩大。它的栖息地包含从海岸线到高山的各种生态环境，甚至在许多人工修建的水体中，譬如在灌溉沟渠中，也能生活得很好。已有证据表明，在西班牙，绣锦盘舌蟾对当地的原生物种会产生负面的影响。

相近物种

绣锦盘舌蟾和伊比利亚盘舌蟾（第50页）类似，繁殖期持续时间很长，在其繁殖期内，雌性会产下大量的卵，由许多不同的雄性受精。盘舌蟾属 *Discoglossus* 的所有物种都有一个不同寻常的特点，即雄性的体型反而比雌性稍大。

实际大小

绣锦盘舌蟾与其名称相符，通常颜色艳丽；皮肤花纹非常多变：既有纯色的个体，也有带斑点或者条纹的；斑点和条纹的颜色通常为深色，边缘发淡；身型饱满，头部扁平，吻部变尖，眼睛大而突出；身体两侧各有一条发达的皮肤皱褶。

科名	负子蟾科Pipidae
其他名称	刚果膜蟾、扎依尔膜蟾
分布范围	喀麦隆、刚果民主共和国、加蓬、尼日利亚。被人为引入美国佛罗里达州
成体与幼体生境	森林中的静水处
濒危等级	无危。在森林被砍伐、栖息地被破坏的地方会出现种群下降

成体体长
雄性
最大 $1\frac{3}{8}$ in (35 mm)
雌性
最大 $1\frac{9}{16}$ in (40 mm)

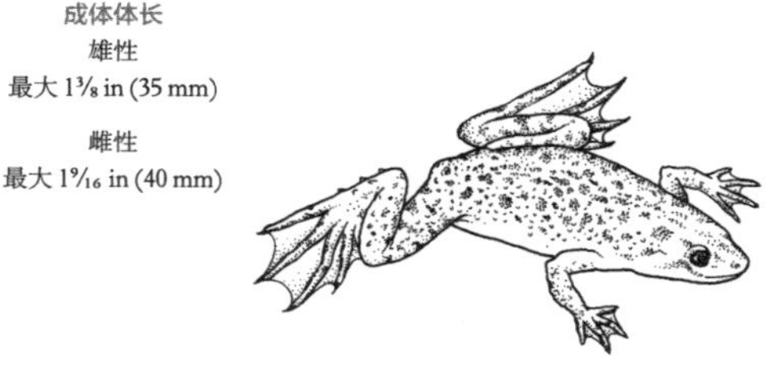

鲍氏膜蟾
Hymenochirus boettgeri
Zaire Dwarf Clawed Frog
(Tornier, 1896)

鲍氏膜蟾全身褐色或灰色，布有深色小斑点；身体扁平，头尖，四肢较长，后肢具爪；指、趾间有蹼；眼睛位于头顶，指向上方。

这种完全水生的蛙类通常在夜间交配。虽然交配过程持续好几个小时，但雌性一次只会产下很少的卵，由雄性受精。雄性吸引配偶的方式包括在水下发出“嘎吱”的叫声以及通过皮肤上的腺体分泌性引诱剂。雌性产卵时会以腹面朝上的方式，把卵产在水面。成体的舌头已经退化，只能像鱼一样通过吸入的方式把食物吃进嘴里。其蝌蚪也通过吸入方式进食，但其并非植食性，而是不多见的捕食者。

相近物种

除鲍氏膜蟾以外，另外还有三种膜蟾都很相似，而且也都分布于非洲中部。短足膜蟾 *Hymenochirus curtipes* 和东部膜蟾 *Hymenochirus boulengeri* 原产于刚果民主共和国。费氏膜蟾 *Hymenochirus feae* 则产自加蓬，其指、趾间具有发育完全的蹼。对于这三种膜蟾的生物学和濒危等级，人们知之甚少。

科名	负子蟾科Pipidae
其他名称	无
分布范围	巴西东部和东北部
成体生境	湿地、沼泽、池塘、湖泊
幼体生境	雌性背部的皮囊中
濒危等级	无危。但在土地被转化为农田的地区，容易受栖息地减少和污染的影响

卡氏负子蟾
Pipa carvalhoi
Carvalho's Surinam Toad
(Miranda-Ribeiro, 1937)

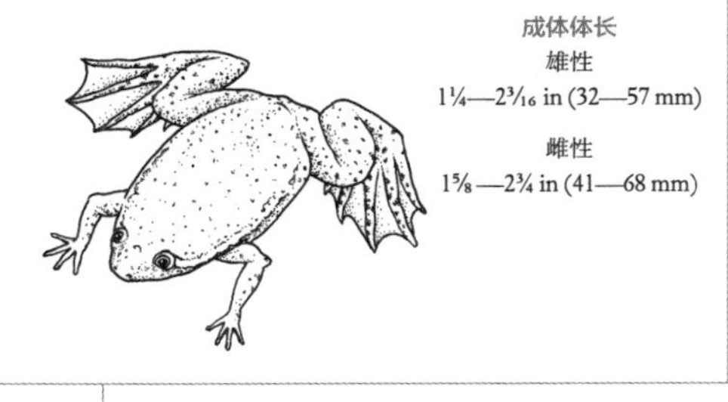

成体体长
雄性
1¼—2³⁄₁₆ in (32—57 mm)
雌性
1⅝—2¾ in (41—68 mm)

这种完全水生的蛙类能在暴雨后借助雨水穿越陆地。雄性会在水下与其他雄性争夺领地，然后通过叫声吸引雌性。它们和负子蟾（第 54 页）一样，具有复杂的交配过程。交配时，受精卵会被摁进雌性背部的皮肤中，在母亲的背上孵化并发育，最终蝌蚪从皮囊中钻出来，而不是像负子蟾那样以幼蛙的形态从皮囊钻出。因此，和负子蟾相比，卡氏负子蟾的繁殖周期更短，这使得它们能在一年之内繁殖多次。其蝌蚪能长到很大的体型；进食时，它们吸入泥水，然后过滤出其中微小的动物作为食物。

卡氏负子蟾的头较宽，成三角形；眼睛大而突出；身体布满圆锥形的疣粒，特别集中于背部下侧；皮肤体色多变，从浅褐色或深棕色到灰色；身体侧面的侧线器官为白色。

相近物种

卡氏负子蟾区别于同属其他物种的最大特征即具有尖刀状的牙齿，其身体也不如其他物种扁平。卡氏负子蟾与小负子蟾 *Pipa parva* 最为相似，后者同样以蝌蚪脱离母体而非幼蛙。负子蟾属 *Pipa* 的所有物种体侧都有侧线器官，能够察觉水中微小的动静，比如猎物移动造成的波动。

实际大小

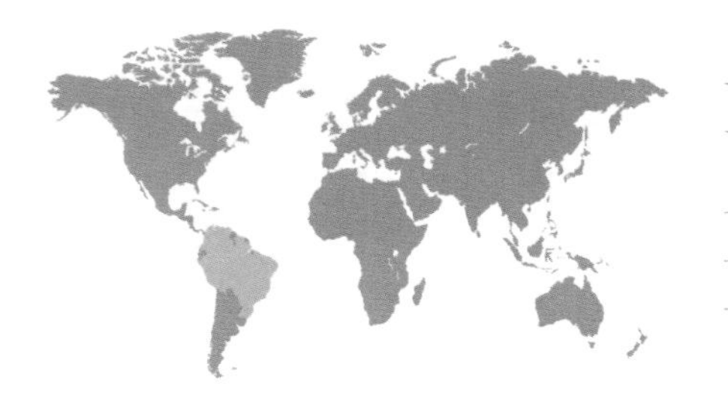

科名	负子蟾科Pipidae
其他名称	苏里南爪蟾
分布范围	南美洲北部（秘鲁、哥伦比亚、委内瑞拉、苏里南、圭亚那、巴西、玻利维亚）
成体生境	流速缓慢、底层为淤泥的河流
幼体生境	雌性背部的皮囊中
濒危等级	无危。容易受栖息地减少的影响

成体体长
雄性
最大 6³⁄₁₆ in (154 mm)
雌性
最大 6¾ in (171 mm)

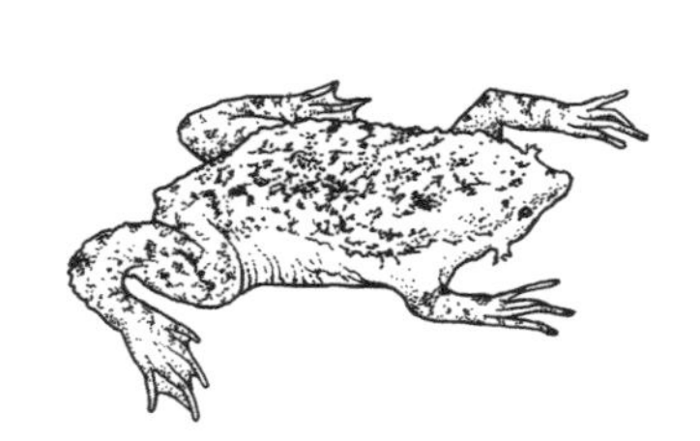

负子蟾
Pipa pipa
Surinam Toad

(Linnaeus, 1758)

实际大小

这种长相奇怪的蛙类有着非常独特的生殖方式。雄性从上面把雌性紧紧抱住，双方共同重复一连串的翻转动作。在翻转过程中，雌性排卵，雄性受精。受精卵被夹在雄性腹面和雌性背部之间的缝隙，然后被挤压、吸收进雌性背部的皮肤。在母亲背部的皮囊中，受精卵孵化成蝌蚪，随后发育变态为幼蛙。3—4 个月之后，幼蛙长到 2 cm 左右，便从皮囊中挣扎而出，进入水中。

相近物种

负子蟾属 *Pipa* 的所有七个物种都为完全水生。它们利用指尖上的星状感知器官搜寻河底淤泥中的食物。当找到食物时，它们因为舌头退化，只能猛向猎物冲去，然后利用吸力把食物吸到口中。产于哥伦比亚的曼氏负子蟾 *Pipa myersi*，由于栖息地被破坏，已被列为濒危物种。

负子蟾褐色的体色、扁平的身体以及整体的形状，让其看起来就像一片枯叶；它的头大且成三角形，眼睛小，鼻孔末端延伸成细管状；全身有很多刺状疣粒；前肢短而弱，后肢长而肌肉发达，趾间具蹼。

科名	负子蟾科Pipidae
其他名称	开普爪蟾
分布范围	南非西开普省的开普半岛至厄加勒斯角的沿海低海拔地区
成体与幼体生境	酸性的黑水湖，湖边常伴有凡波斯灌木丛
濒危等级	濒危。受到栖息地被破坏和与其他爪蟾杂交的威胁

吉氏爪蟾

Xenopus gilli

Cape Platanna

Rose & Hewitt, 1927

成体体长

雄性

9/16—3/4 in (15—20 mm)

雌性

1 15/16—2 3/8 in (50—60 mm)

这种极其少见的蛙类曾经在非洲南端沿海低地的75个地点都有过记录，但到了2004年，就只剩四个地点了。种群数量快速下降的主要原因是其特殊的栖息环境——酸性的黑水湖及该地区特有的凡波斯灌木丛——被破坏殆尽。当地生态环境虽然越来越不适合吉氏爪蟾，却越来越适合广泛分布的非洲爪蟾（第56页）。这两种爪蟾可以杂交，但所生后代的雄性不育。在桌山国家公园，吉氏爪蟾已经成为保护动物。

实际大小

吉氏爪蟾后肢长而有力，四个脚趾间具有全蹼；指间则无蹼，指末端有利爪，用于撕裂食物；全身黄褐色，背部具有两条或四条斑纹，由深棕色斑点构成；某些个体中，斑点会连接在一起，形成完整的条纹。

相近物种

爪蟾属 *Xenopus* 一共有21个物种[①]，全部水生，广泛分布于撒哈拉以南的非洲地区。它们仅仅在暴雨后会离开水做短距离迁徙，寻找新的水塘。和同属物种相比，吉氏爪蟾的头更尖，眼睛更朝前，而且后肢少一个脚趾。

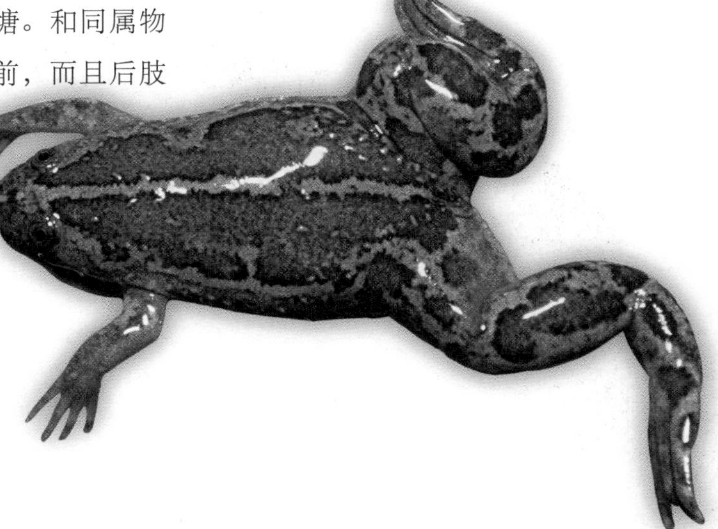

① 译者注：依据Frost (2018)，爪蟾属于已有29个物种。

科名	负子蟾科Pipidae
其他名称	爪蟾
分布范围	非洲撒哈拉沙漠以南大部分地区；被引进到英国、美国和智利
成体与幼体生境	稀疏草原上的静水或缓流水体
濒危等级	无危

成体体长
雄性
$1\frac{13}{16}$—$3\frac{13}{16}$ in (46—98 mm)
雌性
$2\frac{3}{16}$—$5\frac{7}{8}$ in (57—147 mm)

非洲爪蟾
Xenopus laevis
African Clawed Frog
(Daudin, 1802)

非洲爪蟾的头部和身体扁平；后肢长而发达；趾间有蹼；内侧三趾上有黑爪；前肢短小，有四根手指；眼睛很小并向上突起，瞳孔圆形；背面深灰色到棕褐绿色；腹面色略浅。

这种水生蛙类也许是全世界被关注最多的蛙类，它们很容易人工繁育。20世纪四五十年代，它被广泛用于人类孕检；也是被用于研究动物个体发育（从受精卵到成年）过程的模式生物，是世界上第一种被成功克隆的脊椎动物。它数量繁多，在世界上许多地方都能见到它的身影，在一些国家有兴盛的种群，包括英国、美国和智利。在非洲部分区域，它也是人们的盘中餐。

相近物种

目前，爪蟾属 *Xenopus* 已知有21个物种①，都长着适于游泳的流线型身体。近期研究表明，非洲爪蟾包括了遗传上截然不同但外形相似的四个物种。其体侧皮肤上的“针缝纹”里包含有侧线器官，像鱼的侧线一样用于在水下探测震动。雄性没有声囊，但却能下水下鸣叫，发出“咔嗒”声。繁殖期时，雄性手指内侧长出婚垫，帮助它在交配时牢牢抱住雌性。

实际大小

① 译者注：依据Frost (2018)，爪蟾属于已有29个物种。

科名	负子蟾科Pipidae
其他名称	无
分布范围	喀麦隆北部的奥库湖
成体与幼体生境	湖水较浅处
濒危等级	极危。仅分布于奥库湖

长腿爪蟾

Xenopus longipes

Lake Oku Clawed Frog

Loumont & Kobel, 1991

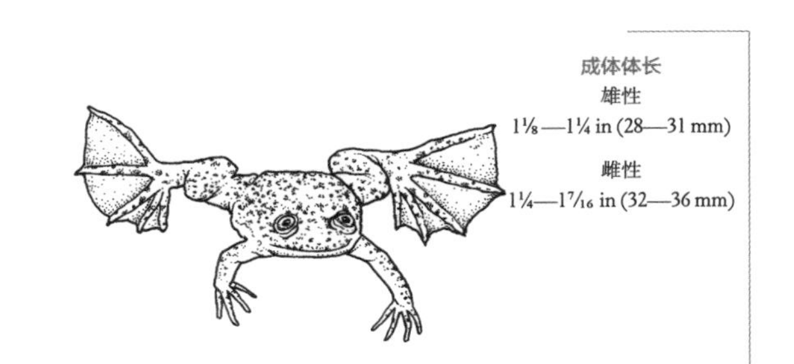

成体体长

雄性

$1\frac{1}{8}$—$1\frac{1}{4}$ in (28—31 mm)

雌性

$1\frac{1}{4}$—$1\frac{7}{16}$ in (32—36 mm)

2006年8月，发现大量已经死亡或垂死挣扎的长腿爪蟾，它们的胃中完全没有食物，皮肤上也到处是病变，然而事件的原因却一直是未解之谜。实验测试表明，臭名昭著的壶菌与蛙病毒并非这次事件的罪魁祸首，所以更有可能是来自农业或者火山自身活动而造成的化学污染。奥库湖由火山口形成，由于完全和外界隔离，因此没有原生鱼类。目前的保育措施包括防止外来鱼种入侵，以保护这种生活在奥库湖中不同寻常的蛙类及其蝌蚪不被鱼类吃掉。

长腿爪蟾四肢长而纤细；脚趾也很长，趾间蹼不如其他爪蟾物种发达；身体梨形，背面褐色，腹面橙色，散布着细小的黑色斑点；这些小黑点其实是皮肤中微小而尖锐的针突，而且雄性的黑点要多于雌性；眼睛大而向上，使得它漂浮在水面的时候也能观察到水面以上的情形。

相近物种

长腿爪蟾比其他21种分布于撒哈拉以南非洲的爪蟾的体型都要小，而且游泳能力也不强。这可能和奥库湖里没有捕食者有关，而其他爪蟾物种则常会被鱼类和鸟类捕食，比如各种鹭。

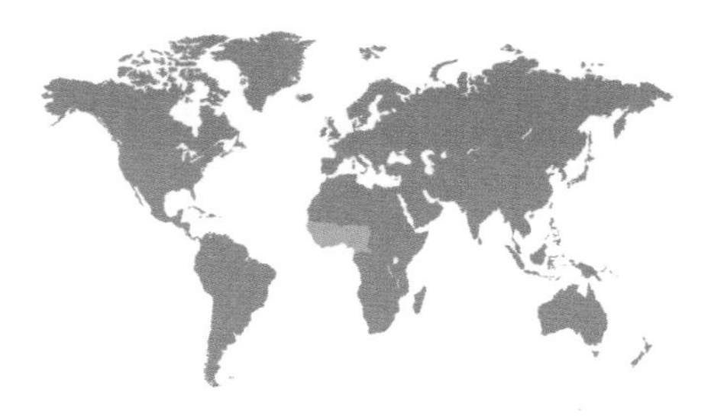

科名	负子蟾科Pipidae
其他名称	西部爪蟾
分布范围	西非，从塞内加尔到喀麦隆
成体生境	热带森林中的水塘和缓速的溪流
幼体生境	森林中的大水塘
濒危等级	无危。易受森林砍伐的影响

成体体长
雄性
$1\frac{1}{4}$—$1\frac{9}{16}$ in (32—39 mm)
雌性
$1\frac{7}{8}$—$2\frac{1}{8}$ in (48—55 mm)

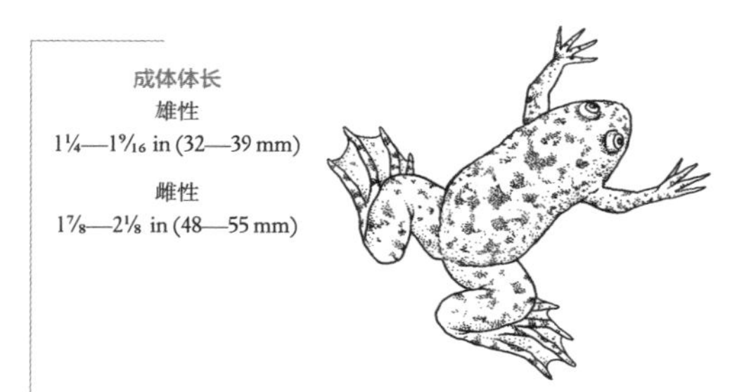

热带爪蟾
Xenopus tropicalis
Tropical Clawed Frog
(Gray, 1864)

虽然这种小型蛙类被广泛应用于世界上很多实验室，但人们对于它的生活史却知之甚少。尽管热带爪蟾主要营水栖生活，但在大雨过后却可以横跨陆地迁徙很远的距离。它在水下发出求偶鸣叫，其声音是一种非常低沉的颤音。一些报道表明，它们的卵是漂浮在水面上的；但另一些人则认为，卵是附着在水生植物上的。其蝌蚪活动于水塘的浅滩附近，这可能是一种对付捕食者的防御方式，当受到攻击时，蝌蚪就搅动水塘中的泥浆驱赶捕食者。

热带爪蟾的背面呈浅棕色到深棕色，带有很多深色的小斑点；腹面白色或黄色，杂以黑色斑；眼睛很小，两只眼睛下方各有一只小触须；交配期，雄性外侧三趾有黑爪，蹠突上也有一个爪。

相近物种

热带爪蟾比非洲爪蟾（第56页）更常用于实验中，因为它的体型更小、世代时间更短（不超过五个月）、产卵数量更多。它与喀麦隆爪蟾 *Xenopus epitropicalis* 关系最近，后者分布于喀麦隆、加蓬、刚果和刚果民主共和国。

实际大小

科名	锥吻蟾科Rhinophrynidae
其他名称	锥鼻蟾
分布范围	中美洲、墨西哥、美国得克萨斯州东南部
成体生境	海岸低地区的草原和季节性干旱森林
幼体生境	临时性水体
濒危等级	无危。分布于很多保护区内；在墨西哥受到法律保护

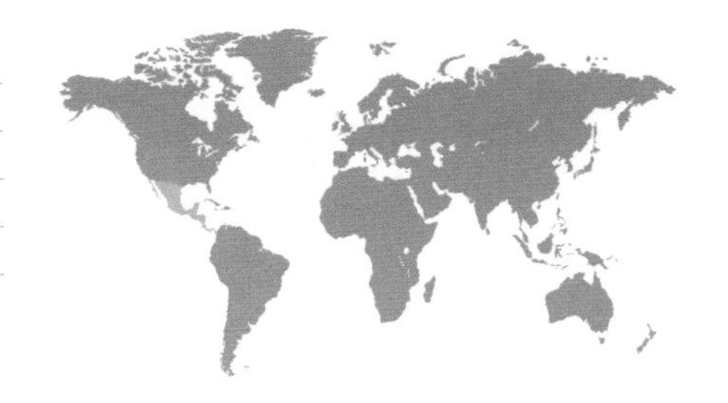

背条锥吻蟾
Rhinophrynus dorsalis
Mexican Burrowing Toad
Duméril & bibron, 1841

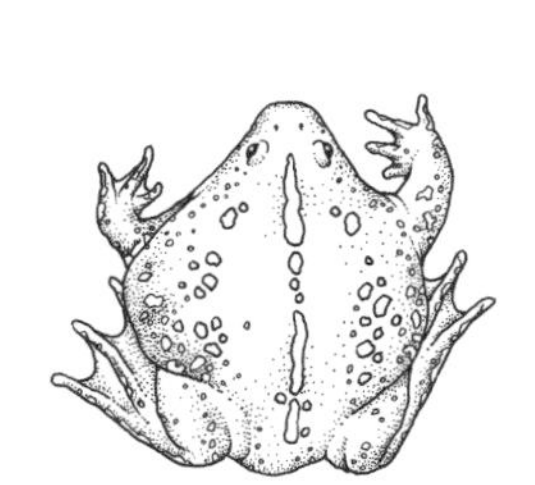

成体体长
雄性
最大 2¹⁵⁄₁₆ in (75 mm)
雌性
最大 3½ in (89 mm)

这种奇特的蛙类主要生活在地下，用后脚上坚硬的蹠突向后挖洞。它多在雨后出来觅食，捕食蚂蚁、白蚁和其他昆虫。繁殖期在雨季来临时，雄性集群高声鸣叫，发出的叫声在3—4 km之外都能听见。它们在临时性水塘中交配，雌性会产下数千枚卵。其蝌蚪通常聚集在浅滩。该蛙用突出的吻部来探测附近是否有蚂蚁穴和白蚁穴，一旦发现，就会迅速吐出舌头来抓住猎物。

背条锥吻蟾的身体呈软软的球形；皮肤松弛；背面黑色或棕色，带有黄色或橘黄色的斑点；头部和眼睛都很小；四肢粗短；趾间有蹼；后脚有坚硬的蹠突；吻端因长期伸入地下觅食而通常有硬茧。

相近物种

背条锥吻蟾是锥吻蟾科Rhinophrynidae里唯一的物种，没有亲缘关系相近的现生物种。相似物种可以追溯至化石类群，分别是在加拿大萨斯喀彻温发现的渐新世（2300—3400万年前）化石和美国怀俄明州发现的古新世（5600—6600万年前）化石。研究表明，锥吻蟾属*Rhinophrynus*在距今1.9亿年前就从其他蛙类中分化出来了。该物种和其他一些远缘洞居蛙类有相同特征，例如圆鼓鼓的身体和后脚上突出的蹠突。

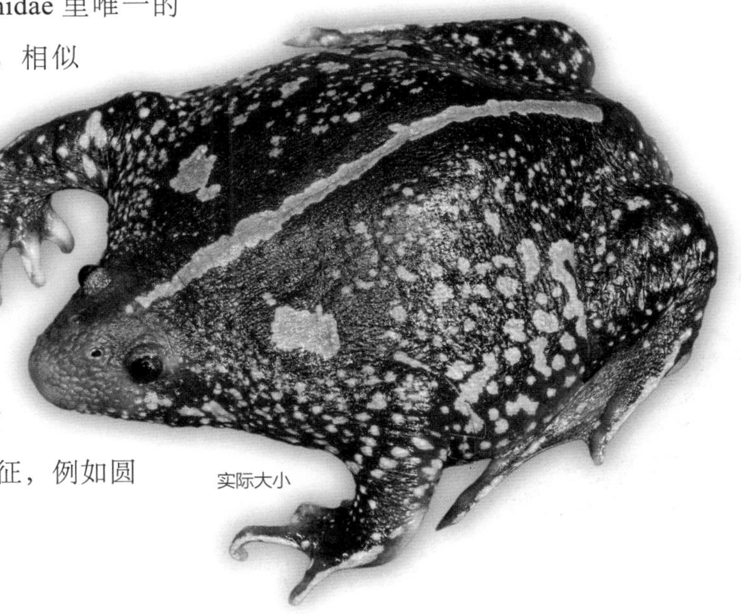

实际大小

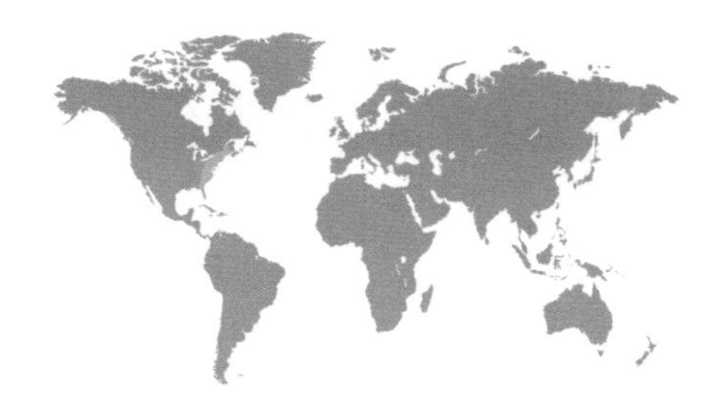

科名	北美锄足蟾科Scaphiopodidae
其他名称	无
分布范围	美国东部
成体生境	富含沙土的阔叶林和沿海针叶林
幼体生境	临时性水塘
濒危等级	无危。易受城镇化建设影响

成体体长
1¾—2⅞ in (44—72 mm)

霍氏掘足蟾
Scaphiopus holbrookii
Eastern Spadefoot
(Harlan, 1835)

暴雨过后，霍氏掘足蟾便从洞穴中钻出来，它可以长途跋涉近千米，寻找最近的临时性水塘进行繁殖。雄性有一个很大的声囊，能够发出高亢浑厚的呱呱叫声。雌性产卵约 4000 枚，附着在水底的植物上，很快就孵化成蝌蚪。蝌蚪发育神速，以保证能在水塘干涸之前完成变态。霍氏掘足蟾的后脚上各有一个角质化的“铲”状蹠突，可以让它们倒退着向后挖洞。当受到攻击时，它的皮肤中分泌出有毒的分泌物，足以赶走捕食者，也能使人打喷嚏和流眼泪。

霍氏掘足蟾得名于其后肢上细长的镰刀形黑色角质蹠突，用于挖掘沙土；它的眼睛大而凸出，瞳孔纵置如裂缝；皮肤颜色为淡灰或黄色，伴有黑色斑纹；许多个体的背上有两条浅色的条纹，构成一个类似沙漏的图案。

相近物种

库氏掘足蟾 *Scaphiopus couchii* 体色发青，分布于美国西部和墨西哥，包括年降水量很少的地区，甚至沙漠。其受精卵和蝌蚪的快速发育使它能够在阵雨过后形成的临时性水塘中繁殖。赫氏掘足蟾 *Scaphiopus hurterii* 则为黄色或棕色，分布于美国中南部。

实际大小

科名	北美锄足蟾科Scaphiopodidae
其他名称	无
分布范围	北美洲中部，纵跨美国、加拿大、墨西哥
成体生境	大草原的草地、平原和沙漠
幼体生境	临时水塘
濒危等级	无危

平原旱掘蟾
Spea bombifrons
Plains Spadefoot
(Cope, 1863)

成体体长
雄性
最大 1½ in (38 mm)
雌性
最大 1$\frac{9}{16}$ in (40 mm)

这种小型蛙类几乎完全生活在地下，只有在晚上才会出来捕食或交配。它虽能自己挖洞，但更多的时候喜欢占用其他小动物废弃的洞穴。大雨过后，平原旱掘蟾纷纷出洞寻觅临时形成的水塘，有的甚至需要跋山涉水近 1 km。雄性聚在一起大声合鸣，发出类似打鼾一般的呱呱声。雄性的前肢还会长出婚垫，以便于在抱对时牢牢抓住雌性。雌性一次大约产 2000 枚卵，每 10—250 枚卵为一团。如果水温较高，受精卵在 24 小时内就能孵化。

实际大小

平原旱掘蟾有着像普通蟾蜍一般圆滚滚的身型；背面的皮肤为灰色到褐色，有时也会带一点青色，伴有深色的斑点和云斑；腹面为白色；平原旱掘蟾的大眼睛之间有一块骨质的突起；其后肢具有黑色的角质物用于挖掘洞穴。

相近物种

大盆地旱掘蟾 *Spea intermontana* 分布于美国西部的几个州。其蝌蚪会根据当地条件发育出两种形态。第一种为普通的素食性，第二种为肉食性并且嘴上会长出角质颌以撕裂猎物。这种情况也发生在多褶旱掘蟾 *Spea multiplicata* 身上。后者分布于美国西南部的几个州以及墨西哥境内。

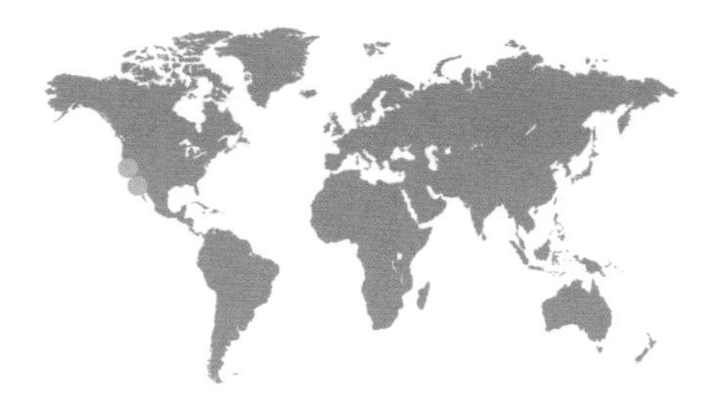

科名	北美锄足蟾科Scaphiopodidae
其他名称	无
分布范围	加利福尼亚州沿海山区和中央谷底、下加利福尼亚州以及墨西哥
成体生境	有沙质土壤的各种环境
幼体生境	临时性水塘和溪流
濒危等级	近危。至20世纪80年代，其种群数量已经下降了80%

成体体长
$1\frac{7}{16}$—$2\frac{5}{8}$ in (37—65 mm)

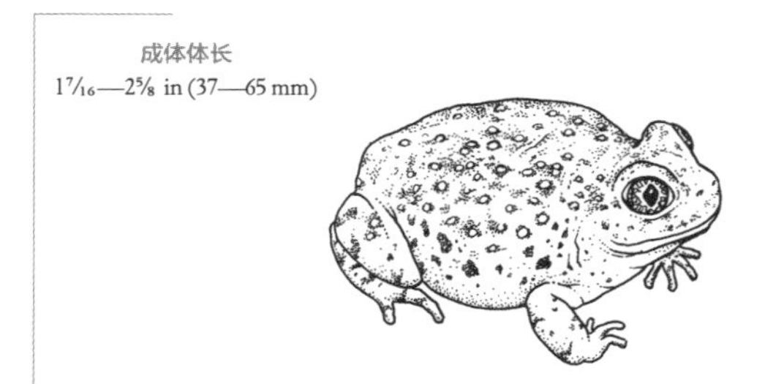

哈氏旱掘蟾
Spea hammondii
American Western Spadefoot
(Baird, 1859)

在近60年内，这种善于打洞的蛙类的种群数量正在以惊人的速度下降，而主要原因则是其适宜栖息地的丧失。城市化进程以及大规模的农田改造（通常涉及灌溉系统），大量破坏掉哈氏旱掘蟾用于繁殖的临时性水塘和溪流，还受到人为引入的美洲牛蛙 *Rana catesbeiana* 和食蚊鱼的负面影响——牛蛙蝌蚪会和旱掘蟾蝌蚪争夺食物，而食蚊鱼则会捕食其蝌蚪。其蝌蚪还有一个特殊的习性，即常常会竖直地悬挂在水面下方，这是它们呼吸和进食的方式。在某些地区，其蝌蚪也会捕食同类或其他蛙类的蝌蚪。

哈氏旱掘蟾体态丰满；四肢较短；吻端钝圆；眼睛大而突出；瞳孔纵置；它的皮肤松软，背部布满橙色或红色的小疣粒；趾间全蹼；皮肤颜色为浅绿色至灰色，散布着深色的云斑。

相近物种

哈氏旱掘蟾和多褶旱掘蟾 *Spea multiplicata* 曾经一度被认为是广泛分布的同一个物种，但其实两者之间有多个形态特征上的区别。比如，哈氏旱掘蟾和多褶旱掘蟾相比，其脚上的蹠突更长、虹膜为淡金色而非紫铜色。

实际大小

科名	合跗蟾科Pelodytidae
其他名称	无
分布范围	比利时、法国、意大利、卢森堡、葡萄牙以及西班牙
成体生境	森林中多石块和沙地的地方、旷野、农田附近
幼体生境	水塘
濒危等级	无危。分布范围内大部分地区的种群数量都在下降，原因是栖息地被人类活动所改变

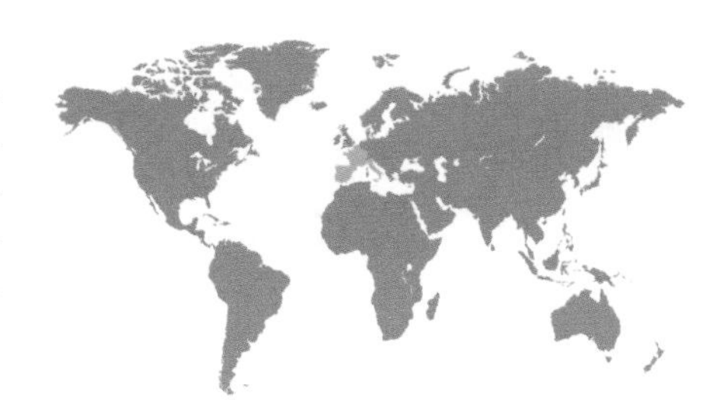

斑点合跗蟾
Pelodytes punctatus
Parsley Frog
(Daudin, 1802)

成体体长
雄性
最大 1⅜ in (35 mm)
雌性
最大 1¾ in (45 mm)

繁殖期时，每当夜幕降临，雄性斑点合跗蟾便在水下鸣叫，而雌性也会用自己独特的声音轻轻回应。抱对时，雄性从腰后紧紧抱住雌性，整个过程可以持续五个小时。然后雌性会产下40—200枚卵，附着在水生植物上。有的个体一年能最多繁殖三次。其蝌蚪可以长得很大，长度能达到65 mm。目前受到人类活动的负面影响，包括抽干湿地和开凿河渠。它还受到人工引入的克氏原螯虾 *Procambarus clarkii* 的威胁，在西班牙和葡萄牙尤为严重。

实际大小

斑点合跗蟾因其皮肤上绿色的色斑而得名，但某些个体的色斑也会呈现出灰色或黄色；斑点合跗蟾非常灵活；后肢长；头部扁平；眼大而突出；瞳孔纵置。它能攀爬垂直表面，所采取的办法是用腹面紧贴表面形成一个吸盘；卵闻起来有鱼腥味，而成体则有一股大蒜的味道。

相近物种

合跗蟾属 *Pelodytes* 一共包含三个物种①。伊比利亚合跗蟾 *Pelodytes ibericus* 分布于西班牙和葡萄牙南部，在其分布区内较为常见。高加索合跗蟾 *Pelodytes caucasicus* 则分布于阿塞拜疆、格鲁吉亚、俄罗斯和土耳其，被列为近危物种。高加索合跗蟾的栖息地正面临人为破坏和化学污染，并沦为北美浣熊 *Procyon lotor* 这个外来入侵物种的食物。

① 译者注：依据Frost (2018)，合跗蟾属目前包括五个物种。

科名	角蟾科Megophryidae
其他名称	粗糙婆罗蟾
分布范围	马来西亚的砂拉越州和沙巴州西部，可能在婆罗洲其他地方有更多分布
成体生境	丘陵起伏的低地雨林地带
幼体生境	清澈而多岩石的溪流
濒危等级	易危。砍伐森林导致其栖息地被破坏

成体体长
雄性
1⁹⁄₁₆—1⅝ in (39—42 mm)
雌性
2¹³⁄₁₆—3³⁄₁₆ in (70—82 mm)

爱氏婆罗蟾
Borneophrys edwardinae
Rough Horned Frog
(Inger, 1989)

这种善于隐藏的蛙类生活在雨林的地面，其体型笨硕，四肢却很纤细，因此并不善于跳跃，而是更多依靠伪装来躲避捕食者。白天，爱氏婆罗蟾躲在落叶和倒伏的树木下，只有晚上才出来寻找食物。它的头很宽，所以嘴也很大，能吞下相对较大的猎物，包括蜗牛、昆虫、蜈蚣和蝎子。科学家还尚未观察到它的繁殖行为，但据推测，应该是在清澈而多岩石的溪流里繁殖后代。

爱氏婆罗蟾头部和背部的皮肤上有许多不规则形状的突起；这些突起打破了整体形状，使其更容易和周围环境混在一起；全身为土黄色；头部和四肢上有黑色的短条纹；身体和四肢上更布满瘤状疣粒；有的疣粒是圆形的，而有的则带有尖角。

相近物种

婆罗蟾属 *Borneophrys*①仅包含爱氏婆罗蟾一个物种。它曾经被划分在角蟾属 *Megophrys*，可见这两个属的形态很接近。角蟾属的物种因为其眼睑上方有肉质的突起而得名，分布在马来半岛和马来群岛。

实际大小

① 译者注：依据Frost (2018)，婆罗蟾属被并入角蟾属*Megophrys*，但该结论尚有争议。

科名	角蟾科Megophryidae
其他名称	无
分布范围	越南中南部
成体生境	热带森林
幼体生境	森林中的溪流
濒危等级	易危。因栖息地丧失而导致分布狭窄

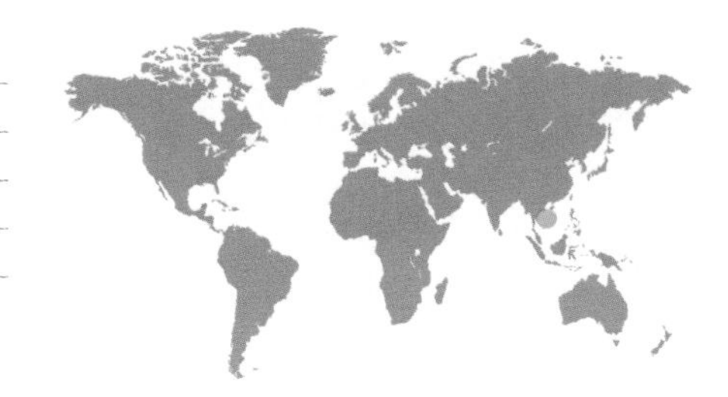

安南短腿蟾
Brachytarsophrys intermedia
Annam Broad-headed Toad
(Smith, 1921)

成体体长
雄性
最大 4 11/16 in (118 mm)
雌性
最大 5½ in (139 mm)

这种大型蛙类仅分布于越南的西原高原（Tay Nguyen Plateau）。在 20 世纪初时，它还随处可见，后来因森林栖息地遭到破坏数量下降，也曾被人类捉来食用。作为一个擅长伏击的捕食者，它的颜色和外形让它容易在森林地面上伪装自己，而其背部和头部的嵴棱则使它看起来像穿了盔甲。它在山溪里繁殖，将卵成团附着在岩石上。雄性在岩石下面的缝隙里鸣叫。

安南短腿蟾的头很宽；眼睑上有一个显著的突起物；宽大的嘴使它能吃下很大的猎物；背部和头部的嵴棱让它看上去像穿了盔甲；背面呈浅棕红色，四肢背面有深色横纹。

相近物种

短腿蟾属 *Brachytarsophrys* [①]中还有另外四个物种，人们对它们都知之甚少。它们分别是：分布于中国南部、泰国和缅甸的宽头短腿蟾 *Brachytarsophrys carinense*；分布于中国四川省的川南短腿蟾 *Brachytarsophrys chuannanensis*；分布于中国南部、缅甸、泰国和越南的费氏短腿蟾 *Brachytarsophrys feae*；以及分布于中国南部和西南部的平头短腿蟾 *Brachytarsophrys platyparietus*。后面三种在当地会被人们捕捉食用。

实际大小

① 译者注：短腿蟾属目前已有六个物种。依据Frost (2018)，该属被并入角蟾属 *Megophrys*，但该结论尚有争议。

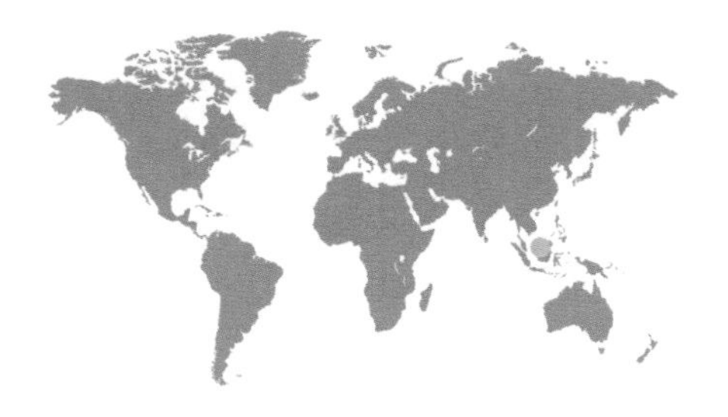

科名	角蟾科Megophryidae
其他名称	无
分布范围	马来西亚沙捞越东南部；印度尼西亚塞拉桑岛
成体生境	丘陵地带的低地森林，最高海拔350 m
幼体生境	溪流
濒危等级	易危。栖息地饱受威胁

成体体长
雄性
11/16—3/4 in (17—19 mm)
雌性
最大 3/4 in (20 mm)

条纹小臂蟾
Leptobrachella serasanae
Striped Dwarf Litter Frog

Dring, 1984

实际大小

这种小型蛙类栖息于森林地面的落叶层，以小昆虫或其他无脊椎动物为食。它通常在溪边繁殖，雄性在溪边鸣叫，发出高而带有金属声的颤音。交配和产卵方式尚无报道。因为体型非常小，故很容易被人们的视线忽略，因此，在其他更多地区还可能找到它。因为婆罗洲和印度尼西亚的大面积森林被砍伐，条纹小臂蟾被列为易危物种。

相近物种

小臂蟾属 *Leptobrachella*①还有另外六个物种，体型都很小，分布于婆罗洲和印度尼西亚的朋古兰或纳土纳岛。其中有三种已被列为易危物种，而马来西亚沙巴的裂爪小臂蟾 *Leptobrachella palmata* 仅分布于一个地点，被列为濒危物种。分布于纳土纳岛的纳土纳小臂蟾 *Leptobrachella natunae* 自被发现后的 100 多年里便再无音讯。

条纹小臂蟾身体细长；头部窄；四肢长；指端尖；背面深棕色，带有深色斑点；从眼到胯部有一条黑色纵纹，这是它区别于同属其他物种的特征。

① 译者注：依据Frost (2018)，小臂蟾属目前已有九个物种。

科名	角蟾科Megophryidae
其他名称	无
分布范围	婆罗洲
成体生境	海拔低于1000 m的森林
幼体生境	水塘
濒危等级	无危。分布广，但由于栖息地丧失而数量下降

阿氏拟髭蟾
Leptobrachium abbotti
Lowland Litter Frog
(Cochran, 1926)

成体体长
雄性
$1\frac{11}{16}$—$2\frac{15}{16}$ in (43—75 mm)
雌性
$2\frac{3}{8}$—$3\frac{11}{16}$ in (60—95 mm)

这种大型蛙类生活在森林地面的落叶层，通常保持竖立的坐姿。它以大型昆虫为食，其后肢短，不善跳跃，所以当其移动时，每次只能笨拙地跳一小段距离。雄性在水塘里鸣叫，发出单音节、产生共鸣的叫声，它们通常只单独鸣叫，而不会集群鸣叫。交配和产卵方式尚无报道，仅知道其蝌蚪能长到 75—90 mm 长。

相近物种

山拟髭蟾 *Leptobrachium montanum* 体型小于阿氏拟髭蟾，栖息于婆罗洲山区，海拔高于 900 m。斑点拟髭蟾 *Leptobrachium hendricksoni* 分布广泛，包括泰国、马来西亚、印度尼西亚和婆罗洲。黑眼拟髭蟾 *Leptobrachium nigrops* 栖息于马来西亚沿海地区。

阿氏拟髭蟾头宽；嘴宽大；眼睛黑而突出；四肢短而细，与体型不协调；皮肤光滑；背面呈深棕色到黑色；腹面为黑、白色相混杂。

实际大小

科名	角蟾科Megophryidae
其他名称	无
分布范围	印度东北部和西藏东南部
成体生境	海拔1950 m的森林
幼体生境	未知
濒危等级	尚未评估。分布区可能很狭窄

成体体长
约 $1\frac{7}{8}$ in (47 mm);
根据一号雄性标本

波普拟髭蟾

Leptobrachium bompu

Leptobrachium Bompu

Sondhi & Ohler, 2011

实际大小

波普拟髭蟾头部宽；吻端圆；四肢细长；皮肤布满细肤棱；背面灰色或棕色，带有黑色斑；四肢背面具黑色横斑；眼睛大；瞳孔纵置，呈缝隙状，虹膜浅蓝色。

大多数蛙类拥有颜色明亮的眼睛，但少数物种，如这个最近才被描述的物种，拥有浅蓝色的虹膜。虹膜的颜色有何生物学意义还不清楚，但是分类学家能用这个特征把一个物种有效地与其他物种相区分。该物种目前发现于鹰巢野生动植物保护区（Eaglenest Wildlife Sanctuary）[①]。它不是一种行动迅速或活跃的物种，而是靠费力的爬行在地面移动。大雨过后，雄性在溪边鸣叫，发出响亮的“咯 - 咯 - 咯”（kek-kek-kek）叫声。

相近物种

分布于苏门答腊的利瓦拟髭蟾 *Leptobrachium waysepuntiense* 是拟髭蟾属 *Leptobrachium* 中仅有的另一种拥有蓝色虹膜的物种，发表于2010年。史氏拟髭蟾 *Leptobrachium smithi* 与波普拟髭蟾同域分布，它主要分布于印度、泰国、缅甸等亚洲国家，它的虹膜上半部分为黄色、橘黄色或红色。另见阿氏拟髭蟾（第67页）和峨眉髭蟾（第69页）。

① 译者注：最近发现于西藏墨脱县背崩乡。

科名	角蟾科Megophryidae
其他名称	胡子蟾
分布范围	中国西南部相互隔离的三个地区
成体生境	温带森林、草地和耕地，海拔600—1700 m
幼体生境	流速缓的溪流
濒危等级	濒危物种。数量因宠物贸易和栖息地退化而递减

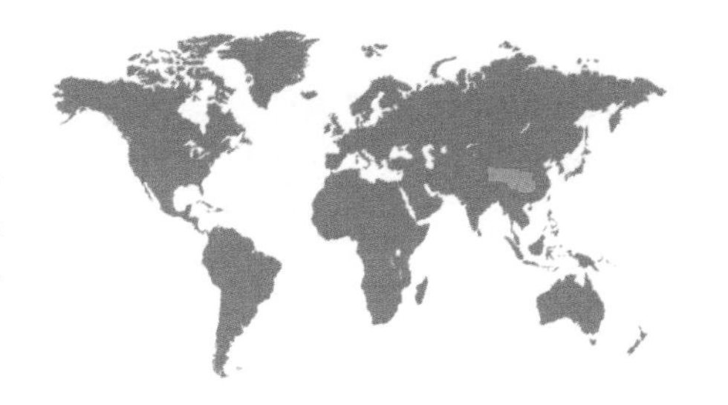

成体体长
雄性
2⅝—3⅝ in (65—93 mm)
雌性
2 ⅛—3³⁄₁₆ in (55—82 mm)

峨眉髭蟾

Leptobrachium boringii

Emei Moustache Frog

(Liu, 1945)

该物种处于繁殖期的雄性，可以说是世界上最奇怪的蛙类，其上颌缘向外长出10—16个突出的尖刺，这些尖刺在繁殖过后会脱落。雄性体型比雌性大，雄性会在溪流的水里建造并守护巢穴，并通过在水下鸣叫来吸引雌性和守卫巢穴。雄性为了争夺巢穴而进行互相打斗，甚至致伤。体型大的雄性更容易在巢穴守卫中获胜，并且赢得交配的机会。

相近物种

拟髭蟾属 *Leptobrachium* 包含有33个物种①，分布于亚洲大陆和东南亚很多岛屿。分布于印度和中国的波普拟髭蟾（第68页）有着独特的浅蓝色眼睛。分布于中国的雷山髭蟾 *Leptobrachium leishanensie* 已被列为濒危物种，在当地，人们会捕捉食用它们。

峨眉髭蟾头宽；吻端圆；雄性在繁殖期时，上颌缘有黑色的尖刺；眼大，虹膜上方呈淡蓝色，下方呈黑色；背面灰色或棕色，带有深色斑纹。

实际大小

① 译者注：依据Frost (2018)，拟髭蟾属目前有35个物种。

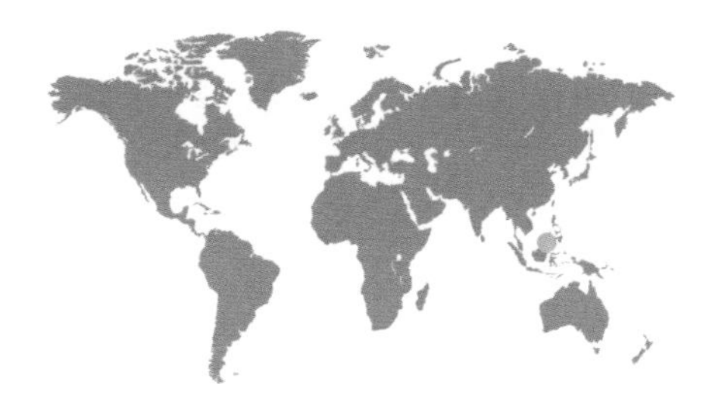

科名	角蟾科Megophryidae
其他名称	无
分布范围	马来西亚东部的沙巴
成体生境	海拔1500—2200 m的森林
幼体生境	溪流
濒危等级	易危。栖息地因森林砍伐而锐减，现已有一处被划为保护区

成体体长
雄性
1³⁄₁₆—2½ in (46—63 mm)
雌性
1¹⁵⁄₁₆—2⅝ in (50—65 mm)

基纳巴卢拟髭蟾
Leptobrachium gunungense
Kinabalu Large-eyed Litter Frog

Malkmus, 1996

这种陆栖蛙类在一年中的大部分时间都在落叶层、岩石缝隙和地面的洞穴中度过，其后腿很短，只能笨拙地跳很短的距离。它在森林溪流的水潭中繁殖，雄性通过叫声吸引雌性，发连续而响亮的“嘎嘎”的声。它们的蝌蚪长度可达 70 mm，尾巴发达而有力；它们白天隐藏在岩石下，夜间外出觅食，用像鸟嘴一样的角质颌吃凋落的植物。

基纳巴卢拟髭蟾头大；吻端圆；眼大而突起；背面深灰色或棕色，腹面浅色；四肢背面有深色横纹；瞳孔周围有白色。

相近物种

基纳巴卢拟髭蟾在外形和生活习性上，都和婆罗洲另一种蛙类——山拟髭蟾 *Leptobrachium montanum* 非常相似，后者栖息于更低的海拔，叫声不同。另见阿氏拟髭蟾（第 67 页）、波普拟髭蟾（第 68 页）和峨眉髭蟾（第 69 页）。

实际大小

科名	角蟾科Megophryidae
其他名称	无
分布范围	越南宋青自然保护区（Song Thanh Nature Reserve）
成体生境	山区森林，海拔1300—1500 m
幼体生境	山区小溪
濒危等级	未评估。目前仅能在一个地点找到。易受由砍伐森林导致栖息地消失的影响

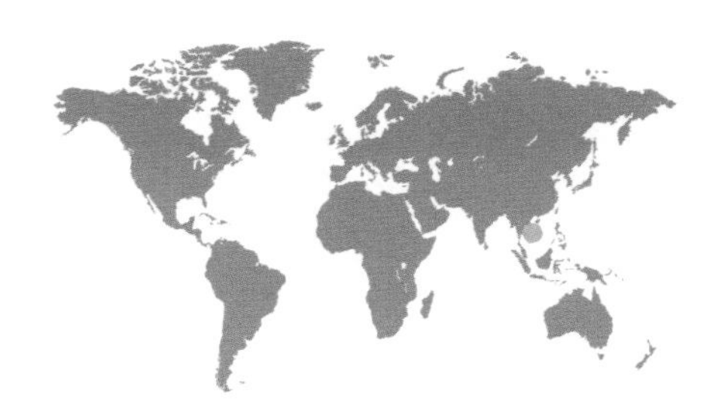

安氏掌突蟾
Leptolalax applebyi
Appleby's Asian Toad
Rowley & Cao, 2009

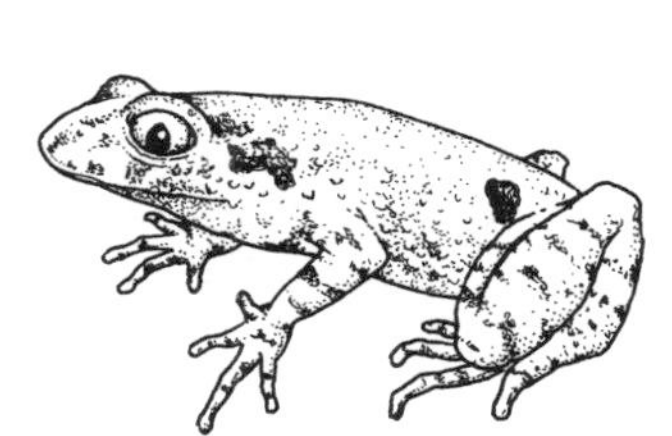

成体体长
雄性
¾—⅞ in (20—21 mm);
现仅有五号雄性标本
雌性
⅞ in (22 mm);
仅有一号雌性标本

这种小型物种彰显了我们对蛙类认知的一个重要层面：在过去20年里，有超过2000种未被科学认识的蛙类被逐渐发现和描述。我们之所以对它们越来越了解，一部分原因来自对地球上那些遥远而未知区域的继续探索；另一部分原因则是全新技术手段的应用，使我们能够把相近物种区分开来。安氏掌突蟾在外表上与同属的近亲非常相似，但却具有独特的广告鸣叫。这种清脆短促的“嘀嘀嘀”的叫声包含4—5个音符。到目前为止，世界上一共只有六号标本，全部采集于越南的同一个地点。

实际大小

安氏掌突蟾吻端圆；鼓膜明显；瞳孔纵置，虹膜金色或紫铜色；指间稍微膨大；皮肤颜色为灰色或褐色，体侧有黑色色斑；有一条黑色斑纹贯穿眼部；腹面散布偏蓝色的小斑点。

相近物种

掌突蟾属 *Leptolalax* 在英语里也被称为“瘦落叶蟾”。1983年时该属仅包含四个物种，到2009年时增长到20个物种，而今天则已经有39个物种①，它们的体型大都细小，生活在森林地表的落叶堆之间，捕食其中的小昆虫。其中婆罗洲分布有五种，柬埔寨、老挝和越南最近发现了一些新物种。

① 译者注：依据Frost (2018)，掌突蟾属目前已有53个物种。

科名	角蟾科Megophryidae
其他名称	纤细落叶蟾、马当亚洲蟾
分布范围	婆罗洲、马来半岛
成体生境	热带雨林，海拔150—1100 m
幼体生境	底层为沙砾的清澈溪流
濒危等级	近危。大部分栖息地已经因森林砍伐和溪流淤塞而被破坏

成体体长
雄性
$1\frac{1}{4}$—$1\frac{9}{16}$ in (31—40 mm)
雌性
$1\frac{9}{16}$—$1\frac{15}{16}$ in (40—50 mm)

细掌突蟾
Leptolalax gracilis
Sarawak Slender Litter Frog

(Günther, 1872)

正如同其英文名一样，这种小型蛙类大部分时间都生活在落叶堆里，不过偶尔也能在雨林灌木丛的低矮枝丫上发现它们的身影。细掌突蟾主要捕食小型昆虫。它选择清澈而湍急的溪流进行繁殖。雄性发出一系列高频率短促的鸣叫来吸引雌性。人们目前认为雌性会把卵产在溪中的石块下面。其蝌蚪身型同样细长，尾巴长而强壮，尾鳍不发达。这些特征使得其蝌蚪能在水中石头之间自由穿梭。

相近物种

沙巴掌突蟾 *Leptolalax fritinniens* 发表于 2013 年，分布于婆罗洲北部。目前看来，它能够承受其森林栖息地被改变的现状。它也被戏称为扬声器落叶蟾，因为其雄性的叫声是一长串短音符。哈氏掌突蟾 *Leptolalax hamidi* 分布于婆罗洲的低地森林，其栖息地正在受到伐木的破坏，濒危等级被评为易危至灭绝。另见安氏掌突蟾（第 71 页）和三岛掌突蟾（第 73 页）。

细掌突蟾的身型和四肢都很纤细，眼睛却很大；背面和体侧的皮肤粗糙；背面颜色为褐色或灰色，伴有深色不规则斑纹；体侧有浅色的疣粒和深色的圆点点缀；上臂米黄色；虹膜的上半部分为橙色。

实际大小

科名	角蟾科Megophryidae
其他名称	无
分布范围	越南北部、中国南端[①]
成体生境	亚热带低地森林，最高海拔1100 m
幼体生境	溪流
濒危等级	数据缺乏。其栖息地受到城市化建设和旅游业的威胁

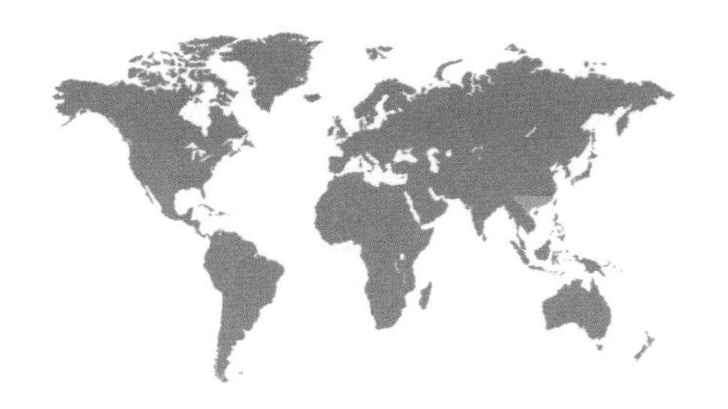

三岛掌突蟾
Leptolalax sungi
Sung Toad
Lathrop, Murphy, Orlov & Ho, 1998

成体体长
雄性
1⅞—2⅙ in (48—53 mm)
雌性
2³⁄₁₆—2¼ in (57—59 mm)

这种具有保护色的蛙类往往能在森林中靠近溪流的地方被发现。在我们知之甚少的掌突蟾属 *Leptolalax*——也被称为亚洲蟾，或是瘦落叶蟾的近 40 个物种[②]中，三岛掌突蟾是体型最大的一种。它生活在森林地表的落叶堆里，以昆虫为主要食物。一般认为，它把卵产于溪中石头下面。其蝌蚪体型修长，尾巴也很长，能够在水中石头之间自由穿梭。

相近物种

蟼掌突蟾 *Leptolalax pelodytoides* 体型比三岛掌突蟾小，分布于缅甸、老挝及中国南端。锦绣掌突蟾 *Leptolalax pictus* 分布于婆罗洲的沙巴州，被列为易危物种，原因是其栖息地因森林砍伐而几乎消失。博氏掌突蟾 *Leptolalax botsfordi* 是 2013 年才被描述的新种，分布于越南高海拔地区。另见安氏掌突蟾（第 71 页）以及细掌突蟾（第 72 页）。

三岛掌突蟾体型较丰满；眼大；背面有小疣粒；躯干和四肢为棕色或灰色；躯干上有深色的斑点；四肢上有深色横纹；颞褶自眼后角起，经过不明显的鼓膜上方，直到嘴角；虹膜为带彩虹光芒的绿色。

实际大小

① 译者注：广西防城港。
② 译者注：依据Frost (2018)。掌突蟾属目前已有53个物种。

科名	角蟾科Megophryidae
其他名称	高山角蟾
分布范围	马来西亚沙巴州西部
成体生境	山区森林，海拔1200—1700 m
幼体生境	山区溪流中的水潭
濒危等级	近危。数量稀少，所幸分布范围位于保护区内

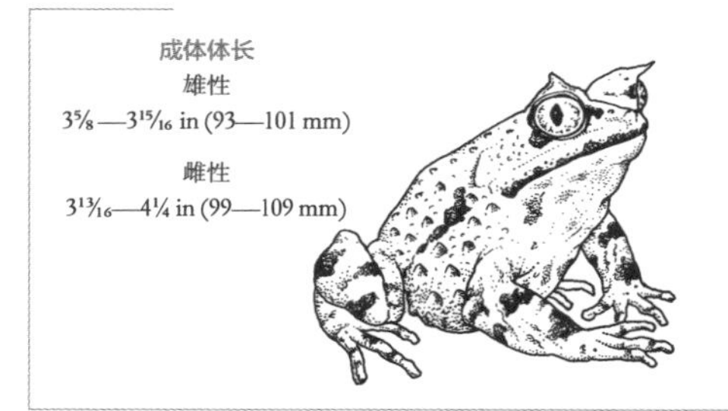

成体体长
雄性
3⅝—3¹⁵⁄₁₆ in (93—101 mm)
雌性
3¹³⁄₁₆—4¼ in (99—109 mm)

小林角蟾
Megophrys kobayashii
Kobayashi's Horned Frog

Malkmus & Matsui, 1997

小林角蟾体型虽大，四肢却相对短小，所以并不能跳很远。它是“守株待兔”型的猎手，其防御技能是靠隐藏在森林地表的枯叶间来躲避捕食者，甚至连其身上的皮肤皱褶都是模仿落叶的叶脉。其宽阔的大嘴能吞下大型猎物，包括蝎子和外壳达 50 mm 的蜗牛。它在林间溪流的水潭中繁殖，其蝌蚪有一种特殊的进食方式：把口向上贴在水面，身体好似悬挂在水面之下，嘴巴一张一合犹如漏斗，漂浮在水面的微小食物颗粒便顺着漏斗流入口中。

小林角蟾吻端较钝；黄色的大眼睛之上，皮肤延伸为三角形的突起物；四肢短而相对纤细；体侧具大型疣粒；皮肤颜色为不同程度的棕色，点缀有黑色的斑点；背部自上而下有两条细细的皮肤皱褶。

相近物种

角蟾属 *Megophrys* 目前已知有九个物种[①]，分布于印度、婆罗洲、菲律宾和马来西亚。利氏角蟾 *Megophrys ligayae* 生活在菲律宾的巴拉巴克岛和巴拉望岛的低海拔森林，其栖息地因伐木活动而衰退和消失，已被列为濒危物种。

实际大小

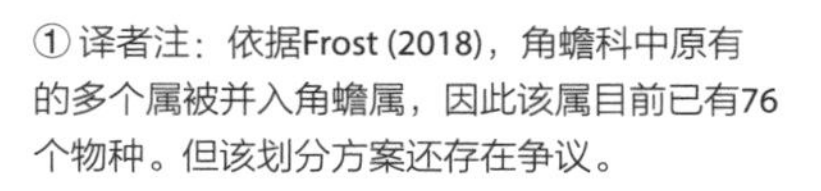

① 译者注：依据Frost (2018)，角蟾科中原有的多个属被并入角蟾属，因此该属目前已有76个物种。但该划分方案还存在争议。

科名	角蟾科Megophryidae
其他名称	婆罗洲角蟾、长鼻角蟾
分布范围	婆罗洲、苏门答腊、印度尼西亚、马来半岛、泰国
成体生境	热带雨林，最高海拔1600 m
幼体生境	溪流
濒危等级	无危。分布区广泛，包括一些保护区

尖吻角蟾
Megophrys nasuta
Borneo Horned Frog
(Schlegel, 1858)

成体体长
雄性
2¹³⁄₁₆—4⅛ in (70—105 mm)
雌性
3½—4¹⁵⁄₁₆ in (90—125 mm)

这种大型蛙类的胃口很大，以蜘蛛、小型啮齿类、蜥蜴、螃蟹、蝎子和其他蛙类为食。尖吻角蟾从不主动出击，而是躲在森林下的落叶层上守株待兔。雄性在溪流里繁殖，当暴风雨来临时，发出响亮的“嗡”（honk）的叫声，以预示繁殖期的到来。其蝌蚪长着向上翘起的嘴，滤食水面上漂浮的植物碎片。该物种在很多地区常被作为宠物进行贸易，现在，人工繁育已经成功。

相近物种

高山角蟾 *Megophrys montana* 曾经被认为与尖吻角蟾是同一个物种，前者分布于爪哇，可能在苏门答腊也有分布。与尖吻角蟾不同的是，高山角蟾体型更小，吻端没有角状突起，背部皮肤也没有肤褶。

尖吻角蟾得名于其吻端中央的角状皮肤突起；同时，它的大眼睛上还有一个更长的角状突起；背部有两对肤褶，看起来像枯叶的叶脉；后肢细而短；皮肤呈棕色或灰色，带有深色斑点，眼睛周围有黑色斑纹。

实际大小

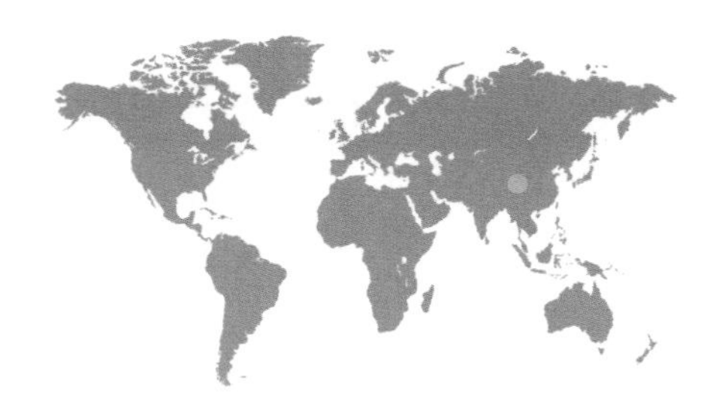

科名	角蟾科Megophryidae
其他名称	无
分布范围	中国四川省南部[①]
成体生境	环境阴湿的高山森林，海拔2860—3000 m
幼体生境	中小型高山溪流
濒危等级	极危。目前所知分布仅限于一条溪流附近；种群数量有可能不足100个个体

成体体长
雄性
平均 2 in (52 mm)
雌性
平均 2⅜ in (60 mm)

凉北齿蟾
Oreolalax liangbeiensis
Liangbei Toothed Toad

Liu & Fei, 1979

雄性凉北齿蟾的背上、指上和胸口各有一系列显著的刺疣。据推测，这些刺疣可能与用于雄性之间的争斗或与交配过程有关，但都尚未得到证实。它一年内大部分时间为陆栖，生活在溪谷和周围的森林里。5月为繁殖期，进入小山溪中交配，雌性产卵350枚左右，卵群黏附在水下石块底面，呈环状。其蝌蚪在水流较缓的区域生活发育，时常躲于石缝之间。凉北齿蟾的分布范围非常狭窄，其前景因砍伐森林而不容乐观。

凉北齿蟾因其发达的上颌齿而被叫作齿蟾；其背部布满刺疣；手指末端圆形，而脚趾末端缘膜发达；雄性上臂和胸口具刺；背部颜色为棕黄色，伴有圆形黑斑；腿部和上臂有黄色横纹。

相近物种

齿蟾属 *Oreolalax* 目前包含17个物种[②]，均分布于四川西南部和越南。不少物种都受到不同程度的灭绝威胁。比如，峨眉齿蟾 *Oreolalax omeimontis* 被列为濒危物种，而大齿蟾 *Oreolalax major* 则被列为易危物种。

实际大小

① 译者注：四川越西普雄。
② 译者注：依据Frost (2018)，齿蟾属目前已有18个物种。

科名	角蟾科Megophryidae
其他名称	布氏齿突蟾、喜山溪蟾
分布范围	中国西南地区①、尼泊尔
成体生境	高山草甸及森林，海拔3300—5100 m
幼体生境	溪流
濒危等级	无危。分布范围广，部分栖息地位于保护区内

成体体长
雄性平均
2 1/16 in (53 mm)
雌性平均
2½ in (62 mm)

西藏齿突蟾
Scutiger boulengeri
Xizang Alpine Toad
(Bedriaga, 1898)

这种较为常见、行动缓慢的蛙类生活在喜马拉雅山脉的高海拔环境中，一般靠近溪流的源头或冰川湖泊的边缘。西藏齿突蟾在山上的溪流中产卵，而这种溪流的水温非常低，以至于其蝌蚪最长需要近五年的时间才能开始变态。成体可以长到 62 mm 左右。在冬季，它们会在雪层下面活动。

实际大小

西藏齿突蟾体型较大，显得肥硕，四肢却相对短小；背部布满圆形的刺疣；背面为灰色或橄榄绿，伴有深色黑点；腹面黄白色；两眼间有一个浅色的三角形斑纹。

相近物种

林芝齿突蟾 *Scutiger nyingchiensis* 是生活在高山的另一个物种，通常活动在海拔 3000—5000 m 的地方②，分布于中国、印度、尼泊尔和巴基斯坦，被列为无危物种，但易受溪流因灌溉需求而被人为改道的威胁。与其他齿突蟾不同的是，木里齿突蟾 *Scutiger muliensis* 和胸腺齿突蟾 *Scutiger glandulatus* 的雄性比雌性体型更大。

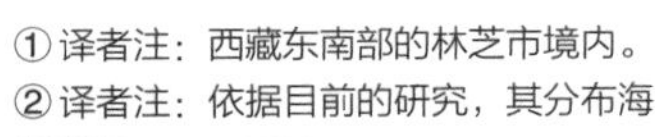

① 译者注：西藏东南部的林芝市境内。
② 译者注：依据目前的研究，其分布海拔多在2900—3500 m。

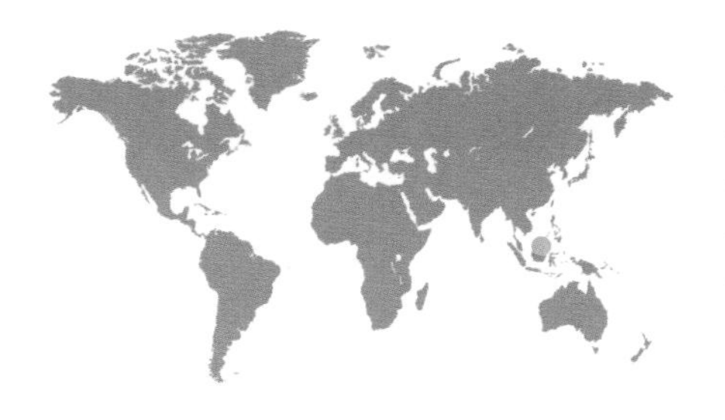

科名	角蟾科Megophryidae
其他名称	巴卢角蟾、巴卢锄足蟾
分布范围	婆罗洲北部的沙巴州
成体生境	山地森林
幼体生境	溪流
濒危等级	近危。分布范围狭窄，所幸已知分布位于两个保护区内

成体体长
雄性
1⅝—1¾ in (41—45 mm)
雌性
2⅛—2 13/16 in (55—70 mm)

巴卢异角蟾
Xenophrys baluensis
Kinabalu Horned Frog
(Boulenger, 1899)

这种稀有蛙类的成体和亚成体都能利用伪装很好地隐藏于森林地表的落叶堆中。它通常选择多岩石的山溪中水流平静的地方进行繁殖。和其他异角蟾属 *Xenophrys* 的物种一样，其蝌蚪口部有一个不同寻常的特征，即嘴唇向外扩大形成漏斗状。当游到水面时，蝌蚪只要张开这个特化的漏斗，溪水表面细小的食物颗粒，比如花粉和细菌，便自动顺着水流流入漏斗中，既而进入口中。蝌蚪的鳃室则负责把食物从水流中过滤出来。

巴卢异角蟾身型粗壮；头部宽大；吻端钝圆；后肢相对短而细；两侧眼睑上方各有一个三角形、点缀着数枚小刺疣的突起物，这便是巴卢异角蟾的“角”；背部有数条嵴棱和少数小瘤；背面具深色色斑，四肢上有深色横纹。

相近物种

目前为止，异角蟾属 *Xenophrys*[①]一共包含 46 个物种，均生活在东南亚各地区。金氏异角蟾 *Xenophrys dringi* 仅知分布于婆罗洲的姆鲁山国家公园，已被列为近危物种。另见短肢异角蟾（第 79 页）及大异角蟾（第 80 页）。

实际大小

① 译者注：依据Frost (2018)，异角蟾属被并入角蟾属*Megophrys*。但该结论尚有争议。

科名	角蟾科Megophryidae
其他名称	短肢角蟾、山顶锄足蟾
分布范围	中国南方，包括香港
成体生境	森林①
幼体生境	溪流
濒危等级	濒危。分布范围非常狭窄，并且受到城市化建设和化学污染的威胁

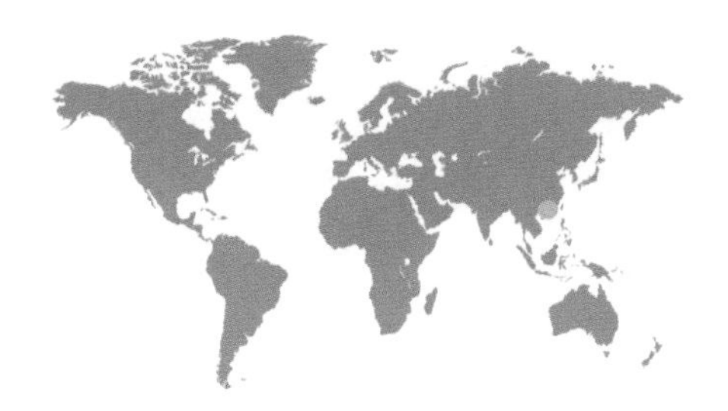

短肢异角蟾
Xenophrys brachykolos
Short-legged Horned Toad
(Inger & Romer, 1961)

成体体长
雄性
1 5/16—1 9/16 in (34—40 mm)
雌性
1 9/16—1 7/8 in (40—48 mm)

这种鲜为人知的小型蛙类生活在中国香港郊外丘陵起伏的公园里，并在溪流里繁殖。求偶时，雄性躲在洞穴或岩石下，发出一连串短促的鸣声。和异角蟾属 *Xenophrys* 其他物种一样，蝌蚪的口部特化成朝向上方的漏斗，以从溪水表面取食。现在认为，香港地区用来控制蚊虫的杀虫剂已经对该物种造成了负面影响。据推测，短肢异角蟾或许不仅仅局限于香港地区，也可能分布于中国南方和越南②。

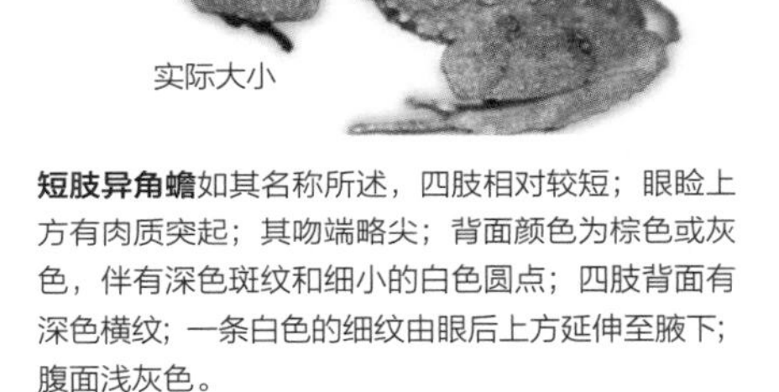

短肢异角蟾如其名称所述，四肢相对较短；眼睑上方有肉质突起；其吻端略尖；背面颜色为棕色或灰色，伴有深色斑纹和细小的白色圆点；四肢背面有深色横纹；一条白色的细纹由眼后上方延伸至腋下；腹面浅灰色。

相近物种

淡肩异角蟾 *Xenophrys boettgeri* 生活在印度东北部的热带森林和华中地区的亚热带森林③，它能在海拔最高至 2500 m 的高山溪流中繁殖。井冈山异角蟾 *Xenophrys jinggangensis* 则分布于华东的井冈山地区，于 2012 年被描述发表，使得中国的异角蟾属物种上升至 31 种④。另见巴卢异角蟾（第 78 页）和大异角蟾（第 80 页）。

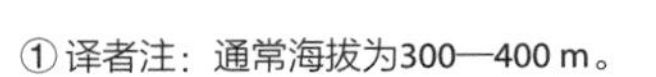

① 译者注：通常海拔为300—400 m。
② 译者注：依据目前的研究，短肢异角蟾还分布于中国广东、广西和湖南。
③ 译者注：依据目前的 研究，淡肩异角蟾仅分布于中国福建、江西和浙江，而印度的分布为错误记录。
④ 译者注：依据“中国两栖类”数据库(2018)，中国分布异角蟾属物种36个。

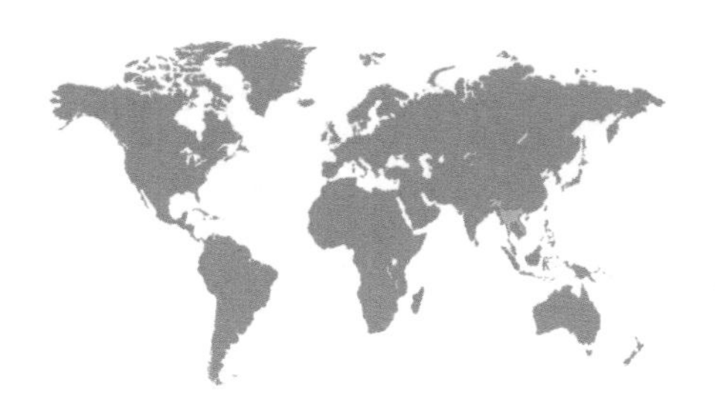

科名	角蟾科Megophryidae
其他名称	大角蟾、安氏锄足蟾、素贴山角蟾、大溪流角蟾
分布范围	印度东北部、不丹、泰国、中国南端、老挝、越南
成体生境	常绿阔叶林，海拔250—2500 m
幼体生境	溪流
濒危等级	无危。分布范围内部分种群有数量下降趋势，不过也有部分种群生活在某些保护区内

成体体长
雄性
$2\frac{3}{4}$—$2\frac{15}{16}$ in (68—75 mm)
雌性
$3\frac{1}{8}$—$3\frac{9}{16}$ in (80—92 mm)

大异角蟾
Xenophrys major
White-lipped Horned Toad

(Boulenger, 1908)

这种大型蛙类得名于其眼睑上方尖尖的肉质突起。它喜欢在水流清澈而湍急的溪流里繁殖，而成体一般则生活在山溪附近的森林地表。与异角蟾属 *Xenophrys* 的其他物种一样，蝌蚪也有特化成漏斗状的口部。漏斗开口朝上，使蝌蚪能在溪水表面取食。据报道，在不丹，当地村民会捕食大异角蟾，估计在其他分布地区也存在被人类捕捉食用的情况。

大异角蟾两侧眼睑上方各有一个肉质的角状突起；背部皮肤有数道皱褶，体侧具大型疣粒；背面颜色为灰色、绿色或红棕色，头顶两眼间常有一个深色的三角形斑块；上唇缘有一条白色线纹，眼后上方亦有一条白色细纹。

相近物种

棘疣异角蟾 *Xenophrys tuberogranulatus*，产自中国湖南，浑身多疣粒。长腿异角蟾 *Xenophrys longipes* 分布于泰国和马来半岛，已经被列为近危物种。另见巴卢异角蟾（第 78 页）和短肢异角蟾（第 79 页）。

实际大小

科名	锄足蟾科Pelobatidae
其他名称	无
分布范围	法国、葡萄牙、西班牙
成体生境	开阔地，譬如沙丘、田野、草地
幼体生境	静水水体
濒危等级	近危。分布范围内部分种群因栖息地丧失、污染、外来鱼类及螯虾的入侵而数量下降

强刃锄足蟾
Pelobates cultripes
European Western Spadefoot
(Cuvier, 1829)

成体体长
雄性
最大 3½ in (90 mm)
雌性
最大 4¾ in (120 mm)

从每年10月到次年5月，当夜幕降临时，强刃锄足蟾便从其洞穴中出来繁殖，而具体的繁殖月份会因海拔高度和纬度的变化而有所不同。雄性会比雌性更先来到繁殖水塘，在水下发出短促的“咕咕咕”的鸣声。雄性的数量通常远远超过雌性，所以雄性之间打斗在所难免。雌雄抱对平均持续72小时，之后雌性产下近7000枚卵，包裹于长条状卵带中。在适宜条件下，其蝌蚪能不断生长，同时延缓变态，直到长度达到120 mm左右。然而在通常情况下，大量蝌蚪在变态前就会因水塘干涸而死亡。

相近物种

瓦氏锄足蟾 *Pelobates varaldii* 分布于摩洛哥。遗传分析表明，它和强刃锄足蟾分化于530万年至260万年前的上新世。瓦氏锄足蟾被列为濒危物种，其种群数量已经大幅下降，主要原因包括土地排水、农药污染以及人为引入捕食者，尤其是食蚊鱼。

强刃锄足蟾由其后脚上黑色的角质蹠突而得名，它用蹠突向下掘洞而钻进土里；身型壮硕；头大；后腿短；趾间具蹼；其光滑的皮肤有多种颜色，包括灰色、褐色、黄色或者绿色，伴有深棕色或黑色的斑纹。

实际大小

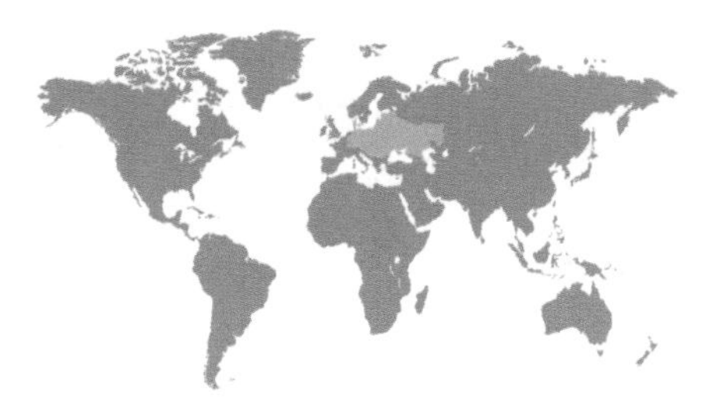

科名	锄足蟾科Pelobatidae
其他名称	无
分布范围	欧洲和亚洲，从德国至哈萨克斯坦
成体生境	森林里的开阔地带
幼体生境	非临时性水体
濒危等级	无危。对土壤结构和水质的变化非常敏感

成体体长
雄性
最大 2⅝ in (65 mm)
雌性
最大 3⅛ in (80 mm)

棕色锄足蟾
Pelobates fuscus
Common Spadefoot
(Laurenti, 1768)

棕色锄足蟾以其忠实于固定繁殖地而闻名——它们会年复一年地返回同一个水塘进行繁殖。在四壁陡峭、缺乏捕食者的大型水塘里，其繁殖的成功率是最高的。其繁殖行为与强刃锄足蟾（第 81 页）类似，但前者雌性的怀卵数量少于后者，只能产480—3000枚卵，年长的雌性比年幼的雌性产卵多一些。当被捕食者攻击或被人类骚扰时，它会原地不动，同时抬高并鼓圆身体，四肢站立，发出如同气球放气一般的嘶鸣。

棕色锄足蟾后肢上具有角质的铲状蹠突，用以向后挖掘沙土；身型壮硕；头大；后肢短；趾间具蹼；头顶有一处明显隆起；皮肤光滑，体色多变，包括灰色、褐色、黄色或者绿色，伴有深色斑纹；某些个体身上还有很多红色小圆斑。

相近物种

叙利亚锄足蟾 *Pelobates syriacus* 生活在巴尔干半岛和中东地区富含沙质和石粒的环境中，其分布范围自塞尔维亚和希腊，经过土耳其，直到伊朗北部。与棕色锄足蟾的区别在于其体型更大，头顶不隆起，后脚上的铲状蹠突颜色为浅黄。

实际大小

科名	沼蟾科Heleophrynidae
其他名称	纳塔尔溪蟾
分布范围	南非、莱索托与斯威士兰三国境内的马洛蒂山脉与德拉肯斯堡山脉
成体生境	山地森林与草甸，海拔580—2675 m
幼体生境	水流湍急的林中溪流
濒危等级	无危。易受砍伐森林、溪流退化、人工取水以及鳟鱼入侵的影响

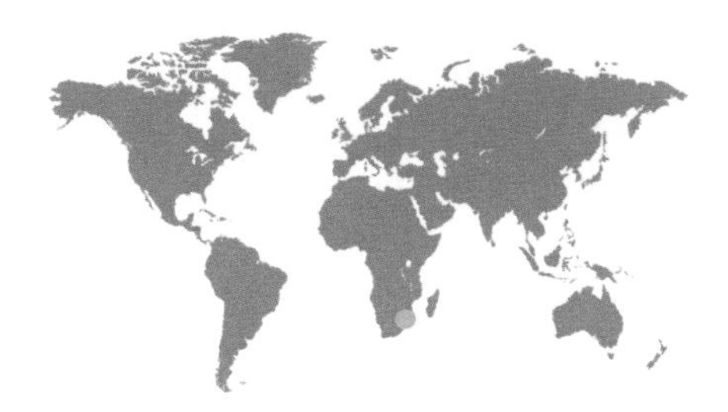

纳塔尔沼蟾
Hadromophryne natalensis
Natal Ghost Frog
(Hewitt, 1913)

成体体长
雄性
最大 1¾ in (45 mm)
雌性
最大 2⅝ in (65 mm)

纳塔尔沼蟾的成体只有夜晚才出来活动，行动隐秘，所以远不如它的蝌蚪常见。它在水流湍急的山区溪流中繁殖。繁殖期为3—5月。这时，雄性的手指和胸部会长出婚刺，它们在溪流附近发出音调优美的“叮”（ting）的鸣叫。交配后，雌性会在石头下产50—200枚卵。因为溪水温度低，所以蝌蚪发育缓慢，需要两年时间才能进入变态，而这时最大的蝌蚪已达85 mm。蝌蚪通过吸盘一样的口部牢牢吸附在水中岩石上，刮食石头上的藻类。纳塔尔沼蟾的皮肤能分泌一种有毒物质，成分与蜂毒类似。

纳塔尔沼蟾眼睛大而突出，瞳孔纵置；头和身体扁平；指、趾间具半蹼；指尖和趾尖三角形；背面颜色以深褐色、棕紫色或黑色为底色，缀以绿色或黄色的网纹；腹面灰白色，喉部具浅褐色斑块。

相近物种

纳塔尔沼蟾是幽灵蟾属 *Hadromophryne* 的唯一成员，曾经一直被放在沼蟾属（第84和85页）。今后的科学研究可能会表明，纳塔尔沼蟾其实还可以被细分成多个物种。它分布于一些山脉之中，但彼此之间因缺乏适宜的环境而被隔离开，因此种群间几乎没有基因交流[①]。

实际大小

① 译者注：如果种群之间缺乏基因交流，随着时间推移，这些种群要么随机消失，要么形成新的物种。

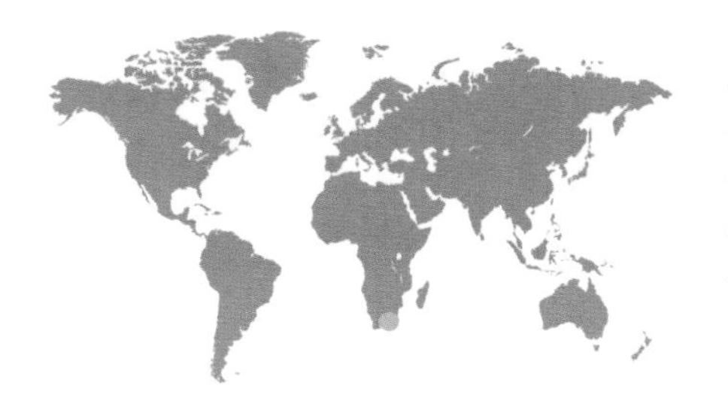

科名	沼蟾科Heleophrynidae
其他名称	无
分布范围	南非西开普省的东朗厄山
成体生境	高山硬叶灌木丛中的森林，海拔215—500 m
幼体生境	山区的湍急溪流
濒危等级	无危。分布区大多位于保护区内

成体体长
雄性
最大 1⅜ in (35 mm)
雌性
最大 1^{13}⁄$_{16}$ in (46 mm)

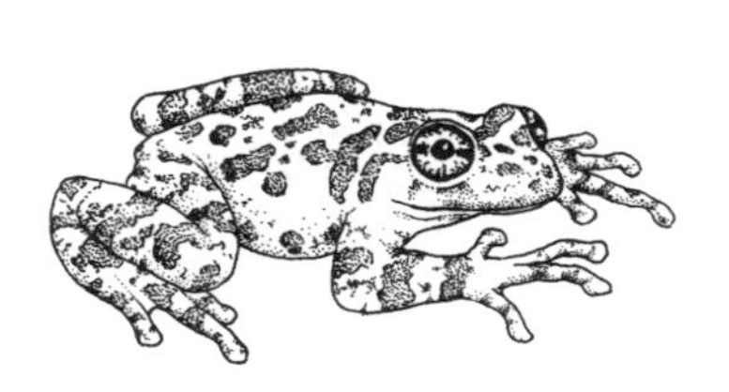

东部沼蟾

Heleophryne orientalis

Eastern Ghost Frog

Fitzsimons, 1946

初夏时，当南非朗厄山水沟里的水流减少，雄性的东部沼蟾就到溪流边，昼夜鸣叫，发出高音而清脆的“咿克”（ik）叫声。这些鸣叫的雄性背部皮肤松弛，前臂粗壮，胸部和手指上有刺。该物种不像其他沼蟾把卵产在水里，而是产在溪边布满苔藓的岩石下面，卵被分批产出，每次 110—190 枚。孵化后，蝌蚪进入溪流，它们嘴巴周围有一个大吸盘，可以吸附在岩石上。

相近物种

沼蟾属 *Heleophryne* 有六个物种，分布于南非不同的山脉，各物种之间被不适宜的生境所隔离开。希德堡沼蟾 *Heleophryne depressa* 分布于希德堡山，休氏沼蟾 *Heleophryne hewitti* 分布于埃兰兹山，后者已被列为极危物种，受到因商业砍伐森林而带来的不良影响。

东部沼蟾体型扁平；趾间有蹼；眼大而突起；眼睛呈金黄色，瞳孔呈十字形；背面米黄色或橄榄绿色，带有深色斑块；指、趾末端有吸盘，趾吸盘呈三角形。

实际大小

科名	沼蟾科Heleophrynidae
其他名称	罗氏幽灵蛙
分布范围	南非西开普省桌山东侧
成体生境	森林与高山硬叶灌木丛，海拔240—1060 m
幼体生境	山区溪流
濒危等级	极危。尽管其分布区域位于一个国家公园里，但是其种群下降仍非常迅速

成体体长
雄性
最大 1¹⁵⁄₁₆ in (50 mm)
雌性
最大 2⅜ in (60 mm)

罗氏沼蟾
Heleophryne rosei
Table Mountain Ghost Frog
Hewitt, 1925

罗氏沼蟾是世界上最为罕见的蛙类之一，分布于开普敦城市附近的一块 7—8 km^2 的区域中。它正遭受到由外来植物入侵、频繁的灌丛火灾、溪流蓄水以建造水库及来自旅游业所带来的灭顶之灾；同时还检测出它感染了壶菌病。蝌蚪长有吸盘状口部，晚上会爬出水面到岩石上。因为它们需要 12 个月才能完成变态发育，所以终年流水的溪流环境对其生存至关重要。但这些溪流要么被入侵植物所堵塞，要么被过度抽水供给当地居民，使蝌蚪的生存面临危境。

罗氏沼蟾体型粗壮且扁平，这使得它们可以躲在非常狭窄的岩石缝中；眼大而突起；指与趾末端呈三角形；趾间具蹼；体色为浅绿色，带有紫色或红棕色块斑。

相近物种

雷克斯沼蟾 *Heleophryne regis* 分布于东开普省与西开普省的海岸山地中。珀氏爪蟾 *Heleophryne purcelli* 则分布于西开普省的赛德伯格区中。与罗氏沼蟾不同的是，这两个物种的眼睛虹膜间有一条横向的深色纹。

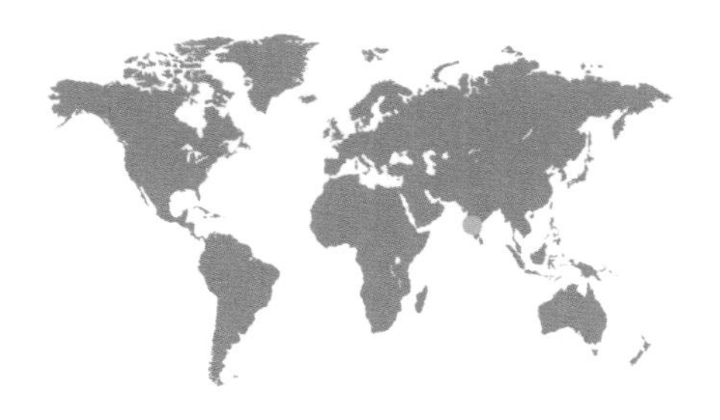

科名	鼻突蛙科Nasikabatrachidae
其他名称	西高止山猪鼻蛙
分布范围	印度西高止山脉两个有限的分布点
成体生境	森林
幼体生境	池塘、溪流
濒危等级	濒危。分布范围非常狭小且受到森林砍伐的威胁

成体体长
雄性
最大 2⅜ in (60 mm)
雌性
最大 3½ in (90 mm)

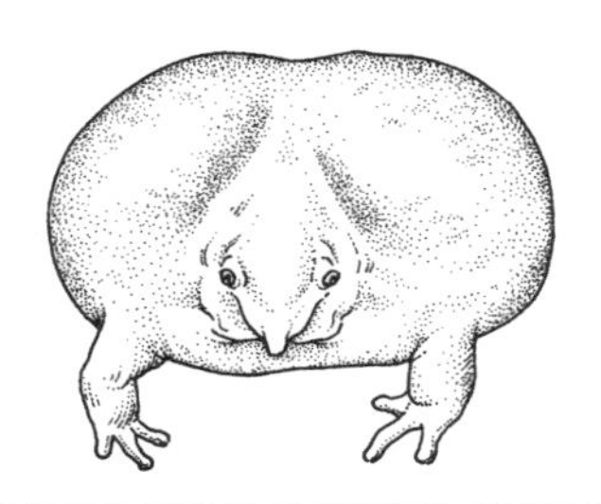

紫蛙
Nasikabatrachus sahyadrensis
Purple Frog
(Biju & Bossuyt, 2003)

人类对这种非同寻常的蛙类知之甚少其实也不足为奇，因为它每年露面的时间只有约两周，其余时间几乎藏身于地下，主要以白蚁为食。紫蛙直到 2003 年才被发现。印度雨季前的第一场大雨过后，它才会在洪泛水塘与溪流中昙花一现。雄性通过在水体附近的浅洞里鸣叫来吸引雌性，由于雄性比雌性体型小太多，它们不会像其他大多数蛙类一样进行抱对，而可能是雄性在黏性皮肤分泌物的帮助下而紧紧抓住雌性的脊柱。雌性产卵数量很大。

紫蛙体型浮肿状，身体呈球形且头部很小；眼小；吻部突出且末端具白色吻突；皮肤光滑而富有光泽，背面为紫色、腹面为灰色；四肢短小，趾间具蹼且趾端为圆形；两侧后足均具有用来向后挖土的白色瘤状蹠突。

相近物种

紫蛙是鼻突蛙科中唯一的成员①，外表与其他任何蛙类都截然不同。它的祖先与其近亲——塞舌尔蛙科 Sooglossidae 的物种在 1.3 亿年前隔离，但是它们的长相却相去甚远。然而，紫蛙却与其他一些亲缘关系很远、同样营地下穴居生活的蛙类有几分相似，如墨西哥的背条锥吻蟾（第 59 页）与非洲的黄点肩蛙（第 466 页）。

实际大小

① 译者注：2017年，科学家们在印度西高止山东坡发现了紫蛙属的第二个物种——布氏紫蛙*Nasikabatrachus bhupathi*，它也是鼻突蛙科的第二个物种。

科名	塞舌尔蛙科Sooglossidae
其他名称	无
分布范围	塞舌尔的马埃岛和锡卢埃特岛
成体生境	热带雨林
幼体生境	卵产在地上，蝌蚪在卵内直接发育
濒危等级	濒危。受到气候变化和栖息地退化的威胁

加氏塞舌尔蛙
Sechellophryne gardineri
Gardiner's Seychelles Frog
(Boulenger, 1911)

成体体长
雄性
最大 5/16 in (8 mm)
雌性
最大 ½ in (12 mm)

实际大小

加氏塞舌尔蛙有可能是世界上最小的蛙类；刚刚变态的幼蛙只有1.6 mm长；它吻端尖，眼睛大而突出；前肢细小，后肢相对粗大有力；体色多变，从棕黄色到红棕色都有可能；体侧各有一条黑色纵纹。

当前全球气候变化被认为是对这种微型蛙类最大的威胁。仅仅在16年内，其分布范围内的低海拔地区由于雨林格局发生改变，种群数量已经下降了67%。在高海拔地区(海拔991 m以上)，其种群依然相对稳定，但如果气候继续变化，据推测，剩下的栖息地也将消失。加氏塞舌尔蛙生活在地表，多在落叶堆和低矮植物间活动，夜晚尤其活跃。它一年四季都能繁殖，每次在地上产卵8—16枚，胚胎直接发育，即蝌蚪在卵内完成变态，最终孵化出小幼蛙。

相近物种

小塞舌尔蛙属 *Sechellophryne* 还有另外一个物种——棕榈塞舌尔蛙 *Sechellophryne pipilodryas*，它仅局限于锡卢埃特岛上一块15 km^2 的区域，它与岛上一种特有的棕榈紧密相关。棕榈塞舌尔蛙在低海拔地区正逐渐消失，原因是外来植物的入侵。人们对它的繁殖模式一无所知。

科名	塞舌尔蛙科Sooglossidae
其他名称	无
分布范围	塞舌尔所属马埃岛、普拉兰岛和锡卢埃特岛的高海拔地区
成体生境	湿润森林的落叶堆
幼体生境	成体背上
濒危等级	濒危。受气候变化和栖息地退化的威胁

成体体长
雄性
最大 9/16 in (15 mm)
雌性
最大 ¾ in (20 mm)

塞舌尔蛙
Sooglossus sechellensis
Seychelles Frog
(Boettger, 1896)

实际大小

塞舌尔蛙是世界上最小的蛙类之一；其体色为黄褐色；头部、背上和四肢具黑色条纹和圆点；头顶有一块三角形的深色花纹；腹面为白色；塞舌尔蛙行动隐蔽，常常躲藏于落叶堆和石头缝中，只有雨后才会出来活动。

虽然在其分布范围内相对常见，塞舌尔蛙的濒危等级依然被列为濒危，因为其适宜的栖息地过于狭窄，且因全球气候变化而在逐渐消失。雄性的广告鸣叫相对复杂，其中包含一个主音和四个辅音。雌蛙一次产卵 6—15 枚。卵产于位于地表的巢穴中，由双亲中的一方守护。当受精卵孵化后，蝌蚪会爬到守护成体的背上并完成发育和变态，直到成为小幼蛙。人们尚无法确认到底是雄性还是雌性成体提供亲代抚育，或者双方都参与抚育。

相近物种

汤氏塞舌尔蛙 *Sooglossus thomasseti* 比塞舌尔蛙体型更大，生活在马埃岛和锡卢埃特岛的苔藓森林和布满石头的平地中。汤氏塞舌尔蛙被认为已经属于极危物种，因为每年年初的降水量在成趋势性的减少。塞舌尔蛙的近亲是印度的紫蛙（第 86 页）。6500 万年前，塞舌尔群岛从印度板块中分割出来，而这两个蛙类类群也就此分道扬镳。

科名	硬头蟾科Calyptocephalellidae
其他名称	智利巨蟾、宽口蟾
分布范围	智利中部的中低海拔地区，最高海拔1600 m
成体生境	湖泊、河流及水塘
幼体生境	大型水塘
濒危等级	易危。种群数量出现下降，主要原因为栖息地被破坏及人为捕捉和食用

盖氏硬头蟾
Calyptocephalella gayi
Helmeted Water Toad
(Duméril & Bibron, 1841)

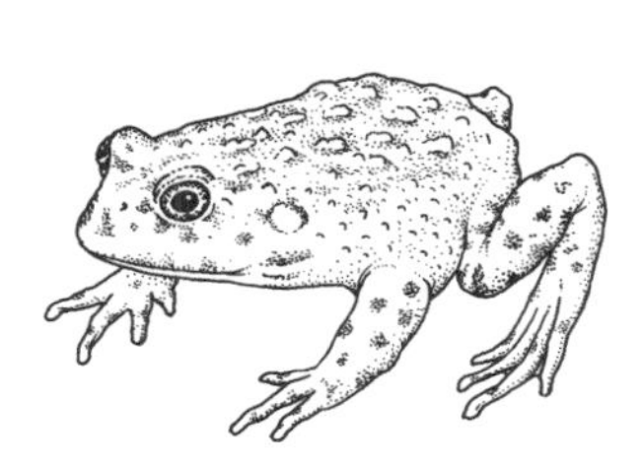

成体体长
雄性
最大 4¾ in (120 mm)
雌性
最大 12⅝ in (320 mm)

这种大型水生蛙类性情非常凶猛。当受到攻击或骚扰时，它会鼓起身体，张开大嘴，向攻击对象猛扑过来。盖氏硬头蟾食谱多样，捕食对象包括昆虫幼虫、小鱼、其他蛙类、小鸟甚至小型哺乳动物。繁殖期为每年 9 月和 10 月，雄性叫声洪亮。交配后，雌性会在浅水处产下 1000—10000 枚卵，其蝌蚪需要两年时间才能进入变态阶段。当地人会捕食盖氏硬头蟾，这导致其种群数量下降。同时，它还受到栖息地丧失、环境污染和鳟鱼入侵（会捕食蝌蚪）的威胁。

盖氏硬头蟾身体强壮；头大；吻端圆；眼睛相对较小，瞳孔纵置；背部皮肤上有长条形的隆起；后肢具半蹼；幼体时全身为黄色或绿色，成年后转为暗灰色。

相近物种

硬头蟾属 *Calyptocephalella* 仅有盖氏硬头蟾这一个物种，而硬头蟾科 Calyptocephalellidae 也仅仅包含四个物种，另外三种均为体型略小的河滨蟾属 *Telmatobufo* 物种[①]（第 90 页）。河滨蟾数量稀少，很难见到，与盖氏硬头蟾一样，也仅仅分布于智利。

实际大小

① 译者注：依据Frost (2018)，河滨蟾目前已有四个物种，因此，硬头蟾科共有五个物种。

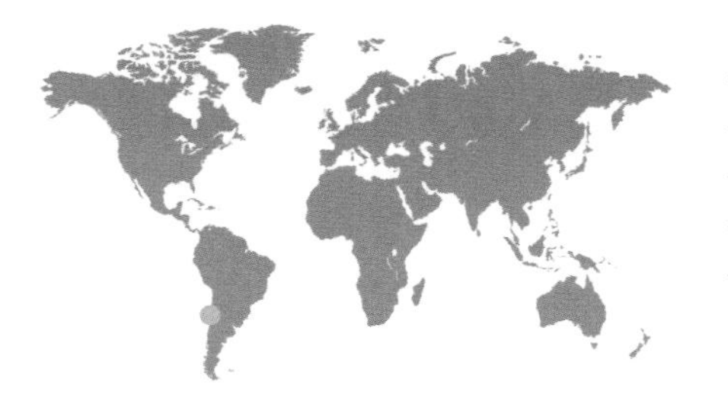

科名	硬头蟾科Calyptocephalellidae
其他名称	布氏山伪蟾
分布范围	智利阿劳科省境内的沿海山脉
成体生境	山区森林
幼体生境	山区溪流
濒危等级	极危。受到森林砍伐和蝌蚪栖息地退化的威胁

成体体长
2½—3¼ in (62—83 mm)

布氏河滨蟾
Telmatobufo bullocki
Bullock’s False Toad

Schmidt, 1952

粗壮敦实的布氏河滨蟾是世界上最稀有的蛙类之一。自 1952 年被发现，近年来大规模的搜索也仅找到几个分布地点。繁殖期内，雄性的拇指上会长出一簇尖锐的婚刺，使得雄性能够在湍急的溪流中紧紧抱住雌性。其蝌蚪已经适应了高山溪流中的生活：强壮有力的尾巴使它们可以逆流而上，而宽大的吸盘式口部又能让它们紧紧吸附于水底岩石。目前，森林砍伐导致这些高山溪流逐渐被淤泥堵塞，这让其蝌蚪无法生存。

布氏河滨蟾头大；吻端圆；身型粗壮；背部有许多大型的瘰粒；耳后腺膨大为椭圆形；四肢相对细长，趾间具蹼；背面颜色为灰褐色；头顶有一条明显的黄色横纹。

相近物种

河滨蟾为智利特有种。南方河滨蟾 *Telmatobufo australis* 分布于智利南端的珀兰多山脉 (Pelado Mountains)，目前被列为易危物种。优雅河滨蟾 *Telmatobufo venustus* 仅分布于智利安第斯山脉中的一段，被列为濒危物种，它正遭受到森林砍伐和外来鳟鱼入侵（会捕食蝌蚪）的威胁。

实际大小

科名	龟蟾科Myobatrachidae①
其他名称	无
分布范围	澳大利亚昆士兰州和新南威尔士州的沿海地区
成体生境	旷野与森林，海拔最高400 m
幼体生境	溪流、水塘
濒危等级	近危。栖息地丧失及对高海拔地区的壶菌病非常敏感

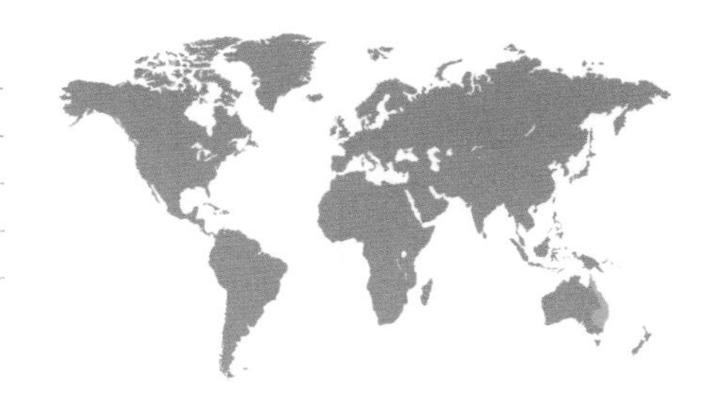

獠齿幻蟾
Adelotus brevis
Tusked Frog
(Günther, 1863)

成体体长
雄性
1⁵⁄₁₆—1¹⁵⁄₁₆ in (34—50 mm)
雌性
1⅛—1⁹⁄₁₆ in (29—40 mm)

獠齿幻蟾有两个独特之处：其一，雄性比雌性体型更大；其二，成体下颌正中有两颗“獠牙”。这两颗“獠牙”是下颌骨的衍生物②，雌雄皆有，但雄性的更大，在争夺水塘和溪边的鸣叫地点时，雄性会用其相互打斗。雄性鸣声是柔和的“啾”（chuluk）声。雌性在落叶堆下产卵超过600枚，包裹在泡沫状卵泡里。详尽的繁殖学研究表明，其雄性体型越大，繁殖成功率就越高。

实际大小

獠齿幻蟾由其下颌正中一对突出的獠牙得名；雄性的头部非常大，几乎和身体大小相当；背部布满小瘰粒；背面颜色为棕色或灰蓝色，鼻部有一块浅色斑纹；腹面黑白相间，胯部和大腿上有一块红色的斑纹。

相近物种

獠齿幻蟾是幻蟾属 *Adelotus* 的唯一物种。据其大比例的头部和下颌的长牙，很容易把它同其他蛙类区分开来。

① 译者注：依据Frost (2018)，幻蟾属隶属于汀蟾科Limnodynastidae。但也有其他分类系统仍将该属置于龟蟾科（汀蟾亚科Limnodynastinae）。

② 或称为齿状骨突。

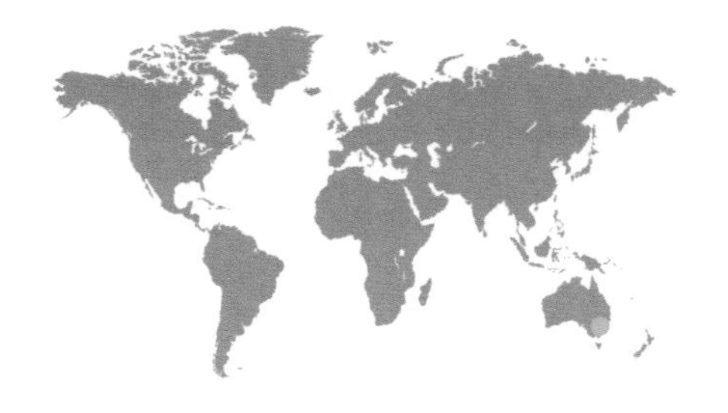

科名	龟蟾科Myobatrachidae①
其他名称	东部鸮蟾
分布范围	澳大利亚东南部的大分水岭地区
成体生境	靠近海岸线、土壤为沙质的林地和森林
幼体生境	临时性水塘
濒危等级	易危。因森林栖息地减少而数量下降

成体体长
雄性
2$\frac{3}{8}$—3$\frac{1}{16}$ in (60—78 mm)
雌性
2$\frac{7}{8}$—3$\frac{13}{16}$ in (73—97 mm)

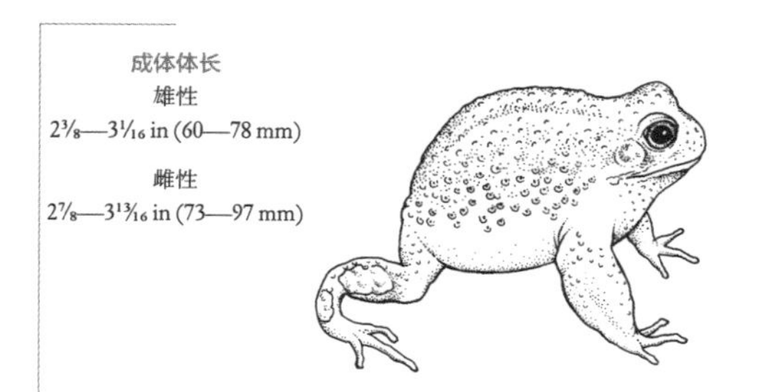

澳洲泽穴蟾
Heleioporus australiacus
Giant Burrowing Frog
(Shaw & Nodder, 1795)

这种大型蛙类差不多一生的时间都待在地下的洞穴里，只有在每年8月到次年3月温暖湿润的天气里才会出来繁殖。雄性躲在由螯虾挖掘的洞穴中，当大雨倒灌时，它们便开始发出类似猫头鹰的“呜呜”叫声。雄性的手指、手臂和胸前都会长出尖锐的婚刺，使它们能在抱对时紧紧抱住滑溜溜的雌性。雌性在临时性水塘中产卵770—1240枚，形成泡沫状的卵泡。蝌蚪体型圆滚，能长到很大的尺寸。该物种正受到森林栖息地破坏的威胁。

澳洲泽穴蟾身型浑圆；四肢强壮有力；眼大而突出；皮肤布满瘰粒，瘰粒上有白刺；背面为深棕色至蓝黑色，腹面色浅；体侧具黄色斑点，上唇角有一条黄色条纹。

相近物种

泽穴蟾属 *Heleioporus* 所包含的六个物种之中，澳洲泽穴蟾是唯一分布于澳大利亚东部的物种。白腹泽穴蟾 *Heleioporus barycragus* 与之外形相似，栖息地也类似，但只分布于澳大利亚西部的达令山脉。此外，由于澳洲泽穴蟾体型较大，有时会被误认为蔗蟾蜍（第210页）。

实际大小

① 译者注：依据Frost (2018)，泽穴蟾属隶属于汀蟾科Limnodynastidae。但也有其他分类系统仍将该属置于龟蟾科（汀蟾亚科Limnodynastinae）。

科名	龟蟾科Myobatrachidae[1]
其他名称	无
分布范围	澳大利亚西南部的沿海地区
成体生境	矮灌丛地、沙质土壤的湿地
幼体生境	洞穴中的卵泡，然后被暴雨冲入临时性水塘
濒危等级	无危。当地很常见，种群数量稳定

萧声泽穴蟾
Heleioporus eyrei
Moaning Frog
(Gray, 1845)

成体体长
雄性
1¾—2$^{11}/_{16}$ in (45—66 mm)
雌性
1$^{13}/_{16}$—2½ in (46—63 mm)

每年4月和5月为萧声泽穴蟾的繁殖期，此时，雄性聚集到沙质土壤的湿地中，挖掘出一条与地面平行的洞穴，并在自己的洞穴中鸣叫，发出长而低沉的呻吟般鸣叫，并且不断重复。雌性被叫声吸引，进入洞穴与雄性交配，之后雌性在洞穴最深处产下80—500枚卵，形成泡沫状的卵泡。受精卵在卵泡中孵化并发育，直到暴雨灌入洞穴，其蝌蚪才被雨水冲到洞外的临时性水塘。在炎热干燥的夏季，萧声泽穴蟾会挖掘洞穴，躲入地下，进行夏眠，直到雨水再度来临。

相近物种

萧声泽穴蟾的体型和另外两种同样分布于澳大利亚西南部的泽穴蟾相似，但可以通过鸣声把它们区别开来。体型稍大的素泽穴蟾 *Heleioporus inornatus* 的鸣声为短促的“咕 - 咕 - 咕”（woop-woop-woop）声，而体型稍小的沙泽穴蟾 *Heleioporus psammophilus* 的鸣声像舷外发动机似的“噗 - 噗 - 噗”（put-put-put）声。萧声泽穴蟾区别于同属物种的另外一个特征是前臂没有婚刺。

萧声泽穴蟾体型浑圆；头大；眼大。和其他善于打洞的蛙类相比，萧声泽穴蟾的四肢显得非常柔弱；背面颜色为褐色，伴有黄色、白色或灰色的大理石状花纹；腹面白色。眼眶下部有一条浅色条纹。体侧布满白色小圆点。

实际大小

① 译者注：依据Frost (2018)，泽穴蟾属隶属于汀蟾科Limnodynastidae。但也有其他分类系统仍将该属置于龟蟾科（汀蟾亚科Limnodynastinae）。

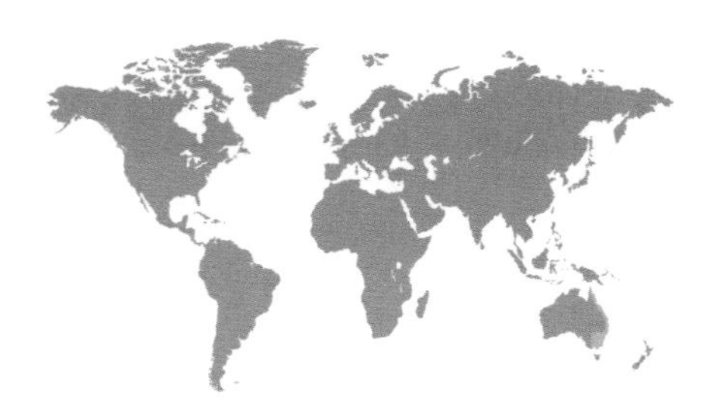

科名	龟蟾科Myobatrachidae[①]
其他名称	黑掌蟾、砂纸蟾
分布范围	澳大利亚昆士兰州和新南威尔士州的沿海地区
成体生境	降水量高的森林地带
幼体生境	临时性水体
濒危等级	无危。在其分布范围内的部分地区因砍伐森林而变得罕见

成体体长
雄性
1⅝—1⅞ in (42—48 mm)
雌性
1¾—2⅛ in (45—54 mm)

弗氏倾蟾
Lechriodus fletcheri
Black-soled Frog
(Boulenger, 1890)

实际大小

弗氏倾蟾头部和身体均扁平；四肢长而有力；指、趾纤长，均无蹼；在繁殖期，其皮肤会变得粗糙，如同砂纸一般；背面颜色为黄色、浅褐色或深棕色；一条深色细条纹贯穿眼部；四肢具多条明显的横纹。

这是一种善于伪装的蛙类，其大部分时间都躲在落叶和其他地表植被下面，有时也藏在树洞中。夏季大雨过后，弗氏倾蟾便出来繁殖。雄性在地表的水中或水边发出“呱呱”（gar-r-r-up）的叫声，吸引雌性，然后双方在雨后形成的临时性水塘中抱对。每只雌性在其泡沫状的卵泡中产大约300枚卵。其蝌蚪是有名的同类相残者，会捕食同种和其他蛙类的蝌蚪。不过这种现象可能是一种因过度拥挤引起常规植物性食物缺乏的应激反应。

相近物种

除弗氏倾蟾以外，倾蟾属 *Lechriodus* 还包括另外三个物种，均分布在印度尼西亚和巴布亚新几内亚，它们有时被称为“食蛙蟾”，因为其蝌蚪和成体都会捕食同类及其他蛙类。平头倾蟾 *Lechriodus platyceps* 的雄性在繁殖期时上臂会长出强壮的婚刺，使其在抱对时能够紧紧地抱住雌性。而温和倾蟾 *Lechriodus aganopsis* 的雄性婚刺相对就要弱小一些。这一特征也印证了其学名，意思为“温柔的丈夫”。

① 译者注：依据Frost (2018)，倾蟾属隶属于汀蟾科Limnodynastidae。但也有其他分类系统仍将该属置于龟蟾科（汀蟾亚科Limnodynastinae）。

科名	龟蟾科Myobatrachidae[1]
其他名称	牛蛙、东部班卓琴蟾
分布范围	澳大利亚的新南威尔士州、维多利亚州、南澳大利亚州和塔斯马尼亚州
成体生境	各种类型的栖息地，包括花园、水库和沼泽等
幼体生境	水库、小型湖泊、湿地和流速缓慢的溪流
濒危等级	无危。分布范围广，在很多地方都较为常见

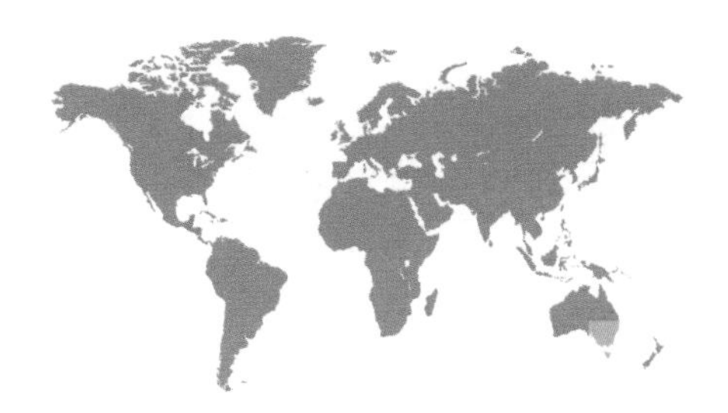

成体体长
雄性
2—2 13/16 in (52—70 mm)
雌性
2—3¼ in (52—83 mm)

杜氏汀蟾
Limnodynastes dumerilii
Pobblebonk
Peters, 1863

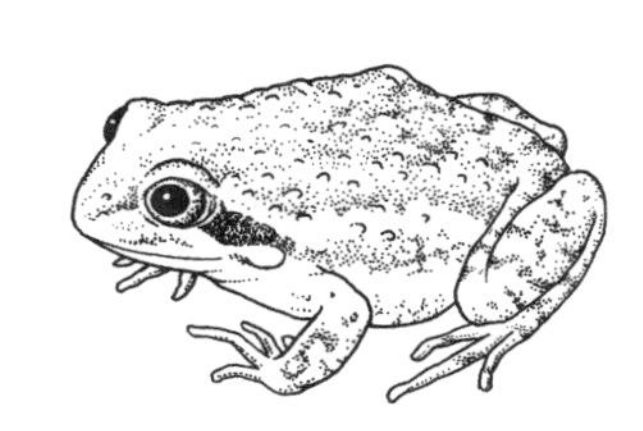

杜氏汀蟾是一种大型蛙类，生活在洞穴之中，只有在雨后才出洞觅食和繁殖。其繁殖期为冬季，繁殖场包括水库、小型湖泊、湿地和流速缓慢的溪流。雄性有时需要跋涉近 1 km 才能到达繁殖场所。它们把自己隐藏在浮水植物之间，发出高亢而伴有共鸣的、如同低音琴弦的“嘣”（bonk）声。这种鸣叫每几秒就重复一次。抱对后，雌性产卵 3900—4000 枚，包裹在泡沫状卵泡里，漂浮于水面。在杜氏汀蟾广阔的分布范围内，一共存在五个亚种。它们在体色、体型和求偶鸣叫声上都有区别。

杜氏汀蟾属于大型蛙类，体型壮硕；头大而圆；四肢粗短有力；眼大而突出；背部皮肤粗糙，具瘰粒，颜色为浅褐色，伴有深棕色花纹；某些种群后背还有一条浅色条纹；体侧为黄铜色或带有紫色光泽，伴有黑色杂斑。

相近物种

汀蟾属 *Limnodynastes* 的 11 个物种内，和杜氏汀蟾形态最接近的要算分布于新南威尔士州到昆士兰州北角的胫腺汀蟾 *Limnodynastes terraereginae* 和分布于澳大利亚西南角的背汀蟾 *Limnodynastes dorsalis*。杜氏汀蟾与这两者的区别在于其胯部并非绯红色。

实际大小

① 译者注：依据Frost (2018)，汀蟾属隶属于汀蟾科Limnodynastidae。但也有其他分类系统仍将该属置于龟蟾科（汀蟾亚科Limnodynastinae）。

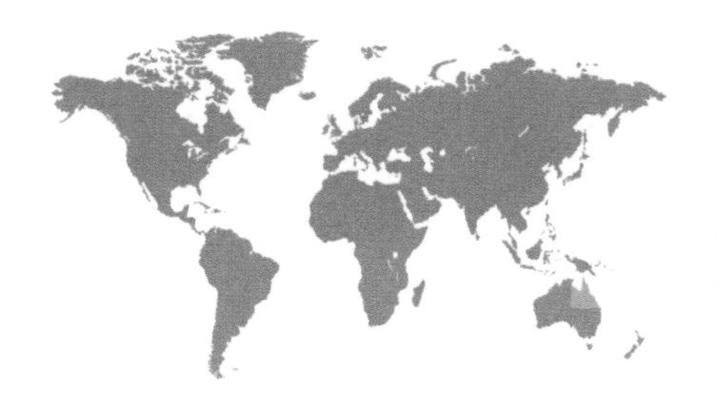

科名	龟蟾科Myobatrachidae①
其他名称	木匠汀蟾
分布范围	澳大利亚东北部
成体生境	多岩石的栖息地，比如山丘、峡谷、碎石坡和石洞
幼体生境	永久性或临时性溪流
濒危等级	无危。分布范围广阔，尚无种群下降的迹象

成体体长
雄性
$1\frac{11}{16}$—$2\frac{1}{2}$ in (43—62 mm)
雌性
$1\frac{7}{8}$—$2\frac{3}{8}$ in (47—61 mm)

木汀蟾

Limnodynastes lignarius

Woodworker Frog

(Tyler, Martin & Davies, 1979)

实际大小

木汀蟾体型结实；四肢粗短有力；指、趾间均无蹼；背面颜色为暗淡的石板色到深墨绿色，有时伴有或深或浅的斑纹；腹面为白色或紫棕色；眼后宽大的鼓膜显得非常明显。

木汀蟾的名称来源于其求偶鸣叫声，类似木工用锤子敲击木头的声音。其生境非常干燥，因此常常躲在石洞深处。春季或夏季为繁殖期，雄性和雌性需要跋涉到永久性或临时性溪流中交配。雄性前臂会长出由黑刺组成的婚垫，在溪中或周围的岩石下鸣叫，雌性选择在多岩石的小水潭中产卵350—400枚，包裹在泡沫状卵泡里。蝌蚪经九周的生长发育后开始变态。

相近物种

木汀蟾之前被划分为单独的一个属——巨湿蟾属 *Megistolotis*，最近才被归并入了汀蟾属 *Limnodynastes*。它没有特别相近的亲缘种，其硕大明显的鼓膜很容易把它和汀蟾属其他物种区别开来。

① 译者注：依据Frost (2018)，汀蟾属隶属于汀蟾科Limnodynastidae。但也有其他分类系统仍将该属置于龟蟾科（汀蟾亚科Limnodynastinae）。

科名	龟蟾科Myobatrachidae①
其他名称	棕色汀蟾、贝氏汀蟾
分布范围	澳大利亚东部沿海地区：从昆士兰州到南澳大利亚州，也包括塔斯马尼亚州的最北端
成体生境	森林、林地、旷野及花园的湿润处
幼体生境	静止或缓慢流动的水体
濒危等级	无危。大部分地区都相当常见，在昆士兰州还有扩张的趋势

棕条汀蟾
Limnodynastes peronii
Striped Marsh Frog
(Duméril & Bibron, 1841)

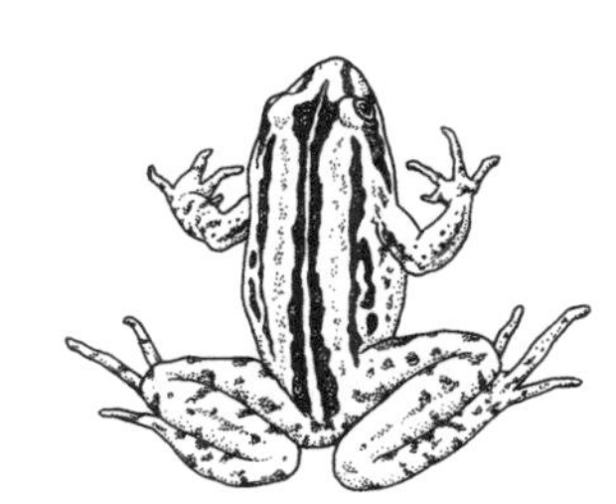

成体体长
雄性
1⅞—2¾ in (48—69 mm)

雌性
1^{13}⁄$_{16}$—2⅞ in (46—73 mm)

棕条汀蟾因其贪婪的胃口而广为人知，它几乎什么动物都吃，包括其他体型稍小的蛙类。棕条汀蟾在每年8月至次年3月交配繁殖。它白天隐蔽，但雄性依然会在茂密的草丛中鸣叫。到了晚上，雄性则进入水中，漂浮在水面，发出轻而有力的“呱”（whuck）声。在繁殖期，雄性的前臂会肿大，并且第一指上会有一根骨质突起形成的尖锐婚刺。抱对后，雌性产下700—1000枚卵，形成泡沫状卵泡并附着于水生植物上。

相近物种

橙条汀蟾 *Limnodynastes salmini* 的外表与棕条汀蟾类似，但前者背面为三条棕色至红色的纵纹，雄性也没有婚刺。塔斯马尼亚汀蟾 *Limnodynastes tasmaniensis* 体型远小于棕条汀蟾，而且背面皮肤花纹为大圆斑而非纵纹。

棕条汀蟾吻端尖；后肢长且强壮，脚趾也很长；指、趾间均无蹼；背面花纹为明显的深色和浅色纵纹相间；背面正中往往为一条浅色纵纹；腹面为白色；雄性喉部偏黄色并有棕色斑点。

实际大小

① 译者注：依据Frost (2018)，汀蟾属隶属于汀蟾科Limnodynastidae。但也有其他分类系统仍将该属置于龟蟾科（汀蟾亚科Limnodynastinae）。

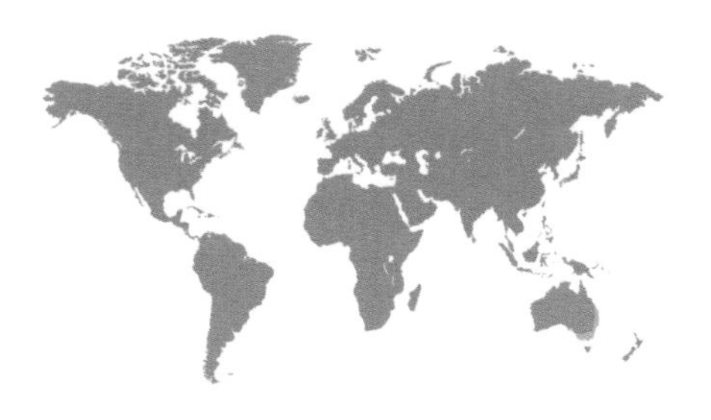

科名	龟蟾科Myobatrachidae
其他名称	银眼横斑蟾、南部横斑蟾
分布范围	澳大利亚新南威尔士州和维多利亚州的沿海山脉
成体生境	雨林，海拔20—1400 m
幼体生境	森林中的永久性溪流
濒危等级	易危。20世纪80年代数量大幅减少，如今只有在少数几个地点能见到

成体体长
雄性
2 3/8—2 1/2 in (60—63 mm)
雌性
2 15/16—3 1/8 in (74—80 mm)

喷横斑蟾
Mixophyes balbus
Stuttering Frog
Straughan, 1968

这种大型蛙类在9月至次年4月之间繁殖，雄性隐蔽在溪边，发出轻声却刺耳的颤鸣。抱对过程中，雌雄双方会在流速缓慢的溪流中刨一个浅坑，然后雌性在坑中产下约500枚卵，并将其牢牢地黏到水底石块上。其蝌蚪一年后开始变态。目前，导致喷横斑蟾大规模减少的原因尚不清楚，不过一般认为存在多种因素，包括溪流栖息地因上游的人类活动（比如伐木）而被破坏、壶菌病以及外来鱼类捕食其蝌蚪等。目前，人工繁育项目正在进行中。

喷横斑蟾体型饱满；后肢长而有力；指间无蹼，但趾间具半蹼；背部和四肢颜色为灰黄色、褐色或橄榄绿，伴有深色斑纹；四肢上具深色横条纹；从鼻尖至眼后有一条黑色纵纹。

相近物种

喷横斑蟾的南北种群之间存在显著的遗传分化，因此分布于维多利亚州的南方种群很可能是另一个独立的物种。目前进行的人工繁育项目依然保持南北种群分开，以保证两个种群的基因独特性。与喷横斑蟾亲缘关系较近的是大横斑蟾 *Mixophyes fasciolatus*，后者体型更大，分布于新南威尔士州和昆士兰州，尚无保育方面的担忧。

实际大小

科名	龟蟾科Myobatrachidae
其他名称	无
分布范围	澳大利亚昆士兰州东南部的科依达勒山脉（Conondale Range）以及新南威尔士州东北部的里士满山脉（Richmond Range）
成体生境	湿润的山区森林
幼体生境	山区溪流
濒危等级	濒危。分布范围狭窄，自20世纪七八十年代的锐减后，其种群有可能正在逐渐恢复中

福氏横斑蟾
Mixophyes fleayi
Fleay's Barred Frog
Corben & Ingram, 1987

成体体长
雄性
2½—2$^{13}/_{16}$ in (63—70 mm)
雌性
3$^{1}/_{16}$—3½ in (79—89 mm)

这种漂亮的蛙类证明，至少某些蛙类的种群数量能够从壶菌病的沉重打击中恢复过来。目前，福氏横斑蟾仅分布于两座小山脉。与其他生活在澳大利亚东部溪流之中的蛙类一样，它在20世纪70年代因壶菌病而数量锐减。然而21世纪初开展的一项长达七年的调查研究表明，其部分种群的个体数量已经增加了3—10倍。其繁殖生态学与喷横斑蟾（第98页）十分相似。

福氏横斑蟾吻端圆钝；眼大而突出，瞳孔纵置；趾间具半蹼，但指间无蹼；背面颜色为浅褐色伴有深色杂斑，腹面为白色或黄色；两眼之间有一个“Y”形深色斑，一直延伸至后背。

相近物种

巨横斑蟾 *Mixophyes iteratus* 体型比福氏横斑蟾大，在昆士兰州和新南威尔士州海岸地区的分布范围也更广，被列为濒危物种，但其种群下降的原因更多来自森林栖息地的破碎化与退化，而非壶菌病的影响。

实际大小

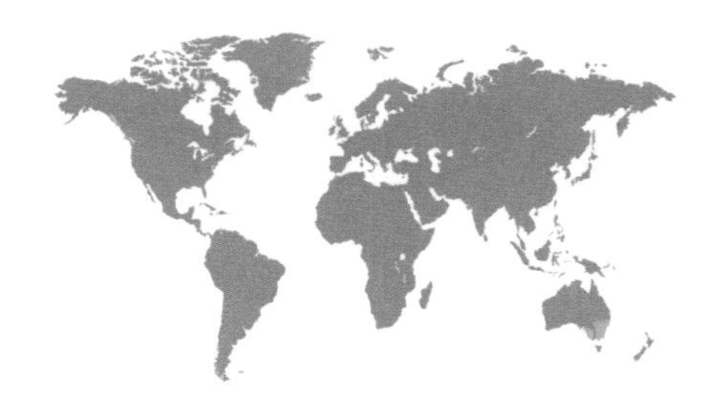

科名	龟蟾科Myobatrachidae
其他名称	图画蛙、图画锄足蟾
分布范围	澳大利亚的南澳大利亚州东南部、维多利亚州西部
成体生境	辽阔的草原、林地、桉树灌木丛
幼体生境	水塘和其他静水水体
濒危等级	无危。数量繁多且未受胁

成体体长
雄性
1¹³⁄₁₆—2¼ in (46—58 mm)
雌性
1⅞—2⅛ in (48—55 mm)

图画新澳蟾
Neobatrachus pictus
Painted Burrowing Frog
Peters, 1863

实际大小

图画新澳蟾体型大而矮胖；眼突起，瞳孔竖直；鼓膜不可见；四肢短而粗；趾间无蹼；背部橄榄绿色，带有分散的深色斑块；腹面白色。

该蛙色彩艳丽，擅于挖洞，栖息于干旱地带，一生中大部分时间都在地下度过。大雨过后，它迁移到水塘或其他静水水体中繁殖。雄性在水上漂浮着，发出长而悦耳的叫声。繁殖期时，雄性背上会长出小而尖的突起，应该是用来防止别的雄性错抱它们。雌性可产下约1000枚卵，包在一条卵带里，并缠绕在沉水植物上。当受到威胁时，它的身体会迅速膨胀并伸直四肢站起来。

相近物种

新澳蟾属 *Neobatrachus* 中共有十个物种①，在外形和习性上都很接近。其中有七个物种分布于西澳大利亚州，包括鞋匠新澳蟾（第101页）。图画新澳蟾是该属分布于澳大利亚东南部的三个物种之一，其他两个分别是休氏新澳蟾 *Neobatrachus sudelli* 和啼声新澳蟾 *Neobatrachus centralis*。这些物种都还没有受到保护。

① 译者注：依据Frost (2018)，新澳蟾属目前共有九个物种。

科名	龟蟾科Myobatrachidae
其他名称	无
分布范围	西澳大利亚州中部
成体生境	干旱灌丛和荒漠里的黏土或壤土
幼体生境	黏土质的临时性水塘
濒危等级	无危；分布区广，未受胁

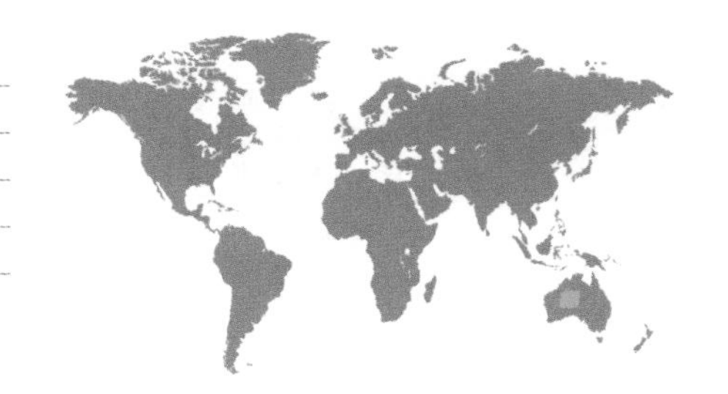

鞋匠新澳蟾
Neobatrachus sutor
Shoemarker Frog
Main, 1957

成体体长
雄性
1⅜—1⅝ in (35—42 mm)
雌性
1 5/16—2 in (34—51 mm)

这种穴居蛙类因其叫声而得名，它的叫声“嗒-嗒-嗒”（tap-tap-tap），听起来像鞋匠工作时锤子的敲击声。其一生中大部分时间都在地下度过，把自己严严实实地包裹在茧状物中，只露出鼻孔。此时的状态被称为“夏眠”，新陈代谢变得缓慢，这样可以持续几个月，在不下雨的情况下，甚至可以持续几年。雨后，它们会出来捕食白蚁，夏季则开始繁殖。它们进入临时性水塘，雄性漂浮在水面上鸣叫。雌性产下200—1000枚卵，包裹在几条卵带里，40天完成孵化。

实际大小

鞋匠新澳蟾体型圆而胖；四肢短；眼大并突出；趾间全蹼；后脚上的蹠突呈角状棱，用于挖洞时推开土；背面呈黄色到金黄色，带有棕色斑点；腹面白色。

相近物种

鞋匠新澳蟾是分布于西澳大利亚州的新澳蟾属 *Neobatrachus* 七个物种中体型最小的。这七种的外形和习性都很相似，只有叫声不同。雄性嗡声新澳蟾 *Neobatrachus pelobatoides* 的叫声是低沉的嗡声；雄性威氏新澳蟾 *Neobatrachus wilsmorei* 则发出“砰-砰-砰”（plonk-plonk-plonk）的叫声。威氏新澳蟾还有一个特征是背上有黄色的纵纹。

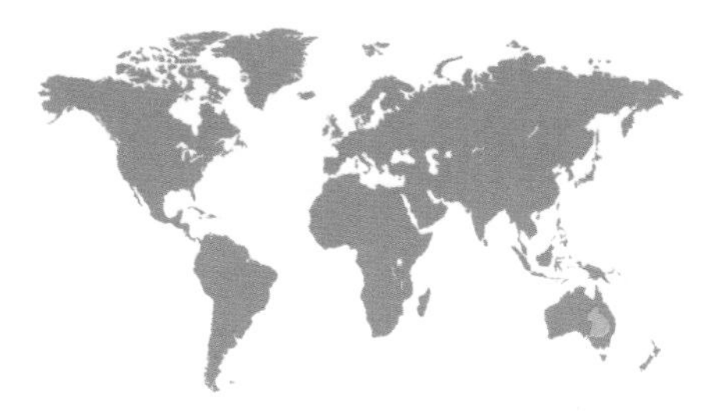

科名	龟蟾科Myobatrachidae
其他名称	天主教蛙、十字架蟾、十字架蛙、圣十架蛙
分布范围	澳大利亚的昆士兰州和新南威尔士州内陆
成体生境	干旱草原、林地、桉树林
幼体生境	临时性水塘
濒危等级	无危。分布区广，未受胁

成体体长
雄性
1⅝—2½ in (42—63 mm)
雌性
$1\frac{13}{16}$—2¾ in (46—68 mm)

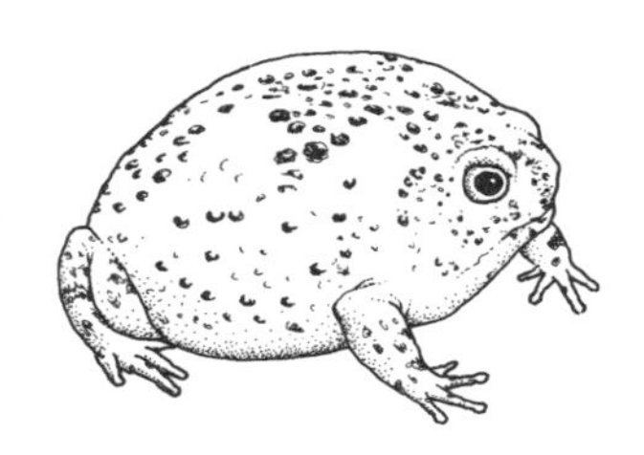

本氏十字蟾
Notaden bennetti
Holy Cross Toad

Günther, 1873

本氏十字蟾就像一个彩色的乒乓球；体型圆；四肢很短；后脚上的蹠突呈角质突起，便于挖洞；背面亮黄色，带有彩色的十字纹，包括黑色、白色和红色；体侧泛蓝色，腹部白色。

这种穴居蛙类体型像球形，在地面上时总是精力旺盛地跳来跳去。它栖息在干旱区域，一般待在地下，雨后出来觅食蚂蚁和白蚁。它有一种独特的防御武器：当受到攻击时，表皮会形成一层黏稠的、富含蛋白质的分泌物，可以抵御攻击。这种分泌物在交配时也大有用处——雄性手臂太短，不能抱紧雌性，于是靠这种黏液把自己黏附在雌性背上。繁殖期，雄性发出像猫头鹰“呜”（woop）的叫声。雌性把卵产在临时性水塘里，卵孵化和蝌蚪发育在六周内完成。

相近物种

十字蟾属 *Notaden* 有四个物种，它们都很相似，但分散在澳大利亚的不同且不重叠的地区。分布于最北边的北部十字蟾 *Notaden melanoscaphus* 皮肤呈黑色，跑起来像只老鼠。魏氏十字蟾 *Notaden weigeli* 分布于西澳大利亚州很小的一个区域，只有雌性标本被发现。

科名	龟蟾科Myobatrachidae[①]
其他名称	无
分布范围	仅限于澳大利亚维多利亚州墨尔本附近的波波高原（Baw Baw Plateau）
成体生境	湿润的荒地、溪边灌木丛
幼体生境	水塘里的泡沫卵泡
濒危等级	极危。分布范围极其狭窄，自20世纪80年代后数量大量减少

弗氏嗜寒蟾
Philoria frosti
Baw Baw Frog
Spencer, 1901

成体体长
雄性
$1\frac{11}{16}$—$1\frac{13}{16}$ in (43—46 mm)
雌性
$1\frac{7}{8}$—$2\frac{1}{8}$ in (47—55 mm)

弗氏嗜寒蟾仅生活在非常湿润的地方，每年10—12月为其繁殖期。雄性用一系列低吟与咕哝声来吸引雌性。当雌性靠近时，雄性便紧紧抱住雌性的胯部。雌性一次产卵50—180枚，然后用长有缘膜的第一和第二指搅拌卵周围的黏液，使其变成硬泡沫状。卵泡通常被藏在石头或原木下。其蝌蚪孵化后，依旧会在卵泡内或其周围生活5—8周。在这期间，蝌蚪仅依靠母亲提供给它们的卵黄生存。

实际大小

弗氏嗜寒蟾身体和头部扁平；四肢较短；指、趾间均无蹼；背部具许多瘰粒；头部后方的耳后腺膨大；皮肤为暗棕色至石板灰色，伴有黄色斑纹。

相近物种

除弗氏嗜寒蟾外，嗜寒蟾属 *Philoria* 还包括另外五个物种，全部都分布在昆士兰州东南部和新南威尔士州西北部的狭窄地带。该属所有物种都善于隐藏自己，生活在含水量高的环境中。并且它们都把卵产在泡沫状卵泡里，其蝌蚪也仅靠卵黄生长发育。该属五个种中有四个都是濒危物种。

① 译者注：依据Frost (2018)，嗜寒蟾隶属于汀蟾科Limnodynastidae。但也有其他分类系统仍将该属置于龟蟾科（汀蟾亚科Limnodynastinae）。

科名	龟蟾科Myobatrachidae
其他名称	饰纹蛙
分布范围	澳大利亚北部和东部
成体生境	林地和森林，包括干、湿区域
幼体生境	临时性水塘
濒危等级	无危。分布区广，未受胁

成体体长
雄性
$1\frac{1}{8}$—$1\frac{7}{16}$ in (29—37 mm)
雌性
$1\frac{3}{8}$—$1\frac{5}{8}$ in (35—42 mm)

饰纹扁距蟾
Platyplectrum ornatum
Ornate Burrowing Frog
(Gray, 1842)

实际大小

饰纹扁距蟾体型短小；眼突出；趾间有蹼；体色多变，包括灰色、棕色、黄色，常带有深色斑块；眼后方通常有一块浅色的蝴蝶形斑纹；背面布满红色的疣粒，腹面光滑呈白色。

这种穴居蛙类的蝌蚪不得不常在变得非常热的小水塘里生长。近期研究表明，它们对高温和高强度紫外线照射都有异常的耐受力。饰纹扁距蟾的很多分布区都在干旱区域，长期居于地下，只在雨后出来觅食和繁殖。雄性漂浮在水塘里并发出“昂”（unk）的求偶鸣叫声。雌性产卵约1600枚，包裹在泡沫卵泡里，几个小时之后卵泡分解掉，形成漂浮的一层泡沫。

相近物种

扁距蟾属*Platyplectrum*还有另外一个物种，斯氏扁距蟾*Platyplectrum spenceri*，分布于澳大利亚中部，从西澳大利亚州到昆士兰州的广泛地区。它的习性和生活史与饰纹扁距蟾相似，只有雄性的叫声很不同，听起来是“嚯-嚯-嚯”（ho-ho-ho）的声音。

科名	龟蟾科Myobatrachidae
其他名称	无
分布范围	澳大利亚新南威尔士州的悉尼附近的霍克斯伯里砂岩地区
成体生境	林地中潮湿的沼泽地，藏于原木或石头之下
幼体生境	临时性小溪
濒危等级	易危。分布范围非常狭窄，且城市化建设对其栖息地构成非常大的压力

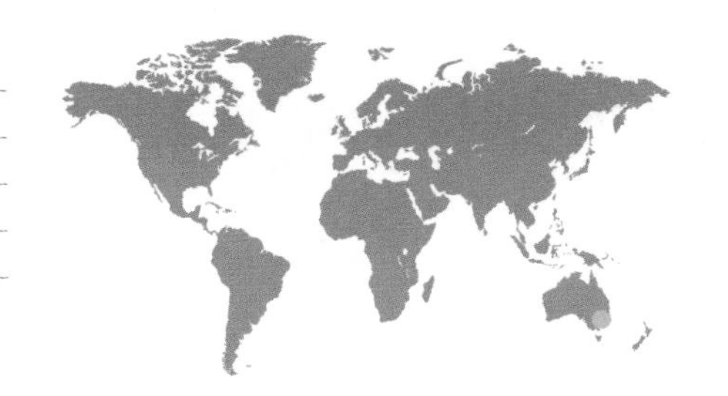

红头澳拟蟾
Pseudophryne australis
Red-crowned Toadlet
(Gray, 1835)

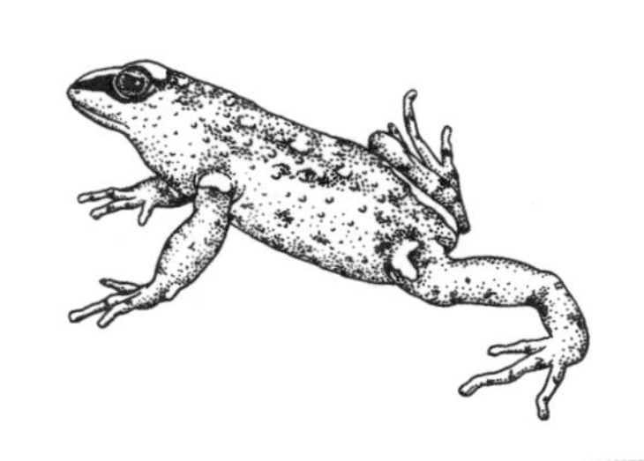

成体体长
雄性
⅞—1⅛ in (22—28 mm)
雌性
1—1⅛ in (25—29 mm)

这种颜色鲜艳的小型蛙类有个特别之处，即它能在一年中除冬天以外的任何时节繁殖，所以雌性一年可以产数窝卵。它们有时会集群生活，以至于同一地点附近能找到20—30个个体。雌性一次产卵约20枚，卵直径较大，堆在地面上简单搭建的巢穴中。雄性会一直守卫在其周围，直到雨水把巢穴中孵化的蝌蚪冲进临时性水塘。城市化建设已经逼近该物种的栖息地，导致其种群数量大幅减少。在1998年的一次调查中，人们仅仅找到56个繁殖场所。

实际大小

红头澳拟蟾由其头顶的“T”形斑纹得名。该斑纹通常为鲜红色或橙色，位于两耳之间，一直延伸至吻端；红头澳拟蟾的臀部也有一条红色纵纹；背部其余部分为深棕色，伴有红色、黑色和白色的斑点；上臂具一块白斑；腹部黑白条纹交错成大理石斑。

相近物种

澳拟蟾属 *Pseudophryne* 一共有十个物种，其中七个分布于澳大利亚东南部，另外三个分布于澳大利亚西部①。澳大利亚东南部几个物种的分布区都有重叠，所以它们之间的杂交非常普遍。这有可能和它们相似的鸣叫声以及发育不完善的内耳有关。这也说明在澳拟蟾之间，求偶鸣叫并不能像在其他蛙类中那样有效地帮助雌性辨认同种雄性。

① 译者注：依据Frost (2018)，澳拟蟾属目前已有14个物种，其中十个分布于澳大利亚东南部，四个分布于澳大利亚西部。

科名	龟蟾科Myobatrachidae
其他名称	无
分布范围	澳大利亚新南威尔士州的澳大利亚山脉
成体生境	海拔1240—1710 m的水藓沼泽
幼体生境	水藓沼泽中的水塘
濒危等级	极危。分布区非常局限，因气候变化而受胁

成体体长
雄性
1—1⅛ in (26—28 mm)
雌性
1—1³⁄₁₆ in (26—30 mm)

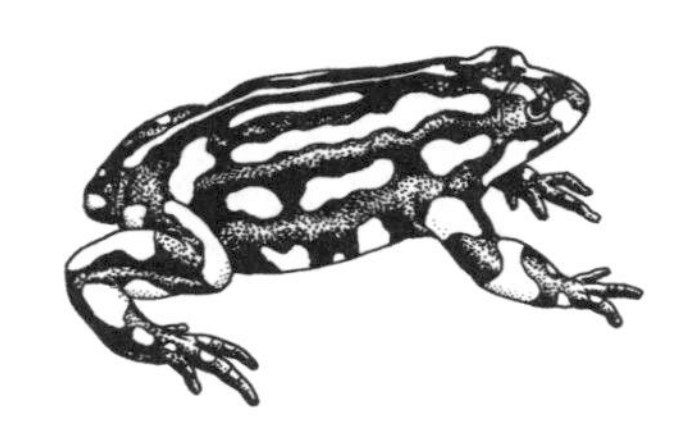

南科罗澳拟蟾

Pseudophryne corroboree

Southern Corroboree frog

Moore, 1953

实际大小

南科罗澳拟蟾体色独特，背面亮黄色而带有黑色纵纹；腹部为黑白相间；艳丽的体色对潜在的捕食者来说是一种警戒色，皮肤的腺体可产生有毒分泌物；与其他蛙类不同的是，南科罗澳拟蟾不是通过食物来获取毒素，而是自身产生毒素。

澳大利亚许多蛙类的数量都在锐减，南科罗澳拟蟾现在是重点保护项目之一，采用人工繁育再放归野外的方式。它以蚂蚁和白蚁为食，是“守株待兔”的捕食者。在每年1—3月的繁殖期，雄性会挖洞，在洞内鸣叫来吸引雌性。雌性在洞穴中产下10—38枚卵，雄性守护这些卵2—4周。它需要到第三年才达到性成熟。

相近物种

北科罗澳拟蟾 *Pseudophryne pengilleyi* 之前被认为只是南科罗澳拟蟾的一个地理种群，其皮肤呈黄色或绿色，带有细纹，已被列为濒危物种，在1997年和2009年的大干旱时期，它失去了42%的繁殖地。壶菌病使一些分布区的种群数量下降。入侵植物也使得原来的栖息地不再适宜生存。

科名	龟蟾科Myobatrachidae
其他名称	匍匐蟾
分布范围	西澳大利亚州的西南角
成体生境	湿润及干燥的森林、草地和农田
幼体生境	临时性水塘
濒危等级	无危。但如果气候变化导致未来降雨减少，则会威胁其生存

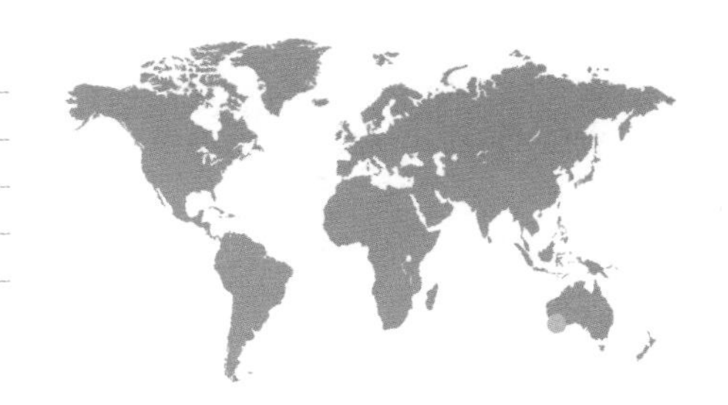

耿氏澳拟蟾
Pseudophryne guentheri
Günther’s Toadlet
Boulenger, 1882

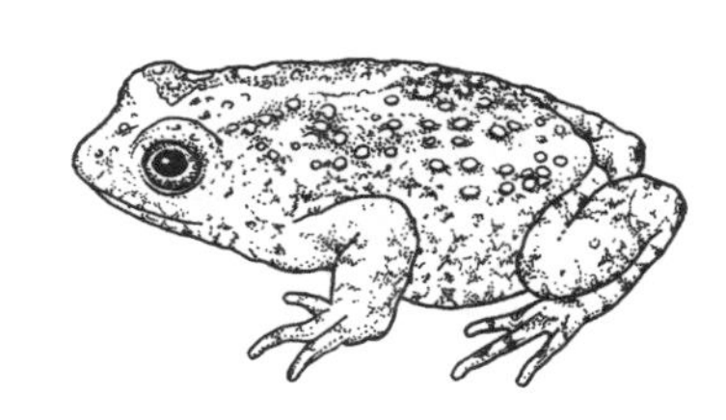

成体体长
雄性
1—1³⁄₁₆ in (26—30 mm)
雌性
1⅛—1 ⁵⁄₁₆ in (29—33 mm)

这种小型蛙类在秋季的雨后繁殖。求偶时，雄性发出短促的“嘎嘎”鸣叫声。卵径较大，通常产于原木或岩石下湿润的土壤中或者隧道里。人们经常观察到雌性或雄性中的一方会守护在卵周围。其蝌蚪从卵里孵化时已经发育到了后期阶段，然后等待暴雨把它们冲刷进临时性水塘。西澳大利亚州正经历长期的气候变化，其中一方面便是降雨的减少，而雨水减少会直接威胁到耿氏澳拟蟾的生存。

实际大小

耿氏澳拟蟾的皮肤布满瘰粒，瘰粒在双肩之间堆积成皱褶；脚上有一个大的角质蹠突；皮肤颜色为浅灰色或棕色，背部具深色斑点和花纹；头顶有一个浅浅的“T”形斑纹；腹部黑白条纹交错成大理石斑。

相近物种

西澳大利亚州还分布着另外两种澳拟蟾[①]。道氏澳拟蟾 *Pseudophryne douglasi* 生活在该州的北部，是澳拟蟾属 *Pseudophryne* 唯一在水中而非陆上繁殖的物种。橙顶澳拟蟾 *Pseudophryne occidentalis* 体型很小，已经适应了非常干燥的生存环境。

① 译者注：依据Frost (2018)，西澳大利亚州分布有澳拟蟾物种四个。

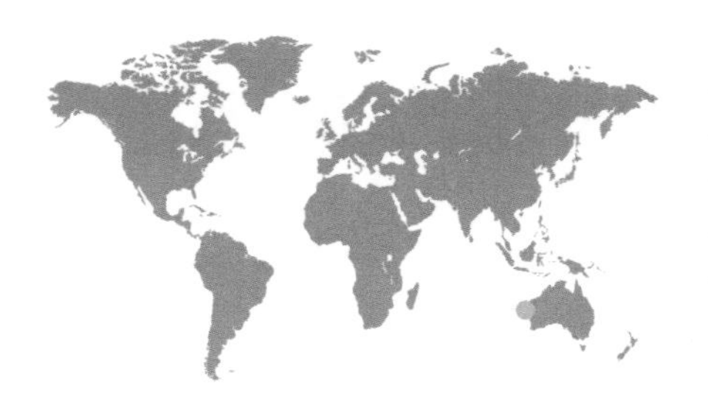

科名	龟蟾科Myobatrachidae
其他名称	北沙丘蛙
分布范围	西澳大利亚州鲨鱼湾附近海岸
成体生境	沙丘
幼体生境	卵内发育，洞穴深处
濒危等级	无危。分布范围小，但种群数量大

成体体长
雄性
1—1$\frac{3}{16}$ in (26—30 mm)
雌性
1$\frac{1}{8}$—1$\frac{5}{16}$ in (28—33 mm)

圆旱蟾

Arenophryne rotunda

Sandhill Frog

Tyler, 1976

实际大小

圆旱蟾的头宽；身体宽而略扁平；皮肤松弛，尤其是靠近后腿的地方，看起来就像穿了一件太大的衣服；有力的前肢、像铲子一样的手和有角质垫的吻端，都能方便它挖洞；皮肤为白色、乳白色或浅绿色，带有黑色或砖红色斑点。

与其他穴居蛙类不同的是，圆旱蟾是先用头部来挖洞，它可从地下的湿沙中获取所需水分，而不需要待在水中。它白天待在地下，晚上出来捕食，它依靠弹出细长的舌头来捕食蚂蚁和其他昆虫。它并不怎么跳跃，而以爬行为主。夜间可在洞穴附近 30 m 的范围内觅食。雄性和雌性会一起挖洞，在洞里产下 11 枚较大的卵。卵直接发育，大约两个月后孵化出小幼蛙。

相近物种

南旱蟾 *Arenophryne xiphorhyncha* 是在 2008 年才被发现于鲨鱼湾南部的卡尔巴里国家公园（Kalbarri National Park）。它的体色比圆旱蟾更深，吻端更突出。遗传差异表明两个物种是在 500 至 700 万年前分化的。这两个物种和古氏龟蟾（第 115 页）很相似，该物种也是先用头部挖洞。

科名	龟蟾科Myobatrachidae
其他名称	后袋蟾
分布范围	澳大利亚昆士兰州南部以及新南威尔士州北部
成体生境	湿润山地森林中的落叶堆
幼体生境	雄性身上的育儿袋中
濒危等级	无危。在森林被砍伐的地区出现数量下降，但所幸其部分分布区位于保护区内

袋蟾
Assa darlingtoni
Hip-pocket Frog
(Loveridge, 1933)

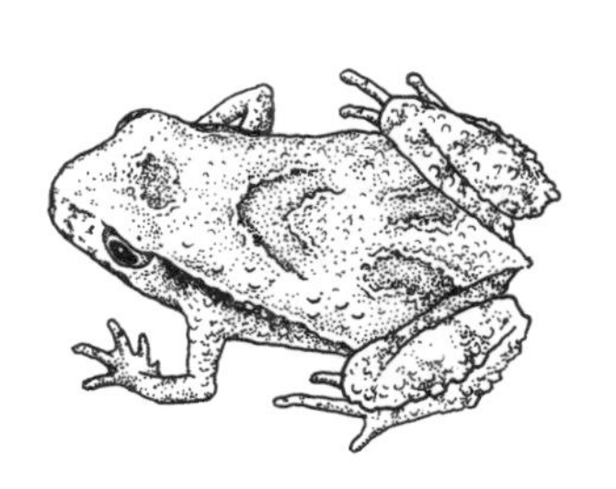

成体体长
雄性
9/16—3/4 in (15—19 mm)
雌性
11/16—1 in (18—25 mm)

进入繁殖期后，雄性袋蟾便开始在落叶堆中鸣叫。目前还没有任何关于其交配行为的记录。人们只知道雌性会在地面产下约 10 枚包裹在胶质中的卵。雌雄双方均会守护在卵周围，直到蝌蚪孵化。这时，雄性会靠近蝌蚪，让它们能蠕动到自己背上。雄性在其身体两侧靠近大腿的部位各有一个育儿袋，蝌蚪最终会悉数进入袋中。两个月后，蝌蚪在育儿袋中完成变态，变成小幼蛙从袋中钻出。成体袋蟾生活在地面，其运动方式为爬行而非跳跃。

实际大小

袋蟾身体较宽；手臂、指、趾都很纤细；背面颜色为灰色或红棕色，伴有深色倒“V”字形斑纹；眼后至胯部之间的背侧褶明显；背面皮肤光滑，侧面皮肤粗糙具瘰粒。

相近物种

袋蟾属 *Assa* 仅有袋蟾一种。在 1972 年以前，袋蟾一直被归于索蟾属 *Crinia*（第 110 和 111 页）。但因为其独特的生殖模式，它最终被单独划为一个属。索蟾属包含许多物种，广泛分布于澳大利亚除干旱内陆以外的区域。索蟾均为小型蛙类，皮肤光滑，手指和脚趾都修长而无蹼。袋蟾有时会和另一种濒危的洛氏嗜寒蟾 *Philoria loveridgei* 相混淆。后者手臂更粗壮，背部皮肤具皱褶。

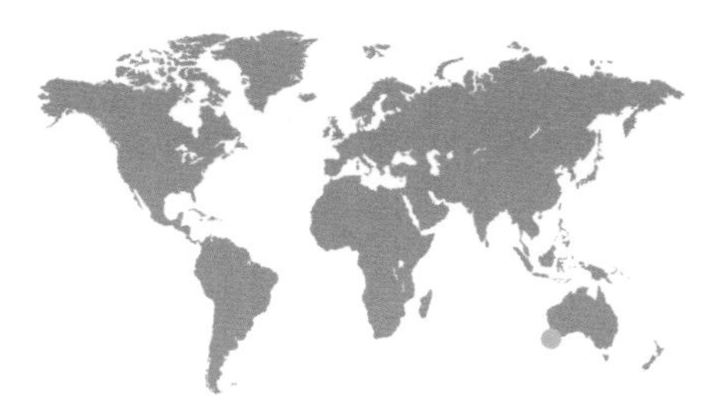

科名	龟蟾科Myobatrachidae
其他名称	红腿索蟾、楚氏索蟾
分布范围	西澳大利亚州的西南角
成体生境	冬季会降雨的沿海平原和森林
幼体生境	水塘和其他小型水体
濒危等级	无危。分布范围广阔，尚无明确威胁

成体体长
雄性
15/16—1¼ in (24—32 mm)
雌性
1 3/16—1 7/16 in (30—36 mm)

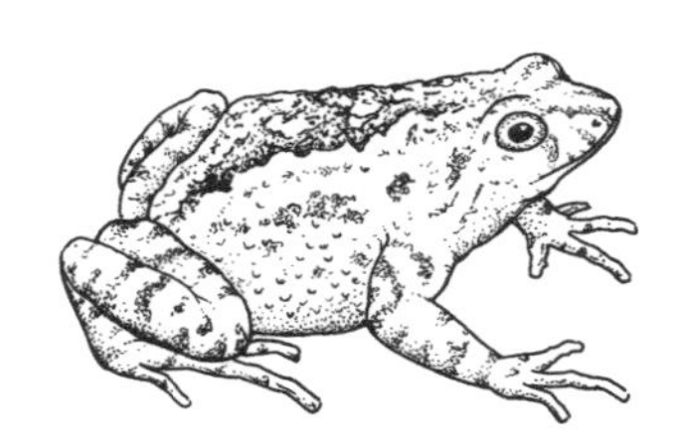

西澳索蟾
Crinia georgiana
Quacking Frog
Tschudi, 1838

西澳索蟾身型粗短而扁平；头大；四肢短；皮肤光滑；全身灰色、褐色或黑色，伴有或深或浅的纵条纹；胯部和大腿的大部分都被一个红斑覆盖；上眼睑为红色或金色。

如同其英文名所述，这种小型蛙类的求偶鸣叫很像鸭子的“嘎嘎”叫声。繁殖发生在7—10月寒冷的夜晚，雄性围聚在小水塘边，形成合鸣。每只雄性的“嘎嘎”声并没有固定的声数，但它总会试图调整到与自己身边其他雄性相同的声数。这样它和它的邻居在对雌性的吸引力上就不分伯仲了。和大部分蛙类一样，抱对时雄性从后方把雌性紧紧抱住。但不同寻常的是，在接近一半的抱对中，会有第二只雄性从下面抱住雌性的腹部。亲缘关系鉴定表明，此现象会导致雌性所产的卵由多个雄性受精。

相近物种

索蟾属 *Crinia* 共有17个物种，无一例外都具有细长而无蹼的手指和脚趾，而且它们都在水中产卵，卵堆成小团。索蟾属物种之间的皮肤颜色和质地差异都很大，每个种的求偶鸣叫也不尽相同。比如，分布于澳大利亚西北部的双音索蟾 *Crinia bilingua*，其鸣叫包含两部分：先是一个短音，接着一声拖长的颤音。

科名	龟蟾科Myobatrachidae
其他名称	哔声索蟾、平原索蟾
分布范围	澳大利亚东南部
成体生境	林地、洪泛平原、开阔并受外界活动扰乱的地区
幼体生境	水塘、水库、沼泽等
濒危等级	无危。分布范围广阔，无明显威胁

亚斑索蟾
Crinia parinsignifera
Eastern Sign-bearing Froglet
Main, 1957

成体体长
雄性
11/16—7/8 in (18—22 mm)
雌性
7/8—15/16 in (21—23 mm)

与众不同的是，这种颜色隐蔽的小蛙全年都会鸣叫，而且大多是在白天。它白天藏在原木或植物丛底下，偶尔也会聚集成群。亚斑索蟾于隆冬时节繁殖。雄性在靠近岸边的挺水植物上鸣叫，反复发出“唧”(eeeek) 声。其鸣声类似于湿手指在气球上划过的声音。它的卵很小，通常单枚或数枚一起，附着于水塘底部。其蝌蚪经 11—12 周的发育后变态。

实际大小

亚斑索蟾的体色多变，但通常背面为褐色，腹面为灰色；与索蟾属 *Crinia* 某些物种类似，亚斑索蟾的皮肤也可能是光滑的、起褶皱的或布满瘰粒的；指、趾间均无蹼。

相近物种

斑索蟾 *Crinia signifera* 的外表颜色和皮肤质地都非常多变。其皮肤可能为光滑、布满瘰粒或皱褶。人们可以很容易通过求偶鸣叫把斑索蟾和亚斑索蟾区分开来，前者的鸣声为快速的“克里……克里……克里”(crick...crick...crick) 声。雨后索蟾 *Crinia sloanei* 的体色相对稳定一些，通常为深黄色。

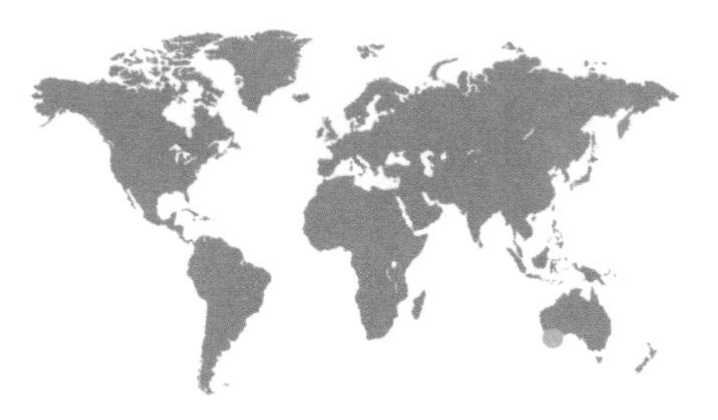

科名	龟蟾科Myobatrachidae
其他名称	溪蟾
分布范围	西澳大利亚州西南部
成体生境	黏土土壤的茂密植被下
幼体生境	卵内发育，卵产于洞穴中
濒危等级	极危。分布范围极其狭窄，栖息地被人为改变及零碎化

成体体长
雄性
¾—15/16 in (20—24 mm)
雌性
1 11/16 in (17 mm)

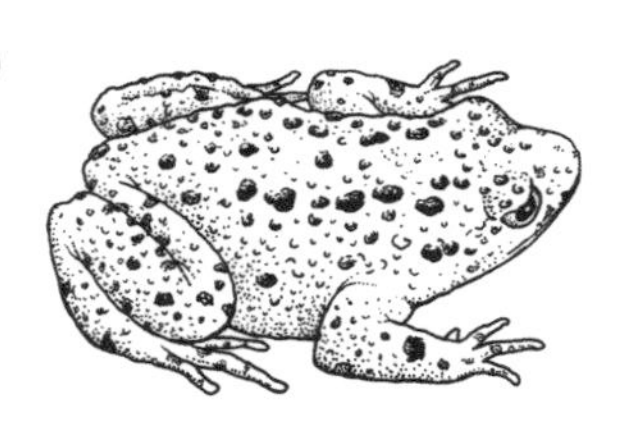

白腹地索蟾

Geocrinia alba

White-bellied Frog

Wardell-Johnson & Roberts, 1989

白腹地索蟾由其白色腹部得名，这个特征也把它和其他地索蟾区别开来。它体型微小；身材短粗；背部具瘰粒，腹面光滑。背面为淡灰色或浅棕色，散布着深色斑点。

根据 1998 年的估算，这种小蛙的全部种群数量只有约 250 只，其分布范围不足 130 km^2，而其真正的栖息地范围还不到 2.5 km^2。白腹地索蟾各个种群被不适宜生存的中间地带所隔离开来，导致种群之间完全没有个体的迁入与迁出。它的栖息地受到植被改变、化肥使用、牲口放牧及山火的威胁，所幸部分种群的位置已经被划到保护区内。白腹地索蟾为卵内直接发育，即蝌蚪期在卵内完成。它的卵一般产在茂密植被下的浅洞穴中。

相近物种

地索蟾属 *Geocrinia* 在澳大利亚西南部共有五个种分布，而在澳大利亚东南部则有两个种分布。与白腹地索蟾情况类似，橙腹地索蟾 *Geocrinia vitellina* 的分布范围同样很狭窄，正受到类似的环境威胁，也是卵内直接发育。橙腹地索蟾被列为易危物种。

科名	龟蟾科Myobatrachidae
其他名称	维克托光滑地索蟾
分布范围	澳大利亚维多利亚州东南部
成体生境	森林、林地、疏灌丛、草地中湿润的地方
幼体生境	水库、水沟、水塘
濒危等级	无危。分布范围广阔，无明显威胁

成体体长
雄性
15/16—1 1/8 in (24—28 mm)
雌性
7/8—1 5/16 in (21—33 mm)

维克托地索蟾
Geocrinia victoriana
Eastern Smooth Frog
(Boulenger, 1888)

这种小型蛙类善于隐秘在周围环境中。维克托地索蟾求偶鸣叫非常有趣，由两部分组成: 1—3 声的“唧”（wa-a-a-rk）长音符，然后是多至 50 声的“呱呱呱”短音符。对其鸣叫声的录音进行研究后发现，长音符的作用是雄性之间用来确定领土范围，后面的短音符才是为了吸引雌性。抱对后，雌性将 90—160 枚卵产在湿润的落叶堆中或高草丛的根部。其蝌蚪可以在卵中存活近四个月。直到大雨降临，它们才破卵而出，游进附近的静水塘中。

实际大小

相近物种

平滑地索蟾 *Geocrinia laevis* 从外表上很难与维克托地索蟾区分开来，但两者的分布区域并不重叠，而且鸣声迥异。平滑地索蟾的鸣声为“呱 - 哒哒哒”（cra-a-a-ack），其中第一个音符拖得最长。它分布于维多利亚州东部和塔斯马尼亚州的部分地区。

维克托地索蟾吻端圆滑；四肢短；腹部皮肤光滑；指、趾间均无蹼；背部颜色为褐色或灰色；其腋下或胯部通常有一块粉色色斑，有时两个部位均具色斑；大腿背面为粉色，伴有黑斑；喉部有时偏黄色。

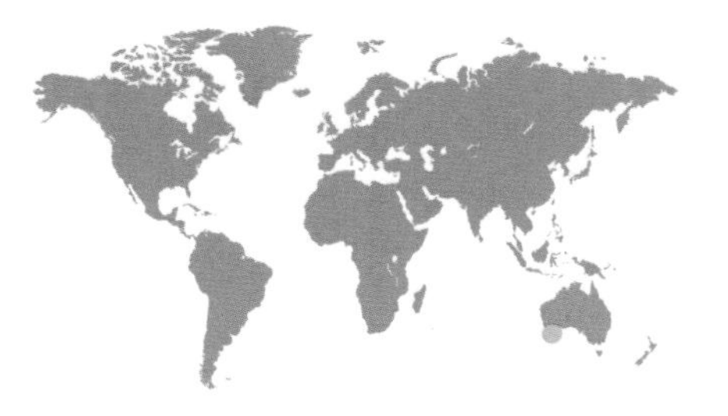

科名	龟蟾科Myobatrachidae
其他名称	森林后索蟾
分布范围	西澳大利亚州西南角
成体生境	红桉森林
幼体生境	卵内直接发育
濒危等级	无危。分布范围广阔，种群数量无明显下降趋势

成体体长
雄性
¾—⅞ in (19—21 mm)
雌性
⅞—$^{15}/_{16}$ in (22—24 mm)

尼氏后索蟾
Metacrinia nichollsi
Nicholl's Toadlet
(Harrison, 1927)

实际大小

这种小型蛙类虽然依旧需要湿润的环境，但其繁殖完全不依赖于积水。尼氏后索蟾生活在森林中的落叶堆里、岩石或圆木下，夏季雨后，便开始繁殖。雄性求偶鸣叫声仅为一个短音“呱”（ark）。雌性一次产卵25—30枚，卵被产在落叶堆中湿润的地方或圆木底下。该物种为卵内直接发育，即蝌蚪期完全在卵内完成，最后孵化出小幼蛙。该发育过程通常需要约两个月。

相近物种

尼氏后索蟾是后索蟾属 *Metacrinia* 唯一的物种，其外观形态与部分澳拟蟾属 *Pseudophryne* 物种（第105—107页）非常接近。两者鸣声也类似，不过澳拟蟾不是卵内直接发育。澳拟蟾属中，只有耿氏澳拟蟾（第107页）与尼氏后索蟾同分布于西澳大利亚州的西南角，但前者体型更大，腹部没有黄色或橙色色斑。

尼氏后索蟾身型短粗；四肢、手指、脚趾均很短；背面多瘰粒；背面颜色为深棕色或黑色，伴有粉色小斑点；腹面灰色、深蓝色或黑色，有大理石状的白色花纹；四肢基部、大腿内侧、腹部均有黄色或橙色色斑。

科名	龟蟾科Myobatrachidae
其他名称	无
分布范围	西澳大利亚州的西南角
成体生境	干旱林地和灌丛中的沙土
幼体生境	卵内发育，在地下深处
濒危等级	无危。未发现受胁

成体体长
雄性
1⁵⁄₁₆—1⅝ in (34—42 mm)
雌性
1¾—1¹⁵⁄₁₆ in (44—50 mm)

古氏龟蟾
Myobatrachus gouldii
Turtle Frog
（Gray, 1841）

这种长相古怪的蛙类一生中大部分时间都生活在地下深处。不同寻常的是，它用头部来挖洞。它主要以白蚁为食，常被发现于邻近白蚁穴的倒木下面。它在夏季大雨后繁殖，其间雄性把头露出地面，发出突兀的嘎嘎叫声。它们在雄性的洞穴中交配，然后产下约40枚很大的卵，埋在地下1.2 m的深处。卵直接发育，两个月后直接孵化出小幼蛙。

实际大小

古氏龟蟾因为看起来像没有壳的龟而得名；头和眼睛都很小；体呈球状；四肢很短；前肢很有力，反映其在地下挖洞的重要性；皮肤呈粉色、浅棕色或深棕色。

相近物种

古氏龟蟾是龟蟾属 *Myobatrachus* 唯一的物种，和其他蛙类差别很大。大概只有圆旱蟾（第108页）和它最为接近，前者同样是先用头部挖洞和直接发育。

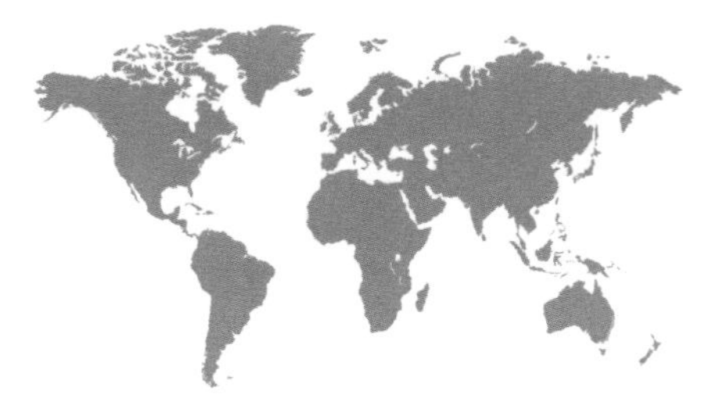

科名	龟蟾科Myobatrachidae
其他名称	红胯副索蟾
分布范围	澳大利亚新南威尔士州的海岸地区及维多利亚州东部
成体生境	灌丛荒地中的水源附近
幼体生境	永久性的水源
濒危等级	无危。分布范围广阔。目前尚无威胁，但在将来可能会受到人类发展的负面影响

成体体长
雄性
1¼—1⁵⁄₁₆ in (31—33 mm)
雌性
1¼—1⅜ in (32—35 mm)

哈氏副索蟾
Paracrinia haswelli
Haswell's Froglet
(Fletcher, 1894)

实际大小

哈氏副索蟾身型苗条；头部狭窄；四肢修长，手指和脚趾也很长；背面颜色为暗棕色，正中往往有一条浅浅的纵纹；头部两侧各有一条明显的黑纵纹贯穿眼部；胯部及大腿后侧有一块砖红色的色斑。

这种鲜为人知的蛙类生活在靠近海岸线的溪流、水库和湿地周围，通常躲在石头下面。春季和夏季为其繁殖期。哈氏副索蟾只在永久性水体中繁殖。雄性在水中露出的莎草或其他杂草上鸣叫求偶，叫声类似远处传来的鸭子叫。雌性产8—80枚卵，卵松散地聚成小团。哈氏副索蟾平时并不常见，但其种群数量一直趋于稳定。其靠近海岸的栖息地将来可能会受到人类旅游开发的威胁。

相近物种

哈氏副索蟾是副索蟾属 *Paracrinia* 唯一的物种，而该属则一度被归并于索蟾属 *Crinia*（第110—111页）。哈氏副索蟾区别于澳大利亚其他索蟾类物种的特征在于其相当修长的四肢。

科名	龟蟾科Myobatrachidae
其他名称	南部鸭嘴蛙
分布范围	澳大利亚昆士兰州东南部的布莱克尔和科依达勒山脉
成体生境	海拔400—800 m的森林溪流
幼体生境	雌性的胃内
濒危等级	灭绝。1981年最后一次被发现

南部胃孵蟾
Rheobatrachus silus
Southern Gastric Brooding Frog
Liem, 1973

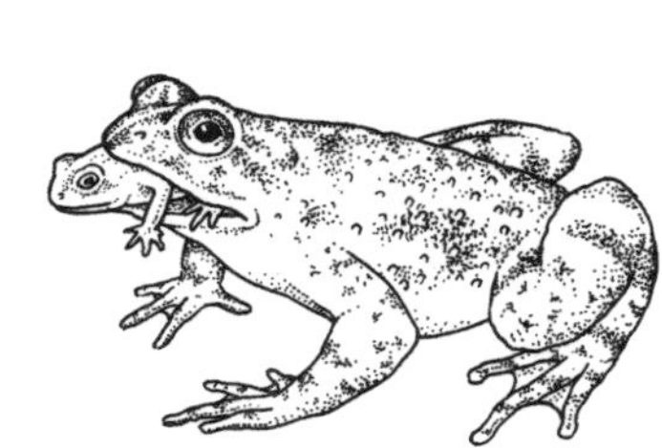

成体体长
雄性
1⁵⁄₁₆—1⅝ in (33—41 mm)
雌性
1¾—2⅛ in (44—54 mm)

已灭绝的胃孵蟾有个独特之处：受精卵及蝌蚪在雌性胃内发育，直到小幼蛙从母亲的嘴里钻出来，整个卵化过程持续6—7周。其交配方式还未报道过，但可以推断，当雄性完成对卵的受精后，雌性就将它们吞下。雌性可产约40枚卵，但最终只有21—26枚能孵化。雌性在孵化期间不进食，幼蛙的分泌物使雌性胃内的胃酸停止分泌。

相近物种

北部胃孵蟾 *Rheobatrachus vitellinus* 于1984年被发现，但1985年便在野外销声匿迹了。该物种栖息于昆士兰州伊加拉国家公园（Eungella National Park）中很小的一块区域。北部胃孵蟾和南部胃孵蟾都因为野猪和其他植物的入侵而破坏了其溪流生境，使之失去了栖息地。也有人认为，其最后的灭绝是由于遭受到壶菌病的感染。

南部胃孵蟾栖息于水里或水边；趾间全蹼而善于游泳；手指长；指间无蹼；眼大并向上突出，使它能看到水面上的情况；背面暗灰色或青灰色，带有深浅不一的斑点；腹部颜色浅一些。

实际大小

科名	龟蟾科Myobatrachidae
其他名称	无
分布范围	澳大利亚西南部一块不足20 km²的区域
成体与幼体生境	降水丰富的泥炭沼泽
濒危等级	易危。分布范围极其狭窄，易受到灌丛野火的威胁

成体体长
雄性
1⅛—1⅜ in (29—35 mm)
雌性
1¼—$1\frac{7}{16}$ in (31—36 mm)

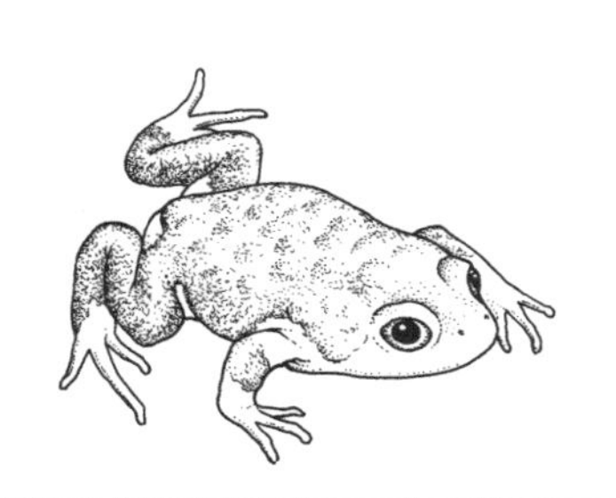

日落澳蟾

Spicospina flammocaerulea

Sunset Frog

Roberts, Horwitz, Wardell-Johnson, Maxson & Mahony, 1997

实际大小

这种生活于地面的小型蛙类直到 1994 年才被人们发现。当时一共有 27 个种群，分布于西澳大利亚州海岸线附近的狭窄地带。它对栖息地非常挑剔，仅生活在泥炭沼泽里。每年 10—12 月，雄性在水塘、渗水的水坑和溪流里鸣叫。雌性产卵一般少于 200 枚，卵呈单枚附着于水藻上。日落澳蟾狭窄的分布范围使其极易受环境变化的负面影响。比如 1994 年，其中一个种群就遭受到野火的严重打击。它现在是人工繁育和野化放归项目的重点对象。

相近物种

日落澳蟾是该属唯一的物种。与其亲缘关系最接近的是耳腺蟾属 *Uperoleia*（第 121—123 页）。这两个属的卵和蝌蚪的形态比较接近。日落澳蟾目前的栖息地被认为是 500—600 万年前广袤的泥炭沼泽所遗留下的最后一部分。

日落澳蟾由其不同寻常的外表颜色得名；背部紫色、黑色或深灰色，腹面为明亮的橙色，散布蓝色圆点；手掌和脚掌为黄色或红色，无蹼；眼大而突出；耳后腺膨大；背面具多个膨大的腺体。

科名	龟蟾科Myobatrachidae
其他名称	高山日蟾、南方日蟾
分布范围	澳大利亚昆士兰州西部的布莱考山脉（Blackall Range）、科依达勒山脉（Conondale Range）以及德阿吉拉尔山脉（D’Aguilar Range）
成体生境	森林溪流中或附近区域，海拔500—800 m
幼体生境	森林溪流
濒危等级	灭绝。至1979年以后再未见到

活跃宽指蟾
Taudactylus diurnus
Mount Glorious Torrent Frog
Straughan & Lee, 1966

成体体长
雄性
⅞—1¹⁄₁₆ in (22—27 mm)
雌性
⅞—1¼ in (22—31 mm)

活跃宽指蟾生活在水流湍急的溪流及其附近，其栖息地需要保持潮湿，使它能够在白天也很活跃。繁殖期为 10 月到次年 5 月中温暖湿润的时节。卵团通常包含 24—36 枚受精卵，附着于水底的岩石或树枝之上。尽管活跃宽指蟾的大部分分布范围与当地保护区重叠，但在 20 世纪 70 年代末，其种群数量依然在四年时间内急剧下降。种群下降的原因可能包括野猪对其溪流栖息地的破坏和外来植物的入侵，但最大可能还是壶菌病的打击。

实际大小

活跃宽指蟾皮肤光滑；指、趾间无蹼；背面灰色或褐色，伴有深色杂斑；腹面米黄色或白色，散布深色圆点；指尖和趾尖均具吸盘；雄性无声囊，求偶鸣叫为轻柔的咯咯声。

相近物种

活跃宽指蟾是宽指蟾属 *Taudactylus* 的六个物种之一。与活跃宽指蟾类似，其余五种也都面临灭绝的威胁。该属所有物种均分布于澳大利亚昆士兰州的沿海地区，大部分物种的生存都和水流湍急的溪流紧密相关。其中两个物种——尖吻宽指蟾 *Taudactylus acutirostris* 和应格宽指蟾 *Taudactylus eungellensis*，都被列为极危物种。通常认为，壶菌病是该属种群下降的罪魁祸首。

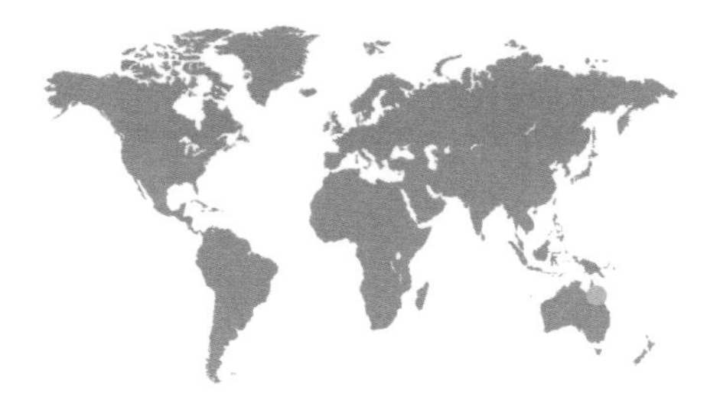

科名	龟蟾科Myobatrachidae
其他名称	北部林蟾
分布范围	澳大利亚昆士兰州沿岸的凯恩斯附近
成体生境	山地雨林中湍急的溪流
幼体生境	可能为湍急的山区溪流
濒危等级	极危。仅局限分布于五座山头

成体体长
雄性
15/16—1 1/16 in (24—27 mm)
雌性
15/16—1 1/4 in (24—31 mm)

溪栖宽指蟾

Taudactylus rheophilus

Tinkling Frog

Liem & Hosmer, 1973

实际大小

溪栖宽指蟾的指、趾端具吸盘；指、趾间无蹼；背面颜色为灰色、红棕色或深棕色，伴有深色不规则花纹；两眼之间有一条深色横纹；一条浅色细纵纹从眼后延伸至胯部，该细纵纹之下另有一条略宽的深色纵纹；四肢上也有深色短横纹。

溪栖宽指蟾生活在山区溪流附近的石头或倒伏的原木下面。雄性在白天和夜晚都会鸣叫，但以白天为主。其鸣声为带金属感的单音节“叮”（tink），然后快速重复4—5遍。人们迄今尚未观察到其卵和蝌蚪，但繁殖期的雌性一般怀卵35—50枚。作为世界上最稀有的蛙类之一，溪栖宽指蟾的种群在20世纪八九十年代急剧下降，以至于人们都认为该物种已经灭绝。直到1996年，其雄性的鸣声才再次被记录到。随后，人们又重新发现一些幼体。

相近物种

宽指蟾属*Taudactylus*的六个物种之中，活跃宽指蟾（第119页）已经灭绝，其余各种也都面临灭绝的威胁。与其他生活在澳大利亚东部高海拔地区的蛙类一样，宽指蟾也具有一些特质，导致其非常容易受到壶菌病的致命打击，这些特质包括低生育力、高度专一的栖息地以及在溪流中繁殖的习性。

科名	龟蟾科Myobatrachidae
其他名称	东部冈根[1]
分布范围	澳大利亚东部，从昆士兰州至新南威尔士州一直到维多利亚州
成体生境	森林、林地、草场
幼体生境	水塘、泻湖、湖泊和水库
濒危等级	无危。分布范围广，但在将来可能受到人类发展的威胁

光滑耳腺蟾
Uperoleia laevigata
Smooth Toadlet
Keferstein, 1867

成体体长
雄性
¾—1⅛ in (20—28 mm)
雌性
⅞—1¼ in (22—32 mm)

光滑耳腺蟾体型微小，其雄性在春夏季会聚集在水塘边，划定自己的小小领地。它们有三种不同的鸣叫：一种是广告鸣叫，以吸引雌性；一种是警告鸣叫，作为对入侵其领地的雄性对手的应答；还有一种是求偶鸣叫，回应进入其领地的雌性。雄性之间会为领地而战，而往往个头大的雄性更容易赢得胜利，因此体重轻的雄性会通常避开更重的雄性；如果双方体型相近，则打斗可能持续很长时间。怀卵的雌性会待在水塘边最多三个晚上，考察多只雄性，直到选中满意的配偶。卵以单枚的形式附着于水底植物上。

实际大小

光滑耳腺蟾眼后方的耳后腺膨大；头顶有一块浅浅的三角形斑；背面颜色为暗灰色或褐色，伴有深色花斑；腋下有一块浅黄色色斑，胯部也有一块黄色或橙色色斑；当它采取低头抬腰的防御动作时，胯部的色斑便会显露出来。

相近物种

光滑耳腺蟾 *Uperoleia laevigata* 的分布范围与同属的另外两个物种重叠，它们分别是暗棕耳腺蟾 *Uperoleia fusca* 和泰氏耳腺蟾 *Uperoleia tyleri*。暗棕耳腺蟾的特征在于其腹部颜色更深，而泰氏耳腺蟾的特征在于其耳后腺更加膨大。当被攻击或侵扰时，所有耳腺蟾属 *Uperoleia* 物种都会从皮肤中分泌有毒的黏液。

① 译者注：冈根(Gungan)为“星球大战”系列中的人形两栖生物。

科名	龟蟾科Myobatrachidae
其他名称	石匠冈根[①]
分布范围	澳大利亚北部和巴布亚新几内亚
成体生境	容易被洪水淹没的草场和林地
幼体生境	临时性水体
濒危等级	无危。分布范围广阔，无明显威胁

成体体长
雄性
$\frac{11}{16}$—$1\frac{1}{16}$ in (17—27 mm)
雌性
$\frac{15}{16}$—$1\frac{1}{8}$ in (24—29 mm)

石匠耳腺蟾

Uperoleia lithomoda

Stonemason Toadlet

Tyler, Davies & Martin, 1981

这种小型蛙类的俗名来源于其雄性的鸣叫声，类似于两块石头相互敲击的声音。石匠耳腺蟾在冬季的雨后繁殖。雄性藏在临时水塘旁的隐蔽处鸣叫。卵被分团产出，随后沉入水塘底部。当旱季来临时，石匠耳腺蟾便躲入地下。其余生活习性则所知甚少。

相近物种

除石匠耳腺蟾外，耳腺蟾属 *Uperoleia* 在澳大利亚北部还分布有另外六个物种，它们的分布范围都比前者小。这些耳腺蟾的外形和栖息地都差不多，唯一能稳定区别它们的特征便是雄性的鸣叫声。小耳腺蟾 *Uperoleia minima* 现仅有雄性标本，其体长不超过 21 mm。

石匠耳腺蟾的皮肤粗糙起棱；全身暗灰色或褐色，头部正中往下有一条米黄色窄条纹；体侧具黄色、米黄色或金色斑点；胯部有一块橙色色斑；指、趾间无蹼；后肢上有角质的蹠突，用以挖掘洞穴。

实际大小

① 译者注：冈根(Gungan)为“星球大战”系列中的人形两栖生物。

科名	龟蟾科Myobatrachidae
其他名称	皱纹耳腺蟾、丰满冈根[①]
分布范围	澳大利亚昆士兰州南部和新南威尔士州
成体生境	森林、林地、草场
幼体生境	水库、水塘
濒危等级	无危。分布范围广阔，无明显威胁

成体体长
雄性
11/16—1¼ in (18—32 mm)
雌性
11/16—1 3/16 in (18—30 mm)

红胯耳腺蟾
Uperoleia rugosa
Wrinkled Toadlet
(Andersson, 1916)

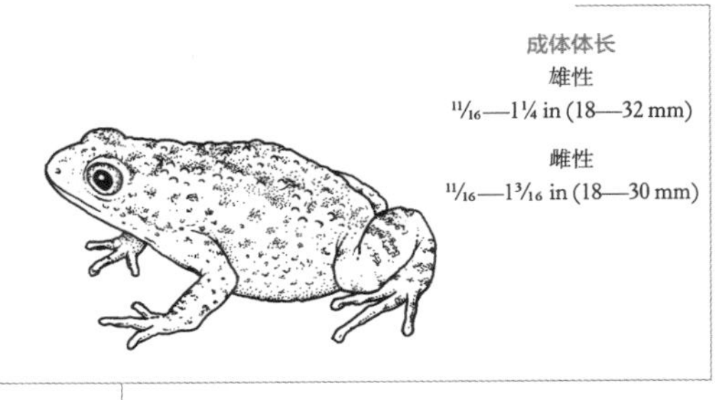

这种小型蛙类可以在除冬季以外的任何时节繁殖。雄性在被洪水淹没的草地和静水洼地中形成合鸣，发出高音调的“咔嗒”声。抱对过程中，雄性对每一枚卵单独受精，然后雌性把单枚的卵黏到沉水植物上。目前看来，红胯耳腺蟾能在被外界干扰的环境中很好地生活，人们甚至观察到雄性在牲畜留下的水坑中求偶鸣叫。个体大小在该物种整个分布区域内变化较大，其中靠近海岸的个体体型会偏小。

实际大小

红胯耳腺蟾体型小而敦实；四肢短小；后肢具蹠突，用以挖掘洞穴；背面灰色至褐色，伴有深色条纹和顶端为黄色的疣粒；耳后腺偏黄色；胯部有一块橘红色的色斑，延伸至大腿。

相近物种

迄今为止，耳腺蟾属 *Uperoleia* 共包含 27 个物种[②]，外形都较相似，分布则遍布澳大利亚。然而人们对其大部分物种的生活习性并不十分了解。红胯耳腺蟾的分布范围与小头耳腺蟾 *Uperoleia capitulata* 重叠，虽然两者大小相近，但小头耳腺蟾皮肤更光滑，皮肤上的腺体也更明显。

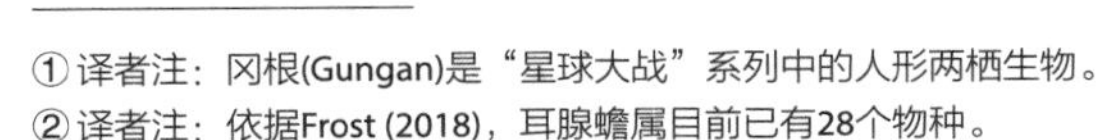

① 译者注：冈根(Gungan)是“星球大战”系列中的人形两栖生物。
② 译者注：依据Frost (2018)，耳腺蟾属目前已有28个物种。

科名	森蟾科Alsodidae
其他名称	无
分布范围	智利南部的纳韦尔武塔山脉
成体生境	森林
幼体生境	溪流中的水潭
濒危等级	极危。分布范围非常狭窄，其生活的原始森林正在被种植园替代

成体体长
雄性
$1\frac{7}{16}$—2 in (36—52 mm)
雌性
$1\frac{5}{8}$—$2\frac{1}{8}$ in (42—54 mm)

范氏森蟾
Alsodes vanzolinii
Vanzolini’s Spiny-chest Frog
(Donoso-Barros, 1974)

实际大小

范氏森蟾头和眼均较大；四肢长；吻部上端有一块醒目的浅色三角形斑；一条黑色宽条纹贯穿眼部；背面颜色为浅褐色，伴有深棕色色斑；四肢具浅褐色和深棕色横纹。

范氏森蟾非常稀有，只分布在智利纳韦尔武塔山脉的西麓。在2000年至2010年的十年间，其种群数量减少了80%，最后仅残存于一块不足10 km^{2}的区域。然而在同一年，人们意外地在附近发现了三个新的种群。尽管如此，范氏森蟾依然身处险境，因为其赖以生存的原始森林正被开垦为松树和桉树的种植园。范氏森蟾通常生活在残存的林中山沟里，并在溪流里繁殖。繁殖期内，雄性胸口处会长出两团黑色尖刺，其作用估计是帮助雄性在抱对时能抓牢雌性。

相近物种

森蟾属 *Alsodes* 共有18个物种①，均分布于智利和阿根廷的安第斯山脉，绝大部分已经濒临灭绝。比如，巴氏森蟾 *Alsodes barrioi* 因森林砍伐被列为易危物种；高山森蟾 *Alsodes montanus* 和喧嚣森蟾 *Alsodes tumultuosus* 被列为极危物种，因为它们都只有一个分布地点，而这两个地方都在被开发成滑雪胜地。山森蟾 *Alsodes monticola* 的濒危等级则并不清楚，因为该物种仅有一号标本，还是由查尔斯•达尔文采集的。

① 译者注：依据Frost (2018)，森蟾属目前已有19个物种。

科名	森蟾科Alsodidae
其他名称	孔图尔莫地蟾
分布范围	智利
成体生境	温带森林
幼体生境	小水坑
濒危等级	濒危。其分布范围已经因滥伐森林而缩减到一个地点

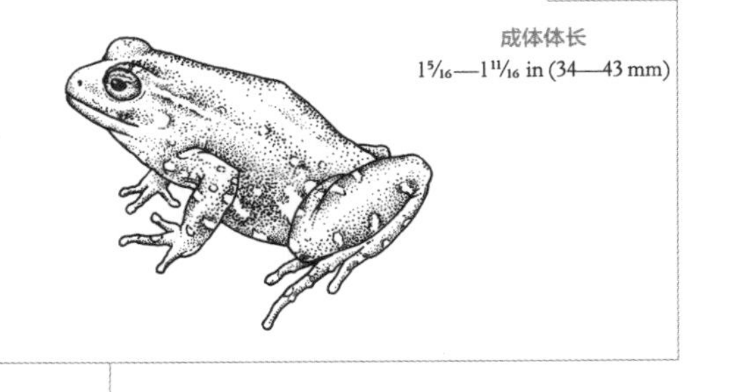

成体体长
$1^{5}/_{16}$—$1^{11}/_{16}$ in (34—43 mm)

孔图尔莫响蟾
*Eupsophus contulmoensis*①
Contulmo Toad
Ortiz, Ibarra-Vidal & Formas, 1989

这种小型蛙类通常生活在森林地表的原木和石块下。雄性的求偶鸣叫很简单，只有一个短音节。交配过程中，雄性会紧紧抱住雌性的胯部。之后雌性把卵产在山腰处的小水坑里。由于该属其他物种的蝌蚪在孵化后不需要进食，而是依靠大量的卵黄来供给营养直至变态，所以估计孔图尔莫响蟾的蝌蚪也是如此。其大部分的森林栖息环境已经被破坏殆尽，目前仅幸存于一个地点，而且还承受着当地繁重旅游业的压力。

实际大小

相近物种

响蟾属 *Eupsophus* 现在共有十个物种②，也被称为地蟾，全部分布于智利和阿根廷。其中，艾氏响蟾 *Eupsophus emiliopugini* 为常见物种，智利和阿根廷两国均有分布；其雄性在洞穴里求偶鸣叫。米氏响蟾 *Eupsophus migueli* 体型很小，仅分布于智利，由于滥伐森林已经被列为濒危物种。

孔图尔莫响蟾头部宽；吻端圆；指、趾细长；皮肤光滑；背面为深褐色、黑色或紫色；腹面、指、趾均为黄色；体侧及四肢上也有黄色花纹。

① 译者注：依据Frost (2018)，该物种已被作为玫瑰响蟾 *Eupsophus roseus*的同物异名。
② 译者注：依据Frost (2018)，基于最近的分类研究，部分物种被合并，因此，响蟾属目前仅有六个物种。

科名	森蟾科Alsodidae
其他名称	侏儒蟾、小马六甲蟾、溪蟾
分布范围	巴西南部、乌拉圭、阿根廷北部
成体生境	乡间和森林中的河流附近
幼体生境	小水潭
濒危等级	无危。在栖息地被破坏的地区种群数量有所下降，但也有部分种群分布于某些保护区之内

成体体长
雄性
1⁷⁄₁₆—2⅛ in (37—55 mm)
雌性
1⁹⁄₁₆—2½ in (39—63 mm)

大舌汕蟾
Limnomedusa macroglossa
Rapids Frog
(Duméril & Bibron, 1841)

实际大小

大舌汕蟾身型短小结实；吻部短而圆；眼睛大而突出；背面具瘰粒；趾间具半蹼；背面为浅褐色或浅灰色，有时伴有深棕色斑纹；四肢上具横纹。

大舌汕蟾为了在多岩石的溪流中繁殖，演化出特殊的习性。交配发生于8月到次年2月。进入黄昏，雄性便在部分淹没于溪水中的岩石下鸣叫。当雌雄抱对后，雌性背负着雄性四处寻找合适的水潭产卵。这种小水潭通常都靠近溪流。当溪水上涨时，溢出的溪水便将水潭与溪流相连，而蝌蚪也趁机游进水流缓慢的溪流里生活。

相近物种

大舌汕蟾是汕蟾属 *Limnomedusa* 唯一的物种。与之亲缘关系最近的是生活在巴塔哥尼亚高原上的森蟾属 *Alsodes*（第124页）和响蟾属 *Eupsophus*（第125页）。

科名	雨蟾科Batrachylidae
其他名称	无
分布范围	阿根廷东部的拉古纳布兰卡国家公园
成体生境	湖泊和水塘，最高海拔1200 m
幼体生境	水塘
濒危等级	濒危。种群下降严重，主要原因为外来入侵鱼类的竞争以及病毒和真菌的感染

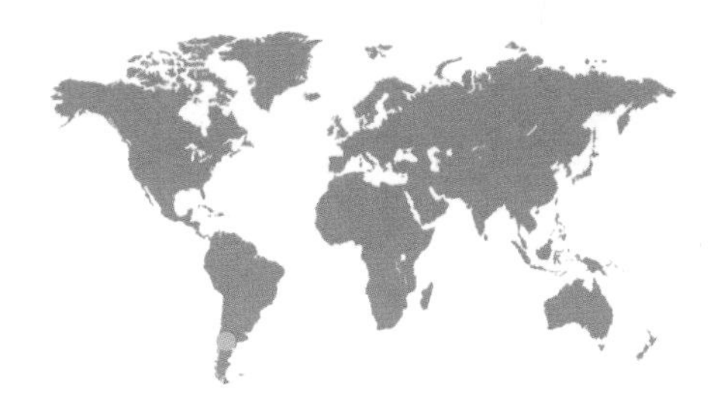

成体体长
雄性
1³⁄₁₆—1⅝ in (30—42 mm)
雌性
1³⁄₁₆—1⅞ in (30—48 mm)

草原斑颌蟾
Atelognathus patagonicus
Patagonia Frog
(Gallardo, 1962)

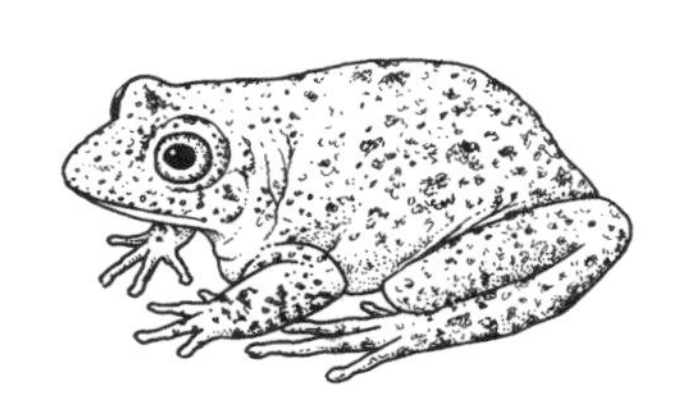

这种越来越稀有的蛙类有两种不同的外观形态，而且可以根据周围环境情况转变自己的形态。水生形态的草原斑颌蟾皮肤光滑松散，以水生生物为食；而陆生形态则皮肤粗糙，捕食昆虫，生活在水边。任何年龄阶段的草原斑颌蟾，都能根据当前最适宜的环境条件在两种形态之间转换。该物种分布范围狭窄，自20世纪80年代后种群数量大幅下降。在较大的湖泊中，外来引入的鳟鱼破坏掉草原斑颌蟾的食物供给，而且它还受到蛙病毒(一种常见蛙类病毒)和壶菌病的严重感染。

实际大小

草原斑颌蟾头部较小；吻端突出；其水生形态（如图所示）具有光滑、松散的皮肤，并在身体和大腿处形成皱褶；水生形态的后肢相对较细，但趾间蹼发达；背面为灰色或暗绿褐色，伴有细小深色斑点，腹面为橙色。

相近物种

斑颌蟾属 *Atelognathus* 又被称为巴塔哥尼亚蟾，共包含八个物种[①]，全部分布于阿根廷南部和智利南部。大部分斑颌蟾物种的分布范围都较狭窄，且局限于高海拔地区，所以人们对它们知之甚少。原石斑颌蟾 *Atelognathus praebasalticus* 生活在阿根廷的高海拔地区，因外来捕食性鱼类（比如鲈鱼和鳟鱼）的入侵而大幅减少，目前其已经被列为濒危物种。

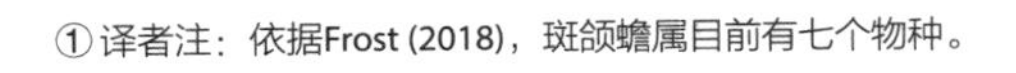

① 译者注：依据Frost (2018)，斑颌蟾属目前有七个物种。

科名	雨蟾科Batrachylidae
其他名称	无
分布范围	智利南部与阿根提西部
成体生境	森林、沼泽
幼体生境	临时或永久性的浅水塘
濒危等级	无危。在其分布范围北部的种群数量出现下降，但该物种貌似能够适应经人为改变的生态环境

成体体长
15/16—1⅝ in (23—42 mm);
雌性体型大于雄性

条带雨蟾
Batrachyla taeniata
Banded Wood Frog
(Girard, 1855)

实际大小

条带雨蟾身型细长；吻端突出；眼大；四肢修长；手指和脚趾均细长；背面颜色为咖啡色、红棕色或黄色；体侧各有一条白色纵纹；另有一条黑色纵纹贯穿眼部。

条带雨蟾的繁殖习性与大部分蛙类不同，它的卵并非产在水里，而是在原木或落叶堆之下。当暴雨导致地表被洪水淹没时，受精卵才会发育成蝌蚪。在洪水之前，受精卵发育到一定阶段即进入休眠状态，直到被完全浸没于水中才恢复发育——这一过程被称为卵内抵抗。在其分布范围的北端，条带雨蟾的种群数量因森林被改造成农田和人类聚居点而下降。

相近物种

雨蟾属 *Batrachyla* 目前包含五个物种，全部分布于智利和阿根廷。阿根廷雨蟾 *Batrachyla antartandica* 和细雨蟾 *Batrachyla leptopus* 与条带雨蟾的生活、繁殖地点均相同，但这三种雨蟾的求偶鸣叫却各不相同。智利柏雨蟾 *Batrachyla fitzroya* 仅仅生活在阿根廷的一个湖泊中的小岛上。

科名	雨蟾科Batrachylidae
其他名称	无
分布范围	智利南部，阿根廷
成体生境	森林和湿地
幼体生境	临时性水塘
濒危等级	数据缺乏。该物种很罕见，对其种群数量情况一无所知

成体体长
1 5/16—1 13/16 in (33—46 mm)

查尔腾蟾
Chaltenobatrachus grandisonae
Puerto Eden Frog
(Lynch, 1975)

这种鲜为人知的蛙类在智利海岸惠灵顿岛的波伊登（Puerto Eden）被首次发现。1997年后，阿根廷的两个地方也发现有分布，巴塔哥尼亚（Patagonia）就是其中之一，此地通常气候寒冷潮湿，冬季漫长。它在每年10月繁殖，雌性产卵最多30枚，分团附着在水下树枝或岩石上。有些地方，其蝌蚪在12月水塘干枯之前完成变态，而在另一些水塘不会干枯的地方，其蝌蚪则需要超过一年时间才能完成变态。

实际大小

查尔腾蟾体型壮实；吻端圆；眼大而突出，虹膜呈亮橘黄色；背面鲜绿色，身体和四肢腹面白色；背部有棕色和红色的大疣粒。

相近物种

查尔腾蟾是查尔腾蟾属 *Chaltenobatrachus* 唯一的物种，此前它被划归于斑颌蟾属 *Atelognathus*（第127页），但最近在遗传方面发现了差异而被独立建属。

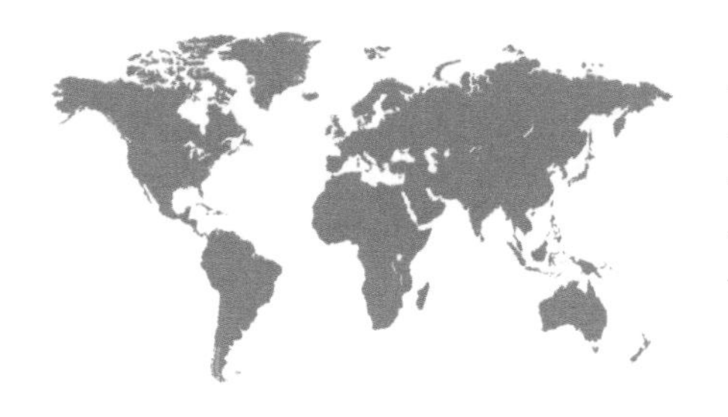

科名	雨蟾科Batrachylidae
其他名称	无
分布范围	智利和阿根廷境内安第斯山脉东麓
成体生境	森林
幼体生境	水潭、水塘
濒危等级	无危。分布范围相对狭窄，易受到滥伐森林的威胁

成体体长
雄性
2 1/16—2 3/16 in (53—56 mm)
雌性
2 3/8—2 11/16 in (60—66 mm)

林长指蟾
Hylorina sylvatica
Emerald Forest Frog

Bell, 1843

林长指蟾生活在安第斯山脉南端东面的阔叶林里，它有一项不同寻常的能力，能随着一天中时间的变化而改变自身的颜色。夜晚，林长指蟾是墨绿色的，到了白天，它却变成翠绿色并带有彩虹光芒的黄铜色色斑。夏季为其繁殖期，这时林长指蟾便出现在湖泊和泻湖周围的开阔地带。除繁殖期之外，难觅其踪，因为它通常躲在林下灌木丛中最茂密的地方。雄性漂浮在水面求偶鸣叫。交配后，雌性在水边产卵。

相近物种

林长指蟾是长指蟾属 *Hylorina* 唯一的物种，该属被划在物种数并不多的雨蟾科 Batrachylidae 下。雨蟾科为智利和阿根廷的特有科，包括了斑颌蟾属 *Atelognathus*（第 127 页）和雨蟾属 *Batrachyla*（第 128 页），还包括查尔腾蟾（第 129 页），它生活在智利近海的惠灵顿岛上，于 25 年前被发现，仅存一号标本。

林长指蟾头部稍大；吻端圆；眼大；瞳孔纵置；指、趾间无蹼；白天时，皮肤颜色为鲜艳的翠绿色，并带有虹膜光芒的金色或古铜色色斑；背面有两条明显的宽纵纹，从鼻孔一直延伸至身后。

实际大小

科名	蟾蜍科Bufonidae
其他名称	无
分布范围	斯里兰卡南部
成体生境	雨林，最高海拔1700 m
幼体生境	山区溪流中永久性水潭
濒危等级	濒危。受到栖息地丧失与污染的威胁

凯氏腺蟾
Adenomus kelaartii
Kelaart's Dwarf Toad
(Günther, 1858)

成体体长
雄性
1—1 5/16 in (25—33 mm)
雌性
1 7/16—1 15/16 in (36—50 mm)

这种小蟾通常生活在山区溪流旁的落叶堆里，并在溪流里繁殖。夜晚时分，雄性在溪中的大石块上求偶鸣叫，雌性会把近1000枚卵产于长条形的卵带中。凯氏腺蟾也可能在树上生活，因为人们曾在离地面15 m高的棕榈树顶端发现它的身影。它赖以生存的森林正在一片片被砍伐，土地被转化为白豆蔻种植园，其繁殖所需的溪流也面临杀虫剂、化肥及其他农业化学物质的污染。

实际大小

凯氏腺蟾体型小而细长；吻端尖；身体布满瘰粒，部分瘰粒顶端具小刺，部分顶端平滑；背面颜色为浅褐色到深褐色，点缀着深棕色的色斑，有时也有红色和蓝色的小斑点；腹面为白色至浅黄色。

相近物种

腺蟾属 *Adenomus* 为斯里兰卡特有属，除凯氏腺蟾外，还包括另外两个物种，它们均生活在森林里并在溪流里繁殖。达氏腺蟾 *Adenomus dasi*①仅能在一个地点被找到，被评为极危物种。康氏腺蟾 *Adenomus kandianus* 自1876年后就没再被见到过，所以人们都认为它已经灭绝了，直到2009年才重新被发现，目前濒危等级被改为极危。城市化开发是康氏腺蟾最大的威胁。

① 译者注：依据Frost (2018)，达氏腺蟾被作为康氏腺蟾的同物异名，因而腺蟾属目前仅两个物种。

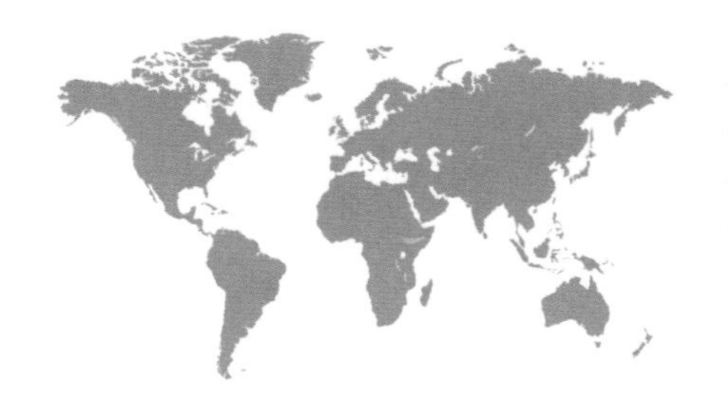

科名	蟾蜍科Bufonidae
其他名称	埃塞俄比亚高山蟾
分布范围	埃塞俄比亚南部的贝尔山脉
成体生境	高山森林和沼泽地，海拔3200—4000 m
幼体生境	卵内发育
濒危等级	濒危。分布范围狭窄，受到栖息地被破坏的威胁

成体体长
雄性
最大 ⅞ in (22 mm)
雌性
最大 1¼ in (32 mm)

马氏高山蟾
Altiphrynoides malcolmi
Malcolm's Ethiopian Toad

(Grandison, 1978)

实际大小

马氏高山蟾身体粗壮；背面有数行大型瘰粒；背面体色多变，包括灰色、偏绿色、棕色或黑色；有的个体还有绿色或红色的条纹，伴以黑色小点；也有个体背部中央有一条浅色纵条纹。

马氏高山蟾仅分布于埃塞俄比亚的贝尔山脉。这种小蟾有着不同寻常的生殖模式。交配时，雌性可能会被多个雄性抱住。往往从腹面抱住雌性的雄性最终能实现传宗接代，而并非从背面抱住雌性的雄性。雌性为体内受精，受精卵会在雌性的输卵管里滞留一段时间，然后才被包裹于黏液中，产在水塘边的湿草地里。雄性则守卫在卵团旁边，并吸引更多雌性来交配产卵。最终，这些卵团可由多达20只不同雌性所产出。蝌蚪在卵内完成发育变态。

相近物种

除马氏高山蟾外，高山蟾属*Altiphrynoides*还包括了另一个物种，奥氏高山蟾*Altiphrynoides osgoodi*。后者在临时性水塘里繁殖，生活在埃塞俄比亚中南部的高山森林里。同马氏高山蟾一样，奥氏高山蟾也面临滥伐森林的威胁，已被列为易危物种。壶菌病已经侵入埃塞俄比亚的蛙类，可能是导致这些物种大范围种群下降的罪魁祸首。

科名	蟾蜍科Bufonidae
其他名称	无
分布范围	南美洲的亚马孙河流域
成体生境	低地热带雨林
幼体生境	临时性小水塘
濒危等级	无危。分布范围广，尚无证据表明种群数量出现下降

亚马孙小蟾
Amazophrynella minuta
Tiny Tree Toad
(Melin, 1941)

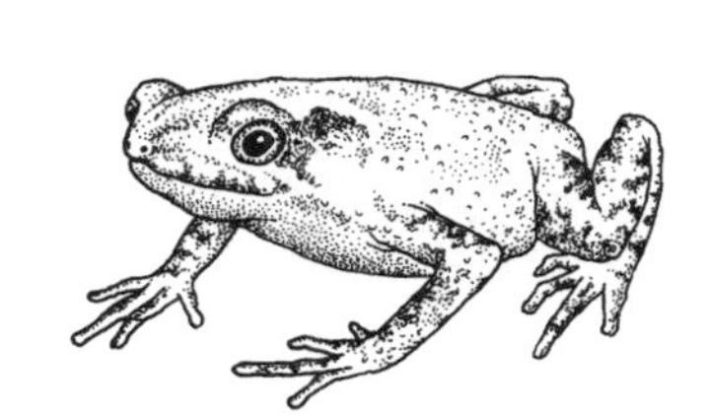

成体体长
雄性
9/16—11/16 in (14—17 mm)
雌性
11/16—15/16 in (18—23 mm)

微小的体型和保护色使亚马孙小蟾在森林地表的落叶层中很难被发现。雄性比雌性还要小得多。它在白天很活跃，捕食蚂蚁和其他小昆虫。雄性的求偶鸣叫为快速重复的高频颤音。每年11月到次年5月为雨季，也是它的繁殖期。雌性在位于雨水积水坑上方的树根部、树干上或落叶中产卵70—250枚。其蝌蚪通常生活在大水塘旁边的小水坑中。

实际大小

亚马孙小蟾吻端尖；四肢细长；身型纤细，但怀卵的雌性则显得臃肿；背面具各种形状的棕色花纹，某些个体还有绿色斑点；腹面靠近头部为黄色，后部为白色，伴有大理石状花纹。

相近物种

除亚马孙小蟾外，亚马孙小蟾属 *Amazophrynella* 还包括另外三个物种，均分布于巴西境内[①]。布氏亚马孙小蟾 *Amazophrynella bokermanni* 的已知分布仅有一个地点，但估计其实际分布范围要广一些，其生殖习性与亚马孙小蟾类似。其余两个物种的生物资料，即马瑙斯亚马孙小蟾 *Amazophrynella manaos* 和惊异亚马孙小蟾 *Amazophrynella vote*，人们则知之甚少。

① 译者注：依据Frost (2018)，亚马孙小蟾属目前有七个物种，其中有三个分布于巴西。

科名	蟾蜍科Bufonidae
其他名称	东部橄榄蟾蜍
分布范围	非洲东部，从埃塞俄比亚和索马里至博兹瓦纳和南非北部
成体生境	稀树草原中树木茂密、地势低洼的区域
幼体生境	临时性水塘、农田小水坝、花园池塘
濒危等级	无危。分布范围广，无明显威胁

成体体长
雄性
2½—4⅛ in (63—105 mm)
雌性
2⅝—4½ in (65—115 mm)

加氏蟾蜍

Amietophrynus garmani[①]

Eastern Olive Toad

(Meek, 1897)

这种颜色醒目的大型蟾蜍在春季或夏季的第一场暴雨后开始繁殖。雄性在靠近水源的露天或者半隐蔽的地方求偶鸣叫，发出高亢的“呱呱”声。雄性总是年复一年地回到自己选择的鸣叫地点，哪怕被人为挪到 1 km 以外都能自己找回来。雌性一次产下 12000—20000 枚黑色的卵，包裹于两条长长的卵带之中。受精卵在 24 小时内就能孵化，其蝌蚪的颜色是浅褐色，或是深褐色，这取决于它们孵化的水塘里的淤泥颜色。繁殖期时，部分成体会被幼年鳄鱼捕食。

加氏蟾蜍身型粗壮；吻端圆；眼大；耳后腺发达；背部为瘰粒覆盖，瘰粒顶端为黑色；体色为橄榄绿或浅褐色，背部有成对的方形棕色色斑；色斑常常泛红色。

相近物种

鲍氏蟾蜍 *Amietophrynus poweri*[②]与加氏蟾蜍从外形和求偶鸣叫上很难区分。前者分布于纳米比亚、博兹瓦纳、津巴布韦西部和南非西部，它可以生活在非常干燥的环境中，包括喀拉哈里沙漠。

实际大小

①②译者注：依据Frost (2018)，艾米蟾属*Amietophrynus*被作为硬蟾属*Sclerophrys*的同物异名，该属目前有45个物种。

科名	蟾蜍科Bufonidae
其他名称	非洲普通蟾蜍
分布范围	非洲东部和南部，其范围西至安哥拉，北至肯尼亚，南至南非
成体生境	森林、林地、灌丛和草地的潮湿区域
幼体生境	小型的永久性水塘
濒危等级	无危。分布范围广，且在逐步扩大。能够耐受各种环境变化

喉斑蟾蜍

*Amietophrynus gutturalis*①

Guttural Toad

(Power, 1927)

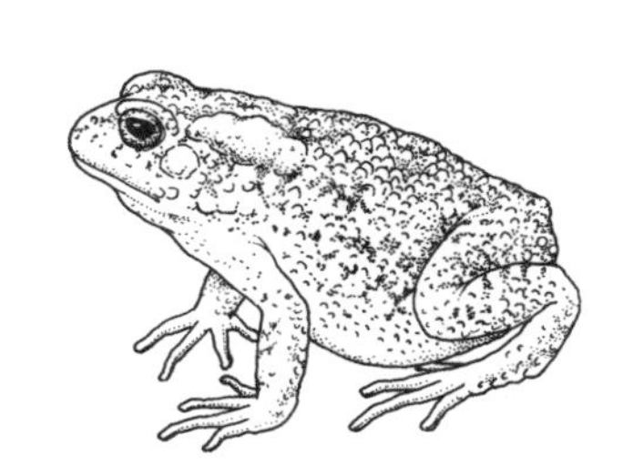

成体体长
雄性
2⁹⁄₁₆—3½ in (64—90 mm)
雌性
2½—4¾ in (62—120 mm)

这种大型蟾蜍的学名来源于其求偶鸣叫——叫声类似于响亮而延长的鼾声。夜晚，雄性聚集在水塘旁，形成合鸣，邻近的雄性之间如对歌一般，一唱一答。当雌性向它中意的雄性靠拢时，它可能会被其他一只或多只雄性拦截，导致形成“抱对球”，即一只雌性被数只雄性抱住。雌性产下两条长长的卵带，最多包含 25000 枚卵。喉斑蟾蜍能在被人类改变的环境中很好地生活。在农田里，它是深受欢迎的捕食者，可以消灭害虫、蛞蝓和蜗牛。

喉斑蟾蜍吻端圆；眼大；眼后方的耳后腺发达；背面为黄色或褐色，伴有深棕色色斑；背面正中有一条浅纵纹；大腿上有一些红色色斑；头顶有两对深色色斑，使得双眼之间形成一个浅色的十字形。

相近物种

当喉斑蟾蜍向南扩张抵达南非时，其分布范围与兰氏蟾蜍（第 139 页）逐渐重叠，使得两者有了杂交的机会。喉斑蟾蜍分布范围的北端与花纹蟾蜍（第 136 页）重叠，两者头顶花纹较为相似。

实际大小

① 译者注：依据Frost (2018)，艾米蟾属*Amietophrynus*被作为硬蟾属*Sclerophrys*的同物异名，该属目前有45个物种。

科名	蟾蜍科Bufonidae
其他名称	哈氏蟾蜍、小十字蟾
分布范围	非洲西部、东部和南部
成体生境	温暖湿润的稀树草原中的河流附近
幼体生境	当河水水位降低后留在河床上的浅水坑
濒危等级	无危。分布范围广阔

成体体长
雄性
1½—2⁹⁄₁₆ in (38—64 mm)
雌性
1⅝—3⁵⁄₁₆ in (41—85 mm)

花纹蟾蜍
*Amietophrynus maculatus*①
Flat-backed Toad
(Hallowell, 1854)

这种中型蟾蜍的分布范围几乎覆盖了整个撒哈拉以南的非洲地区。在布基纳法索和尼日利亚的某些地区，它们作为一种重要的蛋白质来源，被人们捕捉和食用。繁殖期时，雄性聚集在河床上的水坑边，形成合鸣。邻近的雄性会交替鸣唱，发出“咵克 - 咵克”（quork-quork）的叫声。雌性在两条长卵带中产下2000—8000枚卵。其蝌蚪在河水水位下降后形成的浅水坑中发育。当遇到捕食者时，蝌蚪们会组成密集的聚群以防御，有时这样的聚群会有多达数千只蝌蚪。

花纹蟾蜍的英文名来源于其扁平的耳后腺（其他蟾蜍的耳后腺膨大）；皮肤为瘰粒覆盖，而雄性的瘰粒顶端还会有黑色尖刺；背面颜色基色为浅褐色，另有成对的深色色斑；背部正中有一条浅色纵纹；头顶有一个浅色十字纹。

相近物种

与喉斑蟾蜍（第135页）和加氏蟾蜍（第134页）相比，花纹蟾蜍的大腿部没有红色斑纹。后者也比前两种蟾蜍颜色更浅、个头更小。在非洲西部，花纹蟾蜍与旱栖蟾蜍 *Amietophrynus xeros*②同域分布，但后者一般生活在更干燥的栖息环境里。

实际大小

①②译者注：依据Frost (2018)，艾米蟾属*Amietophrynus*被作为硬蟾属*Sclerophrys*的同物异名，该属目前有45个物种。

科名	蟾蜍科Bufonidae
其他名称	豹蟾蜍
分布范围	非洲西南角
成体生境	湿地、季节性浅湖、水库和池塘中或者附近区域
幼体生境	临时性水塘
濒危等级	濒危

成体体长
雄性
最大 3⅞ in (100 mm)
雌性
最大 5½ in (140 mm)

西部豹纹蟾蜍

*Amietophrynus pantherinus*①

Western Leopard Toad

(Smith, 1828)

西部豹纹蟾蜍的繁殖习性可以用“爆发式”来形容，其交配和产卵只在春季的4—5天中进行。在这几天里，雄性整夜待在水塘周围的植物上或水中求偶鸣叫，发出拖长而低沉、如鼾声般的叫声，吸引雌性前来交配。雌性靠近雄性后便开始抱对，随后产下多达25000枚卵。与其他蟾蜍不同的是，即使繁殖期中雄性数量远大于雌性，其雄性并不会试图把竞争对手从雌性背上挤开以争夺交配机会。该物种还有另一特性——爱吃蜗牛。

相近物种

西部豹纹蟾蜍是分布于非洲南部的几种蟾蜍之一。其外形与东部豹纹蟾蜍（第138页）相近，但两者分布范围并不重叠。喉斑蟾蜍（第135页）的自然分布虽然在西部豹纹蟾蜍的北边，但前者最近被人为引入南非的西开普省，并与后者竞争繁殖场所，开始威胁到西部豹纹蟾蜍的生存。这两种蟾蜍之间还能够杂交。

实际大小

西部豹纹蟾蜍由其背上显著的对称花纹得名；吻端圆；眼大；耳后腺膨大；皮肤多瘰粒；背面颜色为黄色，点缀大型红棕色的色斑，色斑边缘为黑色；背部正中有一条细的浅纵纹。

① 译者注：依据Frost (2018)，艾米蟾属*Amietophrynus*被作为硬蟾属*Sclerophrys*的同物异名，该属目前有45个物种。

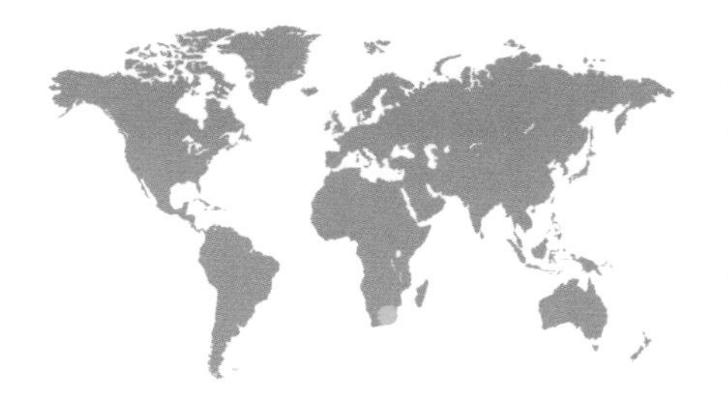

科名	蟾蜍科Bufonidae
其他名称	鼾声蟾蜍
分布范围	南非的东开普省
成体生境	灌木草原、公园和花园
幼体生境	大型永久性水体
濒危等级	无危。不过需留意它会因栖息地受到人类影响而出现种群下降

成体体长
雄性
3⅛—3⅞ in (80—100 mm)
雌性
3⅞—5⅞ in (100—147 mm)

东部豹纹蟾蜍

Amietophrynus pardalis[①]

Eastern Leopard Toad

(Hewitt, 1935)

东部豹纹蟾蜍体型粗壮；眼大；耳后腺膨大；其背面颜色主要为褐色，具对称的大型红棕色色斑，色斑边缘为黑色和黄色；背部正中有一条黄色细纵纹；眼后有一条黑色短纹；腹面为灰白色，无色斑或花纹。

这种色彩鲜艳的大型蟾蜍分布范围相对狭窄，仅生活在南非东开普省的沿海地区。令人担忧的是，在其分布的大部分区域，农田扩张和城市化建设正在导致其种群下降。而在某些地区，大量的东部豹纹蟾蜍在穿过公路前往繁殖地点的时候被车辆碾轧致死。所幸其部分种群生活在保护区内。冬末初春之际，东部豹纹蟾蜍在大型水塘和湖泊中繁殖。雄性漂浮在水面鸣叫，往往会用一只手抓住水生植物以固定自己，发出压倒周围一切声音、如鼾声般的叫声。

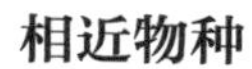

实际大小

相近物种

东部豹纹蟾蜍的外形和习性都与西部豹纹蟾蜍（第137页）非常相似，直到1998年之前，它们都被认为属于同一物种，尽管两者的分布范围相隔甚远。东部豹纹蟾蜍区别于喉斑蟾蜍（第135页）和加氏蟾蜍（第134页）之处在于其股部没有红色斑纹。

---

① 译者注：依据Frost (2018)，艾米蟾属*Amietophrynus*被作为硬蟾属*Sclerophrys*的同物异名，该属目前有45个物种。

科名	蟾蜍科Bufonidae
其他名称	姬陆蟾蜍、喧嚣蟾蜍
分布范围	南非、莱索托、斯威士兰
成体生境	草甸和凡波斯灌木丛，通常海拔高于1000 m
幼体生境	永久性池塘、水塘、水坝。偶尔在流速缓慢的河流里
濒危等级	无危。分布范围广，但在其分布区的北部和东部出现种群下降

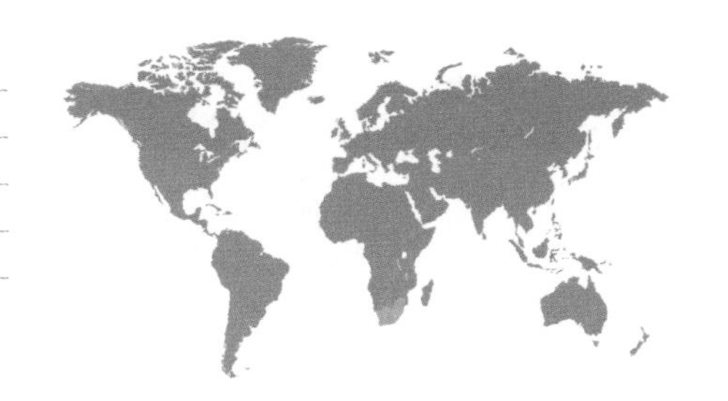

兰氏蟾蜍
Amietophrynus rangeri[①]
Raucous Toad
(Hewitt, 1935)

成体体长
雄性
2⅜—3½ in (60—90 mm)
雌性
3½—4⁹⁄₁₆ in (90—117 mm)

兰氏蟾蜍的英文译名（喧嚣蟾蜍）来自于其喋喋不休的如鸭子“呱呱”声的求偶鸣叫。这种大型蟾蜍在春季和夏季繁殖，繁殖期长达近四个月。雄性在浮水植物之间鸣叫，而雌性则游走于雄性之间，直到选出中意的对象。随后，雌性轻轻地推动雄性，诱使其进行抱对。在求偶期间，雄性因不进食而损失体重，因此它们会时不时暂别雄性间的合鸣，花几天的时间寻找食物补充体力。获得与雌性交配机会最多的往往还是那些夜夜参加合鸣、极少缺勤的雄性。抱对后，雌性产下两条长卵带，包含多至 10000 枚卵。兰氏蟾蜍能在人类活动区的附近繁衍生息，因此频繁出现于农田水坝和花园池塘等地方。

兰氏蟾蜍吻端圆钝；四肢长；耳后腺膨大；皮肤布满瘰粒；背部皮肤颜色为灰绿色，有成对的不规则形状的深褐色色斑；两眼之间有一条深色横纹；多数个体背面正中有一条浅灰色纵纹。

相近物种

与喉斑蟾蜍（第 135 页）相似，兰氏蟾蜍能在人为改变的环境中生活得很好。不过，它还是比前者稍逊一筹，因为其分布区的北部和东部正在被喉斑蟾蜍占领。这两种蟾蜍也经常杂交。兰氏蟾蜍与喉斑蟾蜍和加氏蟾蜍（第 134 页）的不同之处在于其股部没有红色斑纹。

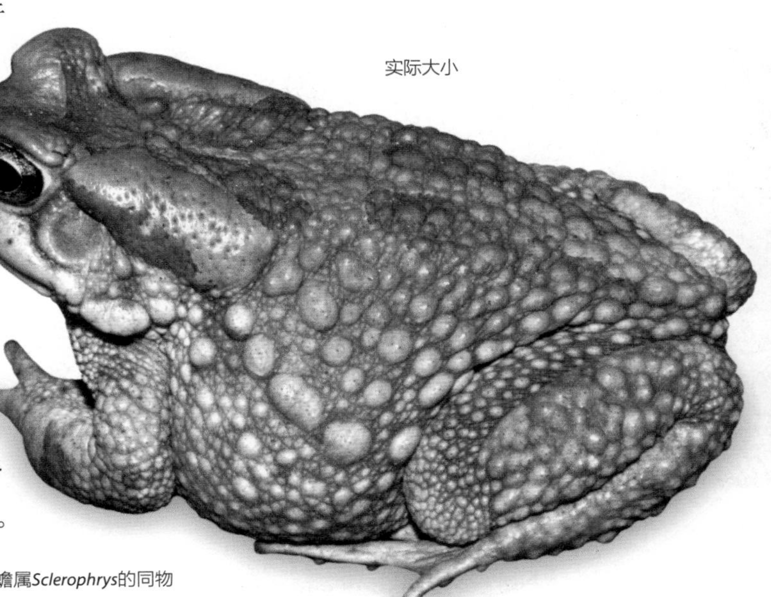

实际大小

① 译者注：依据Frost (2018)，艾米蟾属*Amietophrynus*被作为硬蟾属*Sclerophrys*的同物异名，该属目前有45个物种。

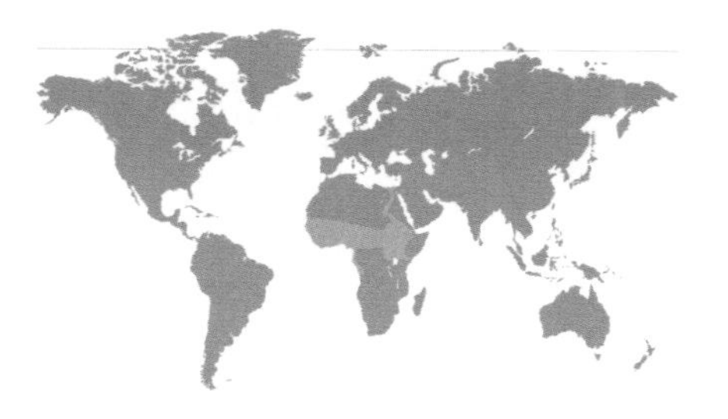

科名	蟾蜍科Bufonidae
其他名称	非洲跳蟾、非洲蟾蜍、埃及蟾蜍、非洲普通蟾蜍
分布范围	非洲撒哈拉以南，西至塞内加尔、东至肯尼亚、南至安哥拉、北至埃及
成体生境	稀树草原中的草地
幼体生境	流速缓慢的河流
濒危等级	无危。分布范围广阔，其分布区内包含各种栖息地，种群数量稳定

成体体长
雄性
2½—3⁹⁄₁₆ in (62—91 mm)
雌性
2¹³⁄₁₆—5⅛ in
(70—130 mm)

豹斑蟾蜍

Amietophrynus regularis[①]

Common African Toad

(Reuss, 1833)

豹斑蟾蜍身型短粗；吻端圆；皮肤布满瘰粒；眼后的耳后腺非常膨大；体色多变，但最常见的体色为橄榄绿或棕色；背面颜色比腹面要深；背面有数个深色斑块，常为方形。

这种常见的蟾蜍主要以蚂蚁和白蚁为食，最多可以产13000枚卵，包裹于两条卵带之中。在埃及，豹斑蟾蜍的分布区还在扩张，其原因是灌溉系统的发展。因为其皮肤中，特别是头部的耳后腺中存在毒素，使得人们通常不会去食用蟾蜍。但在豹斑蟾蜍分布区内的部分地区，特别是尼日利亚和布基纳法索，当地人会捕捉它作为食物。通常的做法是砍掉头并剥皮，然后开膛破肚，清洗干净，最后晾干食用。这套流程能完全去除蟾蜍身体中含有毒素的部分。

相近物种

因为豹斑蟾蜍的分布范围广阔且多样化，它可能包含不止一个物种。在埃及，豹斑蟾蜍的分布紧靠着卡氏蟾蜍 *Amietophrynus kassasii*[②]，后者更偏水栖，在洪水淹没的稻田里能形成极大的集群。条纹蟾蜍 *Amietophrynus vittatus*[③]的生物资料非常少，它生活在乌干达维多利亚湖西侧的草原中。

实际大小

①②③译者注：依据Frost (2018)，艾米蟾属*Amietophrynus*被作为硬蟾属*Sclerophrys*的同物异名，该属目前有45个物种。

科名	蟾蜍科Bufonidae
其他名称	无
分布范围	北美洲西部
成体生境	林区、花园
幼体生境	临时性水塘及其他小型水体
濒危等级	无危。分布范围广阔

美洲蟾蜍

Anaxyrus americanus

American Toad

(Holbrook, 1836)

成体体长
雄性
2⅛—3 5/16 in (54—85 mm)
雌性
2 3/16—4 5/16 in
(56—111 mm);
该物种分布区北部的成体体型普遍更大

这种常见的蟾蜍在4—7月间繁殖。在繁殖期内，雄性聚集在临时性水塘边，发出有旋律的、持续5—30秒的颤音鸣叫。雄性从二龄起便可繁殖，而雌性需要等到三龄以上，因此，交配集群中雄性的数量通常会远远多于雌性，而雄性间的打斗也就在所难免。一般体型较大的雄性能够赢得打斗，获得交配机会。雌性产下4000—8000枚卵，包裹于两条卵带之中。美洲蟾蜍的蝌蚪为黑色，经常聚合成紧密的一大群四处游动。进一步研究发现，其蝌蚪倾向于与同胞们聚集在一起。

美洲蟾蜍身形浑圆；皮肤干燥而布满瘰粒；眼上方有棕红色的嵴棱；背面颜色为褐色、砖红色、灰色或橄榄绿色，伴有浅色或深色的色斑；皮肤上还有深色的圆点；皮肤上的瘰粒则颜色各异；通常背部正中有一条浅灰色纵纹。

相近物种

美洲蟾蜍很容易和福氏蟾蜍 *Anaxyrus fowleri* 混淆，两者在美国境内分布区域重叠，但福氏蟾蜍在加拿大无分布。这两种蟾蜍也经常杂交。福氏蟾蜍的繁殖期要比美洲蟾蜍稍晚，此外，福氏蟾蜍身上的斑点带有浅灰色边缘，而且其求偶鸣叫类似于哀鸣般的尖叫。

实际大小

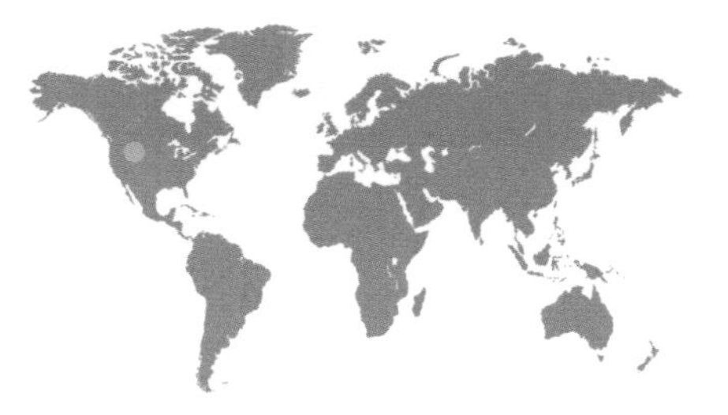

科名	蟾蜍科Bufonidae
其他名称	巴氏蟾蜍
分布范围	美国怀俄明州
成体生境	大草原
幼体生境	洪泛平原中的湖泊
濒危等级	野外灭绝。仅有一个依靠人工繁育的种群存活

成体体长
雄性
1⅞—2⅜ in (48—60 mm)
雌性
1⅞—2¾ in (48—68 mm)

怀俄明蟾蜍
Anaxyrus baxteri
Wyoming Toad
(Porter, 1968)

在 20 世纪 50 年代时，这种会打洞的蟾蜍还相对常见，但在六七十年代，其种群数量大幅下降，到了 80 年代中期，它被认为已经灭绝了。然而在 1987 年，人们居然又找到一小批残存的个体，由此建立了人工繁育的种群。这批个体后代中的幼体会被定期放归到位于怀俄明州莫特森湖边的一个自然保护区。在自然界，怀俄明蟾蜍容易受到干旱和猎食性哺乳动物的侵扰，但最严重的威胁还是来自壶菌病。雄性的求偶鸣叫为一声刺耳的颤音，持续 3—5 秒钟。雌性会产下两条卵带，包含 1000—6000 枚卵。

怀俄明蟾蜍皮肤上的瘰粒非常发达；后肢具角质蹠突，便于挖洞；头顶的骨质嵴棱愈合，在双眼之间形成带沟的骨质突起；背面颜色为褐色、灰色或偏绿色，伴有深色大斑点；背脊正中通常有一条浅灰色纵纹。

相近物种

怀俄明蟾蜍以前被认为是达科他蟾蜍（第 146 页）的一个亚种，但实际上它是一个孑遗物种，仅生活在高海拔地区。在更新世冰期末期，北美大陆逐渐升温，怀俄明蟾蜍被限制在了温度更低的高海拔地区，从而与其他蟾蜍隔离。它的体型比达科他蟾蜍要小。

实际大小

科名	蟾蜍科Bufonidae
其他名称	北方蟾蜍、加州蟾蜍（*halophilus*亚种）
分布范围	北美洲西部，从阿拉斯加一直到墨西哥
成体生境	高山草甸和林地，以及沙漠中的泉水和溪流附近
幼体生境	临时性和永久性的水体
濒危等级	近危。在其大部分分布区内都出现种群下降

成体体长
雄性
2$\frac{3}{16}$—4$\frac{1}{4}$ in (56—108 mm)
雌性
2$\frac{3}{8}$—4$\frac{15}{16}$ in (60—125 mm)

西北蟾蜍
Anaxyrus boreas
Western Toad
(Baird & Girard, 1852)

这种强壮的蟾蜍并不爱跳跃，而更多选择爬行。其分布范围广阔，以至于不同种群在外表颜色和繁殖期上都有很大的差异。雄性不具声囊，所以不会通过鸣叫来吸引远处的雌性。繁殖过程中，雄性会发出一种轻如鸟鸣的啁啾声，这可能是一种近距离雄性之间的警戒信号，因为雄性的数量远远大于雌性。在分布范围内的许多地区，西北蟾蜍的数量已经大幅减少。在海拔较高的地方，种群下降的原因也许是紫外线辐射增强，对水中的卵产生了负面影响。西北蟾蜍的很多种群也受到壶菌病的侵害。

西北蟾蜍的体色有很多种，可能是黑色、灰色、褐色、淡红色、黄色或棕褐色；背部和侧面布满褐色或淡红色的瘰粒，瘰粒边缘为黑色；背部正中央常有一条白色或米黄色纵纹；耳后腺膨大，呈椭圆形。

相近物种

西北蟾蜍加州亚种 *Anaxyrus boreas halophilus* 是最近才被承认的亚种，它甚至可能会被提升为独立物种。加州亚种比其他种群的体色更浅。另外一些与西北蟾蜍亲缘关系很近的物种包括：生活在内华达州的纳氏蟾蜍 *Anaxyrus nelsoni*、加州深泉谷的黑蟾蜍 *Anaxyrus exsul* 和内华达山脉的谐蟾蜍 *Anaxyrus canorus*。它们的分布范围都很狭窄，均被列为濒危或易危物种。

实际大小

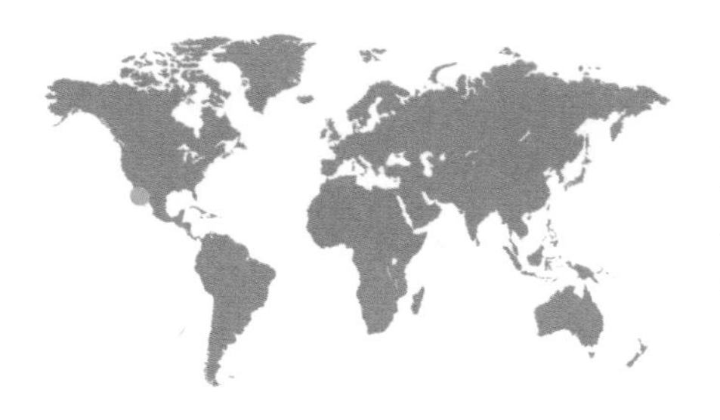

科名	蟾蜍科Bufonidae
其他名称	加州蟾蜍、墨西哥旱谷蟾蜍
分布范围	美国加利福尼亚州南部、墨西哥北部
成体生境	季节性河道中富含砂质、砾石、石块的区域
幼体生境	临时性水塘
濒危等级	濒危。受到栖息地被破坏、干旱以及外来捕食者如美洲牛蛙和鱼类的威胁

成体体长
雄性
2—2¹¹⁄₁₆ in (51—67 mm)
雌性
2¹¹⁄₁₆—3¹⁄₁₆ in (66—78 mm)

旱谷蟾蜍
Anaxyrus californicus
Arroyo Toad
(Camp, 1915)

两岸陡峭、河床为沙质，仅在暴雨后才有水流的干旱河谷被称为旱谷。而旱谷蟾蜍就生活在这种看起来生存希望渺茫的旱谷之中。它们白天把自己埋在沙土里，到了夜晚才出来觅食。暴雨过后，雄性聚集在河流较为平静的地方，发出悦耳的长声颤鸣。在这种前途难料的栖息环境中，旱谷蟾蜍的卵面临两个威胁：要么遭遇河水干涸，要么被爆发的山洪冲走。旱谷蟾蜍已经在其近 70% 的分布范围内消失，种群数量亦在过去十年中下降了一半。

旱谷蟾蜍身型敦实；吻端圆；四肢粗短；耳后腺椭圆形；皮肤由深色小型瘰粒覆盖；体色多变，有灰色、灰绿色或褐色；在头顶两眼之间常有一个灰白色的“Y”形花纹；背面正中有一条灰白色纵纹。

相近物种

旱谷蟾蜍过去一直被认为是小掘蟾蜍 *Anaxyrus microscaphus* 的一个亚种，而后者则是一种常见的蟾蜍，广泛分布于美国西南部和墨西哥的半干旱地区，生活在溪流和旱谷周围。在河流被水坝拦截以及拥有灌溉系统的地方，有不少人造的永久性水体。这给旱谷蟾蜍与庭院蟾蜍（第151页）的频繁杂交提供了便利。

实际大小

科名	蟾蜍科Bufonidae
其他名称	无
分布范围	加拿大、美国中部和西南部、墨西哥
成体生境	开阔的原野，包括大草原、农田用地及沙漠（西南地区）
幼体生境	水塘、沟渠、临时性水体
濒危等级	无危。分布范围广阔，无数量减少的迹象

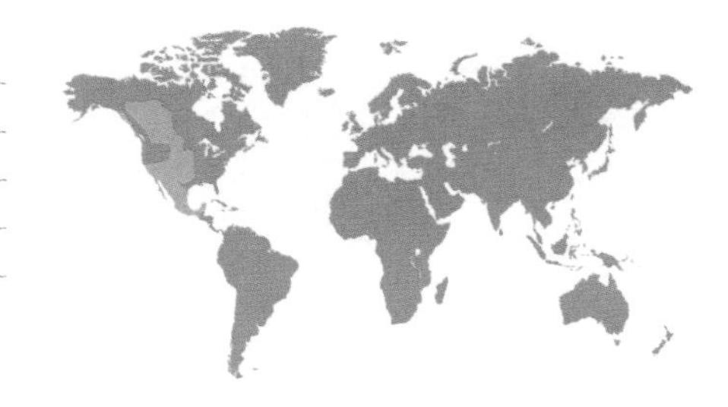

大平原蟾蜍
Anaxyrus cognatus
Great Plain Toad
(Say, 1822)

成体体长
雄性
$1\frac{7}{8}$—4 in (47—103 mm)
雌性
$1\frac{15}{16}$—$4\frac{1}{2}$ in (49—115 mm)

这种花纹显眼的蟾蜍白天大部分时间都待在自己挖掘的地下洞穴之中。其后肢有铲状蹠突，便于挖洞。春季第一场雨过后，数量众多的大平原蟾蜍被唤醒，开始集群前往繁殖场所。雄性在水坑旁发出的鸣叫声像风钻①声一样，持续约一分钟。在某些地区，雄性会形成合鸣，但并非每只雄性都鸣叫。许多雄性会选择沉默，并悄悄坐在一只正努力鸣叫的雄性旁边，当有雌性被吸引过来时，它就会上前拦截。这种行为被称为“随从”（satellite）策略。小体型雌性约能产 1300 枚卵，而大体型雌性能产多达 45000 枚卵。

大平原蟾蜍体型健壮；耳后腺膨大；头棱发达，两侧头棱的前端相遇，组成“V”形的突起；暗灰色的皮肤上点缀着成对的绿色或深褐色花斑；身体、头部、四肢遍布瘰粒；后脚有一个边缘锋利的蹠突。

相近物种

类饰蟾蜍 *Anaxyrus speciosus* 的体型比大平原蟾蜍小，外观颜色也更浅，呈较为均一的灰色或橄榄绿色，分布于得克萨斯州、新墨西哥州及墨西哥。与大平原蟾蜍相同，类饰蟾蜍白天也待在洞穴里，其叫声为高音频的刺耳鸣声。当雄性完全鼓起声囊时，两种蟾蜍的声囊均为香肠形状。

实际大小

① 译者注：风钻（pneumatic drill），以压缩空气为动力的打孔工具，多用于建筑工地、岩石等 打孔作业。

科名	蟾蜍科Bufonidae
其他名称	加拿大蟾蜍
分布范围	加拿大中部、美国中西部的北端
成体生境	草原中靠近湖泊和其他永久性水体的地方
幼体生境	湖泊、池塘、沟渠
濒危等级	无危。在分布范围内的部分地区出现种群下降，原因为城市化建设和湿地被人为抽干

成体体长
雄性
2³⁄₁₆—2¾ in (56—68 mm)
雌性
2³⁄₁₆—3⅛ in (56—80 mm)

达科他蟾蜍

Anaxyrus hemiophrys

Canadian Toad

(Cope, 1886)

相对其他蟾蜍而言，达科他蟾蜍更偏水栖。它主要在白天活动，夜晚则退回到洞穴中过夜。冬天它在地下冬眠，常把自己埋于土质疏松的鼠墩之中，这种大土墩是囊地鼠堆出来的。在其分布范围的大部分地区，达科他蟾蜍都在5月进行繁殖，繁殖地为永久性水体。雄性的广告鸣叫是一连串平和的颤音。雌性可产多达7000枚卵，包裹于单条卵带之中。如果在水中受到攻击或骚扰，达科他蟾蜍会迅速游向深水区。若是在陆地上，它的耳后腺则流出白色的分泌物，让捕食者难以下咽。

达科他蟾蜍头顶有一块骨质突起，从吻端延伸至两眼；耳后腺窄；背面颜色为橄榄绿或灰色，伴有许多深色的色斑，色斑中央有红色或棕色的瘰粒；腹面具斑点；后脚的角质蹠突便于挖洞。

实际大小

相近物种

达科他蟾蜍与美洲蟾蜍（第141页）外形接近，两者在加拿大马尼托巴省的东南部会杂交。达科他蟾蜍和庭院蟾蜍（第151页）也很相似，两者的分布范围有一定重叠。

科名	蟾蜍科Bufonidae
其他名称	无
分布范围	美国得克萨斯州东南部
成体生境	松树林内或附近、土壤为砂质的环境中
幼体生境	临时性和永久性水塘
濒危等级	濒危。因栖息地环境恶化而数量减少

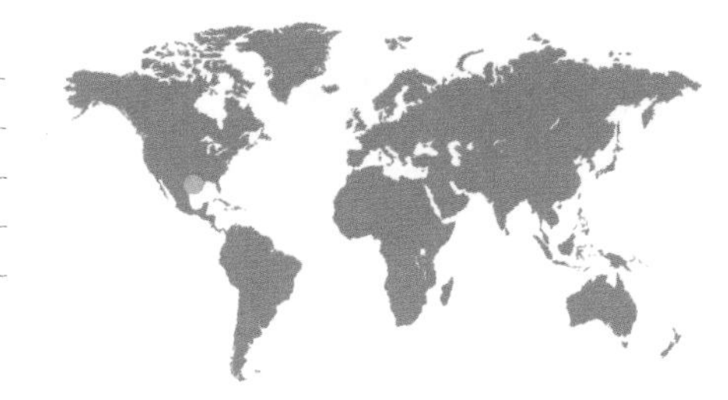

成体体长
雄性
$1\frac{15}{16}$—$2\frac{11}{16}$ in (49—66 mm)
雌性
$2\frac{3}{16}$—$3\frac{1}{8}$ in (57—80 mm)

休斯敦蟾蜍
Anaxyrus houstonensis
Houston Toad
(Sanders, 1953)

休斯敦蟾蜍一生中大部分时间都在地下度过，它喜欢松软的砂质土壤以便挖洞。早春为繁殖期，这段时间里，成体白天在洞穴里蛰伏，等到暖和湿润的夜晚才出来，移动到洞外最远 40 m 开外的水塘进行繁殖。雄性会发出悦耳的、持续 15 秒左右的颤鸣。在休斯敦地区，该物种已于 20 世纪 60 年代灭绝，原因是持续的干旱加上栖息地被城市建设侵占。目前，休斯敦蟾蜍在巴斯特罗普州立公园最为常见，但其种群数量也在下降。人工繁殖的尝试还未成功。

休斯敦蟾蜍吻端圆；眼大；皮肤由或大或小的瘰粒覆盖；背面颜色为棕黄色、灰色或褐色，伴有许多黑色斑点；背面正中往往有一条暗灰色纵纹；腹面发白，具深色斑点；雄性巨大的声囊为蓝色或紫色。

相近物种

休斯敦蟾蜍与美洲蟾蜍（第 141 页）外形接近，但比后者体型小。人们认为休斯敦蟾蜍是美洲蟾蜍的孑遗种群。一万年前，当大陆冰盖开始融化时，美洲蟾蜍大部分种群向北迁徙，而一小部分种群则留在了南方，后来进化为休斯敦蟾蜍。两者的求偶鸣叫非常类似，但休斯敦蟾蜍的音频要稍高一些。

实际大小

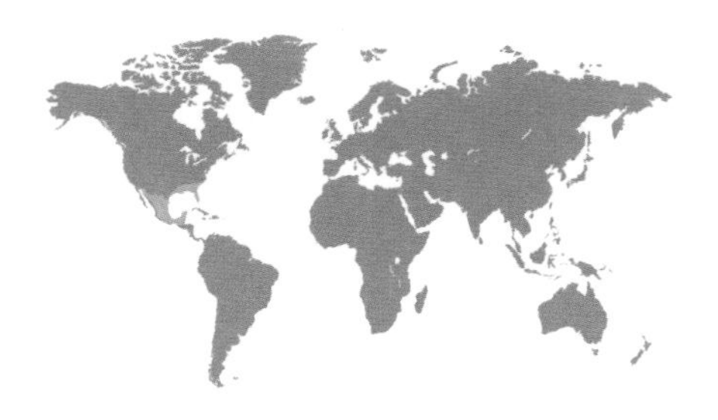

科名	蟾蜍科Bufonidae
其他名称	无
分布范围	美国东南部、墨西哥
成体生境	干旱和半干旱的森林、草场和沙漠中多岩石的区域
幼体生境	小溪、水池和山泉中
濒危等级	无危。尚无证据表明种群下降，而且分布于多个受保护的区域内

成体体长
雄性
1½—2½ in (38—63 mm)
雌性
2—3 in (52—76 mm)

峡谷蟾蜍

Anaxyrus punctatus
Red-spotted Toad

(Baird & Girard, 1852)

峡谷蟾蜍已经适应了包括沙漠在内的艰苦生存环境，能耐受各种极端的温度变化。它非常善于在露出地表的岩石之间寻找藏身之处，使自己的体温高于或低于环境温度。繁殖期在3—9月之间。暴雨过后，成体便四处寻找繁殖场所。雄性在溪边、水池和山泉中形成小规模合鸣，发出高声调、如树蟋般的鸣声。与北美洲其他蟾蜍相比，峡谷蟾蜍的独特之处在于雌性所产的多达5000枚卵均为单枚，而没有被卵带包裹。

峡谷蟾蜍的学名来源于其背面、侧面和四肢上大量的鲜红色或橘红色瘰粒；其皮肤则为灰色、黄褐色、橄榄绿或褐色；腹面为白色；头部略扁，耳后腺圆形，与眼睛大小相当。

相近物种

在美国东南部，峡谷蟾蜍可能和小掘蟾蜍 *Anaxyrus microscaphus* 生活在一起，有时共用一个繁殖场所。在美国亚利桑那州和墨西哥，峡谷蟾蜍又与网样蟾蜍 *Anaxyrus retiformis* 同域分布甚至杂交，后者体型略小，体色为鲜艳的绿色和黄色。

实际大小

科名	蟾蜍科Bufonidae
其他名称	无
分布范围	美国东南部
成体生境	橡树和松树林
幼体生境	临时性水塘和洪泛区域
濒危等级	无危。尚无证据表明种群下降

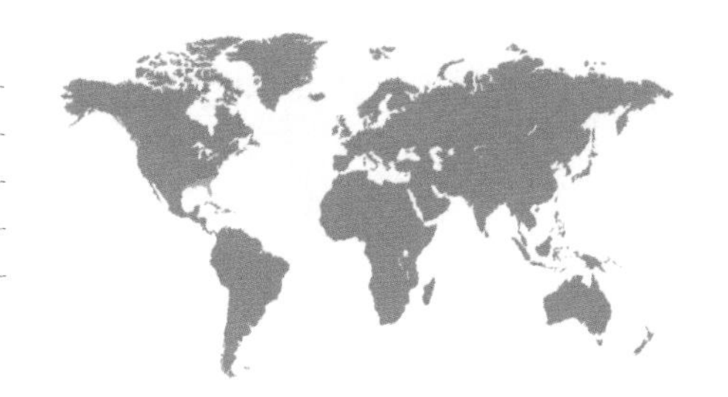

橡蟾蜍
Anaxyrus quercicus
Oak Toad
(Holbrook, 1840)

成体体长
雄性
¾—1 in (20—26 mm)
雌性
¹⁵⁄₁₆—1³⁄₁₆ in (24—30 mm)

橡蟾蜍有多种体色，是北美大陆体型最小的蟾蜍。具有反差的体色为其在落叶堆中提供有效的伪装。与其他蟾蜍不同的是，橡蟾蜍在白天和夜晚都很活跃。它于每年 4—10 月间温暖的暴雨后繁殖。雄性在洪水淹没的区域周围鸣叫，发出又高又亮的“啾 - 啾 - 啾”（cheep-cheep-cheep）的叫声，几只雄性组成的合鸣就足以让人觉得耳朵受不了。雄性的声囊类似于香肠的形状，当声囊完全鼓起时，能向上伸至吻端。

实际大小

橡蟾蜍吻端钝；眼睛后方的耳后腺膨大明显；其背面为浅灰色至黑色，伴有几乎对称的深色色斑，位于背部正中黄色纵纹的两侧；背面和四肢上散布着数量繁多的橘黄色或红色瘰粒。

相近物种

尽管美洲蟾蜍属 *Anaxyrus* 的其他物种大都把卵包裹于长条形的卵带之中，橡蟾蜍的卵带会断裂成许多短节，每节只有 5—6 枚卵。凯氏蟾蜍 *Anaxyrus kelloggi* 是另一种小型蟾蜍，生活在墨西哥西部太平洋沿岸里的林地里，它的卵同样也是包裹在短节的卵带里，有时甚至为单枚。

科名	蟾蜍科Bufonidae
其他名称	南方蟾蜍、卡罗来纳蟾蜍、东南蟾蜍
分布范围	美国东南部
成体生境	橡树和松树林，在土壤为砂质的区域数量特别多
幼体生境	临时性和半永久性的水塘、水坑、沟渠
濒危等级	无危。尚无证据表明种群下降

成体体长
雄性
$1\frac{5}{8}$—$3\frac{3}{16}$ in (42—82 mm)
雌性
$1\frac{3}{4}$—$3\frac{9}{16}$ in (44—92 mm)

陆蟾蜍

Anaxyrus terrestris

Southern Toad

(Bonnaterre, 1789)

这种常见的中型蟾蜍只在夜间出来活动，白天则躲在地下自己挖掘的洞穴中。它能够在城市环境中很好地生存，也常被看见在路灯下捕食昆虫。其繁殖期很早，在每年的2—5月。雄性的广告鸣叫为声音又尖又长的颤鸣，可以持续4—8秒。雄性在池塘边鸣叫，等待雌性前来相会；或在繁殖水体周围游荡，试图抓住任何蛙类或蟾蜍进行抱对。雌性一次产2500—4000枚卵，包裹于长条形的卵带中。

陆蟾蜍的两眼间与眼后方都有显著的突起；背面皮肤瘰粒密布，皮肤颜色为褐色、红色或灰色，伴有黑色和红色斑点；当天气变得寒冷潮湿时，大部分个体几乎会变为纯黑色。

相近物种

陆蟾蜍的外形与其北方的亲缘种——美洲蟾蜍（第141页）非常相近。两者有时也会杂交，而后代中的雄性叫声则居于两者之间。在西海岸，云雾蟾蜍（第182页）生活在密西西比州至哥斯达黎加，其身体扁平，雄性的声囊很大。

实际大小

科名	蟾蜍科Bufonidae
其他名称	洛基山蟾蜍、伍氏蟾蜍
分布范围	美国中部、加拿大南部和墨西哥北部
成体生境	开阔环境（比如草地、农田、沙漠灌丛、林地和城市庭院）中靠近水的区域
幼体生境	静水水塘
濒危等级	无危。分布范围广阔，种群数量稳定

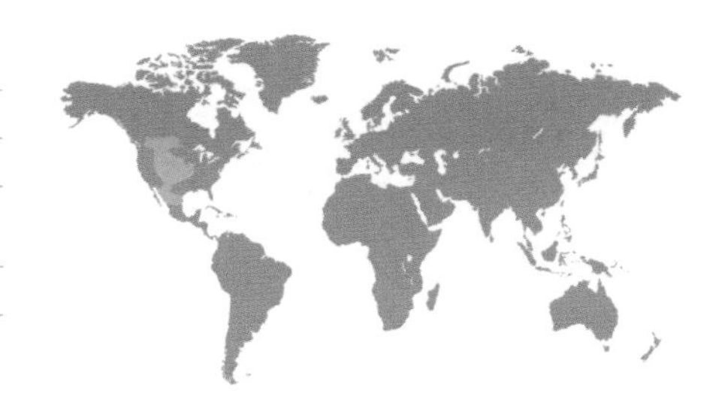

庭院蟾蜍

Anaxyrus woodhousii

Woodhouse's Toad

(Girard, 1854)

成体体长

雄性

2¾—3¹³⁄₁₆ in (69—98 mm)

雌性

3¼—4¼ in (84—109 mm)

这种大型蟾蜍在美国大草原上很常见，一般在2—8月间的雨后繁殖。体型较大的雄性会捍卫水边最好的求偶地点，发出带鼻音、持续2—4秒的“哇”的叫声。雄性之间有时会为了鸣叫地点而大打出手，体型大的雄性通常会赢得胜利。与大多数蛙类和蟾蜍相同，雄性参加合鸣的夜晚数越多，则繁殖成功率越高。体型小的雄性一般不鸣叫，也不参与打斗，而是采用“随从”策略，即伺机拦截被其他鸣叫的雄性所吸引的雌性。体型较大的雌性能产多达28000枚卵，卵被包裹于长条的卵带中。

庭院蟾蜍吻端钝；皮肤布满瘰粒，瘰粒顶端常为红色；体色多变，有褐色、微黄色、灰色或绿色的个体，伴有深色的斑点和色斑；背面正中有一条浅灰色纵纹；腹面为灰白色。

相近物种

福氏蟾蜍 *Anaxyrus fowleri* 以前被认为是庭院蟾蜍的一个亚种，现在被提升为独立物种，分布于美国东部。当两者同域分布时，杂交现象则很普遍，两者的求偶鸣叫也很类似。在福氏蟾蜍的其他分布区，它也常与美洲蟾蜍（第141页）杂交。

实际大小

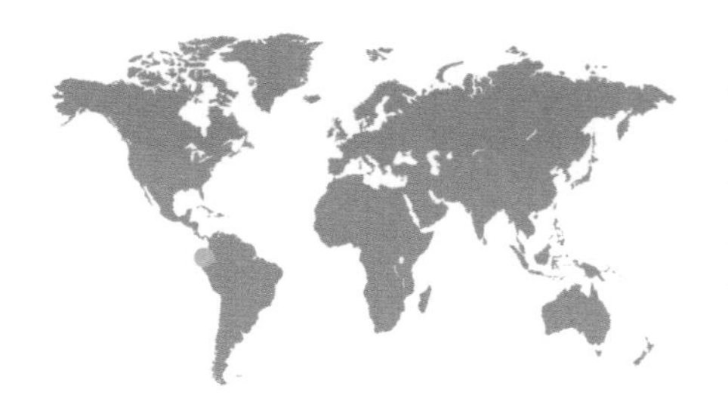

科名	蟾蜍科Bufonidae
其他名称	无
分布范围	厄瓜多尔北部
成体生境	森林，海拔1180—1400 m
幼体生境	未知
濒危等级	极危。一种极度稀有的物种，从1984年之后就再未见到过

成体体长
雄性
1¹¹⁄₁₆ in (43 mm);
仅有一号标本

雌性
约 1⁵⁄₁₆ in (34 mm);
仅有两号标本

卡尔奇安第蟾

*Andinophryne colomai*①

Carchi Andes Toad

Hoogmoed, 1985

实际大小

卡尔奇安第蟾非常稀有，迄今只存有几号标本，均来自厄瓜多尔西北部安第斯山中的溪流附近。其中一号标本的胃容物表明，卡尔奇安第蟾会捕食大型蚂蚁。人们最后一次见到卡尔奇安第蟾是在1984年，随后密集的搜索均一无所获，也许已经灭绝了，这使得它被列入一项包含200多个“消失的物种”名单里。其大部分的森林栖息地已经被伐木、毁林造田和滥用杀虫剂所破坏。

相近物种

卡尔奇安第蟾是安第蟾属 *Andinophryne* 的三个物种之一②，该属物种均非常稀有。奥氏安第蟾 *Andinophryne olallai*③仅知分布于两个地点，一个在厄瓜多尔，另一个位于哥伦比亚，自1970年之后人们再也没见到它，直到2014它才被重新发现。其幼体有非常漂亮的斑驳的体色，而成年后则变为均一的褐色。

卡尔奇安第蟾体型纤细；四肢细长；头部扁平；吻部突出；头部具骨质棱；指、趾间具蹼；体侧有瘰粒；背面颜色为红棕色；一条淡黄色条纹从吻部一直延伸到胯部；眼下有一大块淡黄色斑。

①②③ 译者注：依据Frost (2018)，安第蟾属*Andinophryne*已被作为科普蟾属*Rhaebo*（第207页）的同物异名。

科名	蟾蜍科Bufonidae
其他名称	京那巴鲁细蟾、卡达迈央涧蟾
分布范围	婆罗洲东北部
成体生境	山地森林，海拔750—1600 m
幼体生境	山区溪流
濒危等级	近危。大部分栖息地已经被滥伐森林所破坏，不过至少有两处分布位于保护区内

成体体长
雄性
¾—1⅛ in (20—28 mm)
雌性
1⅛—1⅜ in (28—35 mm)

哈氏涧蟾
Ansonia hanitschi
Kadamaian Stream Toad
Inger, 1960

这种小蟾在林下地面上生活，尤其喜欢在山溪附近活动。雄性聚集在小溪边缘，发出高音频的啁啾声或短的颤音，有的时候溪边雄性数量会非常大。哈氏涧蟾的蝌蚪个头很小，但已经适应了在湍急的水流中生活，其身体成流线型，嘴部特化成吸盘状，可以把它们自己牢牢地吸附在水中岩石上。滥伐森林不仅毁掉了哈氏涧蟾和其他蛙类的生存环境，同时也导致它们用于繁殖的溪流被淤泥堵塞。

实际大小

哈氏涧蟾身体纤细而较扁平；四肢细弱；吻端突出；头部、背部和四肢布满细小的瘰粒；趾间具微蹼；背面为偏淡绿的灰色或红棕色，背部具灰白色和深色斑点，四肢上具深色横纹。

相近物种

目前，涧蟾属 *Ansonia* 一共包含 28 个物种①，其中一些为最近才被发现，该属又被称为细蟾或溪蟾，分布于印度南部和东南亚地区。涧蟾干燥而粗糙的皮肤与蟾蜍类似，但它们没有蟾蜍那样位于眼后方的膨大的耳后腺。涧蟾身型细长，大部分物种以蚂蚁为食。

① 译者注：依据Frost (2018)，涧蟾属目前已有33个物种。

科名	蟾蜍科Bufonidae
其他名称	路氏矮脚蟾
分布范围	哥斯达黎加和巴拿马境内的塔拉曼卡山脉
成体生境	云雾林，海拔1400—2500 m
幼体生境	溪流
濒危等级	极危。自1996年后人们再未在哥斯达黎加见到该物种，也许已经灭绝了

成体体长
雄性
1 1/8—1 5/16 in (28—34 mm)
雌性
1 7/16—1 15/16 in (36—49 mm)

五指斑蟾
Atelopus chiriquiensis
Chiriqui Harlequin Toad

Shreve, 1936

实际大小

五指斑蟾身体细长；四肢也很纤细；吻端有具腺体的突起；色斑变化非常大，而且雄性与雌性的颜色也可能完全不同；雄性的体色包括黄色、黄绿色、绿色、棕色或红色；雌性也具这些体色，不过通常比雄性颜色稍浅；雌性还可能带有颜色鲜艳的斑点或条纹。

这种颜色鲜艳的蛙类生活在高海拔的云雾林中，那里湿润凉爽的气候同样适合导致两栖类死亡的壶菌的生长。近年，壶菌病已经横扫中美洲，造成灾难性的种群崩溃和多个两栖类物种的灭绝。五指斑蟾鲜艳的体色表明它是有毒的，其皮肤中含有神经毒素，即河豚毒素。因为没有天敌，五指斑蟾在白天非常活跃。雄性利用鸣叫捍卫靠近溪边的领地，如果对手并不退让，雄性之间便采取摔跤的方式决定胜负。当雌雄抱对后，双方跃入水中，待上15—30分钟，雌性在水中产卵。

相近物种

目前，斑蟾属 *Atelopus* 已有96个物种，它们也被叫作小丑蟾或矮脚蟾，而其中许多物种都或多或少面临灭绝的威胁。老斑蟾 *Atelopus senex* 是生活在塔拉曼卡山脉的物种，1987年和1988年，其种群数量大幅减少，现在也被评为极危物种。老斑蟾背面突出的一大片腺体表明它和五指斑蟾一样有毒。

科名	蟾蜍科Bufonidae
其他名称	维拉瓜矮脚蟾、兰乔格兰德小丑蟾
分布范围	委内瑞拉北部
成体生境	高山森林，最高海拔2200 m
幼体生境	湍急的溪流
濒危等级	极危。由于壶菌病的传播和感染，种群数量在整个分布范围都严重下降

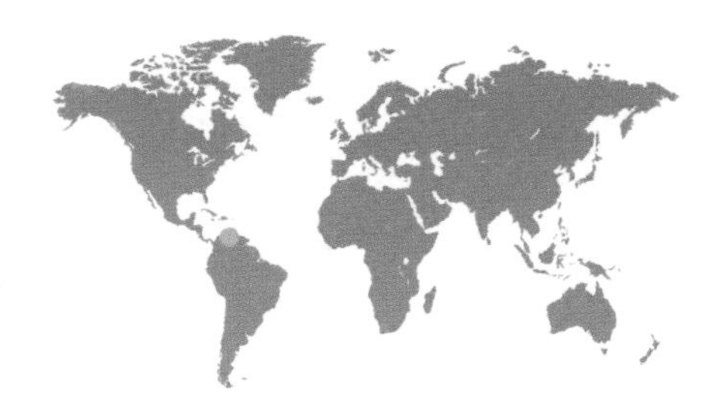

成体体长
雄性
$1\frac{1}{8}$—$1\frac{3}{8}$ in (28—35 mm)
雌性
$1\frac{9}{16}$—$1\frac{15}{16}$ in (39—50 mm)

纹斑蟾
Atelopus cruciger
Rancho Grande Harlequin Frog
(Lichtenstein & Martens, 1856)

这种花纹美丽的小型蛙类曾一度被认为已经灭绝，因为自1986年以后就再也没有其记录。而在2004年，一个小规模的种群被再次发现。纹斑蟾生活在委内瑞拉北方靠近海岸的山区，并在水流湍急的溪流里繁殖。雄性们纷纷占据溪边的有利地形，等待雌性从森林中出来交配。然而当雌性出现的时候，它们背上往往已经有一只雄性捷足先登！虽然纹斑蟾的外耳退化严重，但雄性依旧有一整套充满变化的求偶鸣叫，包括蜂鸣声、口哨声和啁啾声。其蝌蚪已经适应了激流中的生活，具有长长的尾巴和位于腹部的吸盘。

纹斑蟾身体纤细；四肢细长；吻端突出；背面颜色为黄色至绿色，伴有复杂的黑点和黑条纹图案；个体之间颜色有差异；大部分个体的体侧都有一条宽的纵纹，头后方具一个“X”形花纹。

相近物种

除纹斑蟾外，至少还有另外三种分布于委内瑞拉的斑蟾属物种已经被列为极危物种，分别是卡尔博内拉斑蟾 *Atelopus carbonerensis*、木谷巴汐斑蟾 *Atelopus mucubajiensis* 和橘红斑蟾 *Atelopus sorianoi*。这四种斑蟾都生活在高山森山森林中，且都因壶菌病的感染而出现种群下降。

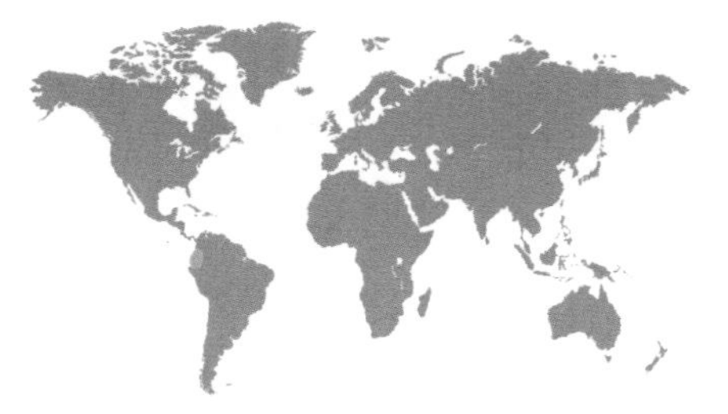

科名	蟾蜍科Bufonidae
其他名称	黑安第斯斑蟾、基多矮脚蟾
分布范围	厄瓜多尔境内的安第斯山，海拔2800—4200 m
成体生境	森林
幼体生境	山区溪流
濒危等级	灭绝

成体体长
雄性
1⁵⁄₁₆—1⅝ in (34—42 mm)
雌性
1⅜—1⅞ in (35—48 mm)

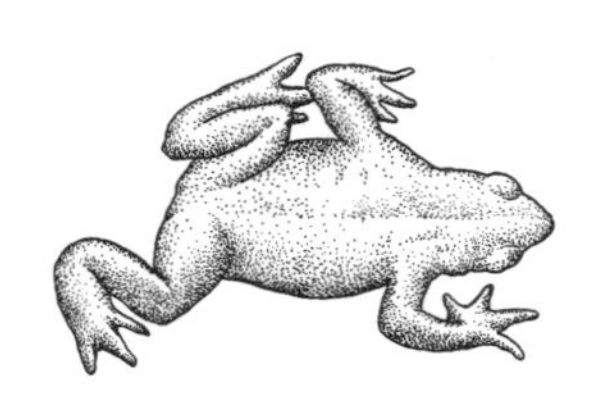

火斑蟾
Atelopus ignescens
Jambato Toad

(Cornalia, 1849)

火斑蟾身体和头部都较窄；吻部突出；全身为小瘰粒覆盖；背面为均一、带光泽的黑色，腹面为橘红色。

已灭绝的火斑蟾是中美洲和南美洲北部斑蟾属物种（也称矮脚蟾）在过去30年中遭遇的一个缩影。火斑蟾曾经数量众多，生活在高海拔森林中湍急的溪流附近。人们最后一次见到火斑蟾是在1988年。它灭绝的部分原因是某些地区栖息地被破坏，但最主要的因素还是壶菌病的传播，而气候的改变可能使情况更加恶化。大约在1987年，即火斑蟾彻底消失的前一年，厄瓜多尔境内安第斯山脉的气候极端温暖和干燥，不再适宜火斑蟾的生存。在世界范围内，壶菌病对生活在高海拔溪流附近的蛙类威胁最大。

相近物种

与火斑蟾类似，卡氏斑蟾 *Atelopus carrikeri*，又被称为瓜希拉矮脚蟾，全身也是黑色。已被列为极危物种。它生活在哥伦比亚，其蝌蚪体型非常长。另一种分布于厄瓜多尔、同为极危物种的是小斑蟾 *Atelopus exiguus*，其体型比大部分同属物种都要小，而且很多个体后肢仅具四趾，而其他斑蟾为五趾。

科名	蟾蜍科Bufonidae
其他名称	无
分布范围	秘鲁境内安第斯山，海拔600—900 m
成体生境	低海拔热带雨林
幼体生境	溪流
濒危等级	极危。种群数量因栖息地被破坏和壶菌病而大幅下降

丽斑蟾
Atelopus pulcher
Atelopus Pulcher
(Boulenger, 1882)

成体体长
雄性
1—1⅛ in (25—29 mm)
雌性
1¼—1⅜ in (32—35 mm)

这种非常稀有的蛙类具有明显的两性异形，即雄性体型远小于雌性。从雌性的角度来讲，其实这是幸运的。抱对时雄性会骑在雌性背上，而斑蟾属 *Atelopus* 的抱对时间又会持续数天，所以雄性体型小可以减轻雌性负担。与同属其他物种相同，丽斑蟾白天活跃，在地面或接近地面处活动。2006 年之前的 10 年里，其数量下降至少 80%。早在 2003 年，丽斑蟾已经被发现感染壶菌病。同时，它也受到伐林造田的负面影响。目前，已经开展人工繁育丽斑蟾的项目。

实际大小

丽斑蟾身体纤细；吻端突出；后肢特别长；背面底色为棕色或蓝黑色，具由绿色纵纹和斑点组成复杂图案；雌性腹面为鲜艳的红色，而雄性腹面为米黄色；手掌和脚掌红色。

相近物种

丽斑蟾与泡斑蟾（第 158 页）和罗氏斑蟾 *Atelopus loettersi* 外观接近。罗氏斑蟾于 2011 年被发表，外形与丽斑蟾几乎没有区别，但它缺乏中耳并且与后者有较大的遗传分化。罗氏斑蟾生活在秘鲁的东南部，其濒危等级还未评估，但有可能属于濒危物种。

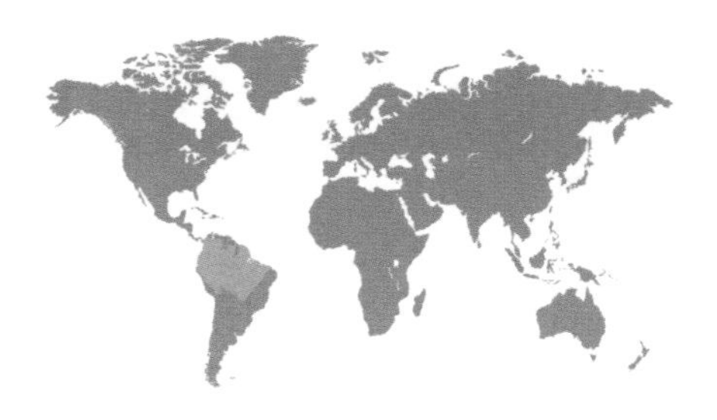

科名	蟾蜍科Bufonidae
其他名称	无
分布范围	南美洲多个相隔甚远的地区，包括巴西、哥伦比亚、厄瓜多尔、法属圭亚那、秘鲁和苏里南
成体生境	热带雨林，最高海拔600 m
幼体生境	森林溪流
濒危等级	易危。部分地区受到滥伐森林的威胁，同时易受壶菌病的侵害

成体体长
雄性
1—1⅛ in (26—29 mm)
雌性
1¼—1⁹⁄₁₆ in (31—39 mm)

泡斑蟾
Atelopus spumarius
Pebas Stubfoot Toad

Cope, 1871

实际大小

泡斑蟾身体扁平；头部窄；吻端突出；背面底色为黑色或褐色，配有复杂的绿色网状花纹；腹面前端为白色，后端转为红色；四肢腹面、手掌和脚掌为红色。

这种营地栖的小型蛙类主要在白天活动，生活在溪流边的落叶堆和倒伏的原木上。它可以在一年之中的任何时间繁殖，雌性把成串的卵产在溪流里或溪旁的水坑中。当受到攻击时，泡斑蟾会采取一种特别的防御姿势，即仰卧在地面，伸出手掌和脚掌，露出上面鲜艳的红色以示警戒。它的皮肤分泌物里包含一种叫河豚毒素的有毒物质，该毒素也存在于其他一些两栖类和鱼类中。自 1994 年起，泡斑蟾就从厄瓜多尔消失了，秘鲁的种群数量也大幅下降。在其分布范围的东部，还比较常见。

相近物种

有学者认为，泡斑蟾可能包含不止一个物种。至少有两个亚种在某些分类系统中已被认定为独立种，它们是生活在苏里南的胡氏斑蟾 *Atelopus hoogmoedi* 和生活在法属圭亚那的巴氏斑蟾 *Atelopus barbotini*。前者为黑黄相间，后者为黑色并带有精美的红色或粉色花纹。

科名	蟾蜍科Bufonidae
其他名称	玻利维亚矮脚蟾、三色矮脚蟾
分布范围	秘鲁东南部与玻利维亚
成体生境	湿润山地森林，海拔600—2500 m
幼体生境	溪流
濒危等级	易危。栖息地正因小农耕作的扩增而日益减少

三色斑蟾
Atelopus tricolor
Three-colored Harlequin Toad
Boulenger, 1902

成体体长
雄性
¾—1¹⁄₁₆ in (19—27 mm)
雌性
平均 1⁷⁄₁₆ in (36 mm)

这种小型蛙类分布于安第斯山脉的东侧，其种群下降情况似乎比其他斑蟾物种要乐观一些。它通常在靠近地面的低矮灌木丛上被发现。它在溪流中繁殖，4—10只雄性会聚集到溪边一起鸣叫。在其分布范围内，部分种群的栖息地正在减少。原因主要有两个，一是发展小农农场来种植咖啡、可可和辣椒而砍伐森林；二是沉积物逐渐堆积在溪流中，破坏了繁殖场所。三色斑蟾目前还没有感染壶菌病的情况，但在不久的将来，壶菌可能成为其主要威胁。

实际大小

三色斑蟾身体和头部纤细；吻端突出；后肢也很长；背面布满细小的瘰粒；底色为黑色，配有黄色或绿色的纵纹或斑点；手掌与脚掌略带红色，掌突与蹠突区域尤为明显。

相近物种

一般认为三色斑蟾与红腿斑蟾 *Atelopus erythropus* 亲缘关系接近，后者分布于秘鲁境内的安第斯山脉，被列为极危物种。淡黄斑蟾 *Atelopus flavescens* 是另一种生活在法属圭亚那低海拔地区的物种，最高分布只到海拔 300 m，被列为易危物种。

科名	蟾蜍科Bufonidae
其他名称	小丑蟾
分布范围	哥斯达黎加与巴拿马
成体生境	热带雨林，最高海拔2000 m
幼体生境	林中溪流
濒危等级	极危。近来种群数量大幅下降，仅存一个已知分布地点

成体体长
雄性
1—1⅝ in (25—41 mm)
雌性
1 5/16—2⅜ in (33—60 mm)

多色斑蟾
Atelopus varius
Harlequin Frog
(Lichtenstein & Martens, 1856)

顾名思义，多色斑蟾个体间的体色变化多样。它在白天活动，常待在溪边的岩石或原木上。其鲜艳的颜色警告潜在的捕食者它的皮肤里含有有毒物质。然而其毒素对一种寄生蝇却并没有作用，这种蝇专门在多色斑蟾的腿部产卵，幼虫孵化后钻入其腿中，以肌肉为食，几天后就能杀死它。这也许是多色斑蟾种群数量大幅下降的原因之一，但更为重要的原因还是气候变化与壶菌病。此外，它还被大量捕捉、贩卖到国际宠物市场。人们都以为多色斑蟾在 1996 年就已经灭绝了，但于 2003 年又发现了一个新的种群。

相近物种

多色斑蟾是近年来从中美洲几乎彻底消失的几种斑蟾属 *Atelopus* 物种之一，最主要的原因是壶菌病的传播。从 1974 年开始，壶菌病便由东向西扩散，席卷整个中美洲。五指斑蟾（第 154 页）和老斑蟾 *Atelopus senex* 的分布范围比多色斑蟾还要小，也都被评为极危物种。

实际大小

多色斑蟾四肢纤细；身体扁平；头部窄；眼大；吻端突出；背面为黄色、橙色或柠檬绿，伴有黑色花纹；腹面为白色、黄色、橙色或红色。

科名	蟾蜍科Bufonidae
其他名称	金箭毒蛙、泽氏毒蛙、巴拿马金蛙
分布范围	巴拿马中部
成体生境	山地热带森林
幼体生境	森林溪流
濒危等级	极危。受壶菌病、栖息地破坏和宠物贸易捕捉的威胁。人工繁育已成功

泽氏斑蟾
Atelopus zeteki
Panamanian Golden Frog
Dunn, 1933

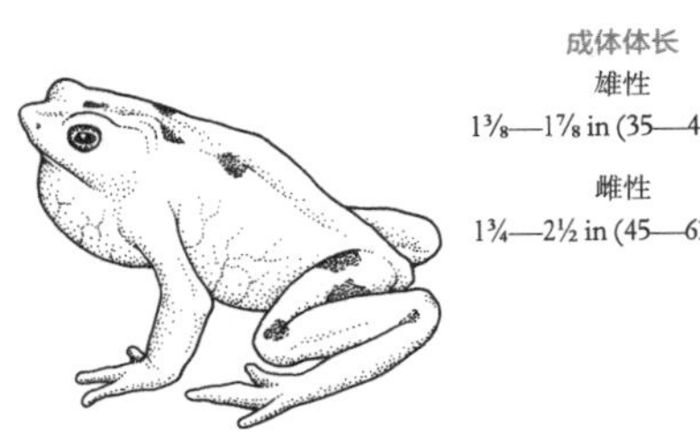

成体体长
雄性
1⅜—1⅞ in (35—48 mm)
雌性
1¾—2½ in (45—63 mm)

作为巴拿马的特有种，这种艳丽的蛙类可能已经在野外灭绝。2000—2010 年，壶菌病在巴拿马肆虐，导致其数量锐减 80%。它在白天活动，鲜艳的颜色象征其皮肤能分泌一种致命的神经毒素——泽氏斑蟾毒。它在湍急的溪流中繁殖，因此求偶鸣叫几乎无用，代替鸣叫的是雄性通过挥手和抬腿的模式来吸引雌性。雄性和雌性的抱对可持续数天，雌性产卵 200—600 枚，附着在溪中的岩石上。

相近物种

斑蟾属 *Atelopus* 中有近 100 个物种，分布于中美洲和南美洲。与泽氏斑蟾最接近的是有同样鲜艳颜色的多色斑蟾（第 160 页）。

泽氏斑蟾体色呈金黄色，带有许多不规则的黑色斑点；头部长，头长大于头宽；吻端突出；四肢长；刚变态的幼体呈翡翠绿色，带有深色斑点，这使它们隐藏于颜色相近的苔藓里。

实际大小

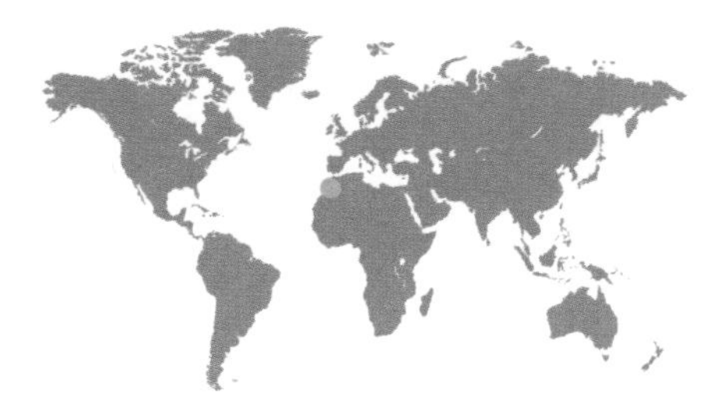

科名	蟾蜍科Bufonidae
其他名称	布氏蟾蜍、提兹尼特蟾
分布范围	摩洛哥、撒哈拉西部和阿尔及利亚西北部
成体生境	半干旱地区，最高海拔1600 m
幼体生境	临时性水塘和水坑
濒危等级	近危。种群数量因栖息地环境恶化而减少

成体体长
雄性
最大 2 in (51mm)
雌性
最大 1⅞ in (48 mm)

巴巴利蟾
Barbarophryne brongersmai
Tiznit Toad
(Hoogmoed, 1972)

实际大小

这种小型蟾蜍生活在植被稀少、海拔最高至1600 m的半干旱丘陵地区，偶尔出现在犁过的田地里，白天则一般躲在石头下面；有时还能在经人工改造的水体（比如水渠）中发现它的身影。巴巴利蟾繁殖所用的临时性水塘与水坑通常位于布满岩石的区域。在环境适宜、未被人为活动侵扰的地区，其数量多得惊人，但总体上的种群数量依然在下降，主要原因是其栖息地变得越来越干燥，而这种地区性的气候趋势已经持续了超过两千年。已有清晰的证据表明，在罗马时代，该地区气候更加湿润，植被也更加丰富。

相近物种

巴巴利蟾是巴巴利蟾属 *Barbarophryne* 唯一的物种。和其他蟾蜍相比，它的外形与黄条背蟾蜍（第176页）和绿蟾蜍（第169页）相似，但体型比后两者要小得多。

巴巴利蟾与大部分蟾蜍不同的是，雄性的体型与雌性差不多，不过体型测量数据并不多；眼睛后方的耳后腺虽不大，但非常明显。背部具顶端为红色或橘黄色的瘰粒；背面颜色为灰色、淡黄色或红色，伴有绿色色斑，色斑中又带有黑色小圆点。

科名	蟾蜍科Bufonidae
其他名称	普通蟾蜍、欧洲蟾蜍
分布范围	欧洲、亚洲中西部、非洲西北部
成体生境	树林、花园和田地
幼体生境	大水塘和小型湖泊
濒危等级	无危。分布范围极其广阔。尚无关于种群受到威胁的报道，但在某些区域，比如英国，其种群数量正在下降

成体体长
雄性
1¹³⁄₁₆—5⅛ in (46—130 mm)
雌性
2—5¹³⁄₁₆ in (52—150 mm)

大蟾蜍
Bufo bufo
European Common Toad
(Linnaeus, 1758)

一年中的大部分时间里，大蟾蜍都过着独居生活。它白天躲在原木、岩石或腐烂的植被下面，只有到了夜里才出来捕食昆虫和其他无脊椎动物。到了春天，大蟾蜍大举迁徙到池塘边，聚集成庞大的交配群体。放眼望去，四处看起来都是几乎毫无目的的摔斗和鸣叫。雄性的数量远远超出雌性，因此当一只雌性即将产卵时，雄性会大打出手，争夺与之抱对的机会。雄性的鸣声并不响亮，但却足以告诉对手自己体型的大小。一般体型小的雄性发出的鸣声音调更高。雌性会产下3000—6000枚卵，包裹于两条长长的卵带之中。卵带常缠绕在水生植物上。

大蟾蜍身型粗壮；皮肤具瘰粒；眼大；眼后方的耳后腺膨大；体色为绿色、灰色或褐色，伴有深色条纹；在其分布范围的南端（例如意大利），个体体型非常大，瘰粒顶端具尖刺。

相近物种

蟾蜍属 *Bufo* 一共包括25个物种[①]，分布于欧洲、亚洲与北非。刺蟾蜍 *Bufo spinosus* 曾经被认为是大蟾蜍的一个亚种，生活在西班牙、葡萄牙、法国西南部和北非，其体型比大蟾蜍更大，得名于其背面的瘰粒顶端长有尖刺。另见高加索蟾蜍（第167页）。

实际大小

① 译者注：依据Frost (2018)，因分类变动，蟾蜍属目前有17个物种。

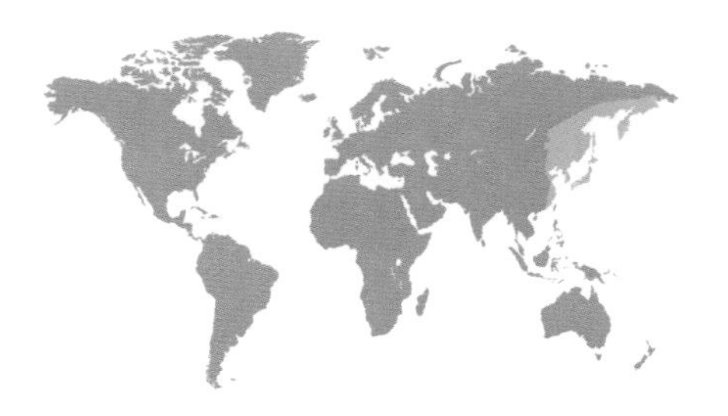

科名	蟾蜍科Bufonidae
其他名称	中国蟾蜍、舟山蟾蜍
分布范围	中国、朝鲜半岛、俄罗斯东部、日本
成体生境	林地、草地、草原
幼体生境	水塘、湖泊、溪流、河流
濒危等级	无危。分布非常广，生境多样，数量无下降

成体体长
雄性
$2\frac{3}{16}$—$3\frac{5}{16}$ in (56—86 mm)
雌性
$2\frac{1}{2}$—$3\frac{15}{16}$ in (62—102 mm)

中华蟾蜍
Bufo gargarizans
Asiatic Toad

Cantor, 1842

这种大型蟾蜍在中国和俄罗斯东部的种群密度很高，在其他地区则罕见。其生境类型广泛，以昆虫、软体动物、马陆和蛛形纲动物为食。雌性可产下1200—7400枚卵，包裹在两条卵带内，体型大的雌性产卵量也大。冬天时它会躲藏起来冬眠，或大量集群在陆地上隐蔽，或是藏于冰层下的深水中。其皮肤毒素在亚洲一直被用于传统医药中，也因其具有抗菌和抗癌物质而被药物研究行业所关注。

相近物种

中华蟾蜍和大蟾蜍（第163页）很相似，但中华蟾蜍体型稍大，背上有刺疣，头侧和体侧有明显的深色纵纹。盘古蟾蜍 *Bufo bankorensis* 体型更大，只分布于中国台湾。宫古蟾蜍 *Bufo gargarizans miyakonis* 是中华蟾蜍的一个亚种，分布于日本的一些小岛上。

实际大小

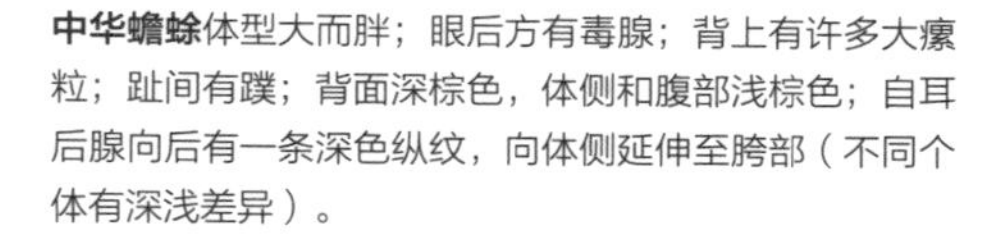

中华蟾蜍体型大而胖；眼后方有毒腺；背上有许多大瘰粒；趾间有蹼；背面深棕色，体侧和腹部浅棕色；自耳后腺向后有一条深色纵纹，向体侧延伸至胯部（不同个体有深浅差异）。

科名	蟾蜍科Bufonidae
其他名称	无
分布范围	日本
成体生境	从海平面到高海拔地区的树林
幼体生境	水塘、沼泽和水坑
濒危等级	无危。尚无关于种群受到威胁的报道，但在分布范围的西侧出现种群下降

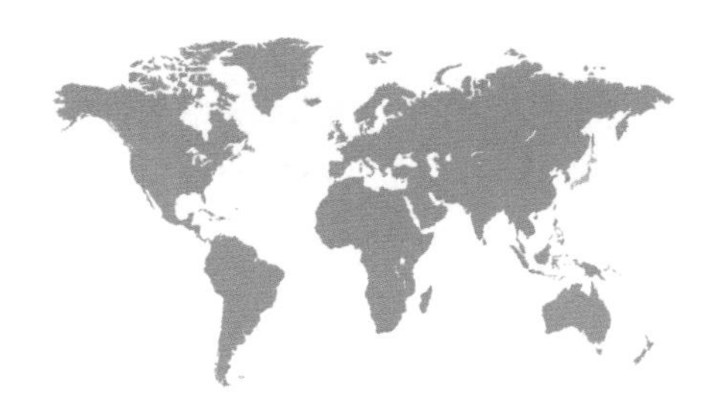

日本蟾蜍
Bufo japonicus
Japanese Common Toad
Temminck & Schlegel, 1838

成体体长
雄性
$1^{13}/_{16}$—$6^{7}/_{16}$ in (46—161 mm)
雌性
$2^{1}/_{16}$—$6^{15}/_{16}$ in (53—176 mm)

这种大型蟾蜍在每年 2—3 月交配。和大蟾蜍（第 163 页）类似，日本蟾蜍的交配同样是一片混乱的争斗场面，因为雄性数量远远多于雌性，最高可达 10∶1。之所以日本蟾蜍和其他一些蟾蜍会出现这样不均衡的性别比例，是因为雌性的性成熟时间要比雄性晚 1—2 年。日本蟾蜍对其繁殖场所十分忠诚，它们年复一年地回到同一个水塘进行繁殖，哪怕其他水塘近在咫尺。其耳后腺的分泌物曾被传统中医用于治疗被割破的伤口和烫伤。

相近物种

同样分布于日本的湍蟾蜍 *Bufo torrenticola* 与蟾蜍属 *Bufo* 其他成员相比，有一个不同寻常的习性，即在流水中繁殖。它生活在山区，分布范围狭窄，在山区溪流中交配和产卵，其蝌蚪口部有大的吸盘，使其能够固定在水底岩石上取食藻类。它的另一个独特之处在于成体有时会生活在树上。

实际大小

日本蟾蜍体型壮硕；四肢粗短；背部具众多瘰粒；背面体色多变，有绿色、黄褐色、棕色或红色的个体；体侧各有一条宽的黑色纵纹，黑纹之上为一条灰白色细纵纹；眼睛虹膜为金色，瞳孔横置。

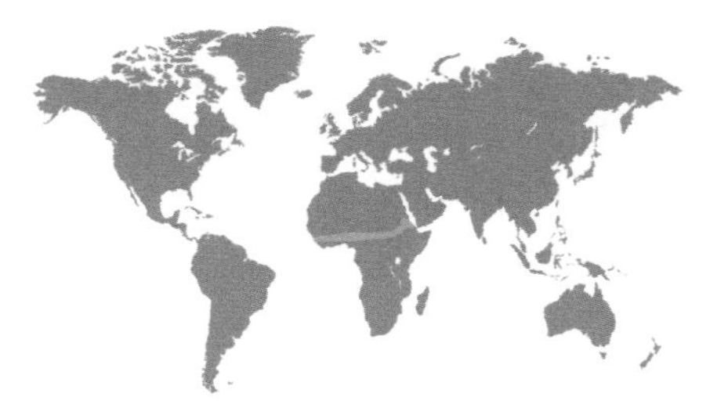

科名	蟾蜍科Bufonidae
其他名称	沙塔花园蟾蜍
分布范围	北非撒哈拉沙漠以南，西至冈比亚，东至厄立特里亚
成体生境	干旱的疏林草原和半干旱沙漠
幼体生境	水塘和水坑
濒危等级	无危。分布范围广阔，没有证据表明其种群数量在下降

成体体长
雄性
2⅛—2¹⁵⁄₁₆ in (54—74 mm)
雌性
2¼—3¹¹⁄₁₆ in (58—95 mm)

彭氏蟾蜍

*Bufo pentoni*①

Penton's Toad

Anderson, 1893

这种外形独特的蟾蜍分布范围横跨整个非洲，分布区北端紧挨沙漠，南面毗邻热带雨林。彭氏蟾蜍的栖息地特别干旱，在撒哈拉沙漠都曾有它的记录。它大部分时间都躲在地下，碰上好的机会也会出来捕食群行的白蚁。彭氏蟾蜍在雨后繁殖，多至 20 只雄性会聚集在繁殖的水坑旁合鸣，但可能仅仅持续一个晚上。产卵的水坑通常会很快干涸，因此其蝌蚪发育极快，只需 10—13 天就能完成变态。

彭氏蟾蜍体型粗壮；头部钝圆；后肢硕大；眼很大，后方的耳后腺大而平；背面颜色为灰白色或深褐色，布满微红色的瘰粒；腹面白色。

相近物种

旱栖蟾蜍 *Amietophrynus xeros*②与彭氏蟾蜍的分布范围接近，同样适应了干旱的环境，也在临时性水体中繁殖。毛里蟾蜍 *Amietophrynus mauritanicus*③分布于摩洛哥和阿尔及利亚，其栖息地正在缩减，原因是环境中的水源被汲走以满足日益扩张的人类的需求。

实际大小

① 译者注：依据Frost (2018)，该物种已被移入硬蟾属*Sclerophrys*。
②③ 译者注：依据Frost (2018)，艾米蟾属*Amietophrynus*已被作为硬蟾属的同物异名。

科名	蟾蜍科Bufonidae
其他名称	科尔契克蟾蜍[①]
分布范围	格鲁吉亚、俄罗斯、土耳其、阿塞拜疆和伊朗
成体生境	山地森林
幼体生境	水池、水塘、湖泊和溪流
濒危等级	近危。分布范围内部分区域因栖息地被破坏而出现种群下降

成体体长
雄性
2¹³⁄₁₆—3⁵⁄₁₆ in (70—85 mm)
雌性
3⅞—7⁹⁄₁₆ in (100—190 mm)

高加索蟾蜍
Bufo verrucosissimus
Caucasian Toad
(Pallas, 1814)

这种大型蟾蜍的雌雄大小差异超过蟾蜍属 *Bufo* 其他所有物种。低海拔地区的高加索蟾蜍在每年4—5月繁殖，而高海拔地区则最晚推迟到8月。在其大部分分布区内，适宜繁殖的水塘少之又少，相隔也很远，所以抱对的雌性和雄性需要四处寻觅，才能找到合适的水塘交配。如果某处形成一个大型的、短期内不会干涸的水塘，雄性便会聚集到水塘四周，等待雌性的到来。雌性个体大小决定了产卵数量，一般为870—10500枚，包裹于两条长卵带中。

相近物种

高加索蟾蜍外形与大蟾蜍（第163页）非常接近，但体型比后者大得多。艾氏蟾蜍 *Bufo eichwaldi* 同样分布在阿塞拜疆和伊朗，是一个稀有物种，其种群数量因滥伐森林而急速下降，而濒危等级尚未评定。

高加索蟾蜍体型粗壮；皮肤布满瘰粒；耳后腺膨大；背面颜色为绿色、灰色、褐色或偏红色，伴有深色色斑；腹面为灰色或淡黄色；眼睛虹膜为金色，瞳孔横置。

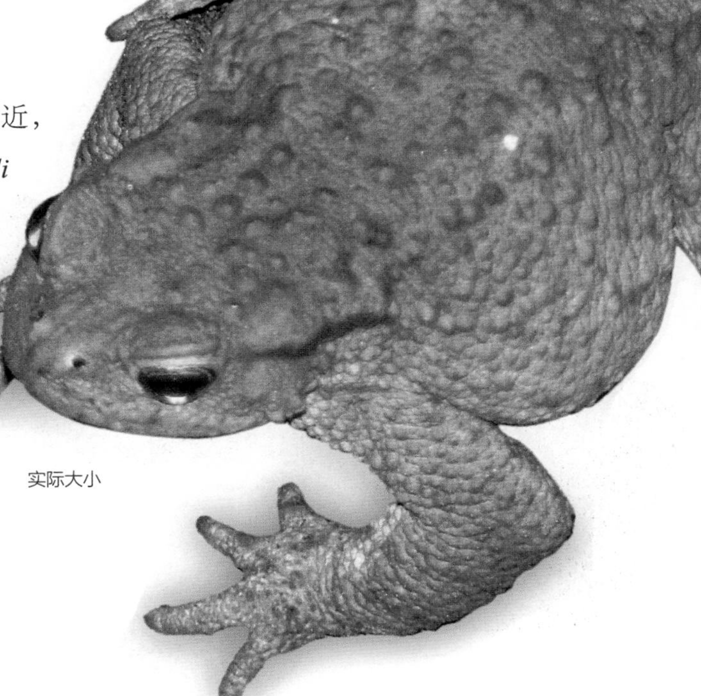

实际大小

① 译者注：该名源于黑海边古老的科尔基斯王国。

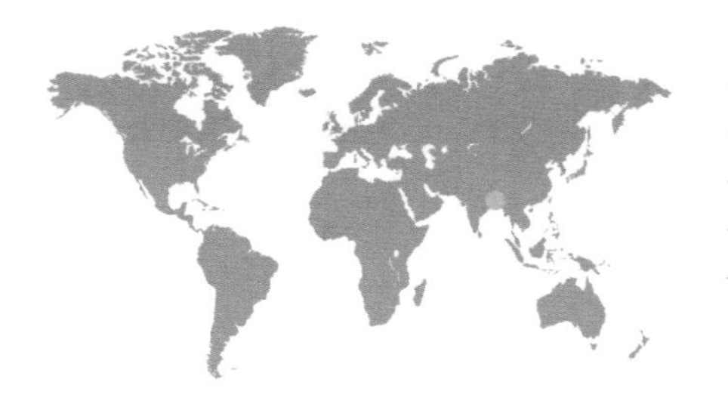

科名	蟾蜍科Bufonidae
其他名称	卡西丘陵岩蟾、岩蟾
分布范围	印度和孟加拉国
成体生境	湿润的森林
幼体生境	小水坑
濒危等级	濒危。受到栖息地丧失的威胁，原因为滥伐森林和采矿

成体体长
1 7/16—1 9/16 in (37—39 mm)

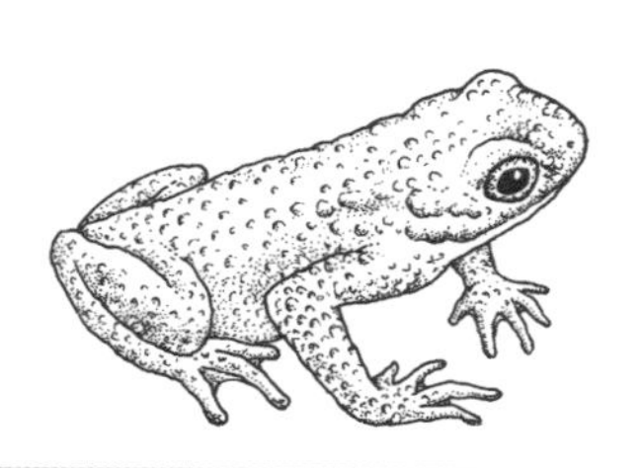

梅邦子蟾
Bufoides meghalayanus
Mawblang Toad
(Yazdani & Chanda, 1971)

实际大小

梅邦子蟾身型窄；头小；四肢纤细；皮肤布满瘰粒；脚趾具蹼，手指最末指节略微膨大；背面颜色为深棕色或黑色，体侧通常散布黄色小圆点。

人们对梅邦子蟾知之甚少，它仅分布于两个布满岩石的区域，其中一个在印度东北部，另一个在孟加拉国。梅邦子蟾生活在地表，有时也躲在岩石缝中，或在外形类似棕榈树的露兜树上。交配和产卵的场所或在有水的露兜树叶腋处，或在岩石间的小水坑中。梅邦子蟾的整个分布区估计仅仅 300 km^2，而且还受到砍伐森林和炸岩开矿的威胁。

相近物种

梅邦子蟾是子蟾属 *Bufoides* 唯一的物种。它与亚洲的涧蟾属 *Ansonia*（又称细蟾或溪蟾，第 153 页），亲缘关系最为接近。涧蟾属包含 28 个物种，都是细长的小型蟾蜍，其中很多物种都分布于婆罗洲。

科名	蟾蜍科Bufonidae
其他名称	无
分布范围	西至德国，东至俄罗斯西部，南至希腊和克里特岛
成体生境	土壤为干燥砂质的各式栖息地
幼体生境	小型和大型的静水水体
濒危等级	无危。分布范围广阔，许多地方都很常见

成体体长
雄性
1⅞—3½ in (48—90 mm)
雌性
2¹³⁄₁₆—4¾ in (70—120 mm)

绿蟾蜍
Bufotes viridis
Green Toad
(Laurenti, 1768)

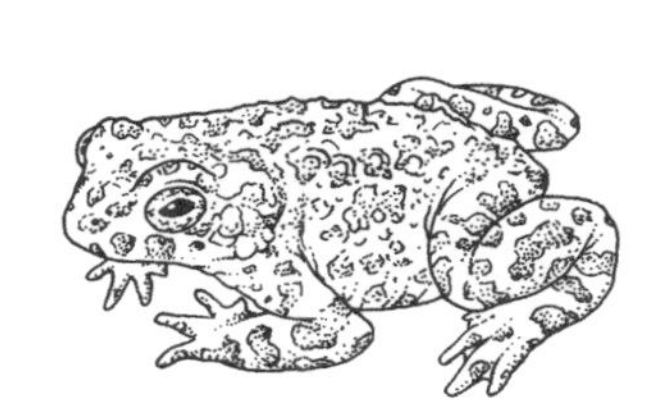

绿蟾蜍比很多蟾蜍的颜色更鲜艳，并以其适应能力而闻名。其分布范围广阔，生活于各式各样的栖息地中，也能在各种静水水体中繁殖。在很多地方，绿蟾蜍直接生活在农田和城市环境中。它对高温和干旱的耐受度超过大部分两栖动物。春季，雄性在夜晚集群鸣叫。雄性之间通过一种高音频的颤音来捍卫自己的求偶地点。雌性产下2000—30000枚卵，包裹于长条卵带之中。如果受到侵扰或袭击，绿蟾蜍会从皮肤中分泌出难闻的白色分泌物用于自卫。

相近物种

漠蟾属 *Bufotes* 的16个物种与分布于欧亚大陆（最远至中国）的蟾蜍科其他属之间的关系一直存有争议。里海蟾蜍 *Bufotes variabilis* 分布于土耳其和哈萨克斯坦，生物资料很少，北非蟾蜍 *Bufotes boulengeri* 分布于北非，札达蟾 *Bufotes zamdaensis* 分布于中国西藏阿里地区，而西西里蟾蜍 *Bufotes siculus* 则分布在西西里岛。这些物种在当地都被叫作“绿蟾蜍”。

实际大小

绿蟾蜍吻端圆；眼睛大而突出；耳后腺膨大；皮肤颜色为白色至淡黄色或灰白色，配有绿色斑纹图案；很多个体的皮肤上还带有红色斑点；腹面为白色；雄性前肢比雌性更强壮，色斑也较少。

科名	蟾蜍科Bufonidae
其他名称	开普山蟾、罗氏山蟾
分布范围	南非的西开普省
成体生境	长有凡波斯灌木丛的山区
幼体生境	小型水坑
濒危等级	易危。栖息地丧失致使仅存几个相互隔离的种群

成体体长
雄性
平均 $\frac{7}{8}$ in (22 mm);
最大 $1\frac{1}{8}$ in (28 mm)

雌性
平均 $1\frac{1}{4}$ in (31 mm);
最大 $1\frac{9}{16}$ in (39 mm)

罗氏好望蟾

Capensibufo rosei

Rose's Mountain Toad

(Hewitt, 1926)

实际大小

罗氏好望蟾身体显得较长，但后腿很短；皮肤光滑，在背部和侧面有水疱状的棱和瘰粒；背面颜色为灰色或褐色，点缀着浅色的短条纹和深色的色斑；耳后腺和体侧还具红色或橘黄色的圆点。

与大部分蛙类不同，这种小型蟾蜍不会鸣叫，该特征也是非洲南部的蛙类里独一无二的。罗氏好望蟾没有鼓膜，所以应该听不见声音。其后肢相对较弱，因此行动方式为爬行而非跳跃。它于每年 8 月和 9 月的雨后繁殖，雌性在琥珀色的卵带中产下大约 100 枚卵。在过去，该物种能在水坑四周形成极大规模的集群，而现在，很多曾经常见的地方都已难觅其踪影，包括其分布区的西侧——开普半岛的桌山。

相近物种

好望蟾属 *Capensibufo* 仅包含两个物种①。川氏好望蟾 *Capensibufo tradouwi* 也称川氏蟾，分布于西开普省的数座山岭上。与罗氏好望蟾相反，川氏好望蟾具有鼓膜而且雄性会鸣叫，发出“吱嘎吱嘎”的叫声，它在冬季繁殖。

① 译者注：依据Frost (2018)，好望蟾属目前已有五个物种。

科名	蟾蜍科Bufonidae
其他名称	无
分布范围	巴西东南部沿海山区，最高海拔910 m
成体生境	森林
幼体生境	凤梨科植物积水的叶腋里
濒危等级	无危。种群数量稳定

短拇小丛蟾
Dendrophryniscus brevipollicatus
Coastal Tree Toad
Jiménez de la Espada, 1870

成体体长
雄性
½—⅝ in (12—16 mm)
雌性
11/16—⅞ in (17—21 mm)

实际大小

短拇小丛蟾体型微小；吻短尖；背部、体侧和四肢上布满小瘰粒；背面颜色为棕褐色、褐色或古铜色，伴有深色色斑；四肢上有深色横纹；腹面为米黄色。

这种微型蛙类生活在地面或者靠近地面的叶片上。它的卵被产在长于地面或树上的凤梨科植物叶腋的小水洼里，这样的环境被称为植物池（phytotelma）。因为叶腋间的水体通常缺乏足够的食物，难以满足蝌蚪的发育，所以短拇小丛蟾的蝌蚪根本没有嘴，全靠腹中大量的卵黄支撑它们完成变态。其成体已有“微型化”的进化趋势，即后代物种比其祖先的体型小得多。这种趋势在两栖类多个类群里都有出现。

相近物种

小丛蟾属 *Dendrophryniscus* 包含十个物种，其中一部分分布于亚马孙雨林，另一些则生活在巴西东海岸的大西洋沿岸森林中。卡氏小丛蟾 *Dendrophryniscus carvalhoi* 也在凤梨科植物中繁殖，目前仅知分布于大西洋沿岸森林中的两个地点，被列为濒危物种。

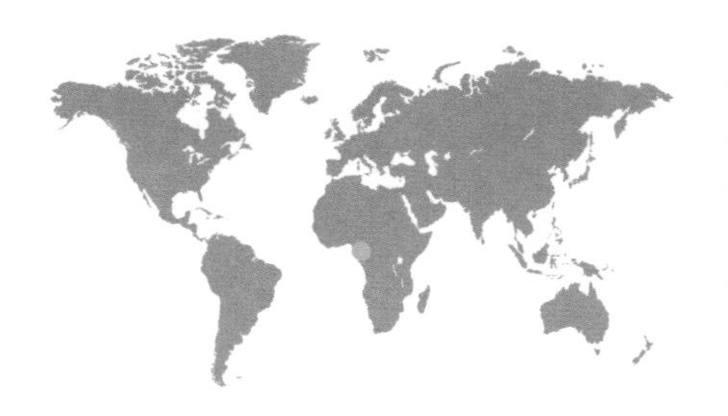

科名	蟾蜍科Bufonidae
其他名称	四趾蟾
分布范围	赤道几内亚、喀麦隆和尼日利亚
成体生境	山地森林，最高海拔1000 m
幼体生境	未知
濒危等级	濒危。分布范围狭窄而且破碎，即将受滥伐森林的威胁

成体体长
约 ¾ in (20 mm);
依据一号标本

肖氏硕足蟾
Didynamipus sjostedti
Four-digit Toad
Andersson, 1903

实际大小

肖氏硕足蟾身体较长；四肢纤细；吻端突出；除了前肢两指和后肢两趾以外，其余手指、脚趾都严重退化或彻底消失；背面为棕色伴有深色与浅色的石状斑纹，腹面为白色。

人们对这种微型蛙类几乎一无所知，也仅有一号标本可以测量。肖氏硕足蟾的英文名来源于其四根脚趾，区别于普通蛙类的五根脚趾。更有意思的，它的两根手指和两根脚趾退化得非常厉害。进化生物学上，体型变小和趾、指退化都是“微型化”现象的典型特征（另见第 171 页）。肖氏硕足蟾仅知分布于西非相距甚远的六个地点。据报道，它会聚集在森林的空地处，有时多达 40 只，集群包含各种年龄的雌、雄性。肖氏硕足蟾的繁殖模式尚未被观察到，因而有不同的推测，包括蝌蚪是在水中生活、卵内直接发育或是在母体内发育。

相近物种

肖氏硕足蟾是硕足蟾属 *Didynamipus* 的唯一物种，普遍认为，它与西部宁巴蟾（第 194 页）亲缘关系最近。后者为西非的一种小型蟾蜍，其雌性直接生出发育完全的幼蟾。

科名	蟾蜍科Bufonidae
其他名称	无
分布范围	非洲东北部，从埃及东南端至吉布提和索马里
成体生境	从海平面高度至海拔1800 m的干旱河床和洞穴
幼体生境	临时性水塘
濒危等级	无危。在分布区内许多地方都属于常见物种

多氏蟾蜍

Duttaphrynus dodsoni[①]

Dodson's Toad

(Boulenger, 1895)

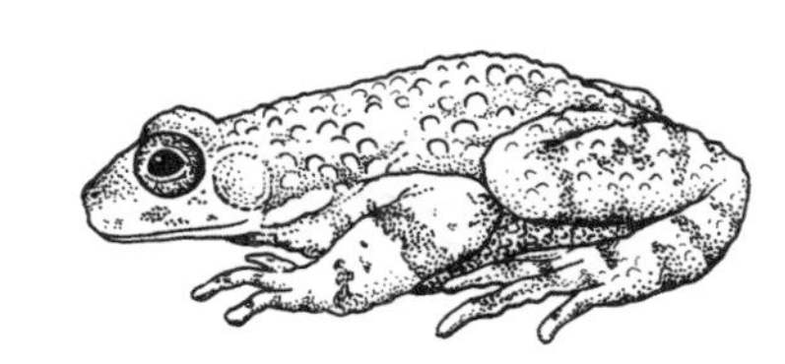

成体体长
雄性
约 2⅙ in (53 mm);
依据一号标本

雌性
最大 2⁹⁄₁₆ in (64 mm)

这种小型蟾蜍广泛分布于吉布提和索马里，其生活环境在一年中的大部分时间都非常干旱。因此，它躲在岩石缝深处或洞穴中，长时间保持休眠状态。雨后，多氏蟾蜍爬到地面，寻找临时性水塘进行繁殖。雄性的求偶鸣叫为单音节，尤其像犬吠。交配后，雌性产卵多达470枚。当临时性水塘逐渐干涸时，蝌蚪就开始飞速发育，只需要六周就能完成变态。

相近物种

头棱蟾属 *Duttaphrynus* 包含了30个物种，均分布于非洲和亚洲[②]。该属的特征为所属物种的头顶都有骨质化的头棱。分布于缅甸的藏红蟾蜍 *Duttaphrynus crocus* 具有独特的两性异形，繁殖期中，雌性为棕红色，而雄性则由浅褐色变为鲜艳的黄色。

多氏蟾蜍吻端短而圆；后肢短；鼓膜明显；头部耳后腺明显，呈椭圆形；背面颜色为橄榄绿、灰色或淡黄色，伴有黑色或橘黄色的小圆点；背部皮肤具大量瘰粒；四肢上有深色横纹。

实际大小

① 译者注：依据Frost (2018)，该物种已被移入硬蟾属 *Sclerophrys*。

② 译者注：依据Frost (2018)，因分类变动，头棱蟾属目前有27个物种，仅分布于亚洲。

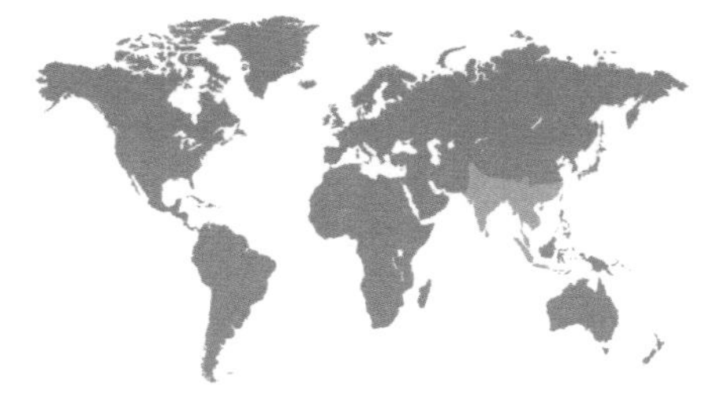

科名	蟾蜍科Bufonidae
其他名称	亚洲普通蟾蜍、普通異他蟾蜍（婆罗洲地区）、眼镜蟾蜍
分布范围	东南亚，西至巴基斯坦，东至中国台湾，南达爪哇
成体生境	受到侵扰的低地栖息地，包括农田和城市
幼体生境	临时性水塘
濒危等级	无危。已经适应被人为改造的环境，在某些地区更是变得日趋常见

成体体长
雄性
2 3/16—3 1/4 in (57—83 mm)
婆罗洲地区雌性
2 5/8—3 5/16 in (65—85 mm);
巴基斯坦雌性
最大 6 in (150 mm)

黑眶蟾蜍
Duttaphrynus melanostictus
Southeast Asian Toad

(Schneider, 1799)

黑眶蟾蜍是两栖类里为数不多的种群数量在增加的物种。这种大型蟾蜍被描述成胆小、呆滞的形象。它后肢很短，只能短距离跳跃。白天，黑眶蟾蜍会躲起来，直到夜晚才出来捕食。在城市里，常见于路灯下面，守候着趋光的昆虫落到地面。它在临时性水塘里繁殖，雄性通过低沉的、小鸭叫似的颤音来吸引雌性。雌性产下卵带后，会把卵带缠绕在水生植物上。在某些地区，其体型能长得非常巨大，比如在巴基斯坦，雌性的最大体型能到 150 mm。

黑眶蟾蜍头部较小；后肢短；耳后腺膨大成椭圆形；鼓膜明显；背部、侧面和四肢为瘰粒覆盖，瘰粒顶端有小刺；背面颜色为灰色或红棕色，伴有深色色斑；眼部周围也有深色色粒，如同带了一副黑框眼镜。

相近物种

头棱蟾属 *Duttaphrynus* 包含了 30 个物种，均分布于非洲和亚洲[①]。喜山蟾蜍 *Duttaphrynus himalayanus* 数量稀少，生活在喜马拉雅山区海拔 2000—3500 m 的地方。努氏蟾蜍 *Duttaphrynus noellerti* 为斯里兰卡特有种，其生物资料几乎一片空白，被列为濒危物种。

实际大小

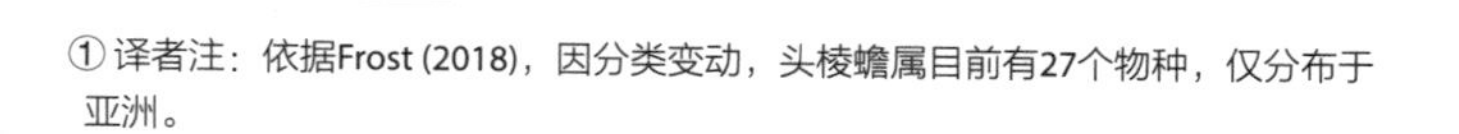

① 译者注：依据Frost (2018)，因分类变动，头棱蟾属目前有27个物种，仅分布于亚洲。

科名	蟾蜍科Bufonidae
其他名称	印度河谷蟾蜍、阿萨姆蟾蜍、石斑蟾蜍
分布范围	亚洲，从西边的伊朗一直到东边的孟加拉和不丹
成体生境	各种低海拔和高海拔环境，包括草地、林地、农田和城市
幼体生境	临时性和永久性水塘
濒危等级	无危。已经适应农田环境

成体体长
平均 3½ in (90 mm)

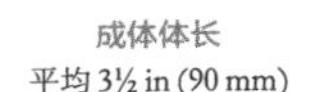

麻斑蟾蜍
Duttaphrynus stomaticus
Indus Valley Toad
(Lütken, 1864)

麻斑蟾蜍在巴基斯坦的印度河谷中最为常见。初夏暴雨过后，它是最先出现在被洪水淹没地区的两栖类。雄性聚集在水塘边，通过低沉的、像从喉咙里发出的叫声吸引雌性。卵被包裹于卵带之中，而卵带又缠绕在水生植物上。蝌蚪在幼年期会组成密集的群体以抵御捕食者。许多蝌蚪还来不及完成变态就因水塘干涸而死亡。如同世界上不少其他蟾蜍一样，生活在城市里的麻斑蟾蜍常常在马路上被汽车碾轧死，它们踏上马路的原因包括前往繁殖场所和捕食被路灯吸引来的昆虫。

麻斑蟾蜍吻端钝；耳后腺形状如肾脏；皮肤密布紧紧排列的瘰粒，如同微型的玻璃弹子；背面皮肤为灰色、橄榄绿或者几乎全黑，具斑驳的深色斑；上唇为米黄色。

相近物种

橄榄色蟾蜍 *Duttaphrynus olivaceus* 是一种在伊朗、巴基斯坦和印度常见的蟾蜍，其生活史与麻斑蟾蜍非常类似，但分布范围要窄得多。寇氏蟾蜍 *Duttaphrynus kotagamai* 是另一种生活在斯里兰卡森林中的稀有蟾蜍，其栖息地受到森林滥伐的威胁，被列为濒危物种。

实际大小

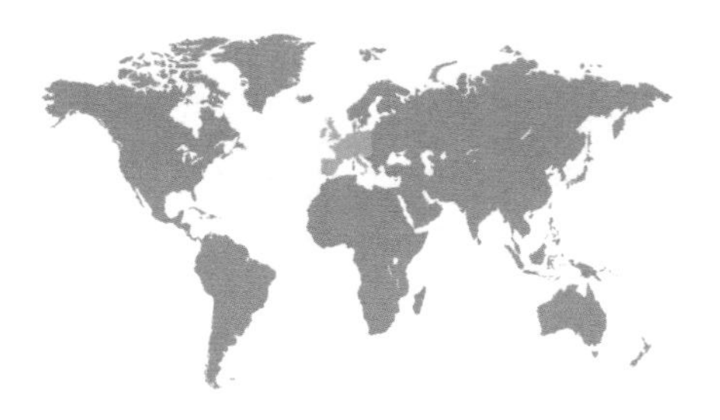

科名	蟾蜍科Bufonidae
其他名称	无
分布范围	欧洲大陆西部和中部、英国、爱尔兰
成体生境	开阔地带，土壤略带砂质，包括石楠荒原和沙丘
幼体生境	临时性浅水坑
濒危等级	无危。在欧洲大陆属于常见物种，但在英国和爱尔兰则为受保护的濒危物种

成体体长
雄性
$1\frac{3}{4}$—$2\frac{13}{16}$ in (45—70 mm)
雌性
$1\frac{15}{16}$—$3\frac{1}{8}$ in (50—80 mm)；
西班牙种群的体型会更大一些

黄条背蟾蜍
Epidalea calamita
Natterjack Toad
(Laurenti, 1768)

黄条背蟾蜍的四肢比大部分蟾蜍都要短，因此它的运动方式是如老鼠一般的快速爬动。它可以在4—7月间的任何时候繁殖，而且有的个体一年能繁殖多次。求偶时，雄性发出响亮、快速而连续的“呱呱”声，持续1—2秒，数千米外都能听到。雌性被雄性的鸣叫吸引到临时性浅水坑中，交配后产下1500—7500枚卵，包裹于长条卵带之中。如果繁殖水坑提前干涸，大批的卵或蝌蚪就会死亡，而这种情况时有发生。在非繁殖期，成体的活动范围非常大，能远距离迁徙。实验表明，黄条背蟾蜍会利用地球磁场导航。

黄条背蟾蜍两眼后方的耳后腺非常发达；背面体色多变，但大部分个体为灰色或橄榄绿色，带有无数黑色小圆点；背部正中有一条黄色纵纹；背部和侧面皮肤为密密麻麻的黄色或红色瘰粒覆盖；腹面灰白色。

相近物种

黄条背蟾蜍是该属唯一的成员。它与大蟾蜍（第163页）和绿蟾蜍（第169页）外形最为相近，在黄条背蟾蜍的部分分布区内，这三种蟾蜍共同生活在一起。黄条背蟾蜍区别于后两者的特征在于其较短的四肢和背部正中的黄色纵纹。

实际大小

科名	蟾蜍科Bufonidae
其他名称	无
分布范围	巴西东部的巴伊亚州
成体生境	森林
幼体生境	未知
濒危等级	未评估

红眼弗蟾
Frostius erythrophthalmus
Frostius Erythrophthalmus
Pimenta & Caramaschi, 2007

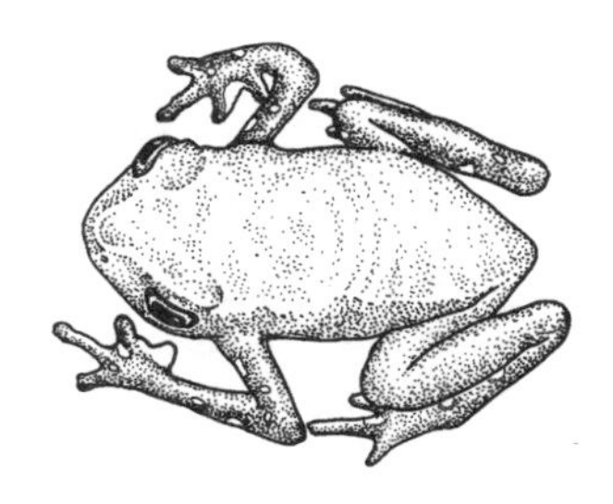

成体体长
雄性
平均 1⅛ in (28 mm)
雌性
未知

这种小型蛙类之前被认为是斑蟾属 *Atelopus*（俗称小丑蟾）的一员，它分布于在巴西大西洋沿岸森林中的一小片区域，生活在落叶堆以及凤梨科植物间。雄性会蹲在树干或低矮的枝丫上鸣叫。目前尚无人观察到它的繁殖习性，但普遍猜测它在凤梨科植物上产卵，其蝌蚪依靠体内营养生存——即蝌蚪没有嘴巴，全靠雌性在卵黄中提供的营养发育。

实际大小

红眼弗蟾身体和四肢纤细；吻端突出；皮肤具瘰粒；全身深灰色或黑色，腹面具黄色小圆点；眼中虹膜为鲜红色，不过有时也有个体虹膜偏黄色。

相近物种

弗蟾属 *Frostius* 的另一物种为黄眼弗蟾 *Frostius pernambucensis*，分布于巴西东北部。顾名思义，两种弗蟾的最大区别在于黄眼弗蟾的虹膜为鲜黄色，而红眼弗蟾的虹膜为红色，而且两者的求偶鸣叫也不相同。黄眼弗蟾的雄性通过鸣叫和挥动前肢来互动，分布范围广，沿着巴西海岸线的山区都有分布，濒危等级为无危。

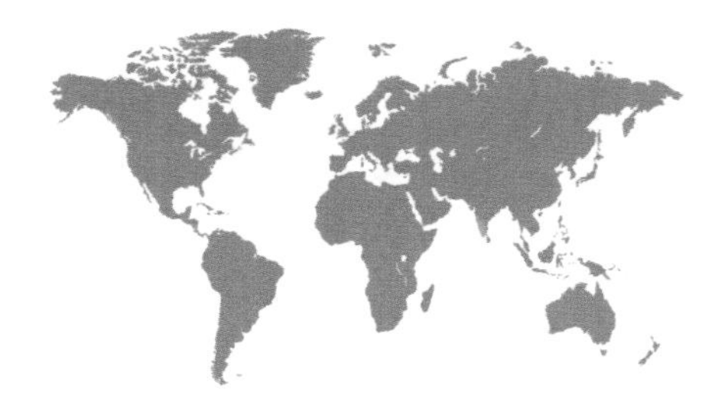

科名	蟾蜍科Bufonidae
其他名称	马拉巴涧蟾、黑涧蟾、饰纹涧蟾
分布范围	印度西南部
成体生境	热带雨林，海拔600—1000 m
幼体生境	水流湍急的溪流
濒危等级	濒危。分布范围狭窄，其栖息地受到森林滥伐的威胁

成体体长
雄性
1 1/16—1 3/16 in (27—30 mm)
雌性
约 1 3/8 in (35 mm)；
依据一号标本

饰纹高止蟾
Ghatophryne ornata
Malabar Torrent Toad

(Günther, 1876)

实际大小

饰纹高止蟾身型纤细；吻端短而尖；皮肤上有瘰粒；脚趾间具蹼；背面为棕色或黑色，伴有黄色斑点或各式各样大小的黄色斑；体侧略显红色。腹面为鲜红色，带有黄色斑点。

西高止山是印度西部南北走向的一座山脉。由于当地有许多特有物种，该山脉被认为是生物多样性的热点区之一。西高止山生活着约 180 种两栖类，其中 80% 都仅分布于该地区，特别是其热带雨林里。饰纹高止蟾是一种颜色鲜艳的小型蟾蜍，常出现在林中湍急的溪流边被苔藓覆盖的巨石上，该物种目前仅知分布于一个狭小的区域，而当地的森林正在被砍伐改造成咖啡种植园。其蝌蚪的嘴部具有强有力的吸盘，使得它们能在水流中贴在水底岩石上。

相近物种

高止蟾属 *Ghatophryne* 仅含两个物种。除饰纹高止蟾外，另一个种是锈色高止蟾 *Ghatophryne rubigina*，也被称为喀拉拉涧蟾或红涧蟾，被列为易危物种，在西高止山共有两处分布，其中一处位于受保护的无声谷国家公园内，它生活在海拔 1000—2000 m 的湍急山溪边。

科名	蟾蜍科Bufonidae
其他名称	无
分布范围	墨西哥和危地马拉
成体生境	云雾林
幼体生境	溪流和小河
濒危等级	尚未评估。但情况不容乐观，狭小的栖息地正面临森林滥伐的巨大威胁

土黄蟾蜍
Incilius aurarius
Cuchumatan Golden Toad
Mendelson, Mulcahy, Snell, Acevedo & Campbell, 2012

成体体长
雄性
2⅛—2¾ in (54—68 mm)
雌性
2¹⁄₁₆—3⅛ in (53—80 mm)

这种最近才被正式描述的蟾蜍和哥斯达黎加已灭绝的金蟾蜍（第 183 页）亲缘关系较近，两者均生活在高海拔的云雾森林里。尽管大部分蟾蜍都在静水塘或水坑里产卵，但土黄蟾蜍却是把卵产在溪流中。繁殖期恰逢旱季，溪流水位为一年中最低。其蝌蚪还没有进化出适应湍急水流的特征——比如吸盘，因此估计蝌蚪无法在溪流水位暴涨时生存。该物种的未来充满了不确定性，连它在野外的生存状况都很难确定。

相近物种

中美蟾蜍属 *Incilius* 共有 40 个物种[①]，都分布在中美洲地区。某些物种被称为森林蟾蜍，包括生活在墨西哥、危地马拉、洪都拉斯和伯利兹的坎氏蟾蜍 *Incilius campbelli*，被列为近危物种，它与土黄蟾蜍的区别在于雄性为棕色而非土黄色。强棱蟾蜍 *Incilius macrocristatus* 生活在墨西哥和危地马拉，被列为易危物种。

土黄蟾蜍的独特之处在于雌雄性颜色差异很大，雌性为棕褐色带有黑色色斑（如图所示），而雄性为土黄色；头相对较大，头顶有骨质化的头棱，耳后腺椭圆形；体侧各有一长排大型瘰粒。

实际大小

① 译者注：依据Frost (2018)，中美蟾属目前有40个物种。

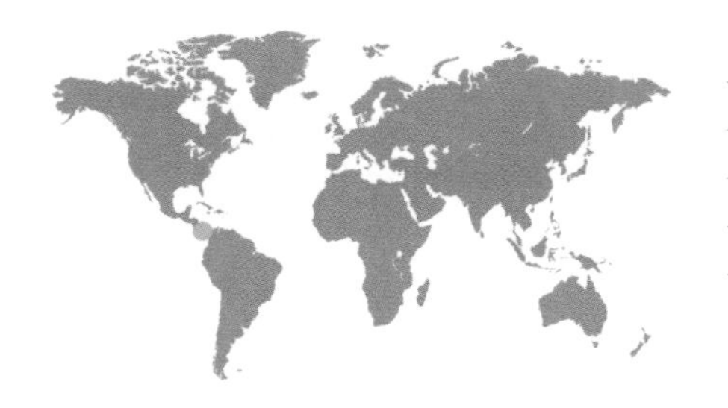

科名	蟾蜍科Bufonidae
其他名称	无
分布范围	哥斯达黎加、巴拿马
成体生境	热带雨林，海拔760—2100 m
幼体生境	浅水坑
濒危等级	极危。近年来，在其狭小的分布区内种群数量急剧下降，也许已经灭绝

成体体长
雄性
1 11/16—2 in (43—52 mm)
雌性
1 9/16—2 3/8 in (40—60 mm)

傲蟾蜍

Incilius fastidiosus

Pico Blanco Toad

(Cope, 1875)

实际大小

傲蟾蜍头顶有明显隆起的头棱；四肢短，尤其是后肢；背部为众多的瘰粒覆盖，背两侧各有一排大型瘰粒；背面颜色为棕色或黑色，瘰粒为红色、锈色或粉色；背面正中往往有一条浅色纵纹。

这种小型蟾蜍一生大部分时间都生活在地下，只有暴雨过后才出来繁殖。雄性不会求偶鸣叫，但如果它被另一只雄性误抱，则会发出一声短鸣，要求对方放开自己。抱对时，雄性紧抱住雌性胯部。由于雄性数量远远多于雌性，因此一只雌性可能被2—10只雄性抱住。雌性偶尔甚至会因为挂在身上的雄性数量太多、无法露出水面呼吸而溺水身亡。卵被包裹于胶质的卵带中，卵与卵之间的卵带缩窄，因此整条卵带类似于念经时用的佛珠。

相近物种

在中美洲，好几种蟾蜍都与傲蟾蜍关系较近，它们同受到壶菌病的严重威胁。其中，信步蟾蜍*Incilius peripatetes*生活在巴拿马，其生物资料很少，被列为极危物种。同样被列为极危物种的还有霍氏蟾蜍*Incilius holdridgei*，仅知分布于哥斯达黎加的某些山峰上，可能已经灭绝。另见金蟾蜍（第183页）。

科名	蟾蜍科Bufonidae
其他名称	湿林蟾蜍
分布范围	哥斯达黎加、巴拿马
成体生境	湿润的森林，从低地到海拔1080 m
幼体生境	溪流
濒危等级	无危。分布范围广，种群数量无明显下降

墨绿蟾蜍
Incilius melanochlorus
Wet Forest Toad
(Cope, 1877)

成体体长
雄性
1¹¹⁄₁₆—2¹⁵⁄₁₆ in (43—74 mm)
雌性
2⅝—4³⁄₁₆ in (65—107 mm)

大部分蟾蜍都具有两性异形，即雌性体型比雄性大。这种两性差异在中美洲的墨绿蟾蜍身上尤为突出。它在旱季繁殖，此时溪流水位最低，从而减少了卵和蝌蚪被激流冲到下游的威胁。雄性的求偶鸣叫为一声短的颤鸣，重复多遍。墨绿蟾蜍主要在夜晚活动，而白天则可能躲在落叶堆下。作为一种在溪流里繁殖的蟾蜍，人们担心它终有一天也会受到壶菌病的感染。

相近物种

卢氏蟾蜍 *Incilius luetkenii* 是一种生活在低地的大型蟾蜍，分布于墨西哥至哥斯达黎加，它全身为均一的黄色或绿色。黑颈蟾蜍 *Incilius coccifer* 体型较小，广泛分布于中美洲。松林蟾蜍 *Incilius coniferus* 在静水塘繁殖，其特点是能爬到树上，它分布于尼加拉瓜至厄瓜多尔。

实际大小

墨绿蟾蜍头部相对较大；眼大；后肢短；体侧各有一排大型瘰粒，瘰粒顶部尖锐；后肢上也有类似大瘰粒；体色为浅褐色或灰色，伴有无规则的深灰色或黑色大块色斑；背部正中往往有一条浅灰色细纵纹。

科名	蟾蜍科Bufonidae
其他名称	平原蟾蜍
分布范围	美国的密西西比州和得克萨斯州、墨西哥东部
成体生境	生境各式各样，包括森林、农田和城郊
幼体生境	各种静水水体
濒危等级	无危。分布范围广，种群稳定

成体体长
雄性
2 1/16—3 13/16 in (53—98 mm)
雌性
2 1/8—4 15/16 in (54—125 mm)

云雾蟾蜍
Incilius nebulifer
Coastal Plain Toad
(Girard, 1854)

这种大型蟾蜍主要分布在从美国密西西比至墨西哥南部的沿海地区，但在内陆的得克萨斯也有分布。和大部分蟾蜍不同，云雾蟾蜍擅于爬树，最高可以出现在离地面 4.5 m 高的地方。通常情况下它生活在水源附近，于每年 3—8 月间在雨后繁殖，繁殖地点为被洪水淹过的平原和田地。雄性的声囊非常大，鸣叫声为响亮急速的“咔嗒咔嗒”的颤音，持续 4—6 秒。雌性最多能产近两万枚卵，包裹于长卵带中。当受到惊吓时，云雾蟾蜍会把身体变得扁平，紧贴地面。

相近物种

浜岸蟾蜍 *Incilius valliceps* 外形与云雾蟾蜍类似，直到不久前两者都被认为属于同一种广泛分布的蟾蜍。浜岸蟾蜍分布于中美洲，从墨西哥南端一直到哥斯达黎加北部。它在夜晚很活跃，生活在森林和各种受干扰的生境中。

实际大小

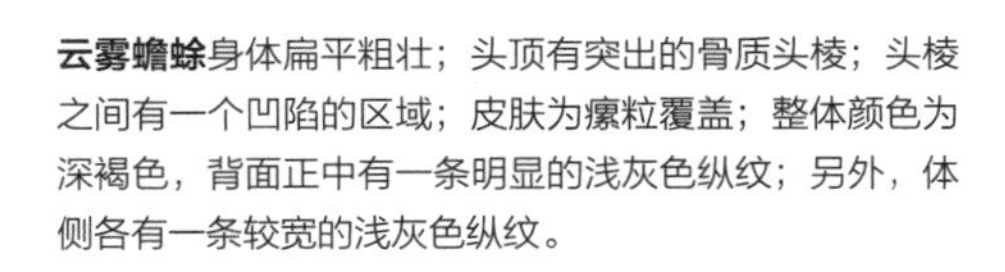

云雾蟾蜍身体扁平粗壮；头顶有突出的骨质头棱；头棱之间有一个凹陷的区域；皮肤为瘰粒覆盖；整体颜色为深褐色，背面正中有一条明显的浅灰色纵纹；另外，体侧各有一条较宽的浅灰色纵纹。

科名	蟾蜍科Bufonidae
其他名称	无
分布范围	哥斯达黎加的蒙泰韦尔德云雾林保护区
成体生境	云雾森林
幼体生境	浅水坑
濒危等级	灭绝。分布范围极其狭窄，一般认为气候变化或壶菌病是灭绝的主要原因

金蟾蜍
Incilius periglenes
Golden Toad
(Savage, 1966)

成体体长
雄性
1⅝—1⅞ in (41—48 mm)
雌性
1⅞—2⅛ in (47—54 mm)

这种异常美丽的蟾蜍却不幸给我们呈现了一个种群毁灭性崩溃的例子。金蟾蜍曾经生活的范围不足 10 km^2。1987 年，尚存 1500 个个体，到了 1988 年，人们只找到九只，1989 年，仅有一只。自此以后，人们再也没有见过金蟾蜍。除了短暂的繁殖期外，它都生活在地下。它异于寻常蟾蜍的特点不仅在于其鲜艳的体色，而且体色在雌雄之间又完全不同。金蟾蜍在 20 世纪 80 年代的灭绝时间与当时应该是雨季却连续出现干旱的时间正好吻合，而这种反常的气候或许促进了壶菌病的传播，尽管当时人们还并不知道壶菌病的存在。

实际大小

相近物种

中美蟾蜍属 *Incilius* 中不少成员都分布于中美洲的山区里。上耳蟾蜍 *Incilius epioticus* 是分布于哥斯达黎加和巴拿马的稀有物种。瓜山蟾蜍 *Incilius guanacaste* 分布于哥斯达黎加的瓜纳卡斯特山区，几乎不为人知。另一种最近才在巴拿马被发现的克氏蟾蜍 *Incilius karenlipsae*，或许已经灭绝了。另见土黄蟾蜍（第 179 页）。

金蟾蜍体型不大；全身皮肤布满细小的瘰粒，瘰粒顶端具黑刺；雄性全身为鲜艳的橘黄色，而雌性则为黄绿色至黑色，伴有红色圆斑；圆斑外缘为黄色；虹膜为黑色，瞳孔横置，无鼓膜；脚趾具半蹼；雄性体型比雌性略小，吻端更尖，后肢相对更长。

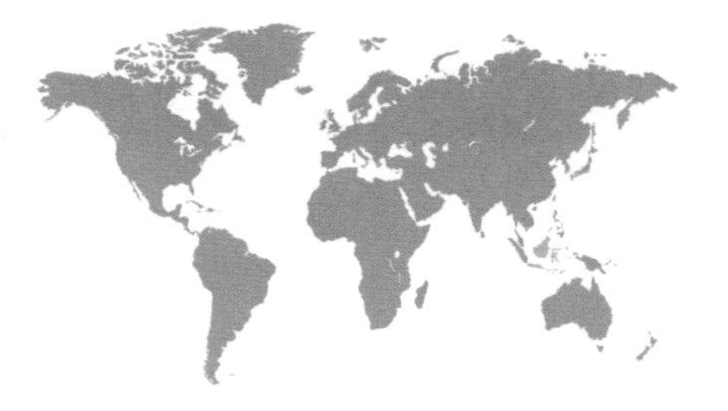

科名	蟾蜍科Bufonidae
其他名称	森林蟾蜍、马来侏儒蟾蜍
分布范围	印度尼西亚的苏门答腊岛、婆罗洲
成体生境	低地森林
幼体生境	水坑和缓速溪流
濒危等级	无危。为广布物种，但种群数量因森林滥伐而有所下降

成体体长
雄性
1 1/8—1 11/16 in (28—43 mm)
雌性
1 7/16—2 1/8 in (36—55 mm)

斜棱蟾蜍
Ingerophrynus divergens
Crested Toad
(Peters, 1871)

实际大小

斜棱蟾蜍头部宽，具两条骨质头棱；四肢短而纤细；背部和侧面为带刺的瘰粒覆盖；背面颜色为灰白色、淡红色或深棕色，带有黑色斑点；部分个体背部还有黑色的“V”形图案；腹面为黄色或浅褐色。

这种矮胖的小型蟾蜍生活在森林地表的落叶堆中，它的体色和花纹都提供了绝佳的伪装，使其能隐匿于枯叶之间。斜棱蟾蜍昼伏夜出，到了晚上便四处跳跃捕食昆虫，主要包括蚂蚁和白蚁。繁殖过程在雨水填充的水坑或水流缓慢的溪流边进行。雄性发出沙哑的、音调逐渐升高的颤鸣，并且会形成合鸣。雌性将卵包裹于卵带之中。和大多数蟾蜍一样，斜棱蟾蜍皮肤的分泌物使潜在的捕食者对它敬而远之。

相近物种

目前，棱顶蟾属 *Ingerophrynus* 共包含12个物种，均分布于东南亚地区，也被称为海南蟾蜍。二列疣蟾蜍 *Ingerophrynus biporcatus* 体型比斜棱蟾蜍大，它同样生活在森林里，头顶的瘠棱非常明显。棒棱蟾蜍 *Ingerophrynus claviger* 分布于苏门答腊岛，被列为濒危物种。另见偶小蟾蜍（第185页）。

科名	蟾蜍科Bufonidae
其他名称	侏儒蟾蜍、小马六甲蟾蜍、溪蟾
分布范围	柬埔寨、印度尼西亚、缅甸、泰国、马来半岛
成体生境	森林
幼体生境	水坑或缓速溪流
濒危等级	无危。部分地区种群数量有所下降，但分布在某些保护区内

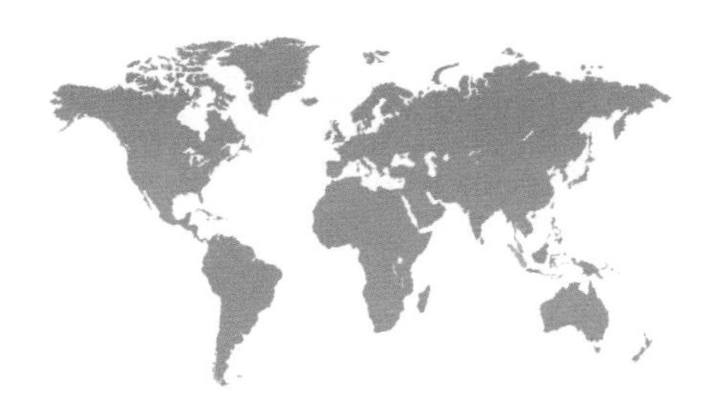

偶小蟾蜍
Ingerophrynus parvus
Lesser Toad
(Boulenger, 1887)

成体体长
雄性
1³⁄₁₆—1⅜ in (30—35 mm)
雌性
1⁹⁄₁₆—1¹⁵⁄₁₆ in (40—50 mm)

这种小型蟾蜍跳跃能力出众，同时也能攀爬到植被上。一年之中任意时节的降雨都能促使雄性聚集到水坑和溪边进行求偶鸣叫。雄性发出单音节的沙哑鸣声，有时会形成大规模的集群，然而雌性只有在暴雨后才会出来繁殖。偶小蟾蜍有时也能在橡胶园和花园里出现，说明它并不完全依赖于自然的森林环境。2011 年，壶菌病的元凶——蛙壶菌在偶小蟾蜍中被发现，但目前尚无证据表明该真菌会导致偶小蟾蜍大规模死亡。其皮肤的分泌物有剧毒。

实际大小

偶小蟾蜍吻端短；前肢纤细；头顶具骨质瘠棱；皮肤起褶，为瘰粒覆盖；脚趾间具半蹼；背面颜色为灰色、褐色、淡红色或黑色；背部正中常常有一堆黑色圆斑；腹面灰白色。

相近物种

古鲁姆蟾蜍 *Ingerophrynus gollum* 是棱顶蟾属 *Ingerophrynus* 的新成员，直到 2007 年才在马来半岛被发现，这说明该属也许还有其他未知物种等待被发现。金橘蟾蜍 *Ingerophrynus kumquat* 生活在马来西亚的泥炭沼泽里，其栖息地正在被人为抽干，被评为濒危物种。另见斜棱蟾蜍（第 184 页）。

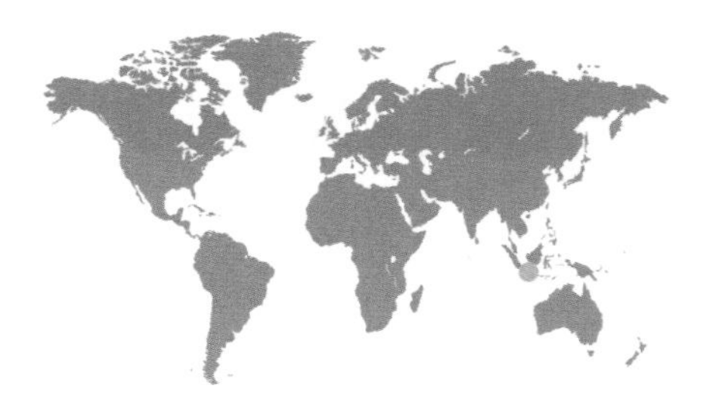

科名	蟾蜍科Bufonidae
其他名称	火红蟾蜍、印尼树蟾
分布范围	印度尼西亚的爪哇岛西部
成体生境	森林，海拔1000—2000 m
幼体生境	水流缓慢的溪流
濒危等级	极危。分布范围狭窄，种群数量大规模下降

成体体长
雄性
¾—1³⁄₁₆ in (20—30 mm)
雌性
1—1⁹⁄₁₆ in (25—40 mm)

血色平滑蟾
Leptophryne cruentata
Bleeding Toad
(Tschudi, 1838)

实际大小

血色平滑蟾得名于其背上和四肢的血红色和黄色斑点，背面和四肢底色为黑色；有两种色型：一种背面有镶红边和黄边的黑色沙漏形的图案，另一种背面为散布的黑色和黄色斑点；腹面为红色或黄色；体型小而纤细，皮肤布满瘰粒；趾间具蹼。

在1982年爪哇岛的加隆贡火山喷发之前，这种色彩亮丽的小型蟾蜍在西爪哇山区某个小范围内还相当常见。到1987年，它就变得非常稀有，而在2003年，人们只找到一个个体。这说明火山喷发可能导致其种群数量的下降。在2007年的壶菌病野外调查中，人们意外地又发现了一些血色平滑蟾，其中有少部分个体感染了壶菌病。因此现在无法确定，到底是火山喷发还是壶菌病才是其种群下降的罪魁祸首。血色平滑蟾经常待在山溪旁能被溪水溅湿的岩石上。

相近物种

除血色平滑蟾外，该属还有另外一个物种——泥平滑蟾 *Leptophryne borbonica*，分布于印尼、马来西亚和泰国的低地森林里。其名称来源于背上深色的沙漏形或“X”形的斑纹。它生活在森林地表的落叶堆中，其皮肤能分泌剧毒的毒素。

科名	蟾蜍科Bufonidae
其他名称	无
分布范围	巴西南部的福块塔河（Forqueta River）
成体生境	森林
幼体生境	河边的水坑
濒危等级	极危。分布范围非常小，同时还受到生境被破坏和被捕捉的威胁

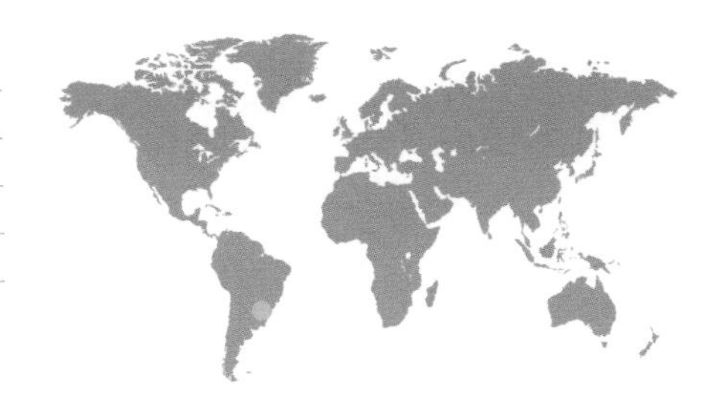

成体体长
1⅛—1⅝ in (29—41 mm)

艳丽黑味蟾
Melanophryniscus admirabilis
Red-belly Toad
Di-Bernardo, Maneyro & Grillo, 2006

这种色彩艳丽的小型蟾蜍仅分布在巴西南部的福块塔河边海拔约 700 m 的区域。陆栖，白天活动，生活在河边的岩石堆之间。它在 9—10 月的雨后繁殖，抱对的雌性和雄性会在河边不同的水坑中下数窝卵，每窝 20 枚左右。该地区现有一个水电项目的计划，一旦动工，则会毁掉艳丽黑味蟾的栖息地，促使其走向灭绝。它还因其艳丽的外表吸引了宠物爱好者，因而遭到捕捉。当受到侵扰时，艳丽黑味蟾会展示其腹面的红色部分。这是一种警戒色，表明皮肤分泌物含有剧毒。

实际大小

相近物种

黑味蟾属 *Melanophryniscus* 包含了 26 个物种[①]，全部分布于南美洲，其中很多物种都被限制在一个个狭小的区域内，甚至比艳丽黑味蟾的分布区还要小。圆鼻黑味蟾 *Melanophryniscus pachyrhynus* 仅有两号标本，采于 1905 年，直到 2008 年，它才在巴西南部和乌拉圭被重新发现，其濒危等级尚未被评估。另见蒙得黑味蟾（第 188 页）。

艳丽黑味蟾头部、躯干和四肢上有许多球状的大型腺体；背面底色为暗绿色，点缀有黄色或淡绿色色斑；上腹底色为黑色，带黄色或绿色色斑；大腿腹面、手掌和脚掌为鲜艳的红色。

① 译者注：依据Frost (2018)，黑味蟾属目前有29个物种。

科名	蟾蜍科Bufonidae
其他名称	达尔文蟾蜍
分布范围	乌拉圭、巴西最南端
成体生境	靠近海岸带有沙丘、砂质土壤和湿地的区域
幼体生境	临时性水塘
濒危等级	易危。某些地区依然常见，但在另一些地区则因生境被破坏而数量下降

成体体长
雄性
¾—15/16 in (19—24 mm)
雌性
⅞—1⅛ in (22—28 mm)

蒙得黑味蟾
Melanophryniscus montevidensis
Montevideo Red-belly Toad

(Philippi, 1902)

实际大小

蒙得黑味蟾体型微小；皮肤具瘰粒；背面为黑色，散布着许多黄色斑点；在靠近体侧处，黄色斑点连接成条纹状；腹面为黑色，伴有红色或黄色的斑点或色斑；大腿腹面、手掌和脚掌为鲜红色。

这种体型微小的蟾蜍主要在白天活动，其繁殖策略为“爆发式繁殖”，即繁殖过程集中在几天之内完成。它在雨后较温暖时繁殖。雄性先发出一声口哨似的长鸣，紧跟着是一连串跳动有力的短音。雌性把卵产在临时性水塘中，这样就不用担心有鱼或其他捕食者来吞食卵。当受到攻击时，它即采取防御姿态，亮出鲜红色的臀部和掌部。蒙得黑味蟾的栖息地正遭受到城市化建设和种植园开垦的破坏。雪上加霜的是气候变化会导致该地区变得更加干燥，因而未来将不再适宜它的生存。

相近物种

蒙得黑味蟾在外形和体色上都与黑黄黑味蟾 *Melanophryniscus atroluteus* 近似，后者较为常见，生活在乌拉圭和巴西南部的内陆有草场的地区。多贝黑味蟾 *Melanophryniscus setiba* 为 2012 年才发表的物种，生活在巴西海滨旱化森林（Restinga）生境中。该生境为树林和灌木丛，沿巴西海岸线有多处分布。另见艳丽黑味蟾（第 187 页）。

科名	蟾蜍科Bufonidae
其他名称	布氏无耳蟾、马绍纳兰蟾
分布范围	津巴布韦与莫桑比克交界
成体生境	森林
幼体生境	树根处扶壁间的水坑里
濒危等级	濒危。分布范围狭窄，因生境被破坏而受胁

成体体长
雄性
1—1⅜ in (25—35 mm)
雌性
1¼—1^{13}/$_{16}$ in (32—46 mm)

马绍默蟾
Mertensophryne anotis
Chirinda Toad
(Boulenger, 1907)

这种体型微小的蟾蜍生活在森林地表的落叶层中，通过伪装来避免被其他动物发现。尽管马绍默蟾没有鼓膜，但雄性依然在夏季通过似乎带有一丝伤感的啁啾鸣声来吸引雌性，目前还没有交配行为的记录。卵被包裹于卵带中，产于树的支撑根之间的微型水坑里，每个卵带约含有100枚卵。其蝌蚪头顶长有一簇类似于海绵的组织。一般认为，该海绵组织能使蝌蚪在水面进食时同时也能从空气中获取氧气，是一种对水坑溶氧量过低的适应。

实际大小

马绍默蟾的头部和背部扁平，使其体型像个盒子；吻端突出；无鼓膜；耳后腺宽大扁平；体色为浅褐色，四肢具深褐色斑点和横纹；背部和肩部亦为浅褐色。

相近物种

目前，默蟾属 *Mertensophryne* 包含14个物种，均分布于非洲中部和西部，尤其集中在坦桑尼亚的山脉中。弱小膜蟾 *Mertensophryne micranotis* 是一种生活在肯尼亚和坦桑尼亚的相对常见的树栖物种，其体型仅有24 mm长。人们认为它为体内受精。并且有报道指出，在交配过程中雄性和雌性的腹面会紧紧相贴。

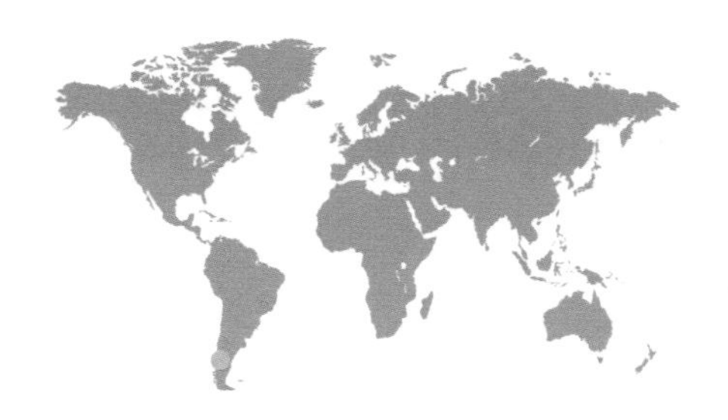

科名	蟾蜍科Bufonidae
其他名称	翠绿林蟾、巴塔哥尼亚蟾
分布范围	智利南端、阿根廷
成体生境	湿润森林、泥塘和苔原，最高海拔2000 m
幼体生境	临时性水塘
濒危等级	无危。为常见物种，种群稳定

成体体长
平均约 1¾ in (45 mm);
雌性体型大于雄性

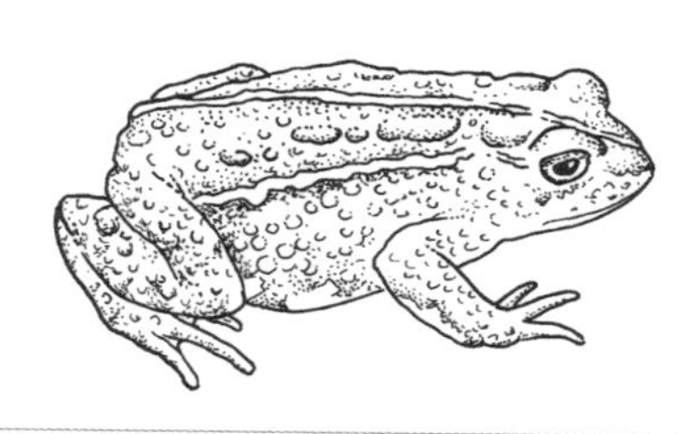

多彩纳诺蟾
Nannophryne variegata
Eden Harbour Toad

Günther, 1870

实际大小

多彩纳诺蟾体型偏小；吻短；体侧和四肢上具大颗的瘰粒；其特殊之处在于它有两对耳后腺，外加背部和四肢上的明显的分泌腺；背面颜色为墨绿色或栗红色，点缀有三条或五条黄色的纵纹；腹面为白色，带有黑色斑点。

多彩纳诺蟾与同域分布的阿根廷雨蟾 *Batrachyla antartandica* 一起成为世界上分布最靠南的两栖类。它生活在长满南青冈属树木 *Nothofagus* 的林地和某些开阔地带中。尽管在许多地方都属于常见物种，但人们对它的生活史却并不了解。卵被包裹于长条的卵带中，孵化出的黑色小蝌蚪也与普通的蟾蜍蝌蚪无异。幼体的体色极其艳丽：全身为黑色，背上有数条淡绿色或白色的纵纹。

相近物种

纳诺蟾属 *Nannophryne* 的另外三个物种均分布于安第斯山脉，目前还鲜为人知。荒原纳诺蟾 *Nannophryne cophotis* 和马拉加纳诺蟾 *Nannophryne corynetes* 仅生活在秘鲁的狭小区域内。阿山纳诺蟾 *Nannophryne apolobambica* 仅知分布于玻利维亚的一小片云雾林之中。

科名	蟾蜍科Bufonidae
其他名称	无
分布范围	非洲中西部，西至尼日利亚，东至刚果民主共和国东侧
成体生境	低地森林
幼体生境	树洞中的小水坑
濒危等级	无危。分布范围广阔，但其种群现状不得而知

阿弗拉游蟾
Nectophryne afra
African Tree Toad
Buchholz & Peters, 1875

成体体长
1—1½ in (25—38 mm)

这种小型蟾蜍据称行动迟缓且笨拙。它白天生活在地面，晚上则爬到树上。其繁殖行为都围绕着小树洞中积水的浅水坑进行。雄性在树洞中求偶鸣叫，雌性则在水坑中产卵。雄性会在水坑边守护卵，直到它们孵化成蝌蚪，并在接下来的两周时间内继续照料蝌蚪。为了保证蝌蚪能获得足够的氧气供应，雄性会在水坑中游泳并用后肢剧烈拍打水面，使更多氧气能溶于水中。

实际大小

阿弗拉游蟾后肢细长；指、趾间具满蹼；背面为棕绿色，具三条绿色或黄色的横纹；体侧各有一条绿色或黄色的宽条纹；四肢为棕色，伴有绿色色斑；腹面主要为黄色。

相近物种

除阿弗拉游蟾以外，游蟾属 *Nectophryne* 仅有的另一物种，贝氏游蟾 *Nectophryne batesii*，分布范围与阿弗拉游蟾非常相似，但其生物学和种群现状无人知晓。

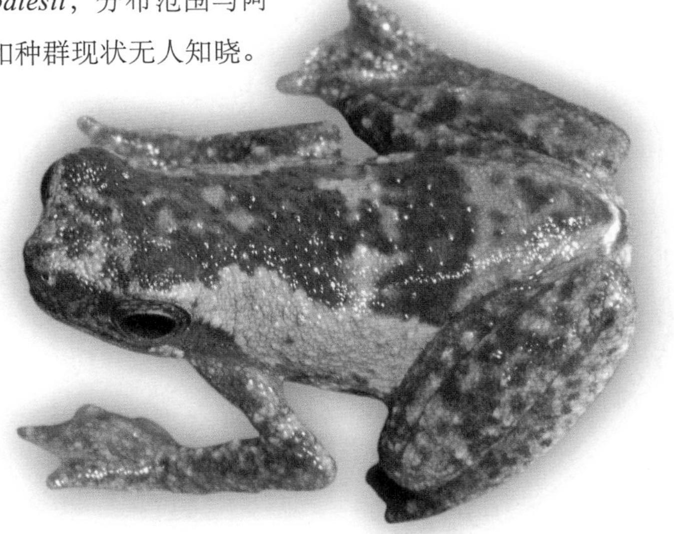

科名	蟾蜍科Bufonidae
其他名称	无
分布范围	坦桑尼亚的乌德宗瓦山脉和东部弧形山脉
成体生境	河道峡谷中有溅水的区域
幼体生境	雌性体内[①]
濒危等级	野外灭绝。仅存人工繁殖的种群

成体体长
雄性
9/16—11/16 in (15—17 mm)
雌性
11/16—3/4 in (18—20 mm)

水雾胎生蟾
Nectophrynoides asperginis
Kihansi Spray Toad

Poynton, Howell, Clarke & Lovett, 1999

实际大小

水雾胎生蟾体型微小；四肢细长；眼睛大而乌黑；背面颜色为黄色或金色，伴有黄色或褐色斑点；从眼后到胯部有一条棕色宽条纹；腹面皮肤透明，体内器官、包括发育中的蝌蚪都清晰可见。

这种体型微小的蟾蜍于1999年被正式发表，到了2005年却已经在野外绝迹。当被首次发现时，水雾胎生蟾仅生活在一片2 km^2的区域内，但数量并不算稀少。该区域位于河道峡谷内，其植被在瀑布溅起的水雾中一直保持湿润。1999年该峡谷修筑了水坝，致使水流减少，瀑布不再溅起水雾，植被也变得干燥。这直接导致了水雾胎生蟾的种群崩溃。试图人工模仿水雾的尝试最后也以失败告终。所幸该物种的人工繁殖已获得成功，目前仅幸存有人工种群。它为体内受精，蝌蚪在雌性的输卵管中完成发育变态，雌性直接产下体长仅5 mm的幼蟾。

相近物种

迄今为止，胎生蟾属 *Nectophrynoides* 共包含13个物种，均分布于坦桑尼亚东部弧形山脉的森林和湿地中。该属所有物种均为卵胎生，即卵留在雌性体内发育，直到变态为幼蟾。除了托氏胎生蟾（第193页）外，所有胎生蟾都面临着灭绝的威胁。

① 译者注：雌性的输卵管中。

科名	蟾蜍科Bufonidae
其他名称	乌山胎生蟾
分布范围	坦桑尼亚的东部弧形山脉
成体生境	森林和林缘地带，最高海拔1800 m
幼体生境	雌性体内①
濒危等级	无危。分布于多条山脉之中，但其栖息地正在因森林滥伐而减少

托氏胎生蟾
Nectophrynoides tornieri
Tornier's Forest Toad
(Roux, 1906)

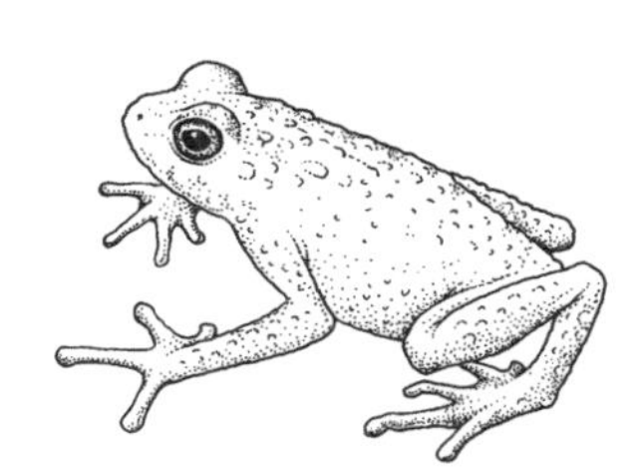

成体体长
雄性
最大 1⅛ in (28 mm)
雌性
最大 1$\frac{5}{16}$ in (34 mm)

这种小型蟾蜍经常蹲在低矮的植物上。雄性的鸣叫由一连串高音频的咔嗒声组成。托氏胎生蟾以及其近缘物种的不寻常之处在于它们皆为卵胎生，即受精在雌性体内完成，而卵和蝌蚪也在母体体内完成发育，最终生出小幼蟾。托氏胎生蟾分布于坦桑尼亚东部弧形山脉的多座高山森林中。东部弧形山脉是著名的生物多样性热点地区之一，却正受到生态环境被破坏的威胁。它有时也出现在香蕉种植园中，说明较之其他蛙类更能适应被改变的环境。

实际大小

托氏胎生蟾体型微小；头部宽阔；身体纤细；四肢细长；眼大而突出，鼓膜明显；指、趾端钝圆；背面为淡棕色；雄性的腹面为白色或灰色，而雌性的腹面则是透明的。

相近物种

在胎生蟾属 *Nectophrynoides* 目前已知的 13 个物种中，仅有托氏胎生蟾被认定尚未受到种群下降的威胁。隐胎生蟾 *Nectophrynoides cryptus* 自从 1927 年之后就再没被见到过，被列为濒危物种。同样为濒危物种的侏儒胎生蟾 *Nectophrynoides minutus* 体长还不足 22 mm。另见水雾胎生蟾（第 192 页）。

① 译者注：雌性的输卵管中。

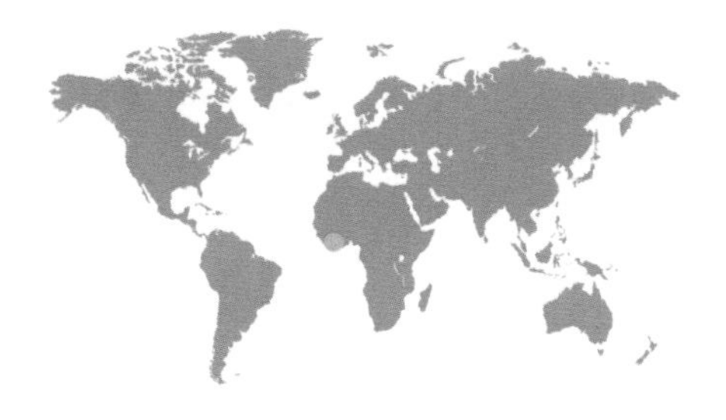

科名	蟾蜍科Bufonidae
其他名称	无
分布范围	位于西非的几内亚、科特迪瓦和利比里亚三国交界的宁巴峰
成体生境	海拔高于1200 m的高山草甸
幼体生境	雌性体内[1]
濒危等级	极危。分布范围非常狭窄，其栖息地因采矿而被破坏

成体体长
雄性
平均 1 1/16 in (18 mm)
雌性
平均 7/8 in (22 mm)

西部宁巴蟾

Nimbaphrynoides occidentalis

Western Nimba Toad

(Angel, 1943)

实际大小

西部宁巴蟾吻端突出；指、趾长；指、趾间无蹼；怀卵的雌性的腹部明显膨大；背面颜色为棕色或黑色，伴有浅色色斑；腹面为白色；某些个体体侧有一条黑色宽纵纹；四肢为淡棕色，带有深棕色横纹。

尽管宁巴山已被联合国教科文组织列为世界自然遗产，但却未改变该地因富含铁矿石和铝土矿而饱受采矿业侵蚀的状况。宁巴山上分布着多个特有物种，其中就包括西部宁巴蟾。这种小型蟾蜍是目前已知的唯一真正意义上的胎生蛙类。7—9月的雨季为繁殖期，交配过后，雌性体内携带4—35枚受精卵躲入地下。蝌蚪在雌性的输卵管内孵化并发育。蝌蚪首先通过自身携带的卵黄获取营养，之后，雌性输卵管壁上的腺体会分泌“子宫乳液”供给蝌蚪食用。九个月后，雌性从地底钻出，生出仅有7.5 mm长的小幼蟾。

相近物种

西部宁巴蟾是宁巴蟾属 *Nimbaphrynoides* 的唯一物种。在附近的阿尔法山上生活着一种体型稍大的宁巴蟾，它曾经被单独列为一个物种——利比里亚宁巴蟾 *Nimbaphrynoides liberiensis*，但现在被认为是西部宁巴蟾的一个亚种。利比里亚亚种的体型比指名亚种体型稍大，同样为胎生。

① 译者注：雌性的输卵管中。

科名	蟾蜍科Bufonidae
其他名称	罗赖马黑蟾蜍
分布范围	巴西、委内瑞拉和圭亚那三国交界的罗赖马山
成体生境	裸露岩石表面和沼泽，海拔2300—2800 m
幼体生境	卵内发育
濒危等级	易危。分布范围狭窄，常受到游客的侵扰

奎氏对趾蟾
Oreophrynella quelchii
Roraima Bush Toad
(Boulenger, 1895)

成体体长
雄性
⅝—$^{15}/_{16}$ in (16—24 mm)
雌性
¾—1$^{3}/_{16}$ in (20—30 mm)

这种不同寻常的小型蟾蜍和该属其他物种都有一种独特的逃生技能。如果受到攻击，比如遇到会捕捉蛙类的捕鸟蛛，它可以把四肢和头部缩起来藏在身体下，蜷缩成一个球，然后像一个小鹅卵石一样从山坡上滚下。奎氏对趾蟾移动速度慢，步伐不慌不忙，生活在委内瑞拉东部和圭亚那西部特有的高山平顶之上。繁殖期中，在苔藓下的缝隙中产下9—13枚卵。也有报道称，曾发现数对奎氏对趾蟾在同一处洞穴中集体繁殖。其蝌蚪在卵内直接发育为小幼蟾。

实际大小

奎氏对趾蟾体型微小；头部宽；四肢细弱，因此多爬行，不善跳跃；指、趾粗壮；眼大；背部具很多瘰粒；背面颜色为黑色并带光泽，腹面为黄色，点缀有黑色斑纹。

相近物种

对趾蟾属 *Oreophrynella* 共包含九个物种，均分布于委内瑞拉、圭亚那和巴西的高山平顶之上。因为这些物种的分布海拔很高，所以其分布范围也很局限，并且与近缘物种隔离。因此大部分对趾蟾属物种都很稀有，需要受到保护。例如，黑对趾蟾 *Oreophrynella nigra* 仅生活在委内瑞拉的一片狭小区域内，被列为易危物种。另见斯氏对趾蟾（第196页）。

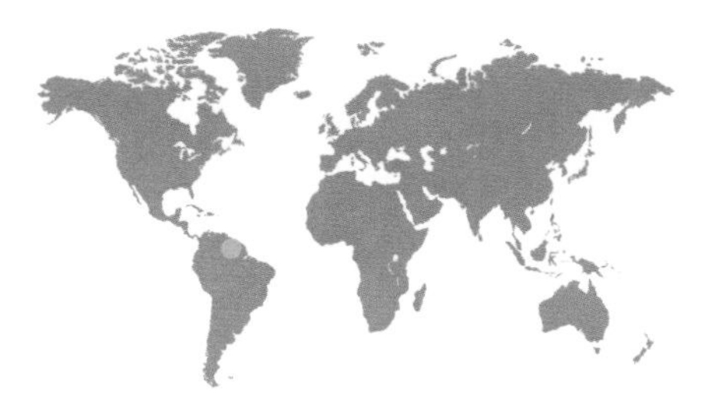

科名	蟾蜍科Bufonidae
其他名称	无
分布范围	圭亚那
成体生境	浓密的低矮灌丛和泥炭沼泽
幼体生境	卵内发育
濒危等级	尚未评估。分布范围狭窄，一般认为它对气候变化非常敏感

成体体长
雄性
最大 ⅞ in (21 mm)
雌性
未知

斯氏对趾蟾

Oreophrynella seegobini

Seegobin's Tepui Toad

Kok, 2009

实际大小

斯氏对趾蟾体型微小；头部宽；眼后具骨质嵴棱；指、趾粗短；指、趾间具蹼；背面和四肢上有很多大小不一的瘰粒；背面为黑色或棕色，腹面为橙棕色。

玛丽玛-特普伊（Maringma-tepui）是一座海拔2088 m、位于圭亚那的平顶山，是散落在东委内瑞拉和西圭亚那之间的数座平顶山之一。该山顶的平地生长着一种特殊的植被群落，面积约为170公顷（170万平方米），包括低矮的森林、灌丛和泥炭沼泽。体型微小、极不容易被发现的斯氏对趾蟾就生活在这样的环境中。它为昼行性，白天在地面活动。人们对其繁殖习性完全不了解，只知道雄性在求偶时会发出轻柔的啾啾声。一般认为，斯氏对趾蟾和其他对趾蟾一样，雌性在地面产卵，而蝌蚪在卵内直接发育，最后孵化出小幼蟾。

相近物种

斯氏对趾蟾是对趾蟾属 *Oreophrynella* 九个物种中最近才被描述的，该属所有物种都被列为易危或数据缺乏。罗赖马山是所有平顶山中面积最大的，平地面积为31 km^2，坐落于委内瑞拉、圭亚那和巴西三国交界处。该山为奎氏对趾蟾（第195页）的产地。

科名	蟾蜍科Bufonidae
其他名称	无
分布范围	厄瓜多尔
成体生境	云雾林，海拔1500 m左右
幼体生境	未知
濒危等级	尚未评估。目前仅知生活在一个保护区内的一个地点

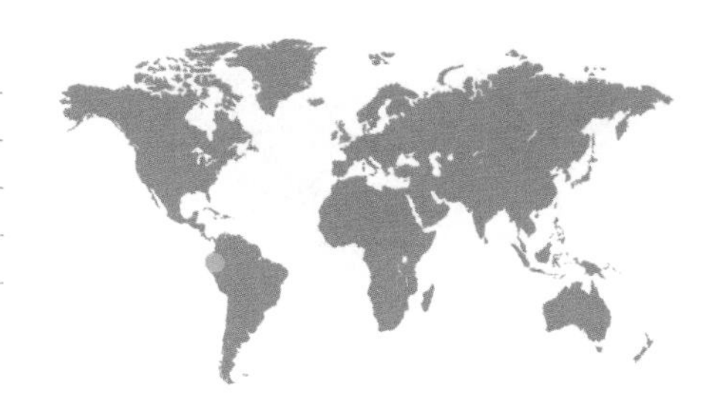

辛氏奥索蟾
Osornophryne simpsoni
Osornophryne Simpsoni
Páez-Moscoso, Guayasamin & Yánez-Muñoz, 2011

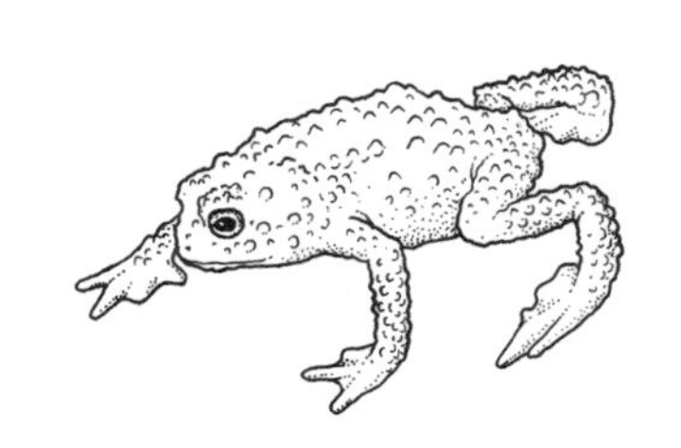

成体体长
雄性
11/16—1 in (17—26 mm)
雌性
约 1 5/16 in (33 mm)

人们对这种小型蟾蜍知之甚少，仅有一号雌性标本被完整描述。它在夜晚活动，常趴在凤梨科植物和蕨类植物上。奥索蟾属 *Osornophryne* 内的物种体型都很小，而且显得胖乎乎的，大部分物种的分布范围都很小，均分布于厄瓜多尔和哥伦比亚境内安第斯山的高海拔地区。雌性体型明显大于雄性。有确切证据表明，该属物种直接把卵产在地面。卵径相对较大，很可能直接孵化为小幼蟾。奥索蟾属物种的栖息地正在被伐木和非法农垦所破坏，它们同时还面临农药喷洒的威胁。

实际大小

辛氏奥索蟾吻端短而尖；四肢修长；指、趾间具蹼；背面和头部有大量瘰粒，体侧具大型圆锥形突起；背面为深棕至浅褐色，伴有浅色色斑，腹面为棕色；手掌和脚掌底部为橘黄色。

相近物种

奥索蟾属目前共包含 11 个物种。其中，鼻突奥索蟾 *Osornophryne guacamayo* 的吻端有一个突出的“长鼻子”，分布于哥伦比亚和厄瓜多尔东北部，被列为濒危物种。索玛哥奥索蟾 *Osornophryne sumacoensis* 只生活在厄瓜多尔的索玛哥火山口湖周围的云雾林里，被列为易危物种。如果以后发生火山喷发，则会对其带来毁灭性打击。

科名	蟾蜍科Bufonidae
其他名称	棕色树蟾
分布范围	婆罗洲、印尼的苏门答腊岛、马来半岛和泰国南端
成体生境	森林，最高海拔700 m
幼体生境	森林溪流
濒危等级	无危。分布范围广阔，但在某些地区受到森林滥伐的威胁

成体体长
雄性
$1\frac{15}{16}$—$3\frac{1}{8}$ in (50—80 mm)
雌性
$3\frac{1}{2}$—$4\frac{1}{8}$ in (89—105 mm)

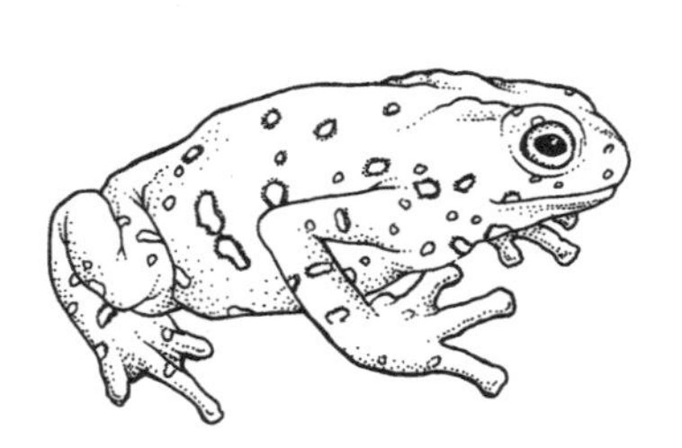

霍氏浆蟾
*Pedostibes hosii*①
Boulenger's Asian Tree Toad
(Boulenger, 1892)

与蟾蜍科的大部分物种不同，霍氏浆蟾生活在树上，可以爬到离地 6 m 高的地方。其手指和脚趾末端长有吸盘，和树蛙类似。它以蚂蚁和其他昆虫为食。繁殖时，它会下到地面，聚集在森林里的溪流边，雄性发出“呱呱”的响亮鸣声。卵被包裹于长条卵带中。蝌蚪通常游弋在溪边水坑底的落叶之间。霍氏浆蟾没有固定的繁殖期，繁殖集群可能发生在一年之中的任意时间。

霍氏浆蟾头顶嵴棱突出，从眼后延伸至耳后腺；头部其余部分平滑，背部有少量瘰粒；指、趾末端膨大呈吸盘状；趾间具蹼；所有的雄性和部分雌性体色为浅棕色至巧克力色，但有些雌性为黑色或紫色，点缀有醒目的黄色斑点。

相近物种

浆蟾属 *Pedostibes* 共包含五个物种②，英语里也将其称为树蟾。粗皮浆蟾 *Pedostibes rugosus*③皮肤为绿色，布满瘰粒，仅分布于婆罗洲，被列为近危物种。多疣浆蟾 *Pedostibes tuberculosus* 为印度西高止山特有种，生活在溪边的树上，被列为濒危物种。

实际大小

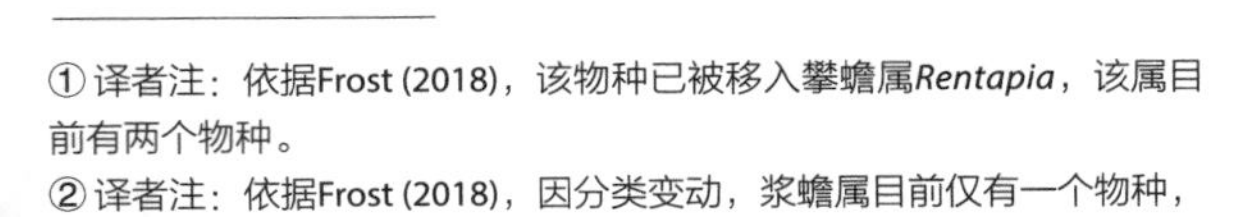

① 译者注：依据Frost (2018)，该物种已被移入攀蟾属*Rentapia*，该属目前有两个物种。
② 译者注：依据Frost (2018)，因分类变动，浆蟾属目前仅有一个物种，即多疣浆蟾。
③ 译者注：依据Frost (2018)，该物种已被作为埃氏攀蟾*Rentapia everetti*的同物异名。

科名	蟾蜍科Bufonidae
其他名称	圣安德鲁十字蟾、短腿侏儒蟾
分布范围	婆罗洲
成体生境	低地湿润森林，最高海拔1000 m
幼体生境	未知
濒危等级	近危。受到滥伐森林的威胁

斑符厚蹼蟾
Pelophryne signata
Lowland Dwarf Toad
(Boulenger, 1894)

成体体长
雄性
9/16—11/16 in (14—17 mm)
雌性
5/8—11/16 in (16—18 mm)

实际大小

斑符厚蹼蟾吻端钝；四肢纤细；指、趾末端具吸盘；背面布满瘰粒；背面为深棕色伴有细小黑色斑点；某些个体背面有黑色"X"形图案；体侧有一条米黄色宽纵纹，从眼部延伸至胯部。

斑符厚蹼蟾的体型非常微小，以至于经常被认为是其他大型蟾蜍的幼体。它大部分时间都待在地面上，偶尔也爬到植物上。繁殖行为尚无报道，不过估计和其他微型蟾蜍近似，即雌性产卵数少，但每枚卵的直径大，产于非常小的水坑中。雄性在黄昏时求偶鸣叫，音调很高。其种群现状并不明确，但其栖息地正在被滥伐森林所破坏。

相近物种

厚蹼蟾属 *Pelophryne* 为亚洲特有，又被称侏儒蟾，共有 12 个物种。短足厚蹼蟾 *Pelophryne brevipes* 分布于东南亚许多地区，它将卵产在盛有雨水的植物的叶腋间，其蝌蚪不用进食，完全依赖自身卵黄中的营养完成发育。悯厚蹼蟾 *Pelophryne misera* 全身为黑色，生活在婆罗洲的高海拔地区。

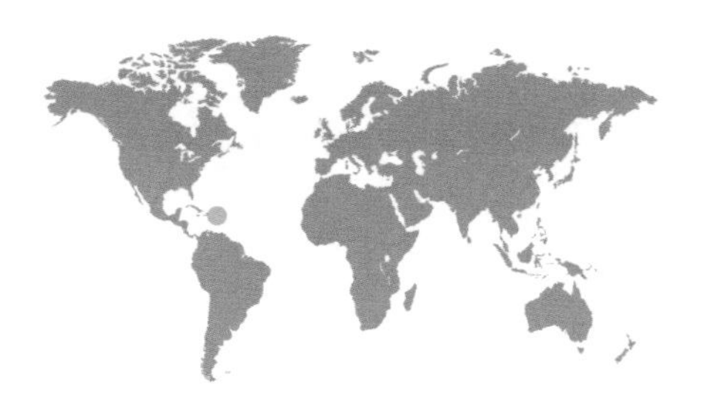

科名	蟾蜍科Bufonidae
其他名称	低地加勒比蟾
分布范围	波多黎各，在英属维尔京群岛和美属维尔京群岛也曾有分布
成体生境	森林中半干旱的露出地面的岩层
幼体生境	永久性和临时性水塘
濒危等级	极危。受到生境被破坏的威胁；目前种群的维持主要来源于人工繁殖

成体体长
雄性
$2\frac{9}{16}$—$3\frac{5}{16}$ in (64—85 mm)
雌性
$2\frac{9}{16}$—$4\frac{3}{4}$ in (64—120 mm)

双嵴盾蟾
Peltophryne lemur
Puerto Rican Crested Toad

Cope, 1869

双嵴盾蟾得名于其双眼眼眶上突出的骨质嵴棱；吻部上翘，皮肤布满瘰粒；背面为黄褐色，腹面为黄色；眼中虹膜为金色，伴有黑色网纹；两性中，雌性皮肤更为粗糙，嵴棱也更大；雄性体色则更偏黄色。

这种长相奇特的蟾蜍的分布区已经被压缩到波多黎各南海岸线边仅存的一个地点。即使在那里，其最后的几个繁殖水塘之一还被填埋而改建成了停车场。历史上，双嵴盾蟾曾分布于波多黎各北海岸线以及英属维尔京群岛和美属维尔京群岛，城市化建设导致它几乎丧失了全部的栖息地。目前的种群趋于稳定，甚至有所上升，这得益于人工修筑繁殖水坑和野外放归人工繁殖的个体。双嵴盾蟾在永久性或临时性水塘中繁殖，雌性产卵多达15000枚。

相近物种

盾蟾属 *Peltophryne* 包含了12个物种，分布于古巴和其他加勒比海岛屿上的巨盾蟾 *Peltophryne fustiger* 是一种大型黄棕色蟾蜍，在古巴相当常见。与此相反，多米尼加共和国的河盾蟾 *Peltophryne fluviatica*，自1972年被首次发现后就再没有人见过，被列为极危物种，但可能已经灭绝了。

实际大小

科名	蟾蜍科Bufonidae
其他名称	无
分布范围	古巴
成体生境	高地上的松林和阔叶林
幼体生境	森林溪流
濒危等级	濒危。受到生境被破坏和壶菌病的威胁

成体体长
约 1 in (26 mm)

长鼻盾蟾
Peltophryne longinasus
Cuban Long-nosed Toad
(Stejneger, 1905)

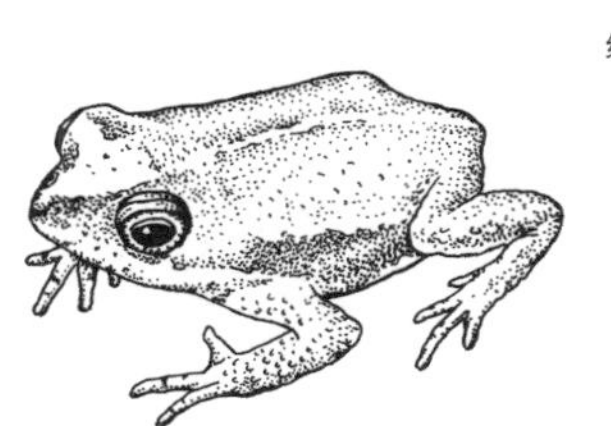

这种小型蟾蜍分布于古巴西部、中部和东部三个相隔甚远的区域。20 世纪以后东部种群就再无个体记录，而另外两个种群也受到滥伐森林的威胁。最近，长鼻盾蟾中又检测出壶菌病。它白天活动于地面，晚上会爬到树上休息。求偶时，雄性漂浮在溪流中鸣叫，卵也被产于溪中。

实际大小

长鼻盾蟾得名于其尖尖的吻部；体型微小；皮肤光滑；头顶无骨质嵴棱；背面颜色为古铜色至紫色，上唇为白色；体侧各有一条深色宽纵纹，从鼻部开始，经过眼延伸至胯部。

相近物种

塔氏盾蟾 *Peltophryne taladai* 的求偶鸣叫据称像机关枪扫射的声音。遇到捕食者时，它会吸入空气把身体膨胀起来。它被列为易危物种。比塔氏盾蟾更稀有的是福氏盾蟾 *Peltophryne florentinoi*，仅知分布于一个近海的沼泽，全球气候变化带来的海平面上升威胁到它的生存，因为海水可能将其栖息地淹没。

科名	蟾蜍科Bufonidae
其他名称	亚洲巨蟾、河蟾蜍
分布范围	婆罗洲、印尼的爪哇岛和苏门答腊岛、马来半岛
成体生境	低地雨林
幼体生境	森林里的小型和中型溪流
濒危等级	无危。分布范围广阔，但在某些地区受到森林滥伐的威胁

成体体长
雄性
2 13/16—3 7/8 in (70—100 mm)
雌性
3 11/16—5 1/2 in (95—140 mm)

粗皮蟾蜍
Phrynoidis aspera
River Toad
(Gravenhorst, 1829)

粗皮蟾蜍的一大特点就是它喜欢长时间坐在其生境中，不挪动位置。它生活在溪边，常常日复一日地待在同一地点。它一年四季都能繁殖，雄性在溪边发出“嘎嘎嘎”的快速叫声，在月圆之夜达到顶峰。雄性之间都保持一定距离，并不形成合鸣。雌性在溪流中产卵平均约12800枚，孵化后，蝌蚪喜欢聚集在水流较缓的区域。在婆罗洲和马来半岛，当地土著人会食用粗皮蟾蜍。

相近物种

除粗皮蟾蜍外，河蟾属 *Phrynoidis* 仅有的另一物种，毗刺蟾蜍 *Phrynoidis juxtasper*。后者体型更大，雌性最大体长能达到215 mm。和粗皮蟾蜍相比，毗刺蟾蜍喜欢到处活动，会在婆罗洲和苏门答腊岛的低地森林中四处游荡，因其难闻的气味而在当地非常有名。

实际大小

粗皮蟾蜍属于大型蟾蜍；头部宽；头顶无骨质嵴棱；耳后腺圆形或椭圆形；皮肤粗糙，布满瘰粒；体色为均一的深棕色、黑色、灰色或绿色；眼睛的虹膜为金色。

科名	蟾蜍科Bufonidae
其他名称	无
分布范围	纳米比亚北部
成体生境	半干旱的草场和灌木草原
幼体生境	临时性水塘
濒危等级	数据缺乏。生活在非常偏远的地区，极为少见

达马蟾蜍

Poyntonophrynus damaranus

Damaraland Pygmy Toad

(Mertens, 1954)

成体体长
雄性
平均 1¼ in (32 mm)
雌性
平均 1⁷⁄₁₆ in (36 mm)

达马拉兰的东西两侧分别是纳米比亚沙漠和卡拉哈里沙漠。这片土地因爬行类多样性而闻名，但却不适合蛙类的生存。该地区年降水总量仅有 350 mm，绝大部分发生在每年 1 月和 2 月，而这两个月也正是达马蟾蜍进入临时性水塘繁殖的季节。除了知道其卵带为长条状，人们对它的繁殖习性知之甚少。在当地，白天的空气温度能达到 25℃—35℃，所以达马蟾蜍仅在夜间活动。

实际大小

相近物种

侏儒蟾属 *Poyntonophrynus* 为非洲特有，包含十个物种，也被通称为侏儒蟾蜍，它们体型都小而扁平，白天躲在岩石下、洞穴或石缝中。多姆蟾蜍 *Poyntonophrynus dombensis* 分布于安哥拉和纳米比亚北部；而侏儒蟾蜍 *Poyntonophrynus vertebralis* 则分布于南非的疏林草原，在岩石间的水坑中繁殖。另见芬氏蟾蜍（第 204 页）。

达马蟾蜍身体扁平；头部宽；四肢短小；背部和大腿部为密集瘰粒覆盖，瘰粒顶端有小刺；背面为橄榄棕色，伴有深色色斑，色斑边缘为黑色；双眼间有一条深色横纹；腹面为白色。

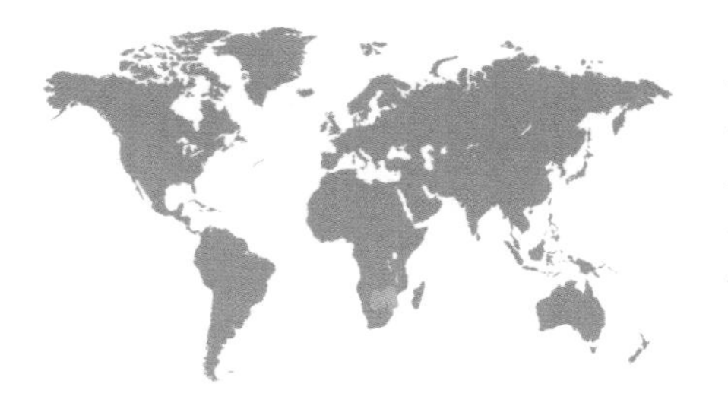

科名	蟾蜍科Bufonidae
其他名称	侏儒蟾蜍、北部侏儒蟾蜍、纽因顿蟾蜍、德兰士瓦蟾蜍
分布范围	津巴布韦、博兹瓦纳、莫桑比克、南非北部和斯威士兰
成体生境	稀树草原、草地和灌木草原，最高海拔1700 m
幼体生境	临时性水塘
濒危等级	无危。栖息地没有受到明显的威胁

成体体长
雄性
$1\frac{1}{8}$—$1\frac{5}{16}$ in (28—33 mm)
雌性
$1\frac{3}{16}$—$1\frac{11}{16}$ in (30—43 mm)

芬氏蟾蜍
Poyntonophrynus fenoulheti
Northern Pygmy Toad

(Hewitt & Methuen, 1912)

实际大小

这种小型敦实的蟾蜍通常生活在裸露的岩石环境里。白天常以五六只为一群，躲在岩石缝中，与其共享石缝的还有蜥蜴和蝎子。芬氏蟾蜍在 10 月到次年 2 月的大雨后繁殖。雄性的喉部在繁殖期会变成鲜艳的黄色或橘黄色，它们在雨水填满的岩石水坑边交替鸣唱，发出高音频的“咯吱”叫声。雌性产卵多达 2000 枚，包裹于卵带之中。卵在 24 小时内即孵化，而蝌蚪只需要 19 天就能发育至变态阶段。

相近物种

芬氏蟾蜍外形上与侏儒蟾蜍 *Poyntonophrynus vertebralis* 类似，但后者的求偶鸣叫更类似于蟋蟀的叫声。贝拉蟾蜍 *Poyntonophrynus beiranus* 分布于两个独立不相连的区域，分别在马拉维和莫桑比克。卡万干蟾蜍 *Poyntonophrynus kavangensis* 分布于安哥拉、博兹瓦纳、津巴布韦和纳米比亚的带砂质土壤地区。另见达马蟾蜍（第 203 页）。

芬氏蟾蜍身体扁平；头部宽阔；四肢短小；背部为瘰粒覆盖，瘰粒顶端带小刺；耳后腺扁平；背面为淡灰色，伴有棕色色斑和红色圆点；腹面为白色；雄性喉部为黄色。

科名	蟾蜍科Bufonidae
其他名称	蒙古蟾蜍、西伯利亚蟾蜍、腾格尔蟾蜍
分布范围	蒙古、中国、俄罗斯和朝鲜半岛
成体生境	草地和半荒漠地带，也生活在城市和农田
幼体生境	水塘
濒危等级	无危。分布范围非常大，种群数量稳定

花背蟾蜍
Strauchbufo raddei
Mongolian Toad
(Strauch, 1876)

成体体长
雄性
1⁹⁄₁₆—2¹⁵⁄₁₆ in (40—75 mm)
雌性
1¹³⁄₁₆—3½ in (46—89 mm)

花背蟾蜍体型相对较小，分布于广袤的东亚地区，生活在各种生境中，甚至包括戈壁滩。它喜欢松软砂质的土壤，这样就能在寒冬打洞钻到地下。花背蟾蜍于3—7月间繁殖，雌性和雄性聚集到水塘边求偶交配。因为水塘数量有限，间隔又远，因此有时参与繁殖的成体数量会非常多。雌性产下1000—6000枚卵，包裹于两条长卵带之中。运气不好的话，水塘会在蝌蚪完成变态发育之前就提前干涸，造成大量蝌蚪死亡。如果水塘一直有水，蝌蚪可能会度过第一个冬天，等到来年春季再变态。

相近物种

花背蟾蜍是花蟾属 *Strauchbufo* 的唯一物种，它与蟾蜍属 *Bufo* 的物种外形类似，因此曾经归于蟾蜍属。与花背蟾蜍亲缘关系最近的是曾经隶属于蟾蜍属的一个物种——绿蟾蜍（第169页）。拟花背蟾蜍 *Bufotes pseudoraddei* 分布于阿富汗和巴基斯坦，其栖息地与花背蟾蜍类似，有时海拔更高。另一点相似之处是拟花背蟾蜍也能在农业区、特别是在有人工水塘的地方生存得很好。

花背蟾蜍皮肤布满瘰粒；吻端圆；眼后方的耳后腺膨大；背面和四肢为淡橄榄绿或灰色，伴有大型深色色斑；色斑之中常有红色圆点；背部正中没有色斑，有一条浅纵纹贯穿后背；腹面为浅灰色，带有少数深色斑点。

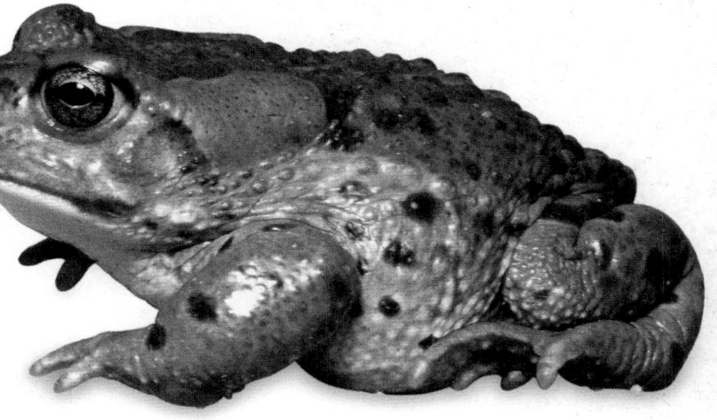

实际大小

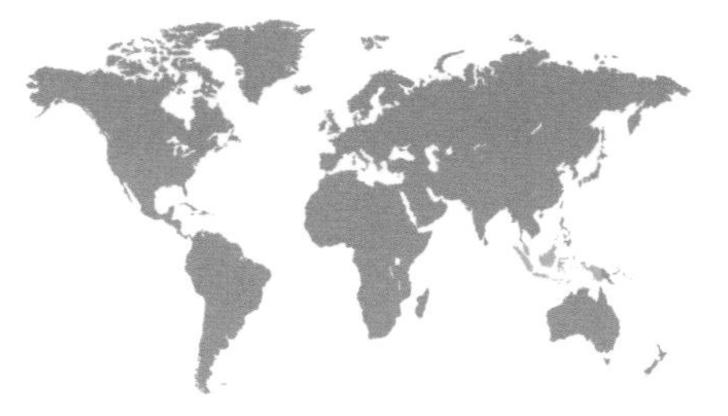

科名	蟾蜍科Bufonidae
其他名称	拟蟾蜍、水沼蟾
分布范围	婆罗洲、印尼的苏门答腊岛、马来半岛
成体与幼体生境	沿海的泥炭沼泽
濒危等级	无危。在某些地方因湿地被抽干而出现种群下降

成体体长
雄性
3—3⅝ in (77—94 mm)
雌性
3$\frac{9}{16}$—6$\frac{3}{16}$ in (92—155 mm)

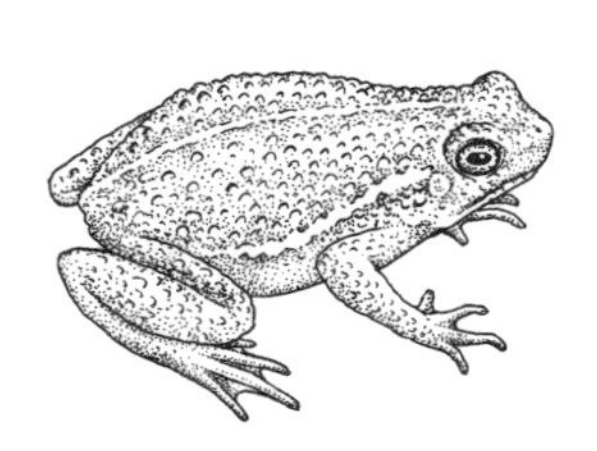

粗皮水蟾
Pseudobufo subasper
False Toad

Tschudi, 1838

人们对这种大型蟾蜍了解并不多，主要原因是其保护色使它很不容易被发现。据描述，其行为“迟缓”，而其生活的栖息地也便于躲藏，当受到惊吓时，它就一头扎到水底。有报道称，雄性会在悬挂于水面上方的植丛里鸣叫，但其叫声没有任何记载。人们对它的蝌蚪也一无所知。尽管广泛分布于东南亚地区，它在某些地方仍会受到化学污染和湿地被抽干的威胁。

相近物种

粗皮水蟾是水蟾属 *Pseudobufo* 唯一的物种，其体型与其他蟾蜍有明显区别，它的英文译名为“拟蟾蜍”，这一称呼也被用在河滨蟾属 *Telmatobufo* 的物种上。

实际大小

粗皮水蟾身形圆鼓鼓的；全身遍布瘰；头部小；鼻孔位于吻部上方；趾间具蹼，蹼非常发达；手指细长，末端圆钝；背面颜色为棕色或黑色，体侧和背部正中各有一条黄色纵纹；腹面偏黄色。

科名	蟾蜍科Bufonidae
其他名称	无
分布范围	中南美洲，北至洪都拉斯、南至厄瓜多尔、西至委内瑞拉
成体生境	低地湿润森林
幼体生境	岩石上的水坑
濒危等级	无危。在分布区北端因壶菌病而出现种群下降

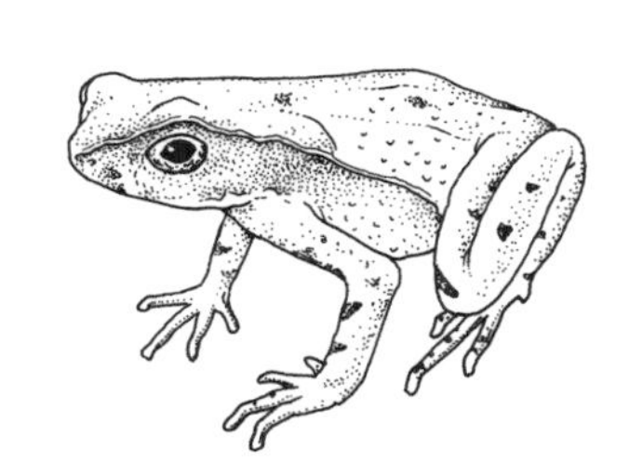

成体体长
雄性
1⅝—2½ in (42—62 mm)
雌性
1^{15}⁄$_{16}$—3⅛ in (50—80 mm)

腥斑蟾蜍
Rhaebo haematiticus
Truando Toad
Cope, 1862

这种地栖蟾蜍体色特殊，仿佛是枯叶一般。背面颜色相对较浅，模仿叶片的正面，而体侧的深色粗线条则犹如叶片的投影。在背面和体侧之间有一条白色细纵纹，如同枯叶的边缘。腥斑蟾蜍在3—7月间的大雨后“爆发式”繁殖。卵被包裹于两条长卵带里，产于森林溪流或河流边岩石间的水坑中。和其他在溪边生活的蛙类一样，腥斑蟾蜍在1996—1997年之前都是巴拿马地区的常见物种，但在此之后就变得稀少。一些死亡的个体随后被找到，都死于壶菌病感染。

腥斑蟾蜍四肢修长；眼后方的耳后腺膨大；背面和耳后腺上具瘰粒；背面和四肢为棕褐色至灰紫色，有时具黑色斑点和紫色色斑；体侧为深棕色，背侧棱为白色；腹面为米黄色或黄色。

相近物种

科普蟾属 *Rhaebo* 自蟾蜍属 *Bufo* 划出，共有十个物种[①]，均分布于中美洲和南美洲。斑点蟾蜍 *Rhaebo guttatus* 分布范围极其广阔，几乎覆盖大半个亚马孙河流域，但它有可能代表一个物种复合体，即有隐存种的存在。光滑蟾蜍 *Rhaebo glaberrimus* 生活在哥伦比亚山区的山脚下，其生存受到修筑水坝的威胁。

实际大小

① 译者注：依据Frost (2018)，科普蟾属目前有16个物种。

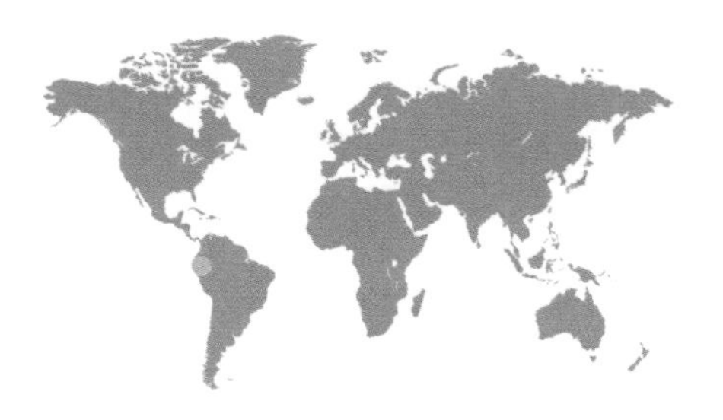

科名	蟾蜍科Bufonidae
其他名称	无
分布范围	厄瓜多尔南部
成体生境	湿地，海拔2050—2200 m
幼体生境	也许在小水坑中
濒危等级	极危。分布范围极小，农业化和城市化建设导致其栖息地丧失

成体体长
雄性
平均 3³⁄₁₆ in (82 mm)
雌性
平均 2⅞ in (73 mm)

有爱蟾蜍

Rhinella amabilis

Rhinella Amabilis

(Pramuk & Kadivar, 2003)

这种鲜为人知的蟾蜍直到 2003 年才依据博物馆标本被正式描述命名，而最近一次采到标本是 1968 年。它的分布范围仅限于厄瓜多尔洛哈省境内的安第斯山上一处高海拔的峡谷中。在 1989 年和 2001 年对其分布范围的调查中，连一号标本都没有找到，或许已经灭绝了。雄性与雌性的区别在于其体侧和四肢上有腺体和小刺，但其功能却无从知晓。人们推测，它在水塘中产卵。该物种的种本名“*amabilis*”为拉丁语的“爱”。在原始文献描述中，作者希望通过这个词来表现“该物种和其他所有蟾蜍的可爱姿态”，以改变人们对蟾蜍的负面印象。

有爱蟾蜍为大型蟾蜍；吻端长且成三角形；后肢长；眼大；鼓膜大而明显；背面为黄绿色，伴有大量黑色斑纹；腹面为白色。

相近物种

有爱蟾蜍的外形与棘蟾蜍 *Rhinella spinulosa* 类似。后者体型大，同样生活在安第斯山上，但其分布范围非常广阔，北至秘鲁，南至阿根廷。常见于池塘、湖泊、溪流，以及耕作的农田里。

实际大小

科名	蟾蜍科Bufonidae
其他名称	无
分布范围	巴西、巴拉圭东侧、阿根廷东北部
成体生境	森林和开阔草地，最高海拔1200 m
幼体生境	湖泊、水塘和水坑
濒危等级	无危。分布范围广，种群稳定

乳黄蟾蜍
Rhinella icterica
Yellow Cururu Toad

(Spix, 1824)

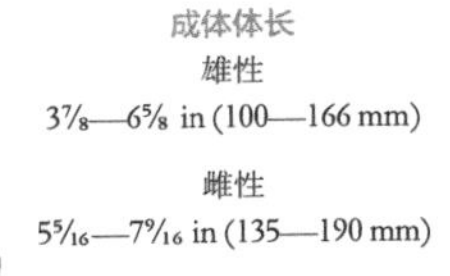

成体体长
雄性
3 7/8—6 5/8 in (100—166 mm)
雌性
5 5/16—7 7/16 in (135—190 mm)

这种大型蟾蜍属于“守株待兔”型的捕食者，主要以甲虫和蚂蚁为食。繁殖期为8月到次年1月。雄性在水边不分昼夜地鸣叫，发出带有韵律的“咽咽咽”叫声。雌性在长条形卵带中产下数千枚卵。在每年11月和12月，小幼蟾们集体离开曾经生活过的水塘，大规模地向远离水边的地方迁徙。乳黄蟾蜍的雌性和雄性外表差异极大，雄性体色为均一的黄色，而雌性背上有数个深色大型斑块，以背脊为中心，左右对称分布。

实际大小

相近物种

乳黄蟾蜍的外形与蔗蟾蜍（第210页）近似。沙栖蟾蜍 *Rhinella arenarum* 分布范围广阔，包括巴西、乌拉圭、玻利维亚以及阿根廷。与之相反的是维氏蟾蜍 *Rhinella vellardi*，仅生活在秘鲁北端的一个狭小区域内，其濒危等级暂时为数据缺乏。

乳黄蟾蜍体型巨大；眼后方的耳后腺很大；背部具很多钝圆带刺的瘰粒；背面为黄色至淡褐色，有时带稍许绿色；腹面为白色，缀以褐色网状花纹；雌性背部具对称分布的黑色色斑，四肢上有黑色横纹。

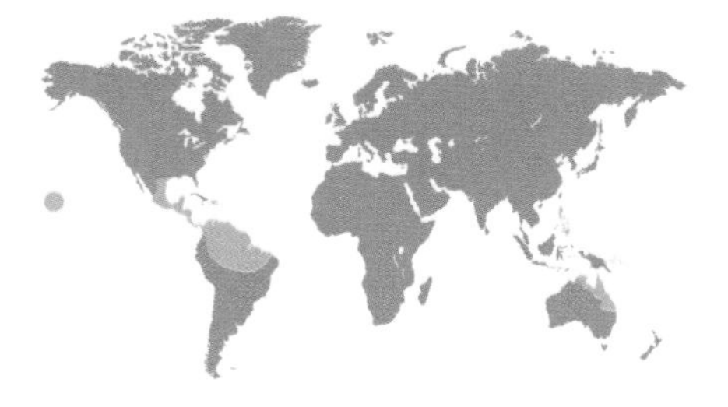

科名	蟾蜍科Bufonidae
其他名称	*Bufo marinus*、*Chaunus marinus*、巨蟾蜍、海蟾蜍
分布范围	从得克萨斯南端到巴西南部。被引进到澳大利亚、加勒比群岛和太平洋岛屿的部分地区，包括夏威夷
成体生境	邻近河流及湿地，包括半咸水水域和红树林沼泽；也见于城镇及花园
幼体生境	小型或大型静水水体
濒危等级	无危

成体体长
雄性
最大 6 in (150 mm)
雌性
最大 8¾ in (225 mm)

蔗蟾蜍
Rhinella marina
Cane Toad
(Linnaeus, 1758)

作为世界上最大的蛙类之一，强壮的蔗蟾蜍还有着贪婪的胃口。在其原生栖息地，人们把它叫作海蟾蜍，它对河口附近和红树林沼泽地中的半咸水有超群的耐受力。它常常来到人类居住区，蹲在街灯下等着昆虫落下来。体型较大的雌性一次产卵可达 20000 枚。繁殖期时，雄性会发出缓慢、低沉的颤音鸣叫来吸引雌性，听起来就像从远处传来的拖拉机声。它很少有天敌，包括卵、蝌蚪或成体。对于潜在的捕食者来说，要么不好吃，要么有毒。这在澳大利亚带来了不小的负面影响，许多当地的爬行类和哺乳类，也包括家养的猫狗，都因为误食它们而导致死亡。

相近物种

锉蟾属 *Rhinella* 包括 71 个物种[①]，均分布于南美洲和中美洲。珍珠蟾蜍 *Rhinella margaritifera* 是广泛分布于巴拿马到巴西的常见物种。该属中的部分物种因森林砍伐而受胁，例如突吻蟾蜍 *Rhinella rostrata* 就已经被列为极危物种，仅分布于哥伦比亚的一个地点。

实际大小

蔗蟾蜍体型大而胖；皮肤布满疣粒；眼大而突出，后方长有膨大的耳后腺；背面棕黄色带有深色斑点，体侧和喉部黄色；指、趾末端有深棕色角质。

① 译者注：依据Frost (2018)，锉蟾属目前已有93个物种。

科名	蟾蜍科Bufonidae
其他名称	非洲裂皮蟾蜍
分布范围	非洲西部和南部，从坦桑尼亚至南非
成体生境	稀树草原和灌木丛林地
幼体生境	深水塘
濒危等级	无危。分布范围广阔，即使在人类居住地亦能繁衍

成体体长
雄性
最大 3 7/16 in (88 mm)
雌性
最大 3 9/16 in (92 mm)

红蟾蜍
Schismaderma carens
Red Toad
(Smith, 1848)

红蟾蜍在春季暴雨后开始繁殖。它们聚集在深泥水塘中的挺水植物间。雄性漂浮在水上，鼓起它巨大的白色声囊，发出长而响亮的一声“咕”（whoop）。在夜晚或阴天，水塘中的鸣叫声便响成一片。雄性相互搏斗，争夺和雌性抱对的机会。雌性产下两条卵带，共含有2500—20000枚卵。其黑色的蝌蚪会组成庞大的群体，在水中缓慢地上下移动。红蟾蜍常常将人类居所作为避难处，甚至还能够爬上屋檐。

红蟾蜍体背侧各有一条明显的侧棱，棱上富含腺体，从巨大的鼓膜一直延伸至胯部；该侧棱将红棕色（有时为粉色）的背部与偏白色的侧面和腹面分隔开来；背部下方有一对深色斑点，肩部也有一对颜色较浅的斑点；没有耳后腺，瘰粒也比其他蟾蜍的少。

相近物种

红蟾蜍是裂皮蟾属 *Schismaderma* 的唯一物种，该属早在5500万年前就和其他蟾蜍分化开来了。

实际大小

科名	蟾蜍科Bufonidae
其他名称	无
分布范围	南非的东开普省
成体生境	湿润草地，海拔1400—1800 m
幼体生境	浅水坑
濒危等级	极危。分布范围狭窄，面临栖息地丧失的威胁

成体体长
雄性
平均 $\frac{7}{8}$ in (23 mm)

雌性
平均 $1\frac{3}{16}$ in (30 mm);
最大 $1\frac{7}{16}$ in (37 mm)

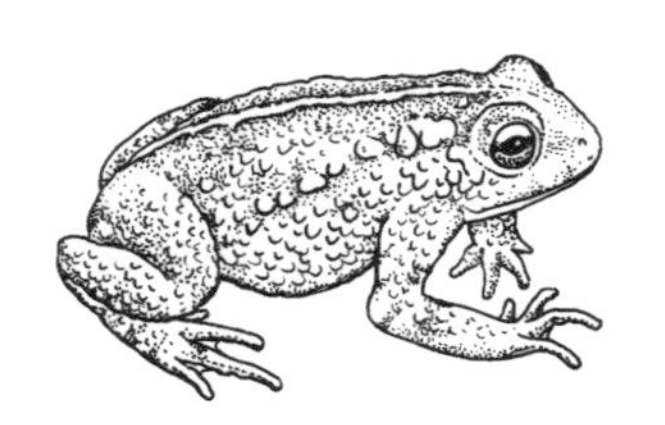

阿马蟾蜍
Vandijkophrynus amatolicus
Amatola Toad
(Hewitt, 1925)

实际大小

阿马蟾蜍属于小型蟾蜍；背上为扁平的瘰粒覆盖；耳后腺发达；背面为深灰色、橄榄绿或棕色；在许多个体中，背面正中有一条灰白色细纵纹；腹面为灰白色。

这种小型蟾蜍已经处于灭绝的边缘，自 1998 年以后它就再未露面。直到 2011 年，人们才再次发现一只雌性和一些卵。阿马蟾蜍的分布仅局限于温特贝格山脉和阿马托拉山脉的狭小区域，其位于高海拔的草地生境已经严重退化，并且因过度放牧和用材林的种植而逐渐减小。它在 10—12 月的暴雨后繁殖，雄性聚集在水塘边同时鸣叫，发出短暂的带鼻音的“嘎嘎”声。雌性产下数百枚卵，包裹于一条卵带之中。卵带缠绕在沉水植物上。

相近物种

阿马蟾蜍曾经被认为是沙蟾蜍 *Vandijkophrynus angusticeps* 的一个亚种。后者分布于西开普省，生活在两种截然不同的生境中：沿海岸的低地区域和高山之上。它常在南非独有的凡波斯灌木丛周围活动，其体型比阿马蟾蜍大得多。

科名	蟾蜍科Bufonidae
其他名称	德拉肯斯堡蟾蜍、加利普蟾蜍、山蟾蜍
分布范围	南非、莱索托和津巴布韦
成体生境	草地、荆棘丛和凡波斯灌木丛
幼体生境	临时性水塘
濒危等级	无危。一种常见的广泛分布的蟾蜍。在多个保护区内也有分布

卡罗蟾蜍
Vandijkophrynus gariepensis
Karoo Toad
(Smith, 1848)

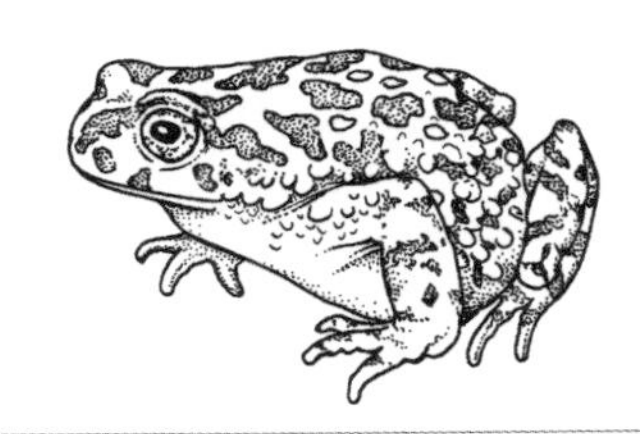

成体体长
雄性
平均 2⅜ in (61 mm)
雌性
平均 3 in (77 mm);
最大 3¹¹⁄₁₆ in (95 mm)

这种大型蟾蜍通常不跳跃，而是或快或慢地爬行。它在河岸边最为常见，有时也在白蚁丘中被发现，不仅如此，它也能在非常干旱和冬季气候恶劣的高海拔地区生存。其繁殖非常随机应变，能利用几乎任何小水坑，甚至是大型动物的足印。在每年 9 月到次年 2 月之间繁殖。雄性通过一系列喧闹的“嘎嘎”鸣叫来吸引雌性。卵径很小，裹于长条的卵带之中，缠绕在水生植物上。蝌蚪会聚拢成密集的群体，孵化后 20 天即开始变态。

卡罗蟾蜍眼后方的耳后腺非常膨大，尤其以生活在分布区南端的个体为甚；皮肤粗糙，背部为平滑的突起所覆盖；背面颜色为淡灰色或橄榄色，伴有大型无规则的深绿色、棕色或紫褐色色斑；腹面为灰白色。

相近物种

范蟾属 *Vandijkophrynus* 包含了五个物种，均分布于非洲南部，该属物种曾隶属于蟾蜍属 *Bufo*。罗氏蟾蜍 *Vandijkophrynus robinsoni* 的耳后腺比卡罗蟾蜍小，生活在南非最西端地区的泉水和临时性水源附近。伊氏蟾蜍 *Vandijkophrynus inyangae* 则分布于津巴布韦东部的高海拔干旱地区。另见阿马蟾蜍（第 212 页）。

实际大小

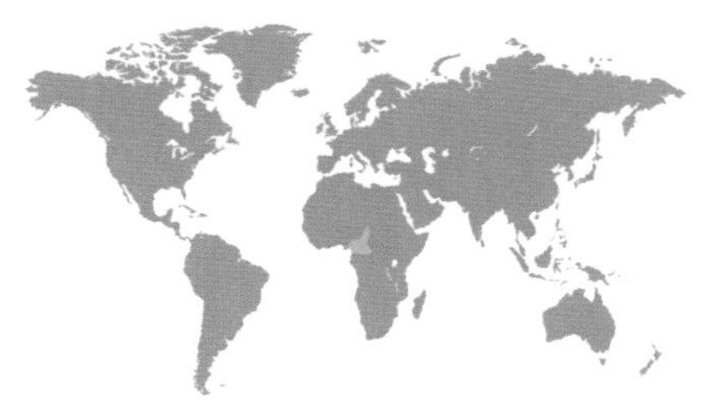

科名	蟾蜍科Bufonidae
其他名称	布埃亚小舌蟾
分布范围	喀麦隆
成体生境	森林，海拔700—1200 m
幼体生境	水流湍急的山区溪流
濒危等级	濒危。农业用地正在逐渐侵蚀其栖息地，并且它在各保护区内均无分布

成体体长
雄性
1 3/16—1 3/4 in (30—44 mm)
雌性
1 11/16—1 15/16 in (43—49 mm)

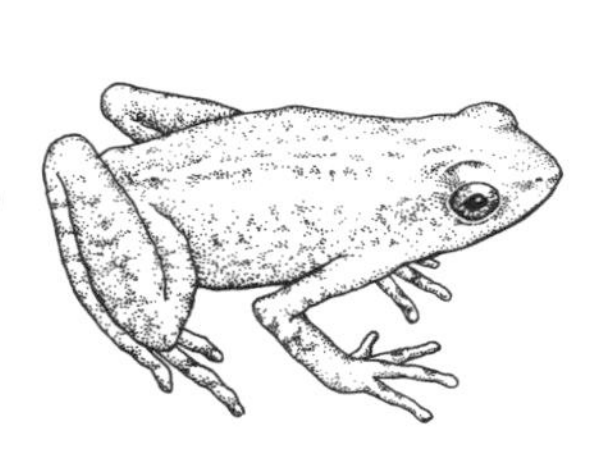

普氏蟾蜍

Werneria preussi

Buea Smalltongue Toad

(Matschie, 1893)

这种小型蟾蜍和近缘的另外五种蟾蜍同分布于西非山地森林中遍布岩石的溪流附近。这样的栖息地在当地并不多，而且相互之间距离甚远，还常常因拓展农业用地而被破坏掉。普氏蟾蜍白天躲在岩石下面，夜晚出来捕食甲虫。卵被包裹于卵带之中，附着在水中的岩石上。蝌蚪已经适应了湍急的水流，演化出扁平的体型和嘴部周围巨大的吸盘，以帮助它吸附在岩石上不被水流冲走。

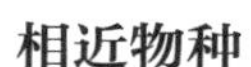

相近物种

小舌蟾属 *Werneria* 所属六个物种中，有五个都被列为濒危物种，而剩下的那个，伊氏小舌蟾 *Werneria iboundji* 则为极危，它是该属唯一分布于加蓬的物种，而且后肢具蹼，非常发达。班布托蟾蜍 *Werneria bambutensis* 生活在喀麦隆高地的高海拔山溪中。

普氏蟾蜍身型纤细；四肢修长；雄性后肢的蹼比雌性更发达；背面和腹面均为深褐色；雌性通常体色均一，而雄性和年轻的雌性则有一条砖红色、黄色或灰色纵纹，自眼睑延伸至胯部。

科名	蟾蜍科Bufonidae
其他名称	安博丽蟾、康坎虎纹蟾
分布范围	印度的西高止山脉
成体生境	森林、灌木丛地、草地
幼体生境	临时性小水坑
濒危等级	极危。分布范围狭窄，受到森林滥伐的威胁

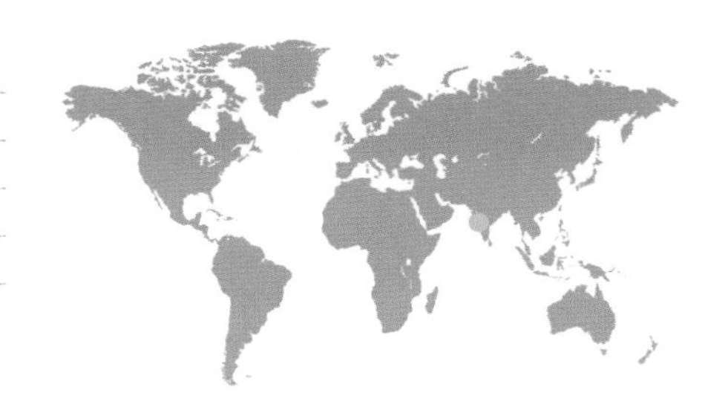

虎纹黄背蟾
Xanthophryne tigerina
Yellow Tiger Toad
(Biju, Van Bocxlaer, Giri, Loader & Bossuyt, 2009)

成体体长
雄性
1⁵⁄₁₆ in (33 mm)
雌性
1⅜ in (35 mm)

这种微型蟾蜍直到最近才被正式描述，它仅有一个已知的分布点——印度西高止山脉的安博丽（Amboli）地区，面积不足 10 km^2。种群数量自 2001 年以来大幅度下降，一同消失的还有适宜其生存的栖息地。白天它躲于岩石缝和洞穴之中，夜晚才出来觅食。它于季风季节繁殖，在临时性水坑中产下 30—35 枚卵，其繁殖行为尚无报道。

实际大小

虎纹黄背蟾体型偏小，眼后方的耳后腺扁平；背部具众多顶端带尖刺的瘰粒；指、趾间无蹼；其学名和英文名都来源于由背部延伸至体侧的多条不规则黄色条纹。

相近物种

柯依那黄背蟾 *Xanthophryne koynayensis* 又叫铬黄背蟾，是黄背蟾属 *Xanthophryne* 仅有的另一物种，生活在西高止山脉的两个地点，其栖息地正在因森林砍伐而缩减，被列为濒危物种。它全身基本为黄色。

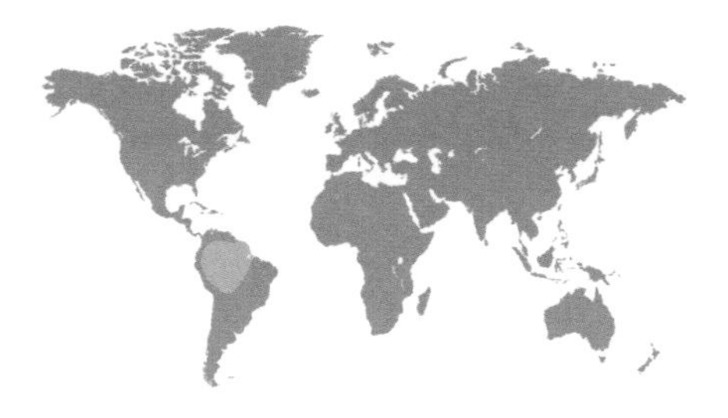

科名	角花蟾科Ceratophryidae
其他名称	亚马孙角蛙
分布范围	亚马孙河流域
成体生境	热带森林落叶层
幼体生境	水塘和池塘
濒危等级	无危。宠物贸易的捕捉可能影响一些种群

成体体长
雄性
最大 2⅞ in (72 mm)
雌性
最大 6 in (150 mm)

苏里南角蛙
Ceratophrys cornuta
Surinam Horned Frog

(Linnaeus, 1758)

苏里南角蛙眼上方有一个角状突起；体色多变，能为它们提供很好的伪装；不同寻常的是，其蝌蚪不以植物为食，而是吃同种或其他物种的蝌蚪；和成体一样，其蝌蚪也是贪婪的捕食者，长着像鸟一样的喙，以及几排锋利的唇齿。

苏里南角蛙栖息于亚马孙河流域里的落叶层，是“守株待兔”型的捕食者，它能保持静止，直到猎物靠近才张开大嘴扑过去。它的头和嘴都很大，使其不仅可以捕食蚂蚁、甲虫等，还可以吞下更大的猎物，比如其他蛙类、蜥蜴和老鼠。它夜间活动，将身体埋入土中，仅露出有伪装的头部。雨后，雄性会发出响亮的“叭”（baaaa）的叫声来吸引雌性。雌性能产300—600枚卵，受精后，雌性会将它们搬到小水塘里。

相近物种

角蛙属 *Ceratophrys* 中有八个物种，其分布大多比苏里南角蛙狭窄。它们在国际宠物贸易中很受欢迎。因其体型的原因，也被叫作“吃豆蛙”（Pac-Man frog）。绿角蛙 *Ceratophrys cranwelli* 在其分布区南部的阿根廷因被人们误认为有毒而遭大量捕杀。它的卵在国际上被出售用于科学研究。另见钟角蛙（第217页）。

实际大小

科名	角花蟾科Ceratophryidae
其他名称	阿根廷角蛙、饰纹角蛙
分布范围	阿根廷、巴西南部、乌拉圭
成体生境	热带森林的落叶层
幼体生境	水塘和池塘
濒危等级	近危。因栖息地丧失和宠物贸易捕捉而数量下降

钟角蛙[1]
Ceratophrys ornata
Bell's Horned Frog

(Bell, 1843)

成体体长
雄性
最大 4½ in (115 mm)
雌性
最大 6⅝ in (165 mm)

这种大型蛙类栖息于雨林的落叶层，是“守株待兔”型的捕猎者，主要以其他蛙类为食，同时也捕食鸟类、啮齿类和蛇类。它的上下颌都有齿状结构。当干燥的秋冬季节来临时，它便会掘洞躲进地下，把自己包裹在防水的茧状物中，到了春天便出来在一些临时性水塘中繁殖。其蝌蚪是肉食性的，和其他蛙类蝌蚪不同的是，它们能够相互交流。当受到捕食者攻击时，它们会发出遇险信号来警示其他同伴。

钟角蛙身体宽而扁；俯视看起来像一个圆形；眼上方有一个角状的肉质突起；头和嘴都很宽大，使它能够吞下大型猎物；体色多变，通常呈鲜绿色，带有红色、黑色和棕色条纹。

相近物种

角蛙属 *Ceratophrys* 中有八个物种，分布于南美洲大部分地区，它们的生活史很相似。巴西角蛙 *Ceratophrys aurita* 分布于巴西；哥伦比亚角蛙 *Ceratophrys calcarata* 分布于哥伦比亚和委内瑞拉；厄瓜多尔角蛙 *Ceratophrys testudo* 分布于巴西北部和厄瓜多尔；秘鲁角蛙 *Ceratophrys stolzmanni* 分布于厄瓜多尔和秘鲁，被列为易危物种。另见苏里南角蛙（第216页）。

实际大小

[1] 译者注：该物种英文名“Bell's Horned Frog”中的“Bell”是指命名人的姓氏“贝尔”，而非英文单词释义“钟”，因此其中文名“钟角蛙”并不准确，依据学名将其译为“饰纹角蛙”更恰当，但“钟角蛙”已被广泛接受并长期使用，故本书未作变动。

科名	角花蟾科Ceratophryidae
其他名称	查科掘蛙、小奇尼蛙
分布范围	南美洲阿根廷、玻利维亚和巴拉圭的亚热带平原地区（大查科地区）
成体生境	灌丛和森林
幼体生境	临时性水塘
濒危等级	无危。生境破坏和宠物贸易捕捉而导致数量下降

成体体长
平均 $2\frac{1}{8}$ in (55 mm)

皮氏蝻蟾

Chacophrys pierottii

Chaco Horned Frog

(Vellard, 1948)

该蛙的成体因长时间栖息于地下而较少见到，仅于大雨后出来觅食和繁殖。它们被称作“爆发式繁殖者”，大雨后在几个夜晚内迅速完成繁殖和产卵。成体捕食各种昆虫和其他小动物，包括小型蛙类。当受到威胁时，它会鼓起气，并伸直四肢，抬起身体。其栖息地查科平原正在被开发成农田，同时它因受宠物贸易的影响而在繁殖期间被大量捕捉。

相近物种

皮氏蝻蟾是蝻蟾属 *Ceratophrys* 里仅有的物种，与小丑蛙（第 219 页）很相近。皮氏蝻蟾曾被认为是另外两个同域分布的物种——侏儒小丑蛙 *Lepidobatrachus llanensis* 和绿角蛙 *Ceratophrys cranwelli* 的杂交种，后来通过遗传学研究才确定其为有效种。

皮氏蝻蟾的头很大；四肢短；眼大而突起；吻端钝而圆；体色多变，有些个体是绿色为主，杂以棕色，有些则是两种颜色混杂；背部中央通常有一条向后的浅色宽斑。

实际大小

科名	角花蟾科Ceratophryidae
其他名称	河马蛙、大嘴蛙
分布范围	南美洲阿根廷、玻利维亚和巴拉圭的亚热带平原地区（大查科地区）
成体生境	临时性水塘或地下
幼体生境	临时性水塘
濒危等级	无危。生境丧失和容易受壶菌影响而导致数量下降

小丑蛙
Lepidobatrachus laevis
Budgett's Frog
Budgett, 1899

成体体长
雄性
最大 $2\frac{3}{8}$ in (60 mm)
雌性
最大 $3\frac{7}{8}$ in (100 mm)

大查科地处南美亚热带平原，是宽广的半干旱低地，夏季雨后形成临时性水塘或水坑，就成了这种凶猛蛙类的家。它的上颌有齿，下颌还长有两个尖牙①。它在夜间捕食，躲在水里，仅露出眼睛“守株待兔”，巨大的嘴巴可以吃下很大的猎物，包括其他蛙类。受到攻击时，它会用四肢抬起鼓气的身体，大声鸣叫。在干燥的冬天时它就藏在地下，将自己裹在一层壳里，以防止水分散失。

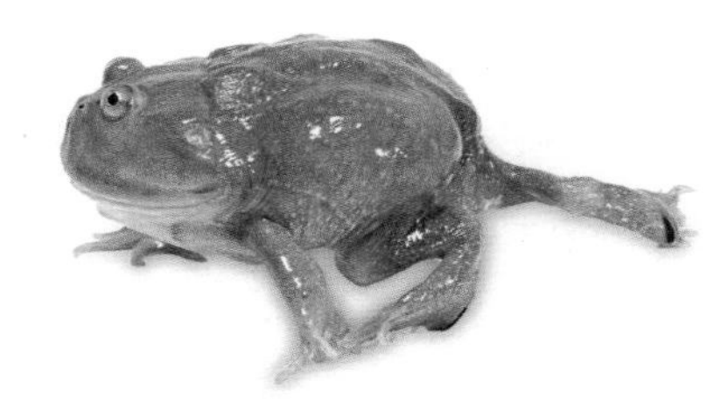

小丑蛙的头部从背面看，几乎是圆形的；头巨大；鼻孔和眼睛向上突起，四肢短；趾间满蹼；脚部的内蹠突上有黑色角质，便于掘土；皮肤光滑，背部具有呈“V”形排列的突起腺体，这些腺体包含了感觉器官，可以在水中感知震动。

相近物种

同属还有另外两个物种：十字小丑蛙 *Lepidobatrachus asper* 和侏儒小丑蛙 *Lepidobatrachus llanensis*，都分布于大查科地区，生活习性也都类似。这三个物种的蝌蚪发育得非常快，为肉食性，蝌蚪也有像成体一样的大嘴，能将猎物整个吞下。它们的猎物包括其他蝌蚪，甚至是同类的蝌蚪。

实际大小

① 译者注：这种“尖牙”并非真正的“齿”，而是一种被称为齿状骨突的结构。

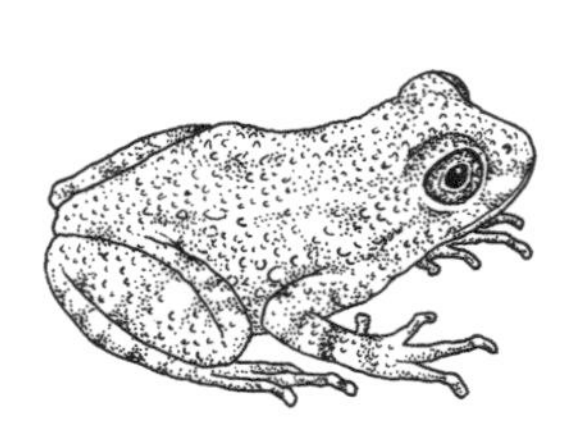

科名	腭腺蟾科Cycloramphidae
其他名称	无
分布范围	巴西东南部的马尔山，海拔最高1000 m
成体生境	森林
幼体生境	瀑布附近水里的岩石间
濒危等级	数据缺乏。虽然在当地常见，但认为因栖息地丧失而导致总体数量下降

成体体长
雄性
1⅛—1½ in (29—38 mm)
雌性
1¼—1¾ in (31—44 mm)

伊氏胯腺蟾
Cycloramphus izecksohni
Izecksohn's Button Frog

Heyer, 1983

实际大小

伊氏胯腺蟾身体椭圆而壮；吻端圆；眼睛突起；皮肤长满小疣粒，有些呈白色，脚趾间有蹼；背面深棕色，有浅色和深色的斑块，四肢背面有深浅相间的斑纹。

这种小型蛙类在森林里湍急的溪流里繁殖。其蝌蚪在水外生活和发育——在瀑布下有水花溅到的潮湿岩石上面。蝌蚪尾巴细长，尾鳍低矮，嘴旁有一个大吸盘可以吸附在岩石上。该物种和其他蛙类一样，由于栖息的森林因矿业和农业生产及人类居住而被占据，其生存已受到威胁。

相近物种

胯腺蟾属 *Cycloramphus* 有 28 个物种，都分布于巴西东南海岸的大西洋沿岸森林里。弗氏胯腺蟾 *Cycloramphus faustoi* 仅发现于一座小岛上——阿尔卡特拉济斯岛（Isla de Alcatrazes），这里曾被巴西海军作为军事训练基地，因此有时会引起森林火灾。因分布范围狭窄及生境受到威胁，被列为极危物种。

科名	胯腺蟾科Cycloramphidae
其他名称	无
分布范围	巴西东南部
成体生境	森林的岩石区
幼体生境	潮湿的岩石表面
濒危等级	无危。已经从部分原分布地消失，可能受到壶菌病的危害

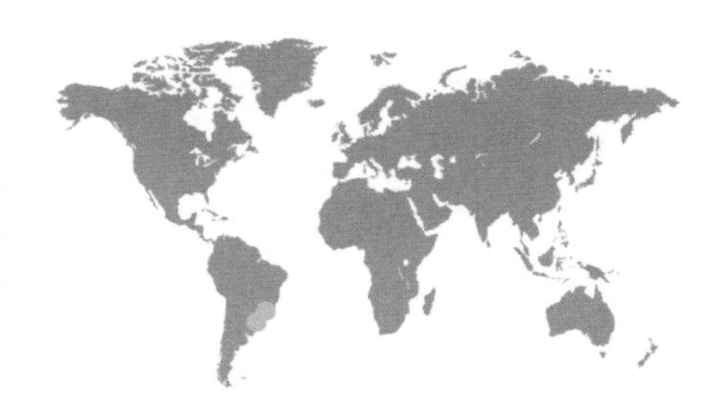

粟粒冲蟾
Thoropa miliaris
Military River Frog
(Spix, 1824)

成体体长
雄性
2⅛—2¹³⁄₁₆ in (54—71 mm)
雌性
2⅝—3⅛ in (65—81 mm)

该蛙和同属其他物种有别，其独特之处是蝌蚪为半陆栖，贴在潮湿的岩石表面生活。它们的蝌蚪身体长而扁平，尾巴没有尾鳍，能吸附在垂直的岩石表面。蝌蚪最初以岩石上的藻类为食，发育较快的蝌蚪则以尚未孵化的卵为食。繁殖期大多集中在12月至次年1月，成体主要在长期保持湿润的岩石缝隙里繁殖，这里将挤满卵和发育的蝌蚪。

相近物种

冲蟾属 *Thoropa* 有六个物种，均分布于巴西东南部。曾观察到彼得罗波利斯冲蟾 *Thoropa petropolitana* 的雄性在岩缝里长时间鸣叫，并照料自己的卵。该物种和吕氏冲蟾 *Thoropa lutzi* 的数量在近年明显下降，分别被列为易危和濒危。目前认为其数量下降是因为感染壶菌病。

粟粒冲蟾吻端圆；眼大；鼓膜非常明显；指、趾长，其末端无扩大的吸盘；指、趾间无蹼；背面棕褐色或棕色，四肢棕色而具有深棕色横纹，两眼间有一条浅色条纹。

实际大小

科名	扩角蛙科Hemiphractidae
其他名称	无
分布范围	哥伦比亚北部
成体生境	海拔1230—2700 m的山区溪流
幼体生境	雌性把卵背在背上，幼体在卵内直接发育而出
濒危等级	濒危。栖息地破坏导致分布区非常狭窄

成体体长
平均 1⅜ in (35 mm)

布氏背包蛙
Cryptobatrachus boulengeri
Boulenger's Backpack Frog

Ruthven, 1916

实际大小

布氏背包蛙体型小；头部比例较大；眼突出；指、趾末端有扩大的吸盘；皮肤浅棕色，杂有深棕色斑点。

这种小型蛙类得名于雌性将发育中的幼体背在背上。交配过程还未观察到，仅知它们的卵大，数量不到 50 枚，都牢牢地附着在雌性的背部。扩角蛙科的其他很多物种被称作是“有育儿袋的蛙”，但布氏背包蛙和它们不同，并没有“育儿袋”。其卵是直接暴露在外并直接发育。也就是说，蝌蚪期都在卵内完成，直接从卵里孵化出小幼蛙。该物种仅分布于哥伦比亚的一座山脉——圣玛尔塔内华达山脉，主要在海拔 1230—2700 m 的山区溪流内。由于森林被砍伐，其栖息地已经缩减。

相近物种

目前，对背包蛙属 *Cryptobatrachus* 物种的认识很少。该属有七个物种[1]，其中六种都只分布于哥伦比亚的几座山脉的高海拔地区，且分布区都很狭窄。富氏背包蛙 *Cryptobatrachus fuhrmanni* 由于栖息地丧失而被列为易危物种，而奈氏背包蛙 *Cryptobatrachus nicefori*[2] 由于仅有的分布点正在进行盐岩开采而被列为极危物种。

① 译者注：依据Frost (2018)，背包蛙属目前有六个物种。
② 译者注：依据Frost (2018)，该物种已被移出背包蛙属，但其分类地位目前尚未确定。

科名	扩角蛙科Hemiphractidae
其他名称	侏儒袋蛙，菲氏袋蛙
分布范围	特立尼达岛、多巴哥岛、委内瑞拉北部
成体生境	潮湿的森林
幼体生境	凤梨科植物叶腋内的小积水洼
濒危等级	濒危。栖息地破坏导致受胁

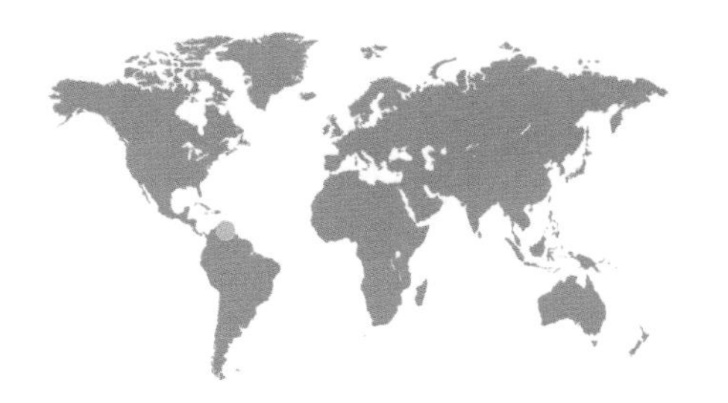

成体体长
雄性
⅝—¾ in (16—19 mm)
雌性
¾—15/16 in (19—24 mm)

菲氏背袋蛙
Flectonotus fitzgeraldi
Mount Tucuche Tree Frog
(Parker, 1933)

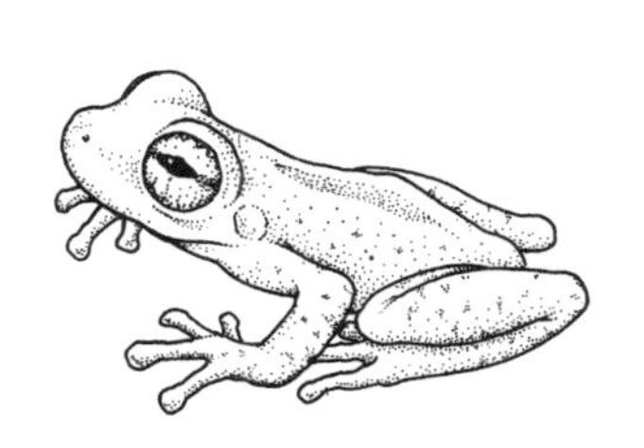

这种小型蛙类的雌性在背上有一个“袋子”，可以容纳六枚很大的卵直到孵化完成，然后雌性将其蝌蚪放进凤梨科植物叶腋内的小水洼。蝌蚪可以依靠得自母体的卵黄在5—20天内完成发育，而不用进食。成体的交配过程还没有被报道，仅知雄性在日落后发出像蟋蟀一样的叫声，一年四季都能听见。雌性在一年里可能多次产卵。

实际大小

菲氏背袋蛙是体型非常小的蛙；吻端圆；眼大；指、趾末端有扩大的吸盘，善于攀爬；皮肤光滑，背面浅棕色或黄色；从图上可以看见，背部中央有一个开口的袋子。

相近物种

背袋蛙属 *Flectonotus* 仅有两个物种，另一种是卡贝略背袋蛙 *Flectonotus pygmaeus*，体型更大，也能背更多的卵，分布于委内瑞拉和哥伦比亚的北部山区。目前对该物种的了解很少，但曾经记录到，在交配时，雄性会把卵放进雌性的“袋子”里。背袋蛙属的两个物种与托背蛙属 *Fritziana* 的亲缘关系较近。

科名	扩角蛙科Hemiphractidae
其他名称	无
分布范围	巴西东南部
成体生境	潮湿的森林
幼体生境	凤梨科植物叶腋内的小积水洼
濒危等级	无危。较常见，目前还没有证据表明数量下降

成体体长
雄性
7/8—1¼ in (23—32 mm)
雌性
1¼—1⅜ in (32—35 mm)

戈氏托背蛙
Fritziana goeldii
Goeldi's Frog
(Boulenger, 1895)

实际大小

戈氏托背蛙体型瘦小；吻端突出；眼大；指、趾末端有扩大的吸盘，善于攀爬；背部皮肤光滑，背部浅棕色或灰色，具有深色斑点。图中的雌性背上有12 枚卵。

这种小型蛙类的交配过程复杂而持久。当雄性和雌性抱对时，雌性从泄殖腔分泌出黏液，雄性用后脚聚集这些黏液，并搅拌成有黏性的一团贴在雌性背上，然后雄性再用脚把受精卵移过来并按压到雌性背上。这个过程会重复进行，直到雌性背部粘满 9—22 枚卵。这种黏液团变硬之后，就不能轻易地从雌性背部移除。19 天以后，雌性会随意将这些卵放入凤梨科植物叶腋的积水洼里，蝌蚪孵化出来后以自身的卵黄为给养，21—25 天后完成变态。

相近物种

托背蛙属 *Fritziana* 还有另外两个物种①，也分布于巴西东南部。奥氏托背蛙 *Fritziana ohausi* 与该属其余两种不同的是，它将卵产在大型竹子的破孔里而非凤梨科植物里。隙托背蛙 *Fritziana fissilis* 背部的褶皱发达，在孵化前把卵半包起来。托背蛙属的三个物种与背袋蛙属 *Flectonotus*（第 223 页）亲缘关系较近。

① 译者注：依据Frost (2018)，托背蛙属目前有六个物种。

科名	扩角蛙科Hemiphractidae
其他名称	无
分布范围	安第斯山脉东坡的哥伦比亚和厄瓜多尔
成体生境	有附生植物的云雾林
幼体生境	卵内发育，卵在雌性背部的袋子里
濒危等级	近危。森林被砍伐和喷洒非法的农药而导致受胁

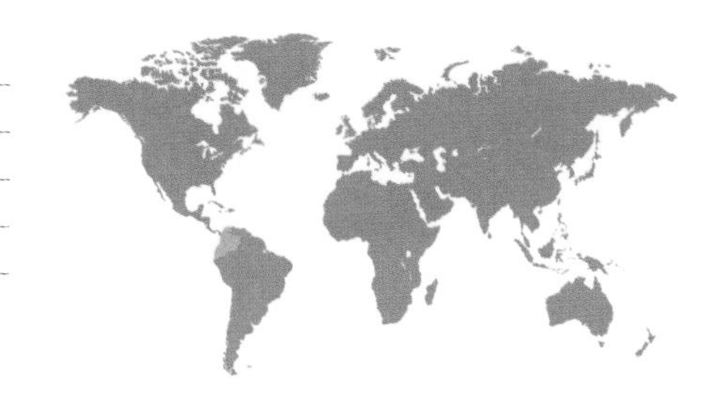

成体体长
最大 3 in (77 mm)

安第斯囊蛙

Gastrotheca andaquiensis

Andes Marsupial Frog

Ruiz-Carranza &Hernández-Camacho, 1976

“囊蛙”得名于幼体在雌性背部的“袋子”里发育。安第斯囊蛙为树栖，常见于邻近水源的植物上。交配时，大约产卵 10 枚，雄性进行受精后，将卵放入雌性的“袋子”里。卵直接发育，也就是没有游离的蝌蚪期，小幼蛙直接从卵里孵化出来。据报道，该物种的颜色具有性二态，雄性棕色，雌性绿色，但也发现有绿色的雄性。

安第斯囊蛙体型大；吻端圆；眼睑上有角状突起物；脚跟部有一个锥状突；体色多变，棕色或黄色，或为两种颜色相交错；指、趾末端有扩大的吸盘，为亮绿色。

相近物种

囊蛙属 *Gastrotheca* 有 65 个物种[①]，仅有一部分为直接发育。球囊蛙 *Gastrotheca ovifera* 栖息于委内瑞拉和玻利维亚沿海山区云雾林里的凤梨科植物上，被列为濒危物种。分布于中美洲和哥伦比亚的突角囊蛙（第 226 页）也被列为濒危物种，它的卵径达 9.8 mm，是两栖类中已知最大的卵。

实际大小

① 译者注：依据Frost (2018)，囊蛙属目前有70个物种。

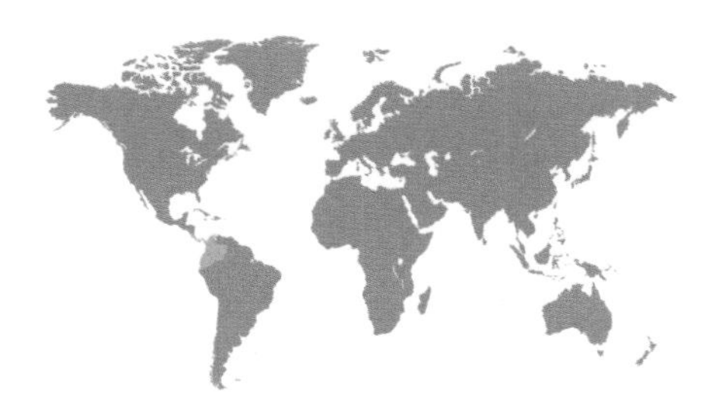

科名	扩角蛙科Hemiphractidae
其他名称	无
分布范围	哥斯达黎加、巴拿马、哥伦比亚、厄瓜多尔
成体生境	潮湿的低地森林，海拔最高1000 m
幼体生境	在雌性背部的袋子里
濒危等级	濒危。大部分栖息地因森林被砍伐而丧失，被壶菌病严重影响。1996年以后，在哥斯达黎加再也没有被发现

成体体长
雄性
$2\frac{11}{16}$—$3\frac{1}{8}$ in (66—81 mm)
雌性
平均 3 in (77 mm)

突角囊蛙
Gastrotheca cornuta
Horned Marsupial Frog
(Boulenger, 1898)

突角囊蛙体型较大，栖息于河流和溪流附近较高的林冠层，夜间活动。雄性的叫声就像拔开香槟酒木塞时所发出的声音，两次鸣叫之间相隔 8—12 分钟。其卵径约 9.8 mm，是已知蛙类中最大的卵。卵在雌性背部的“袋子”里发育，每枚卵都有一个独立的“小室”。其蝌蚪的鳃就像哺乳类的胎盘一样附着在“小室”的内壁上，因而蝌蚪依靠母体的血液进行气体交换，最后蝌蚪变成小蛙后再从“袋子”里脱落下来。

相近物种

囊蛙属 *Gastrotheca* 分布于中美洲至南美洲，最南达阿根廷。袋囊蛙 *Gastrotheca marsupiata* 分布于秘鲁中部和玻利维亚南部。黄斑囊蛙 *Gastrotheca aureomaculata* 仅分布于哥伦比亚，被列为近危物种。哨兵囊蛙 *Gastrotheca excubitor* 分布于秘鲁南部，被列为易危物种。

突角囊蛙头宽；吻端钝；眼睑上有一个三角形的片状突起物；指、趾末端有较大的吸盘；脚跟部有一个短小的突起；背面在白天呈深棕色，夜晚浅棕色，背部有几条横向的深色肤棱。

实际大小

科名	扩角蛙科Hemiphractidae
其他名称	无
分布范围	厄瓜多尔南部、秘鲁北部
成体生境	潮湿的山区森林，海拔1900—3180 m
幼体生境	山区溪流
濒危等级	无危。分布广泛，暂无证据表明其种群数量下降

成体体长
2¼—2⅞ in (58—73 mm)

山囊蛙
Gastrotheca monticola
Mountain Marsupial Frog
Barbour & Noble, 1920

囊蛙属*Gastrotheca*许多物种的卵在雌性背部的“袋子”里直待到孵化结束，然后雌性将蝌蚪放入溪流里，山囊蛙也是其中之一。成体捕食昆虫和其他无脊椎动物，躲在原木下度过冬季和旱季。目前已发现，分布于厄瓜多尔的伪囊蛙*Gastrotheca pseustes*感染了壶菌病，这可能会对所有囊蛙造成威胁。

相近物种

囊蛙属里，会背着卵直到蝌蚪期的其他物种，还有分布于阿根廷的稀有物种金点囊蛙*Gastrotheca chrysosticta*和分布于厄瓜多尔的伪囊蛙，它们均被列为濒危物种。分布于哥伦比亚和厄瓜多尔的里氏囊蛙*Gastrotheca riobambae*，曾被捕捉进行国际间宠物贸易，但现在由于它的栖息地大面积丧失而被列为濒危物种。

山囊蛙头宽；眼大而突出；指、趾末端有扩大的吸盘；背面绿色或棕色；如图所示，雌性因为在背部的“袋子”里藏有卵，而使背部皮肤看起来有些浮肿。

实际大小

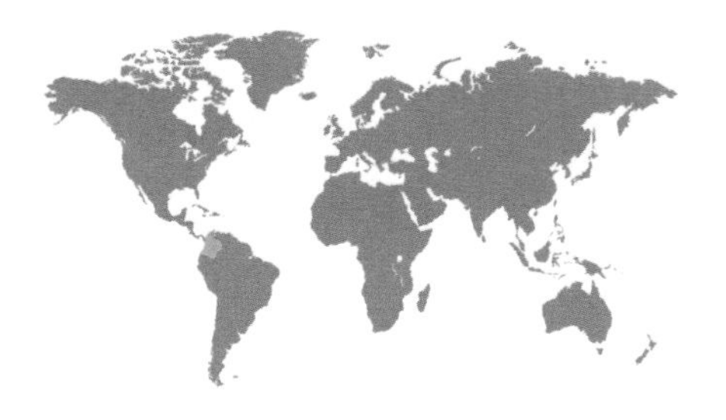

科名	扩角蛙科Hemiphractidae
其他名称	无
分布范围	哥伦比亚
成体生境	潮湿的山区森林，海拔2170—2540 m
幼体生境	山区溪流中的水坑或水潭
濒危等级	濒危。因栖息地丧失和其他因素，分布范围已缩减到仅知的五个分布点

成体体长
雄性
最大 2 in (50 mm)
雌性
1$\frac{9}{16}$—2$\frac{3}{4}$ in (40—68 mm)

疣头囊蛙

Gastrotheca trachyceps

Cerro Munchique Marsupial Frog

Duellman, 1987

囊蛙属 *Gastrotheca* 中仅有两个物种的头皮与头骨是完全融合在一起的，疣头囊蛙就是其中之一。头部像这样“共同骨化”的其他蛙类，都是白天躲藏在洞穴里，用头封闭洞口。这种行为可以减少水分挥发，也可以防御天敌。疣头囊蛙白天躲在凤梨科植物里，和其他囊蛙一样，受精卵会移入雌性背部的“袋子”。其蝌蚪孵化后会被放入山区溪流的水坑或水潭里。

相近物种

奈氏囊蛙 *Gastrotheca nicefori* 是头皮与头骨完全融合的另外一种囊蛙，分布于巴拿马、哥伦比亚和委内瑞拉，数量相对较多。它的蝌蚪会一直待在雌性的“袋子”里，直到变成小蛙。耿氏囊蛙 *Gastrotheca guentheri* 分布于哥伦比亚和厄瓜多尔的安第斯山，被列为易危物种，是唯一一种上、下颌都有齿的蛙类。

疣头囊蛙吻端钝；四肢很长，指、趾也很长，末端有扩大的吸盘；头顶皮肤粗糙；背面一般绿色或棕色，背部有深色条纹；腹面乳白色。

实际大小

科名	扩角蛙科Hemiphractidae
其他名称	无
分布范围	亚马孙河流域上游，哥伦比亚、厄瓜多尔、秘鲁的安第斯山低海拔地区
成体生境	潮湿的山区森林，最高海拔1200 m
幼体生境	卵内发育，负于雌性背上
濒危等级	无危。比较稀有的蛙类，易受栖息地丧失的威胁

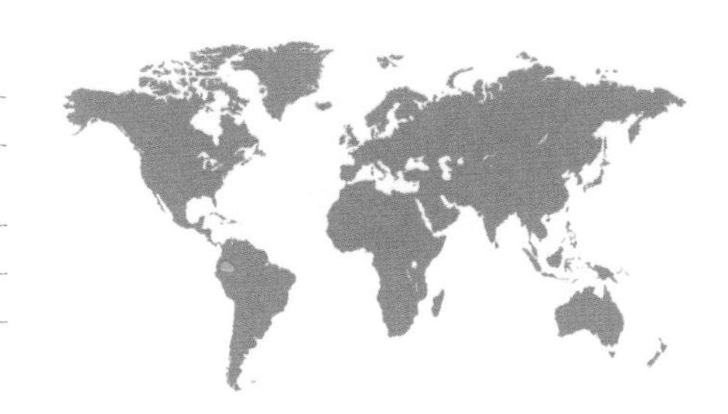

成体体长
雄性
1 11/16—1 15/16 in (43—50 mm)
雌性
2 3/16—2 11/16 in (57—66 mm)

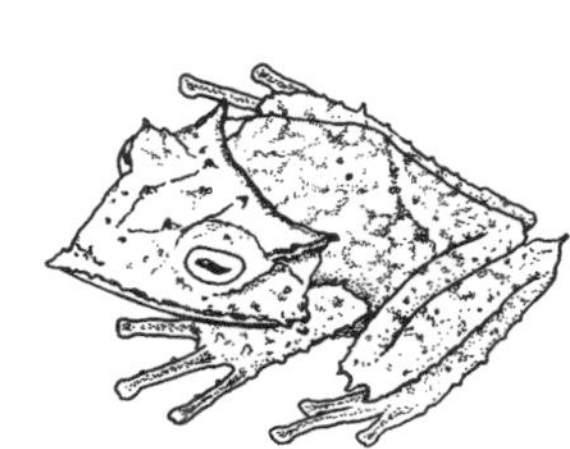

尖吻扩角蛙
Hemiphractus proboscideus
Sumaco Horned Tree Frog
(Jiménez de la Espada, 1871)

这种看起来很奇怪的蛙类在夜间捕食其他蛙类、蜥蜴和大型昆虫。为了捕食大型猎物，其下颌前端有一对犬齿状骨突。它通常见于离地面 1—2.5 m 处。当受到惊扰时，它便张开大嘴露出亮黄色的口腔和舌头。雌性可在背上驮 26 枚卵，由分泌的黏液所附着。它为直接发育类型，幼体在卵内发育，直接孵化出小幼蛙。

相近物种

扩角蛙属 *Hemiphractus* 还有另外五个物种，均分布于南美洲西北部，外部形态和生活史都相似，也都是较稀有的物种，通常见于可供其捕食的蛙类多的地方。纹扩角蛙 *Hemiphractus fasciatus* 分布于哥伦比亚、厄瓜多尔和巴拿马，被列为近危物种，它因栖息地破坏而数量下降。

尖吻扩角蛙头大，呈三角形；吻端和眼睑上有一个肉质的突起；身体扁平；脚跟部有一个三角形锥状突起；背面棕色或棕褐色，带有绿色、棕色或灰色斑纹和斑点；腹面棕褐色带有橘黄色斑点；舌和口腔亮黄色。

实际大小

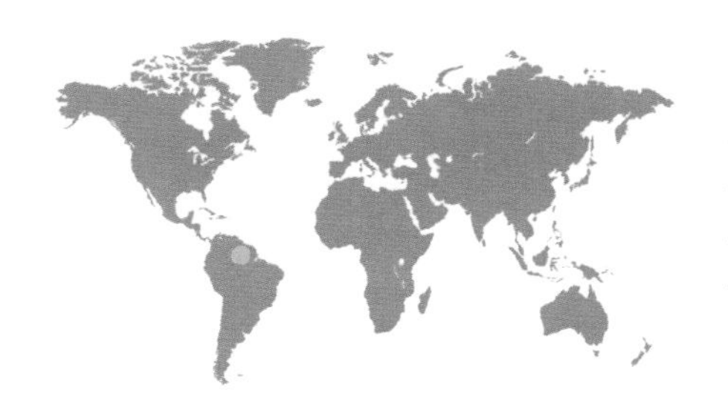

科名	扩角蛙科Hemiphractidae
其他名称	埃氏斯特芬蛙
分布范围	圭亚那中西部
成体生境	低地和山地森林
幼体生境	卵内发育，负于雌性背上
濒危等级	无。未发现数量下降和受胁

成体体长
雄性
最大 2¼₁₆ in (53 mm)
雌性
最大 3¹³⁄₁₆ in (98 mm)

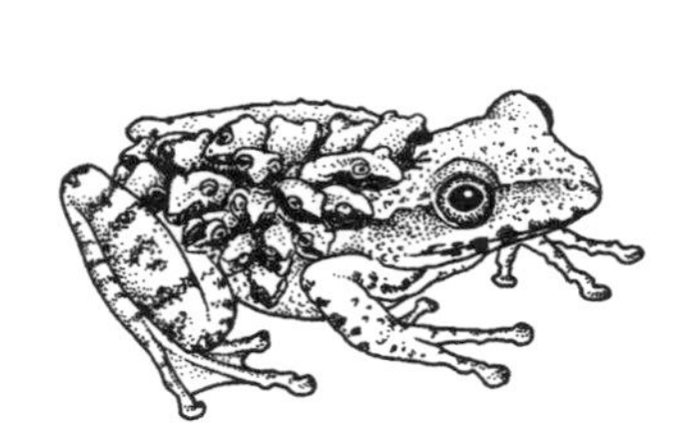

埃氏驮蛙

Stefania evansi

Groete Creek Tree Frog

(Boulenger, 1904)

埃氏驮蛙是一种大型蛙类；吻端突出；眼大；指、趾末端有吸盘；背面通常为棕色，有两种色斑类型，一种是纯棕色的，另一种带有条纹；四肢背面有深棕色和浅棕色相间的横纹。

驮蛙属 *Stefania* 的名称主要来源于其亲代抚育的模式。雌性通过一层黏液将卵贴在背上一直驮着，直到其孵化成小蛙。直接发育是指没有游离的蝌蚪期而完全在卵内发育，卵在受精 2—3 个月后直接孵化出小幼蛙。根据雌性体型的不同，可以驮 11—30 个幼体。交配发生在雨季，但还没有更多报道。

相近物种

驮蛙属有 19 个物种，大多分布于南美洲北部标志性的相互隔离的平顶山区。其中有五个物种被列为易危，但其他很多物种被列为“数据缺乏”评估等级，它们的生活史还鲜为人知。布氏驮蛙 *Stefania breweri* 仅知一号标本，发现于孤立的奥塔纳山平顶山区，海拔 1250 m。

实际大小

科名	森蟾科Hylodidae
其他名称	巴西趾棘蛙
分布范围	巴西东南部
成体生境	森林
幼体生境	溪流
濒危等级	无危。部分分布区内种群数量有下降

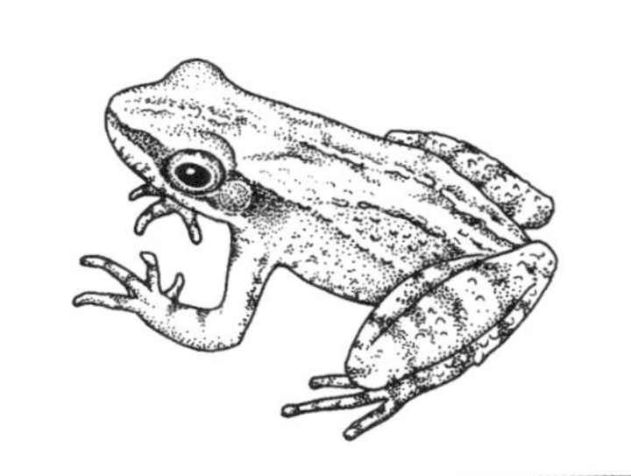

成体体长
雄性
⅞ in (22 mm);
依据一号标本

雌性
未知

高氏棘指蟾
Crossodactylus gaudichaudii
Gaudichaud's Frog

Duméril & Bibron, 1841

这种体型小巧、夜行性的蛙类见于巴西东南部大西洋沿岸森林的溪流附近。雄性具有领地性，会在溪流边鸣叫，有时下潜至水下，在石头下面挖掘巢穴。当有雌性对雄性积极回应后，它们就会一起潜入巢穴中交配并产卵。过一会儿雄性就会再次下潜并用石头盖住巢穴的洞口。终年都可以在溪流内看到不同发育时期的蝌蚪，表明它可在任意时间进行繁殖。

实际大小

高氏棘指蟾的拇指上面有两枚棘刺；指、趾均较长，末端均无吸盘；指、趾间均无蹼；背部棕色，两侧具有不规则的深色条纹，背中央或有一条浅白色纵纹。

相近物种

因为该属11个物种[①]的雌性和雄性拇指上均有棘刺，所以它们都称作棘指蟾，然而这些棘刺的功能目前尚不清楚。实际上，对这些蛙类都知之甚少，该属11个物种中有八个都列为“数据缺乏”等级。施氏棘指蟾 *Crossodactylus schmidti* 分布于阿根廷、巴西和巴拉圭，被列为近危物种，由于栖息地丧失、污染与美洲牛蛙（第561页）的入侵，其种群数量已经下降。

① 译者注：依据Frost (2018)，棘指蟾属目前有14个物种。

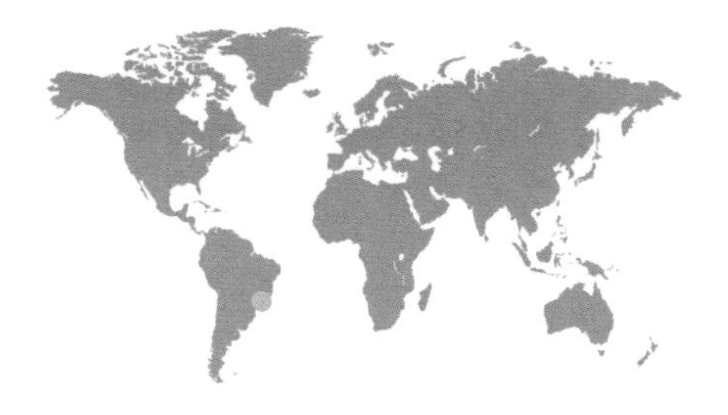

科名	森蟾科Hylodidae
其他名称	疣树蟾
分布范围	巴西东南部
成体生境	森林，海拔最高1200 m
幼体生境	森林溪流
濒危等级	无危。其分布范围包含几个保护区

成体体长
雄性
1⁹⁄₁₆—1⅝ in (39—42 mm)
雌性
1¹¹⁄₁₆—1¹⁵⁄₁₆ in (43—50 mm)

粗皮森蟾

Hylodes asper

Brazilian Torrent Frog

(Müller, 1924)

实际大小

粗皮森蟾吻端突出；眼突出；皮肤粗糙；体背面卡其色，具深色斑纹与小而色浅的点斑，体两侧橘黄色，体腹面灰白色；指、趾末端均具发达吸盘；雄性具成对声囊并且趾边缘为银白色。

粗皮森蟾最为人所熟知的就是雄性会挥动后足来吸引雌性。它生活于快速流动的溪流附近，在这样嘈杂的环境中，鸣叫的作用就欠佳了。溪水流动造成的雾气令空气保持潮湿，这使得它们在白天也可以活动。从日出到日落，雄性居高临下进行鸣叫，每次鸣叫还会伸出并挥舞其中一条后腿，这个动作可以使其后腿上的银色显露出来。这种挥动后足的动作既可以向雄性竞争对手宣告领地的所有权，又可以用来吸引雌性。有时雄性也会跃入溪流内来挖掘水下产卵室。

相近物种

这个鲜有研究的属共包含 24 个物种[①]，主要分布于巴西和阿根廷。在分布于巴西东南部的马氏森蟾 *Hylodes magalhaesi* 中已经发现感染了可造成壶菌病的真菌。在世界上其他地区中，这种疾病已经对营溪流生活的蛙类造成了相当大的影响，非常令人担忧。

① 译者注：依据Frost (2018)，森蟾属目前有26个物种。

科名	森蟾科Hylodidae
其他名称	无
分布范围	巴西东南部
成体生境	森林山溪
幼体生境	山溪缓流处
濒危等级	无危。其分布范围包含几个保护区。已检测出壶菌病阳性

格氏巨齿蛙
Megaelosia goeldii
Rio Big-tooth Frog
(Baumann, 1912)

成体体长
雄性
平均 3½ in (90 mm)
雌性
平均 3⅞ in (100 mm)

格氏巨齿蛙主要生活于山区溪流中或附近，如果周围一有风吹草动就会立刻跳入深水中，因此非常难以捕捉。它是巴西东南部大西洋沿岸森林的多种特有蛙类之一，最常见其待在露出水面的石头上。目前尚未记录到它的求偶鸣叫，但已经在溪流中发现了其蝌蚪，这表明格氏巨齿蛙将卵产于水中。主要以昆虫、无脊椎动物和其他更小的蛙类为食。

相近物种

巨齿蟾属 *Megaelosia* 共有七个物种，其中六个物种都鲜有研究而被 IUCN 红色名录列为“数据缺乏”等级。该属所有物种都分布于大西洋沿岸森林山溪中。马氏巨齿蟾 *Megaelosia massarti* 和敏巨齿蟾 *Megaelosia apuana* 中，后者直到 2003 年才被描述，这两种都要比格氏巨齿蛙的形体更大。

格氏巨齿蛙头大；吻端突出；四肢发达；指、趾间均无蹼，其末端都有小吸盘；背部和四肢均为深棕色，背部有黑色点斑，四肢上有黑色横纹。

实际大小

科名	细趾蟾科Leptodactylidae
其他名称	无
分布范围	南美洲亚马孙河流域
成体生境	热带雨林
幼体生境	卵内发育，包裹在产于地下的卵泡里
濒危等级	无危。分布范围广泛且总体上无种群下降迹象

成体体长
雄性
11/16—15/16 in (18—24 mm)
雌性
7/8—1 1/8 in (23—28 mm)

安氏股腺蟾
Adenomera andreae
Lowland Tropical Bullfrog
(Müller, 1923)

实际大小

安氏股腺蟾吻长且突出；体背面有成列的纵行肤疣；背部为灰色或棕黑色带有深棕色点斑，或有乳白色或粉红色纵纹延伸于体侧；头背部常有一个呈三角形的棕色斑块。

这种小型蛙类生活于森林地区，昼夜均可活动。雄性的叫声是一种单音节的刺耳声音，听起来像是小猫的叫喊声。雄性会在地下挖掘出一个瓶状的洞穴以供放置卵泡，每个卵泡内约有 20 枚卵。卵内含有大量的卵黄以维持蝌蚪在卵内发育，卵为直接发育类型，直接孵化出小幼蛙。

相近物种

股腺蟾属 *Adenomera* 目前共有 18 个物种，有一些物种资料比较匮乏，但很可能都有着相似的生活史，都分布于南美洲北部且都不是濒危物种，其中大多数外表相似，而更容易用鸣叫声相区分。斯氏股腺蟾 *Adenomera simonstuarti* 主要分布于玻利维亚与秘鲁，成年雄性的吻部有一个用于挖土的突起。

科名	细趾蟾科Leptodactylidae
其他名称	无
分布范围	巴西东南部
成体生境	海拔1836—2062 m多石的高沼地的凤梨科植物上
幼体生境	凤梨科植物
濒危等级	尚未评估。分布范围非常狭小

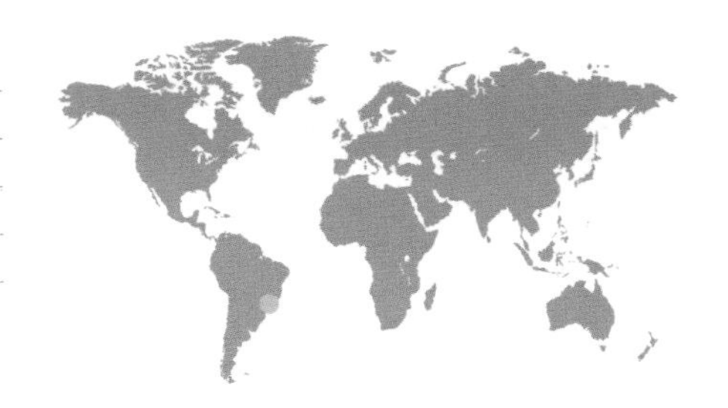

成体体长
雄性
9/16—11/16 in (14—18 mm)
雌性
½—11/16 in (13—18 mm)

伊坦贝缨趾蟾
Crossodactylodes itambe
Itambe's Bromeliad Frog

Barata, Santos, Leite & Garcias, 2013

这种微型蛙类直到2013年才被描述，它仅在石生的凤梨科植物上就可以完成整个生活史，其分布于海拔1836—2062 m、面积仅1 km^2的一隅之地。对其繁殖生物学尚无报道，它的未来因为凤梨科植物的采集而岌岌可危。气候变化在高海拔地区中的影响更为显著，很有可能令它们的生存雪上加霜。

实际大小

伊坦贝缨趾蟾吻钝圆；皮肤极粗糙且布满腺体；指、趾端具吸盘；雄性的前肢较雌性更为发达；背面为深棕色，散以绿色小点斑。

相近物种

缨趾蟾属 *Crossodactylodes* 目前共有五个物种，它们被称为凤梨蟾，都分布于巴西东南部的大西洋沿岸森林地区中。其他四个物种都栖息于森林低海拔地区，那里有可为它们提供栖身之地的长在树上的附生凤梨科植物。博氏缨趾蟾 *Crossodactylodes bokermanni* 与伊氏缨趾蟾 *Crossodactylodes izecksohni* 都被列为近危物种，它们受到森林破坏与退化的威胁，或者更具体地说，其实是那些采集凤梨科植物的人造成的影响。

科名	细趾蟾科Leptodactylidae
其他名称	无
分布范围	秘鲁、厄瓜多尔、哥伦比亚与巴西的安第斯山脉东部低坡
成体生境	低地森林的落叶堆中
幼体生境	临时性水塘
濒危等级	无危。分布范围广泛且包含几个保护区

成体体长
15/16—1 7/16 in (24—37 mm)

佩氏锉吻蟾

Edalorhina perezi

Perez's Snouted Frog

Jiménez de la Espada, 1870

实际大小

佩氏锉吻蟾长得很像蟾蜍；吻圆；端部有一个圆锥形突起；眼睑上方具有小的辐射状突起，看起来像眼睫毛；身体两侧从眼部至胯部各有一条纵行肤褶；背部为棕色，体侧部为黑色，腹部为白色。

这种小型蛙类为日行性。它长得就像是一片枯叶，因此在森林地面上可以很好地伪装自己。雄性独自鸣叫，发出一连串低沉而短促的口哨声。一对雌雄配偶可保持抱对状态长达六天。实验研究表明，它们在选择产卵场地时比较挑剔，会避开那些有昆虫捕食者和已有蝌蚪的水塘。雌性产生一种分泌物，雄性会用后腿不断搅拌并使之形成一个卵泡，一对成体会产好几窝这样的泡沫状卵泡，每个卵泡里有 30—40 枚卵。

相近物种

该属另外一个物种是吻突锉吻蟾 *Edalorhina nasuta*，有一个长长的肉质吻部，分布于秘鲁，且其生活史未知。

科名	细趾蟾科Leptodactylidae
其他名称	无
分布范围	南美洲中部与北部、特立尼达和多巴哥
成体生境	天然与人工池塘附近的低地森林
幼体生境	临时性水塘、水坑与壶穴中
濒危等级	无危。非常常见，种群数量稳定且未受到任何明显的威胁

背疣狭口蟾
Engystomops pustulosus
Túngara Frog
(Cope, 1864)

成体体长
雄性
最大 1$\frac{5}{16}$ in (33 mm)
雌性
最大 1$\frac{3}{8}$ in (35 mm)

背疣狭口蟾体色为土褐色，其繁殖过程激烈并充满危险。一场大雨过后，雄性就会进入积水坑里，包括车辙的小水洼中，然后便开始高声鸣叫。它们的叫声以“嘎呜”声开头，后面紧随着1—6声的“咕咕”（chuck）声。这种“咕咕”声的多少取决于雌性受追求的激烈程度；雌性青睐于那些可以发出好几声“咕咕”叫的雄性，因此雄性为独领风骚，就不得不比邻近的其他雄性多发出几声“咕咕”声。然而这种策略风险性很大，因为它们的叫声同时也会引来天敌缨唇蝠 *Trichops cirrhosus*，这些蝙蝠也更倾向捕食发出“咕咕”声更多的雄性。

实际大小

背疣狭口蟾是一种灰棕色的小型蛙类；皮肤遍布疣粒与脓疱状突起，这令它们看起来比较像蟾蜍；吻端突出；眼突起；背部或有颜色较浅或更深的斑块，后腿上有横纹。

相近物种

该属目前有九个物种，广泛分布在中美洲与南美洲，它们将卵产在漂浮的卵泡中，这些卵泡是由雌性并由雌雄性一起用后腿搅拌而成，所产生的分泌物可以使卵与发育中的蝌蚪保持凉爽与潮湿，也可以防范病菌与捕食者的侵入。

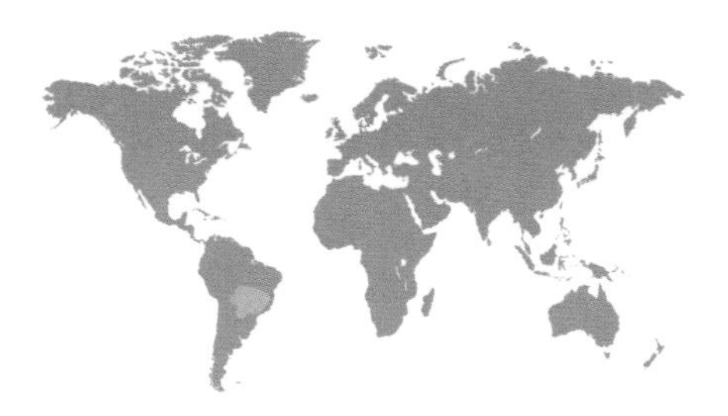

科名	细趾蟾科Leptodactylidae
其他名称	无
分布范围	玻利维亚、巴西南部、巴拉圭
成体生境	南美洲草原和无树平原
幼体生境	永久性或临时性水塘
濒危等级	无危。分布范围广，一些地方因农业发展导致的栖息地破坏，而致使数量下降

成体体长
雄性
1¹¹⁄₁₆—2⅛ in (43—55 mm)
雌性
1¹¹⁄₁₆—2³⁄₁₆ in (43—56 mm)

纳氏真泡蟾
Eupemphix nattereri[①]
Cuyaba Dwarf Frog

(Steindachner, 1863)

纳氏真泡蟾因其背上有两个黑白相间的大眼斑而闻名。当受到攻击时，它会膨胀身体，低头抬臀，露出这对假眼来恐吓敌人（见上图）。如果这招不管用，假眼上的腺体还会排出有毒的分泌物来对付捕食者。它常年生活在地下，每年 10 月至次年 1 月的大雨后，才出来繁殖。其卵被包裹在泡沫卵泡中，产在水边的斜坡上，几个个体所产的卵泡会靠在一起。

相近物种

纳氏真泡蟾是该属唯一的物种，用眼斑来保护自己的形式可能是蛙类中独一无二的。它之前被归在泡蟾属 *Physalaemus*（第 246 和 247 页）。它和白纹泡蟾 *Physalaemus albonotatus* 栖息在同样的生境，后者体型更小，与纳氏真泡蟾不同，它常见于农田里，甚至在被杀虫剂污染的农田中依然能够存活。

纳氏真泡蟾体型胖；吻端钝；四肢短而发达；趾间无蹼；皮肤为深棕色和浅棕色交织的大理石纹；背上的黑色眼斑在后背部，靠近胯部，被后腿所遮盖住。

实际大小

① 译者注：依据Frost (2018)，真泡蟾属*Eupemphix*已被作为泡蟾属*Physalaemus*的同物异名，泡蟾属目前有47个物种。

科名	细趾蟾科Leptodactylidae
其他名称	哀鸣河蛙
分布范围	巴西、哥伦比亚、秘鲁、玻利维亚与法属圭亚那的亚马孙河流域
成体生境	洪泛低地森林
幼体生境	未知
濒危等级	无危。分布范围广泛且无种群下降迹象

施氏悦水蟾
Hydrolaetare schmidti
Schmidt's Forest Frog
(Cochran & Goin, 1959)

成体体长
雄性
3 7/16—4½ in (88—115 mm)
雌性
3½—4¾ in (90—120 mm)

尽管这种大型蛙类在亚马孙河流域的几处间隔很远的地方都有分布报道，但是似乎并不常见，它们在夜间活动，且主要在生活于森林的沼泽和湿地中。它是水栖性物种，被观察到时通常是漂浮在水面并且只把眼睛露出水面。有报道表明，雄性会在它们鸣叫的地方挖出一个小水坑，但是其他方面的繁殖生物学资料则一无所知。

相近物种

人们曾经一度认为施氏悦水蟾是该属唯一的物种，但是近些年来发表了另外两个新种，分别是2003年描述的分布于巴西的丹氏悦水蟾 *Hydrolaetare dantasi* 和2007年描述的分布于玻利维亚的卡帕罗悦水蟾 *Hydrolaetare caparu*。丹氏悦水蟾的鸣叫声不同寻常，其声音初始部分由一种响亮的重击声构成，这种声音是雄性通过用声囊撞击地面而发出的。

施氏悦水蟾吻端突出；眼突起；趾间具全蹼；背部遍布小疣粒；背部为棕色、灰色与绿色，中间具有一条很宽的深色纵纹延伸至体后；腹面为乳白色或浅橘黄色，带有深棕色大理石图案。

实际大小

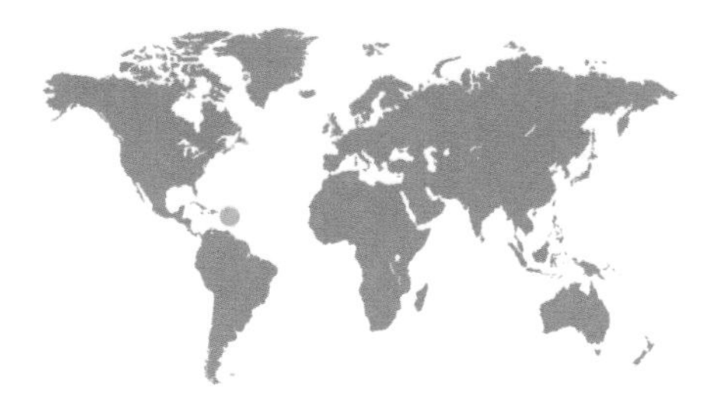

科名	细趾蟾科Leptodactylidae
其他名称	大掘沟蛙
分布范围	多米尼加、蒙特塞拉特岛，在其他加勒比岛屿上已经灭绝
成体生境	森林
幼体生境	地下洞穴内的卵泡中
濒危等级	极危。自1995年起，由于受到火山喷发与壶菌病感染而种群数量急剧下降，目前已经成功进行了人工繁殖

成体体长
雄性
$3\frac{11}{16}$—$7\frac{3}{4}$ in (95—195 mm)
雌性
$3\frac{7}{8}$—$8\frac{1}{8}$ in (99—210 mm)

谲诈细趾蟾
Leptodactylus fallax
Mountain Chicken
Müller, 1926

这种壮观的蛙类的英文译名（山鸡）十分古怪，这源于它们在西印度群岛长期都被人类视为美味佳肴。目前，它已经被列为极危物种。1995 年以来，蒙特塞拉特岛的火山活动已经破坏了其大部分栖息地，壶菌病在多米尼加岛的蔓延也令该岛的种群几乎濒临灭绝。它的繁殖生物学模式非常特殊，雄性和雌性共同守卫洞穴，并且它们会在洞内产泡沫状的卵泡并把卵产在卵泡中。卵孵化出的蝌蚪很长，呈鳗型，雌性会在卵泡内产未受精的卵来喂养蝌蚪。45 天之后，26—43 只小幼蛙就会从洞里涌现出来，为此它们总共需要吃掉 10000—25000 枚未受精卵。

相近物种

目前，细趾蟾属 *Leptodactylus* 有 77 个物种[①]，分布于西印度的仅剩下了白唇细趾蟾 *Leptodactylus albilabris*，这是一种见于波多黎各、维尔京岛与伊斯帕尼奥拉岛的体型较小的蛙类。有报道称，它在地下的洞穴中鸣叫，卵被产在卵泡中藏于岩石下。该物种暂无灭绝风险。

实际大小

谲诈细趾蟾是世界上体型最大的蛙类之一，雌性体型比雄性更大；长而肌肉发达的后腿作为食物很受人们青睐；背部为栗棕色，或伴以深色点斑与线纹，体侧部为橘黄色，腹部为金黄色；大腿上有深色斑纹。

① 译者注：依据Frost (2018)，细趾蟾属目前有74个物种。

科名	细趾蟾科Leptodactylidae
其他名称	无
分布范围	安第斯山东部，从委内瑞拉南部至阿根廷
成体生境	池塘、湖泊与洪泛区域附近的开阔草甸
幼体生境	临时性水塘
濒危等级	无危。分布范围非常广泛且总体上无种群下降迹象，可能受到壶菌病感染的影响

盗寇细趾蟾
Leptodactylus latrans
Criolla Frog
(Steffen, 1815)

成体体长
雄性
3½—4¾ in (90—120 mm)
雌性
3⅛—4$^{5}/_{16}$ in (80—110 mm)

这种大型蛙类从9月到次年2月间进行繁殖。在繁殖期雄性前臂会变得发达粗壮，每侧的第一指上会长出一对婚垫。在抱对期间，雌性产卵时产生分泌物，由雄性用后腿搅拌形成泡沫状卵泡，卵泡为环形且雌性会坐在正中间。卵孵化以后，雌性也会一直守护幼体以防天敌伤害。如果有鸟类接近，雌性就会拍打水面，让蝌蚪们保持警惕，并把它们藏到自己身体下面。盗寇细趾蟾以其他蛙类为食，但是也会被人类当成盘中餐。

盗寇细趾蟾沿背部与体侧部有显著的纵向肤褶；背部为灰色、绿色或红棕色，带有少量白色边缘的黑色点斑；头部两眼间有一块大圆斑；腹部为白色并杂以灰色；吻部突出；脚趾两侧有缘膜。

相近物种

同样被称为克里奥尔蟾①的还有查库细趾蟾 *Leptodactylus chaquensis*，这是一种分布于阿根廷、巴拉圭、乌拉圭和玻利维亚的大型蛙类，在阿根廷的一些地区由于人类的大量捕食而造成种群下降。玻利维亚细趾蟾 *Leptodactylus bolivianus* 是见于南美洲西北部的穴居型蛙类。

实际大小

① 译者注：克里奥尔蟾（Criolla Frog或Creole Frog）是西班牙语国家对细趾蟾属部分物种的俗称。

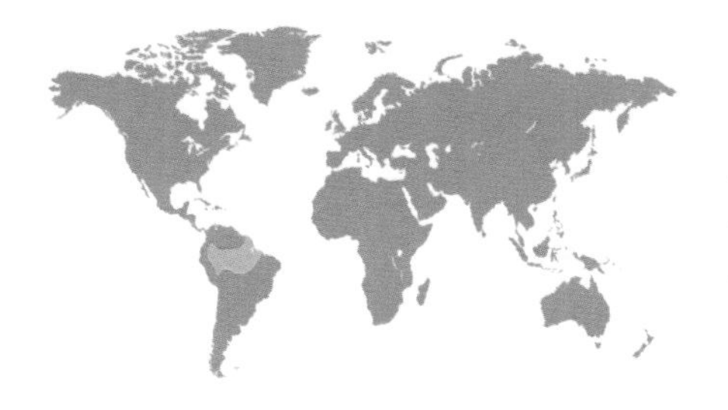

科名	细趾蟾科Leptodactylidae
其他名称	烟色丛林蛙
分布范围	巴西、哥伦比亚、秘鲁、玻利维亚与法属圭亚那的亚马孙河流域
成体生境	低地雨林
幼体生境	临时性水体
濒危等级	无危。分布范围非常广泛且总体上无种群下降迹象

成体体长
雄性
$4\frac{1}{8}$—$7\frac{1}{8}$ in (106—177 mm)
雌性
$4\frac{11}{16}$—$7\frac{3}{8}$ in (118—185 mm)

五指细趾蟾
Leptodactylus pentadactylus
South American Bullfrog

(Laurenti, 1768)

这种惊人的大型蛙类几乎以任何可以吃下去的动物为食，包括幼鸟、蛇类、蝎子与其他蛙类。它为夜行性，白天则躲藏起来。5—11 月繁殖。雄性的叫声是一种响亮的“呜噗”（wroop）声。雄性前肢粗大、肌肉发达，胸部与大拇指上具棘刺，可在抱对时抱紧雌性。雌性在水边泥洞里产卵约 1000 枚，包裹在一大团泡沫里面。蝌蚪体长可超过 80 mm，为肉食性。当受到惊扰时，成体会发出尖叫声并产生大量有毒的黏液。

相近物种

细趾蟾属 *Leptodactylus* 77 个物种①之中，视觉冲击力最大的要属宽头细趾蟾 *Leptodactylus laticeps*，主要分布于巴拉圭、玻利维亚与阿根廷的大查科地区。其体表色斑十分惹眼，底色为浅色并带有黑色大圆点斑，这令它们在国际宠物贸易中价格不菲，每只可高达 600 美元。目前已被列为近危物种。

实际大小

五指细趾蟾眼大；体背部两侧各有一条突出的纵向肤褶；背部上方的皮肤光滑，颜色从灰色到红棕色；头顶部两眼之间有一条深色横纹，沿上嘴唇有明显的深色点斑或宽条纹。

① 译者注：依据Frost (2018)，细趾蟾属目前有74个物种。

科名	细趾蟾科Leptodactylidae
其他名称	伯南布哥丛林蛙
分布范围	巴西东北部
成体生境	稀树草原、砂质海岸
幼体生境	临时性池塘
濒危等级	无危。在部分被农业所替代的栖息地中种群下降

穴居细趾蟾

Leptodactylus troglodytes

Brazilian Sibilator Frog

Lutz, 1926

成体体长
雄性
平均 $1^{15}/_{16}$ in (49 mm)
雌性
平均 $1^{15}/_{16}$ in (50 mm)

这种小型蛙类的雄性吻部呈铲状，用来挖掘交配与产卵用的极其复杂的洞穴。繁殖在每年3—5月进行，受一场大雨的激发而开始。雄性的求偶鸣叫非常简单，仅由单一音符构成，每隔一秒重复一次。响应的雌性就会发出应答鸣叫并逐渐接近雄性，这样可以避免受到雄性的攻击，随后被雄性带到它的洞穴里。这种洞穴由一条隧道与一个或多个洞室构成，它们会选择在其中的一个洞室内交配，然后雌性产卵约100枚，包裹在一堆泡沫中。

实际大小

相近物种

在这个规模非常庞大的属中，穴居细趾蟾隶属于棕细趾蟾 *Leptodactylus fuscus* 种组，有时被称为红褐蟾。它分布广泛，包括中美洲与南美洲等地区。该种组的所有物种都将卵产在地下洞穴中，卵包裹在泡沫里面，孵化后的蝌蚪在洞穴附近的水体中发育。蟾形细趾蟾 *Leptodactylus bufonius* 生活于阿根廷与相邻国家的半干旱的生境中。

穴居细趾蟾吻端突出；眼大而突起；鼓膜极为明显；后腿肌肉发达，后足跟部具白色蹠突；背部为浅棕色带有大块黑色污斑与点斑，大腿上有黑色横纹；指、趾间均无蹼。

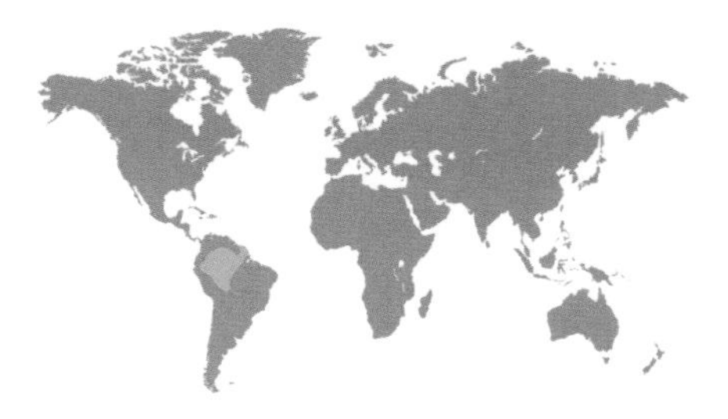

科名	细趾蟾科Leptodactylidae
其他名称	无
分布范围	玻利维亚、巴西、哥伦比亚、厄瓜多尔、法属圭亚那、圭亚那、秘鲁与委内瑞拉的亚马孙河流域
成体生境	热带雨林
幼体生境	临时性水塘
濒危等级	无危。尽管被认为是一种稀有或不常见的物种，但它们分布范围十分广泛

成体体长
雄性
1⅜—1⅞ in (35—47 mm)
雌性
1½—2 in (38—52 mm)

条纹石居蟾
Lithodytes lineatus
Lithodytes lineatus

(Schneider, 1799)

这种小型蛙类主要见于落叶堆中，似乎与一种切叶蚁 *Atta cephalotes* 为共生关系。它们住在蚁巢里，通过发出一种芳香气味来防止自己被蚂蚁攻击，同时它们也会十分积极地捕食蚁巢的入侵者。在9月至次年2月间繁殖。雄性在蚁巢的洞穴中鸣叫，发出一连串短促的口哨声。雌性在临时性水塘边产卵100—330枚，被包裹在卵泡里，此后雌性在卵发育期间还会一直待在卵泡附近。

相近物种

条纹石居蟾是本属唯一的物种，在外形上与一种亲缘关系很远的霓股箭毒蛙（第356页）极为相似，这也可能是拟态的一个例子。条纹石居蟾因为和这种有毒的蛙类十分相似，所以这可以保护它不受捕食者的侵害。另外一种亲缘关系也很远的小眼蟾姬蛙（第519页）同样也与蚂蚁共生且相安无事。

条纹石居蟾的吻部钝圆；身体非常纤瘦；背部与体侧部为黑色，背部两侧各有一条金黄色纵纹延伸至体后，且两条纹在吻端相遇；四肢为棕褐色并饰以棕色横纹，在胯部与大腿内侧有两个亮橙色或红色斑块。

实际大小

科名	细趾蟾科Leptodactylidae
其他名称	无
分布范围	巴西东南部大西洋沿岸森林
成体生境	森林
幼体生境	临时性溪流边缘的小水塘中
濒危等级	数据缺乏。种群数量下降但在一些保护区中有分布

腹斑副池蟾
Paratelmatobius poecilogaster
San André Rapids Frog
Giaretta & Castanho, 1990

成体体长
雄性
¾—1 in (20—26 mm)
雌性
1—1³⁄₁₆ in (25—30 mm)

这种体型小巧、鲜为人知的蛙类主要见于临时性溪流附近的地面上。它在潮湿的季节进行繁殖，雄性聚集于干枯的溪流河床上，晚上在岩石下面的小水塘里鸣叫。它将卵产在水面上方的倾斜岩石上，这样一来，孵化出的蝌蚪就能掉入下面的溪流里。有时一场大雨会把溪流汇成洪水，将成体与蝌蚪都卷到下游中去。当受到惊吓或者骚扰时，它会把背部翻转过去，暴露出色彩鲜艳的腹部。

实际大小

腹斑副池蟾体型小而圆胖；吻部扁平；背部与四肢为绿色或棕色并带有绿色点斑，背部中间有时有一条绿色或蓝色纵纹全部或部分延伸至体后部；从眼部到胯部有一条粉红色纵纹将背部与深色的体侧部分开；腹部为橘黄色或红色，混以黑色或白色斑块。

相近物种

尽管腹斑副池蟾体型很小，但还是该属体型最大的物种。该属所有成员都分布于巴西东北部的大西洋沿岸森林中。它们的濒危等级尚不得而知，有六个物种被列为“数据缺乏”，两个尚未评估。其分布范围都非常狭小，该属物种的分布记录大多都在保护区内，但是其种群数量似乎在下降。

科名	细趾蟾科Leptodactylidae
其他名称	无
分布范围	巴西东南部大西洋沿岸森林
成体生境	以前为森林，目前则更多在开阔的生境中
幼体生境	池塘、沼泽
濒危等级	数据缺乏。由于栖息地的破坏并可能受壶菌病的威胁而使种群数量下降

成体体长
平均 1 in (26 mm)

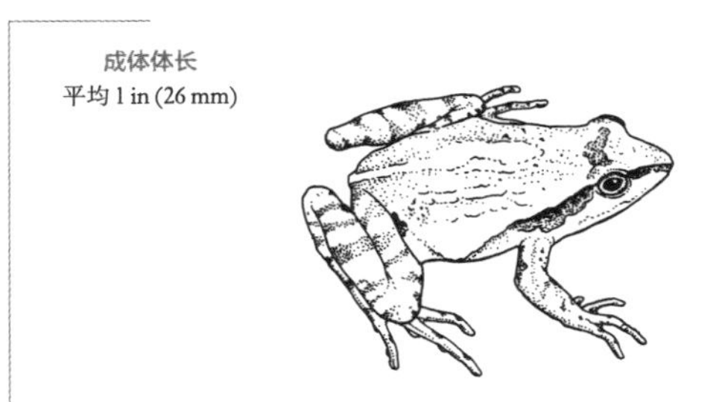

巴氏泡蟾
Physalaemus barrioi
Bocaina Dwarf Frog

Bokermann, 1967

实际大小

巴氏泡蟾体型呈椭圆形；头部为三角形；指与趾细长；指、趾间无蹼；背部为棕色或深绿色，四肢上有横纹；有一条深色条纹穿过眼部，胯部有红色与黑色斑块。

巴氏泡蟾仅见于一条被森林覆盖的山脉内，分布于海拔 1200 m 以上，这种小型蛙类的未来令人担忧。第一次发现并描述该物种的森林已经受到了严重破坏，目前主要见于更为开阔的区域里的永久性沼泽地中。雄性在 8 月至次年 2 月期间的夜晚鸣叫，雌性将卵产在泡沫状卵泡内并附着在水边的植物上。卵孵化以后，蝌蚪就会离开卵泡的保护并在水中分散开来。

相近物种

泡蟾属 *Physalaemus* 共有 45 个物种[①]，分布横跨中美洲与南美洲。巴氏泡蟾与瘦泡蟾 *Physalaemus gracilis* 亲缘关系非常接近。在巴西南部与乌拉圭常见，主要生活于林缘地带与塞拉多草甸中，在临时性水塘中繁殖。它能够很好地适应人类活动，可见于受干扰与污染的栖息地中。

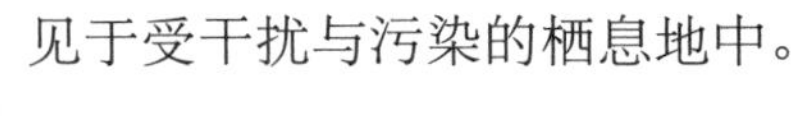

① 译者注：依据Frost (2018)，泡蟾属目前有47个物种。

科名	细趾蟾科Leptodactylidae
其他名称	无
分布范围	巴西、圭亚那、法属圭亚那、苏里南与委内瑞拉的亚马孙河流域东部
成体生境	低地森林空地与林缘
幼体生境	临时性水塘
濒危等级	无危。在有干扰的生境里、退化的森林中与人类居住地附近，种群都很繁盛

成体体长
1—1⁵⁄₁₆ in (26—33 mm)

鞍斑泡蟾
Physalaemus ephippifer
Steindachner's Dwarf Frog
(Steindachner, 1864)

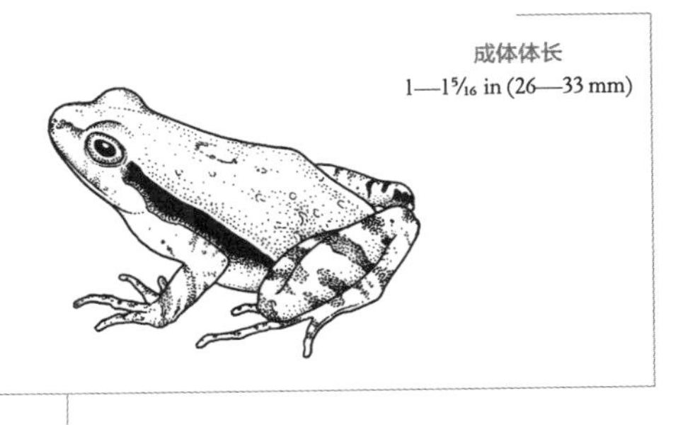

这种极为常见的小型蛙类繁殖期超过三个月，在2月的一场大雨后开始繁殖。黄昏过后，雄性在浅水塘周围合鸣，其叫声开始是一声“哀鸣”，随后紧跟着数目多变的“咯咯”（chucks）声。一对成体需要40分钟时间来进行交配并将卵产在卵泡里。卵泡由雌性输卵管分泌物构成，由雄性用后腿搅拌而产生大量泡沫。卵在三天后即可孵化，产卵后4—6天卵泡分解，随后蝌蚪进入水中。

实际大小

鞍斑泡蟾是体型粗壮的小型蛙类；吻端突出；指、趾间无蹼；背部为棕色带有更深色的点斑，体侧部为深棕色，腹部为乳白色；四肢上有深棕色横纹，腋窝与胯部有橘黄色或红色斑块。

相近物种

鞍斑泡蟾的叫声与背疣狭口蟾（第237页）非常相似。该属的所有物种均产卵泡，其目的在于为卵提供多种保护作用。对于鞍斑泡蟾，有人认为这种卵泡还可以防止卵被同种其他蝌蚪吃掉。对于亲缘关系很近的居氏泡蟾 *Physalaemus cuvieri* 的卵来说，主要威胁来自于一种掠食性的苍蝇。

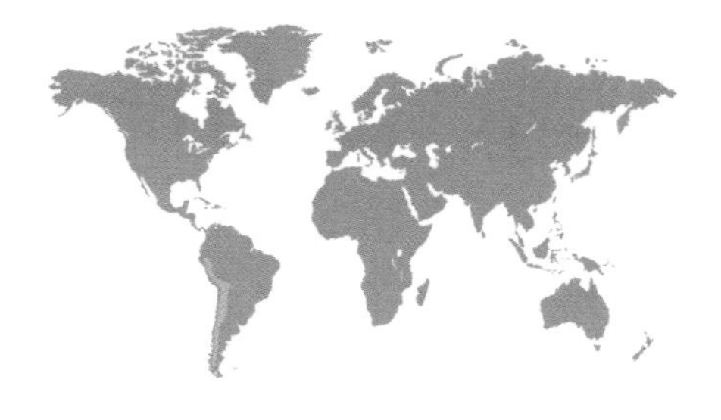

科名	细趾蟾科Leptodactylidae
其他名称	无
分布范围	玻利维亚、秘鲁、智利与阿根廷的安第斯山脉
成体生境	高海拔草甸与灌丛
幼体生境	缓速溪流与小水塘中
濒危等级	无危。种群似乎比较稳定且在灌溉的农田中也可以存活

成体体长
雄性
最大 1⅛ in (28 mm)
雌性
最大 1¼ in (32 mm)

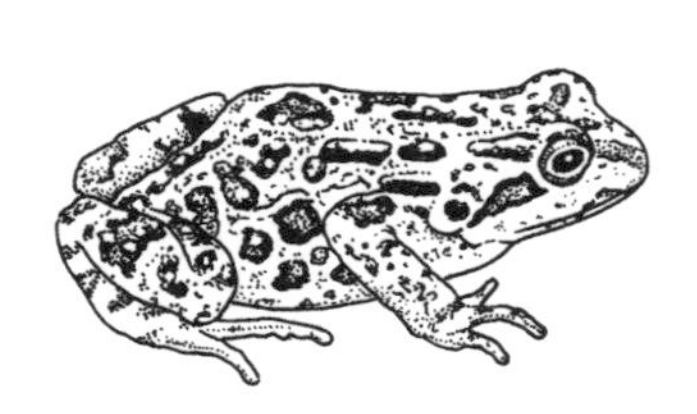

理纹侧瘤蟾

Pleurodema marmoratum

Marbled Four-eyed Frog

(Duméril & Bibron, 1840)

实际大小

理纹侧瘤蟾吻钝圆；眼大；后腿极短；趾间无蹼，但趾侧有缘膜；背部为棕褐色或绿色，带有大小不一的深棕色或深绿色斑纹，有些斑块为红色。

在所有蛙类中，这种色彩斑斓的蛙类的雄性拥有相对于体型而言体积最大的睾丸，可以占到体腔的1/3。目前还没有人能解释它的睾丸为什么会进化成这样。在秘鲁，气候变化导致冰川融化，所以这种分布于安第斯山高海拔的蛙类的垂直分布线在逐渐向上扩展，在曾经被冻结的水塘里繁殖。其睾丸中的壶菌病真菌检测已呈阳性结果，但是目前还没有证据表明此结果影响了其死亡率。

相近物种

该属共有 15 个物种，很多都被称为四眼蛙，它们背部后方有大点斑与色斑，当受到敌人攻击时，就会将这些斑块暴露出来，与纳氏真泡蟾（第 238 页）相似。例如，托尔侧瘤蟾 *Pleurodema thaul* 有两枚黑色大眼斑，它就会采取头部朝下、后部抬起的姿势来暴露眼斑。尽管理纹侧瘤蟾的英文译名叫作“理纹四眼蛙”，但实际上它并没有这种特征。

科名	细趾蟾科Leptodactylidae
其他名称	无
分布范围	巴西南部、巴拉圭东南部、乌拉圭与阿根廷东北部
成体生境	草原，海拔最高1000 m
幼体生境	临时性水塘和水沟里
濒危等级	无危。为常见种，分布范围广

成体体长
最大 ¾ in (20 mm)

刃足伪沼栖蟾
Pseudopaludicola falcipes
Hensel's Swamp Frog
(Hensel, 1867)

尽管这种小型蛙类十分常见，但是对其仍知之甚少。虽然它的自然生境为开阔草原，但是在一些被农田取代的环境中也能顽强地生存，主要是因为稻田能够弥补它赖以繁殖的湿地区域的丧失，它也可以在排水沟中繁殖。雄性有大型单声囊，在地面上鸣叫。卵被成团产在浅水中，这些卵和很多亲缘关系很近的蛙类不同，卵外无泡沫包裹。

实际大小

刃足伪沼栖蟾体形丰满；吻钝圆；眼大；背部皮肤疣粒密布；背面为棕色或灰色，背部有深色斑纹，四肢上有横纹；部分个体背部中间有一条明显的黄色纵纹。

相近物种

伪沼栖蟾属 *Pseudopaludicola* 目前有 18 个物种[①]，其中 1/3 的物种都是最近十年来才被描述的。这些物种也被统称为沼泽蛙，广泛分布于南美洲大多数地区。玻利维亚伪沼栖蟾 *Pseudopaludicola boliviana* 分布于南美洲中部地区，北起哥伦比亚与委内瑞拉，南至阿根廷，是一种常见的陆栖蛙类。角伪沼栖蟾 *Pseudopaludicola ceratophyes* 生活于哥伦比亚与秘鲁的森林落叶堆中。

① 译者注：依据Frost (2018)，伪沼栖蟾属目前有21个物种。

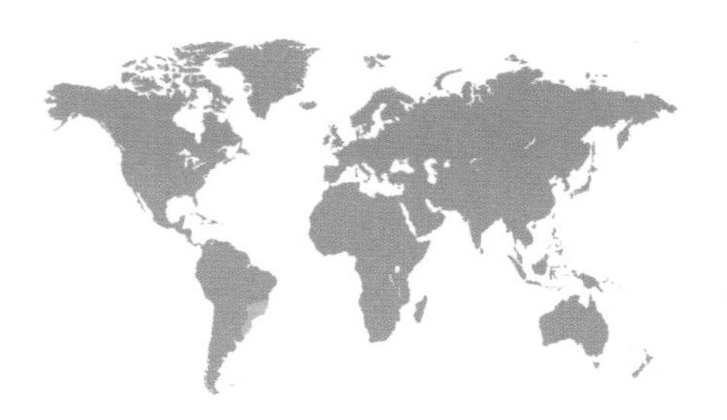

科名	细趾蟾科Leptodactylidae
其他名称	无
分布范围	巴西东南部
成体生境	森林，海拔800—1000 m
幼体生境	临时性水塘
濒危等级	无危。部分地区种群数量由于森林砍伐而下降，但在其他地方还很常见

成体体长
雄性
平均 ⅝ in (16 mm)
雌性
平均 $^{11}/_{16}$ in (18 mm)

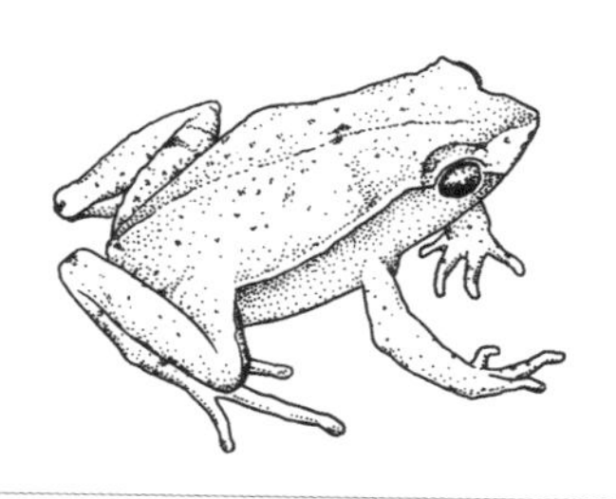

萨氏怒蟾
Scythrophrys sawayae
Banhado Frog
(Cochran, 1953)

实际大小

萨氏怒蟾体宽；吻端突出；眼上方有尖锐突起；四肢纤细；指、趾端具小吸盘；背部为深棕色、绿色或浅棕色，腿部为黄棕色；有一条浅色肤褶将背部与深色的体侧部隔开。

这种鲜为人知的小型蛙类有多种防御行为来抵抗潜在的天敌。其身体形状与皮肤颜色主要与其生活的森林地面的落叶堆比较相近。它有三种色型，这让捕食者难以辨认其外表：大约50%的个体为深棕色，28%的个体为绿色，22%的个体为浅棕色。当受到惊扰时，它就会将四肢向外伸直，这样能够使自己看起来更大。

相近物种

萨氏怒蟾是本属唯一的物种，与分布于巴西的大西洋沿岸森林物种博氏前角蟾（第254页）一样，都和枯叶相似，且都有四肢僵直的防御姿势。这两个物种的亲缘关系并不近，所以这种外形与行为相结合的防御特征在一些林栖蛙类中为独立演化。

科名	细趾蟾科Leptodactylidae
其他名称	*Pleurodema somuncurensis*（索曼科拉侧瘤蟾）、埃尔林孔溪蛙
分布范围	阿根廷南部
成体生境	地热湿地
幼体生境	温泉与溪流中
濒危等级	极危。分布范围非常狭小，且由于栖息地破坏而严重破碎化

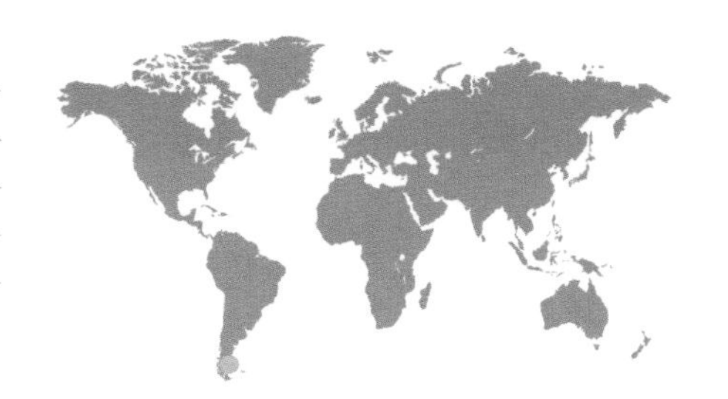

成体体长
雄性
未知

雌性
平均 1½ in (38 mm)

索曼科拉蟾
Somuncuria somuncurensis
Somuncura Frog
(Cei, 1969)

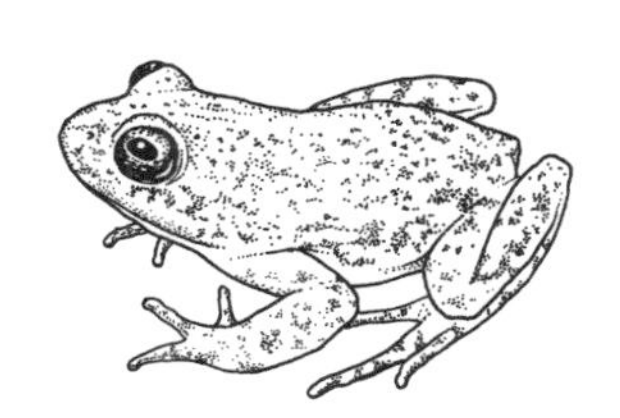

这种完全水栖的蛙类仅见于索曼科拉高原上，是阿根廷的内格罗河省内由火山形成的一片隔离地带。主要发现于由温泉形成的溪流中的石头下面，它的交配行为、卵与蝌蚪还没有被报道过。由于引进种虹鳟鱼 *Oncorhynchus mykiss* 会吃掉其蝌蚪，目前它已受到严重威胁。这片区域同时还受到绵羊与山羊过度放牧的威胁，造成了溪流的破坏与污染。虽然这片分布区域坐落在一个保护区内，但是由于缺乏有效管理而形同虚设。

实际大小

索曼科拉蟾体型扁平；皮肤光滑；后腿与脚趾均较长；眼大，略朝向头顶部；背面为黄棕色带有不规则的深色点斑，背部中间有一条浅黄色窄纵纹延伸至体后；腹面带有深色网纹。

相近物种

索曼科拉蟾是本属唯一的物种，它完全营水栖，包括其整体外形都和南美洲的水栖蛙类比较相似，如的的喀喀湖蛙（第 259 页）。

科名	齿泽蟾科Odontophrynidae
其他名称	无
分布范围	巴西东部
成体生境	海岸森林，海拔最高600 m
幼体生境	临时性池塘
濒危等级	无危。部分地区种群下降但在一些保护区内有分布

成体体长
平均 3⅞ in (100 mm)

大颊舌蟾

Macrogenioglottus alipioi
Bahia Forest Frog

Carvalho, 1946

一场大雨过后，这种大型蛙类的雄性就会在池塘边聚集并一起合鸣，这种声音听起来就像是船上的雾号声。在交配期间，雄性会周期性地蹬后腿，也许是为了将精子散布到卵上。卵群呈短带状并附着在水生植物上，一对成体会产好几条这样的卵带并绕着池塘散布。虽然该物种的自然栖息地是巴西东部的大西洋沿岸森林，但是它们也常见于巴西东南部圣埃斯皮里图省的可可种植园中。

大颊舌蟾头大；吻部非常钝圆；眼突起；背部与体侧布满疣粒；四肢背面皮肤具肤褶；指、趾较长，背面为深棕色带有浅棕色和苍白色斑块；上嘴唇有醒目的浅棕色与白色垂直条纹。

相近物种

大颊舌蟾是本属唯一的物种，与齿泽蟾属 *Odontophrynus* 长得像蟾蜍的蛙类亲缘关系最近，如刃齿泽蟾（第 253 页）。

实际大小

科名	齿泽蟾科Odontophrynidae
其他名称	无
分布范围	巴西东南部
成体生境	低地森林、稀树草原、草甸与沼泽
幼体生境	临时性池塘
濒危等级	无危。在几个保护区内有分布且在郊外地区常见

刃齿泽蟾
Odontophrynus cultripes
Rio Grande Escuerzo
Reinhardt & Lütken, 1862

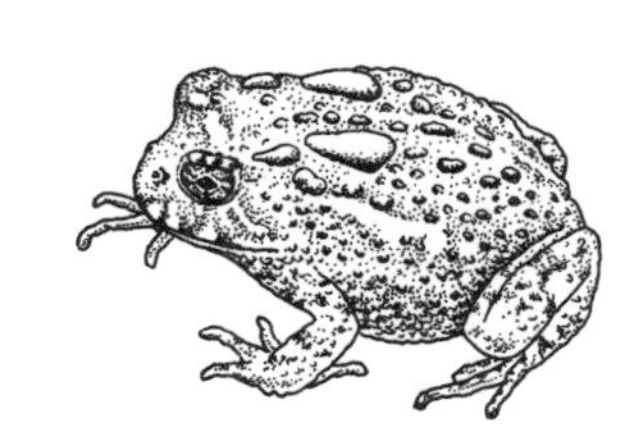

成体体长
雄性
1 15/16—2 3/8 in (50—60 mm)
雌性
1 3/4—2 13/16 in (45—70 mm)

刃齿泽蟾这种像蟾蜍的蛙类为穴居型物种，一生中大多数时间都在地下度过。它分布于巴西塞拉多类似于稀树草原的生境与大西洋沿岸森林中。部分分布区的种群在雨后繁殖，而其他地区的则在旱季和雨季均可繁殖。它将卵产在临时性水塘底部，包裹于凝胶状物质中，蝌蚪在水塘里发育。它也可在多种人造水体中繁殖，在郊区的花园中极为常见。

相近物种

目前，齿泽蟾属 *Odontophrynus* 共有 11 个物种①，美洲齿泽蟾 *Odontophrynus americanus* 在巴西、巴拉圭、乌拉圭与阿根廷为广布种。西部齿泽蟾 *Odontophrynus occidentalis* 见于阿根廷的山地草原中，被列为易危物种。

刃齿泽蟾的吻钝圆；眼大而突起；背部恰在头后处有一对很大的隆起的腺体；背部密布疣粒，有些个体疣粒呈红色；背面为深棕色带有深色或浅色点斑，有一条橘黄色或金黄色的带纹延伸于体侧。

实际大小

① 译者注：依据Frost (2018)，齿泽蟾属目前有12个物种。

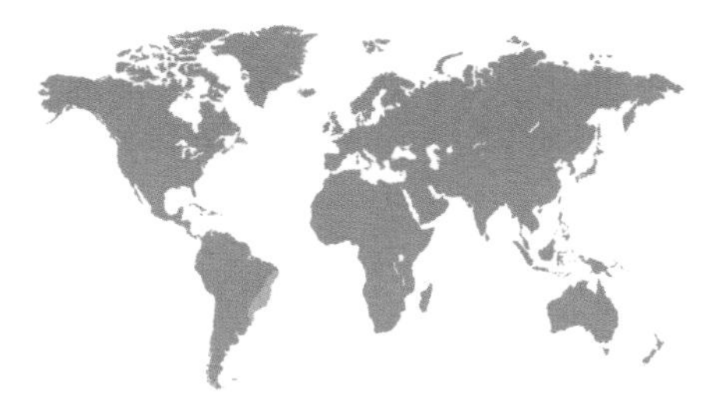

科名	齿泽蟾科Odontophrynidae
其他名称	巴伊亚滑角蛙、里约热内卢滑角蛙
分布范围	巴西东部
成体生境	林地
幼体生境	沼泽或溪流
濒危等级	无危。部分地区种群下降但在一些保护区内有分布

成体体长
雄性
1⁹⁄₁₆—2½ in (40—62 mm)
雌性
1⁹⁄₁₆—2¹⁵⁄₁₆ in (40—74 mm)

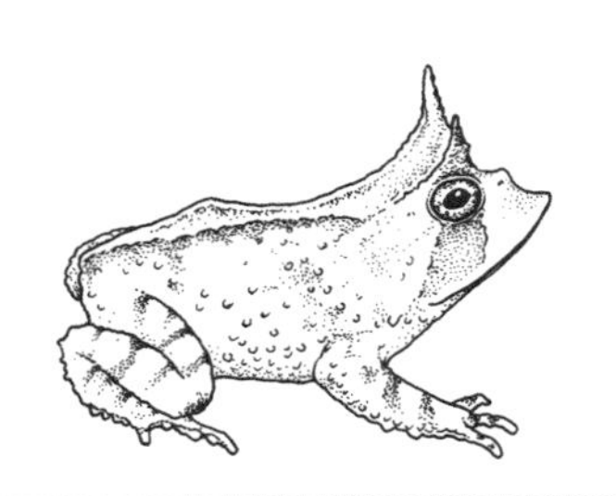

博氏前角蟾
Proceratophrys boiei
Boie's Frog
(Wied-Neuwied, 1824)

博氏前角蟾栖息于巴西的大西洋沿岸森林，这种帅气的蛙类常被捕捉并作为宠物而出口。它最突出的特征是眼上方有一对长三角形的皮肤衍生物，该特征与其皮肤的色斑结合，能够使它在林地地面上的落叶堆中很好地伪装。它以各种昆虫为食，可在 9 月至次年 1 月间鸣叫。当受到骚扰或攻击时，它们会伸出四肢并保持僵硬作为防御姿势。

相近物种

目前，南美洲的前角蟾属 *Proceratophrys* 已经描述有 40 个物种，被通称为滑角蛙。黑须前角蟾 *Proceratophrys melanopogon* 在大雨过后会立刻大量聚集成繁殖群。双峰前角蟾 *Proceratophrys bigibbosa* 生活于阿根廷北部与巴西南部的山地区域的常绿森林里，由于森林砍伐，其种群数量已经下降，被列为近危物种。另见莫氏前角蟾（第 255 页）。

博氏前角蟾头宽；吻部钝圆；每侧眼上方均具长锥形的皮肤衍生物；体型粗壮，背部与体侧部皮肤布满疣粒；背部、体侧与四肢上有棕色、红色、橘黄色、金黄色与黑色的错综复杂的纹路；背部中间有一条棕色或灰色的宽纵纹延伸至体后部。

实际大小

科名	齿泽蟾科Odontophrynidae
其他名称	无
分布范围	巴西南部
成体生境	塞拉多林地的开阔区域
幼体生境	浅水缓速的小溪中
濒危等级	极危。分布范围非常狭小且在任何保护区内均无分布

莫氏前角蟾
Proceratophrys moratoi
Botucatu Escuerzo
(Jim & Caramaschi, 1980)

成体体长
雄性
$^{15}/_{16}$—$1^{1}/_{4}$ in (24—31 mm)
雌性
$1^{1}/_{16}$—$1^{7}/_{16}$ in (27—36 mm)

这种小型蛙类的濒危等级尚不确定。它最初仅被报道于一个分布点，然而此处后来也遭到了破坏，自从 1990 年以来便再未见过它，2004 年的一份评估表明它很可能已经灭绝。然而，2010 年和 2011 年的报道发现它们还幸存着，并且其分布范围可能比之前认为的要更大。它在 8 月至次年 2 月间繁殖，雄性在植物底部的浅洞中昼夜鸣叫。卵被产在缓速溪流中，蝌蚪也在其中发育。

实际大小

莫氏前角蟾是一种体型非常小巧而紧凑的蛙类；前肢与后肢均较短；吻部短而圆；眼大；皮肤疣粒极多，前肢上疣粒更为密集且端部尖锐；背部色斑图案复杂，有墨绿灰色的大斑，其边缘以浅灰色或沙黄色的宽带纹环绕。

相近物种

前角蟾属 *Proceratophrys* 的 40 个物种都鲜为人知。有三个物种：巴氏前角蟾 *Proceratophrys bagnoi*、布氏前角蟾 *Proceratophrys branti* 和迪氏前角蟾 *Proceratophrys dibernardoi* 都是到 2013 年才被发表的新种。沼泽前角蟾 *Proceratophrys palustris* 与莫氏前角蟾的叫声相似，被列为“数据缺乏”等级，其栖息地已经受到采矿的严重影响，采矿既破坏了林地又污染了它们赖以繁殖的溪流。另见博氏前角蟾（第 254 页）。

科名	尖吻蟾科Rhinodermatidae
其他名称	无
分布范围	智利瓦尔迪维亚
成体生境	温带森林
幼体生境	溪流
濒危等级	极危。分布范围非常狭小且受到栖息地破坏的威胁

成体体长
雄性
最大 1⅞ in (48 mm)
雌性
最大 1 11/16 in (43 mm)

异常蟾
Insuetophrynus acarpicus
Barrio's Frog
Barrio, 1970

实际大小

异常蟾前肢与后肢肌肉均发达；趾间具部分蹼；指粗短而指间无蹼；眼大且突出，具红色虹膜；背部具疣粒，颜色为红棕色并带有无数小白点；四肢上有深色带纹，喉部为杏黄色。

不久前，这种小型蛙类还仅知于智利一片面积为 $40\ km^2$ 区域内的三个分布点，但 2012 年在 20 km 以外发现了第四个分布点。它以受惊扰时能跳跃很远的距离而闻名，白天躲在石头底下，夜晚才外出活动。

异常蟾在 1—5 月间繁殖，其雄性的手上与胸部会长出婚刺，这些婚刺可能是为了帮助雄性在流水中能更牢地抱紧雌性。异常蟾的蝌蚪在冷水中发育，需要 10—12 个月才能变态。

相近物种

异常蟾是本属唯一的物种，隶属于所辖物种很少的尖吻蟾科 Rhinodermatidae 内，与其他两种达尔文蟾一样，都有着非常特殊的繁殖模式（见 257 页）。

科名	尖吻蟾科Rhinodermatidae
其他名称	无
分布范围	智利中部和南部；阿根廷西部
成体生境	温带森林中凉爽、潮湿的溪流边
幼体生境	父亲的声囊内
濒危等级	易危。因栖息地丧失与壶菌病而导致数量锐减

达尔文蟾
Rhinoderma darwinii
Darwin’s Frog
Duméril & Bibron, 1841

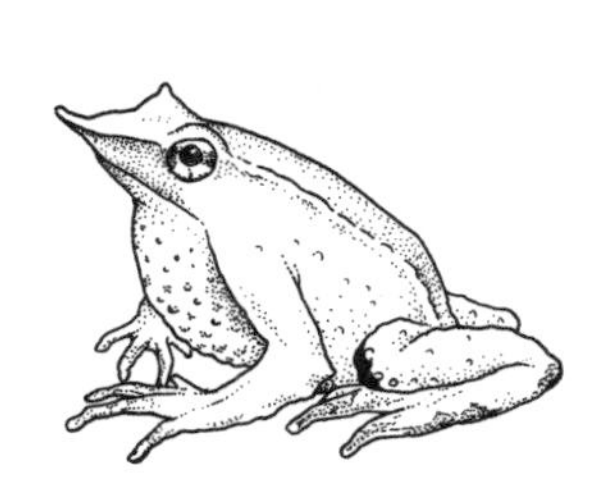

成体体长
雄性
⅞—1⅛ in (22—28 mm)
雌性
1—1¼ in (25—31 mm)

这种极度濒危的小型蛙类有着独一无二的繁殖行为。当雄性带领雌性到一个隐蔽处后，雌性便在地上产出最多 40 枚大卵。雄性会守卫卵 2—3 周，直至卵内胚胎开始移动。此时，雄性会吞下最多 19 枚卵并留存到声囊中 50—70 天。卵在其中孵化成蝌蚪，再变态为幼蛙，最后从雄性的口中“出生”。蝌蚪发育时从卵黄和雄性声囊内的分泌物中汲取营养。

实际大小

达尔文蟾吻端有一个长的、肉质的鼻突，使头部看起来呈三角形；四肢细长；背面颜色很多变，可呈棕色、鲜绿色或两种颜色混合；腹面黑色，通常带有白色斑。

相近物种

智利达尔文蟾 *Rhinoderma rufum* 自 1980 年起就再也没有在野外被发现，有研究人员认为，它已经于 1982 年灭绝。该物种和达尔文蟾不同之处在于，雄性仅将卵存留在声囊中到孵化为蝌蚪,就将蝌蚪放入水中。这两个物种都因森林砍伐而失去了栖息地，也都受到壶菌病感染的威胁。

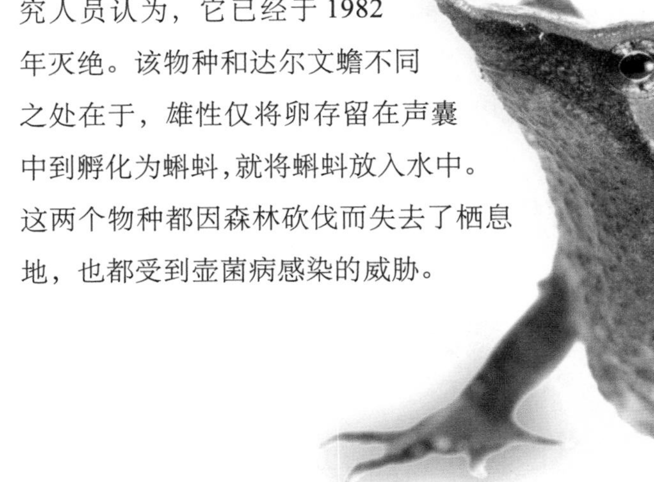

科名	池蟾科Telmatobiidae
其他名称	*Telmatobius macrostomus*（大口池蟾）、安第斯滑蟾、大湖蛙
分布范围	秘鲁中部的胡宁湖
成体和幼体生境	成体和湖泊
濒危等级	濒危。过去的30年里数量显著下降

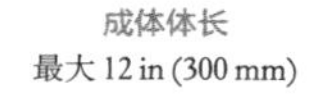
成体体长
最大 12 in (300 mm)

大口暮蟾

*Batrachophrynus macrostomus*①

Lake Junín Frog

Peters, 1873

大口暮蟾是世界上最大的蛙类之一，完全水栖生活，仅分布于秘鲁安第斯山脉海拔 4088 m 的胡宁湖（Lake Junín，也叫 Chinchayqucha）。导致其数量下降有多种因素：入侵的鳟鱼会捕食它们的蝌蚪；湖水被附近采矿所产生的污染物和居民的生活污水重度污染；更严重的是当地人会捕食这种大型蛙类。它已被人为引入秘鲁境内的一条长河——曼塔罗河（Rio Mantaro）。

相近物种

暮蟾属 *Batrachophrynus* 还包括另外一个物种，短指暮蟾 *Batrachophrynus brachydactylus*②，也被列为濒危物种，是一种半水栖蛙类，体型比大口暮蟾小，栖息于河流与溪流里及其附近地区，曾被放进了胡宁湖，但不是该湖原生物种。它也被当地人捕食，并被用作传统药材。

实际大小

大口暮蟾身体呈椭圆形；四肢长；吻端略尖；眼睛向前突起；皮肤松弛而起皱，体色深灰色或黑色。

①② 译者注：依据Frost (2018)，暮蟾属*Batrachophrynus*已被作为池蟾属*Telmatobius*的同物异名，池蟾属目前有63个物种。

科名	池蟾科Telmatobiidae
其他名称	的的喀喀湖阴囊蛙
分布范围	玻利维亚和秘鲁交界处，的的喀喀湖及周边区域
成体生境	成体与湖泊
幼体生境	极危。过去的15年中，因过度采集、引进外来鱼类和污染问题，数量已减少80%
濒危等级	无

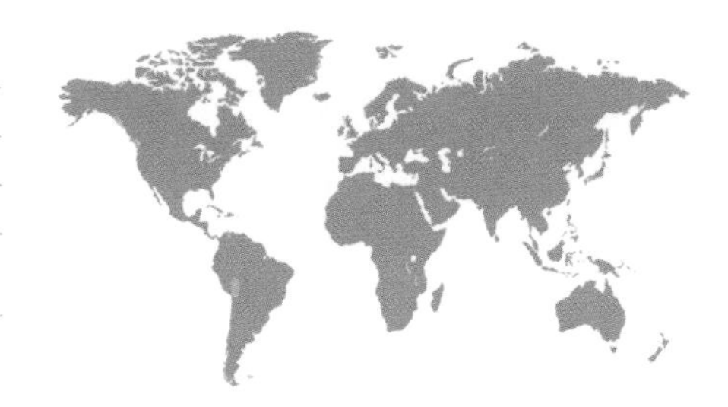

成体体长
$2^{15}/_{16}$—$5^{7}/_{16}$ in (75—38 mm)

的的喀喀湖蛙
Telmatobius culeus
Titicaca Water Frog
(Garman, 1875)

这种大型蛙类完全水栖，适应于的的喀喀湖（位于安第斯山脉的高海拔湖泊）的特殊环境。的的喀喀湖水温低，经常因风大而起浪，湖水中溶解氧含量高，这使得它能通过皮肤进行呼吸。它的肺很小，但皮肤上的很多褶皱加大了其呼吸的表面积，而且皮肤中拥有较多的血红细胞。这些都使它能在水下超过 200 m 的深度游泳和进食。近年来，当地人把它当作食物，以及制作催情药的原料。该物种的数量因人类过度捕食而锐减。

的的喀喀湖蛙头部大而扁平；吻端圆；眼向前突出；后腿长而发达，趾间有蹼，非常善于游泳；皮肤上具很多褶皱，看起来像穿了一件不合身的大衣服；背面深灰色，带有浅色小斑点。

相近物种

池蟾属 *Telmatobius* 共有 60 个物种①，都分布于北起厄瓜多尔，南到智利北部和阿根廷西北部的安第斯山脉。大部分物种都局限分布于少数高海拔地区，且面临不同程度的灭绝威胁。在分布于阿根廷的两个物种中已经发现了能够引起壶菌病的真菌类，这对于整个属都是一种威胁。

实际大小

① 译者注：依据Frost (2018)，池蟾属目前有63个物种。

科名	疣蛙科Allophrynidae
其他名称	无
分布范围	亚马孙河流域，包括巴西、法属圭亚那、圭亚那、苏里南
成体生境	热带雨林
幼体生境	临时性水坑
濒危等级	无危。分布广泛的常见物种

成体体长
雄性
最大 1 in (25 mm)
雌性
最大 1¹⁄₁₆ in (27 mm)

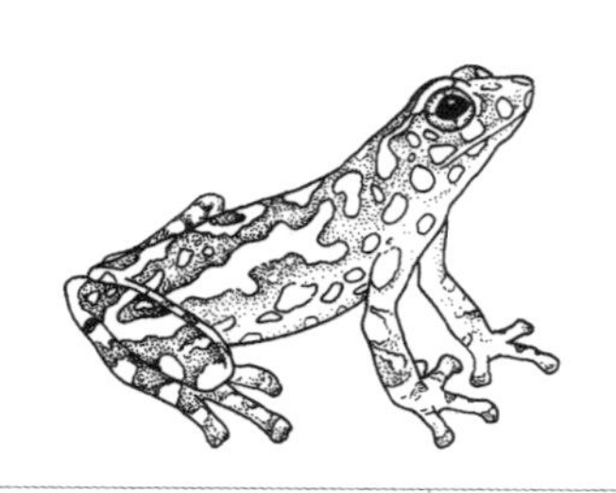

鲁氏疣蛙
Allophryne ruthveni
Tukeit Hill Frog

Gaige, 1926

实际大小

鲁氏疣蛙头部和身体扁平；指、趾末端的吸盘发达；背部皮肤布满突起的小疣粒；背面古铜色、浅灰色、金黄色或黄色，杂有黑色斑纹（如图），或者相反——背面黑色而杂以浅色斑纹。

这种小蛙几乎不为人知，被称为“爆发式繁殖者”，因为它们在暴雨过后的短时间内会大量聚集进行交配。曾经有报道，几百只雄性在一起鸣叫。雄性在水坑上方的植物叶片上鸣叫，它有一个很大的声囊，所发出的叫声低沉而响亮，带有颤音。抱对成功后，雌性在水里产卵 300 枚左右。非繁殖期时，该蛙很罕见。

相近物种

疣蛙科仅包括一个属——疣蛙属 *Allophryne*，该属包括三个物种，鲁氏疣蛙是其中之一。亮斑疣蛙 *Allophryne resplendens* 得名于它黑色的背部上有亮黄色斑点，目前仅有几个雌性标本，分布于秘鲁。巴伊亚疣蛙 *Allophryne relicta* 分布于巴西东部的大西洋沿岸森林，直到 2013 年才被发表。

科名	肱刺蛙科Centrolenidae
其他名称	无
分布范围	秘鲁南部的安第斯山脉
成体生境	云雾林
幼体生境	水塘
濒危等级	尚未评估

成体体长
平均 1¼ in (31 mm)

萨宾玻璃蛙
Centrolene sabini
Sabin's Glass Frog

Catenazzi, von May, Lehr, Gagliardi-Urrutia & Guayasamin, 2012

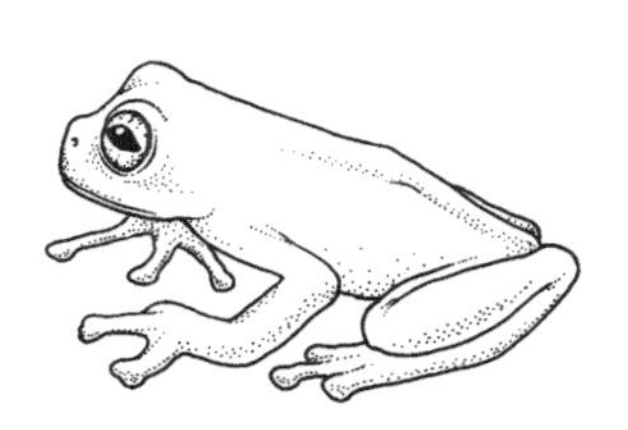

这种小蛙于2012年在秘鲁玛努国家公园（Manú National Park）被发现。它具有所谓“玻璃蛙”的很多特性，尤其是腹面透明的皮肤，可以看到其很多内部脏器。它的心脏隐藏在一个白色斑块里。该蛙主要呈绿色，甚至连骨骼都是绿色。雄性在水面上方的叶片上发出叫声，并最终在此交配和产卵。完成孵化后，蝌蚪直接落入下方的水里。

实际大小

萨宾玻璃蛙呈鲜亮的黄绿色；上唇到胯部有一条白色的纵纹；背部皮肤上散有许多小针突；胸部皮肤白色，腹部透明；雄性前肢背面有小刺；指、趾端有吸盘。

相近物种

肱刺蛙属*Centrolene*中还有其他25个物种[①]，萨宾玻璃蛙是其中分布最南的物种。它与分布于秘鲁北部的体型较大的条纹玻璃蛙*Centrolene lemniscatum*非常相似。林氏玻璃蛙*Centrolene lynchi*是分布于厄瓜多尔和哥伦比亚的濒危物种，其在很多分布区里的数量都在下降。其原因可能是气候变化使山区云雾减少，而云雾是保持湿润云雾林环境所必须的条件，也是这些蛙类赖以生存的环境。另见萨维奇玻璃蛙（第262页）。

① 译者注：依据Frost (2018)，肱刺蛙属目前有27个物种。

科名	肱刺蛙科Centrolenidae
其他名称	无
分布范围	哥伦比亚中部
成体生境	海拔1400—2410 m的森林
幼体生境	溪流
濒危等级	易危。栖息地小且片断化，因森林砍伐和气候变化而受胁

成体体长
雄性
3/4—15/16 in (19—23 mm)
雌性
7/8—15/16 in (23—24 mm)

萨维奇玻璃蛙

Centrolene savagei
Savage's Cochran Frog

Ruíz-Carranza & Lynch, 1991

实际大小

萨维奇玻璃蛙体型细长；头宽；吻端圆；眼大而突起；指、趾末端有吸盘；身体和四肢背面有白色圆疣；背面亮绿色，布满白色或浅绿色的小斑点，腹面白色。

这种纤细而微小的蛙类，其皮肤，甚至骨头都是亮绿色的，这能使它们很好地隐藏在树叶间，它通常可见于流水边的植物间。雄性在雨后的夜晚鸣叫，雌性偏好体型较大的雄性进行交配。交配时，雌性在叶尖上产下约 18 枚较大的乳白色卵，距离水面 80—300 cm。随后雄性守护着卵，直到其孵化成蝌蚪，落入下方的水中。卵的主要敌害是昆虫的幼虫。

相近物种

目前，肱刺蛙属 *Centrolene* 共有 26 个物种①，其中约一半都面临不同程度的灭绝威胁。大玻璃蛙 *Centrolene heloderma* 已被列为极危物种。它栖息于高海拔云雾林中，目前已在厄瓜多尔绝迹，但在哥伦比亚还有幸存。气候变化使雾气聚集在更高海拔，因而云雾林的范围有所缩减。另见萨宾玻璃蛙（第 261 页）。

① 译者注：依据Frost (2018)，肱刺蛙属目前有27个物种。

科名	肱刺蛙科Centrolenidae
其他名称	无
分布范围	厄瓜多尔和秘鲁
成体生境	海拔1400—1800 m的云雾林
幼体生境	小溪
濒危等级	易危。因森林砍伐和水污染影响而分布局限

成体体长
平均 ¾ in (20 mm)

玛氏玻璃蛙
Chimerella mariaelenae
Chimerella Mariaelenae
(Cisneros-Heredia & Mcdiarmid, 2006)

肱刺蛙科的“玻璃蛙”因其腹面皮肤上有一块透明区域得名，可以清晰地看到蛙的内部脏器。这种小型蛙类鲜为人知，除了繁殖期外，都生活在高高的树冠层，难得一见。雨后，雄性从树上下来，趴在临时性溪流上方的树叶上。夜幕降临时，它在树叶上鸣叫。和其他玻璃蛙一样，蛙卵可能都产在树叶的背面，孵化成蝌蚪后落入下面的水中。

实际大小

玛氏玻璃蛙身体纤细，腰部尤其细；四肢细长；指、趾末端吸盘发达；吻端钝；眼大并向前突起；背面浅绿色，带有微微泛紫的小斑点。

相近物种

该属中还有另一个物种——考氏玻璃蛙 *Chimeralla corleone*，它于2014年被发现，目前仅分布于秘鲁的一个地点。与玛氏玻璃蛙一样，它也局限分布于安第斯山脉东坡。这两个物种和分布于委内瑞拉及圭亚那的一种小蛙相似，它体型小却有个不相称的名称——玻利瓦尔大玻璃蛙 *Vitreorana gorzulae*。

科名	肱刺蛙科Centrolenidae
其他名称	圣何塞科蛙
分布范围	哥斯达黎加、巴拿马、哥伦比亚
成体生境	潮湿热带森林，最高海拔1650 m
幼体生境	湍急的溪流
濒危等级	无危。因森林砍伐而导致北部的分布区数量下降

成体体长
雄性
⅞—1 in (21—25 mm)
雌性
1—1¼ in (25—32 mm)

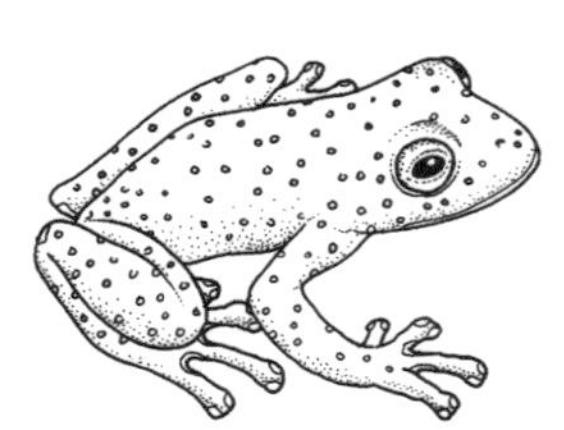

褶肢玻璃蛙
Cochranella euknemos
Fringe-limbed Tree Frog

(Savage & Starrett, 1967)

实际大小

褶肢玻璃蛙因前臂和后肢边缘有白色肤褶而得名；吻部长；指、趾末端吸盘发达；背面蓝绿色，带有明显的黄色斑点。

这种形态优美的蛙类栖息于最高海拔1650 m的山区森林。它在哥斯达黎加和巴拿马已较为罕见，而在哥伦比亚常见。它面临的最大威胁是森林砍伐而导致栖息地破坏。在雨季的8—10月，雄性在山区湍急溪流上方的树上发出“咄-咄-咄”（creep-creep-creep）的叫声。其卵黑白相间，一大团卵被果冻状物质黏在树叶上。成体不会抚育蛙卵。蛙卵孵化成蝌蚪后就掉进下方的溪流中。

相近物种

目前，无肱刺蛙属 *Cochranella* 有20个物种①，大多数物种的分布都很局限，其生存均受到不同程度的威胁。例如，厄瓜多尔玻璃蛙 *Cochranella mache* 已因森林砍伐而濒临灭绝。它背面呈蓝绿色而带黄色斑点，可以迅速变为淡蓝色带橘黄色斑点。

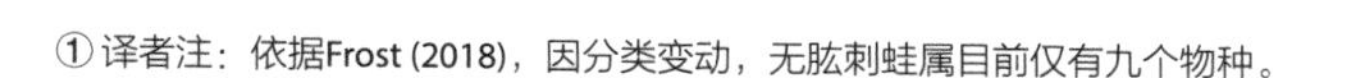

①译者注：依据Frost (2018)，因分类变动，无肱刺蛙属目前仅有九个物种。

科名	肱刺蛙科Centrolenidae
其他名称	无
分布范围	玻利维亚安第斯山东坡
成体生境	山地森林
幼体生境	山区溪流
濒危等级	近危。种群数量正在下降，可能的原因是农业污染

成体体长
雄性
¾—⅞ in (20—21 mm)
雌性
15/16—1 in (24—26 mm)

钟鸣玻璃蛙

Cochranella nola

Cochranella nola

Harvey, 1996

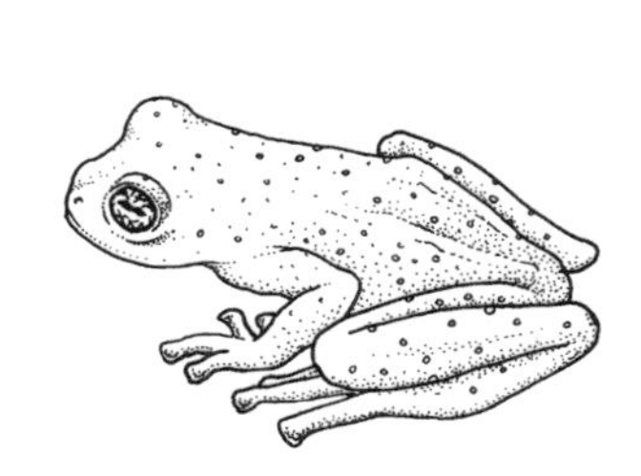

这种微型蛙类的种本名“*nola*”意思是“小钟”，这是指它们的求偶鸣叫是一种高音调的“唧”（pink）声。它在森林溪流也最为常见，雄性也在这样的生境中合鸣，通常每个合鸣的团体少于六只。与肱刺蛙科其他物种不同的是，该蛙的雌性将卵产在岩石上而非叶子上。该蛙比同属大多数物种所栖居的森林更为干燥。它仅知于玻利维亚安第斯山的一小片区域，其种群数量正在不断下降，但是有人认为它很可能在别的地方也有分布。

实际大小

钟鸣玻璃蛙眼大；指、趾末端具发达的吸盘；通体纯绿色并散以细点，使得其皮肤外观像是布满腺体；虹膜为白色，带有黑色细线网纹图案。

相近物种

钟鸣玻璃蛙与同域分布的常见种贝氏玻璃蛙 *Nymphargus bejanaroi* 非常相似，与分布于秘鲁的眼斑玻璃蛙 *Nymphargus ocellatus* 与背刺玻璃蛙 *Rulyrana spiculata* 也很相似，后两者都被列为近危物种。这些物种之前都隶属于无肱刺蛙属 *Cochranella* 之内。

科名	肱刺蛙科Centrolenidae
其他名称	尼加拉瓜巨玻璃蛙
分布范围	洪都拉斯、尼加拉瓜、哥斯达黎加、巴拿马、哥伦比亚、厄瓜多尔，海拔0—1900 m
成体生境	雨林
幼体生境	山区溪流
濒危等级	无危。哥斯达黎加部分地区种群下降但其他地区种群数量稳定

成体体长
雄性
⅞—1⅛ in (21—28 mm)
雌性
1—1¼ in (25—31 mm)

前瞻玻璃蛙
Espadarana prosoblepon
Emerald Glass Frog
(Boettger, 1892)

实际大小

它是夜行性蛙类，常见于湍急的溪流岸边，5—11月繁殖。雄性领地性极强，彼此间至少相隔 3 m，其一般在溪流上方的树叶上鸣叫，发出一种“嘀克 - 嘀克 - 嘀克”（dik-dik-dik）的声音，用以警告雄性竞争对手并吸引雌性。如果一只雄性进入了另一只雄性的领地，那么争斗便一触即发，这两只雄性就会在树叶上倒挂着进行摔跤，这场争斗可以持续长达 30 分钟。一对蛙可产大约 20 枚黑色的卵，这些卵被产在树叶上，表面覆以胶状物。十天之后，蝌蚪从卵中孵化而出并掉入下方的溪流里。

前瞻玻璃蛙的头宽；吻部钝圆；眼大而突起；皮肤光滑；背面为祖母绿色并带有黑色点斑，腹面为黄色；眼睛虹膜为银色并带有细密的黑色网纹。

相近物种

犁齿玻璃蛙属 *Espadarana* 还有另外两个物种[①]，安山玻璃蛙 *Espadarana andina* 是哥伦比亚与委内瑞拉的常见种；丽眼玻璃蛙 *Espadarana callistomma* 分布于厄瓜多尔，由于栖息地破坏而被认为是易危物种。前瞻玻璃蛙的繁殖行为与弗氏玻璃蛙（第 274 页）较为相似。

① 译者注：依据Frost (2018)，犁齿玻璃蛙属目前有五个物种。

科名	肱刺蛙科Centrolenidae
其他名称	无
分布范围	哥伦比亚东北部
成体生境	低地潮湿森林，海拔980—1790 m
幼体生境	溪流
濒危等级	易危。分布范围有限且栖息地受到破坏，但是在一个保护区内有分布

成体体长
1⅛—1¼ in (28—31 mm)

泰罗纳玻璃蛙
Ikakogi tayrona
Magdalena Giant Glass Frog
(Ruiz-Carranza & Lynch, 1991)

相对于该科其他成员，它算是一种大型玻璃蛙了。该蛙分布于圣玛尔塔内华达山脉的周边低海拔地区，那是位于哥伦比亚的一片孤立的山脉，目前仅知不到十个分布点，并且其中大多数栖息地都受到农业用地扩张的威胁，同时还面临由于农药喷洒而造成的森林栖息地破坏与繁殖溪流环境污染的威胁。该蛙是玻璃蛙中特殊的一员，因为它可在叶片的正反两面产卵，并由雌性护卵。

实际大小

相近物种

泰罗纳玻璃蛙是本属唯一的物种，以前曾划分在肱刺蛙属 *Centrolene*（第 261 与 262 页）中。该蛙的骨头为白色而非绿色，可区别于肱刺蛙科的其他物种。该蛙由雌性护卵而非雄性，似乎也是肱刺蛙科中独一无二的。

泰罗纳玻璃蛙体型纤细；头宽；吻端圆；眼极大并突起；指、趾末端的吸盘发达；背面为嫩绿色并饰以细微的浅色点斑；手指、脚趾、身体腹面与四肢腹面为黄色。

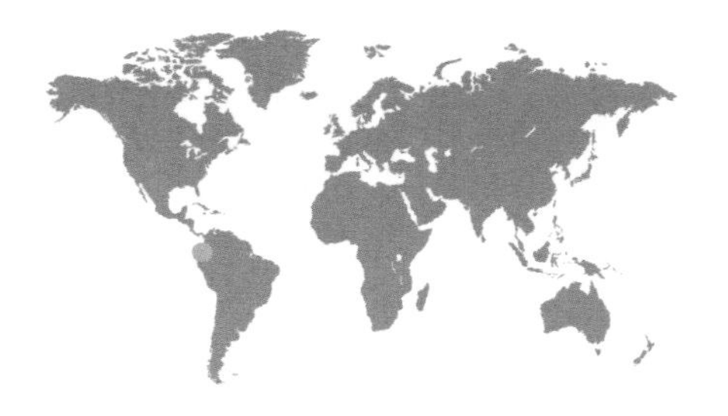

科名	肱刺蛙科Centrolenidae
其他名称	异玻璃蛙
分布范围	厄瓜多尔北部
成体生境	云雾林，海拔1740 m
幼体生境	未知；可能是在溪流中
濒危等级	极危。仅知一个分布点，且该栖息地受到农业用地扩张的严重破坏

成体体长
雄性
⅞—1 in (21—25 mm)
雌性
1—1$\frac{1}{16}$ in (25—27 mm)

异色玻璃蛙
Nymphargus anomalus
Napo Cochran Frog
(Lynch & Duellman, 1973)

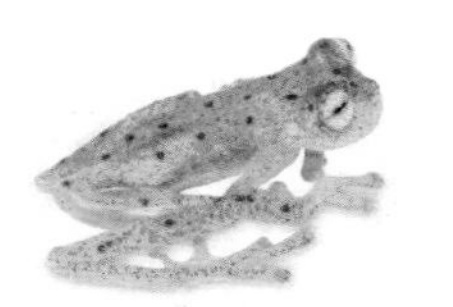

实际大小

异色玻璃蛙的体型长而纤细；四肢细长；头宽；吻端钝；眼大且向前突起，虹膜为金黄色；背面为淡褐色、淡黄色或粉红色，缀以中央为橙色圆点、边缘色黑的圆形眼斑；这种眼斑上带有细微小刺。

该蛙的原始描述仅依据发现于1971年的一号雄性标本，自那时起它便销声匿迹，直到2009年才再次被发现。几乎所有玻璃蛙的体色均为嫩绿色，然而该物种却与众不同，体色为黄棕色或淡褐色。同样特别的是其背部与腿部排列成环形或眼斑的深色斑点。该蛙主要见于溪流附近，据推测这种生境可能也是它的繁殖场。夜晚雄性在叶面上鸣叫，卵被产在长满苔藓的嫩枝上。

相近物种

丽眼玻璃蛙属 *Nymphargus* 还有另外两个物种的斑点排列成眼斑。科氏玻璃蛙 *Nymphargus cochranae* 分布于厄瓜多尔与哥伦比亚的安第斯山亚马孙河流域低坡，因其栖息地的大部分地区都已经受到破坏而被列为易危物种。怪色玻璃蛙 *Nymphargus ignotus* 是另外一种黄棕色的玻璃蛙，主要见于哥伦比亚。另见红点玻璃蛙（第269页）。

科名	肱刺蛙科Centrolenidae
其他名称	大玻璃蛙
分布范围	哥伦比亚、厄瓜多尔北部
成体生境	低山森林和云雾林，海拔1140—2710 mm
幼体生境	溪流和水塘
濒危等级	无危。部分地区因栖息地破坏而数量下降，但分布于一些保护区内

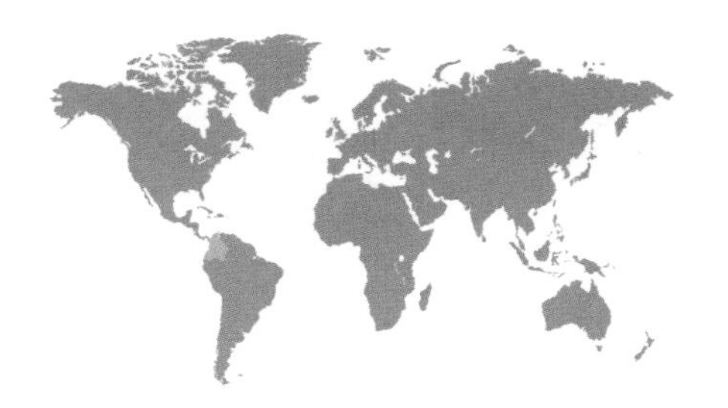

成体体长
雄性
1—1⅛ in (25—29 mm)
雌性
1⅛—1¼ in (29—31 mm)

红点玻璃蛙
Nymphargus grandisonae
Red-spotted Glass Frog
(Cochran & Goin, 1970)

尽管体型纤细，但这种树栖蛙类的雄性战斗力却很持久，有时还会造成伤害。它们为了争夺鸣叫领地而战，每只雄性占领时间为3—92天（平均36天）。雄性的前臂上有一个小刺，在打斗时用来攻击对方。打斗时，双方都用细长的腿钩在树枝上。交配和产卵都在树叶上进行，雌性产下30—70枚卵。蛙卵孵化完成后，蝌蚪落入下方的水中。

实际大小

相近物种

丽眼玻璃蛙属 *Nymphargus* 中共有35个物种[①]。与红点玻璃蛙最相似的是胡椒玻璃蛙 *Nymphargus griffithsi*，这得名于其绿色背部上长有的黑色斑点，分布于厄瓜多尔安第斯山脉中的一小块区域，现已被列为易危物种。2012年在厄瓜多尔发现的无斑玻璃蛙 *Nymphargus lasgralarias* 身上完全没有斑点。另见异色玻璃蛙（第268页）。

红点玻璃蛙体型纤细；四肢细长；眼大而突起，虹膜黄色；背面为均匀的浅绿色，带有鲜红色的小圆点；身体和四肢腹面浅黄色到白色；指、趾末端有吸盘；雄性前臂上有一个突起。

①译者注：依据Frost (2018)，丽眼玻璃蛙属目前有36个物种。

科名	肱刺蛙科Centrolenidae
其他名称	无
分布范围	哥伦比亚
成体生境	海拔900—1650 m的森林
幼体生境	溪流
濒危等级	易危。因栖息地破坏而导致分布区狭窄且严重片段化，但也分布于一些保护区内

成体体长
雄性
⅞—1 in (22—26 mm)
雌性
1—1⅛ in (26—28 mm)

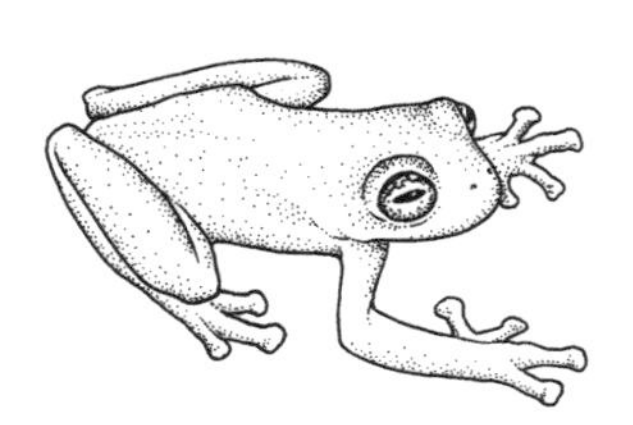

苏氏玻璃蛙

Rulyrana susatamai

Susatama's Glass Frog

(Ruíz-Carranza & Lynch, 1995)

实际大小

苏氏玻璃蛙体型纤细；头宽；眼大，虹膜黄色；指、趾末端的吸盘发达；背面深绿色，带有许多黄色小斑点；腹面浅黄色或白色。

这种美丽的玻璃蛙的骨骼呈绿色，腹部有一块皮肤透明，可见到其内部脏器。它分布于哥伦比亚中部的安第斯山脉东坡，栖息于森林里靠近溪流的地方。雄性在溪流上方的树叶或岩石上鸣叫，这也是雌性产卵的地方。卵孵化完成后，蝌蚪就掉进下方的溪流中继续生长发育。

相近物种

瑞蛙属 *Rulyrana* 共有七种鲜绿色的玻璃蛙[①]，它们之前被归在无肱刺蛙属中（第 264 和 265 页）。它们所栖息的森林因被改造成农田或人类居住区而受到破坏。分布于哥伦比亚的西部玻璃蛙 *Rulyrana adiazeta* 已被列为易危物种。分布于秘鲁的背刺玻璃蛙 *Rulyrana spiculata* 被列为近危物种。

① 译者注：依据Frost (2018)，瑞蛙属目前有六个物种。

科名	肱刺蛙科Centrolenidae
其他名称	利蒙大玻璃蛙
分布范围	中美洲和南美洲，北起尼加拉瓜南部，南到厄瓜多尔西北部
成体生境	潮湿森林，最高海拔1420 m
幼体生境	溪流
濒危等级	无危。部分分布区数量下降，但分布于一些保护区内

幽灵玻璃蛙
Sachatamia ilex
Ghost Glass Frog
(Savage, 1967)

成体体长
雄性
$1\frac{1}{16}$—$1\frac{1}{8}$ in (27—29 mm)
雌性
$1\frac{1}{8}$—$1\frac{5}{16}$ in (28—34 mm)

该蛙体型虽小，但却是中美洲已发现的玻璃蛙中个头最大的，常栖息于瀑布和森林溪流的溅水区域。白天时，它在高处的树叶上睡觉，身体的颜色随背景颜色变化。晚上，雄性在树叶上鸣叫，通常头向着叶尖，发出尖锐的、单声的“咔嗒”叫声，几分钟后重复一次。雌性在叶面上分团产卵，卵为黑色，黏在溪流上方的树叶表面，孵化完成后，蝌蚪落入水中。

实际大小

幽灵玻璃蛙体型纤细；吻短，吻端圆；鼻孔突出；眼大而向前突起；指、趾末端吸盘发达；趾间有蹼；背面深绿色，喉部和腹部白色；虹膜银色，带有蓝黑色网状纹。

相近物种

雨林玻璃蛙属 *Sachatamia* 共有三个或四个物种[①]。黄点玻璃蛙 *Sachatamia albomaculata* 分布于哥斯达黎加和厄瓜多尔，它的卵是黑白相间的。细斑玻璃蛙 *Sachatamia punctulata* 分布于哥伦比亚，它的卵是白色的，因森林栖息地的破坏和退化，它已被列为易危物种。

① 译者注：依据Frost (2018)，雨林玻璃蛙属目前有五个物种。

科名	肱刺蛙科Centrolenidae
其他名称	无
分布范围	中美洲，北起洪都拉斯，南到厄瓜多尔北部
成体生境	低地湿润森林，海拔最高960 m
幼体生境	湍急的溪流
濒危等级	无危。部分分布区内数量下降，但分布于一些保护区中

成体体长
雄性
7/8—1 1/8 in (22—29 mm)
雌性
15/16—1 5/16 in (23—33 mm)

奇里基玻璃蛙
Teratohyla pulverata
Chiriqui Glass Frog
(Peters, 1873)

实际大小

奇里基玻璃蛙体型纤细；吻端圆；眼大，向前突起；指、趾末端吸盘发达；背面灰绿色，带有黄色或白色小斑点；体侧和腹面白色；瞳孔银色，带有黑色斑。

这种微型蛙类常见于洪都拉斯，在其他分布区则罕见。其繁殖期在每年雨季的5—10月，雄性在溪流上方的树叶上发出刺耳的“嘀克……嘀克……嘀克”（dik...dik...dik）的叫声。雌性将卵产在溪流上方的树叶上表面，孵化完成后，蝌蚪就落入下方的水中。至于雄性和雌性是否会单方或双方守护蛙卵，目前还不得而知。该物种能在很小的残余森林里生存，相对于其他物种而言，它受到森林砍伐带来的影响可能较小。

相近物种

异形蛙属 *Teratohyla* 共有五个物种，最新一个是在2009年发现的索氏玻璃蛙 *Teratohyla sornozai*，其体型很小（体长不足22 mm），栖息于厄瓜多尔一些瀑布的溅水区域。另一种体型很小的是刺玻璃蛙 *Teratohyla spinosa*，分布于中美洲和哥伦比亚，其皮肤呈均匀的绿色，雄性的拇指基部有小刺。

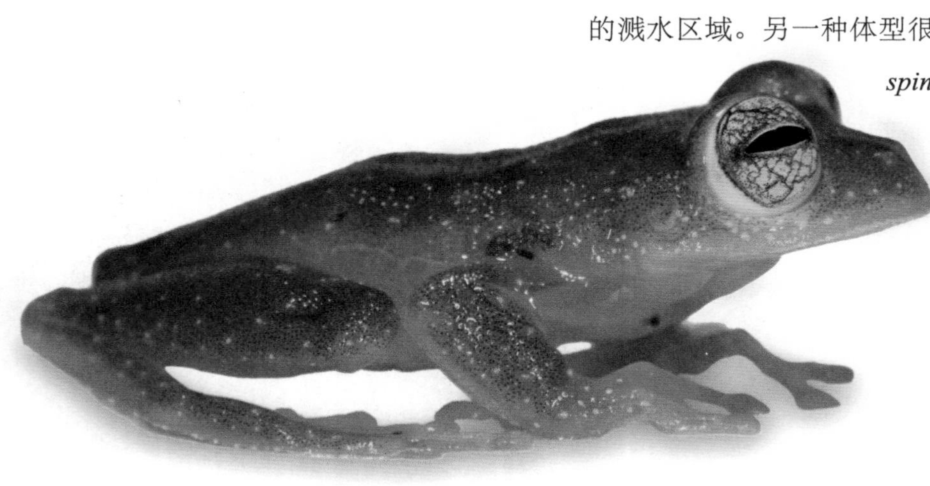

科名	肱刺蛙科Centrolenidae
其他名称	无
分布范围	巴西东南部、阿根廷最北端
成体生境	森林，最高海拔1200 m
幼体生境	溪流
濒危等级	无危。部分地区数量下降，但分布于一些保护区内

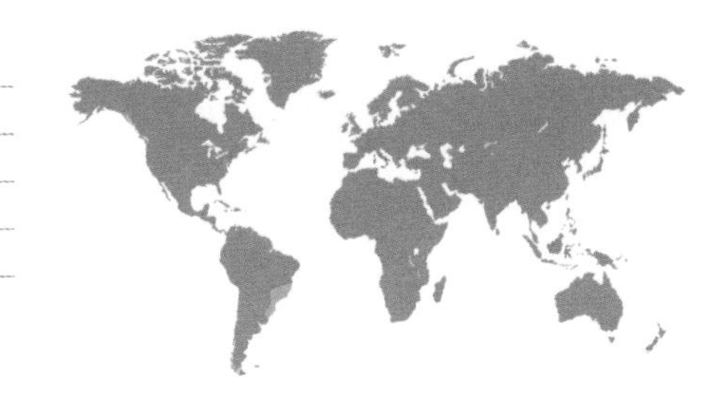

星云玻璃蛙
Vitreorana uranoscopa
Humboldt's Glass Frog
(Müller, 1924)

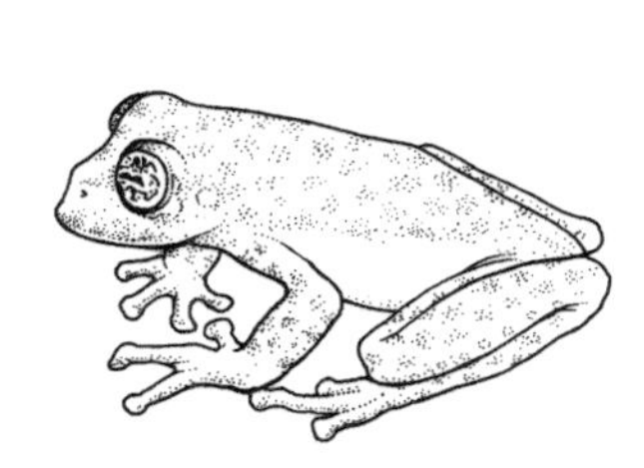

成体体长
雄性
¾—⅞ in (19—23 mm)
雌性
平均 ¹⁵⁄₁₆ in (24 mm)

每年 8 月到次年 1 月，在巴西大西洋沿岸森林里的溪边都能听到这种小蛙的雄性叫声，但其交配的最高峰是在 12 月。雄性们不会合鸣，而是在溪边相互间隔开鸣叫。尽管是夜行性蛙类，但它还是会采用一些视觉信号来相互交流，比如抬腿等。雌性在溪流上方树叶表面产卵 29—32 枚。蝌蚪尾巴长而发达，眼睛小，喜欢钻到落叶间的泥里。

实际大小

星云玻璃蛙吻端圆而略扁；眼向前方；指、趾末端吸盘发达；背面绿色，带有黑白相间的小斑点；腹部皮肤透明，内部器官清晰可见；虹膜金黄色，带有斑纹。

相近物种

目前，白膜玻璃蛙属 *Vitreorana* 共有九个物种[①]。2014 年，斑眼玻璃蛙 *Vitreorana baliomma* 刚从里约玻璃蛙 *Vitreorana eurygnatha* 中分出来，栖息于大西洋沿岸森林，和星云玻璃蛙很相似；不同之处是它喜欢在小溪中繁殖。其种群数量在很多地区下降，但仍被列为无危物种。

① 译者注：依据Frost (2018)，白膜玻璃蛙属目前有十个物种。

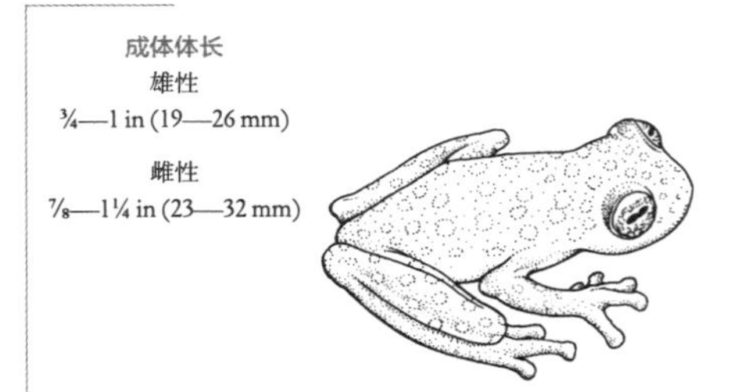

科名	肱刺蛙科Centrolenidae
其他名称	北玻璃蛙
分布范围	中美洲和南美洲，北起墨西哥，南达厄瓜多尔
成体生境	低地森林的溪流附近
幼体生境	溪流
濒危等级	无危。分布区内常见，未发现数量下降

成体体长
雄性
¾—1 in (19—26 mm)
雌性
⅞—1¼ in (23—32 mm)

弗氏玻璃蛙
Hyalinobatrachium fleischmanni
Fleischmann's Glass Frog
(Boettger, 1893)

实际大小

这种树栖小蛙的双亲都会护卵直到孵化完成。交配时，雌性在溪流上方的树叶下表面产卵 18—30 枚。而后，雄性和雌性共同照料蛙卵，日夜守护。雄性时不时向蛙卵撒尿以保持其湿润。繁殖期是 3—11 月，雄性会建立自己的领地，并通过鸣叫守卫领地。它的叫声是“喂咿”（wheet）；当有其他雄性闯入，便会加上“咩”(mew)的叫声以示警告。若入侵者仍不离开，打斗将随之而来。

弗氏玻璃蛙身体扁平；头部宽；吻端圆；眼睛向前突出；背面浅绿色，带有黄色或黄绿色斑点；腹面白色，部分透明，可以看到内部器官；指、趾末端呈黄色，虹膜金黄色。

相近物种

目前，透明玻璃蛙属 *Hyalinobatrachium* 共有 29 个物种[①]，分布于中美洲和南美洲热带地区。灰背玻璃蛙 *Hyalinobatrachium pallidum* 分布于委内瑞拉，已被列为濒危物种。分布于哥伦比亚的帕哈里托玻璃蛙 *Hyalinobatrachium esmeralda* 也被列为濒危物种。这些物种的分布区都很局限，且森林栖息地都遭到破坏。另见网纹玻璃蛙（第 275 页）。

① 译者注：依据Frost (2018)，透明玻璃蛙属目前有32个物种。

科名	肱刺蛙科Centrolenidae
其他名称	拉帕尔马玻璃蛙、瓦氏玻璃蛙
分布范围	中美洲和南美洲，北起哥斯达黎加，南达哥伦比亚和厄瓜多尔
成体生境	雨林的溪流附近，最高海拔400 m
幼体生境	溪流
濒危等级	无危。不常见，但在哥斯达黎加有稳定种群；巴拿马的种群数量下降

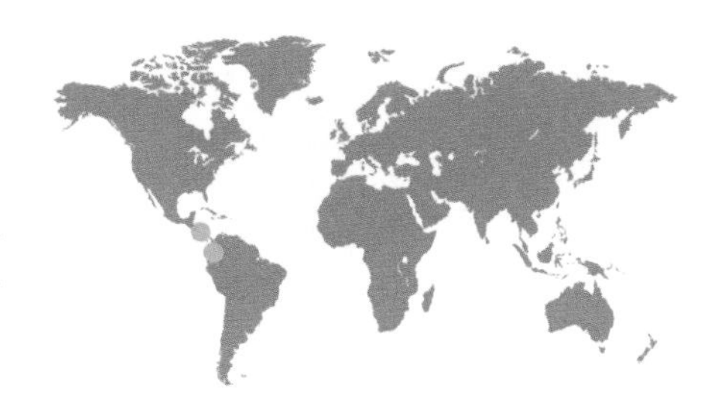

网纹玻璃蛙
Hyalinobatrachium valerioi
Reticulated Glass Frog
(Dunn, 1931)

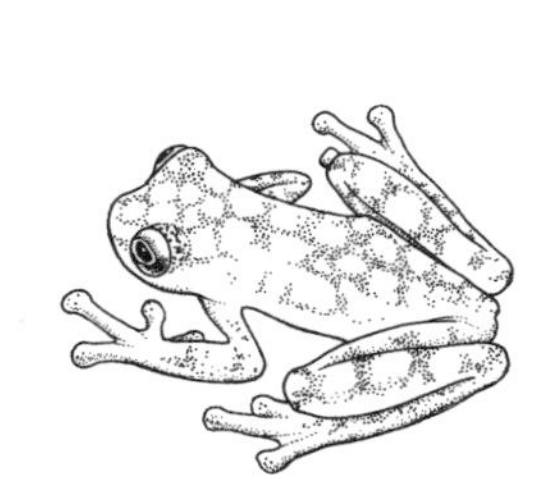

成体体长
雄性
¾—1⁵⁄₁₆ in (19—24 mm)
雌性
⅞—1 in (22—26 mm)

有人认为这种小蛙背面皮肤上像污点的斑纹是拟态一团蛙卵，以此转移黄蜂的注意力，防止其偷卵。雌性产卵约35枚，黏在溪流上方高达6 m的树叶下表面。产卵后，雌性离开，由雄性日夜照料这些卵，但在此期间也用叫声来吸引其他雌性。雄性最多能将七团卵粘在一起，保持其湿润并防止黄蜂侵袭。蛙卵孵化完成后，蝌蚪掉进下方的水中，继续完成生长发育。

实际大小

相近物种

双叶玻璃蛙 *Hyalinobatrachium colymbiphyllum* 分布于中美洲，雄性只在晚上守护蛙卵，因此很多蛙卵常被黄蜂偷走。绿带玻璃蛙 *Hyalinobatrachium talamancae* 散布于哥斯达黎加的山区，它的叫声听起来像长而低沉的哨声。另见弗氏玻璃蛙（第274页）。

网纹玻璃蛙头宽；吻端圆；眼睛向前突出；指、趾末端吸盘大；趾间有蹼；背面绿色，带有黄色的大斑点和黑色的小斑点；腹面透明，可见红色的心脏；虹膜金黄色。

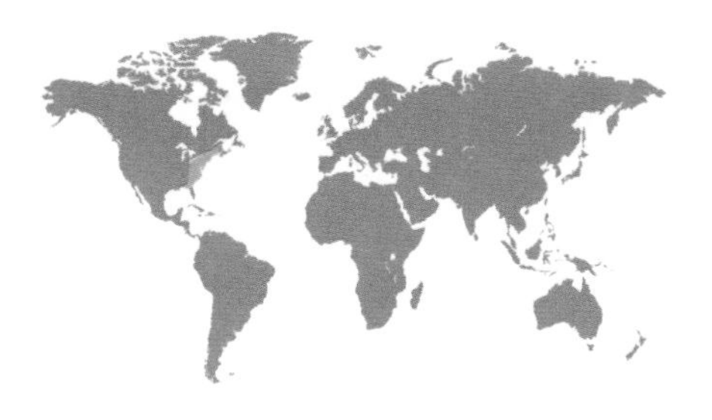

科名	雨蛙科Hylidae
其他名称	无
分布范围	除佛罗里达半岛外的美国东部地区
成体生境	湖泊和水塘边缘
幼体生境	湖泊和水塘
濒危等级	无危。部分分布区的数量下降。在明尼苏达州和威斯康星州被列为濒危

成体体长
⅝—1½ in (16—38 mm);
雌性略大于雄性

北蝗蛙
Acris crepitans
Northern Cricket Frog

Baird, 1854

北蝗蛙属于雨蛙科，但却不会爬树，它个头虽小，但发达的后肢让其拥有很强的跳跃能力。繁殖期从冬末到夏天。雄性主要在夜晚鸣叫，偶尔白天也叫，鸣叫时或在湖泊和水塘岸边，或在浮水植物上，叫声是连续的“咔嗒”声，就像用两块石头互相敲击的声音。雌性会优先选择鸣叫音调较低、体型较大，以及鸣叫频率最高的雄性。它们产卵约400枚，卵粒单个，或分成小团。

相近物种

蝗蛙属 *Acris* 还有另外两个物种。南蝗蛙 *Acris gryllus* 分布于美国东南部，四肢比其余两个种的都长，跳跃能力也最强。布氏蝗蛙 *Acris blanchardi* 曾被作为北蝗蛙的亚种，分布于美国中部、加拿大和墨西哥。与北蝗蛙相比，布氏蝗蛙体型略大，背部颜色更单一。

北蝗蛙皮肤多疣粒；颜色很多变；大多数个体呈棕色、绿色或灰色，通常两眼间有一个三角形深色斑，背部通常有一条较宽的纵纹，呈绿色、黄色、橘黄色或红色；体侧有深色斑；后肢长，肌肉发达，具有深色横纹；趾间有蹼。

实际大小

科名	雨蛙科Hylidae
其他名称	刺头树蛙
分布范围	墨西哥、洪都拉斯、哥斯达黎加、巴拿马
成体生境	雨林
幼体生境	凤梨科植物或其他植物的积水洞中
濒危等级	无危。在墨西哥和洪都拉斯已非常罕见

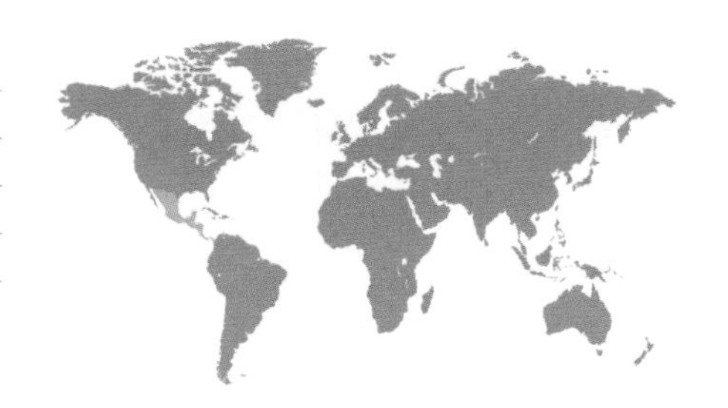

成体体长
雄性
2¼—2¾ in (59—69 mm)
雌性
2¼—3⅛ in (58—80 mm)

棘头雨蛙
Anotheca spinosa
Coronated Tree Frog
(Steindachner, 1864)

这种大型蛙类营树栖生活且在夜间活动，因此常常“只闻其声不见其踪”，最常见于凤梨科植物和香蕉树上。雄性在植物的积水洞里发出“啵 - 啵 - 啵”（boop-boop-boop）的鸣叫声。卵被产于水面上方，蝌蚪在积水洞里生长。雄性和雌性在随后的几天里，会在相同或不同的积水洞里再次交配。雌性定期回到产卵的积水洞，蝌蚪们轻轻咬着雌性，促使其产出未受精卵来喂养它们。一个积水洞中一次可以孵化出 1—16 只幼蛙。

棘头雨蛙得名于头部上一排尖而突出的棘刺。其头部皮肤与头骨融合；鼓膜很大；四肢长；指、趾末端有吸盘；背面浅棕色或灰色，体侧深棕色或黑色，以白线与体背颜色分开。

相近物种

从外形上看，棘头雨蛙和其他树栖蛙类完全不像。棘头雨蛙属 *Anotheca* 仅有棘头雨蛙一个物种。从繁殖习性来看，棘头雨蛙在植物的水洞中繁殖，用未受精的卵来喂食蝌蚪，和其他科的蛙类很相似，如草莓箭毒蛙（第 382 页）和拟态短指毒蛙（第 386 页）。

实际大小

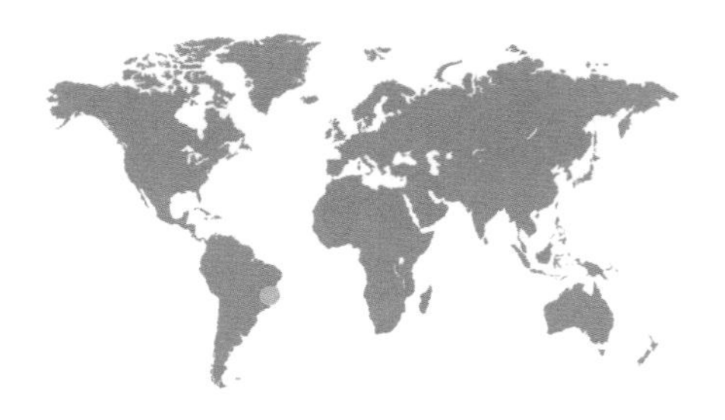

科名	雨蛙科Hylidae
其他名称	无
分布范围	巴西西南部大西洋沿岸
成体生境	海岸热带森林
幼体生境	凤梨科植物或其他植物的积水洞中
濒危等级	无危。分布区狭窄，可能因栖息地破坏受胁

成体体长
雄性
1¹⁵⁄₁₆—2½ in (49—62 mm)
雌性
2³⁄₁₆—3⅛ in (56—81 mm)

布氏凹盔蛙

Aparasphenodon brunoi

Bruno's Casque-headed Frog

Miranda-Ribeiro, 1920

这种长得很奇怪的蛙类得名于其特殊的头部形状，头顶前端的皮肤与头骨相融合，被称作“共同骨化”。这是因为其特殊的习性——白天躲避于凤梨科植物或树洞中，会用头部封住洞口。这种行为被称为“护巢行为”，可能有两个作用：一是能够抵挡外来侵袭，二是能减少水分从皮肤蒸发。该蛙形体大小有个体差异，它们会根据自己的体型选择最适合的洞穴栖身。

相近物种

鲜为人知的凹盔蛙属 *Aparasphenodon* 中还有其他四个物种，都分布于巴西。体型较小的宽头凹盔蛙 *Aparasphenodon arapapa* 于 2009 年在巴西东北部海岸热带森林中被发现，据说雌性会用未受精的卵来喂食蝌蚪。委内瑞拉凹盔蛙 *Aparasphenodon venezolanus* 分布于巴西、哥伦比亚和委内瑞拉的极潮湿的森林里。

布氏凹盔蛙头大而扁平；吻端突出；眼大并向前突出；四肢细长；指、趾末端有吸盘；背面浅棕色，带有不规则的深棕色斑块。

实际大小

科名	雨蛙科Hylidae
其他名称	无
分布范围	巴西东南部
成体生境	热带雨林
幼体生境	有水的地下泥窝和溪流
濒危等级	无危。目前还是常见物种，但同生境的其他蛙类数量已经下降

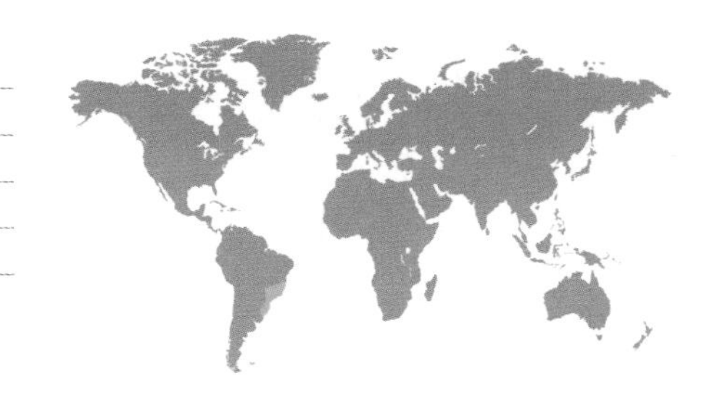

成体体长
雄性
1½—1¹³⁄₁₆ in (38—46 mm)
雌性
1¹¹⁄₁₆—1⅞ in (43—47 mm)

白肛藤蛙
Aplastodiscus leucopygius
Guinle Tree Frog

(Cruz & Peixoto, 1985)

白肛藤蛙栖息于巴西的大西洋沿岸森林里，雄性的鸣叫声比其他很多蛙类都丰富。它的广告鸣叫像吹喇叭的声音；求偶鸣叫时，雄性和雌性可以互动；雄性遇到竞争对手时，又会有争斗鸣叫。10月到次年3月都有它们的鸣叫声，但繁殖期一般在12月至次年2月。雄性会在湿软的泥土中建造一个小窝，里面有一点水。在复杂的求偶仪式中，雌性会先检查泥窝，再在里面产卵。之后，雨水会将蝌蚪冲入溪流里。

实际大小

白肛藤蛙体型较胖；吻端圆；眼大；指、趾末端的吸盘大；脚跟部有白色的锥状皮肤突起；背面亮绿色，散有白色小斑点；下唇白色；虹膜金黄色略带橘黄色。

相近物种

藤蛙属 *Aplastodiscus* 目前有15个物种，分布于巴西南部和阿根廷北部。博凯纳藤蛙 *Aplastodiscus callipygius* 和白斑藤蛙 *Aplastodiscus albosignatus* 都分布于巴西，它们的繁殖行为与白肛藤蛙很像。它们看起来是亮绿色的，颜色来自于肌肉和骨骼，而背部的皮肤缺乏色素。

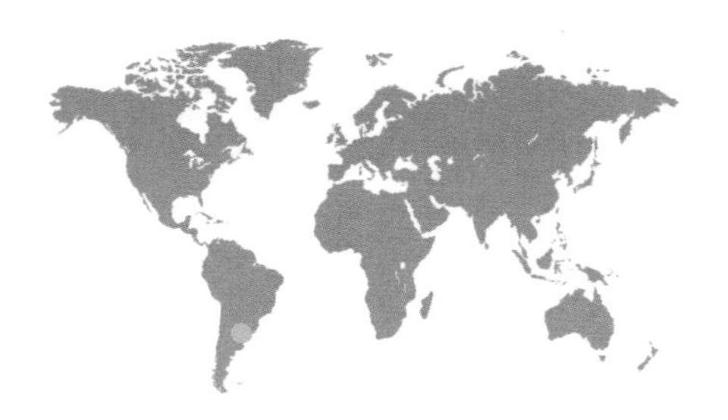

科名	雨蛙科Hylidae
其他名称	无
分布范围	阿根廷北部、乌拉圭
成体生境	低地森林
幼体生境	临时性水塘
濒危等级	濒危。因栖息地丧失而下降，在保护区内也有发生

成体体长
雄性
2$\frac{3}{8}$—3 in (60—77 mm)
雌性
2$\frac{15}{16}$—3$\frac{1}{4}$ in (74—83 mm)

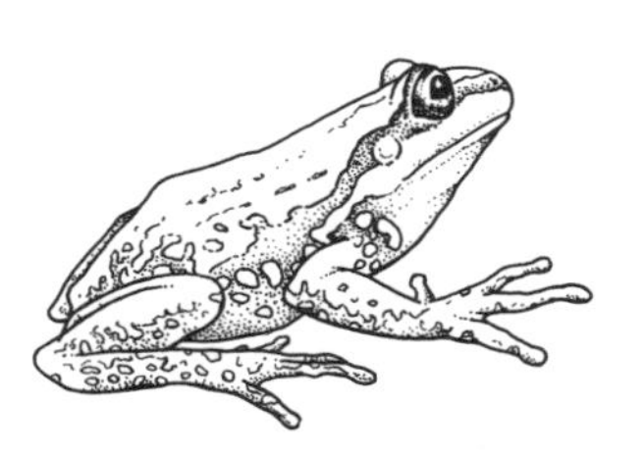

谢氏阿根廷蛙

Argenteohyla siemersi

Red-spotted Argentina Frog

(Mertens, 1937)

该蛙体型大，颜色鲜艳，主要栖息于凤梨科植物周围，不活动时，它就把这里作为安全的庇护所。该蛙是“爆发式繁殖”，交配和产卵在三天内完成。雄性有一对声囊，浮在临时性水塘里，发出高频率的短声鸣叫。雌性在沉水植物间产下2500—9000枚分团的卵。在发育的早期，蝌蚪黑色而饰以红点。该蛙所栖息的潮湿低地地区正受到农田扩张及运河建设的威胁。

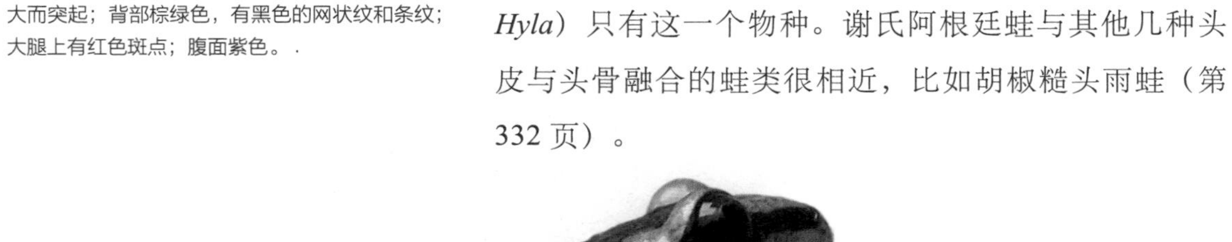

相近物种

阿根廷蛙属 *Argenteohyla*（以前被认为是雨蛙属 *Hyla*）只有这一个物种。谢氏阿根廷蛙与其他几种头皮与头骨融合的蛙类很相近，比如胡椒糙头雨蛙（第332页）。

谢氏阿根廷蛙四肢细长；指、趾长；吻端突出；眼大而突起；背部棕绿色，有黑色的网状纹和条纹；大腿上有红色斑点；腹面紫色。

实际大小

科名	雨蛙科Hylidae
其他名称	无
分布范围	巴西东南部
成体生境	森林
幼体生境	临时性水塘
濒危等级	极危。栖息地严重丧失，可能已灭绝

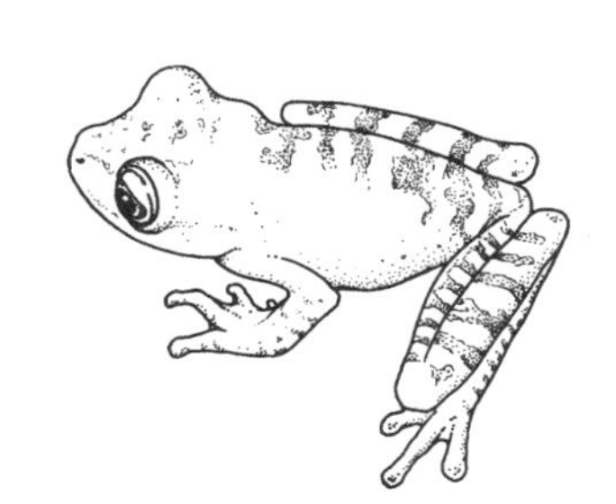

成体体长
平均 1¾ in (45 mm)

伊氏博克曼蛙
Bokermannohyla izecksohni
Izecksohn's Tree Frog
(Jim & Caramaschi, 1979)

这种鲜为人知的树栖小蛙，与其他200多种蛙类一起在2012年被列为“消失”物种，这意味着它有可能已经灭绝。该蛙栖息于巴西的大西洋沿岸森林，目前仅知四号标本。自从1979年被发表后，直到2006年才又在一处新的分布点发现了三个个体。原栖息地的森林因为农业开发和人类居住而被破坏。雄性没有声囊，因而不能通过鸣叫声吸引雌性，但它们在遇到惊扰时会发出警告叫声。

实际大小

伊氏博克曼蛙身体纤细；吻端圆；眼大而突起；指、趾末端的吸盘很发达；背部和四肢背面棕色，具有深棕色横纹；体侧黄色；腹面乳白色；虹膜金黄色。

相近物种

目前，博克曼蛙属 *Bokermannohyla*（原来被认为是雨蛙属 *Hyla*）有33个物种①，都分布于巴西。骨刺博克曼蛙 *Bokermannohyla juiju* 分布于巴西东北部的巴伊亚州，发表于2009年。该蛙和博克曼蛙属其他一些物种一样，雄性下巴长有一个腺体，可能和一些蝾螈的颏腺相似，在两性互相交流时起到重要作用。另见哀鸣博克曼蛙（第282页）。

① 译者注：依据Frost (2018)，博克曼蛙属目前有32个物种。

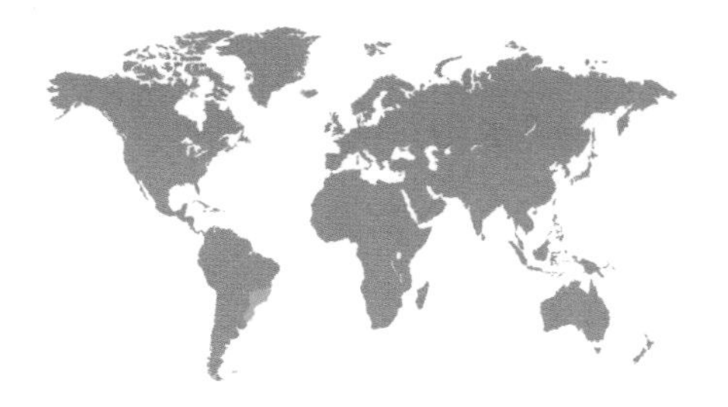

科名	雨蛙科Hylidae
其他名称	无
分布范围	巴西东南部
成体生境	森林
幼体生境	临时性水塘
濒危等级	无危。有些分布区种群数量下降，但也发生在一些保护区内

成体体长
雄性
2⅛—2⅜ in (55—61 mm)
雌性
最大 2 13/16 in (70 mm)

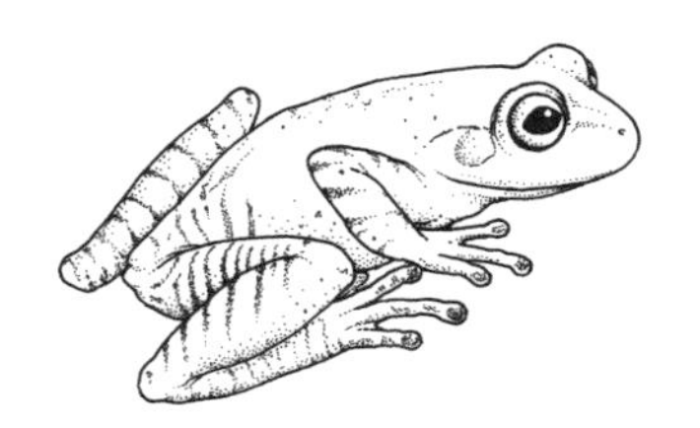

哀鸣博克曼蛙
Bokermannohyla luctuosa
Reservoir Tree Frog
(Pombal & Haddad, 1993)

这种体型较大的树栖蛙类，其学名的种本名来自拉丁语“*luctuosus*”，意思是“悲哀的”，形容雄性在深夜的鸣叫声像哀鸣。鸣叫发生在11月至次年的3月。雌性在大西洋沿岸森林里的小型临时性水坑或水塘里产卵，卵粒较大。雄性的手臂比雌性粗，手内侧有一个骨刺，使之可以在交配时牢牢抓住雌性。当受到惊扰时，幼蛙能张大嘴并发出警告叫声。

相近物种

目前，博克曼蛙属 *Bokermannohyla*（原来被认为是雨蛙属 *Hyla*）有33个物种①，都分布于巴西。圆博克曼蛙 *Bokermannohyla circumdata* 分布于巴西东南部的山区。森林博克曼蛙 *Bokermannohyla hylax* 分布于巴拉那州和圣保罗州，该蛙已被检测出引起壶菌病的真菌。另见伊氏博克曼蛙（第281页）。

哀鸣博克曼蛙身体纤细；吻端圆；眼大而突起；指、趾末端的吸盘很发达；背部和四肢背面棕色，具有深棕色横纹；体侧黄色；腹面乳白色；虹膜黄色。

实际大小

① 译者注：依据Frost (2018)，博克曼蛙属目前有32个物种。

科名	雨蛙科Hylidae
其他名称	无
分布范围	危地马拉、伯利兹、洪都拉斯、墨西哥
成体生境	云雾林，海拔最高1790 m
幼体生境	凤梨科植物上的小水洼
濒危等级	濒危。因栖息地丧失和可能被感染壶菌，数量已明显下降

凤梨蛙
Bromeliohyla bromeliacia
Bromeliad Tree Frog
(Schmidt, 1933)

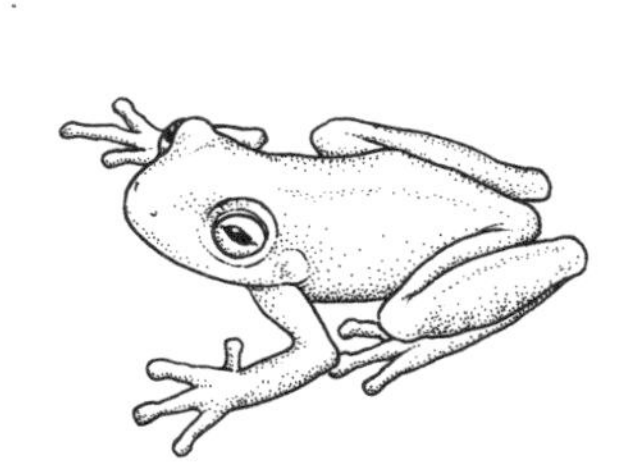

成体体长
雄性
15/16—1 3/16 in (24—30 mm)
雌性
平均 1 5/16 in (33 mm)

这种树栖小蛙栖息于空气湿润的云雾林中的凤梨科植物周围，以及香蕉树的叶鞘里。它可能一年四季都能繁殖，在植物叶腋里极小的水洼里产卵，蝌蚪在水洼里面发育，能够依靠长而有力的尾巴蠕动转移到另一个水洼里。据评估，2000—2010 年，该蛙的数量下降了 50%，尤其发生在危地马拉的高海拔地区，主要是由于壶菌病的感染。

实际大小

凤梨蛙身体纤细；吻端圆；四肢相对较短；指、趾末端的吸盘很发达；背面浅棕色或黄色，体侧或带一点粉色；腹面白色；虹膜金黄色。

相近物种

凤梨蛙属 *Bromeliohyla* 仅有两个物种。另一个是大凤梨蛙 *Bromeliohyla dendroscarta*，尽管名称叫“大”，其实只比凤梨蛙稍大一点。大凤梨蛙背面浅黄色，眼睛鲜红色，也栖息于云雾林里的凤梨科植物上，分布于墨西哥的维拉克鲁斯州和瓦哈卡州。由于饱受壶菌病的危害，已被列为极危物种。

科名	雨蛙科Hylidae
其他名称	无
分布范围	巴西东北部
成体生境	半干旱草原
幼体生境	临时性溪流
濒危等级	无危。种群数量基本稳定

成体体长
雄性
平均 2⅞ in (73 mm)
雌性
平均 3⅜ in (87 mm)

格氏头盔蛙

Corythomantis greeningi
Greening's Frog
Boulenger, 1896

这种不寻常的蛙类栖息于巴西东北部干旱的浅色旱热落叶矮灌木林（Caatinga），通常隐匿于稍湿润的地方，比如树根、岩缝和凤梨科植物里。它会用自己形状奇特的头部把躲避处的出口堵住，这样做既可以防御天敌，又可以减少身体水分的蒸发。大雨之后，当充足的雨水形成溪流，雄性就以鸣叫声来占领一块小领地，必要时，还会和入侵者搏斗。在陆地上抱对后，雌性会驮着雄性进入水里，产下约 700 枚卵，并将其贴在石头上。

格氏头盔蛙身体纤细；头部长而窄；头顶两眼后有骨质的嵴；吻部扁而长，散有小针突；皮肤粗糙，布满疣粒；指、趾末端的吸盘发达；背面灰色或浅棕色，有深棕色和红色斑，雌性身体颜色深于雄性。

相近物种

头盔蛙属*Corythomantis*长期被认为只有一个物种，直到 2012 年，才又发表了来自巴西巴伊亚州的一个新种——纵纹头盔蛙 *Corythomantis galeata*，其特征是背部具有深棕色和浅棕色的纵向条纹。

实际大小

科名	雨蛙科Hylidae
其他名称	沙漏雨蛙
分布范围	中美洲和南美洲（墨西哥至厄瓜多尔）
成体生境	潮湿的热带雨林
幼体生境	临时性和永久性水塘
濒危等级	无危。分布广泛，没有证据表明种群数量下降

成体体长
雄性
7/8—1 1/16 in (23—27 mm)
雌性
1 3/16—1 3/8 in (30—35 mm)

沙漏条纹蛙

Dendropsophus ebraccatus

Hourglass Tree Frog

(Cope, 1874)

该蛙体型小，色彩鲜艳，雄性在一起鸣叫时，通过叫声来守护自己的领地，有时还会进行打斗。鸣叫包括一段嗡鸣，以及随后的1—4次“咔嗒声”。雌性偏爱于“咔嗒声”更多的雄性。和很多合鸣的蛙类一样，一些雄性会采取悄悄随从策略，企图阻拦雌性与其他雄性接触。根据环境条件不同，雌性选择产卵的方式也不同：如果水塘上方的枝叶茂密，它就把卵产在这些树叶上；如果枝疏叶少，它就直接在水里产卵。

实际大小

沙漏条纹蛙“沙漏”的名称，来源于该蛙的头部和背部的斑纹形状，棕色和黄色的斑纹搭配起来像一个沙漏形状。四肢黄色或橘黄色，有棕色斑纹；上唇有一条亮黄色的纵纹；在夜晚，它的体色会比白天更明亮；趾间有蹼；指、趾末端有扩大的吸盘。

相近物种

沙漏条纹蛙常与另外两种条纹蛙在同一个水塘里繁殖——黄条纹蛙（第286页）和脉管条纹蛙（第287页）。这两种蛙的体型也较小，体色也以黄色为主。另外还有一种白棕条纹蛙 *Dendropsophus leucophyllatus*，分布于亚马孙河流域，有很多种色型，其中一种是棕色的底色加上亮黄色的网状斑，就像长颈鹿身上的斑纹。

科名	雨蛙科Hylidae
其他名称	小头雨蛙、黄雨蛙
分布范围	中美洲和南美洲，从墨西哥至巴西，以及特立尼达和多巴哥
成体生境	牧场、林缘、受扰林
幼体生境	临时性水塘
濒危等级	无危。分布广泛，种群数量大，普遍认为数量还在扩大

成体体长
雄性
⅞—1¹⁄₁₆ in (23—27 mm)
雌性
1—1¼ in (26—31 mm)

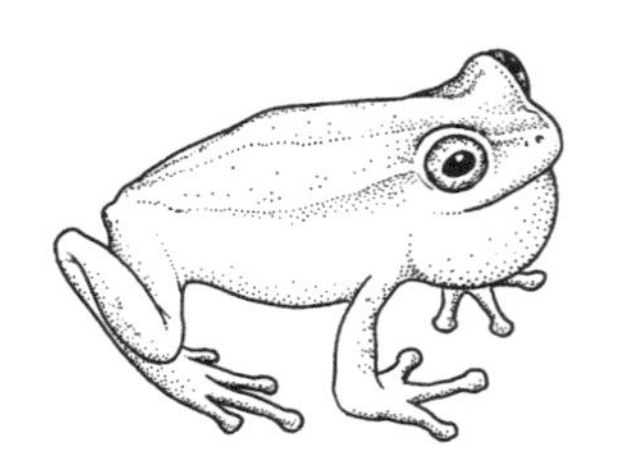

黄条纹蛙
Dendropsophus microcephalus
Yellow Tree Frog
(Cope, 1886)

实际大小

黄条纹蛙得名于它亮黄色的体色，很多个体还有棕色斑点或斑块；体色可以改变，在白天颜色也更亮；吻部短；眼大，虹膜金黄色；趾间蹼发达；指、趾末端的吸盘发达。

这种树栖小蛙在受到人为干扰的环境里更繁盛，所以现在变得越来越常见。雄性大量聚集在临时性水塘周围，发出像昆虫一样的叫声“吱－吱－吱”（creek-ek-ek）。雌性偏爱于能发出更复杂的叫声的雄性，因为复杂的叫声会消耗更多能量。因此，雄性会争相提高自己叫声的复杂性。雄性也会变换成争斗鸣叫声来守卫自己的领地。在巴拿马，很多蛙类都遭到壶菌病的伤害，但黄条纹蛙似乎一直都未在其列。

相近物种

条纹蛙属 *Dendropsophus* 大概有 100 个物种[①]，绝大多数都曾隶属于雨蛙属 *Hyla*。目前，条纹蛙属里只有少数物种获得保护方面的关注。卡罗拉条纹蛙 *Dendropsophus amicorum* 被列为极危物种，目前仅知一号标本，发现于委内瑞拉西北部的云雾林里。蝗条纹蛙 *Dendropsophus gryllatus* 栖息于厄瓜多尔的低地森林，被列为濒危物种。另见沙漏条纹蛙（第 285 页）和脉管条纹蛙（第 287 页）。

① 译者注：依据Frost (2018)，条纹蛙属目前有105个物种。

科名	雨蛙科Hylidae
其他名称	无
分布范围	尼加拉瓜、哥斯达黎加、巴拿马、哥伦比亚东部
成体生境	低地森林
幼体生境	临时性水塘
濒危等级	无危。分布广泛，种群数量稳定

成体体长
雄性
最大 15/16 in (24 mm)
雌性
最大 1⅛ in (28 mm)

脉管条纹蛙
Dendropsophus phlebodes
San Carlos Tree Frog
(Stejneger, 1906)

这种树栖小蛙在暴雨后繁殖，雄性在临时性水塘周围较高的草上鸣叫，叫声首先是长音，再跟着几声短音“吱 - 吱 - 吱”（creek-eek-eek）。当很多雄性在一起，只要一有叫声，每个雄性都会同时跟着鸣叫，提高鸣叫速率，并额外增加短音鸣叫。在巴拿马，有时会发现脉管条纹蛙与沙漏条纹蛙（第 285 页）、黄条纹蛙（第 286 页）在同一个水塘里繁殖，它们的叫声稍有不同，以此降低雌性找错配偶的风险。

实际大小

脉管条纹蛙吻短而突出；眼大；指、趾末端的吸盘大；背面黄色或棕褐色，有棕色斑，通常形成细网纹；体侧黄色，腹面白色。

相近物种

与脉管条纹蛙、沙漏条纹蛙（第 285 页）、黄条纹蛙（第 286 页）一样，条纹蛙属 *Dendropsophus* 里大多数物种的雌性都在水里产卵。另外一些物种，则把卵产在水塘上方的树叶上，孵化后，蝌蚪再掉进水里，包括分布于亚马孙河流域西部的常见种——双斑条纹蛙 *Dendropsophus bifurcus* 和分布于巴西东部大西洋沿岸森林的稀有种——鲁氏条纹蛙 *Dendropsophus ruschii*。

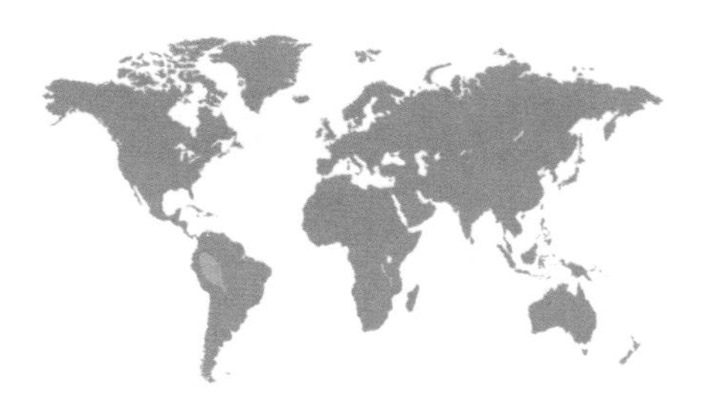

科名	雨蛙科Hylidae
其他名称	无
分布范围	哥伦比亚、厄瓜多尔、秘鲁、玻利维亚、巴西西部
成体生境	热带雨林，海拔200—1200 m
幼体生境	临时性和永久性水塘
濒危等级	无危。常见种，种群数量稳定，分布区广，包括一些保护区

成体体长
雄性
¾—15/16 in (20—24 mm)
雌性
1—1⅛ in (26—29 mm)

红斑条纹蛙
Dendropsophus rhodopeplus
Red-skirted Tree Frog

(Günther, 1858)

实际大小

红斑条纹蛙吻端圆；眼大；指、趾末端的吸盘小；背面黄色或棕褐色（白天褪为白色），饰有红色斑点；体侧贯穿一条棕红色纵纹；上唇贯穿一条黄色纵纹；四肢背面黄色，后腿上有红色横纹。

这种颜色鲜艳的树栖小蛙分布于亚马孙河流域北部到安第斯山东部的茂密森林里。它在暴雨后繁殖，雄性夜间聚集在水塘周围鸣叫，每次叫声包括两个尖锐的音调，每秒钟重复一次。雌性在水里产卵 140—380 枚，根据所产卵的数量而分成若干团。蝌蚪橘黄色，带有棕色斑点。该蛙栖息的森林，已不同程度地受到人类活动的影响，这表明它们并非完全依赖于原始生境。

相近物种

红斑条纹蛙是亚马孙河流域上游体色以黄色为主的小型树栖蛙类之一。克氏条纹蛙 *Dendropsophus koechlini* 是分布于玻利维亚、巴西和秘鲁的常见种。利氏条纹蛙 *Dendropsophus leali* 与之分布区相同，另外还分布于哥伦比亚。另见沙漏条纹蛙（第 285 页）、黄条纹蛙（第 286 页）和脉管条纹蛙（第 287 页）。

科名	雨蛙科Hylidae
其他名称	施氏萨拉亚库雨蛙
分布范围	哥伦比亚、厄瓜多尔、秘鲁、玻利维亚、巴西西部
成体生境	热带雨林，最高海拔1700 m
幼体生境	临时性和永久性水塘
濒危等级	无危。常见种，种群数量稳定，分布区广，包括一些保护区

萨拉亚库条纹蛙

Dendropsophus sarayacuensis

Sarayacu Tree Frog

(Shreve, 1935)

成体体长

雄性

15/16—1 1/8 in (24—29 mm)

雌性

1 5/16—1 7/16 in (34—37 mm)

这种树栖蛙类是亚马孙河流域西部的常见种，夜间活动，常见于低矮的植物上。不同寻常的是它们能散发出一种明显的草药味。该蛙在雨季繁殖，5—10只雄性在一起鸣叫。雌性产卵70—170枚，分为几批黏在水塘上方的树叶、有苔藓的树根或树干上。卵在10—13天后孵化，孵化出的蝌蚪会掉进水里。

实际大小

萨拉亚库条纹蛙身体纤细；吻端圆；眼大；趾间有部分蹼；背面深棕色和浅棕色混杂，头背面有浅色斑块，四肢背面有浅色横纹；吻背面有一个明显的三角形浅色斑；手、脚和四肢隐蔽的部位橘黄色。

相近物种

与萨拉亚库条纹蛙分布区几乎相同的三角条纹蛙 *Dendropsophus triangulum* 和罗氏条纹蛙 *Dendropsophus rossalleni* 中，后者只发现于低海拔地区。华丽条纹蛙 *Dendropsophus elegans* 是巴西东南沿海大西洋沿岸森林的常见种。

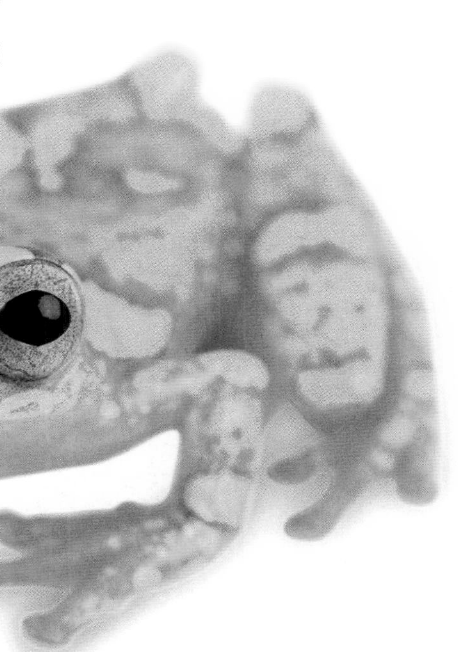

科名	雨蛙科Hylidae
其他名称	*Triprion spatulatus*、铲吻蛙
分布范围	墨西哥西部
成体生境	海岸低地森林，最高海拔500 m
幼体生境	临时性溪流和水塘
濒危等级	无危。没有证据表明种群数量下降，至少分布于一个保护区内

成体体长
雄性
$2\frac{3}{8}$—$3\frac{7}{16}$ in (61—88 mm)
雌性
$2\frac{15}{16}$—$3\frac{15}{16}$ in (75—102 mm)

鸭嘴蛙

Diaglena spatulata

Mexican Shovel-headed Tree Frog

(Günther, 1882)

这种大型树栖蛙类得名于其非常奇特的吻部，吻背面像一把勺子或铲子似的，超出下唇一些。这样奇特的结构有什么功能目前还不清楚，可能是便于它在旱季躲进树洞后用来堵住出口。它在雨季的6—11月繁殖，雄性在临时性水塘或溪流的泥岸或石岸边鸣叫，并在此产卵，发出像“吧”（Braaaa）的低音调单声鸣叫。

鸭嘴蛙头和身体纤细；吻部扁平呈铲状；眼大；眼间距宽，略向前倾斜；指、趾末端的吸盘发达；背面绿色，有棕色斑；体色很多变，靠南部分布区的个体体色普遍较深。

相近物种

鸭嘴蛙属 *Diaglena* 只包括鸭嘴蛙一个物种。和它吻部形状相似的蛙类也只有一种，就是铲头蛙（第333页）。

实际大小

科名	雨蛙科Hylidae
其他名称	无
分布范围	洪都拉斯北部
成体生境	潮湿的森林，最高海拔1400 m
幼体生境	水塘或缓速溪流
濒危等级	极危。分布狭窄，因栖息地丧失而导致分布区片段化

洪都拉斯杜雨蛙
Duellmanohyla salvavida
Honduran Brook Frog
(Mccranie & Wilson, 1986)

成体体长
雄性
1—1⅛ in (25—28 mm)
雌性
1$\frac{5}{16}$ in (34 mm);
依据一号标本

这种树栖小蛙非常稀有，当时发表的时候仅依据了三个雄性和一个雌性标本。它的种本名“*salvavida*”来源于洪都拉斯的一个啤酒品牌“Salva Vida”，是“救生员”的意思。雄性在森林里的缓速溪流边、水塘周围或悬于水上方的植物上鸣叫。雌性产卵100枚左右，黏在叶片上，孵化后蝌蚪就掉进水里，躲在水底的落叶下面。该物种受到了壶菌病的潜在威胁。

实际大小

洪都拉斯杜雨蛙吻短；指、趾末端的吸盘发达；背面暗绿色，腹面黄色；上唇有一条白色纵纹，向体侧延伸为不清晰的纵纹；眼睛的虹膜为深红色。

相近物种

杜雨蛙属 *Duellmanohyla* 目前包括八个物种，其中被列为极危的有两种，濒危四种，易危一种。仅有褐眼杜雨蛙 *Duellmanohyla rufioculis* 被列为无危，栖息于哥斯达黎加的山区森林，在溪流里繁殖，可能还没受到壶菌病的影响。

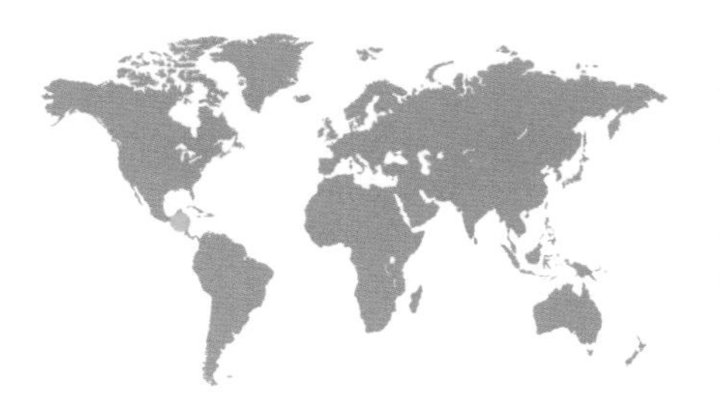

科名	雨蛙科Hylidae
其他名称	无
分布范围	洪都拉斯西北部、危地马拉东北部
成体生境	潮湿的森林，最高海拔1570 m
幼体生境	山区溪流形成的水潭
濒危等级	濒危。受到因农业开发而带来的森林砍伐和水体污染的威胁，也受到壶菌感染的严重影响

成体体长
雄性
1—1¼ in (25—32 mm)
雌性
最大 1½ in (38 mm)

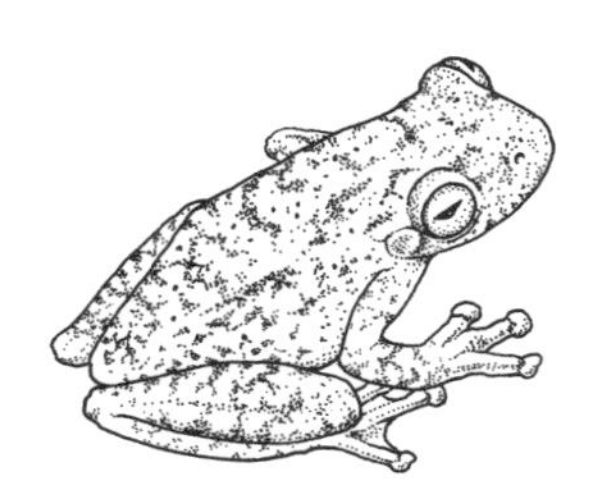

科潘杜雨蛙
Duellmanohyla soralia
Copan Brook Frog
(Wilson & Mccranie, 1985)

实际大小

科潘杜雨蛙吻短；指、趾末端的吸盘发达；背面深棕色，饰以不规则的、苔藓状的亮绿色斑，腹面黄色；眼睛的虹膜为鲜红色。

这种红眼睛的小蛙主要栖息于山区溪流边的低矮植物上。雄性发出连续的“吱吱”的低音调鸣叫，两次叫声之间停顿20—30秒。其蝌蚪生活在溪流的静水潭里，体型细长，全长大概43 mm，嘴巴大，呈漏斗状，身上布满有光泽的亮绿色斑点。虽然在三个国家公园里都有发现，但该物种的种群数量还是因栖息地丧失和壶菌病感染而下降。现在已对科潘杜雨蛙及洪都拉斯的其他两栖类开展了包括人工繁育在内的保护项目。

相近物种

红眼杜雨蛙 *Duellmanohyla uranochroa* 是杜雨蛙属 *Duellmanohyla* 里的另一个濒危物种，分布于哥斯达黎加和巴拿马。在20世纪90年代初期，红眼杜雨蛙是哥斯达黎加高海拔地区53个物种中数量明显下降的24个物种之一。查氏杜雨蛙 *Duellmanohyla chamulae* 也是濒危物种，在墨西哥高海拔的湍急溪流里繁殖。另见洪都拉斯杜雨蛙（第291页）。

科名	雨蛙科Hylidae
其他名称	无
分布范围	巴拿马中部
成体生境	云雾林
幼体生境	树洞的积水
濒危等级	极危。2007年后基本已灭绝，但还有人工种群幸存

拉氏褶肢雨蛙
Ecnomiohyla rabborum
Rabb's Fringe-limbed Tree Frog

Mendelson, Savage, Griffith, Ross, Kubicki & Gagliardo, 2008

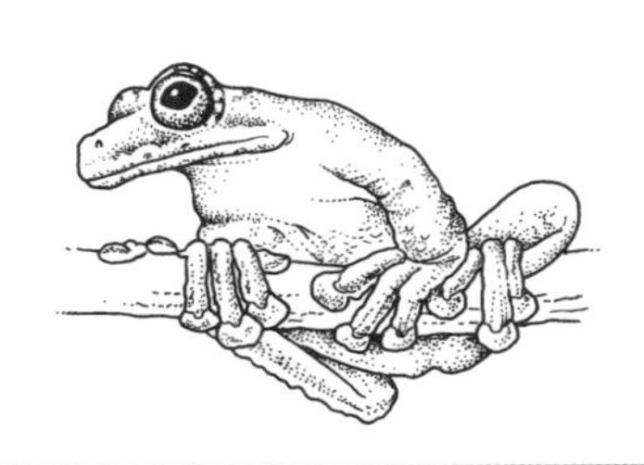

成体体长
雄性
2½—3¹³⁄₁₆ in (62—97 mm)
雌性
2⅜—3⅞ in (61—100 mm)

这种特别的蛙类被列为极危物种，但可能已经灭绝，极具破坏力的壶菌病于2006年席卷了它们的分布区域。该蛙只在巴拿马的一小块区域被发现过，它栖息于树冠层，能在树和树之间滑翔。繁殖期在每年的3—5月。雄性在积水的树洞边鸣叫，雌性在此产卵60—200枚卵后就离去，由雄性来照顾蛙卵。雄性用一种特殊的方式来喂食蝌蚪——待在水中让蝌蚪咬它的皮肤。雄性在繁殖期之外也会鸣叫。

拉氏褶肢雨蛙前臂粗壮，其边缘有褶且被有刺；手、足大；指、趾间有全蹼，当把蹼张开，就可以在树和树之间滑翔；指、趾末端吸盘大；背面棕色，或棕、绿色相间。

相近物种

褶肢雨蛙属 *Ecnomiohyla* 共有14个物种[①]，分布遍及中美洲和南美洲北部，其中至少有一半的物种被列为灭绝。埃雷迪亚褶肢雨蛙 *Ecnomiohyla fimbrimembra* 是分布于哥斯达黎加和巴拿马的一种大型的可滑翔蛙类，体色为棕色。体型更大的是柯氏褶肢雨蛙 *Ecnomiohyla miliaria*，分布于哥斯达黎加到尼加拉瓜，被列为易危物种，其独特之处是雄性的体型小于雌性。

实际大小

① 译者注：依据Frost (2018)，褶肢雨蛙属目前有12个物种。

科名	雨蛙科Hylidae
其他名称	无
分布范围	危地马拉东
成体生境	亚热带雨林，海拔1050—1080 m
幼体生境	临时性水塘和缓速溪流
濒危等级	极危。因农业开发和人类居住地的扩张而导致分布区极度狭窄，而且没有分布在任何一个保护区内

成体体长
雄性
未知

雌性
平均 1⅜ in (35 mm)
依据两号标本

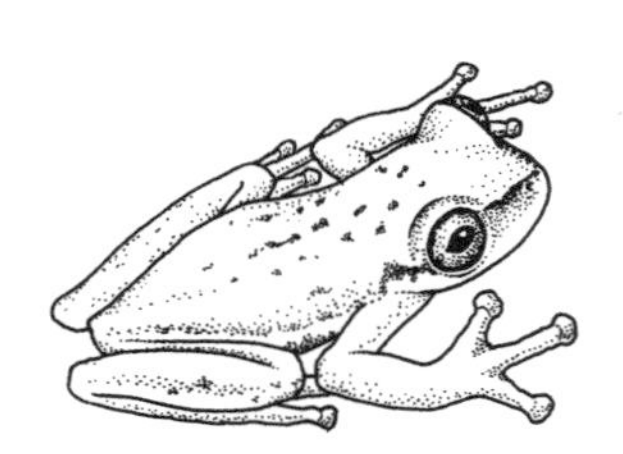

佩氏高地蛙

Exerodonta perkinsi

Perkins' Tree Frog

(Campbell & Brodie, 1992)

实际大小

佩氏高地蛙身体纤细；头宽；眼大；指、趾末端的吸盘大；趾间有部分蹼；背面浅棕色或暗绿色，有深棕色小斑；眼后方到胯部有一条浅色纵纹；眼睑上有一条白色条纹。

这种树栖蛙类非常稀有，当年发表时仅依据两号标本。它白天隐藏在象耳叶植物的叶腋里，只栖息于古奇马达内山脉北坡潮湿的森林里。至今仅采集到20号标本，而该地区的蛙类种群数量普遍下降，尤其是那些在溪流里繁殖的蛙类，可能是受壶菌病感染的影响。

相近物种

高地蛙属 *Exerodonta* 有11个物种，分布于墨西哥、危地马拉和洪都拉斯。瓦哈卡高地蛙 *Exerodonta abdivita* 是分布于墨西哥瓦哈卡地区的棕色小蛙。黑眼高地蛙 *Exerodonta melanomma* 分布于墨西哥，它的蝌蚪被怀疑已感染了壶菌病，该物种和分布于墨西哥荒漠环境的普埃布拉高地蛙 *Exerodonta xera* 都被列为易危物种。

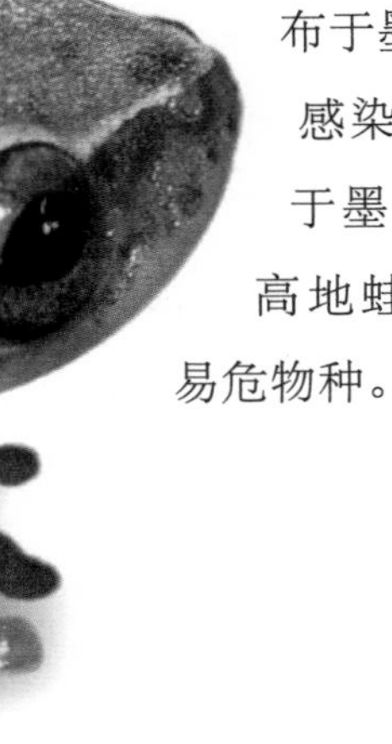

科名	雨蛙科Hylidae
其他名称	无
分布范围	欧洲大陆（除西班牙南部、法国南部和意大利外）
成体生境	疏林、花园、葡萄园、果园、公园
幼体生境	湖泊、水塘、沼泽、水库、水沟
濒危等级	无危。欧洲西部和中部的种群数量有下降

欧洲雨蛙
Hyla arborea
European Tree Frog
(Linnaeus, 1758)

成体体长
雄性
1¼—1¹¹⁄₁₆ in (32—43 mm)
雌性
1⁹⁄₁₆—1¹⁵⁄₁₆ in (40—50 mm)

欧洲雨蛙栖息于除密林外的各种环境里，它的鸣叫声在很多地方都被当作春天到来的预兆。其繁殖期在欧洲各地有所不同，但一般是3—6月。雄性的叫声非常响亮，“呱-呱-呱”（krak-krak-krak），500 m外都能听到。雌性偏爱于鸣叫声较低沉的大个雄性。虽然交配是在夜晚进行，但视觉信号也很重要，雌性更愿意选择与声囊颜色明亮的雄性交配。

相近物种

无线雨蛙 *Hyla meridionalis*，顾名思义，体侧没有明显的纵纹，这与欧洲雨蛙的特征不同。无线雨蛙体型比欧洲雨蛙稍大，分布于西班牙东部和法国南部。它的数量在地中海沿岸很多地方都有下降，这是由于大面积使用控制蚊虫的杀虫剂造成的。意大利雨蛙 *Hyla intermedia*（第299页）仅分布于意大利。

欧洲雨蛙四肢长；趾间有蹼；指、趾末端的吸盘发达；背部和四肢背面深绿色或浅绿色，这取决于温度和环境，也可能是黄色、棕色或灰色；腹面白色或黄色；体侧从眼到胯部有一条镶白边的深色纵纹。

实际大小

科名	雨蛙科Hylidae
其他名称	无
分布范围	美国南部（除路易斯安那州、密西西比州、亚拉巴马州和佐治亚州外）
成体生境	硬木沼泽和林河漫滩
幼体生境	沼泽里的水塘
濒危等级	无危。是大多数分布区内的常见种

成体体长
雄性
1⅛—1⁹⁄₁₆ in (28—39 mm)
雌性
1¼—2⅟₁₆ in (32—53 mm)

鸟鸣雨蛙

Hyla avivoca[①]

Bird-voiced Tree Frog

Viosca, 1928

实际大小

鸟鸣雨蛙皮肤有疣粒；指、趾末端的吸盘大；体色很多变，背面绿色或灰色，或者接近黑色；眼睛下方有一个黄白色斑；四肢背面有深色横纹；后腿内侧有一个灰绿色斑块。

虽然看上去鸟鸣雨蛙颜色有些暗淡，但其清脆的鸣叫声回荡在柏木沼泽里，堪称“婉转动听”。由于栖息地水源充足，所以繁殖期持续很长，从 4 月直到 8 月。雄性于夜间先在树梢鸣叫，遇到雌性后就下到低处的树枝上继续鸣叫。雌性驮着雄性进入水里，产卵 400—800 枚。该蛙比美国大多数蛙类更偏向于陆栖，雄性会通过发出争斗鸣叫来守卫自己的求偶地盘，有时会和闯入者打斗。

相近物种

鸟鸣雨蛙与金腿雨蛙（第 297 页）及变色雨蛙（第 300 页）相近，但鸟鸣雨蛙体型更小，且其体色暗淡。与体色鲜艳的亚利桑那雨蛙 *Hyla wrightorum*[②]截然相反，后者于雷雨后在临时性水塘里爆发式繁殖。沙色雨蛙 *Hyla arenicolor*[③]栖息于岩石区，包括科罗拉多大峡谷。

①②③ 译者注：依据Frost (2018)，该物种已被移入植雨蛙属*Dryophytes*，该属目前有18个物种。

科名	雨蛙科Hylidae
其他名称	无
分布范围	美国东南部各州、中西部靠南的地区，以及加拿大最南部
成体生境	林地
幼体生境	半永久性水塘
濒危等级	无危。分布区很广，没有发现数量下降

成体体长
1¼—2⅜ in (32—60 mm)

金腿雨蛙

*Hyla chrysoscelis*①

Cope's Gray Tree Frog

Cope, 1880

金腿雨蛙的繁殖期多在3—8月之间，因各地情况不同而有所差异。雄性从黄昏时开始鸣叫，先在树上高处鸣叫，然后转移到低处，最后在靠近水塘的地上鸣叫。为避免蝌蚪被捕食，它们不会选择有能捕食蝌蚪的鱼类（如太阳鱼）和蝾螈的水塘。雌性产卵呈团状，一团有30—40枚，浮在水面或者黏在沉水植物上，整个繁殖期雌性产卵可达三次。

相近物种

在形态上，金腿雨蛙与变色雨蛙（第300页）几乎相同，但前者的染色体数量要比后者多一半。虽然两者经常在同一地点被发现，但杂交种非常罕见，因为雌性对两种雄性的求偶鸣叫声有选择性回应，所以能正确地识别雄性。这两种蛙的叫声都带有颤音，金腿雨蛙的叫声更急促一些。

金腿雨蛙皮肤有疣粒；指、趾末端的吸盘大；背面灰色或绿色，或者灰绿色，身体颜色看起来像一块树皮；体色会随着环境颜色而变化；后腿内侧有橘黄色或黄色斑块。

实际大小

① 译者注：依据Frost (2018)，该物种已被移入植雨蛙属*Dryophytes*，该属目前有18个物种。

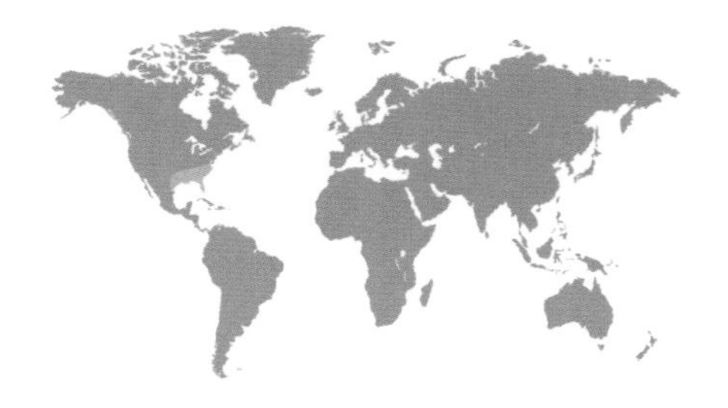

科名	雨蛙科Hylidae
其他名称	无
分布范围	美国东南部各州和墨西哥湾沿岸各州
成体生境	沼泽和林地周围
幼体生境	湖泊、水塘、沼泽、沟渠
濒危等级	无危。常见物种，分布区广

成体体长
$1\frac{1}{4}$—$2\frac{9}{16}$ in (32—64 mm)

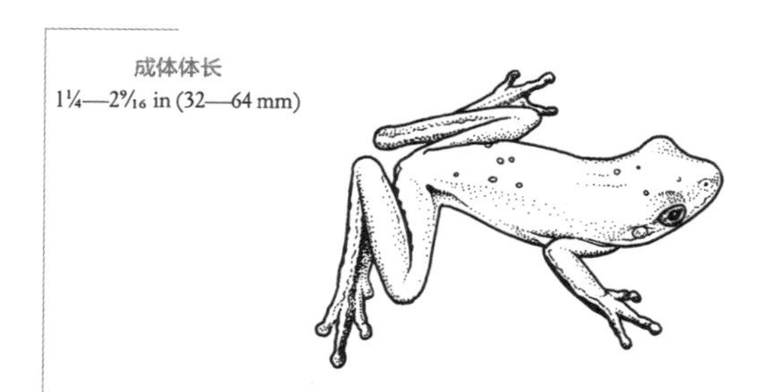

灰绿雨蛙
Hyla cinerea[①]
American Green Tree Frog
(Schneider, 1799)

实际大小

灰绿雨蛙头扁平；吻端突出；指、趾末端的吸盘大；趾间有蹼；皮肤光滑；背面绿色，通常有黄色斑点；很多种群的体侧有一条镶黑边的白色纵纹；体色可变化，在鸣叫时呈黄色，气温低时呈灰色。

灰绿雨蛙的繁殖期是3—8月，在暖雨后集群鸣叫。鸣叫和交配都在夜晚，白天则躲在繁殖场附近的树上。雄性叫声像带有鼻音的“咵克-咵克-咵克”（quonk-quonk-quonk）。雄性通常和最邻近的其他雄性交替鸣叫。如果竞争对手靠近，雄性会转变为急促而带颤音的争斗鸣叫。有的雄性会悄悄采取“随从策略”，企图阻止雌性接近其他鸣叫的雄性。雄性集群合鸣的个体数量每晚都不同，合鸣会使交配有最高的成功率。

相近物种

雨蛙属 *Hyla* 还有另外三个物种也分布于美国东南部，云斑雨蛙 *Hyla gratiosa*[②]的叫声像产生共鸣的敲击声，偶尔会与灰绿雨蛙发生杂交；安氏雨蛙 *Hyla andersonii*[③]的体侧有一条紫褐色的纵纹；松鼠雨蛙 *Hyla squirella*[④]仅在繁殖时呈现绿色，其他时间则是棕色。这四种雨蛙的雌性都通过雄性鸣叫声的细微差异来分辨同种的雄性。

①②③④ 译者注：依据Frost (2018)，该物种已被移入植雨蛙属*Dryophytes*，该属目前有18个物种。

科名	雨蛙科Hylidae
其他名称	无
分布范围	意大利，包括西西里岛、斯洛文尼亚部分地区、瑞士南部
成体生境	林地、灌木丛、湿地
幼体生境	湖泊、水塘、沼泽、水库和水沟
濒危等级	无危。在意大利的部分地区，因引进的淡水龙虾捕食而数量下降

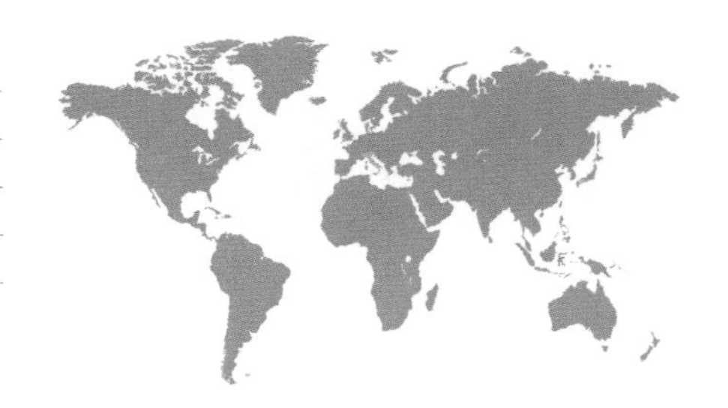

意大利雨蛙
Hyla intermedia
Italian Tree Frog
Boulenger, 1882

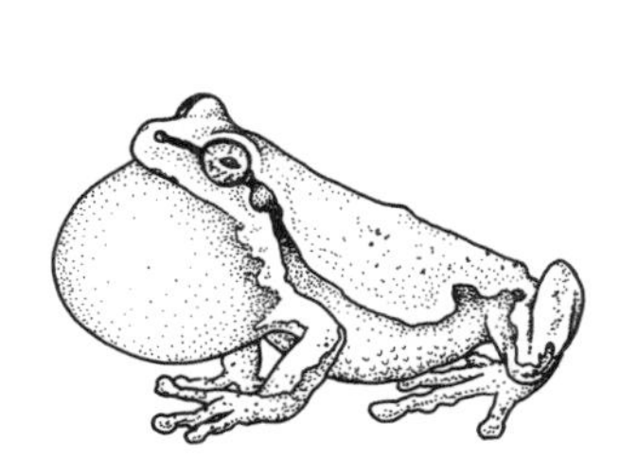

成体体长
雄性
1¼—1¹¹⁄₁₆ in (32—43 mm)
雌性
1⁹⁄₁₆—1¹⁵⁄₁₆ in (40—50 mm)

该蛙的交配方式是雄性聚集在一起鸣叫，由雌性来挑选交配对象。雌性通常会优先选择鸣叫精力充沛的雄性；但对雄性来说，交配成功与否还是取决于参加合鸣的夜晚数。雌性不是总能和自己选择的雄性交配，因为那些没有鸣叫的雄性会聚集在最受欢迎的那只雄性身边，企图半路拦截前来交配的雌性。由于被从美国引进的克氏原螯虾 *Procambarus clarkii* 捕食，意大利雨蛙在一些分布区内数量下降。

相近物种

意大利雨蛙之前被认为是欧洲雨蛙（第 295 页）的一个亚种，它们在外形上很接近，但在遗传上差异明显；有时可见于稻田等人工环境中。意大利雨蛙的外形与伊特鲁里亚雨蛙 *Hyla sarda* 也很相似，后者分布于科西嘉岛、撒丁岛、厄尔巴岛和其他地中海的岛屿。

实际大小

意大利雨蛙四肢长；趾间有蹼；指、趾吸盘发达；背部和四肢背面深绿色或浅绿色，但会根据温度和所处环境变化成黄色、棕色或灰色；腹面白色或黄色；体侧有一条镶白边的黑色纵纹，从眼连续到胯部。

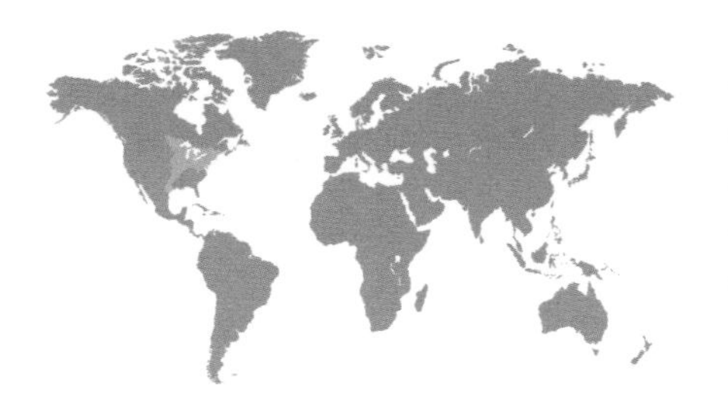

科名	雨蛙科Hylidae
其他名称	莫尔斯电码蛙
分布范围	美国东部各州、加拿大最南端
成体生境	林地
幼体生境	临时性和半永久性水塘
濒危等级	无危。分布区广，没有发现数量下降

成体体长
雄性
$1\frac{1}{4}$—2 in (32—51 mm)
雌性
$1\frac{5}{16}$—$2\frac{3}{8}$ in (33—60 mm)

变色雨蛙
Hyla versicolor[1]
Eastern Gray Tree Frog
Leconte, 1825

变色雨蛙体型丰满，以其根据环境改变体色而闻名。它每换到一个新的环境，能在 30 分钟之内变成与背景色相似的颜色。在房屋里、房屋周围，以及农场，都很容易找到它。该蛙的繁殖期在 4—8 月，在没有鱼的水塘和池塘附近聚集。雄性的鸣叫声是悦耳的颤音，雌性产卵 30—40 枚。大量研究表明，杀虫剂（如胺甲萘）对蝌蚪发育和存活有不良影响。

相近物种

在外形上，变色雨蛙和金腿雨蛙（第 297 页）相似，但是两者的鸣叫声不同，而且前者的染色体数量是后者的两倍。松林雨蛙 *Hyla femoralis*[2]分布于美国东南部各州的滨海平原，叫声像敲击发报机按键的声音，因此也被叫作莫尔斯电码蛙。

变色雨蛙皮肤有疣粒；指、趾末端的吸盘大；体色很多变，有灰色、棕色、绿色，或者这些颜色相混杂，看起来像树皮的颜色；眼睛下方有一个白色斑，雄性比雌性的更明显；后腿内侧有橘黄色或黄色斑块。

实际大小

①② 译者注：依据Frost (2018)，该物种已被移入植雨蛙属*Dryophytes*，该属目前有18个物种。

科名	雨蛙科Hylidae
其他名称	*Agalychnis aspera*
分布范围	巴西巴伊亚州南部
成体生境	低地森林，最高海拔50 m
幼体生境	临时性水塘
濒危等级	无危。分布局限但种群数量稳定

成体体长
雄性
1$\frac{1}{2}$—1$\frac{13}{16}$ in (38—46 mm)
雌性
1$\frac{3}{4}$—1$\frac{7}{8}$ in (45—48 mm)

粗皮森雨蛙
Hylomantis aspera
Rough Leaf Frog
(Peters, 1873)

这种帅气的蛙类得名于其粗糙的皮肤质感。其栖息地靠近巴西的大西洋沿岸，通常发现于森林或林缘，邻近沼泽和水塘的地方。雄性的鸣叫声包括3—4个短音节。雌性在水面上方的树叶上产卵约60枚，孵化后，蝌蚪就掉进下方水中，继续完成生长发育。

实际大小

粗皮森雨蛙身体细长；四肢纤细；眼大而突起；头、背部和四肢背面的皮肤很粗糙；背面浅绿色，带有不规则的红棕色或白色斑纹；体侧、四肢腹面、指与趾呈橘黄色。

相近物种

森雨蛙属 *Hylomantis* 中还有另外六个物种①，如分布于亚马孙河流域上游的哥伦比亚和厄瓜多尔的疣森雨蛙 *Hylomantis buckleyi*②；分布于委内瑞拉北部山区云雾林中的大兰乔森雨蛙 *Hylomantis medinae*③。与该属很相近的还有叶蛙属物种（第348—350页）。

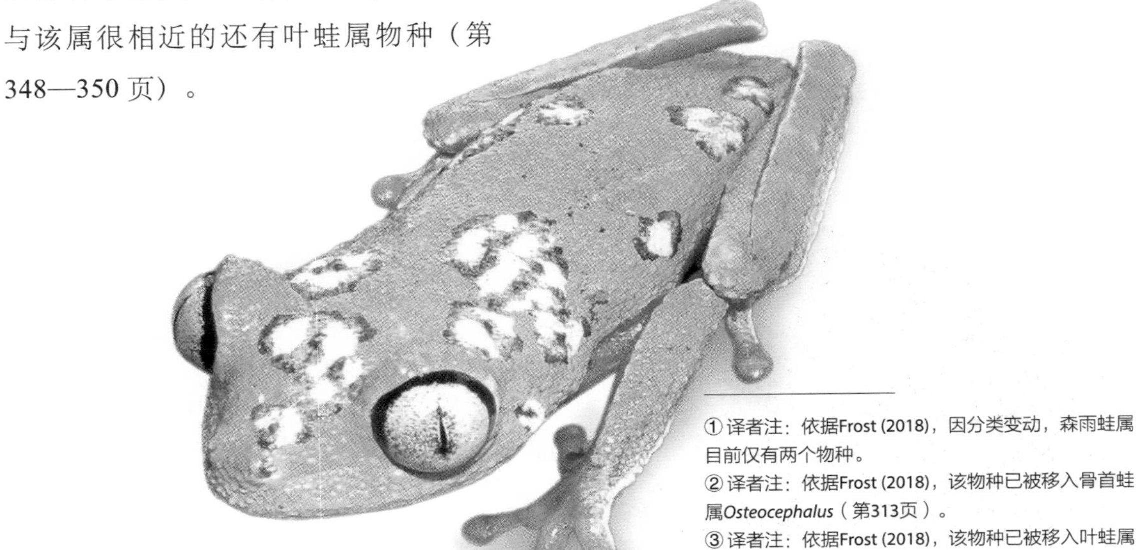

① 译者注：依据Frost (2018)，因分类变动，森雨蛙属目前仅有两个物种。
② 译者注：依据Frost (2018)，该物种已被移入骨首蛙属*Osteocephalus*（第313页）。
③ 译者注：依据Frost (2018)，该物种已被移入叶蛙属*Agalychnis*（第348—350页）。

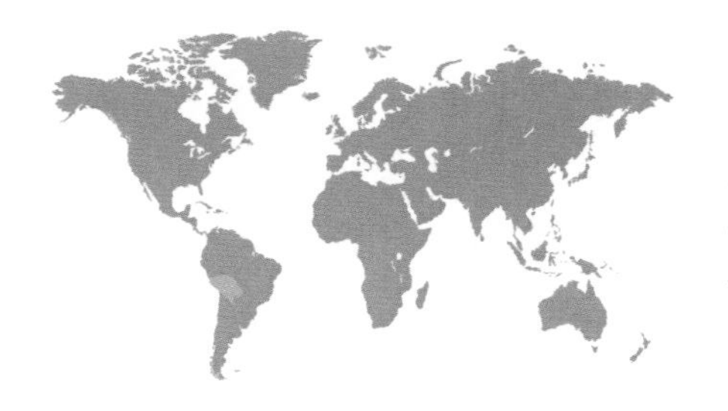

科名	雨蛙科Hylidae
其他名称	无
分布范围	秘鲁南部、玻利维亚
成体生境	海拔1700—2400 m的云雾林
幼体生境	湍流溪水中
濒危等级	无危。部分地区因栖息地破坏而数量下降，但分布于一些保护区内

成体体长
雄性
1⅞—2¾ in (47—69 mm)
雌性
1⅞—2¹⁵⁄₁₆ in (47—75 mm)

武装森跃蛙

Hyloscirtus armatus

Armed Tree Frog

(Boulenger, 1902)

这种大型树栖蛙类分布于安第斯山脉东坡，因雄性前肢特殊的解剖结构而闻名。雄性的前肢较雌性更粗，肌肉更加发达，拇指和前肢上各有一排尖刺。这些尖刺在交配或打斗时是否有重要作用还不得而知。它在有的地方是很常见的物种，在山区溪流里繁殖。蝌蚪嘴周围有一个非常大的吸盘，使之能吸附在岩石上，其体长可达 78 mm。

武装森跃蛙吻端钝；眼大；指、趾末端吸盘大；背面为均匀的灰色、浅棕色、棕黄色，带有深棕色网状纹；雄性前肢发达且有两团尖刺。

相近物种

武装森跃蛙因其雄性前肢的独特性，与其他树栖蛙类都不同。有人认为该物种是至少三个物种的复合体。

实际大小

科名	雨蛙科Hylidae
其他名称	无
分布范围	厄瓜多尔
成体生境	云雾林
幼体生境	溪流
濒危等级	未评估，但由于栖息地破坏，应该为濒危

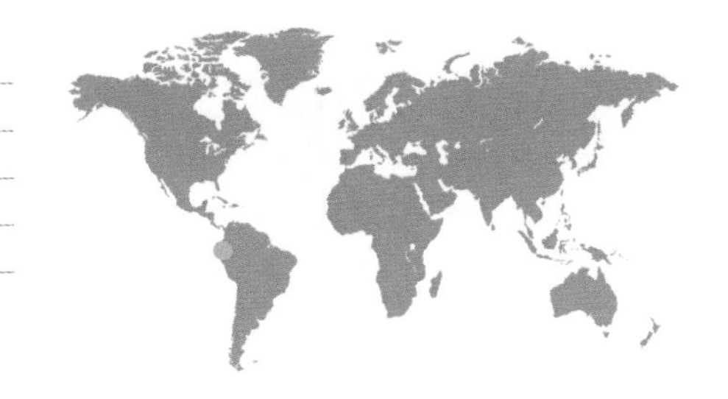

成体体长
雄性
$2\frac{3}{4}$—$2\frac{13}{16}$ in (68—71 mm)
雌性
未知

查氏森跃蛙
Hyloscirtus princecharlesi
Prince Charles Stream Tree Frog

Coloma, Carvajal-Endara, Dueñas, Paredes-Recalde, Morales-Mite, Almeida-Reinoso, Tapia, Hutter, Toral-Contreras & Guayasamin, 2012

这种异常鲜艳的树栖蛙类是以英国查尔斯王子命名的，以赞扬他对森林砍伐影响生物多样性的呼吁工作。查氏森跃蛙目前只有三个雄性标本，仅在厄瓜多尔山区的一个地点发现。它于2008年被发现，2012年描述发表，对它的濒危等级还没有进行评估。它的未来并不乐观，因为分布范围非常狭窄，而它的栖息地云雾林，正面临砍伐和气候变化的威胁。

查氏森跃蛙手臂和腿很长；皮肤光滑；眼睛大而突起；手指和脚趾末端有吸盘，但不明显扩大；背面黑色，布满橘黄色斑点；腹面黑色，杂有灰色斑。

相近物种

森跃蛙属 *Hyloscirtus* 目前包括34个物种[①]，它们大多数曾属于雨蛙属 *Hyla*，其中有些物种正面临灭绝的危险。例如，潜森跃蛙 *Hyla colymba* 分布于哥斯达黎加和巴拿马，被列为极危物种；隆肛森跃蛙 *Hyla larinopygion* 分布于厄瓜多尔和哥伦比亚，被列为近危物种，它的种本名“*larinopygion*”的意思是“肥屁股”，形容它泄殖腔周围明显的隆起。

实际大小

① 译者注：依据Frost (2018)，森跃蛙属目前有37个物种。

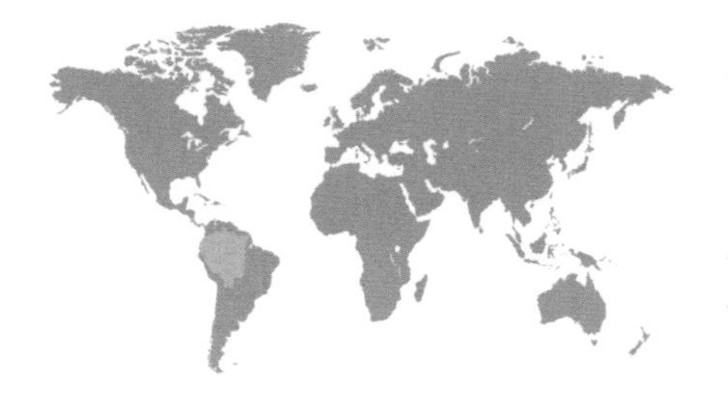

科名	雨蛙科Hylidae
其他名称	鸭脚蛙、锈色雨蛙
分布范围	亚马孙河流域（巴西、玻利维亚、秘鲁、厄瓜多尔、哥伦比亚、委内瑞拉、圭亚那、苏里南、法属圭亚那），最高海拔1000 m
成体生境	热带雨林
幼体生境	水塘为主，其次为溪流
濒危等级	无危，大部分分布区内的种群数量都很大

成体体长
雄性
3 15/16—5 1/16 in (101—128 mm)
雌性
3 9/16—4 7/8 in (91—123 mm)

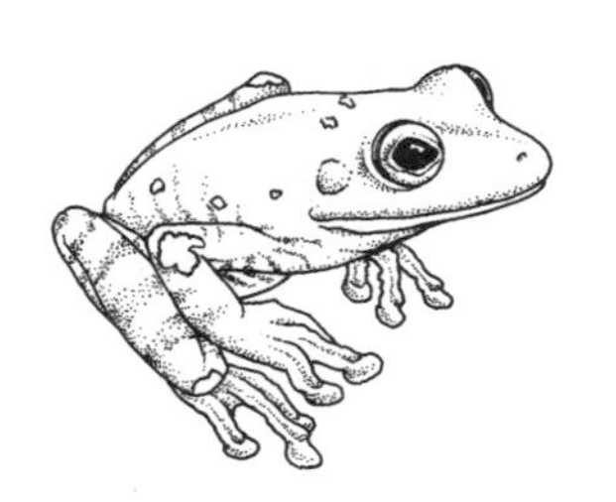

大斗士蛙
*Hypsiboas boans*①
Giant Gladiator Tree Frog
(Linnaeus, 1758)

大斗士蛙的体型纤细；眼大；指、趾间均有蹼；指、趾末端的吸盘大；雄性背面棕色，雌性橙棕色，体侧或有深色纵纹，四肢背面有深色横纹；有些个体背面还有斑点；腹面乳白色或白色。

这种大型树栖蛙类在夜晚活动，常见于溪流边，在 7—12 月的旱季繁殖。雄性在树上鸣叫，但交配则在小水塘边，也常在溪流边。如果没有可用的天然水坑，雄性会自己挖一个。雌性产卵 1300—3000 枚，在水面形成一层胶状膜。雄性会因守卫自己的水坑而与其他雄性打斗，用手上尖锐的骨刺创伤对手。蝌蚪在生长过程中会进入溪流完成发育，对于鱼来说它们并不好吃。

相近物种

斗士蛙属 *Hypsiboas* 约有 90 个物种②，只有少数几个得到保护方面的关注。壮斗士蛙 *Hypsiboas cymbalum*③仅分布于巴西圣保罗，由于栖息地破坏，被列为极危物种；赫氏斗士蛙 *Hypsiboas heilprini*④分布于海地岛（伊斯帕尼奥拉岛），栖息地严重退化，被列为易危物种。另见地图斗士蛙（第 305 页）和罗氏斗士蛙（第 306 页）。

实际大小

①②③④ 译者注：依据Frost (2018)，属名“*Hypsiboas*”已被作为属名“*Boana*”的同物异名，该属的中文名仍可沿用“斗士蛙属*Boana*”，目前有92个物种。

科名	雨蛙科Hylidae
其他名称	无
分布范围	美国南部安第斯山以东的热带低地地区
成体生境	森林、林地、草原、稀树草原，海拔最高500 m（厄瓜多尔可达1200 m）
幼体生境	河流和水塘
濒危等级	无危，大部分分布区内的种群数量都很大

成体体长
雄性
最大 $2\frac{3}{8}$ in (60 mm)
雌性
最大 3 in (76 mm)

地图斗士蛙
*Hypsiboas geographicus*①
Map Tree Frog
(Spix, 1824)

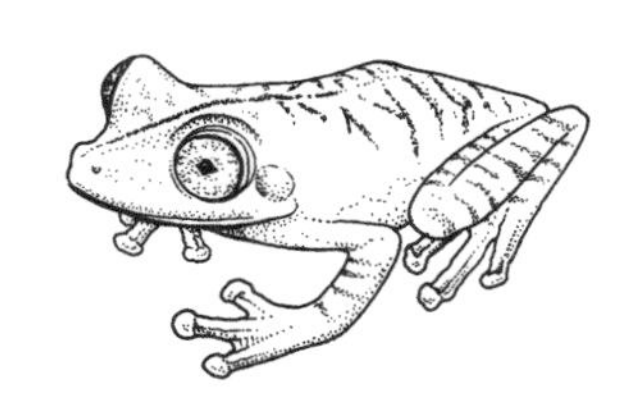

这种常见的树栖蛙类有各种防御行为模式，包括装死、发出臭味、将前臂伸到头两侧并吐气。它在雨后繁殖，雄性在水上方的树枝上鸣叫，叫声像呻吟声中夹杂着轻笑声。雌性产卵多达 2000 枚。地图斗士蛙的蝌蚪和其他很多蛙类的不同，鱼类不喜欢捕食它们，因此，它们可以在大多数水体里生存。但是，蜻蜓幼虫则喜欢捕食这种蝌蚪。为了减少被捕食的风险，蝌蚪会转移到很小的浅水坑里。

相近物种

斗士蛙属 *Hypsiboas* 目前约有 90 个物种②，其中大多数物种都曾被归属于雨蛙属 *Hyla*。蓝腰斗士蛙 *Hypsiboas calcaratus*③和宽纹斗士蛙 *Hypsiboas fasciatus*④广泛分布于亚马孙河流域，栖息环境与地图斗士蛙相似。另见大斗士蛙（第 304 页）和罗氏斗士蛙（第 306 页）。

地图斗士蛙体型长而纤细；四肢细长；头宽，眼睛大；后肢的脚跟部有一个明显的带白色斑的锥状突起；指、趾间均有蹼；体色很多变，与年龄和分布地相关，年轻个体背面乳黄色带黑色斑点，成体背面可能为绿色、棕色或黄色。

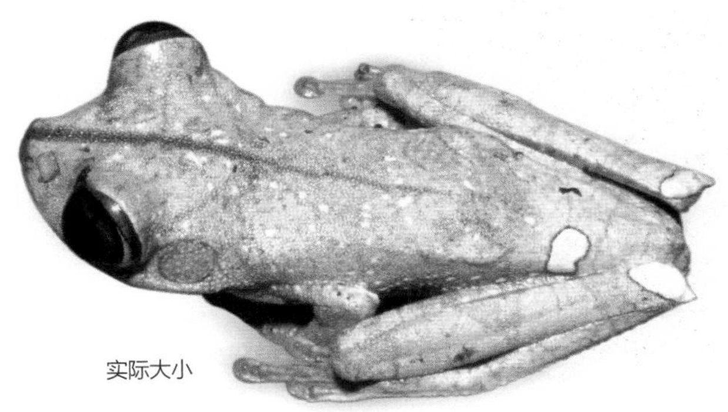

实际大小

①②③④ 译者注：依据Frost (2018)，属名“*Hypsiboas*”已被作为属名“*Boana*”的同物异名，该属的中文名仍可沿用“斗士蛙属*Boana*”，目前有92个物种。

科名	雨蛙科Hylidae
其他名称	罗氏雨蛙
分布范围	哥斯达黎加、巴拿马、哥伦比亚、委内瑞拉、厄瓜多尔
成体生境	热带雨林
幼体生境	雄性掘的水坑
濒危等级	无危。一些地区的种群数量有下降，但该物种分布区广，适应性强

成体体长
雄性
$2\frac{3}{8}$—$3\frac{9}{16}$ in (60—91 mm)
雌性
$2\frac{3}{8}$—$3\frac{11}{16}$ in (60—95 mm)

罗氏斗士蛙

*Hypsiboas rosenbergi*①
Rosenberg's Gladiator Frog

(Boulenger, 1898)

罗氏斗士蛙雄性的前肢上有一个尖锐的刺，平常内收在皮肤鞘里；当打斗时，刺伸出并用来戳对手的眼睛和鼓膜。打斗常造成眼睛和鼓膜的重创，甚至死亡。雄性间争斗是为了守卫自己在繁殖期开始时筑造的水坑。雄性在自己所筑的窝边鸣叫，警告竞争者不要靠近，同时吸引雌性到窝里交配产卵。雄性闯入者通常被争斗鸣叫赶走，或直接被驱赶，打斗只是作为最后的一种手段。

罗氏斗士蛙体型大；吻长；指、趾末端有扩大的吸盘；指、趾间均有蹼；背面棕褐色或棕红色，有深色斑；体侧有深色的波浪形窄纹；头中央通常有一条深色纵纹。

相近物种

铁匠斗士蛙 *Hypsiboas faber*②分布于巴西、阿根廷和巴拉圭的热带雨林。雄性筑造并守护泥水坑，以供产卵和幼体生长。打斗是不断升级的，如果其中一只雄性在某个阶段离开（通常是入侵者），那么竞争就到此结束，真正的打斗是因为入侵者在整个竞争过程的前期一直不肯离开。另见大斗士蛙（第304页）和地图斗士蛙（第305页）。

实际大小

①② 译者注：依据Frost (2018)，属名"*Hypsiboas*"已被作为属名"*Boana*"的同物异名，该属的中文名仍可沿用"斗士蛙属*Boana*"，目前有92个物种。

科名	雨蛙科Hylidae
其他名称	无
分布范围	尼加拉瓜、哥斯达黎加、巴拿马
成体生境	潮湿的低地森林，最高海拔650 m
幼体生境	沼泽
濒危等级	无危。分布区广，包括一些保护区，种群数量稳定

红蹼斗士蛙
*Hypsiboas rufitelus*①
Canal Zone Tree Frog
(Fouquette, 1961)

成体体长
雄性
$1\frac{9}{16}$—$1\frac{15}{16}$ in (39—49 mm)
雌性
$1\frac{13}{16}$—$2\frac{1}{8}$ in (46—55 mm)

这种美丽的树栖蛙类与很多相近种不同之处是指间和趾间的蹼是鲜红色。它在低地森林里的沼泽里繁殖，雄性一年四季都会鸣叫，叫声为连续而尖锐的“咯咯”声，繁殖期大多在8—10月雨后的夜晚。1980年，在一次异常的强降雨后，红蹼斗士蛙在巴拿马运河区的巴洛科罗拉多岛上发生了种群激增；到1983年，种群数量终于回归到正常水平。雄性前肢上有一个小刺，被认为是争夺雌性的武器。

实际大小

红蹼斗士蛙体型大；眼突出；指、趾末端的吸盘大；脚跟部有一个小突起；背面浅黄绿色或蓝绿色，散有黑色、蓝色或白色斑点；体侧黄绿色，或有一条黄色或红色纵纹；指、趾间的蹼鲜红色。

相近物种

中美洲和南美洲的斗士蛙属 *Hypsiboas* 物种超过90个②，大部分都是常见物种。白缘斗士蛙 *Hypsiboas albomarginatus*③分布于巴西，宽纹斗士蛙 *Hypsiboas fasciatus*④分布于厄瓜多尔和秘鲁，丽纹斗士蛙 *Hypsiboas pulchellus*⑤分布于乌拉圭和巴西南部。

①②③④⑤ 译者注：依据Frost (2018)，属名“*Hypsiboas*”已被作为属名“*Boana*”的同物异名，该属的中文名仍可沿用“斗士蛙属 *Boana*”，目前有92个物种。

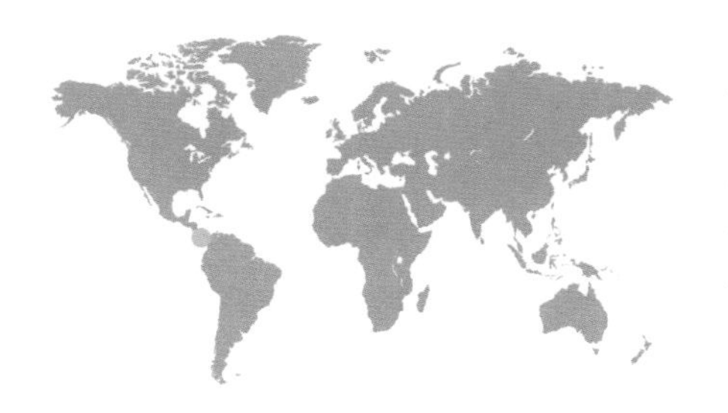

科名	雨蛙科Hylidae
其他名称	耿氏哥斯达黎加雨蛙
分布范围	哥斯达黎加、巴拿马
成体生境	雨林
幼体生境	临时性水塘和路边水沟
濒危等级	无危。种群数量曾经下降，现已恢复；分布于一些保护区内

成体体长
雄性
1⁷⁄₁₆—1¾ in (37—45 mm)
雌性
1⅝—2 in (41—52 mm)

猫样地峡蛙

Isthmohyla pseudopuma Meadow Tree Frog

(Günther, 1901)

实际大小

猫样地峡蛙体型纤细；吻端钝；眼大；四肢细长，指、趾末端的吸盘发达；背面土黄色或浅棕色，有深色小斑点；雄性在繁殖期时背面变为亮黄色。

这种颜色较单调的树栖蛙类的雄性在繁殖期会变为亮黄色。它在大雨后的 24 小时内“爆发式繁殖”。雄性在水里鸣叫，发出连续而低沉的短声鸣叫。雄性数量远多于雌性，有时会有好几只雄性把一只倒霉的雌性团团抱住。雌性产卵 1800—2500 枚，分为数团，分散在水塘里，每团不超过 500 枚。蝌蚪长大后为肉食性，吃蛙卵和同类的小蝌蚪。成体有时会成为地蟹的猎物。

相近物种

地峡蛙属 *Isthmohyla* 有 15 个物种，分布于洪都拉斯、哥斯达黎加和巴拿马，大多数物种都受到不同程度的灭绝的危险。细线地峡蛙 *Isthmohyla angustilineata* 分布于巴拿马和哥斯达黎加，数量显著下降，被列为极危物种，可能是受到壶菌病和气候变化的综合影响。另见棕绿地峡蛙（第 309 页）。

科名	雨蛙科Hylidae
其他名称	无
分布范围	哥斯达黎加、巴拿马北部
成体生境	雨林，1100—1650 m
幼体生境	湍急溪流
濒危等级	极危。1992年之后几乎消失，可能主要由于壶菌感染

棕绿地峡蛙
Isthmohyla tica
Starrett's Tree Frog
(Starrett, 1966)

成体体长
雄性
1¹⁄₁₆—1⁵⁄₁₆ in (27—34 mm)
雌性
1⁵⁄₁₆—1⅝ in (33—42 mm)

这种树栖小蛙是在中美洲消失的几种蛙类之一，主要是由于壶菌病的感染。1987 年，首次在哥斯达黎加北部检测到壶菌病，随后不可阻挡地以每年 20—25 km 的速度向南扩散，2006 年到达巴拿马。在高海拔溪流内繁殖的大多数蛙类受到严重影响。棕绿地峡蛙在 2—4 月旱季繁殖，雄性在溪流上方的植物上鸣叫，发出像蟋蟀一样的叫声。其蝌蚪适应于在激流里生活，尾巴很长，并且有口吸盘。

实际大小

棕绿地峡蛙吻短而圆；眼大而突出；指、趾末端的吸盘发达；背面满布小疣粒；头、背和四肢背面杂以绿色和棕色斑；腹面白色。

相近物种

在中美洲，壶菌病的另外一种受害者是迷彩地峡蛙 *Isthmohyla calypsa*。它体色为明亮的金属绿，是哥斯达黎加仅有的一种身体背面有显著疣刺的蛙类。雄性在溪流里鸣叫，而且能惊人地准确辨别方位，每年都回到同一个位置。20 世纪 90 年代该蛙数量很大，1992 年之后数量骤然下降，发现很多死亡个体。另见猫样地峡蛙（第 308 页）。

科名	雨蛙科Hylidae
其他名称	无
分布范围	巴西东部、阿根廷北部、巴拉圭东部
成体生境	雨林
幼体生境	永久性和临时性水塘
濒危等级	无危。有些地方的数量下降，但该物种分布于一些保护区内

成体体长
雄性
2⅝—3⅛ in (65—81 mm)
雌性
3⅜—4 in (87—103 mm)

朗氏苔蛙

Itapotihyla langsdorffii

Ocellated Tree Frog

(Duméril & Bibron, 1841)

这种大型树栖蛙类得名于其体色类似苔藓和地衣，这使它能很好地伪装在树栖环境里。朗氏苔蛙分布于巴西东部的大西洋沿岸森林地区，这里蛙类多样性非常高。它在雨后爆发式繁殖，大量聚集在临时性或永久性水塘附近。雌性产700—3000枚小卵，浮在水面上。曾有报道，其蝌蚪被蜘蛛捕食。

朗氏苔蛙体型纤长；四肢长；指、趾末端的吸盘发达；指、趾间有蹼；头顶骨质化；背面绿色、棕褐色和棕色，背部有深色斑，四肢有深色横纹；腹面黄色或橘黄色。

相近物种

朗氏苔蛙是苔蛙属 *Itapotihyla* 唯一的物种。与其他一些雨蛙相同，它的头皮和头骨融合（另见布氏凹盔蛙，第278页），当这些蛙类藏于树洞内时，会用头部将出口堵住，头皮和头骨融合，能防御捕食者，同时也能减少头顶水分散失。

实际大小

科名	雨蛙科Hylidae
其他名称	无
分布范围	墨西哥维拉克鲁斯州中部
成体生境	云雾林
幼体生境	溪流
濒危等级	濒危。分布狭窄，栖息地被破坏

云雾林大口蛙
Megastomatohyla nubicola
Cloud Forest Tree Frog
(Duemllman, 1964)

成体体长
雄性
1¼—1$\frac{7}{16}$ in (32—37 mm)
雌性
平均 1$\frac{7}{16}$ in (37 mm)

云雾林只出现在海拔和气候条件适宜而生成持续雾气的地区，其特点是有大量苔藓和其他喜湿植物。虽然云雾林只占全世界林地的 10%，但它是重要的生境，大量物种只栖息于云雾林中，包括很多蛙类。墨西哥的云雾林由于气候变化和被砍伐改种咖啡而受到威胁。这种鲜为人知的小型树栖蛙类，便生活在被隔离并日益退缩的云雾林地区。

实际大小

云雾林大口蛙四肢细长；眼大；吻端钝；趾间全蹼；指吸盘大于趾吸盘；背面红棕色或棕褐色，背部有深色斑块，四肢背面有深色横纹；腹面白色。

相近物种

大口蛙属 *Megastomatohyla* 仅有四个物种，都分布于墨西哥的云雾林地区。大口蛙属四个物种之间的区别在于蝌蚪口部形态差异。杂斑大口蛙 *Megastomatohyla mixomaculata* 被列为濒危物种，混大口蛙 *Megastomatohyla mixe* 和粗皮大口蛙 *Megastomatohyla pellita* 都被列为极危物种。

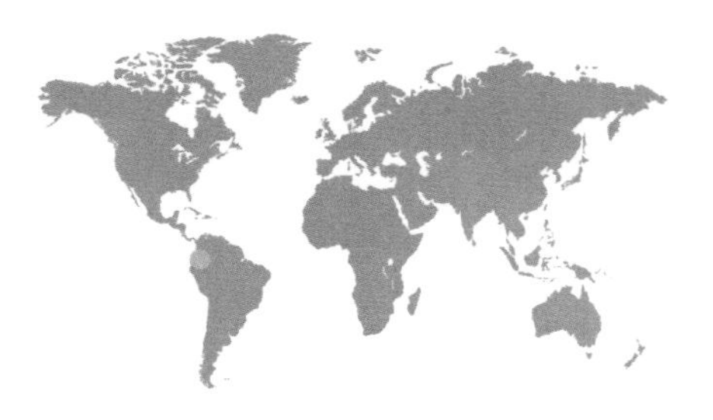

科名	雨蛙科Hylidae
其他名称	巧克力雨蛙
分布范围	厄瓜多尔、秘鲁、哥伦比亚
成体生境	低地雨林，最高海拔1200 m
幼体生境	积水的小树洞和竹节
濒危等级	无危。对其了解很少，种群应该比较稳定

成体体长
雄性
2⅛—2¾ in (55—68 mm)
雌性
2¼—2½ in (59—63 mm)

棕眼夜蛙

Nyctimantis rugiceps

Brown-eyed Tree Frog

Boulenger, 1882

实际大小

棕眼夜蛙身体纤细；眼大；手很大；指、趾末端的吸盘发达；背面乳白色，与体侧色差显著，体侧是黑色带柠檬黄色的大斑点；四肢与身体相连处为黄色，其余部分乳白色，指、趾部黑色。

这种颜色鲜艳的树栖蛙类主要栖息于竹林附近。它在破开而有积水的竹节或者积水的小树洞里繁殖。雄性在离地约 10 m 的洞里鸣叫，发出“咯咯 - 咯咯 - 咯咯”（knock-knock-knock）的叫声。雌性在积水洞里产卵，并且可能定期返回，产下未受精的卵作为蝌蚪的食物。其蝌蚪尚未被观察到。当受到惊扰或攻击时，该蛙会蜷成一个球状。

相近物种

棕眼夜蛙是夜蛙属 *Nyctimantis* 仅有的一个物种，与雨蛙科其他蛙类的区别是瞳孔为纵置而非横置。该属被认为与棘头雨蛙属（第 277 页）关系最近。

科名	雨蛙科Hylidae
其他名称	无
分布范围	玻利维亚北部、秘鲁南部
成体生境	低地雨林，最高海拔270 m
幼体生境	巴西栗的果壳和棕榈苞片的积水
濒危等级	无危。常见物种，没有种群下降的证据

栗居骨首蛙
Osteocephalus castaneicola
Osteocephalus Castaneicola
Moravec, Aparicio, Guerrero-Reinhard, Calderón, Jungfer & Gvozdík, 2009

成体体长
雄性
1⅞—2 in (47—52 mm)
雌性
1⅞—2$\frac{9}{16}$ in (47—64 mm)

这种优雅的树栖蛙类生活在热带雨林里常见的巴西栗（也叫巴西坚果）树上。栗果被人类和刺豚鼠吃掉后，像杯子一样的果壳被丢在森林里的地上，果壳积水的时间远比地上水坑的更长，因此成为蛙类和昆虫的繁殖场所。栗居骨首蛙也会把卵产在棕榈树的叶苞里。其蝌蚪发育过程中，由雌性产出未受精卵来进行喂食。

实际大小

相近物种

目前，骨首蛙属 *Osteocephalus* 包括 23 个物种①，都还没有引起保护方面的关注。平头骨首蛙 *Osteocephalus planiceps* 是分布于哥伦比亚、厄瓜多尔和秘鲁的常见物种，体型较大。食卵骨首蛙 *Osteocephalus oophagus* 的雌性，每五天会查看一次自己的蝌蚪，并产卵喂食它们。奇怪的是，在此过程中，雄性会在雌性背上保持抱对状态。

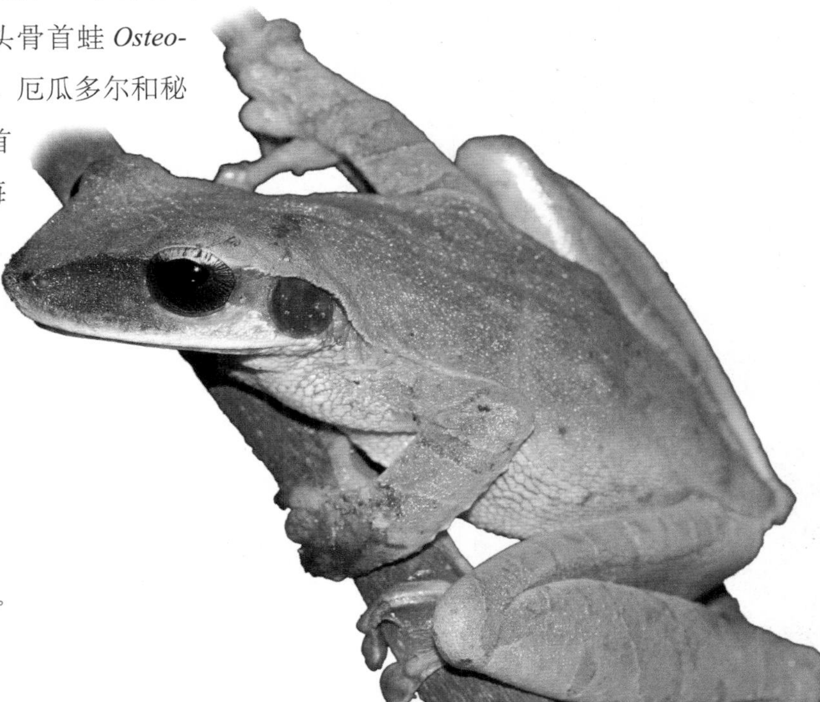

栗居骨首蛙的四肢很长；趾间有蹼；指、趾末端的吸盘发达；背面颜色多变，从棕褐色到紫棕色都有，四肢有深棕色和浅棕色横纹；腹面乳白色；上唇有白色纵纹。

① 译者注：依据Frost (2018)，骨首蛙属目前有29个物种。

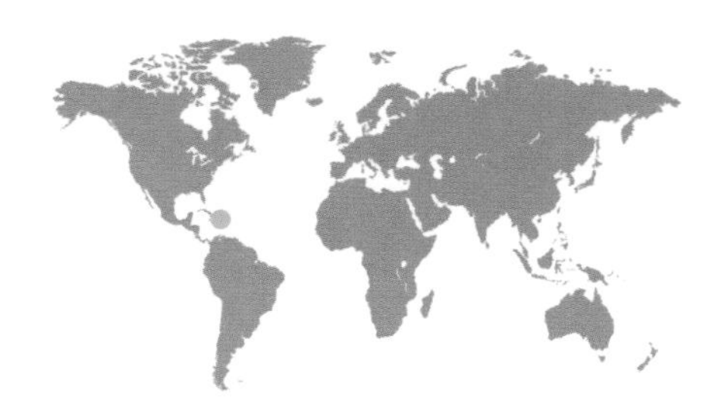

科名	雨蛙科Hylidae
其他名称	无
分布范围	海地岛
成体生境	森林和种植园
幼体生境	山区溪流
濒危等级	濒危。由于森林砍伐和采矿，已缩减为零星的种群

成体体长
雄性
最大 4¼ in (109 mm)
雌性
最大 5⅝ in (142 mm)

巨骨雨蛙
Osteopilus vastus
Hispaniolan Giant Tree Frog
(Cope, 1871)

雌性比雄性大的现象在蛙类中很常见，但巨骨雨蛙这种大型树栖蛙类的性二态却比较极端，雌性的体型比雄性大50%。雄性在溪流上方的树上鸣叫，发出“喔咳-喔咳-喔咳”（ook-ook-ook）的叫声。蛙卵被产在靠近溪流的小泥坑里，在其蝌蚪发育过程中，会自己进入清澈的流水里。其栖息地因森林砍伐和采矿所破坏，这些影响使巨骨雨蛙从曾经的广布种减少为目前仅剩的几个残余种群。

相近物种

目前，骨雨蛙属 *Osteopilus* 包括八个物种。花线骨雨蛙 *Osteopilus pulchrilineatus* 是非常稀有的小型蛙，分布于多米尼加共和国，被列为易危物种，正在进行人工繁育。古巴骨雨蛙 *Osteopilus septentrionalis* 是一种大型蛙类，可捕食比它体型小的蛙类，在一些地区已成为入侵物种，尤其在美国的佛罗里达州，正在努力消灭该物种。

实际大小

巨骨雨蛙背部布满疣粒；眼大；吻端圆；手和足大；趾间满蹼；指、趾末端有扩大的吸盘；背面绿色或灰色，有深灰色或黑色斑，头背有一个微带红色的三角形斑；四肢有绿色和黑色的横纹。

科名	雨蛙科Hylidae
其他名称	无
分布范围	巴西东南部，沿海地区海拔最高650 m
成体生境	海岸沙丘平原的灌木丛
幼体生境	凤梨科植物叶腋里的小水洼
濒危等级	无危。部分地区由于栖息地丧失而数量下降，但该物种分布于一些保护区内

黄叶雨蛙
Phyllodytes luteolus
Yellow Heart-tongued Frog
(Wied-Neuwied, 1824)

成体体长
雄性
⅝—$^{15}/_{16}$ in (16—24 mm)
雌性
$^{9}/_{16}$—$^{15}/_{16}$ in (14—24 mm)

这种非常小型的蛙类终生生活于凤梨科植物上。该蛙的密度很大程度上取决于可利用的凤梨科植物的植株数量，雄性互相打斗而确立在植株上的领地，它们下颌前端锐利的齿状突能给对方造成创伤。雄性通过鸣叫吸引雌性，在植株叶腋的水洼里产卵，大多数情况下一个叶腋里仅产一枚卵。其蝌蚪在水洼里完成发育和生长。黄叶雨蛙的新种群由里约热内卢当局建立，他们将凤梨科植物放在野外采集野生个体，再将其移入人工园区内。

实际大小

黄叶雨蛙小而纤细；吻端钝；背面为均匀的浅绿色，手和足上有一点淡黄色；多数个体的眼后到腋部有一条棕色细纹；眼睛的虹膜金色。

相近物种

目前，叶雨蛙属 *Phyllodytes* 包括 11 个物种①，均依赖于凤梨科植物，大部分物种分布于巴西。有一个例外是被列为极危物种的金饰叶雨蛙 *Phyllodytes auratus*（曾用名 *Phytotriades auratus*）②仅分布于特立尼达岛一座山的山顶，而且仅栖息于一种大凤梨上，容易被捕捉。

①译者注：依据Frost (2018)，叶雨蛙属已有29个物种。
②译者注：依据Frost (2018)，已恢复了齿雨蛙属 *Phytotriades* 的有效性，但该结论尚有争议。

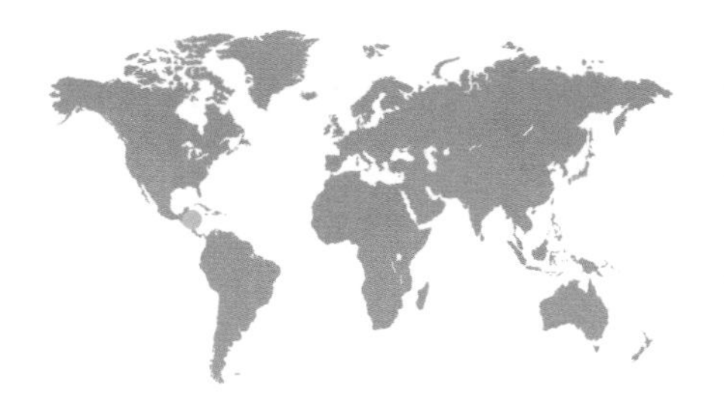

科名	雨蛙科Hylidae
其他名称	无
分布范围	洪都拉斯北部，海拔930—1550 m
成体生境	潮湿的山区森林
幼体生境	山区溪流
濒危等级	极危。狭窄的分布区内数量显著下降

成体体长
雄性
2 3/16—2 11/16 in (56—66 mm)
雌性
2 1/2—2 11/16 in (63—66 mm)

金侧拇雨蛙

Plectrohyla chrysopleura
Golden-sided Tree Frog

Wilson, Mccranie & Cruz-Díaz, 1994

这种大型树栖蛙类得名于其体侧的亮黄色斑块，当其静伏时，斑块则大部分隐藏在腋部和胯部里。雄性在夜间活动，蹲坐在溪流里水花飞溅的大岩石上。最初仅知其一个分布点，1994—2004 年其种群数量估计下降了 80%，部分原因是森林栖息地的破坏。2011 年，该物种的一个新分布点被报道。此外，该蛙蝌蚪口部畸形，表明已感染壶菌病。

金侧拇雨蛙吻端圆；指、趾末端的吸盘发达；背面浅灰色至棕色，有不清晰的深色斑点，总体上带有青铜色；腋部、胯部及四肢被遮挡的部分有亮黄色斑块；虹膜金色，有黑色网纹。

相近物种

目前，拇雨蛙属 *Plectrohyla* 包括 42 个物种①，分布于中美洲，大多数物种的拇指内侧都有一个刺状结构。其中有 27 个物种都被列为极危。普埃布拉拇雨蛙 *Plectrohyla charadricola*②被列为濒危物种，分布于墨西哥的山区森林里，和该属其他物种一样，它也因森林砍伐和壶菌病而受到威胁。另见洪都拉斯拇雨蛙（第 317 页）。

实际大小

① 译者注：依据Frost (2018)，因分类变动，拇雨蛙属目前仅有19个物种。
② 译者注：依据Frost (2018)，该物种已被移入腺雨蛙属*Sarcohyla*，该属目前有24个物种。

科名	雨蛙科Hylidae
其他名称	无
分布范围	洪都拉斯西北部，海拔1410—1990 m
成体生境	云雾林
幼体生境	山区溪流
濒危等级	极危。狭窄的分布区内数量显著下降

洪都拉斯拇雨蛙

Plectrohyla dasypus

Honduras Spike-thumb Frog

Mccranie & Wilson, 1981

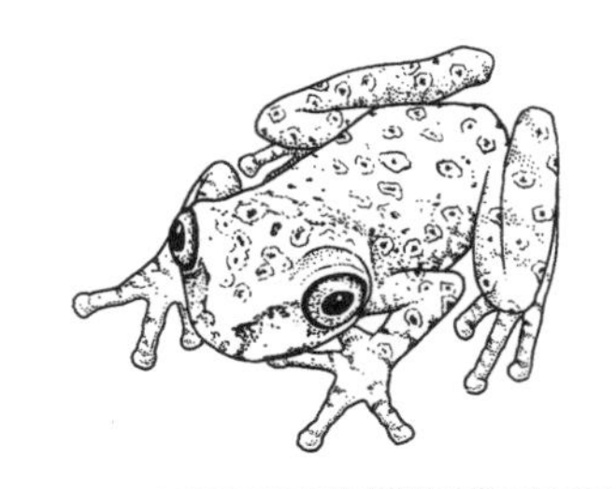

成体体长

雄性

1¼—1⅝ in (31—42 mm)

雌性

1¼—1¾ in (31—44 mm)

“拇雨蛙”的名称来自于其手上有一个短而硬的刺状结构，称为前拇指刺。这种刺在该属其他物种里应该是用于雄性间的打斗的——博物馆里的一些雄性标本头上就有伤痕。雄性前肢的肌肉也比雌性更发达。这种非常稀有的蛙类的所有分布区都属于洪都拉斯北部的库斯科国家公园（Parque Nacional Cusuco）。调查发现，生活于溪流中的该物种蝌蚪受壶菌病的影响极为严重。

实际大小

洪都拉斯拇雨蛙身体纤细；吻短；指、趾长，末端的吸盘发达，带一点黄色；背面棕色或青铜色，散有黑色斑点；腹面灰色；虹膜铜色带有黑色网状纹。

相近物种

胸盾拇雨蛙 *Plectrohyla thorectes*[①]栖息于墨西哥瓦哈卡高地的高海拔地区，在山区溪流内繁殖。2007 年在该地区的一次调查中重新发现了该蛙，此前 28 年都未见到，曾担心它已经灭绝。中美洲很多溪流繁殖的蛙类，都受到壶菌病的严重影响。另见金侧拇雨蛙（第 316 页）。

① 译者注：依据Frost (2018)，该物种已被移入腺雨蛙属*Sarcohyla*，该属目前有24个物种。

科名	雨蛙科Hylidae
其他名称	无
分布范围	美国东部、加拿大东部
成体生境	临时性或永久性水体附近的林地
幼体生境	临时性或永久性水体
濒危等级	无危。分布广泛，除栖息的湿地被排水外，无严重威胁

成体体长
雄性
11/16—1 1/8 in (18—28 mm)
雌性
7/8—1 1/4 in (23—32 mm)

背斑拟蝗蛙
Pseudacris crucifer
Spring Peeper
(Wied-Neuwied, 1838)

实际大小

背斑拟蝗蛙体型小；较肥壮；吻端突出；指、趾长末端有扩大的吸盘；体色多变，背面土黄色、棕色、灰色、橄榄色或偏红色，背部通常有一条清晰的深色“X”形斑纹；四肢背面有深色横纹；两眼之间有一条深色横纹。

在其分布地，背斑拟蝗蛙带来春天的第一声蛙鸣。雄性发出独特的“哔”（peep）叫声，只要气温在零度以上，无论白天和晚上都能听到它们的叫声。在远处听，雄性的合鸣声就像远远传来的雪橇铃的声音。合鸣的雄性通常形成二重唱或三重唱——一只雄性与另一只雄性交替鸣叫。如果有一只竞争对手与自己靠得太近，雄性就会转变为争斗鸣叫，呈断断续续的颤音。在该物种分布的最北限，它能在严寒中生存而不被冻住，这归功于其细胞里的葡萄糖，起到了抗冻剂的作用。

相近物种

小拟蝗蛙 *Pseudacris ocularis* 分布于美国东南部，是北美最小的蛙类。饰纹拟蝗蛙 *Pseudacris ornata* 也分布于美国东南部，体型比背斑拟蝗蛙大，在冬季繁殖。体型最大的是斯氏拟蝗蛙 *Pseudacris streckeri*，主要分布于得克萨斯州和俄克拉荷马州，也在冬季繁殖，而夏天则钻进地洞里躲避炎热。

科名	雨蛙科Hylidae
其他名称	太平洋雨蛙
分布范围	美国西部、加拿大西部、墨西哥
成体生境	水体附近的低矮植被
幼体生境	临时性或永久性水体
濒危等级	无危。分布广泛，无明显下降

太平洋拟蝗蛙
*Pseudacris regilla*①
Pacific Tree Frog
(Baird & Girard, 1852)

成体体长
雄性
1—1⅞ in (25—48 mm)
雌性
1—1⅞ in (25—47 mm)

太平洋拟蝗蛙有时被称为“好莱坞雨蛙”，因为其独特的叫声在很多电影里都被作为嘈杂的背景音。其体色可变化，在实验条件下，它可根据背景颜色使自己的颜色变为绿色或棕色。根据纬度和海拔不同，该蛙繁殖的时间变化很大。鸣叫的雄性们会自己保持间隔，避免同时鸣叫。一些研究发现，较大的雄性更能吸引雌性，但也更容易被捕食者吃掉。

实际大小

太平洋拟蝗蛙体型较肥壮；指、趾长末端有扩大的吸盘；体色多变，背面绿色、棕色、米黄色、铜色、棕褐色、红褐色，甚至黑色；体色可在几分钟内变化；眼前后有一条黑色或棕色的宽纵纹。

相近物种

斑拟蝗蛙 *Pseudacris maculata* 广泛分布于加拿大中部和美国的大部分地区，在其最西端的分布区，偶尔会与太平洋拟蝗蛙发生杂交。加州拟蝗蛙 *Pseudacris cadaverina*② 分布于加州南部和墨西哥，它的体色与其生境中的灰白色岩石相似，其种本名就是“像僵尸”的意思。

①② 译者注：依据Frost (2018)，该物种已被移入小雨蛙属*Hyliola*，该属目前有四个物种。

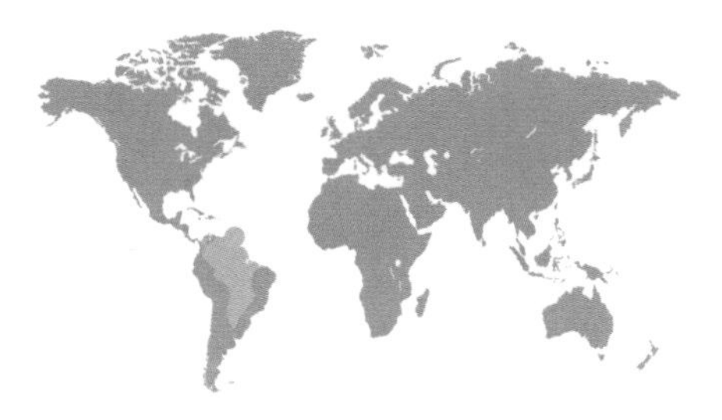

科名	雨蛙科Hylidae
其他名称	缩蛙
分布范围	南美洲（安第斯山脉东部，从委内瑞拉向南至阿根廷；特立尼达岛）
成体与幼体生境	水塘、湖泊、有浮水植物的沼泽
濒危等级	无危。分布广泛，无明显下降

成体体长
1¾—2^{15}/$_{16}$ in (45—75 mm)

奇异多指节蛙
Pseudis paradoxa
Paradoxical Frog
(Linnaeus, 1758)

该物种的名称之所以叫“奇异”，是因为其蝌蚪的长度（最长220 mm）是成体体长的3—4倍，但这种情况只发生在永久性水塘。临时性水塘干涸前，蝌蚪会完成变态，但个头不大。永久性水塘中的大蝌蚪虽为蝌蚪形态，但成体的器官已开始发育，比如性腺、肠和肺。成体完全陆栖，白天和晚上都活动，捕食昆虫和小蛙。它把卵产在泡沫里漂浮于水塘边。

奇异多指节蛙皮肤光滑，有黏液；体型短胖；头小；眼和鼻孔突出，在水中时，眼和鼻露出水面；后肢长，肌肉发达；趾间有蹼，指间无蹼；背面绿色和棕色，眼后有一个黑斑。

相近物种

多指节蛙属 *Pseudis* 有七个物种，都有相似的生活史，都分布于南美洲的北部，也还没有受到保护方面的关注。卡氏多指节蛙 *Pseudis cardosoi* 体型小于奇异多指节蛙，栖息于巴西南部季节性泛滥的广阔草地，其鸣叫声像猪发出的咕噜声。多指节蛙属物种，其皮肤含有药物化合物，包括抗菌肽和治疗Ⅱ型糖尿病的药物。

实际大小

科名	雨蛙科Hylidae
其他名称	无
分布范围	危地马拉东部
成体生境	云雾林
幼体生境	溪流
濒危等级	极危。由于森林砍伐，分布区非常狭窄，壶菌病也是潜在威胁

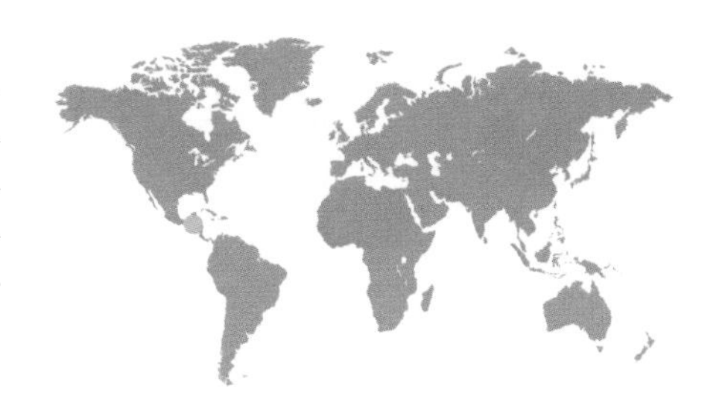

圣克鲁斯迭蛙
Ptychohyla sanctaecrucis
Chinamococh Stream Frog
Campbell & Smith, 1992

成体体长
雄性
1⅛—1⁵⁄₁₆ in (28—33 mm)
雌性
1⅝—2 in (41—51 mm)

这种小型的夜行性蛙类在2月旱季里繁殖。雄性的拇指内侧在繁殖期长有发达的婚垫，布满细刺，使之在交配时能牢牢地抱紧雌性。雄性胸部还有一个大的腺体，但功能还不清楚。雄性的求偶鸣叫是柔和、低音的“哇克”（wraack）。由于农业、伐木和人类居住规模在不断扩展，该物种的栖息地已经大量丧失。在危地马拉，壶菌病已经使迭蛙属 *Ptychohyla* 的其他物种种群数量下降。

实际大小

圣克鲁斯迭蛙身体纤细；四肢细长；指、趾吸盘发达；趾间有蹼；背面浅黄绿色，带有黄色斑块和黑色小斑点；头、身体和四肢腹面白色；虹膜棕色。

相近物种

迭蛙属 *Ptychohyla* 有13个物种①，分布于中美洲。其中四个物种被列为极危，六个物种被列为濒危。在世界范围内，高海拔溪流里栖息的蛙类，很多都受到栖息地丧失、气候变化和壶菌病的威胁。勒氏迭蛙 *Ptychohyla legleri* 是分布于哥斯达黎加和巴拿马的濒危物种，有报道称其产卵于水下的石头上，由雄性进行守护。

① 译者注：依据 Frost (2018)，迭蛙属目前已有29个物种。

科名	雨蛙科Hylidae
其他名称	无
分布范围	委内瑞拉、哥伦比亚、特立尼达岛和多巴哥岛
成体生境	开阔地区，包括河漫滩草地和沼泽
幼体生境	水塘和沼泽
濒危等级	无危。很常见，分布区似乎还在扩大

成体体长
雄性
11/16—7/8 in (17—21 mm)
雌性
3/4—7/8 in (19—23 mm)

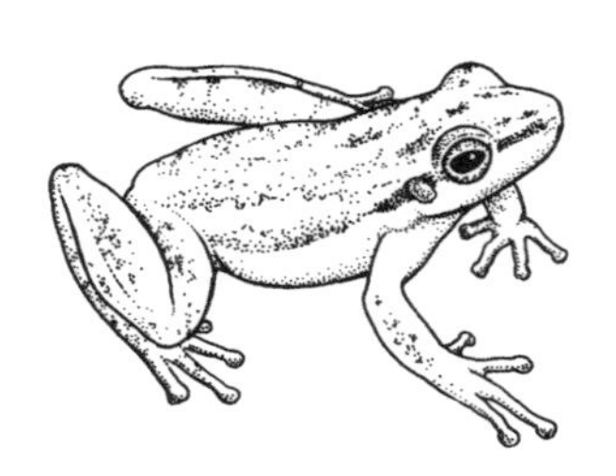

敏跃雨蛙
Scarthyla vigilans
Maracaibo Basin Tree Frog

(Solano, 1971)

实际大小

敏跃雨蛙身体纤细；后肢长；吻端突出；指、趾末端有小吸盘；白天，背面棕色，腹面白色，体侧有深色纵纹；夜晚，背面为均匀的浅黄绿色。

这种小蛙能在每天的不同时间里变换颜色。在夜晚活动时，该蛙背面是浅黄绿色，白天则呈棕色而带有深色纵纹。雄性的鸣叫声与蟋蟀很像，声音小而常被其他蛙类的叫声所淹没。当受到惊扰时，敏跃雨蛙会非常敏捷地跳开，甚至能在水面掠过。近期，在委内瑞拉发现了该蛙的一些新分布点，表明其分布区正在扩大，被认为可能是随着浮生的水葫芦 *Eichhornia crassipes* 而扩散。

相近物种

跃雨蛙属 *Scarthyla* 还包括另外一个物种，突吻跃雨蛙 *Scarthyla goinorum*，它是亚马孙河流域上游玻利维亚、秘鲁、哥伦比亚和巴西的常见种，叫声像低声吹口哨的声音。其蝌蚪很特别，仅在水面下游动，以浮萍为食，发达的尾肌使其能跃出水面并能在水面掠过。

科名	雨蛙科Hylidae
其他名称	布氏长吻雨蛙
分布范围	中美洲和南美洲（北起尼加拉瓜，南到哥伦比亚和委内瑞拉）
成体生境	低地热带雨林
幼体生境	永久性水坑和水塘
濒危等级	无危。常见种，种群数量稳定

布氏捷雨蛙
Scinax boulengeri
Boulenger's Tree Frog
(Cope, 1887)

成体体长
雄性
1 7/16—1 15/16 in (36—49 mm)
雌性
1 5/8—2 1/16 in (42—53 mm)

这种常见树栖蛙类的繁殖期持续很久，交配和产卵的高峰在5月、6月和8月。雄性在靠近水塘的隐蔽处建立一片小领地，并守卫着以防竞争者入侵。雄性的叫声是单音节低声的喉音。大多数雄性会集群鸣叫1—9晚，极个别的会持续约50晚。持续时间反映其身体状态，这样集群鸣叫会耗费大量体力使之体重减轻。雌性在水中产卵600—700枚。

实际大小

布氏捷雨蛙身体纤细；后肢长；吻端突出；指、趾末端有小吸盘；白天背面棕色，腹面白色，体侧有深色纵纹；夜晚背面则为均匀的浅黄绿色。

相近物种

捷雨蛙属 *Scinax* 约有110个物种[①]，分布于中美洲和南美洲，以及西印度群岛。属名来源于希腊文“*skinos*”，是“快”和“活跃”的意思。捷雨蛙属中唯一有濒危等级的是恶魔岛捷雨蛙 *Scinax alcatraz*[②]，它仅分布于巴西海岸的一处小岛上，被列为极危物种。另见红捷雨蛙（第324页）。

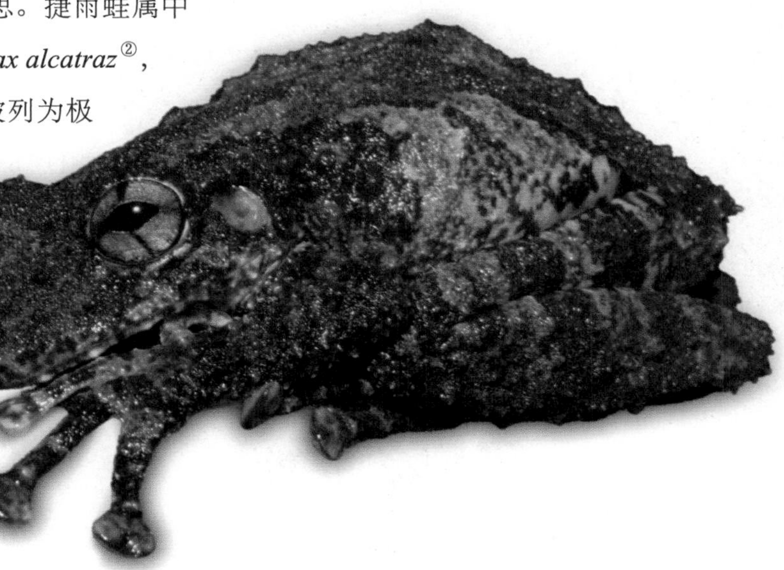

① 译者注：依据Frost (2018)，因分类变动，捷雨蛙属目前有72个物种。
② 译者注：依据Frost (2018)，该物种已被移入鸣雨蛙属 *Ololygon*，该属目前有45个物种。

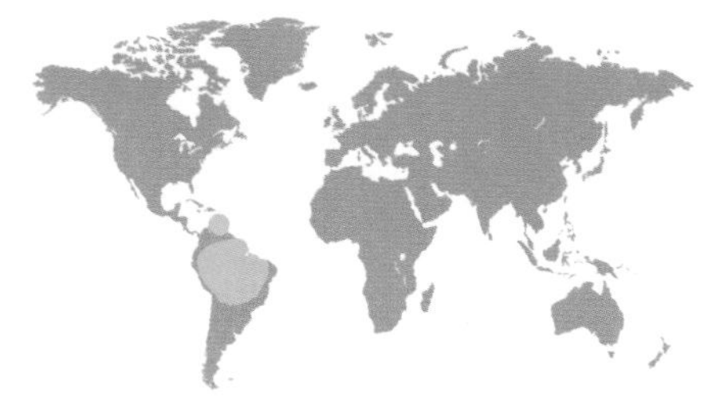

科名	雨蛙科Hylidae
其他名称	艾伦长吻雨蛙
分布范围	亚马孙河流域及周边国家，特立尼达岛和多巴哥岛。入侵至马提尼克岛、波多黎各、圣卢西亚岛
成体生境	森林、开阔地带、公园、花园
幼体生境	临时性水塘
濒危等级	无危。常见种，分布区广，种群数量稳定

成体体长
雄性
1$\frac{1}{4}$—1$\frac{7}{16}$ in (31—37 mm)
雌性
1$\frac{9}{16}$—1$\frac{5}{8}$ in (40—42 mm)

红捷雨蛙

Scinax ruber

Red Snouted Tree Frog

(Laurenti, 1768)

实际大小

这种很常见的树栖蛙类是机会主义的“爆发式繁殖者”，因为大雨过后，大量雄性会不失时机地迅速聚集在一起合鸣，仅持续几个晚上，绝大多数雄性只出现一晚。雌性进入雄性合唱团，一个个挑选，雌性偏向于选择比自己个头小 20% 的雄性。这样的体型比例，使雄性和雌性的泄殖腔能靠在一起，让蛙卵有最高的受精率。但是，雌性的选择经常被体型更大的雄性所破坏——更大的雄性会攻击并取代已经抱在雌性背上的雄性。

相近物种

红捷雨蛙分布区广，遗传变异大，实际可能包括不止一个种。捷雨蛙属 *Scinax* 在 2012—2014 年至少增加了五个物种。黄褐捷雨蛙 *Scinax elaeochroa* 分布于哥斯达黎加、尼加拉瓜和巴拿马，它能头朝下趴在一片悬挂的树叶上。另见布氏捷雨蛙（第 323 页）。

红捷雨蛙身体纤细而扁平；吻端突出；四肢长；指、趾末端的吸盘大；趾间有蹼；背面绿色、棕色或黄色，有浅色斑；体侧有浅色纵纹；胯部有黄色或橘红色斑点；虹膜青铜色。

科名	雨蛙科Hylidae
其他名称	包氏雨蛙、墨西哥小凿蛙
分布范围	中美洲（墨西哥至哥斯达黎加），美国（得克萨斯州东南角）
成体生境	湿润、半湿润和半干旱低地，最高海拔1610 m；也见于有水塘的郊外花园
幼体生境	临时性水塘
濒危等级	无危。分布广、数量大，可栖息于人工环境里

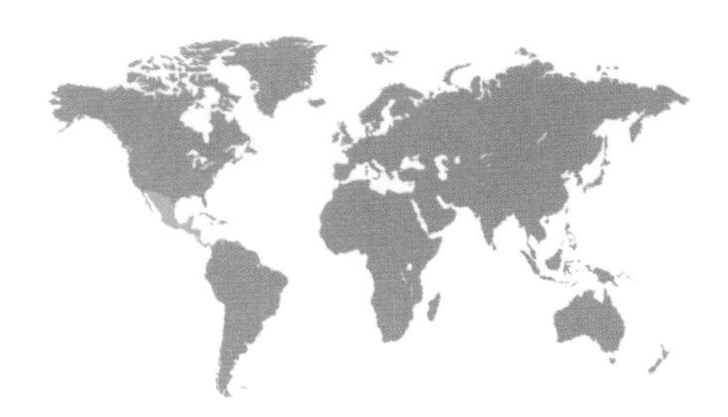

成体体长
雄性
1$\frac{7}{8}$—2$\frac{15}{16}$ in (47—75 mm)
雌性
2$\frac{3}{16}$—3$\frac{1}{2}$ in (56—90 mm)

包氏小凿蛙
Smilisca baudinii
Mexican Tree Frog
(Duméril & Bibron, 1841)

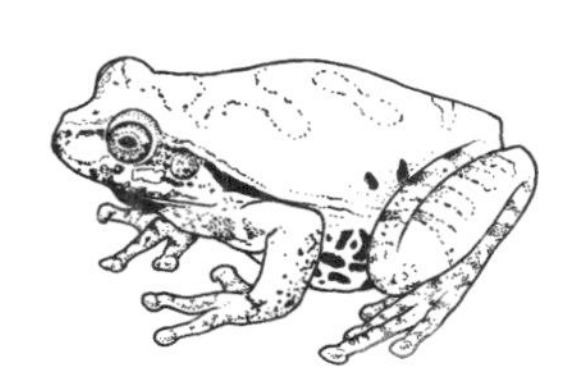

这种大型蛙类的变色能力强，像变色龙似的，可以变为棕色、灰色、绿色、棕褐色或黄色。其栖息地在一年的大部分时间里都非常干燥，为了在干旱中生存下来，它将自己蜕下的皮用黏液粘连而把自己包裹起来，就像茧一样，最多可达40层。该蛙隐藏在树洞里、树皮下，以及植物的叶腋里。其繁殖依赖于降雨，可在一年的任何时间里进行。雄性的叫声像老旧的汽车发动的声音。

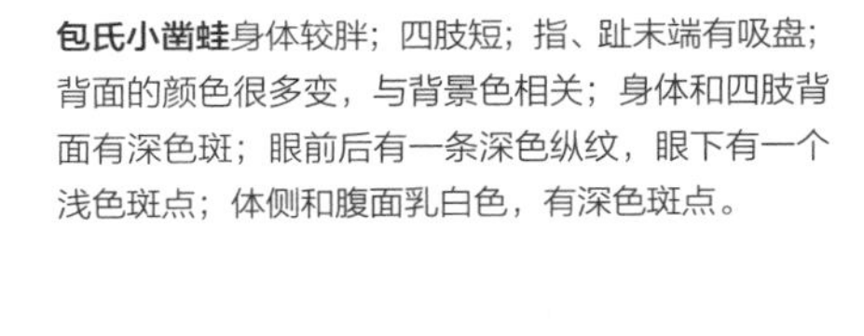

包氏小凿蛙身体较胖；四肢短；指、趾末端有吸盘；背面的颜色很多变，与背景色相关；身体和四肢背面有深色斑；眼前后有一条深色纵纹，眼下有一个浅色斑点；体侧和腹面乳白色，有深色斑点。

相近物种

小凿蛙属 *Smilisca* 有八个物种①，几乎都分布于中美洲。低地小凿蛙 *Smilisca fodiens* 分布于墨西哥西部和美国亚利桑那州南部，在旱季时掘洞藏于地下并“作茧”。高地小凿蛙 *Smilisca dendata* 分布于墨西哥，其栖息的草地因农业开发而丧失，已被列为濒危物种。

实际大小

① 译者注：依据 Frost (2018)，小凿蛙属目前有九个物种。

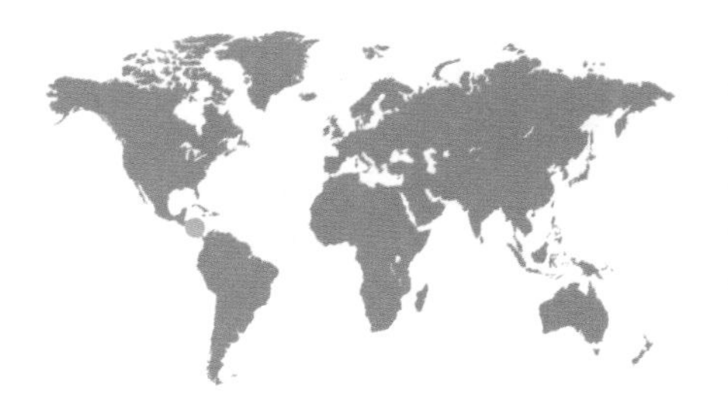

科名	雨蛙科Hylidae
其他名称	贝拉瓜横斑树蛙
分布范围	中美洲，北起洪都拉斯，南达巴拿马；哥伦比亚有一个记录
成体生境	森林，最高海拔1525 m
幼体生境	溪流或双亲所筑的水坑
濒危等级	无危。分布广、数量大，可栖息于人工环境里

成体体长
雄性
1¼—2⅛ in (32—54 mm)
雌性
2³⁄₁₆—2⁹⁄₁₆ in (56—64 mm)

土色小凿蛙
Smilisca sordida
Drab Tree Frog

(Peters, 1863)

这种土棕色的树栖蛙类栖息于小溪和河流附近，常躲藏在凤梨科植物里。旱季当森林的溪流变浅和清澈时它便开始繁殖。在抱对的时候，雄性和雌性会一起在溪流边挖一个小水坑将卵产在里面，或者它们直接把卵产在溪流里。水坑可以在一定程度上防止捕食者偷吃蛙卵，这似乎是在当捕食者较多时可选择的一种方法。蝌蚪的嘴周围有一个大吸盘，使其可以吸附在溪流中的岩石上。

相近物种

巴拿马横斑小凿蛙 *Smilisca sila* 与土色小凿蛙相似，在溪流边挖坑产卵。相反，尼加拉瓜横斑小凿蛙 *Smilisca puma* 则在开阔的水域里产卵，卵浮在水面上。另见包氏小凿蛙（第 325 页）。

土色小凿蛙趾间有蹼；指、趾末端的吸盘大；背面灰棕色或棕褐色，背部带有不明显的深色斑，四肢背面有不清晰的深色横纹；腹面白色；胯部有一个紫色斑块；眼睛的虹膜黄色，带有黑色网状纹。

实际大小

科名	雨蛙科Hylidae
其他名称	斧面大雨蛙、斜头雨蛙
分布范围	南美洲，东至秘鲁，南至玻利维亚；特立尼达岛、多巴哥岛
成体生境	永久性洪泛区、有浮水植物的泻湖
幼体生境	永久性水塘和泻湖
濒危等级	无危。常见种，分布于一些保护区内

成体体长
雄性
1—$1\frac{5}{8}$ in (25—42 mm)
雌性
$1\frac{1}{2}$—$1\frac{13}{16}$ in (38—46 mm)

乳色圆吻蛙

Sphaenorhynchus lacteus

Orinoco Lime Tree Frog

(Daudin, 1800)

这种半水栖蛙类栖息于亚马孙河流域和奥里诺科河流域，主要以蚂蚁为食。它在雨季繁殖，雄性和雌性聚集于水塘周围，雄性在挺水植物或浮水植物上鸣叫，发出连续的咔嗒声，鸣叫时亮蓝色的声囊会鼓起；雌性产卵约 60 枚，产在水里或附着在植物上。夜间活动使它避开了白天的捕食者，但却成了蜘蛛的猎物。

实际大小

乳色圆吻蛙的身体呈流线型；吻端很突出；指间有蹼；趾间满蹼；背面灰绿色，一些部位带淡蓝色，眼到吻端之间有一条模糊的棕色纵纹；腹面白色；虹膜金色或青铜色。

相近物种

乳色圆吻蛙是圆吻蛙属 *Sphaenorhynchus* 14 个物种[①]里体型最大的一个。圆吻蛙属也被叫作石灰蛙属，目前所有物种都没有濒危等级。凤梨圆吻蛙 *Sphaenorhynchus bromelicola* 仅分布于巴西东部，栖息于凤梨里，在水坑里繁殖。卡氏圆吻蛙 *Sphaenorhynchus caramaschii* 分布于巴西东部的高地，2007 年被描述发表，之后又有两个新种被描述发表。

① 译者注：依据 Frost (2018)，圆吻蛙属目前有16个物种。

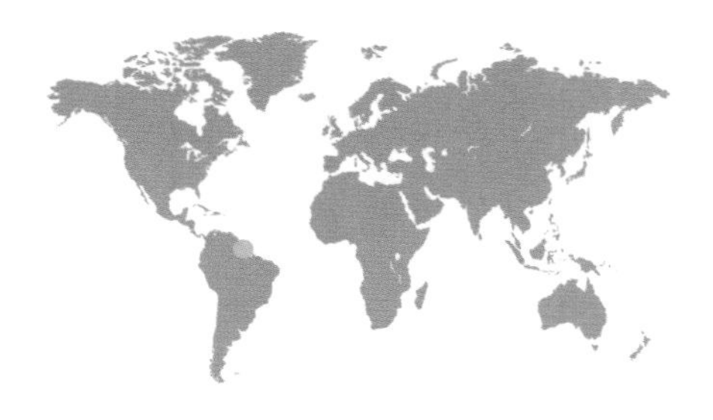

科名	雨蛙科Hylidae
其他名称	*Osteocephalus exophthalma*
分布范围	圭亚那西部、委内瑞拉东部
成体生境	山区森林，最高海拔1430 m
幼体生境	可能为水坑
濒危等级	数据缺乏。栖息于人迹罕至的环境，看似没有受到威胁

成体体长
雄性
平均 1³⁄₁₆ in (30 mm);
基于三号样本

雌性
未知

大眼纤肢雨蛙

Tepuihyla exophthalma

Big-eyed Slender-legged Tree Frog

(Smith & Noonan, 2001)

实际大小

大眼纤肢雨蛙身体细长；头宽；眼大而突出；四肢细长；指、趾末端吸盘发达；背面棕色，背部有黑色斑块，四肢背面有黑色横纹；腹面黄色，有黑色斑点。

这种引人注目的树栖蛙类仅知三个雄性标本，发现于委内瑞拉和圭亚那平顶山陡坡的森林里。该地区是人迹罕至、缺乏考察的地区，也是很多未知蛙类的家园。该蛙与同属其他物种一样，白天都隐藏在凤梨科植物里，晚上在水上方的树枝上鸣叫，在水坑里产卵。大眼纤肢雨蛙的种本名“*exophthalma*”是指它大而突起的眼睛。

相近物种

大眼纤肢雨蛙是该属九个物种里体型最小的一种，该属物种均分布于委内瑞拉和圭亚那，其中有七种都被列为数据缺乏。有些物种虽然被记录为常见，但它们的分布、自然史和濒危等级都几乎没有记载，这主要是因为这些蛙类分布于偏僻的山区，研究起来颇为困难。

科名	雨蛙科Hylidae
其他名称	唠叨雨蛙
分布范围	中美洲，从墨西哥到哥斯达黎加
成体生境	森林，最高海拔1000 m
幼体生境	临时或永久性水塘
濒危等级	无危。对环境改变的耐受性高，分布于一些保护区中

红褐雨神蛙
Tlalocohyla loquax
Mahogany Tree Frog
(Gaige & Stuart, 1934)

成体体长
雄性
1$\frac{5}{16}$—1$\frac{3}{4}$ in (33—45 mm)
雌性
1$\frac{1}{2}$—1$\frac{7}{8}$ in (38—47 mm)

该蛙为夜间活动，白天其体色会随时间而变化，包括浅黄色、浅灰色、白色；晚上则变为更深的黄色和红棕色。繁殖期在雨季中期的7—8月。雄性在水塘中的浮水叶片上鸣叫，叫声像鹅叫。雌性产卵一团，约250枚，附着在沉水植物上。蝌蚪生活在水塘最深的区域。

实际大小

红褐雨神蛙的吻端钝圆；眼大；根据一天中时间的不同，背面可分别呈现出浅灰色、黄色和棕红色；腹面始终是黄色。腋部、胯部、大腿背面以及趾蹼呈红色。

相近物种

雨神蛙属 *Tlalocohyla* 中还有另外三个物种，都分布于墨西哥。其中，史氏雨神蛙 *Tlalocohyla smithii* 和斑雨神蛙 *Tlalocohyla picta* 是很常见的物种；古氏雨神蛙 *Tlalocohyla godmani* 在墨西哥山区森林中的临时性溪流里繁殖，其大部分栖息地都因农业发展而破坏，已被列为易危物种。

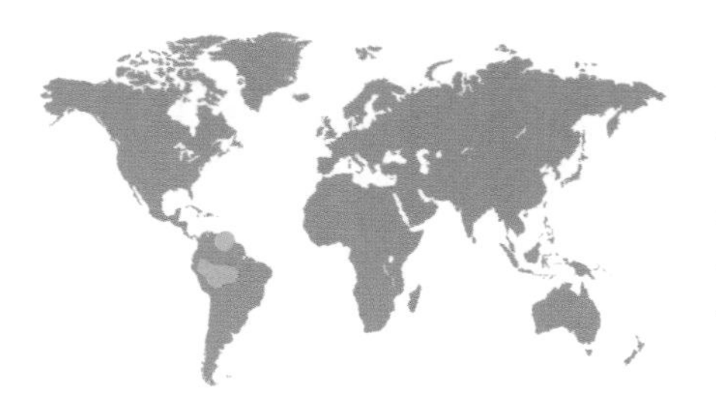

科名	雨蛙科Hylidae
其他名称	苏里南头盔蛙
分布范围	巴西东部、厄瓜多尔、秘鲁、玻利维亚；分离的种群：巴西北部、圭亚那、法属圭亚那、苏里南
成体生境	低地雨林
幼体生境	临时性和永久性水塘
濒危等级	无危。分布广泛，但部分地区因森林砍伐而受胁

成体体长
雄性
2—2⅜ in (52—60 mm)
雌性
2—2⅝ in (52—65 mm)

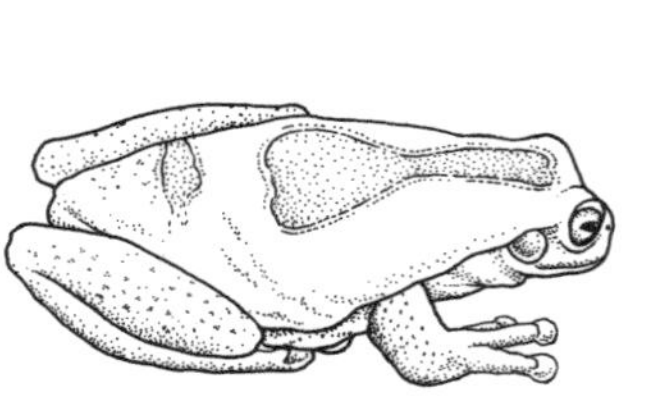

苏里南糙头雨蛙
Trachycephalus coriaceus
Surinam Golden-eye Tree Frog

(Peters, 1867)

该物种是夜行性的大型树栖蛙类，分布于亚马孙河流域不同的两个部分，通常活跃于雨季时森林被水淹没的地区。雄性浮在水里鸣叫，发出响亮的叫声，一对大声囊完全充气时，能在头背面相遇。蛙卵浮于水面。当被人握在手里时，它会将身体鼓气膨胀，此时能在身体前面看见体侧的大黑斑，这可能是一种应对捕食者的防御机制。在一些分布区里，该蛙被人类捕食。

苏里南糙头雨蛙头宽；吻端圆而钝；指、趾短，其末端吸盘大；背面棕色、棕红色或棕褐色，体侧腋部有一个大黑斑；趾间蹼通常鲜红色。

相近物种

黑斑糙头雨蛙 *Trachycephalus nigromaculatus* 分布于巴西南部的沿海地区，经常被发现于凤梨植物里，因此会被植物经销商偶然带出其自然分布区。里约糙头雨蛙 *Trachycephalus imitatrix* 分布于巴西南部和东南部的山区。另见亚马孙牛奶蛙（第 331 页）和胡椒糙头雨蛙（第 332 页）。

实际大小

科名	雨蛙科Hylidae
其他名称	蓝牛奶蛙、船夫蛙、金眼雨蛙、妻蟾
分布范围	巴西北部、圭亚那、法属圭亚那、苏里南
成体生境	热带森林
幼体生境	积水的树洞
濒危等级	无危。分布范围广，分布于一些保护区内

成体体长
雄性
平均 3 in (77 mm)
雌性
平均 3⁷⁄₁₆ in (88 mm)

亚马孙牛奶蛙
Trachycephalus resinifictrix
Amazon Milk Frog
(Goeldi, 1907)

这种斑纹复杂而醒目的蛙类栖息于亚马孙河流域，营树栖生活，夜间活动。繁殖期为每年11月到次年5月。雄性于干燥而晴朗的夜间，在距地面2—30 m的积水树洞里鸣叫，其叫声听起来像桨在独木舟两边拍打船帮的声音。雌性在雄性的树洞中产卵约2500枚。其蝌蚪以未孵化的卵和植物为食，最后在树洞里发育成小幼蛙。当亚马孙牛奶蛙被抓住或者受到攻击时，其皮肤会分泌出乳白色的液体。

相近物种

亚马孙牛奶蛙曾经被认为遍布南美洲北部，但在2013年，人们发现应该将其分为两个物种。新发表的物种棕斑糙头雨蛙 *Trachycephalus cunauaru* 体型较小，栖息于亚马孙河流域西部到厄瓜多尔；同属的曼拜糙头雨蛙 *Trachycephalus mambaiensis* 分布于巴西南部塞拉多热带稀树草地。

亚马孙牛奶蛙有棕色和乳白色相间的斑纹，身体和四肢微微泛蓝色；虹膜呈金色，瞳孔中间呈黑色；头宽；吻端钝圆；指、趾末端吸盘大；背部有浅色的大疣粒。

实际大小

科名	雨蛙科Hylidae
其他名称	无
分布范围	美国中部和南部，自北向南从墨西哥到阿根廷
成体生境	低地森林，最高海拔285 m
幼体生境	临时性水塘
濒危等级	无危。分布范围广，种群数量稳定

成体体长
雄性
2¹³⁄₁₆—3¹⁵⁄₁₆ in (70—101 mm)
雌性
3⅝—4½ in (93—114 mm)

胡椒糙头雨蛙
Trachycephalus typhonius
Pepper Tree Frog
(Laurenti, 1768)

胡椒糙头雨蛙头宽；吻端钝圆；皮肤厚，呈腺体状；指、趾末端的吸盘大；趾间全蹼，指间有部分蹼；背面黄色、棕色、褐色或灰色；腹面乳白色；背部有深色粗纹。

这是一种大型树栖蛙类，它得名于其皮肤分泌物能让人打喷嚏。当受到攻击时，它的头部腺体会产生白色黏性分泌物对抗包括蛇类在内的捕食者。其繁殖期仅有一晚，第一场雨后，它们便聚集到临时性水塘。雄性在水里鸣叫，因为有一对很大的声囊作为扩音器，能发出很响亮的叫声。雌性所产的卵为薄薄的一层漂在水面。该蛙夜间活动，它的蹼能使其在两棵树间滑翔。除了繁殖期外，很难见到它的身影。

相近物种

糙头雨蛙属 *Trechycephalus* 共有 14 个物种[①]，也称作盔头蛙，它们隐匿于树洞里，用骨质的头堵住洞口。它们分布于中美洲和南美洲，目前都未受到保护。亚马孙牛奶蛙（第 331 页）在很高的树洞里繁殖，外表棕色和乳白色相间的斑纹，微泛蓝色，十分引人注目。

实际大小

① 译者注：依据 Frost (2018)，糙头雨蛙属目前有16个物种。

科名	雨蛙科Hylidae
其他名称	鸭嘴树蛙、尤卡坦盔头树蛙
分布范围	墨西哥尤卡坦半岛、伯利兹北部、危地马拉北部
成体生境	草原上有灌丛和树的地方
幼体生境	水塘
濒危等级	无危。一些地方数量下降，但种群数量总体稳定

铲头蛙
Triprion petasatus
Yucatan Shovel-headed Tree Frog
(Cope, 1865)

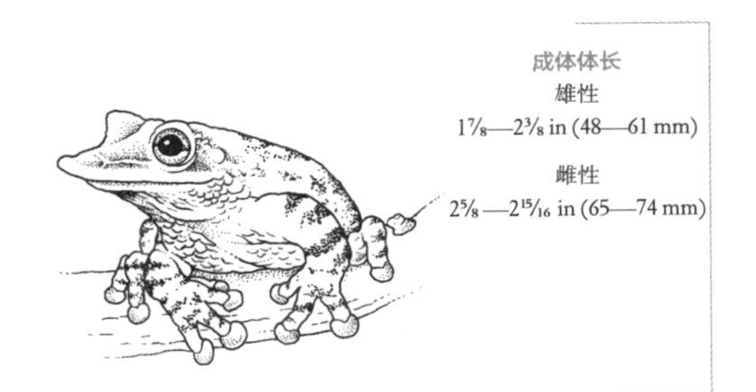

成体体长
雄性
$1\frac{7}{8}$—$2\frac{3}{8}$ in (48—61 mm)
雌性
$2\frac{5}{8}$—$2\frac{15}{16}$ in (65—74 mm)

该物种学名的种本名“*petasatus*”源于其奇特的长相，含义是“戴着帽子的”。“帽子”是指它头上坚硬的、像盾牌一样的结构，这种结构从头部向前一直延伸出下颌。无论在白天或者整个旱季，当它躲藏在树洞中时，都会用头部来堵住洞口。其繁殖期在雨后，大多在7月。雄性于夜晚在树洞中发出像鸭子一样的叫声。雄性和雌性在树上抱对，而后转移到水中产下几团卵。

实际大小

铲头蛙的吻部扁平，形状像鸭嘴；眼后方有一个马鞍形突起；指、趾末端吸盘大；趾间有蹼；雄性背面橄榄绿色，雌性褐色或黄褐色，两者背部都有深色斑，四肢背面都有深色横纹；腹部白色。

相近物种

铲头蛙是该属中唯一的物种。吻部形状和它相似的仅有一种蛙，即鸭嘴蛙（第290页）。

科名	雨蛙科Hylidae
其他名称	无
分布范围	巴西里约热内卢州
成体生境	沿海林地，最高海拔50 m
幼体生境	临时性水塘
濒危等级	近危。因城市发展而导致的栖息地破坏，使其分布区狭窄

成体体长
平均 $1\frac{9}{16}$ in (39 mm)

捷形异雨蛙
Xenohyla truncata
Izecksohn's Brazilian Tree Frog
(Izecksohn, 1959)

实际大小

捷形异雨蛙体型肥胖；头小；吻端突出；指、趾末端有吸盘；体色为均匀的红棕色，虹膜为红色。

捷形异雨蛙是一种独特的蛙类，整颗水果是它食物组分里的重要一类。其栖息地以灌木和小乔木为主，这是巴西低海岸地区的典型生境。它隐蔽于凤梨科植物里，在临时性水坑内繁殖，以昆虫、蜘蛛和水果为食。值得注意的是，果实被该蛙消化后，种子随粪便排出，在潮湿处萌发，这可能是一种帮助种子扩散的非常有效的途径。当它受到惊扰时，会将后肢伸向体侧，并使肺充气而膨胀。

相近物种

异雨蛙属 *Xenohyla* 仅有两个物种，另一个是分布于巴西巴伊亚州沿海低洼地区的欧氏异雨蛙 *Xenohyla eugenioi*。该蛙比捷形异雨蛙的分布更靠北，目前还不确定它是否取食水果。与捷形异雨蛙不同的是，它背面有浅色的纵纹。欧氏异雨蛙较稀有，但目前还没有任何濒危等级，被列为数据缺乏。

科名	雨蛙科Hylidae①
其他名称	北部噪蛙、圆蛙
分布范围	澳大利亚北部
成体生境	草地和开阔林地
幼体生境	临时性水塘
濒危等级	无危。分布范围广，未发现数量下降

北澳圆蛙
*Cyclorana australis*②
Giant Frog
(Gray, 1842)

成体体长
雄性
2¹³⁄₁₆—3⁵⁄₁₆ in (71—79 mm)
雌性
2¹³⁄₁₆—4⅛ in (71—105 mm)

北澳圆蛙是一个常见种，雨季时常于白天在临时性水塘边晒太阳。繁殖期在12月至次年2月，雄性发出响亮的像“昂克”（unk）的重复鸣叫。雌性产卵可达7000枚，卵起初浮在水面，随后沉入水底。蝌蚪通常聚集在浅水处，可耐受高达43℃的水温。旱季时，它在地下掘洞，膀胱里充满水，体表包裹一层防水的茧，以此方法生存六个月。

北澳圆蛙体型圆胖；头大而宽；颜色很多变，灰色、棕色、绿色，偶有粉色；有一条深色纵纹从吻端经眼到鼓膜；身体两侧各有一条显著的纵向肤褶。

相近物种

圆蛙属 *Cyclorana* 有13个物种③，均为穴居。长脚圆蛙 *Cyclorana longipes*④的生活环境与北澳圆蛙相同，分布区也重叠，但体型较小，鸣叫声像牛叫。斑点圆蛙 *Cyclorana maculosa*⑤也分布于澳大利亚北部，因身体黄色而带有棕色的不规则斑点而得名。另见东澳圆蛙（第336页）。

实际大小

①②③④⑤ 译者注：依据 Frost (2018)，圆蛙属已被作为泛雨滨蛙属*Ranoidea*的同物异名，该属目前有75个物种，隶属于澳雨蛙科Pelodrydidae。

科名	雨蛙科Hylidae[①]
其他名称	东澳噪蛙、宽嘴蛙
分布范围	澳大利亚昆士兰州和新南威尔士州北部
成体生境	各种半干旱环境，但不包括高海拔地区和森林
幼体生境	静水或缓流水域
濒危等级	无危。分布范围广，未发现数量下降

成体体长
雄性
2⅜—3⅛ in (61—81 mm)
雌性
2¹³⁄₁₆—3¹⁵⁄₁₆ in (71—101 mm)

东澳圆蛙
Cyclorana novaehollandiae[②]
New Holland Frog
(Steindachner, 1867)

东澳圆蛙因有一张大嘴并非常贪吃，而被称作“狠角色”。大雨的到来，将它们从漫长旱季里躲避的洞穴里唤醒，雄性在水坝和水渠边鸣叫，发出响亮而短促的“昂克”（unk）似的叫声。雌性在浅水处分团产卵 1000 枚左右，卵起初漂浮于水面，随后下沉。它的食性很广，猎物从小型昆虫和蚯蚓到其他蛙类，它根据猎物的大小和运动方式，张嘴咬向猎物，或迅速弹出舌头粘住猎物。

东澳圆蛙体型大而壮；头巨大；身体胖；眼大，位于头顶部；身体两侧各有一条纵向肤褶；背面通常灰色或棕色，背中央通常有一条浅色纵纹；腹部白色。

相近物种

短脚圆蛙 *Cyclorana brevipes*[③]是一种小型的圆蛙，分布于昆士兰州和新南威尔士州北部。贮水圆蛙 *Cyclorana platycephala*[④]栖息于新南威尔士州的半荒漠地区和灌木丛林地，与圆蛙属 *Cyclorana*[⑤]其他物种不同的是其眼睛较小。另见北澳圆蛙（第 335 页）。

实际大小

①②③④⑤ 译者注：依据 Frost (2018)，圆蛙属 已被作为泛雨滨蛙属*Ranoidea*的同物异名，该属目前有75个物种，隶属于澳雨蛙科 Pelodrydidae。

科名	雨蛙科Hylidae[1]
其他名称	金钟蛙、绿蛙、绿金沼蛙
分布范围	澳大利亚维多利亚州和新南威尔士州，被引入新西兰、新喀里多尼亚、瓦努阿图
成体及幼体生境	大型的永久性水塘
濒危等级	易危。澳大利亚的种群数量严重下降，但在新西兰和其他入侵岛屿则很繁荣

成体体长
雄性
2³⁄₁₆—2¾ in (57—69 mm)
雌性
2⅝—4¼ in (65—108 mm)

绿金雨滨蛙
Litoria aurea[2]
Green and Golden Bell Frog
(Lesson, 1829)

这种艳丽的蛙类曾经在澳大利亚东南部数量很多，但在过去的30年里迅速下降，可能是由于栖息地破碎化，以及为控制蚊虫幼体而引入的食蚊鱼，不幸的是，这些鱼也吃蝌蚪。绿金雨滨蛙虽然属于树栖的雨蛙科，但基本上都发现于地上或接近地面处。它于8月至次年3月繁殖，雄性发出的鸣叫声像远处传来的摩托车声音。雌性产卵3000—10000枚，卵群被胶质物包裹住，在水面漂浮数小时后沉入水底。

绿金雨滨蛙皮肤光滑；背部绿色，有金色或铜色的不规则斑点；乳白色的背侧褶从眼延伸到胯部，下缘为黑色纵纹；体侧棕色，有乳白色斑点，股背面和胯部带有亮蓝色。

相近物种

雨滨蛙属 *Litoria* 里有六个物种与绿金雨滨蛙相近，其中一种分布于澳大利亚北部，两种分布于西南部，三种分布于东南部。达氏雨滨蛙 *Litoria dahlii*[3]分布于澳大利亚北部广阔的洪泛平原。斑腿雨滨蛙 *Litoria cyclorhyncha*[4]和穆氏雨滨蛙 *Litoria moorei*[5]分布于澳大利亚西部，偶有杂交。另见黄斑雨滨蛙（第340页）。

实际大小

①②③④⑤ 译者注：依据 Frost (2018)，该物种被移入泛雨滨蛙属 *Ranoidea*，该属目前有75个物种。泛雨滨蛙属与雨滨蛙属均被归隶于澳雨蛙科Pelodrydidae。雨滨蛙属目前有91个物种。

科名	雨蛙科Hylidae[①]
其他名称	无
分布范围	澳大利亚新南威尔士州东部的大分水岭
成体及幼体生境	成体及湍急而多岩石的溪流
濒危等级	极危。20世纪80年代起，从大部分的分布区里消失

成体体长
雄性
1⁷⁄₁₆—1⅝ in (36—42 mm)
雌性
1⅞—2⅛ in (48—54 mm)

布罗雨滨蛙

Litoria booroolongensis[②]

Booroolong Frog

(Moore, 1961)

实际大小

布罗雨滨蛙皮肤光滑，背部绿色，有金色或铜色的不规则斑点；乳白色的背侧褶从眼延伸到胯部，下缘为黑色纵纹；体侧棕色，有乳白色斑点，股背面和胯部带有亮蓝色。

布罗雨滨蛙是壶菌病的受害者之一，壶菌病在20世纪80年代已导致澳大利亚东部高地的蛙类数量下降或灭绝，目前其分布范围不到10 km^2。该蛙还受到入侵鱼类以及其赖以繁殖的溪流生境退化的影响。布罗雨滨蛙多于夜间活动，繁殖期在8月，雄性在溪流中或附近岩石上发出柔和的颤声鸣叫。雌性产卵700—1800枚，整团附着在岩石上。

相近物种

绿腿雨滨蛙 *Litora brevipalmata*[③]呈深棕色，胯部和大腿内侧各有一个鲜艳的蓝色或绿色斑。与布罗雨滨蛙不同的是，绿腿雨滨蛙更喜欢在临时性水塘繁殖，分布狭窄，仅分布于澳大利亚昆士兰州和新南威尔士州沿海地区。因栖息地破坏和破碎化而导致数量下降，被列为濒危物种。

①② 译者注：依据 Frost (2018)，该物种被移入泛雨滨蛙属 *Ranoidea*，该属目前有75个物种。泛雨滨蛙属与雨滨蛙属*Litoria*均被归隶于澳雨蛙科Pelodrydidae。雨滨蛙属目前有91个物种。

③ 译者注：依据 Frost (2018)，该物种已被移入雨夜蛙属*Nyctimystes*。

科名	雨蛙科Hylidae[①]
其他名称	厕所蛙、老爷树蛙
分布范围	澳大利亚北部和东部、巴布亚新几内亚
成体生境	溪流和沼泽附近的林地
幼体生境	临时性水体
濒危等级	无危。常见且分布区非常广泛

成体体长
雄性
$2^{11}/_{16}$—3 in (67—77 mm)
雌性
$2^{3}/_{8}$—$4^{5}/_{16}$ in (60—110 mm)

绿雨滨蛙
Litoria caerulea[②]
White's Tree Frog
(White, 1790)

这种大型树栖蛙类有时被称作厕所蛙，因为经常在抽水马桶里发现它们，此外也见于水箱和邮筒里。它常被人们当作宠物饲养。其繁殖期从 11 月至次年 2 月。大雨过后，雄性先在树上鸣叫，然后下到地面靠近水边，其叫声响亮，像“咵克 - 咵克”（craack-craack）。雌性产卵 200—2000 枚，铺开在水面上。绿雨滨蛙对高温的耐受力非常强，并且比大多数蛙类都更耐干旱，它的皮肤含有抗菌肽。

绿雨滨蛙皮肤光滑；指、趾末端扩大呈吸盘状；趾间有部分蹼；头背有大腺体，头侧鼓膜上方有一条肉质的褶；背面亮绿色，有些个体的背部有少量白色斑点；腹面白色。

相近物种

中部雨滨蛙 *Litora gilleni*[③]体型较小，以亮绿色为主，头部有大的腺体，分布于爱丽丝泉（Alice Springs）附近的局部地区。穴居雨滨蛙 *Litora cavernicola*[④]的头侧没有肤褶，分布于西澳大利亚北部的石灰岩洞穴内。另见巨雨滨蛙（第 343 页）和丽色雨滨蛙（第 346 页）。

实际大小

①②③④ 译者注：依据 Frost (2018)，该物种被移入泛雨滨蛙属 *Ranoidea*，该属目前有75个物种。泛雨滨蛙属与雨滨蛙属*Litoria*均被归隶于澳雨蛙科Pelodrydidae。雨滨蛙属目前有91个物种。

科名	雨蛙科Hylidae[①]
其他名称	黄斑钟蛙
分布范围	澳大利亚新南威尔士州的新英格兰高原和南部高原
成体生境	草地、沼泽和湿地
幼体生境	大型的临时性水塘
濒危等级	极危。种群数量极度减少且分布狭窄

成体体长
雄性
2¼—2⅞ in (58—73 mm)
雌性
2⁹⁄₁₆—3⁹⁄₁₆ in (64—92 mm)

黄斑雨滨蛙

Litoria castanea[②]

Australian Yellow-spotted Tree Frog

(Steindachner, 1867)

这种鲜艳的蛙类的生活史还鲜为人知，仅知它于夜间在水塘的水面或挺水植物上鸣叫。黄斑雨滨蛙曾经的分布区被分割成两个相距甚远的区域，与其他很多蛙类一样，其种群数量在1978—1981年间突然下降，甚至被认为已经灭绝，直到2008年才在其分布区南部（新南威尔士州南部高原）发现了一个小种群，估计其野外的成体种群数量不足50只。

黄斑雨滨蛙背部皮肤有疣粒；背面绿色和金色相交杂，带有黑色斑点，背中央有一条浅绿色纵纹；胯部和大腿背面有黄色的大斑；体侧各有一条显著的乳白色或黄色背侧褶；腹面白色。

相近物种

黄斑雨滨蛙属于绿金雨滨蛙（第337页）种组，很少上树，大多数时间都在水里。它白天活动，经常看到它晒太阳。当它被捕捉时，会大声鸣叫，并分泌大量有刺激性的黏液。另见南部雨滨蛙（第345页）。

实际大小

①② 译者注：依据Frost (2018)，该物种被移入澳雨蛙科Pelodrydidae。但该物种的属级分类地位尚存争议。

科名	雨蛙科Hylidae[①]
其他名称	澳洲红眼树蛙
分布范围	澳大利亚昆士兰州和新南威尔士州海岸
成体生境	沿海雨林
幼体生境	临时性水塘和山区溪流
濒危等级	无危。未发现种群数量下降

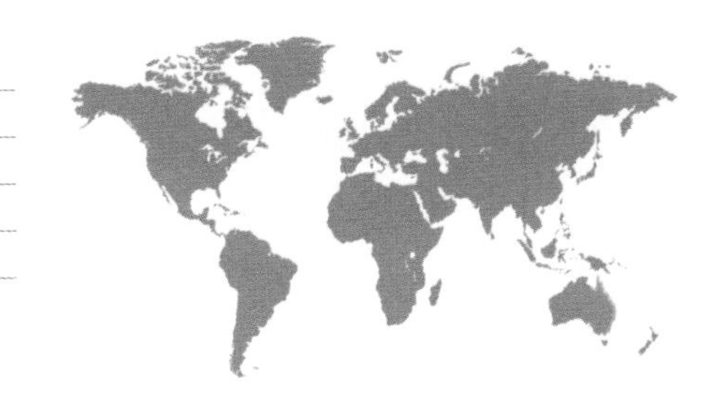

成体体长
雄性
2⅛—2½ in (54—62 mm)
雌性
2¼—2¾ in (58—68 mm)

红眼雨滨蛙
Litoria chloris[②]
Red-eyed Green Tree Frog
(Boulenger, 1892)

这种非常上镜的蛙类在繁殖期以外很难见到，因为它们栖息于高树上，主要营树栖生活。春天和夏天，随着大雨的到来，它从树上下来，聚集在积水或溪流附近。该蛙是“爆发式繁殖者”，交配和产卵在几天之内完成。一项研究工作发现，体型较小的雄性比体型较大者更能与雌性交配，可能因为它会花费更多时间守候在繁殖场。该物种被制药行业所青睐，因为其分泌的皮肤肽具有抗菌和抗癌作用。

相近物种

橙腿雨滨蛙 *Litora xanthomera*[③]与红眼雨滨蛙非常相似，分布于昆士兰州北部沿海，前者的四肢为橘红色，可以相区分。蓝腿雨滨蛙 *Litora gracilenta*[④]体型比红眼雨滨蛙小，分布于澳大利亚东北部沿海及巴布亚新几内亚，经常在果园里发现它，因此，曾随着水果的运输而被运到其他地方去。

实际大小

红眼雨滨蛙背面为均匀的绿色，腹面亮黄色；大腿背面有紫色斑块，手和足背面以黄色为主；该物种得名于其眼睛的虹膜为鲜红色；指、趾末端的吸盘大。

---

①②③④ 译者注：依据 Frost (2018)，该物种被移入泛雨滨蛙属 *Ranoidea*，该属目前有75个物种。泛雨滨蛙属与雨滨蛙属*Litoria*均被归隶于澳雨蛙科Pelodrydidae。雨滨蛙属目前有91个物种。

科名	雨蛙科Hylidae[①]
其他名称	*Nyctimystes dayi*（戴氏雨夜蛙）、戴氏大眼树蛙、蕾丝眼睑树蛙
分布范围	澳大利亚昆士兰州东北部
成体生境	雨林，最高海拔1200 m
幼体生境	湍急而多岩石的溪流
濒危等级	濒危。分布区狭窄且数量普遍下降，尤其是高海拔地区

成体体长
雄性
1³⁄₁₆—1⅝ in (30—42 mm)
雌性
1¾—2⅛ in (45—55 mm)

蕾丝眼睑雨滨蛙

Litoria dayi[②]

Australian Lace-lid

(Günther, 1897)

这种美丽的蛙类得名于其下眼睑的颜色——当它闭眼时，白色网纹的下眼睑覆盖在深色的大眼睛上，就像蕾丝纹一样。它的繁殖期在10月至次年4月，雄性于夜间在溪流边的岩石或树叶上鸣叫。雄性们互相间隔至少1 m的距离，发出类似“咿”（ee）的短而尖锐的叫声，每次持续5—6秒。其蛙卵被产在水里，孵化出的蝌蚪口部像吸盘，尾肌发达，适合栖息于湍急的流水中。该蛙在溪流里繁殖，并且在高海拔地区消失，很可能是因为感染了壶菌病（高海拔的低温适合壶菌生长繁殖）。

蕾丝眼睑雨滨蛙身体和四肢纤细；眼大；吻端扁平；指、趾间有蹼，末端有大吸盘；背面颜色多变，但通常为棕红色，有时带有白色斑点；体侧黄色；腹面乳白色。

相近物种

2013年以前，该物种属于雨夜蛙属*Nyctimystes*。目前，雨夜蛙属包括32个物种（2014年描述了五个新种）[③]，均分布于东南亚和巴布亚新几内亚，而澳大利亚则无分布。沙色大眼雨夜蛙*Nyctimystes kubori*分布于印度尼西亚和巴布亚新几内亚，栖息于海拔1000—2000 m的雨林溪流附近，属于人类居住地附近数量很大的物种。

实际大小

①② 译者注：依据Frost (2018)，该物种被移入泛雨滨蛙属*Ranoidea*，该属目前有75个物种。泛雨滨蛙属与雨滨蛙属*Litoria*均被归隶于澳雨蛙科Pelodrydidae。雨滨蛙属目前有91个物种。

③ 译者注：依据Frost (2018)，雨夜蛙属目前有36个物种。

科名	雨蛙科Hylidae[①]
其他名称	白唇树蛙
分布范围	澳大利亚昆士兰州东北海岸；巴布亚新几内亚，包括俾斯麦群岛；印度尼西亚东部
成体生境	多样，包括雨林和花园
幼体生境	水池和水塘
濒危等级	无危。未发现种群数量下降

巨雨滨蛙

Litoria infrafrenata[②]

Giant Tree Frog

(Günther, 1867)

成体体长
雄性
2½—3¹⁵⁄₁₆ in (62—102 mm)
雌性
2⅞—5⁵⁄₁₆ in (73—135 mm)

尽管巨雨滨蛙是最大的树栖蛙类，也常见于人类活动区，但对于这种庞然大物却知之甚少。雄性的鸣叫声类似犬吠，大雨后在水池和水塘里繁殖，雌性产卵200—400枚。该蛙第一次繁殖是在三龄或四龄，野外的寿命至少十年。它有时会躲在装香蕉的箱子里而被运出自然分布区。

巨雨滨蛙四肢长而发达；指、趾末端吸盘很大；背面为均匀的绿色或棕红色，下唇有一条连续的白色纵纹；四肢腹面有白色纹，雄性繁殖时变为橘红色；眼睛的虹膜为黄色、橘红色或红色。

相近物种

巨雨滨蛙的下唇有一条白色纹，可与近缘的绿雨滨蛙（第339页）相区别，后者也分布于澳大利亚和巴布亚新几内亚。对澳大利亚北部岛屿的蛙类区系还缺乏认识，目前还有很多新发现。草绿雨滨蛙 *Litoria graminea*[③]发表于1905年，分布于印度尼西亚和巴布亚新几内亚。2006年从该物种里分出两个新种，莫罗贝雨滨蛙 *Litoria dux*[④]和索氏雨滨蛙 *Litoria sauroni*[⑤]。

实际大小

①②④ 译者注：依据 Frost (2018)，该物种被移入雨夜蛙属 *Nyctimystes*，该属目前有36个物种。隶属于澳雨蛙科Pelodrydidae。

③⑤ 译者注：依据 Frost (2018)，该物种被移入泛雨滨蛙属 *Ranoidea*，该属目前有75个物种。泛雨滨蛙属与雨滨蛙属*Litoria*均被归隶于澳雨蛙科Pelodrydidae。雨滨蛙属目前有91个物种。

科名	雨蛙科Hylidae[1]
其他名称	瀑布蛙
分布范围	澳大利亚昆士兰州东北部
成体与幼体生境	海岸雨林的山溪和瀑布
濒危等级	濒危。高海拔种群数量在20世纪80年代下降严重

成体体长
雄性
1$\frac{9}{16}$—1$\frac{7}{8}$ in (40—48 mm)
雌性
1$\frac{15}{16}$—2$\frac{1}{8}$ in (49—55 mm)

激流雨滨蛙

Litoria nannotis[2]

Torrent Tree Frog

(Andersson, 1916)

栖息于森林里的很多蛙类只在繁殖期时进入溪流，而激流雨滨蛙却终生生活在湍急的溪流和瀑布里。它似乎终年都能繁殖。雄性手上有带刺的婚垫，胸部也有刺团，这使它能紧紧抱住雌性。雌性产卵130—220枚，被胶质黏成一团附着在岩石下面。其蝌蚪具有典型溪流物种的形态特征，如体形为流线型、尾肌发达，口大，能起到类似吸盘的作用。

相近物种

激流雨滨蛙是雨滨蛙属 *Litoria* 溪流型四个物种里体型最大的，这些物种都分布于昆士兰州的海岸森林，均受到保护。溪栖雨滨蛙 *Litoria rheocola*[3]被列为濒危物种。棘刺雨滨蛙 *Litoria lorica*[4]和尼亚卡雨滨蛙 *Litoria nyakalensis*[5]被列为极危物种。由于低温适合真菌类的生长，因此因壶菌大量繁殖而导致高海拔地区的溪流蛙类数量大幅下降。

激流雨滨蛙头宽；眼大；吻端圆；背面布满小疣粒；背面为灰色和绿色相交杂，并带有黑色碎斑；腹面灰白色；指、趾末端吸盘发达；趾间满蹼。

实际大小

①②③④⑤ 译者注：依据 Frost (2018)，该物种被移入泛雨滨蛙属 *Ranoidea*，该属目前有75个物种。泛雨滨蛙属与雨滨蛙属均被归隶于澳雨蛙科Pelodrydidae。雨滨蛙属目前有91个物种。

科名	雨蛙科Hylidae[1]
其他名称	草色鸣蛙、多疣钟蛙
分布范围	澳大利亚东南部及塔斯马尼亚岛，引入到新西兰
成体生境	大型永久性水塘附近的林地和草地
幼体生境	大型永久性水塘
濒危等级	濒危。澳大利亚的种群数量严重下降，但在新西兰数量繁盛

南部雨滨蛙

Litoria raniformis[2]

Southern Bell Frog

(Keferstein, 1867)

成体体长
雄性
2⅛—2⅝ in (55—65 mm)
雌性
2⅜—4 in (60—104 mm)

该蛙体型大，色彩鲜艳，其俗名“鸣蛙”或“钟蛙”是得名于繁殖期时，雄性浮在开阔的水面上发出长而高亢的求偶鸣叫。其繁殖期为8月至次年4月，雌性产卵约1700枚，分散成团。该蛙是凶残的捕食者，有时会捕食其他蛙类，包括同种的小蛙。它在澳大利亚的种群数量大幅下降可能是由于栖息地丧失、食蚊鱼的引进以及壶菌病的感染。该蛙于1860年被引入到新西兰，成为当地的常见种。

南部雨滨蛙眼大；背面布满疣粒；四肢长而发达；趾间有蹼；背面绿色，杂以金色或棕红色斑，体背中央常有一条浅绿色纵纹；体侧棕色带乳白色斑点；大腿背面和胯部有亮蓝色斑。

相近物种

南部雨滨蛙的外形和生境均与绿金雨滨蛙（第337页）相近，这两个物种在澳大利亚数量下降，但都被成功引入到新西兰。与绿金雨滨蛙相比，南部雨滨蛙体表的疣粒更多，体色上没有金色，两个物种的鸣叫声也不同。另见黄斑雨滨蛙（第340页）。

实际大小

①② 译者注：依据Frost (2018)，该物种被移入泛雨滨蛙属*Ranoidea*，该属目前有75个物种。泛雨滨蛙属与雨滨蛙属*Litoria*均被归隶于澳雨蛙科Pelodrydidae。雨滨蛙属目前有91个物种。

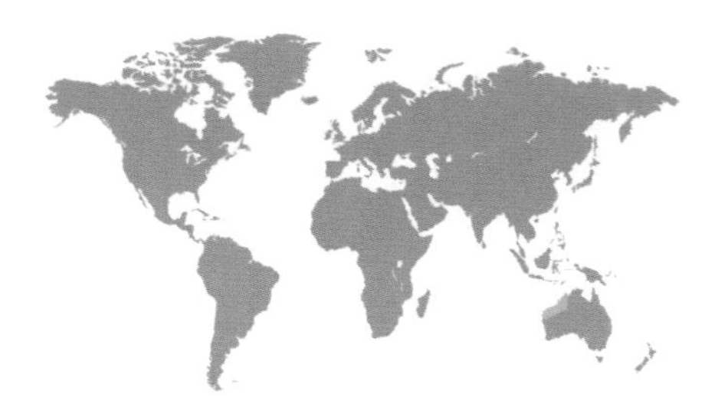

科名	雨蛙科Hylidae①
其他名称	丽色树蛙
分布范围	澳大利亚西北部的金伯利地区
成体生境	潮湿的森林，也发现于山洞、峡谷和建筑物里
幼体生境	临时性水体
濒危等级	无危。未受到威胁，未发现种群数量下降

成体体长
雄性
3 7/16—4 in (88—104 mm)
雌性
3 5/8—4 1/8 in (94—106 mm)

丽色雨滨蛙
*Litoria splendida*②
Splendid Tree Frog
Tyler, Davies & Martin, 1977

这种大型蛙类与绿雨滨蛙（第 339 页）在行为和生态方面相似。该蛙的特征是头上有巨大的耳后腺，可分泌毒液来对付蛇类和鸟类等捕食者。雨季来临时进入繁殖期，为 10 月至次年 1 月。雄性发出类似犬吠的响亮鸣叫声。雌性产卵约6500枚，层状堆积在水面上。雄性主要通过鸣叫声吸引雌性，有时还有视觉上的展示。不同寻常的是，这种蛙类雄性的皮肤能分泌性引诱剂（Splendiferin），通过水进行传播。

丽色雨滨蛙头部的鼓膜上方有一个巨大的耳后腺；背面绿色，散布黄色或白色斑点；大腿背面黄色或橘黄色；腹面白色；指、趾末端吸盘大；趾间满蹼。

相近物种

近年来，针对绿雨滨蛙（第 339 页）及其近缘种皮肤分泌物的化学成分开展了很多研究，包括抗菌肽及抗癌成分等。皮肤含有较多活性肽的物种，如红眼雨滨蛙（第 341 页）和绿雨滨蛙，似乎比活性肽较少的物种更能抵抗壶菌病，如激流雨滨蛙（第 344 页）。

实际大小

①② 译者注：依据 Frost (2018)，该物种被移入泛雨滨蛙属 *Ranoidea*，该属目前有75个物种。泛雨滨蛙属与雨滨蛙属 *Litoria* 均被归隶于澳雨蛙科Pelodrydidae。雨滨蛙属目前有91个物种。

科名	雨蛙科Hylidae①
其他名称	丽色树蛙
分布范围	澳大利亚东部海岸山区，从昆士兰州北部到新南威尔士州
成体生境	湍急而多岩石的溪流
幼体生境	湍急而多岩石的溪流
濒危等级	无危。分布区广泛，未发现种群数量下降

石溪雨滨蛙
*Litoria wilcoxii*②
Stony Creek Frog
(Günther, 1864)

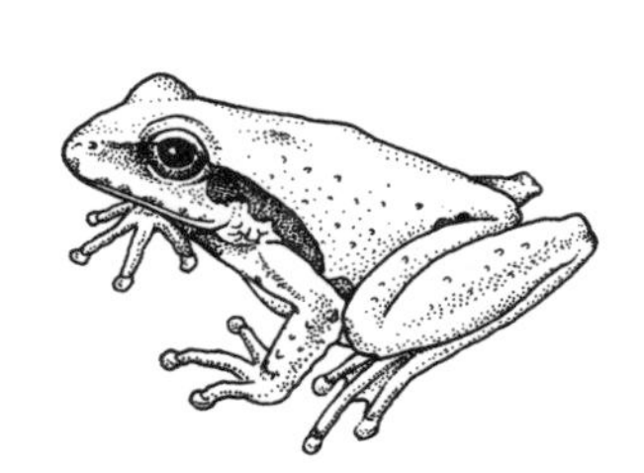

成体体长
雄性
1⅜—1⅞ in (35—48 mm)
雌性
1⁹⁄₁₆—2¾ in (39—69 mm)

这种小型陆栖蛙类的雄性具有快速变换体色的能力。在雌雄抱对的五分钟内，雄性背面的颜色由深棕色变为柠檬黄色，而目前还不知道这种变色有什么生物学意义。它在溪流内繁殖，雌性所产的卵分团附着在岩石上。尽管已发现该蛙普遍受到壶菌感染，但它依然是常见蛙类，似乎表明它具有抗病性，但仍可能因此成为宿主而传染给其他易被感染的溪流繁殖型蛙类。

相近物种

依据遗传学上的差异，石溪雨滨蛙不久前才从勒氏雨滨蛙 *Litoria lesueurii*③里被分出来。后者也分布于澳大利亚东部高地，最南可分布于维多利亚州。石溪雨滨蛙与布罗雨滨蛙（第 338 页）也较为相似，后者是极危物种，易感染壶菌病。

石溪雨滨蛙身体纤细；吻端突出；四肢长而发达；指、趾末端有吸盘；趾间有蹼；背面浅棕色或浅黄褐色，雄性在交配时变为明黄色；腹面白色；眼后通常有一条深色纵纹。

实际大小

①②③ 译者注：依据 Frost (2018)，该物种被移入泛雨滨蛙属 *Ranoidea*，该属目前有75个物种。泛雨滨蛙属与雨滨蛙属*Litoria*均被归隶于澳雨蛙科Pelodrydidae。雨滨蛙属目前有91个物种。

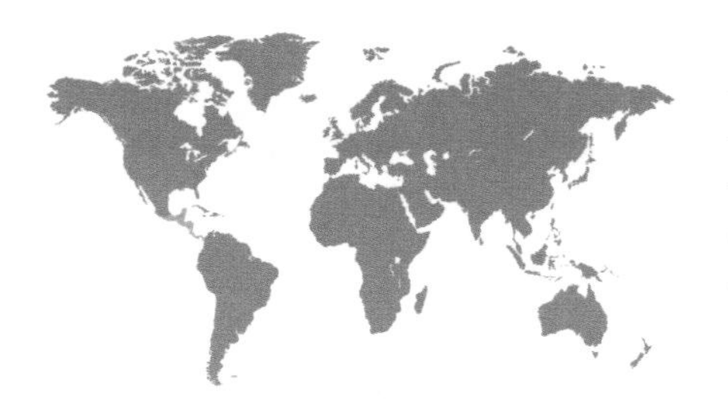

科名	雨蛙科Hylidae
其他名称	华丽叶蛙、红眼树蛙
分布范围	中美洲，从墨西哥南部至巴拿马
成体生境	湿润的森林，最高海拔1250 m
幼体生境	水塘和水坑
濒危等级	无危。部分分布区的种群因栖息地破坏和宠物贸易捕捉而数量下降

成体体长
雄性
1³⁄₁₆—2¼ in (30—59 mm)
雌性
1⅞—3 in (48—77 mm)

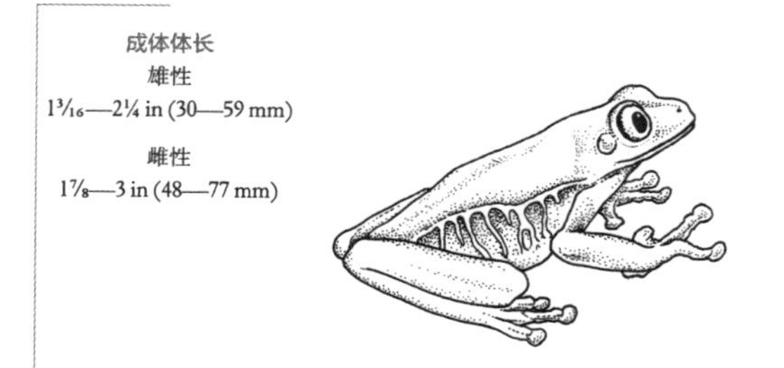

红眼叶蛙
Agalychnis callidryas
Red-eyed Tree Frog
(Cope, 1862)

这种大型蛙类白天休息时，会将身体颜色鲜艳的部分隐藏起来。夜晚，雄性们聚集在水塘上方的树上鸣叫，随后从高处转移到水塘边。雄性爬到雌性背上，然后一起进入水塘，雌性通过皮肤吸水并储存在膀胱里，再背着雄性爬到树上，在树叶上产一团卵（约50枚）。在下一次产卵之前，雌性会再背着雄性回到水里。卵约五天后完成孵化，蝌蚪掉进水塘里。

相近物种

叶蛙属 *Agalychnis* 有八个物种[①]，其中黑眼叶蛙 *Agalychnis moreletii* 呈点状分布于墨西哥南部至哥斯达黎加，是最稀有的物种之一，已被列为极危物种。其数量下降是因森林栖息地破坏、国际宠物贸易而被捕捉和被壶菌病感染造成的。另见狐猴叶蛙（第349页）和滑翔叶蛙（第350页）。

红眼叶蛙身体细长；四肢纤细；指、趾末端有吸盘；眼大而突起；背面绿色，体侧有蓝色和白色横纹；四肢内侧有红色和黄色；指、趾黄色、橘红色或红色；眼睛的虹膜鲜红色。

实际大小

① 译者注：依据 Frost (2018)，叶蛙属目前有13个物种。

科名	雨蛙科Hylidae
其他名称	狐猴蛙
分布范围	哥斯达黎加、巴拿马、哥伦比亚北端
成体生境	湿润的森林，最高海拔1600 m
幼体生境	水塘和水坑
濒危等级	极危。受壶菌病的严重影响，已在大部分的分布区内消失

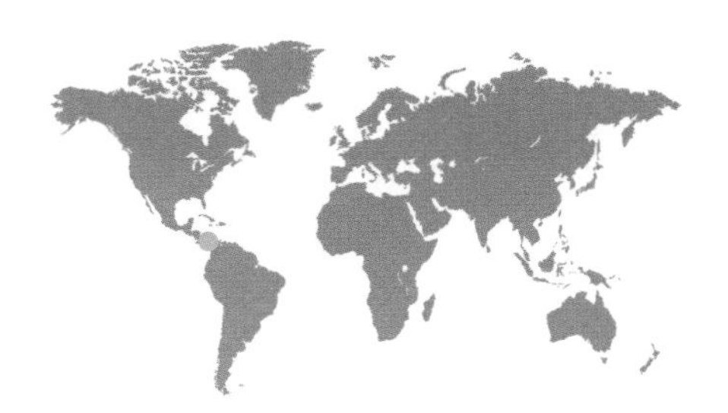

狐猴叶蛙
Agalychnis lemur
Lemur Leaf Frog
(Boulenger, 1882)

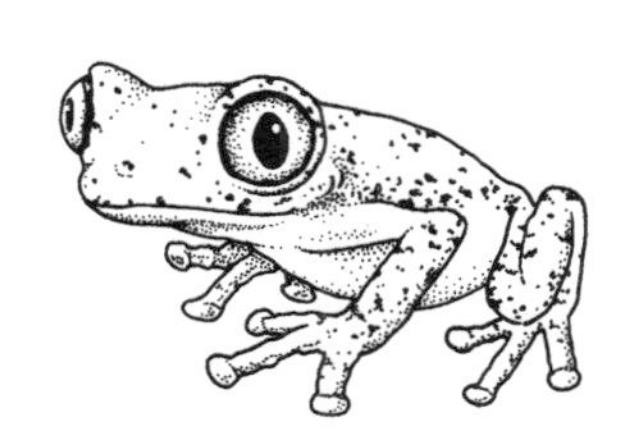

成体体长
雄性
$1\frac{3}{16}$—$1\frac{5}{8}$ in (30—41 mm)
雌性
$1\frac{9}{16}$—$2\frac{1}{16}$ in (39—53 mm)

这种夜行性蛙类在树上觅食时动作缓慢、从容不迫，很少跳跃。白天，它体色为亮绿色，在树叶背面睡觉，夜晚时变为棕色。它于4—7月的雨季里繁殖，雄性通过鸣叫和打斗来守卫自己的地盘，雌性在水面上方的树叶上分批产卵，每次15—30枚。因感染壶菌病，该物种的种群数量曾大幅度下降，但目前其人工繁育已经成功。

实际大小

狐猴叶蛙身体细长；四肢纤细；眼大而突起；白天，背面浅绿色，体侧黄色或橘黄色，腹面白色；手臂以黄色为主，后腿橘黄色；眼睛的虹膜银白色，瞳孔竖直呈缝隙状。

相近物种

与叶蛙属*Agalychnis*其他物种以及包括叶泡蛙属（第354页和355页）在内的近缘类群相似，狐猴叶蛙的皮肤里具有肽类化合物，这些肽类有抗菌、抗癌和抗糖尿病等功效，引起了药物学方面研究人员的兴趣。另见红眼叶蛙（第348页）和滑翔叶蛙（第350页）。

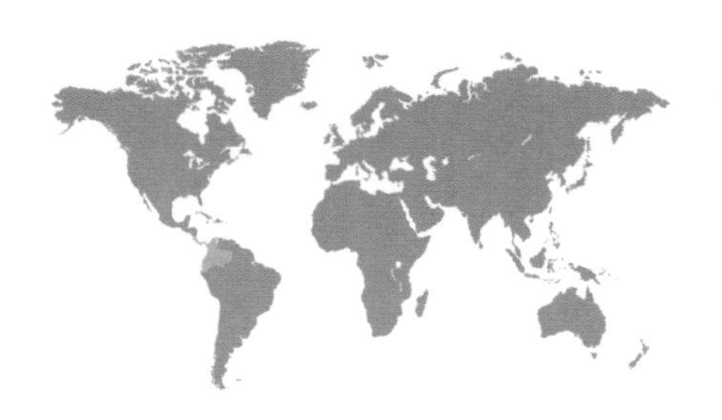

科名	雨蛙科Hylidae
其他名称	滑翔树蛙、斯氏叶蛙
分布范围	中美洲和南美洲，从哥斯达黎加至哥伦比亚和厄瓜多尔
成体生境	湿润的森林，最高海拔750 m
幼体生境	临时性水塘和水坑
濒危等级	无危。因栖息地破坏而在部分地区数量下降，但分布于一些保护区内

成体体长
雄性
1⅞—3 in (48—76 mm)
雌性
2⅜—3⅝ in (60—93 mm)

滑翔叶蛙
Agalychnis spurrelli
Gliding Leaf Frog
Boulenger, 1913

这种大型蛙类的体型在不同地区存在差异：雌性在哥斯达黎加体长可达 72 mm，在巴拿马可达 87 mm，在哥伦比亚可达 93 mm。滑翔叶树蛙在树叶和藤蔓间活动时主要靠四肢爬行。它能从一棵树上滑翔到另一棵树上，用手和脚上展开的蹼来降低下降速度，保持约 45 度的下降角度。它在 5—10 月间的雨季里繁殖，雄性叫声为低音的呻吟声。白天时体色为黄绿色，夜晚变为深绿色。

滑翔叶蛙吸盘非常发达；指、趾间有蹼；上臂细，前臂粗壮；背面绿色，常有镶黑边的白色斑点；体侧橘黄色；腹面白色；眼大，虹膜深红色。

相近物种

伞红眼叶蛙 *Agalychnis saltator* 与滑翔叶蛙相似，也可以在树间滑翔，但它手和脚上的蹼稍弱。利用蹼滑翔的蛙类，还有分布于东南亚的白耳费树蛙（第 605 页）和马来黑蹼树蛙（第 620 页）。另见红眼叶蛙（第 348 页）和狐猴叶蛙（第 349 页）。

实际大小

科名	雨蛙科Hylidae
其他名称	辉树蛙
分布范围	中美洲和南美洲（尼加拉瓜至厄瓜多尔）
成体生境	湿润的低地森林，最高海拔170 m
幼体生境	树根部有水的树洞
濒危等级	无危。非常见种，但未发现数量下降

跟突叶蛙
Cruziohyla calcarifer
Splendid Leaf Frog
(Boulenger, 1902)

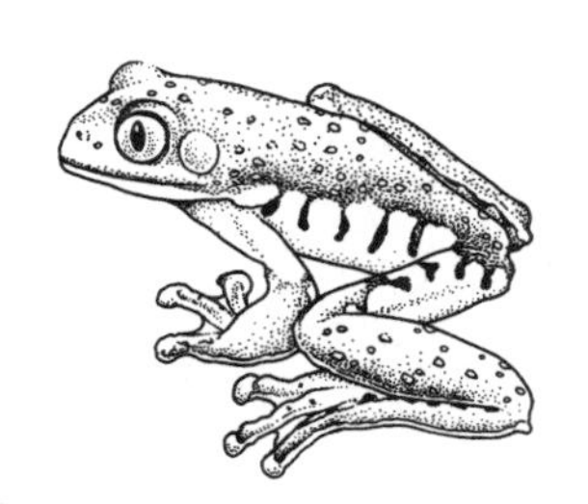

成体体长
雄性
2—3⅛ in (51—81 mm)
雌性
2⅜—3⅜ in (61—87 mm)

由于在夜间活动且栖息于高树的顶层，因此这种美丽的蛙类通常难得一见。雨季的3—10月里，它下到地面附近，雄性通过鸣叫吸引雌性。雌雄抱对后，雌性进入水塘里将膀胱吸满水，再爬到树根部有积水的浅树洞上方的树干、树枝或树叶上产下一团卵，10—51枚。蝌蚪孵化后，被雨水冲进下方的水洞里。成体能在树之间滑翔，并通过展开手和脚上的蹼来降低下降速度。

跟突叶蛙头宽；眼大；鼓膜大而清晰；指、趾末端吸盘发达；指、趾间满蹼；背面深绿色，体侧和大腿橘黄色并带有黑色或紫色横斑；腹面黄色或橘黄色；手和脚橘黄色；脚跟部有一个白色的小突起。

相近物种

辉叶蛙属 *Cruziohyla* 仅有两个物种，另一个是缘足叶蛙 *Cruziohyla craspedopus*，曾被归入叶蛙属 *Agalychnis*。它与跟突叶蛙在外形上很相似，分布于哥伦比亚、厄瓜多尔、秘鲁、巴西，分布区可能还包括玻利维亚。

实际大小

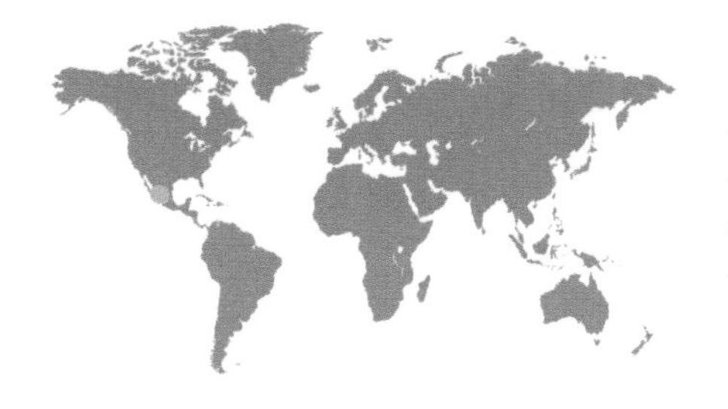

科名	雨蛙科Hylidae
其他名称	*Agalychnis dacnicolor*（杂色叶蛙）、墨西哥大叶蛙
分布范围	墨西哥的太平洋沿岸
成体生境	干燥的低地落叶林
幼体生境	水坑或沼泽
濒危等级	无危。种群数量稳定，并分布于一些保护区内

成体体长
雄性
2 3/8—3 1/8 in (60—80 mm)
雌性
2 13/16—3 7/8 in (70—100 mm)

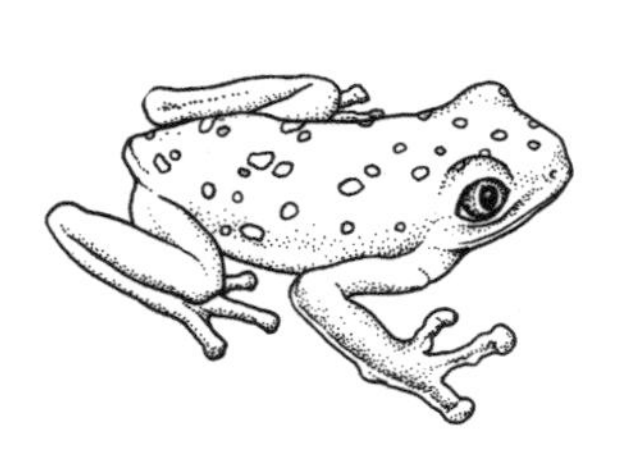

杂色叶蛙
*Pachymedusa dacnicolor*①
Mexican Leaf Frog
(Cope, 1864)

杂色叶蛙身体细长；四肢细长；指、趾细长；背面绿色，散布有白色小斑点；体侧和腹面之间有一条白色纵纹；眼睛的虹膜白色，有黑色细点斑。

这种大型蛙类的栖息地有漫长的旱季，这时，杂色大叶蛙会躲进啮齿动物的洞穴，或其他潮湿的地方。繁殖期通常始于5月。雄性在水坑附近聚集，并通过鸣叫来确立领地，它们每晚都会占领同一个地盘。交配和产卵持续5—6小时，因为雌性是分批产卵——雌性将卵产在水面上方的树叶上，在下一批产卵前，返回水里，通过皮肤吸水并储存在膀胱里，这些水将被转入到卵胶囊里。在产卵过程中，雄性有时会被其他竞争对手所取代。

相近物种

杂色叶蛙是大叶蛙属 *Pachymedusa* 仅有的一个物种②，与叶蛙属（第348—350页）和叶泡蛙属（第354和355页）的物种很相似。它们都是在水坑上方的树叶上产卵，孵化后蝌蚪掉入水中。

实际大小

① 译者注：依据 Frost (2018)，大叶蛙属已被并入叶蛙属*Agalychnis*。

科名	雨蛙科Hylidae
其他名称	无
分布范围	巴西东南部
成体生境	森林，最高海拔800 m
幼体生境	湍急的溪流
濒危等级	无危。由于森林砍伐，部分地区数量下降，但分布于一些保护区内

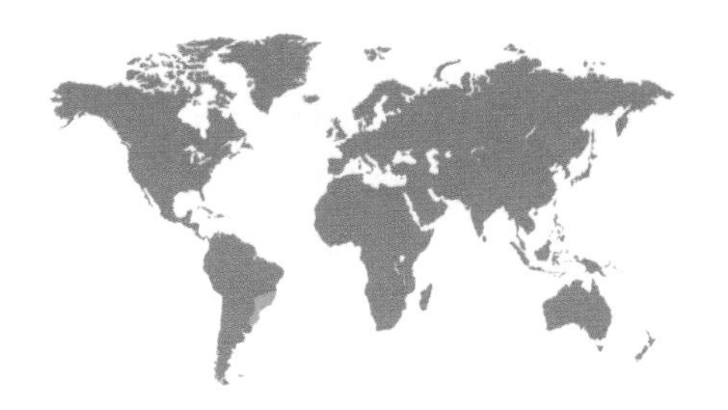

棕趾叶蛙
Phasmahyla cochranae
Chocolatefoot Leaf Frog
(Bokermann, 1966)

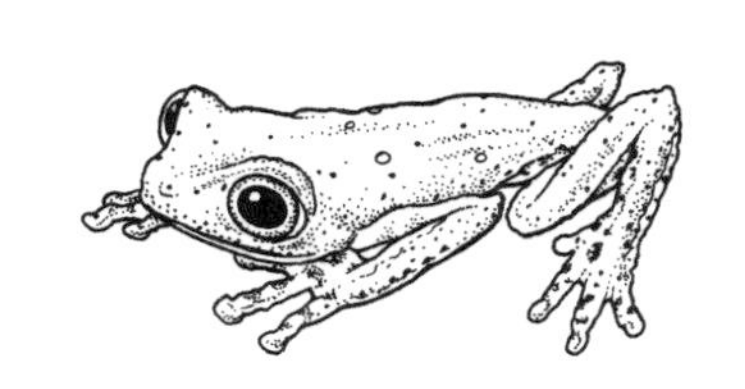

成体体长
雄性
1⅛—1^{7}/$_{16}$ in (28—37 mm)
雌性
1⅝—1^{13}/$_{16}$ in (41—46 mm)

这种小蛙得名于其红棕色的脚趾（包括手指）。它主要靠爬行来移动，在爬行时，可以看到体侧和腿部的棕色斑，这里的颜色保持不变；与之相反的是身体背面的颜色，可以从亮绿色迅速变为棕色。与雌性相比，雄性体色通常更浅，体型也更小。繁殖期从10月至次年4月，每对蛙可产卵约32枚，卵被包在胶状囊中，裹在溪流上方的树叶里。孵化后，蝌蚪掉进溪流里，再被冲到下游平静的水潭中。

实际大小

棕趾叶蛙身体细长；吻端圆；四肢细长；眼大，略靠前；背面绿色、棕色或红棕色，散布有白色和黑色斑点；体侧、四肢腹面、手足部黄色，带有深棕色或紫色斑点；眼睛瞳孔竖直，虹膜银色。

相近物种

幻叶蛙属 *Phasmahyla* 有七个物种，都仅分布于巴西，对它们的生物学特性了解很少。圆斑叶蛙 *Phasmahyla guttata* 分布于巴西东南部海岸山区。细斑叶蛙 *Phasmahyla spectabilis* 发表于2008年，仅分布于巴西的巴伊亚州。

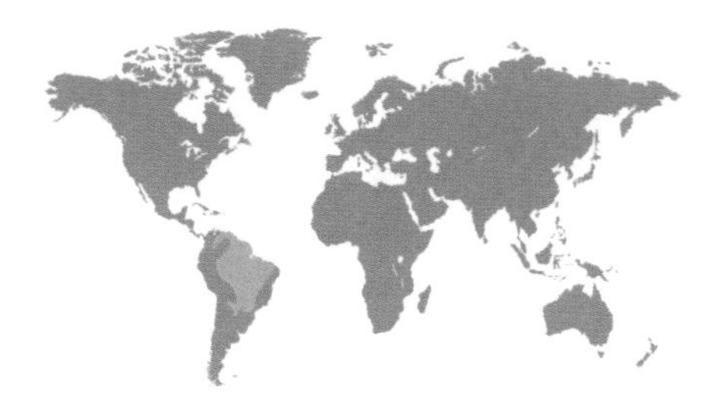

科名	雨蛙科Hylidae
其他名称	橙腿树蛙、纹腿猴蛙
分布范围	南美洲北部，安第斯山以东（委内瑞拉至阿根廷）
成体生境	栖息环境广泛，包括干旱草原、森林和花园的开阔地
幼体生境	临时性水塘
濒危等级	无危。分布区广泛，未发现数量下降

成体体长
雄性
平均 1½ in (38 mm)
雌性
平均 2 in (51 mm)

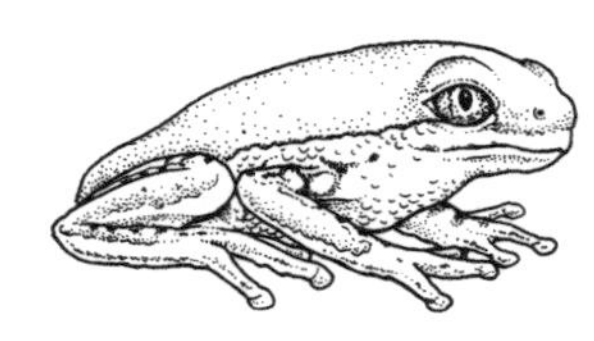

橙侧叶蛙

Phyllomedusa hypochondrialis[①]

Orange-sided Leaf Frog

(Daudin, 1800)

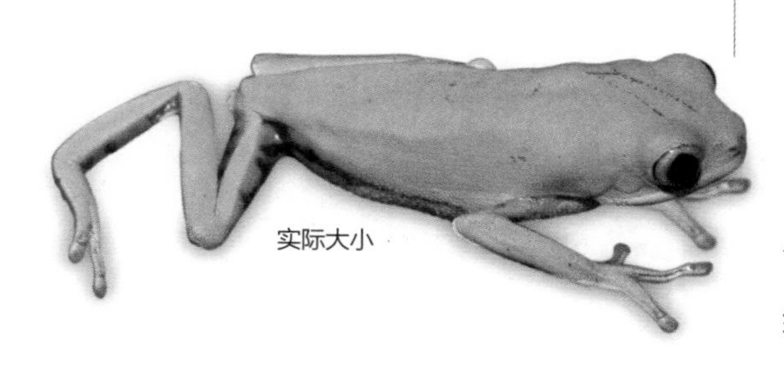

实际大小

橙侧叶蛙身体细长；眼大，向前突起；四肢很细长；指、趾末端的吸盘发达；身体和四肢背面呈浅而亮的绿色，四肢腹面橘黄色而带有黑纹，头和身体腹面白色。

这种树栖蛙类能栖息于干旱环境，因为它可通过皮肤的特殊腺体分泌一种类似蜡质的分泌物，涂抹于全身，以此在白天高温下减少水分的流失。当受到攻击时，它会装死：将身体翻转过来腹面朝上，把四肢缩起来，并发出难闻的臭味。大雨过后，雄性在临时性水塘边的灌丛里鸣叫。产下的蛙卵被裹在树叶里，悬于水面上方，卵外面还有一层充满液体的卵胶囊，可在旱季时提供水分使胚胎发育。

相近物种

目前，叶泡蛙属 *Phyllomedusa* 有 31 个物种[②]，分布于中美洲和南美洲。橙腰叶蛙 *Phyllomedusa azurea*[③] 与橙侧叶蛙非常相似，曾被认为是同一个物种，前者只是后者的南部种群，直到前不久才分为两个物种。橙腰叶蛙分布于玻利维亚、巴西、阿根廷和巴拉圭，曾观察到雄性通过打斗来守护自己的鸣叫地盘。

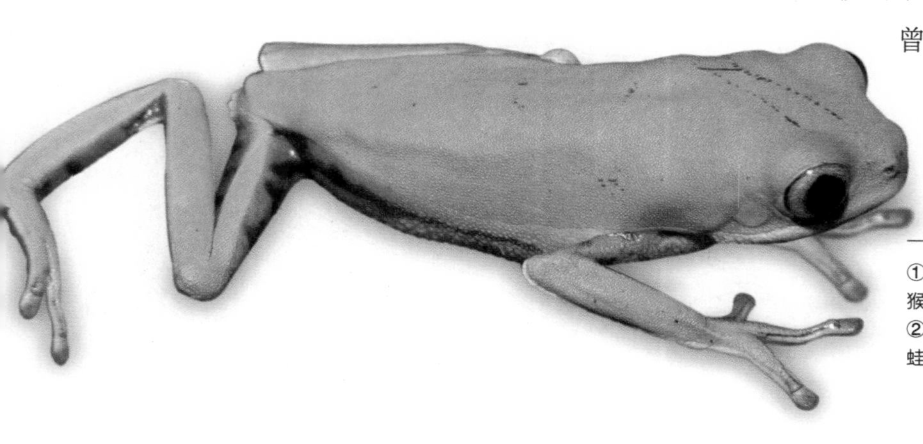

①③ 译者注：依据 Frost (2018)，该物种已被移入猴叶蛙属*Pithecopus*，该属目前有11个物种。
② 译者注：依据 Frost (2018)，因分类变动，叶泡蛙属目前仅有16个物种。

科名	雨蛙科Hylidae
其他名称	横斑叶蛙、猴蛙
分布范围	南美洲北部，安第斯山以东（包括巴西北部、玻利维亚、秘鲁、厄瓜多尔、哥伦比亚、委内瑞拉、圭亚那、苏里南和法属圭亚那）
成体生境	原始雨林，最高海拔500 m
幼体生境	临时性水塘
濒危等级	无危。分布区广泛，未发现数量下降

虎纹叶蛙

*Phyllomedusa tomopterna*①

Tiger-striped Leaf Frog

(Cope, 1868)

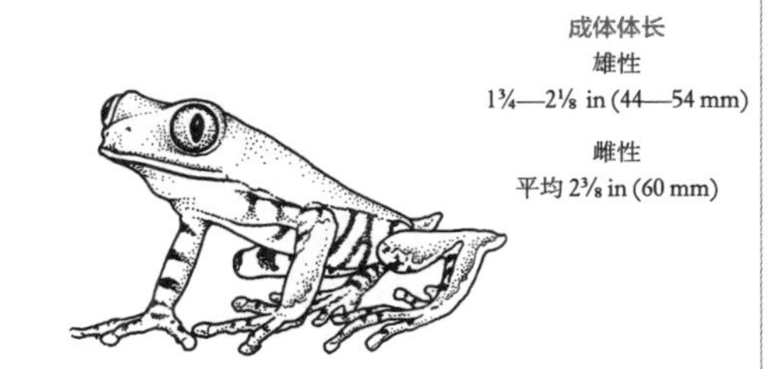

成体体长
雄性
1¾—2⅛ in (44—54 mm)
雌性
平均 2⅜ in (60 mm)

这种树栖蛙类仅夜间活动，在苏里南很常见。其繁殖期在雨季，10 月至次年 5 月，其时该蛙聚集在水塘边的树上或灌木上。一对成体产卵 70 枚左右，由胶质包裹成一团，裹在水塘上方的树叶里，蝌蚪孵化后就掉进水里。在孵化期，超过一半的蛙卵会被甲虫和苍蝇等捕食者吃掉。该蛙只栖息于原始雨林，容易受到森林砍伐的影响。

相近物种

棕腹叶蛙 *Phyllomedusa tarsius* 是一种大型叶蛙，分布于哥伦比亚、厄瓜多尔、秘鲁、委内瑞拉和巴西，与虎纹叶蛙不同，它的体侧没有虎纹色。棕腹叶蛙产卵 200—500 枚，曾观察到雄性会帮助雌性将树叶叠起来筑巢。棕背叶蛙 *Phyllomedusa atelopoides*②分布于巴西和秘鲁，与该属其他物种不同之处是，它体色为棕色，且大多数时间栖息于地面。

虎纹叶蛙身体细长；眼大而突起；四肢很细长；指、趾末端的吸盘发达；身体和四肢背面呈浅而亮的绿色；体侧、四肢、手和足内侧橘黄色而带有黑色横纹；腹面白色或橘黄色。

实际大小

①② 译者注：依据 Frost (2018)，该物种已被移入丽侧叶蛙属*Callimedusa*，该属目前有六个物种。

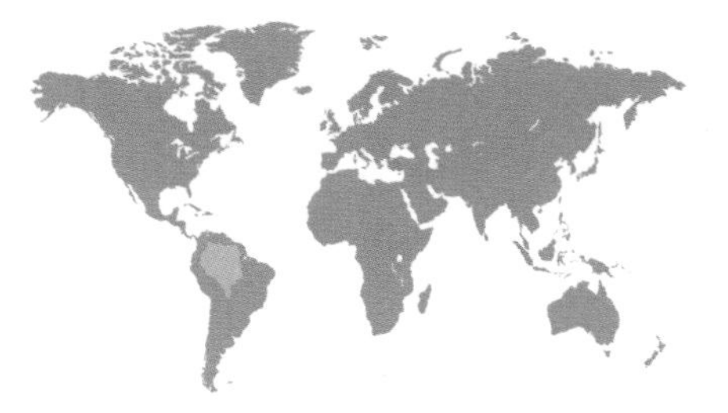

科名	箭毒蛙科Dendrobatidae[①]
其他名称	无
分布范围	巴西、玻利维亚、秘鲁、厄瓜多尔、哥伦比亚、圭亚那、苏里南与法属圭亚那的亚马孙河流域地区
成体生境	低地森林
幼体生境	落叶层内的积水坑与水果壳内
濒危等级	无危。分布范围很广且总体上无种群下降迹象

成体体长
雄性
$1\frac{1}{8}$—$1\frac{5}{16}$ in (28—33 mm)
雌性
$1\frac{5}{16}$—$1\frac{3}{8}$ in (33—35 mm)

霓股箭毒蛙
Allobates femoralis
Brilliant-thighed Poison Frog

(Boulenger, 1884)

实际大小

霓股箭毒蛙吻略尖，皮肤腺体发达；体深棕色或黑色，有白色、蓝色或浅棕色的从吻端到后腿基部的线条；后腿基部有橘黄色新月形的色斑，在前腿后有橘黄色或黄色斑纹；四肢为棕色，喉部黑色，腹部白底黑斑。

这是一种日行性的小型蛙类。其雄性在森林地面建立领地，并通过鸣叫或打斗的方式来守卫自己的领地不被其他雄性侵犯。通常，领地面积最大的雄性才会鸣叫。雌性不会被雄性攻击，它会在不同雄性之间来回挑选直到选中自己的如意郎君。雌性在落叶层中产下8—20枚卵，之后由雄性护卵。在卵孵化之后，雄性会将蝌蚪带到小水坑中，一次最多可以带八只，雌性在此期间偶尔也会协助雄性。有实验表明，如果将雄性转移至距领地远达70 m的地方，它们还能回到自己的领地。

相近物种

这个广泛分布的物种很可能包含有隐存种，不同分布点的雄性叫声特征都互不相同。霓股箭毒蛙的体色容易与条纹石居蟾（第244页）这种无毒的蛙类相混淆。橙眼箭毒蛙 *Allobates chalcopis* 仅见于西印度群岛的马提尼克岛上，主要生活于熔岩流上的草地区域。该种受到火山喷发的威胁，已被列为易危物种。

① 译者注：依据Frost (2018)，异毒蛙属*Allobates*被移入臭毒蛙科Aromobatidae。

科名	箭毒蛙科Dendrobatidae[①]
其他名称	塔拉曼卡火箭蛙
分布范围	哥斯达黎加、巴拿马、哥伦比亚、厄瓜多尔
成体生境	低地潮湿森林
幼体生境	溪流
濒危等级	无危。分布范围很广且总体上无种群下降迹象

塔氏箭毒蛙
Allobates talamancae
Striped Rocket Frog
(Cope, 1875)

成体体长
雄性
11/16—15/16 in (17—24 mm)
雌性
5/8—1 in (16—25 mm)

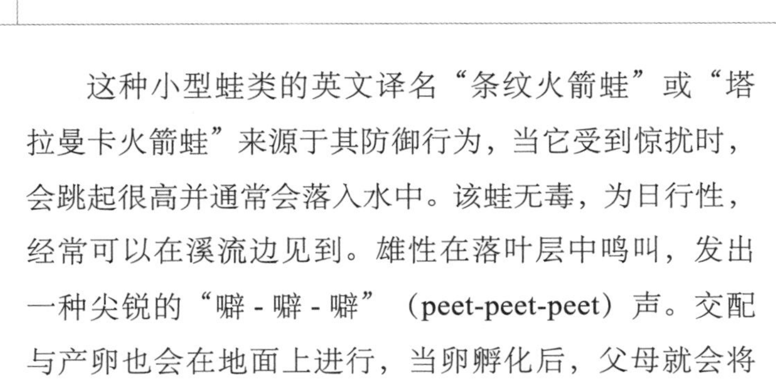

这种小型蛙类的英文译名“条纹火箭蛙”或“塔拉曼卡火箭蛙”来源于其防御行为，当它受到惊扰时，会跳起很高并通常会落入水中。该蛙无毒，为日行性，经常可以在溪流边见到。雄性在落叶层中鸣叫，发出一种尖锐的“噼 - 噼 - 噼”（peet-peet-peet）声。交配与产卵也会在地面上进行，当卵孵化后，父母就会将蝌蚪一批一批地带到溪流里面去。有报道称该蛙类会大量聚集，可能是为了共同抵御捕食者。

实际大小

塔氏箭毒蛙的背部有咖啡色细小的圆形疣粒，有一条从起于吻端纵贯体背的浅色纵纹，下面还有一条黑色纵纹；腹面为浅灰色，四肢为棕色有深色横纹；雄性喉部为黑色，而雌性则为白色、乳白色或黄色。

相近物种

萨氏箭毒蛙 *Allobates zaparo* 也被称作红背箭毒蛙，与塔氏箭毒蛙非常相似，然而前者除了有毒之外，其行踪也更加隐秘，主要分布于厄瓜多尔和秘鲁。另一个比较相似的物种是三线箭毒蛙 *Allobates trilineatus*，主要分布于玻利维亚、厄瓜多尔和哥伦比亚。这些物种都不是濒危物种。

① 译者注：依据 Frost (2018)，异毒蛙属*Allobates*被移入臭毒蛙科Aromobatidae。

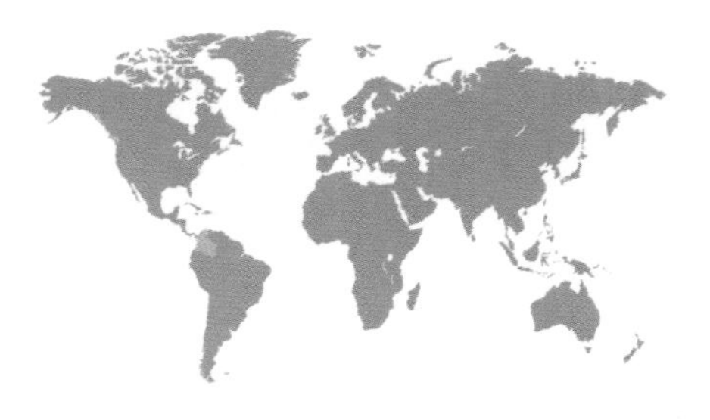

科名	箭毒蛙科Dendrobatidae
其他名称	无
分布范围	哥伦比亚
成体生境	云雾林与干燥森林，海拔1580—2100 m
幼体生境	积水的凤梨科植物上
濒危等级	濒危。分布范围狭小，受到栖息地破坏、凤梨科植物被移除与宠物贸易捕捉的威胁

成体体长
雄性
⅝—¾ in (16—19 mm)
雌性
11/16—¾ in (18—20 mm)

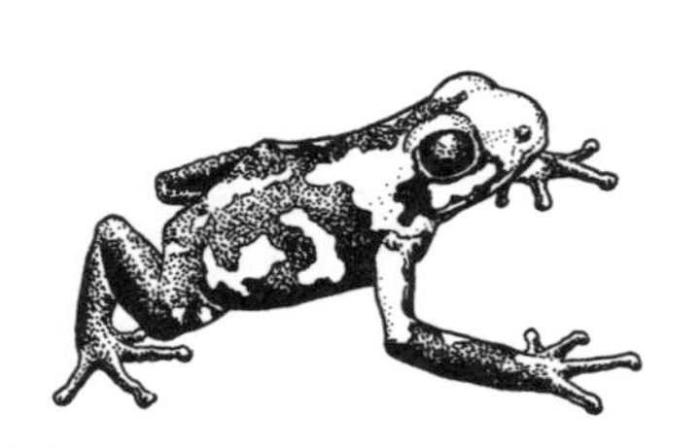

蜂鸣箭毒蛙
Andinobates bombetes
Cauca Poison Frog
(Myers & Daly, 1980)

实际大小

蜂鸣箭毒蛙体型纤细；头窄；吻端钝圆；指、趾末端为方形；背面为黑色或深棕色，有红色或橘黄色条纹覆盖并直指吻部；体侧部与腹部为浅绿色、蓝绿色或黄色，与黑色相间，前肢为红色。

这种稀有蛙类的种本名“*bombetes*”来源于雄性的鸣叫声类似于黄蜂的嗡嗡声。它分布于哥伦比亚安第斯山，主要生活于森林地面的落叶层中，属日行性。该蛙产卵于地面，当卵孵化后，雄性就会将蝌蚪用黏液粘在背部，将其分批带到凤梨科植物充满水的叶腋内，每次可以携带1—2个，之后蝌蚪在那里完成发育。最近的研究发现，生活于溪流附近的雄性发出的鸣叫声音调要高于远离溪流的雄性（高音调鸣叫声更有利于在嘈杂的流水环境中传播）。

相近物种

同样分布于哥伦比亚安第斯山的维洛林箭毒蛙*Andinobates virolinensis*身体主要为鲜红色，被列为濒危物种。该蛙的栖息地，以及另一种最近才被描述的鲜红色的卡氏箭毒蛙*Andinobates cassidyhornae*的栖息地，因森林砍伐、农业扩张侵蚀与农药使用而受到极大的破坏。此外，这两种蛙类还受到宠物贸易非法捕捉的威胁。

科名	箭毒蛙科Dendrobatidae
其他名称	无
分布范围	巴拿马中部
成体生境	低地森林，海拔136 m
幼体生境	未知
濒危等级	尚未评估。在很狭小的分布范围内常见，但正受到森林砍伐与铜矿开采的威胁

成体体长
雄性
7/16—9/16 in (11—14 mm)
雌性
平均 ½ in (13 mm)

杰氏箭毒蛙

Andinobates geminisae

Andinobates Geminisae

Batista, Jaramillo, Ponce & Crawford, 2014

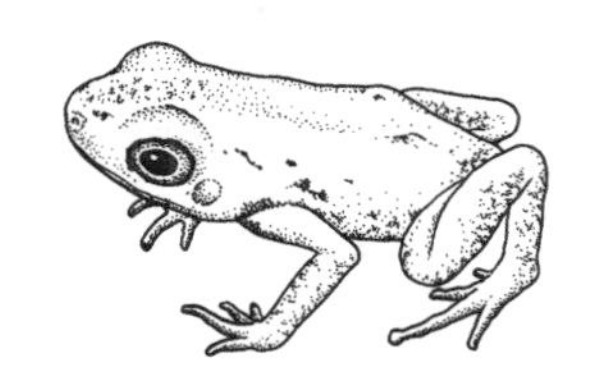

这种微型箭毒蛙类发现于2011年，仅分布于未受人类活动影响的天然林中，通常见于朽木下与朝向于山脊的岩石堆中。它白天活动，在森林地面上跳动，其体表鲜艳的颜色令它十分显眼。雄性主要在早晨鸣叫，每分钟发出两次嗡嗡的叫声。有观察发现一个雄性个体背部携带着一个蝌蚪，这表明该蛙类也存在亲代抚育行为。研究者认为该蛙的蝌蚪在积水的杯状叶片、空心树与猪笼草内发育。

实际大小

杰氏箭毒蛙体型纤细；吻端钝圆；指、趾端具小吸盘；皮肤呈腺体状质感；通身为铬橙色，有时有棕色小斑；指与趾为蓝灰色，眼为黑色。

相近物种

杰氏箭毒蛙与小箭毒蛙 *Andinobates minutus* 十分接近。蓝腹箭毒蛙也是一种体型微小、分布于巴拿马与哥伦比亚的蛙类，其背部有金色与黑色相间的明显图案。它在地面上产卵，并会将蝌蚪带到凤梨科植物叶腋内的小水洼中。杰氏箭毒蛙在外形上与后瘤箭毒蛙（第360页）相似，但后者分布于哥伦比亚。

科名	箭毒蛙科Dendrobatidae
其他名称	无
分布范围	哥伦比亚
成体生境	山地森林，海拔1160—2200 m
幼体生境	充满水的凤梨科植物上
濒危等级	易危。分布范围十分狭小，种群数量受栖息地丧失与宠物贸易捕捉的威胁

成体体长
9/16—3/4 in (14—20 mm)

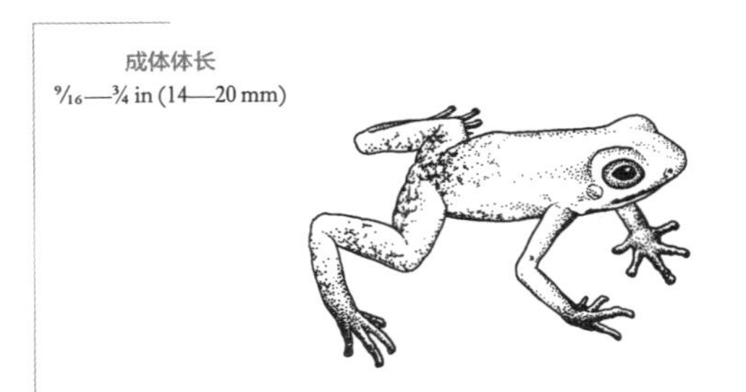

后瘤箭毒蛙
Andinobates opisthomelas
Andean Poison Frog
(Boulenger, 1899)

实际大小

后瘤箭毒蛙体型纤细；眼为黑色且突出；指、趾末端钝圆；身体与四肢鲜红色，有时伴以少量黑色点斑；有些个体前肢下面与后腿为棕色或黑色。

目前，对这种色彩鲜艳的小型蛙类所知甚少。它主要生活于森林地面的落叶层中，并在此环境中产卵。雄性会照料蝌蚪，将蝌蚪一次一只地带到凤梨科植物叶腋内的积水洼内。该蛙仅分布在安第斯山东坡非常狭小的地区，而这片栖息地也正在受到森林砍伐与被农业用地侵占的威胁。由于其色彩鲜艳，因而面临非法宠物贸易的严重捕捉。

相近物种

该属的 14 个物种中，两个种被列为极危，三种为濒危，四种为易危。大多数物种都分布于哥伦比亚。电纹箭毒蛙 *Andinobates fulguritus* 目前尚未受胁，分布于巴拿马与哥伦比亚。在交配过程中，雄性并不抱对雌性，而是将精子存放在地面上，之后雌性在精子上面产 1—5 枚卵。

科名	箭毒蛙科Dendrobatidae[①]
其他名称	无
分布范围	委内瑞拉、圭亚那，巴西可能也有分布
成体生境	灌丛与草地，海拔1860—2700 m
幼体生境	凤梨科植物积水洼内
濒危等级	数据缺乏。分布范围非常狭小，栖息地受到旅游业的影响

成体体长
⅝—¾ in (16—19 mm)

罗赖马异舌蛙
Anomaloglossus roraima
Roraima Rocket Frog
(La Marca, 1997)

罗赖马山是一座大型的桌状山或称平顶山，位于委内瑞拉、巴西与圭亚那三国交界处，于1596年被西尔·沃尔特·罗利发现，山顶周围是比陆地高出约400 m的悬崖，这对其周围的很多植物和动物来说都是难以逾越的屏障。罗赖马山是包括这种小蛙在内的很多独特物种栖息的家园。雄性用一种高声调的单音节鸣叫声来吸引雌性。卵被产在凤梨科植物叶子上，通常大约五枚卵为一团。目前，仍不清楚该蛙的蝌蚪是如何从凤梨科植物的叶子到叶腋内积水洼里去的。

实际大小

罗赖马异舌蛙眼大；指与趾部缀以浅蓝色斑点；指、趾末端具小吸盘；身体与四肢的棕色色斑形态多变，有散布的黑色点斑；有一条深棕色横纹穿过眼睛。

相近物种

分布于南美洲的异舌蛙属*Anomaloglossus*大约包含30个物种[②]。布氏异舌蛙*Anomaloglossus breweri*发现于委内瑞拉的阿普达平顶山，被列为易危物种。斯氏异舌蛙*Anomaloglossus stepheni*体型非常小巧，是一种分布于巴西的常见而广布的物种。奎氏对趾蟾（第195页）虽然与罗赖马异舌蛙亲缘关系较远，但是都分布在同一座山上。

① 译者注：依据Frost (2018)，异舌蛙属被移入臭毒蛙科Aromabatidae。
② 译者注：依据Frost (2018)，异舌蛙属目前有28个物种。

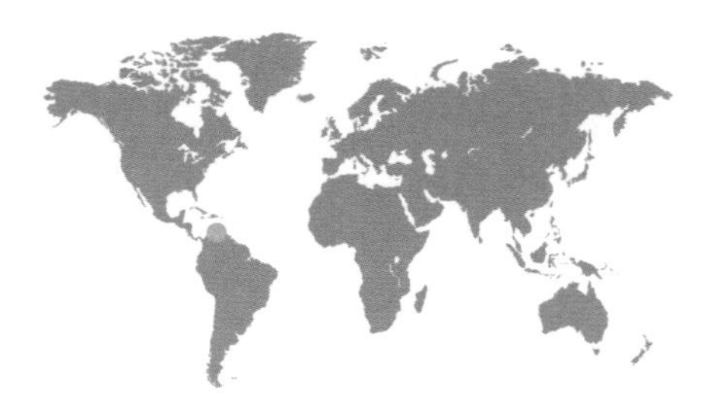

科名	箭毒蛙科Dendrobatidae①
其他名称	无
分布范围	委内瑞拉西北部
成体生境	云雾林
幼体生境	冷水溪流中
濒危等级	极危。分布范围非常狭小且受到栖息地丧失的威胁

成体体长
雄性
1¾—2 in (45—52 mm)
雌性
2¹⁄₁₆—2½ in (53—62 mm)

夜行臭毒蛙

Aromobates nocturnus

Venezuelan Skunk Frog

Myers, Paolillo & Daly, 1991

这种鲜为人知的蛙类得名于被抓住时释放出类似于臭鼬的气味，其皮肤分泌物似乎除了恶臭外并无毒。夜行臭毒蛙隶属于箭毒蛙科，几乎完全生活于溪流内，为夜行性蛙类。该蛙仅分布于一片面积为 10 km^2 的森林中，并且这片森林已经极大程度地因农业开垦与修路而被砍伐。在 2000 年到 2010 年期间，其种群数量下降了 80%，2012 年该物种被列为“消失”。

相近物种

臭毒蛙属 *Aromobates* 目前有 19 个物种②，仅发现于委内瑞拉、哥伦比亚和玻利维亚等地的安第斯山脉北部。这些物种与其他箭毒蛙类不同的是体色为隐蔽色，此外，对它们还知之甚少，很多物种已经多年未曾被发现。梅里达臭毒蛙 *Aromobates meridensis* 分布于委内瑞拉与玻利维亚，目前已检测到导致壶菌病的真菌，它已被列为极危物种。

夜行臭毒蛙体较扁；肌肉发达；趾间具蹼；指、趾末端具吸盘；体色为橄榄绿，常有浅色色斑。

实际大小

① 译者注：依据 Frost (2018)，臭毒蛙属被移入臭毒蛙科Aromabatidae。
② 译者注：依据 Frost (2018)，臭毒蛙属目前有18个物种。

科名	箭毒蛙科Dendrobatidae[1]
其他名称	无
分布范围	委内瑞拉北部
成体生境	森林，海拔1610 m
幼体生境	溪流
濒危等级	近危。分布范围小，由于栖息地丧失导致种群数量已经下降

成体体长
雄性
¾—15/16 in (19—24 mm)
雌性
⅞—1⅛ in (21—28 mm)

赫氏箭毒蛙
Mannophryne herminae
Hermina's Poison Frog
(Boettger, 1893)

与其他大多数箭毒蛙类不同，这个小型物种的颜色并不鲜艳。赫氏领毒蛙似乎更偏好于阴暗的森林深处，可常在这种环境的溪流附近发现它。皮肤色斑为其提供了良好的伪装作用。雄性白天鸣叫来吸引雌性，抱对后将卵产于地面上。雄性将蝌蚪每批4—15只背在背上带到溪流内，蝌蚪在溪流内完成发育。该物种分布于委内瑞拉北海岸，栖息地正受到森林火灾和农业用地扩张的威胁。目前在该物种中已检测出造成壶菌病的真菌。

实际大小

赫氏箭毒蛙体型小而扁；吻端突出；眼大；背面为橄榄绿色、棕色或鞣色，背部有深色斑纹，四肢上有深色横纹；有一条深色纵纹贯穿眼睛，在这条深色条纹之上，有一条浅灰色条纹纵贯全身。

相近物种

里氏箭毒蛙*Mannophryne riveroi*分布于委内瑞拉北海岸，其森林栖息地大部分已遭破坏，被列为濒危物种。领斑箭毒蛙*Mannophryne collaris*分布于更靠西部的委内瑞拉安第斯山，其处境也同样堪忧。另见三带箭毒蛙（第364页）。

① 译者注：依据Frost (2018)，领毒蛙属*Mannophryne*被移入臭毒蛙科Aromobatidae。

科名	箭毒蛙科Dendrobatidae[①]
其他名称	特立尼达箭毒蛙、特立尼达溪蛙
分布范围	特立尼达
成体生境	潮湿森林
幼体生境	溪流
濒危等级	易危。分布范围小，由于水污染与栖息地破坏导致种群数量正在下降

成体体长
雄性
11/16—3/4 in (17—20 mm)
雌性
11/16—7/8 in (18—22 mm)

三带箭毒蛙
Mannophryne trinitatis
Yellow-throated Frog
(Garman, 1888)

这是一种小型蛙类，其英文译名“黄喉蛙”来源于雌性喉部呈鲜亮的黄色；雄性则为灰色。它主要生活于清澈的溪流中，交配前，雄性通过鸣叫求偶，在此期间雄性的体色会从棕色变成黑色。卵被产在石缝内或落叶层上，每窝卵 2—12 枚，由雄性照看 21 天。之后雄性会将蝌蚪背在背上带到溪流静水塘内，不仅如此，雄性还会非常仔细地检查水塘以避免掠食性的鱼虾伤害自己的蝌蚪。

相近物种

领毒蛙属 *Mannophryne* 的 19 个物种中大多数都被列为近危、易危、濒危或极危。在易危物种名录内的是奥氏箭毒蛙 *Mannophryne olmonae*，主要分布于特立尼达和多巴哥。目前，可致壶菌病的真菌检测结果呈阳性，但是该蛙是否确实受到壶菌病的严重影响仍不清楚。另见赫氏箭毒蛙（第 363 页）。

三带箭毒蛙体型小而扁；吻端突出；眼大；指、趾端具吸盘；头部与背部为浅棕色，体侧部为黑色白点；四肢为浅棕色带有深棕色横纹，眼下部有一条白色条纹。

实际大小

① 译者注：依据 Frost (2018)，领毒蛙属被移入臭毒蛙科Aromobatidae。

科名	箭毒蛙科Dendrobatidae①
其他名称	无
分布范围	哥伦比亚中部
成体生境	云雾林与热带雨林
幼体生境	溪流
濒危等级	无危。常见种，种群数量稳定

成体体长
雄性
5/16—1 7/16 in (23—37 mm)
雌性
1 1/8—1 9/16 in (28—39 mm)

蹼趾溪毒蛙
Rheobates palmatus
Palm Rocket Frog
(Werner, 1899)

这种微型蛙类藏身于小而潮湿的石缝或裂缝，躲避天敌并存放蛙卵。雄性在白天鸣叫，发出音调优美的口哨声。它们一边跳上跳下，一边鸣叫，同时体色变为黑色。如果雌性接受了雄性，雌性就会接近该雄性鼓胀的声囊并滑到雄性的下巴下面。之后雄性将雌性引到产卵场所，并守护着卵直到其孵化。卵孵化后，雄性会每次把20—30只蝌蚪带到溪流内。有时蝌蚪会待在它们的父亲背上长达七天。

实际大小

蹼趾溪毒蛙体型小而较圆胖；吻端钝圆；指、趾末端具吸盘；背面为深棕色具黑色斑点，腹面为浅灰棕色；眼前后有一条深色条纹，体侧部有时有浅灰色斑点。

相近物种

溪毒蛙属 *Rheobates* 仅有两个物种，之前都隶属于残胸毒蛙属 *Colostethus* 内（第369页）。伪蹼趾溪毒蛙 *Rheobates pseudopalmatus* 仅分布于哥伦比亚中部很小的区域内，截止到本书写作时，用以评估其种濒危等级的相关数据仍不充足。

① 译者注：依据Frost (2018)，溪毒蛙属*Rheobates*被移入臭毒蛙科Aromobatidae。

科名	箭毒蛙科Dendrobatidae
其他名称	红宝石毒箭蛙
分布范围	厄瓜多尔南部、秘鲁北部、哥伦比亚
成体生境	热带森林
幼体生境	水塘或小溪
濒危等级	无危。由于森林砍伐而造成部分地区种群下降，但是有些栖息地位于保护区内

成体体长
雄性
11/16—15/16 in (17—24 mm)
雌性
3/4—15/16 in (19—24 mm)

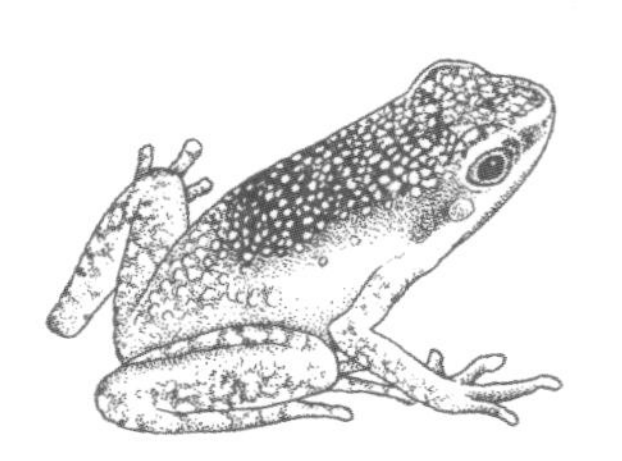

红宝石箭毒蛙
Ameerega parvula
Ruby Poison Frog
(Boulenger, 1882)

实际大小

这种体型很小而色彩斑斓的蛙类是亚马孙河流域上游的居民。它们白天活动，在落叶层中跳来跳去。身上鲜艳的颜色警示潜在的捕食者，其皮肤含有有毒化合物，这种化合物来源于它们进食的蚂蚁。其卵被产在地面上的巢穴中，当卵孵化后，雄性会背着蝌蚪到小积水坑内或者缓速溪流中，蝌蚪在那里完成发育。有报道称该蛙会展示出一种挥舞足部的动作，但并不清楚这种动作是否带有侵略性或是求偶作用，抑或是两种作用都有。

红宝石箭毒蛙吻突出；眼大，呈深色；背面的底色为黑色或棕色；其背部有很多红色突起的小圆点，向头部密度逐渐增大，四肢上突起的小圆点为蓝色；有一条浅蓝色纵纹从上唇一直延伸到体侧，腹部为蓝色与黑色。

相近物种

目前，腺毒蛙属 *Ameerega* 已有 32 个物种，其中一些是最近才被描述的，它们都分布于中美洲和南美洲。双声箭毒蛙 *Ameerega bilinguis* 在外形上与红宝石箭毒蛙相似，主要分布于厄瓜多尔与哥伦比亚。凯氏箭毒蛙 *Ameerega cainarachi* 分布于秘鲁，其森林栖息地大部分已经由于农业开垦而丧失，被列为易危至灭绝等级。另见三线箭毒蛙（第 368 页）与西氏箭毒蛙（第 367 页）。

科名	箭毒蛙科Dendrobatidae
其他名称	无
分布范围	秘鲁中部
成体生境	山地雨林
幼体生境	溪流
濒危等级	濒危。分布范围非常狭小，栖息地受到森林砍伐的威胁，同时也被非法走私到世界各地

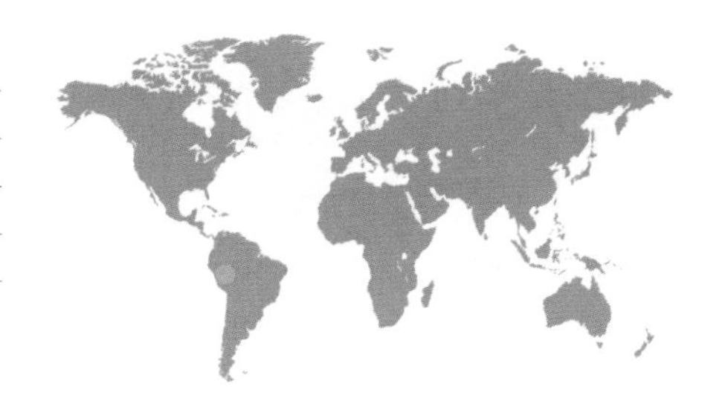

西氏箭毒蛙
Ameerega silverstonei
Silverstone's Poison Frog
(Myers & Daly, 1979)

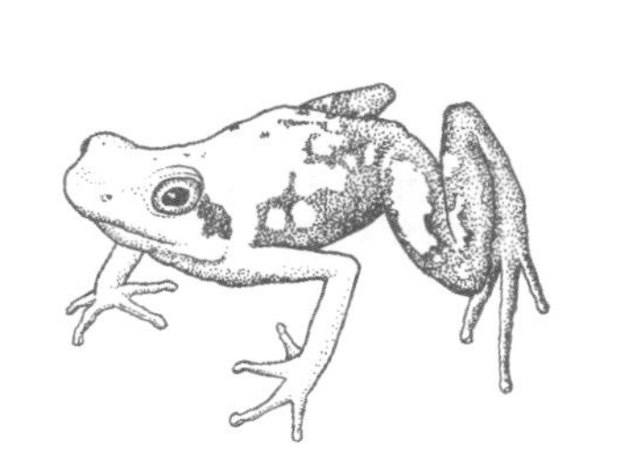

成体体长
雄性
最大 1½ in (38 mm)
雌性
最大 $1^{11}/_{16}$ in (43 mm)

这个稀有物种比其他很多箭毒蛙类都要大一些，体表颜色非常惊艳，使得它成为国际宠物贸易非法捕捉的主要目标。它仅分布于安第斯山脉东边的阿苏尔山一片山区。其栖息地非常潮湿，似乎可以终年进行繁殖。雄性发出一种带颤音的叫声来吸引雌性，它们可在地面上产卵 30 枚左右。雄性会护卵并在孵化后将蝌蚪带到溪流里去。西氏箭毒蛙的皮肤分泌物的毒性虽然不如其他箭毒蛙那样强烈，但是它也会使捕食者非常难以下咽，其毒素对蛇类来说并不足以致死。

实际大小

相近物种

巴氏箭毒蛙 *Ameerega bassleri* 是分布于秘鲁东部的一个近危物种，体色非常多变，体表为黑色，带有金黄色、橘黄色、绿色或蓝色条纹。另外一个秘鲁物种蓬戈箭毒蛙 *Ameerega pongoensis*，仅知其一个分布点且被列为易危物种，主要生活于溪流附近的低地。另见红宝石箭毒蛙（第 366 页）与三线箭毒蛙（第 368 页）。

西氏箭毒蛙吻端突出；皮肤粗糙呈腺质；头部、身体和后腿为鲜红色、橘黄色或黄色，常缀以黑色点斑；后腿较长，为黑色，有时大腿有红色相间；虹膜上部为金黄色。

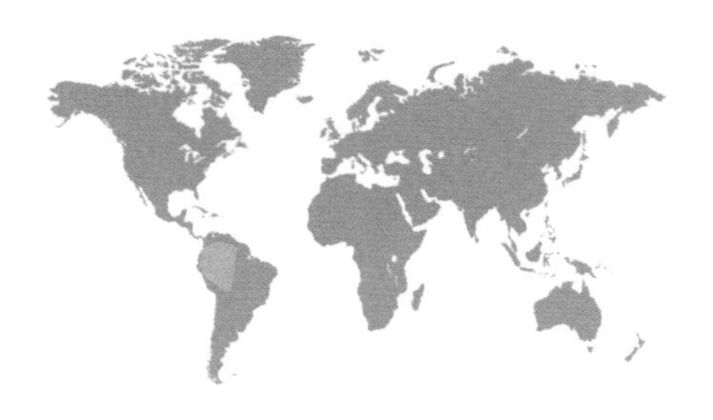

科名	箭毒蛙科Dendrobatidae
其他名称	三线腺毒蛙
分布范围	亚马孙河流域，西起秘鲁东至苏里南，南到玻利维亚
成体生境	热带雨林
幼体生境	小水塘
濒危等级	无危。由于森林砍伐而造成部分地区种群下降，但是有些栖息地位于保护区内

成体体长
雄性
最大 1⅝ in (42 mm)
雌性
最大 1$^{15}/_{16}$ in (50 mm)

三线箭毒蛙

Ameerega trivittata

Three-striped Poison Frog

(Spix, 1824)

该物种是体型较大的箭毒蛙类之一，分布范围很广。每年5—8月的雨季期间，雄性会建立起一片4—156 m^2 的领地，并且会通过鸣叫与打斗的方式来守卫领地。雌性在不同雄性领地内来回走动，并受到雄性领主的追求而非攻击。雌性倾向于选择与领地面积较大的雄性交配，并将卵产在落叶堆下。孵化后雄性会将蝌蚪背在背上并送到小水塘里面去，在那里蝌蚪完成发育。

三线箭毒蛙吻突出；眼大，呈深色；背上部腺体发达呈腺质感而体侧光滑；背部与体侧为黑色带有绿色条纹，或是绿色带有黑色条纹；眼下有一条浅绿色条纹，四肢可呈黄色、绿色或棕色。

实际大小

相近物种

三线箭毒蛙的外表与斑腿箭毒蛙 *Ameerega picta* 非常接近，两个物种都有毒并且进化出相似的样子，可以增加它们抵御捕食者的效果。这是一种叫作穆勒拟态的进化策略。另见红宝石箭毒蛙（第366页）与西氏箭毒蛙（第367页）。

科名	箭毒蛙科Dendrobatidae
其他名称	无
分布范围	巴拿马、哥伦比亚北部
成体生境	低地森林，海拔最高800 m
幼体生境	雌性背上，之后为小水塘
濒危等级	无危。分布部分区域种群下降，可能是由于壶菌病感染

成体体长
雄性
最大 1¹⁄₁₆ in (27 mm)
雌性
最大 1⅛ in (28 mm)

巴拿马火箭蛙
Colostethus panamansis
Panama Rocket Frog
(Dunn, 1933)

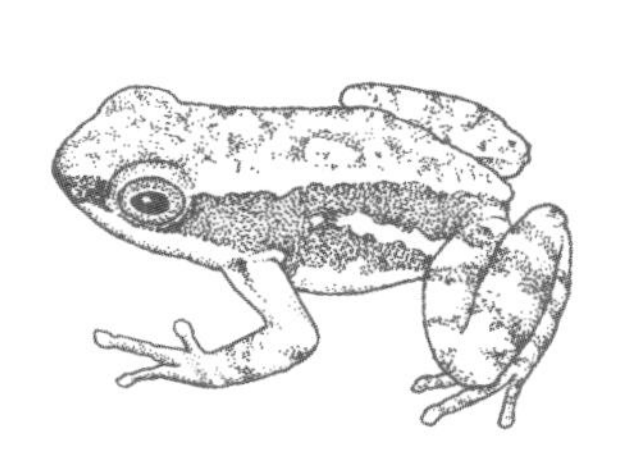

这是一种小型箭毒蛙，其雌性在子代抚育方面起主要作用。卵被产于落叶堆中，孵化后，蝌蚪们会蠕动到雌性的背部。雌性每次会背着20—35只蝌蚪，在将这些蝌蚪放入水塘之前，有时会背着它们长达九天。在此期间，蝌蚪会在雌性背上生长，主要以自身的卵黄为给养，或食用由雌性进入水塘后收集的食物。该蛙的繁殖活动在5—6月雨季开始时最为频繁。其雌性与雄性都非常好斗，通常都会采取打斗的方式驱逐领地入侵者。

实际大小

巴拿马火箭蛙是一种体型小而扁、吻端钝圆的蛙类；背面和四肢为棕色，体侧部为深棕色，腹面为乳白色；体侧部每侧后半部分都有一条白色或黄色窄条纹；腋窝下、胯部与四肢下面有黄色斑纹；此处展示的是一只背部背着蝌蚪的雌性巴拿马火箭蛙。

相近物种

残胸毒蛙属 *Colostethus* 的23个物种[①]中，大多数都被称作火箭蛙，主要分布于巴拿马，但也有一些分布于北美洲。窝斑火箭蛙 *Colostethus inguinalis* 仅分布于哥伦比亚北部，并且与巴拿马火箭蛙非常相似。普氏火箭蛙 *Colostethus pratti* 与巴拿马火箭蛙的分布区有很大重叠，这两个物种的个体会为了相同的空间而直接竞争，也会对彼此之间的争斗鸣叫进行应答。

① 译者注：依据Frost (2018)，残胸毒蛙属有17个物种。

科名	箭毒蛙科Dendrobatidae
其他名称	无
分布范围	厄瓜多尔西南部、秘鲁西北部
成体生境	热带森林，海拔150—1400 m
幼体生境	溪流内水塘
濒危等级	近危。分布范围小且栖息地受到破坏与化学污染的威胁

成体体长
雄性
¾—1 in (19—25 mm)
雌性
⅞—1$\frac{1}{16}$ in (21—27 mm)

安氏地毒蛙
Epipedobates anthonyi
Anthony's Poison Arrow Frog

(Noble, 1921)

实际大小

安氏地毒蛙皮肤光滑；吻端突出；后肢短而发达；体色为深红色至棕色，背部有三条白色或黄色的纵纹；四肢上有白色斑点，横纹和斑点常有淡蓝色色调；腹部为红色或棕色与白色相间的大理石纹。

这种色彩艳丽的小型蛙类在雨季建立领地，雄性会发出一种带颤音的鸣叫声来阻止入侵者并吸引雌性。它在清晨和傍晚特别活跃，常见于溪流附近。在交配期间，雄性会发出一阵呱呱声。雌性在雄性领地的落叶层中的巢穴内产下15—40枚卵，之后由雄性护卵达两周左右，在此期间会保持卵的湿润并不被入侵者发现。当卵孵化以后，雄性会将它们带到水塘或者溪流中去，蝌蚪会在其中完成发育。

相近物种

安氏地毒蛙是最近才从三色地毒蛙（第371页）中拆分出来的物种，后者是分布于厄瓜多尔的濒危物种。这两个物种外形十分相似，且其皮肤都能分泌一种叫作地棘蛙素的毒素，这种化合物是非常有效的镇痛剂，其药效是吗啡的200倍以上。人工合成的这种毒素用于非致死性止疼药。

科名	箭毒蛙科Dendrobatidae
其他名称	幽灵毒箭蛙
分布范围	厄瓜多尔中部
成体生境	森林，海拔1000—1769 m
幼体生境	水塘或缓速溪流
濒危等级	濒危。仅知于一片范围非常狭小的区域内的七个分布点；种群受栖息地丧失与捕捉的威胁，并且可能易受壶菌病的影响

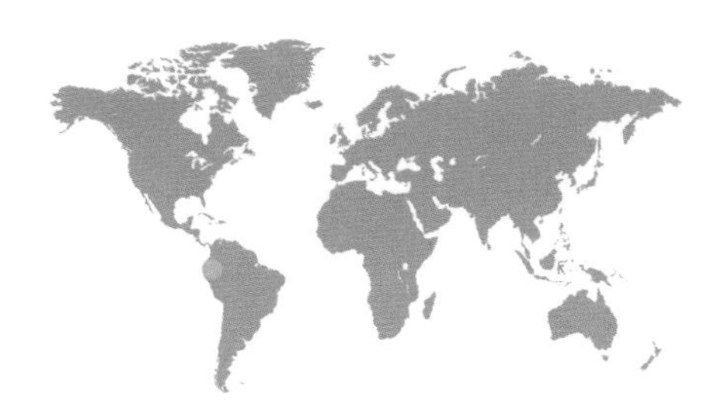

三色地毒蛙
Epipedobates tricolor
Phantasmal Poison Frog
(Boulenger, 1899)

成体体长
雄性
平均 ¾ in (20 mm)
雌性
平均 ⅞ in (22 mm)

这种小型蛙类的体色非常引人注目，并具富于变化，使得在野外调查研究中就可以一眼鉴定出这个物种。其雄性非常好斗，在子代抚育中也起主要作用。每个雄性都会为了守卫领地而鸣叫，且在必要的情况下与入侵者进行格斗，在格斗过程中会奋力将对方按在地面上。雌性每窝产约 10 枚卵，由雄性进行护卫，在孵化以后，雄性就会将蝌蚪带入水中。雌性偏好那些能够发出更加复杂鸣叫声的雄性，这种雄性年龄较大，同时后代存活率也更高。

实际大小

三色地毒蛙体表光滑；吻端突出；体色呈深红色至棕色，背部有三条纵向的白色或黄色条纹，四肢上有白色点斑，条纹通常断裂成为短带纹；腹部有红色或棕色与白色相间的大理石纹。

相近物种

地毒蛙属 *Epipedobates* 有七个物种，均分布于厄瓜多尔与哥伦比亚的安第斯山西部与缓坡中。马查利亚地毒蛙 *Epipedobates machalilla* 是一种咖啡色小型蛙类，发现于厄瓜多尔低海拔地区，雄性会护卵并将蝌蚪带入水中。布氏地毒蛙 *Epipedobates boulengeri* 分布于哥伦比亚与厄瓜多尔，在环境改变的栖息地，如花园中也能存活。

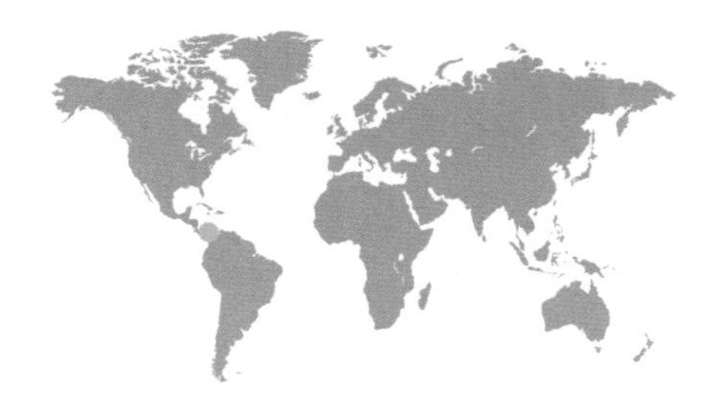

科名	箭毒蛙科Dendrobatidae
其他名称	无
分布范围	中美洲与南美洲，从哥斯达黎加南部到哥伦比亚北部
成体生境	雨林，海拔1600 m以下
幼体生境	小溪
濒危等级	近危。由于壶菌病的感染造成其分布范围内很多地区的种群下降

成体体长
雄性
$\frac{5}{8}$—$\frac{3}{4}$ in (16—20 mm)
雌性
$\frac{11}{16}$—$\frac{7}{8}$ in (17—23 mm)

高山侧条箭毒蛙
Silverstoneia nubicola
Boquete Rocket Frog
(Dunn, 1924)

实际大小

高山侧条箭毒蛙背部为深棕色，体侧为黑色；四肢为红棕色带有黑色点斑；从吻端沿体侧到胯部有一条非常明显的白色纵纹，还有一条从吻部纵贯体长的浅色纹，腹部为黄色。

这种小型蛙类似乎能终年繁殖，主要生活在森林地面的落叶层中，经常见于溪流附近的岩石缝中。雄性白天鸣叫，发出一种音调很高的“噼……噼……噼”（peet...peet...peet）声。卵被产于落叶层中并由雄性进行护卫，孵化出蝌蚪以后，雄性每次背1—11只在背上，并将它们带到可以完成发育的小溪里。2004年，在巴拿马厄尔科普国家公园内发现了几只死亡的标本，检测发现这些个体感染了壶菌病。

相近物种

目前，侧条毒蛙属 *Silverstoneia* 共有八个物种，其中五个都是2013年才被描述的。浮侧条毒蛙 *Silverstoneia flotator* 在哥斯达黎加和巴拿马非常常见，其外形和分布范围都与高山侧条毒蛙非常相似。这两种蛙的蝌蚪嘴部周围均有一个特殊的漏斗状器官，使它们能够在水中漂浮时进食。

科名	箭毒蛙科Dendrobatidae
其他名称	无
分布范围	巴西东北部
成体生境	低地热带森林
幼体生境	积水的小坑，尤其是在巴西胡桃壳内
濒危等级	无危。无种群下降迹象，但是可能受到宠物贸易的威胁

成体体长
$^{11}/_{16}$—$^{7}/_{8}$ in (18—23 mm);
雌性略大于雄性

栗栖李箭毒蛙
Adelphobates castaneoticus
Brazil-nut Poison Frog
(Caldwell & Myers, 1990)

当巴西栗树的栗子掉落到地面上后，果实会被刺豚鼠之类的哺乳动物吃掉，而外面的果壳就会被扔到一旁，里面很快就会积满水。这些“小水罐”就成为蛙类、蟾蜍和多种昆虫理想的育儿场所。在同一个栗子壳内生活的幼体们会互相竞争或互相吞食，因此通常最早到达的物种才能够存活下来。这种五颜六色的小型蛙类由雄性护卵直到孵化，之后会将蝌蚪放在巴西栗子壳和其他小水坑中，其蝌蚪很大且非常好斗，主要以昆虫幼体为食。

实际大小

栗栖李箭毒蛙背部皮肤黑色而富有光泽，缀以白色或黄色点斑，有时点斑排列成行；四肢为棕色，与躯干连接处有较大黄色或橘黄色点斑。

相近物种

该属还有另外两个非常华丽的物种，分布于巴西东部的溅背李箭毒蛙 *Adelphobates galactonotus* 生活于落叶层中，体色为黑色，背部为嫩黄色或橘黄色；五线李箭毒蛙 *Adelphobates quinquevittatus* 主要分布于巴西与秘鲁，体色为黑色带有白色纵纹，四肢为黄色，有黑色点斑。目前对这三个物种来说，最大的威胁就是它们漂亮的体色使其在宠物市场非常受欢迎。

科名	箭毒蛙科Dendrobatidae
其他名称	绿黑箭毒蛙
分布范围	尼加拉瓜、哥斯达黎加、巴拿马、哥伦比亚，引入至夏威夷的瓦胡岛
成体生境	低地雨林
幼体生境	树木与凤梨科植物的积水小坑里
濒危等级	无危。总体上无种群下降迹象

成体体长
雄性
1—1$\frac{9}{16}$ in (25—40 mm)
雌性
1$\frac{1}{16}$—1$\frac{5}{8}$ in (27—42 mm)

炫彩箭毒蛙
Dendrobates auratus
Green Poison Frog
(Girard, 1855)

实际大小

炫彩箭毒蛙头尖；皮肤富有光泽，身体大部分呈黑色，带有闪亮的绿色斑纹，但体色还存在很多种变异形式：有些个体的黑色底色可替换为棕色或铜色，而绿色斑纹可替换为黄色或蓝色；有些个体的皮肤还有一层金黄色的光泽。它善于攀爬，指、趾末端有小吸盘。

这种绚丽的蛙类白天活动，雄性会守卫自己在落叶层中的领地，领地内建有巢穴。在求偶过程中，雌性显得更加积极主动，不断靠近雄性并用后足拍打雄性的背部。有时候几个雌性也会为了接近同一个喜欢的雄性而大打出手。由于会和不同的雌性进行交配，雄性有时会护卫多达六批卵。雄性会转动卵以使其保持湿润，并将真菌移除。卵孵化后，雄性每次把1—2只蝌蚪背到树洞或凤梨科植物的小水洼内。

相近物种

没有其他物种在外形上和炫彩箭毒蛙相似，并且该物种的一些行为也很特殊：雌性在交配活动中更为积极主动，这似乎在所有蛙类中都是独一无二的。箭毒蛙属 *Dendrobates* 共有五个物种，都在白天活动、色彩艳丽，皮肤内都有毒素分泌物，源于它们所捕食的蚂蚁及其他有毒的昆虫。另见黄带箭毒蛙（第375页）与染色箭毒蛙（第376页）。

科名	箭毒蛙科Dendrobatidae
其他名称	黄蜂毒箭蛙、黄头箭毒蛙
分布范围	委内瑞拉、圭亚那、巴西、哥伦比亚、玻利维亚
成体生境	低地雨林
幼体生境	树木上小积水坑
濒危等级	无危。总体上无种群下降迹象

成体体长
1¼—1¹⁵⁄₁₆ in (31—50 mm)

黄带箭毒蛙
Dendrobates leucomelas
Yellow-headed Poison Frog
Steindachner, 1864

这种色彩艳丽的蛙类生活于非常炎热而潮湿的森林中，主要在白天活动，食物来源主要是蚂蚁，这也是其皮肤所分泌毒素的主要来源。亲代抚育仅由雄性完成，而雌性的任务只是产卵。在人工饲养条件下，雌性每次产卵2—12枚，但在一个繁殖期内其产卵总数可达100—1000枚。雌性在选择雄性时，主要是依据其鸣叫声，它偏好于那些能发出更加复杂的鸣叫声的雄性。雄性照看在地面上巢穴里的卵，之后将蝌蚪带到树木上的小积水坑内。

实际大小

黄带箭毒蛙比箭毒蛙属 *Dendrobates* 其他物种的体型大；皮肤为黑色而富有光泽，有三条黄色或橘黄色横向带纹，其内常有黑色斑点；四肢为黑色与黄色或橘黄色相间图案，指、趾末端具吸盘。

相近物种

黄带箭毒蛙在外形上和其他蛙类都不同。事实证明，该蛙在人工饲养条件下很容易繁殖，然而分布于哥伦比亚的另外一个近缘种，截吻箭毒蛙 *Dendrobates truncatus* 却无法进行人工繁殖，该物种因此受到《濒危野生动植物种国际贸易公约》的保护。另见炫彩箭毒蛙（第374页）与染色箭毒蛙（第376页）。

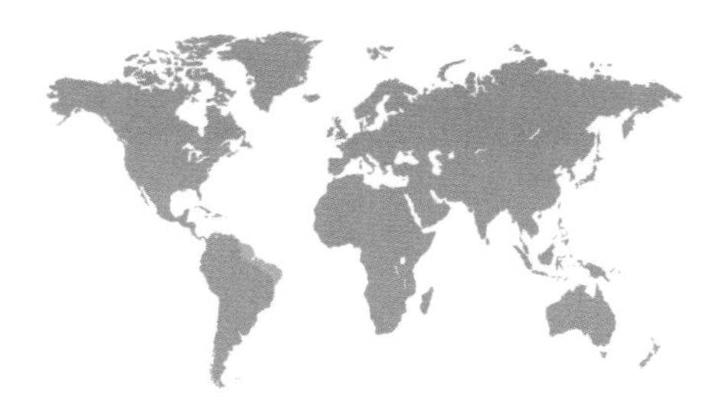

科名	箭毒蛙科Dendrobatidae
其他名称	染色毒箭蛙、染色蛙
分布范围	圭亚那、苏里南、法属圭亚那、巴西东北部
成体生境	低地森林，海拔600 m以下
幼体生境	植物内小积水抗
濒危等级	无危。种群数量稳定。在宠物贸易中十分受宠但在人工饲养条件下很容易繁殖

成体体长
1⁵⁄₁₆—1¹⁵⁄₁₆ in (34—50 mm)

染色箭毒蛙
Dendrobates tinctorius
Dyeing Poison Frog
(Cuvier, 1797)

这是一种色彩斑斓的蛙类，其得名于被土著部落利用的古怪方式——当地土著人将幼年鹦鹉背上的羽毛拔下来，再用染色箭毒蛙来摩擦鹦鹉暴露的皮肤；鹦鹉重新长出来的羽毛，其颜色由于受到该蛙毒素的影响变为黄色或红色而非原来的绿色。该蛙的体色富于变化，有两种常见的色斑类型。其中一种色斑类型以前被当作一个独立的物种，即钴蓝箭毒蛙 *Dendrobates azureus*①，其体色为亮蓝色与黑色相间，同时带有白色点斑。雌性染色箭毒蛙在求偶过程中更为活跃，它们会接近雄性并用前肢击打雄性的背部与吻部。

染色箭毒蛙四肢、指与趾均较长；指、趾末端具发达吸盘，雌性吸盘为圆形而雄性的为心形；体色极具变化，这里展示的是身体呈浅蓝色并缀以深色点斑、四肢为深蓝色的个体；其他的体色形式有头部与背部具不同量的嫩黄色、四肢为蓝色或黑色；有一些罕见的个体黄色部分则多出许多。

相近物种

截吻箭毒蛙 *Dendrobates truncatus* 分布于哥伦比亚安第斯山西坡的森林里，在宠物贸易市场非常受欢迎。另一种有多个体色类型的是溅背李箭毒蛙 *Adelphobates galactonotus*，主要分布于巴西东部到亚马孙南部的森林中。另见炫彩箭毒蛙（第 374 页）与黄带箭毒蛙（第 375 页）。

实际大小

① 译者注：依据Frost (2018)，钴蓝箭毒蛙被作为染色箭毒蛙的同物异名。

科名	箭毒蛙科Dendrobatidae
其他名称	无
分布范围	秘鲁北部
成体生境	森林，900—1100 m
幼体生境	凤梨科植物叶腋内的小水洼
濒危等级	濒危。由于栖息地的破坏，该物种的分布范围已经分解为几个森林片段，种群数量也受到宠物贸易捕捉的影响

成体体长
1¹⁄₁₆—1⅛ in (27—29 mm)

秘箭毒蛙

Excidobates mysteriosus
Marañón Poison Frog
(Myers, 1982)

这是一种色彩与众不同的小型蛙类，其生活习性与凤梨科植物密切相关。雄性发出一种咯咯声的鸣叫来吸引雌性，卵被产在凤梨科植物的苞片上。之后，雄性会把它们运到植物叶腋内的积水里，蝌蚪在此处完成发育。其森林栖息地已经遭受到极大的破坏，这些地区已经逐渐被咖啡种植园所取代，该物种幸存于目前仅有的五六块零星林区内。秘箭毒蛙还受到国际宠物贸易捕捉的威胁。自从该物种被发现以来，曾有60年没有见到它们的身影，直到1989年才再次被人们发现。

实际大小

秘箭毒蛙色斑非常独特：身体黑色或深棕色，背部、头部、四肢散以白色波尔卡式圆点花斑，有些个体的点斑则带有浅蓝色调；体表圆形点斑的大小与分布都非常多变，但下巴下面总有一个圆点。

相近物种

圆斑毒蛙属 *Excidobates* 共有三个物种，这些物种的大腿下面都有卵圆形斑点。囚箭毒蛙 *Excidobates captivus* 是一种体型非常小的蛙类，体长不超过17 mm，仅见于两个分布点内，1929年到1960年期间，在野外一直都没有发现它的踪迹，其蝌蚪在蝎尾蕉类 *Heliconia* 植物上形成的小水洼内发育。孔多尔山箭蛙 *Excidobates condor* 分布于厄瓜多尔，于2012年被描述。

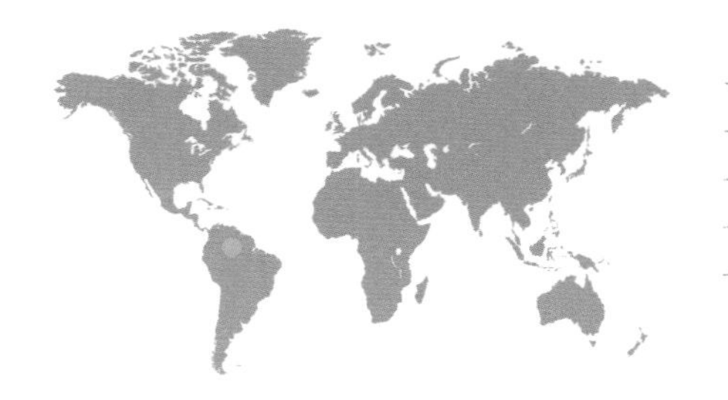

科名	箭毒蛙科Dendrobatidae
其他名称	恶魔毒箭蛙、亚帕卡纳小红蛙
分布范围	委内瑞拉南部
成体生境	雨林，海拔600—1200 m
幼体生境	凤梨科植物与其他植物叶腋内的小水洼中
濒危等级	极危。分布范围非常狭小，受到栖息地破坏与非法捕捉的威胁

成体体长
½—¾ in (12—19 mm)

斯氏侏毒蛙

Minyobates steyermarki

Demonic Poison Frog

(Rivero, 1971)

实际大小

斯氏侏毒蛙前肢较为细长；背部皮肤光滑；指、趾末端具吸盘，而指端吸盘较大；背侧与腹侧表面为红棕色、深红色或猩红色带有黑色点斑，而腹侧点斑数量更多；四肢有时为浅橙色。

亚帕卡纳山位于委内瑞拉南部，是一座桌状山或称平顶山，此区域是这种小型蛙类的唯一栖息地，因金矿开采带来的污染导致其栖息地被严重破坏。斯氏侏毒蛙主要见于岩石附近的苔藓地上。雄性发出一连串轻柔的叫声来吸引雌性，产卵后由雄性照看，并维持卵的湿润直到孵化。雌性每次产卵3—9枚，孵化期为10—14天。孵化后，雄性会将蝌蚪们背到凤梨科植物或其他植物叶腋内的小水洼中，蝌蚪在此发育，需要长达七周才能完成变态。

相近物种

斯氏侏毒蛙是本属唯一的物种，但与其他颜色亮丽、白天活动、皮肤分泌物有毒的箭毒蛙类十分相似。主要从两个方面对其进行区分：第一，在交配期间，雄性抱住雌性的头部而不是躯干部；第二，其皮肤分泌物毒性相对较弱，毒素的化学成分与其他箭毒蛙类不同。

科名	箭毒蛙科Dendrobatidae
其他名称	无
分布范围	巴拿马西部
成体生境	森林，海拔0—1120 m
幼体生境	凤梨科植物叶腋内的小水洼中
濒危等级	濒危。分布范围非常狭小且受到栖息地破坏的影响

成体体长
¾—⅞ in (20—22 mm)

树栖箭毒蛙
Oophaga arborea
Polkadot Poison Frog
(Myers, Daly & Martínez, 1984)

这种小型蛙类毒性很强，主要营树栖生活。雄性在凤梨科植物叶子上鸣叫来吸引雌性，随后雌性接近雄性，用后腿敲击叶片并触碰雄性吻部。交配期间无抱对行为，而是采取泄殖孔相对的方式进行。交配后会产出一窝卵，为4—8枚，雄性会非常积极地护卵。目前仍不清楚雌雄中何方将卵孵化出的蝌蚪带到凤梨科植物的小水洼内，在那里蝌蚪以雌性产出的未受精卵为食。

实际大小

树栖箭毒蛙的英文名（波尔卡圆点箭毒蛙）得名于其黑色或棕色底色上排列的白色或黄色波尔卡式圆形点斑，非常特殊的是这种圆点较周围皮肤有轻微隆起；后腿很短；指、趾末端具发达的吸盘。

相近物种

在本属另外两个物种中，小丑箭毒蛙 *Oophaga histrionica* 与华丽箭毒蛙 *Oophaga speciosa*，都由雌性来完成包括护卵在内的所有亲代抚育。有观察记载小丑箭毒蛙的雌性个体会吃掉其他雌性的卵。华丽箭毒蛙体色为鲜红色，主要分布于巴拿马很狭小的范围内，被列为濒危物种。另见疣背箭毒蛙（第380页）、莱氏箭毒蛙（第381页）与草莓箭毒蛙（第382页）。

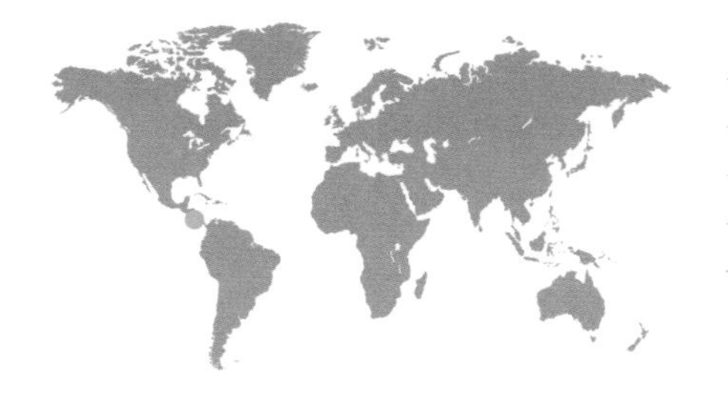

科名	箭毒蛙科Dendrobatidae
其他名称	疣背毒箭蛙、疣毒箭蛙
分布范围	哥斯达黎加沿太平洋西海岸与东海岸附近的一小片区域中
成体生境	潮湿低地，海拔100 m以下
幼体生境	植物叶腋内的小水洼
濒危等级	易危。由于栖息地丧失与捕捉而导致种群数量下降

成体体长
11/16—7/8 in (18—22 mm)

疣背箭毒蛙
Oophaga granulifera
Granular Poison Frog

(Taylor, 1958)

实际大小

疣背箭毒蛙之所以有这样的名称是因为其背部皮肤布满疣粒；指端的吸盘较趾端的更大；主要的颜色类型是背部、头部与大臂为橘黄色，腹部、小臂与后腿为绿色；分布于哥斯达黎加太平洋海岸的克波斯地区的个体，背部、头部与小臂则为橄榄绿色而非红色。

这种小型蛙类常见于溪流附近的森林地面上，雄性具有领地性，通过鸣叫与入侵者打斗来守卫产卵场。其叫声是一连串叽喳声，在清晨和傍晚更常听到。当雌性进入雄性的领地内，雄性会将雌性引到一片卷曲的叶子上，雌性在叶子里产下3—4枚卵。雄性将护卫自己的卵，并在卵上撒尿以保持其湿润。在第一批卵孵化后，雌性还会继续产多批卵。由雌性每次把1—2只蝌蚪带到植物叶腋内的水洼里去。

相近物种

在食卵毒蛙属*Oophaga*的九个物种中，雌性都会用未受精卵来喂养蝌蚪，一个小水洼内通常只会剩下一只蝌蚪，它会以一种特有的游泳方式来向雌性索要食物。除了发育所需的营养外，卵里还含有毒素，因此发育中的蝌蚪可以从雌性那里获得毒性。另见树栖箭毒蛙（第379页）、莱氏箭毒蛙（第381页）与草莓箭毒蛙（第382页）。

科名	箭毒蛙科Dendrobatidae
其他名称	红带箭毒蛙
分布范围	哥伦比亚东部
成体生境	山地森林
幼体生境	植物叶腋、树洞内的小水洼
濒危等级	极危。仅见于两个分布点，栖息地已经退化，并且还受到宠物贸易捕捉的威胁

成体体长
1¼—1⁷⁄₁₆ in (31—36 mm)

莱氏箭毒蛙
Oophaga lehmanni
Lehmann's Frog
(Myers & Daly, 1976)

这种色彩独特并极其稀有的小型蛙类成为宠物贸易的目标之一。不幸的是，它非常脆弱，很少能够在人工饲养条件下长时间存活。双亲都会抚育子代，雄性护卵并且会不时地翻动卵来确保氧气充足。卵孵化以后，由雌性将蝌蚪带到凤梨科植物、中空树洞与竹节内的小水洼里，之后雌性会定期地去查看并给蝌蚪喂食未受精卵。其蝌蚪会同类相食，因此每个小水洼里一般只剩下一只蝌蚪。

实际大小

莱氏箭毒蛙皮肤平滑而富有光泽；指、趾较长；指、趾末端具吸盘；雄性吸盘为银白色；共有三种色斑形式，沿躯干部有两条红色、黄色或橘黄色的宽带纹，与黑色或棕色的底色形成强烈反差；四肢为棕色或黑色，有颜色宽带纹环绕于其上。

相近物种

莱氏箭毒蛙与小丑箭毒蛙 *Oophaga histrionica* 在人工饲养条件下已经成功杂交，这令人怀疑这两个物种是否确实有效。小丑箭毒蛙体色极其多变，分布于哥伦比亚与厄瓜多尔的个体具有蓝色、红色与黄色的色斑类型。另见树栖箭毒蛙（第 379 页）、疣背箭毒蛙（第 380 页）与草莓箭毒蛙（第 382 页）。

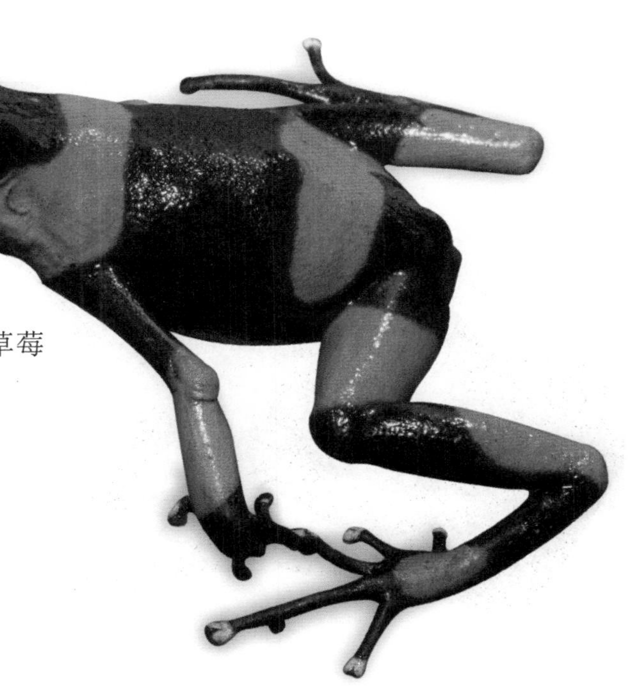

科名	箭毒蛙科Dendrobatidae
其他名称	以前为*Dendrobates pumilio*，火红箭毒蛙、红蓝箭毒蛙、草莓箭毒蛙
分布范围	哥斯达黎加、尼加拉瓜、巴拿马
成体生境	加勒比海岸的雨林中，海拔960 m以下
幼体生境	植物叶腋内的小水洼中
濒危等级	无危。受宠物贸易的大量捕捉

成体体长
最大 15/16 in (24 mm)

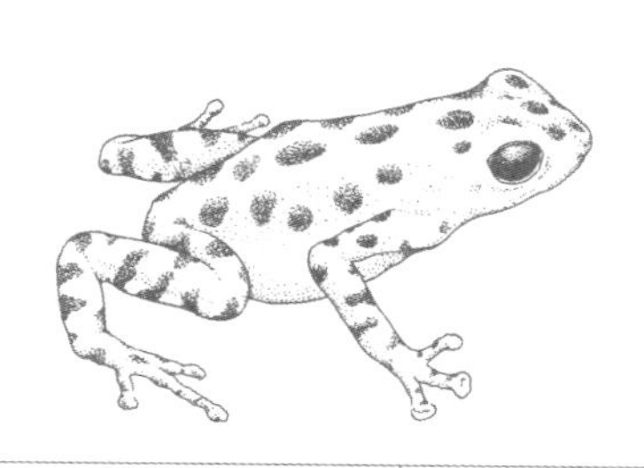

草莓箭毒蛙
Oophaga pumilio
Strawberry Poison-dart Frog
(Schmidt, 1857)

实际大小

草莓箭毒蛙体色非常多变：已经描述的有不少于30种色型；这里展示的是一种叫作“蓝牛仔裤”的色型，也是最为常见的色型，其他还有纯红、纯蓝和纯绿色的体色；其毒素来源于食物中的蚂蚁和其他有毒的昆虫；人工饲养的个体不投喂这些食物的话则没有毒性。

该蛙的双亲都会进行亲代抚育。雄性在森林地面上鸣叫来吸引雌性，并守卫着自己的一小片领地，阻止其他雄性入侵。在雄性的领地内，雌性会将卵产在土壤里的小洞中，每窝卵3—17枚，雄性会护卵并在卵上面撒尿以保持其湿润直到孵化。雌性每次将1—2只蝌蚪背在背上，把它们带到凤梨科植物或其他植物积水的叶腋里，此后会定期察看，给蝌蚪喂食未受精的卵。

相近物种

食卵毒蛙属*Oophaga*共有九个物种。属名中的“食卵”是指蝌蚪在发育期间只会吃由雌性喂给它们的未受精卵。如果雌性一旦死亡或者忘记把蝌蚪放在了哪里，那么这些蝌蚪就会活活饿死。食卵毒蛙属所有物种的颜色都非常鲜艳，它们白天活动，主要分布在中美洲与南美洲。另见树栖箭毒蛙（第379页）、疣背箭毒蛙（第380页）与莱氏箭毒蛙（第381页）。

科名	箭毒蛙科Dendrobatidae
其他名称	黑腿毒箭蛙、双声箭毒蛙
分布范围	哥伦比亚东部，海拔1500 m以下
成体生境	热带雨林
幼体生境	溪流内的水塘
濒危等级	近危。分布范围有限且受到森林砍伐与非法喷洒农药的威胁

双色叶毒蛙
Phyllobates bicolor
Black-legged Poison Frog
Bibron, 1840

成体体长
雄性
1¼—1⁹⁄₁₆ in (32—40 mm)
雌性
1⅜—1¹¹⁄₁₆ in (35—43 mm)

这种体色艳丽的蛙类会在生命周期中变更体色。幼体为深棕色或黑色，带有两条纵向黄纹，而成体背部呈均一的黄色。它生活于溪流附近的森林地面上，雌性将卵产在落叶层覆盖的巢穴中，每窝卵 12—20 枚。雄性会护卵并保持卵的湿润，当卵孵化后，还会把蝌蚪带到溪流内的水塘里。双色叶毒蛙仅见于哥伦比亚的西科迪勒拉山脉，其森林栖息地因农业发展而受到破坏，而且仅在一个保护区内有发现。

实际大小

双色叶毒蛙体色多样，但背部主要呈嫩黄色或橘黄色，体侧部与四肢为黑色或深蓝色，常散以黄色点斑；皮肤光滑，指与趾端略微变宽；眼睛为黑色。

相近物种

毒液被人类涂抹在箭头上用于狩猎的箭毒蛙类，有记载的仅有三种，双色叶毒蛙是其中之一；另外的两种分别是黄金叶毒蛙（第 384 页）与金带叶毒蛙 *Phyllobates aurotaenia*。本属还有另外两个物种是暗叶毒蛙 *Phyllobates lugubris* 与带纹叶毒蛙 *Phyllobates vittatus*，均分布于哥斯达黎加与巴拿马。

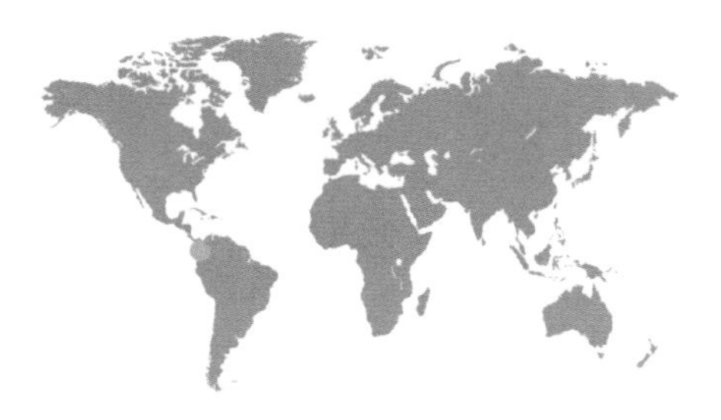

科名	箭毒蛙科Dendrobatidae
其他名称	金蛙、金色毒箭蛙
分布范围	哥伦比亚太平洋海岸附近的一小片地区
成体生境	雨林
幼体生境	凤梨科植物的叶腋与树洞内的小水洼
濒危等级	濒危。分布范围非常狭小且受到森林砍伐与非法喷洒农药的威胁

成体体长
雄性
$1\frac{7}{16}$—$1\frac{3}{4}$ in (37—45 mm)
雌性
$1\frac{9}{16}$—$1\frac{7}{8}$ in (40—47 mm)

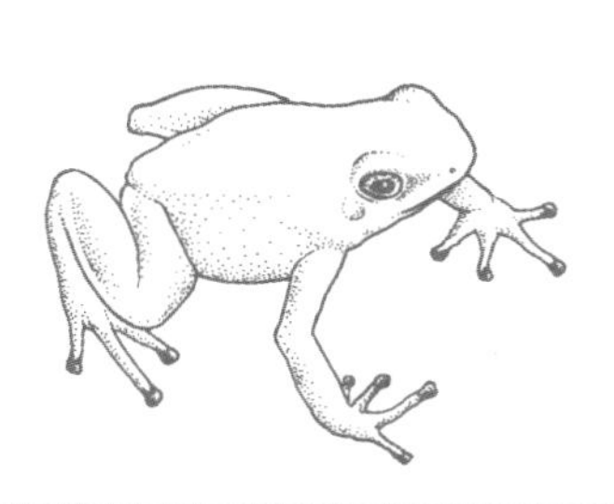

黄金叶毒蛙
Phyllobates terribilis
Golden Poison Frog

Myers, Daly & Malkin, 1978

实际大小

黄金叶毒蛙通身嫩黄色、金橘色、浅金属绿色或白色，位于相同的分布点的个体颜色相似；指与趾端为黑色且略微变宽；眼睛为黑色且有些个体身体上有一块或多块黑斑。

黄金叶毒蛙通常被认为是世界上最毒的蛙类，一只个体皮肤内所含有的毒素足以杀死22000只小鼠或十名成年人。该蛙的毒液一直被哥伦比亚当地印第安人涂在用于狩猎的箭头上，其毒素来源于它在自然条件下捕食的昆虫，在人工饲养条件下则无毒。它白天在地面上跳来跳去，即使受到干扰也从不躲避，因为黄金叶毒蛙的天敌只有一种对其毒素有免疫的蛇类。和其他箭毒蛙类一样，雄性会护卵，并把蝌蚪带到树洞内的小水洼里。

相近物种

叶毒蛙属 *Phyllobates* 共有四个物种①，生活史都相似。双色叶毒蛙（第383页）体型更小，它与金带叶毒蛙 *Phyllobates aurotaenia* 的毒性不如黄金叶毒蛙强烈，但是也同样被哥伦比亚印第安人用作狩猎箭毒。这两个物种都被列为近危物种，其雨林栖息地已遭到破坏。

① 译者注：依据Frost (2018)，叶毒蛙属目前有五个物种。

科名	箭毒蛙科Dendrobatidae
其他名称	无
分布范围	秘鲁
成体生境	低地雨林
幼体生境	凤梨科植物充满水的叶腋内
濒危等级	易危。受宠物贸易捕捉和栖息地破坏的影响

成体体长
雄性
⁹⁄₁₆—¹¹⁄₁₆ in (15—18 mm)
雌性
¹¹⁄₁₆—¾ in (17—20 mm)
仅依据很少的标本

神佑短指毒蛙

Ranitomeya benedicta

Blessed Poison Frog

Brown, Twomey, Pepper & Sanchez Rodriguez, 2008

这种颜色惊艳的小型蛙类主要营树栖生活，但会在地面上繁殖，尤其在常见于森林伐木后形成的空地。雄性发出一种频繁重复的嗡嗡叫声来吸引异性。雌性在落叶堆中产 4—6 枚卵并由雄性护卵。当卵孵化后，雄性会将蝌蚪带到大型凤梨科植物上积水的叶腋里。该物种直到 2008 年才被描述，是最近 20 年内被描述于南美洲的多种箭毒蛙物种之一。

实际大小

神佑短指毒蛙头部与颈部为与众不同的鲜红色，常散以黑色点斑；躯干部与四肢为黑色或深蓝色，常有华丽的浅蓝色网纹图案；指、趾末端的吸盘为三角形。

相近物种

神佑短指毒蛙和萨氏短指毒蛙 *Ranitomeya summersi* 以前被当作奇异短指毒蛙 *Ranitomeya fantastica* 的一种色斑变异。萨氏短指毒蛙分布于秘鲁，体色为黑色，带有醒目的黄色条纹图案，它和神佑短指毒蛙一样因宠物贸易而被大量捕捉，并且栖息地正在退化，均已被列为濒危物种。另见拟态短指毒蛙（第 386 页）。

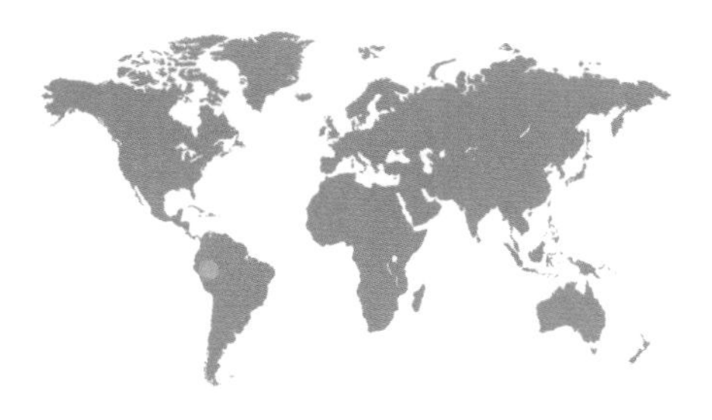

科名	箭毒蛙科Dendrobatidae
其他名称	拟态毒蛙
分布范围	秘鲁东部安第斯山丘陵地带，海拔1000 m以下
成体生境	森林
幼体生境	植物叶腋内的小水洼中
濒危等级	无危。宠物贸易常见，但受到《濒危野生动植物种国际贸易公约》管控

成体体长
11/16—7/8 in (17—22 mm)

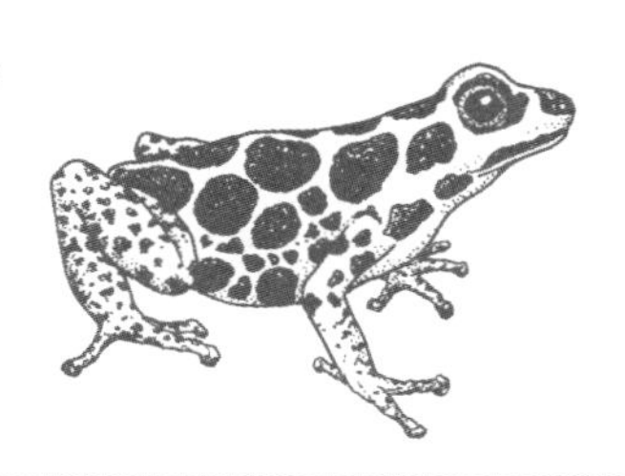

拟态短指毒蛙

Ranitomeya imitator

Imitating Poison Frog

(Schulte, 1986)

实际大小

拟态短指毒蛙体型小而眼大；极善跳跃与攀爬；四肢长而纤细；指、趾末端扩大；皮肤看起来较为粗糙且非常富有光泽；色斑非常多变，这里展示的是身体为亮橙色而四肢和腹部为蓝色的个体，但是最为常见的色型还是底色为黑色，上面有黄色和绿色组成的图案。

这种小型蛙类有两个独特之处：第一，两性间为一夫一妻制，雄性与雌性形成关系稳定的配偶并共同进行亲代抚育；第二，该蛙在其分布的不同区域内存在至少三种色型，其中每种色型都拟态同域分布的其他箭毒蛙物种。雄性在亲代抚育中主要是护卵直到孵化，每次背一只蝌蚪到植物叶腋内的小水洼中，并护卫蝌蚪。而雌性则为发育中的蝌蚪喂食未受精卵。

相近物种

取决于分布地的不同，拟态短指毒蛙分别与其他三个近缘种——多斑短指毒蛙 *Ranitomeya variabilis*、奇异短指毒蛙 *Ranitomeya fantastica* 和腹斑短指毒蛙 *Ranitomeya ventrimaculata* 几乎一模一样，但是可以通过叫声来区分。这是穆勒拟态的一个例子，指多个物种采用相似的鲜亮颜色来警告潜在捕食者其皮肤分泌物有毒的现象。另见神佑短指毒蛙（第 385 页）。

科名	箭毒蛙科Dendrobatidae
其他名称	网纹箭毒蛙
分布范围	秘鲁东部、厄瓜多尔东部
成体生境	低地雨林，海拔200 m以下
幼体生境	植物叶腋内的小水洼中
濒危等级	无危。分布范围广，相对常见，捕捉受法律保护

成体体长
雄性
最大 $\frac{1}{2}$ in (12 mm)
雌性
最大 $\frac{3}{4}$ in (20 mm)

网纹短指毒蛙
Ranitomeya reticulata
Red-backed Poison Frog
(Boulenger, 1884)

这种色彩斑斓的蛙类分布于亚马孙河流域上游，生活于地面上，偶尔也会爬到树干上去。雄性通过叫声来吸引雌性，并用轻抚和轻拍的方式向雌性求爱，雌性则会跺脚来表示已经准备好交配。卵被产于森林地面上，孵化以后，雄性会把蝌蚪带入凤梨科植物和其他植物叶腋内被称为“植物池”（phytotelmata）的小水洼里。雌性会定期去检查蝌蚪并喂给它们未受精卵。蛙类鲜亮的体色是向捕食者表示其皮肤分泌物有毒。

实际大小

网纹短指毒蛙体型纤细；眼大，呈黑色；指、趾末端具发达吸盘；背部后侧、体侧部、前肢与后肢为黑色，缀以白色或粉蓝色的网状斑纹；头部与背部前侧为亮橙色或红色。

相近物种

短指毒蛙属 *Ranitomeya* 16 个物种中有几种是色彩鲜亮且有毒的。多斑短指毒蛙 *Ranitomeya variabilis* 主要分布于秘鲁与厄瓜多尔，是体表为绿色、黄色与黑色混合图案的一个剧毒物种。梵氏短指毒蛙（第 388 页）分布于巴西与秘鲁，身体呈黑色有黄色点斑，四肢为蓝色。另见神佑短指毒蛙（第 385 页）与拟态短指毒蛙（第 386 页）。

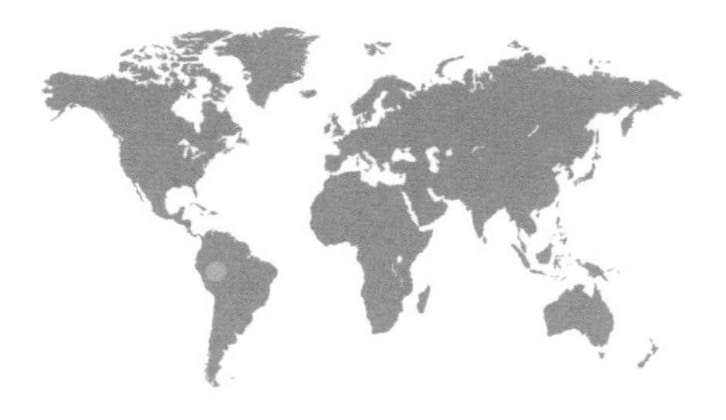

科名	箭毒蛙科Dendrobatidae
其他名称	巴西箭毒蛙
分布范围	秘鲁东部、巴西西南部
成体生境	低地雨林，海拔1300 m以下
幼体生境	树洞内的小水洼中
濒危等级	无危。很多地方种群数量丰富，但是该物种因宠物贸易而被大量捕捉的潜在影响令人担忧

成体体长
雄性
平均 11/16 in (17 mm)
雌性
平均 ¾ in (19 mm)

梵氏短指毒蛙
Ranitomeya vanzolinii
Spotted Poison Frog
(Myers, 1982)

实际大小

梵氏短指毒蛙头窄；皮肤光滑而富有光泽；指、趾末端具发达吸盘；背部为黑色，缀以浅黄色至橘黄色的圆形或长圆形点斑；长长的后肢与前肢为黑色，缀以错综复杂的蓝色网纹。

这是亚马孙雨林中的一种小型居民，也是人类发现的第一种行一夫一妻制交配方式的蛙类，双亲都会进行亲代抚育。雄性通过叫声来护卫领地，在繁殖过程中，雌性会一直待在雄性的领地内。这对伴侣通常在树苗或藤本植物积水的小洞里产下一枚或几枚卵，孵化后，雄性会把每只蝌蚪都转移到一个新的树洞里，这样就能使每个树洞里都只有一只蝌蚪。雌性会去检查蝌蚪的情况，每五天产下 1—2 枚未受精卵来喂养它们。

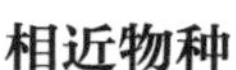

相近物种

梵氏短指毒蛙背部惊艳的斑纹可以与本属其他物种区分开。在秘鲁有几种鲜为人知的物种，其中亚马孙短指毒蛙 *Ranitomeya amazonica* 背呈黑色，上有黄色、橙色与红色的混合条纹。另见神佑短指毒蛙（第 385 页）、拟态短指毒蛙（第 386 页）与网纹短指毒蛙（第 387 页）。

科名	箭毒蛙科Dendrobatidae
其他名称	无
分布范围	秘鲁
成体生境	低地雨林
幼体生境	积水的小凹洞里，之后在溪流中
濒危等级	濒危。分布范围狭小，由于栖息地丧失与非法采集而造成种群下降

成体体长
最大 1 1/16 in (27 mm)

蓝腹林跳毒蛙

Hyloxalus azureiventris

Sky Blue Poison Dart Frog

(Kneller & Henle, 1985)

这种隐秘的小型箭毒蛙类仅分布于秘鲁安第斯山东坡一片非常狭小的地区，该地区的森林被改造成农田而遭到破坏。它常在地面上活动，主要在岩石堆上繁殖。雄性发出一种“喂……喂……喂”（vee...vee...vit）的叫声来吸引雌性，之后环抱雌性头部进行交配。雌性在积水的椰壳、落叶层中小水洼或凤梨科植物内产12—16 枚卵。雄性护卵两周左右，待卵孵化后便将蝌蚪带到溪流里去。

实际大小

蓝腹林跳毒蛙皮肤呈黑色而富有光泽；躯干部缀以黄色或橘黄色纵纹，四肢上有亮丽的天蓝色或绿松石色的复杂小点斑图案；指、趾末端略微变宽。

相近物种

林跳毒蛙属 *Hyloxalus* 目前共有 59 个物种[①]，都是小型蛙类且生活史相似。蹼趾林跳毒蛙（第 390 页）分布于秘鲁与厄瓜多尔的中度海拔山区；林栖林跳毒蛙 *Hyloxalus sylvaticus* 生活于秘鲁高海拔云雾林中。舒阿尔林跳毒蛙 *Hyloxalus shuar* 分布于厄瓜多尔，可致壶菌病的真菌检测结果呈阳性，这对该属物种的生存来说可能是个威胁。

① 译者注：依据Frost (2018)，林跳毒蛙属目前有58个物种。

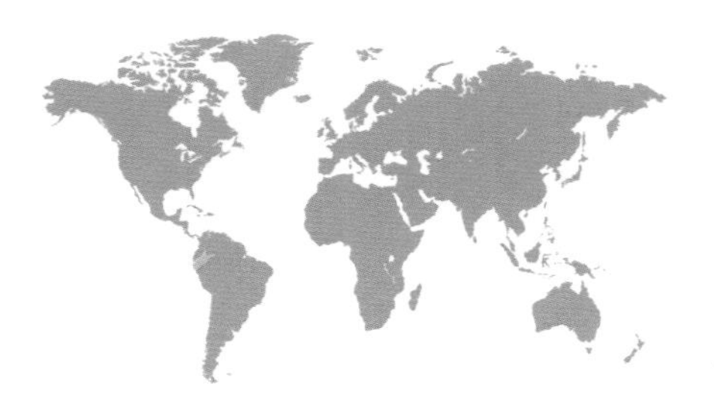

科名	箭毒蛙科Dendrobatidae
其他名称	利蒙火箭蛙
分布范围	厄瓜多尔南部、秘鲁北部
成体生境	雨林，海拔500—1550 m
幼体生境	溪流中
濒危等级	无危。为常见种且种群数量稳定，暂未发现致危因素

成体体长
雄性
最大 $1\frac{3}{16}$ in (30 mm)
雌性
最大 $1\frac{3}{8}$ in (35 mm)

蹼趾林跳毒蛙
Hyloxalus nexipus
Los Tayos Rocket Frog

(Frost, 1986)

实际大小

蹼趾林跳毒蛙体型纤瘦；吻端突出；指、趾末端的吸盘发达；背部与体侧部为深棕色或黑色，从吻端沿体侧有一条红色、橘黄色或黄色的纵纹；四肢为蓝灰色带有深灰色横纹；这里展示的是一只背后背着蝌蚪的雄性。

这种艳丽的蛙类发现于安第斯山东坡，亚马孙河流域的最西边。它们白天在多岩石的溪流附近活动。雄性跳到岩石上鸣叫来守卫溪流领地。雄性竞争对手有时会跳上来与领主打斗并试图取代它的位置。卵被产在溪流附近的地面上，孵化后，雄性会一次背着几只蝌蚪到溪流内的静水塘，让蝌蚪在此处完成发育。

相近物种

曾是厄瓜多尔南部常见种的炭黑林跳毒蛙 *Hyloxalus anthracinus* 因自从 1991 年以来一直未被发现而被列为极危物种；莱氏林跳毒蛙 *Hyloxalus lehmanni* 是分布于哥伦比亚与厄瓜多尔的高海拔物种，被列为近危物种，有人认为这两种蛙已经遭受壶菌病的影响。另见蓝腹林跳毒蛙（第 389 页）。

科名	短头蟾科Brachycephalidae
其他名称	无
分布范围	巴西东南部
成体生境	海岸山地森林，海拔750—1200 m
幼体生境	卵内发育
濒危等级	无危。分布范围广，分布区内有广阔的保护区

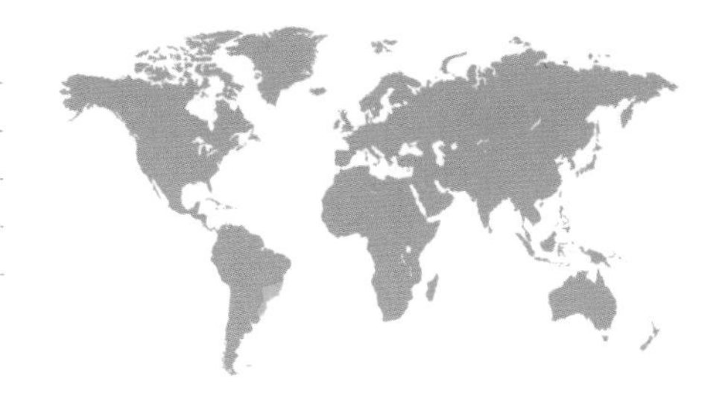

成体体长
½—¾ in (12—20 mm)

鞍背短头蟾
Brachycephalus ephippium
Pumpkin Toadlet
(Spix, 1824)

这种体型圆胖的小型蛙类，在雨季的白天活跃于森林地面，雄性通过鸣叫（一种非常轻的嗡嗡声）以及保持直立姿势时将手在面前上下挥动的方式来守卫领地。领地的争端有时会上升至搏斗。在交配期间，雌性把雄性背到落叶堆中，并在那里产下至多五枚卵。卵受精后，雌性将卵在泥土中滚动而伪装起来，之后就任其自行发育。卵为直接发育类型，直接孵出小幼蛙。

实际大小

鞍背短头蟾的英文名（南瓜小蟾）得名于其球形的体型和嫩黄色或橘黄色的颜色；体型矮胖；四肢很短；仅有三个手指与脚趾；虹膜为黑色。

相近物种

短头蟾属 *Brachycephalus* 共有21个物种[①]，均分布于巴西，因脊椎骨上有一块骨盾，它们也被称为鞍背蟾蜍。它们大多数为红色、橘黄色或黄色，并可能有毒。以鞍背短头蟾为例，它的皮肤含有河豚毒素，是河豚和肥渍螈 *Taricha torosa* 都具有的一种毒素。两趾短头蟾 *Brachycephalus didactylus* 是世界上体型最小的蛙类之一，其体长只有10 mm。

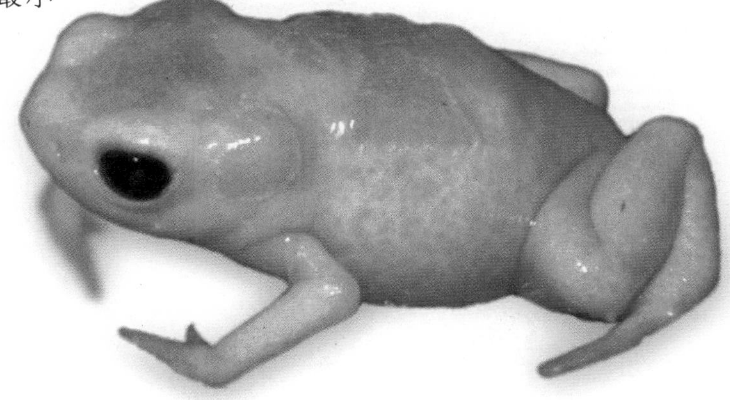

①译者注：依据Frost (2018)，短头蟾属目前有34个物种。

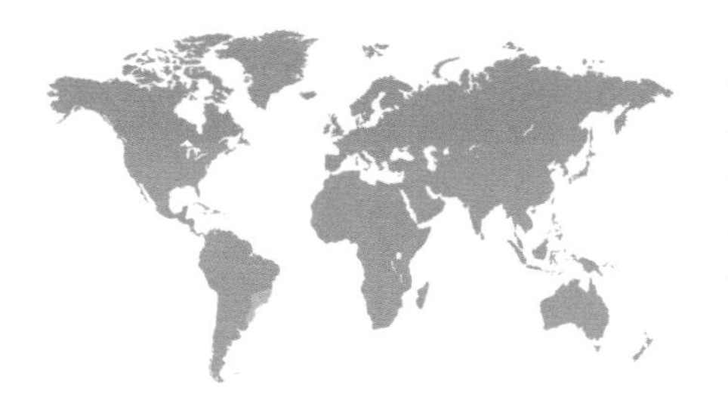

科名	短头蟾科Brachycephalidae
其他名称	无
分布范围	巴西东南部
成体生境	雨林，海拔1200 m以上
幼体生境	卵内发育
濒危等级	无危。分布范围广且总体上无种群下降迹象

成体体长
雄性
$\frac{5}{8}$—$1\frac{5}{16}$ in (16—34 mm)
雌性
$1\frac{1}{8}$—$1\frac{13}{16}$ in (28—46 mm)

耿氏瘦肢蟾
Ischnocnema guentheri
Steindachner's Robber Frog
(Steindachner, 1864)

实际大小

这是一种小型蛙类，其分布于巴西大西洋沿岸森林这个生物多样性热点区域，主要在森林地面上活动，在落叶堆上跳跃。雄性用间歇性鸣叫来吸引雌性，其叫声刚开始很轻而后变响。雌性在地面的小洞里产卵，每窝 20—30 枚。卵为直接发育而没有游离的蝌蚪期，直接孵化出自由活动的小幼蛙。当受到惊扰时，它会装死以欺骗敌人。

相近物种

耿氏瘦肢蟾是瘦肢蟾属 *Ischnocnema* 33 个物种之一，主要分布于巴西东部与阿根廷东北部。有人认为它是多个物种的复合种。总体上对该属物种的生物学特征了解甚少，可能还有一些新种等待描述。

耿氏瘦肢蟾吻长；眼大而突起；后腿长而纤细；趾端具大吸盘；指端略微扩大；背部为棕色、砖红色、绿色或乳白色带有黑色斑块；后肢背面有深色横纹；眼前后有不连续的深色纹。

科名	隐树蟾科Ceuthomantidae
其他名称	无
分布范围	圭亚那
成体生境	海拔1490—1540 m的云雾林中
幼体生境	未知
濒危等级	尚未评估

成体体长
约 ¾ in (20 mm);
仅依据雌雄各一号标本

翡翠隐树蟾
Ceuthomantis smaragdinus
Kamana Falls Emerald-barred Frog
Heinicke, Duellman, Trueb, Means, MacCulloch & Hedges, 2009

翡翠隐树蟾是一个不同寻常的物种，它代表了于2009年运用遗传学方法才“发现”的一个新科（隐树蟾科）。圭亚那地盾位于南美洲东北部，是一种古老的地质构造，其较高的山区就是著名的圭亚那高原——从委内瑞拉东部一直延伸至巴西北部和圭亚那西部，是著名的委内瑞拉桌状平顶山区的发现地。这些“空中高原”孕育了包括翡翠隐树蟾在内的与外界隔离数百万年的大量古老动植物。可以推测，该物种与其近亲一样都是直接发育，由卵直接孵化出小幼蛙。

实际大小

翡翠隐树蟾吻长；每侧眼睑上均有一枚棘疣；指端吸盘具一个明显缺刻；在肩部和背部下方具有成对的未知生物学功能的突起；背部橄榄绿色带有黑色斑块与翠绿色的条纹，其中一条位于两眼之间。

相近物种

在这个最近才被发现的新属中还有另外三个物种，都分布于圭亚那高原：阿氏隐树蟾 *Ceuthomantis aracamuni* 和迪氏隐树蟾 *Ceuthomantis duellmani* 均分布于委内瑞拉，洞鸣隐树蟾 *Ceuthomantis cavernibardus* 则分布于巴西和委内瑞拉。阿氏隐树蟾被列为易危物种，也是该属中已被评估濒危等级的唯一物种。

科名	鼓腹蟾科Craugastoridae
其他名称	无
分布范围	墨西哥，美国亚利桑那州和得克萨斯州
成体生境	林地、灌丛、沙漠峭壁附近、洞穴、裸露石地
幼体生境	卵内发育
濒危等级	无危。在其分布范围内的任意区域均未发现有任何种群下降的迹象

成体体长
雄性
1⅞—3⅜ in (47—87 mm)
雌性
2⅛—3⅝ in (54—94 mm)

奥氏鼓腹蟾
Craugastor augusti
Barking Frog
(Dugès, 1879)

这种陆生蛙类的英文译名“犬吠蛙”来源于雄性的叫声听起来像犬吠一样。这是一个难以被发现的神秘物种，繁殖期在每年2—8月内的任意下雨期间，但最常见的还是4—5月。雄性在岩石缝中鸣叫，并引诱雌性到积满雨水的裂缝或者其他潮湿处产卵，每窝卵50—76枚。该物种为直接发育，蝌蚪期在卵内完成，孵化后小幼蛙便破卵而出。有人认为雌性会在孵化期间在卵上洒上尿液以保持其湿润。

奥氏鼓腹蟾体大而圆胖；眼突起；体两侧各有一纵行肤褶从头后延伸至腹侧后部，指、趾间无蹼；背部黄色、灰色、绿色或棕色带有深棕色斑块；足底的蹠突大。

相近物种

鼓腹蟾属 *Craugastor* 有113个物种[①]，被统称为北部雨蛙。布氏鼓腹蟾 *Craugastor brocchi* 分布于危地马拉与墨西哥，被列为易危物种。金溪鼓腹蟾 *Craugastor chrysozetetes* 曾被发现于洪都拉斯，主要由于森林砍伐而已经灭绝。另见菲氏鼓腹蟾（第395页）与大头鼓腹蟾（第396页）。

实际大小

① 译者注：依据Frost (2018)，鼓腹蟾属目前有115个物种。

科名	鼓腹蟾科Craugastoridae
其他名称	无
分布范围	中美洲与南美洲，北起洪都拉斯南至哥伦比亚
成体生境	森林，海拔0—1200 m
幼体生境	卵内发育
濒危等级	无危。在其分布范围内的任意区域均未发现有任何种群下降的迹象

成体体长
雄性
1⅞—3⅜ in (47—87 mm)
雌性
2⅛—3⅝ in (54—94 mm)

菲氏鼓腹蟾
Craugastor fitzingeri
Fitzinger's Robber Frog
(Schmidt, 1857)

与本科其他物种一样，菲氏鼓腹蟾没有游离的蝌蚪期，卵为直接发育，完全在卵内发育为小幼蛙。在饲养条件下，雌性在地下产卵，每窝20—85枚，并护卵直到孵化完成。其种群数量大且分布广泛，主要于夜间在灌木丛和树上活动，白天则在落叶层中躲避。雄性的鸣叫声听起来像是两块石头撞击的声音；由于这种鸣叫声会吸引以蛙类为食的缨唇蝠 *Trachops cirrhosus* 的注意，因此雄性只间歇性地鸣叫。

相近物种

厚趾鼓腹蟾 *Craugastor crassidigitus* 分布于哥斯达黎加、巴拿马和哥伦比亚，是当地的常见种，可见于咖啡种植园中，这表明该物种能够在被改造的栖息地中存活。另见奥氏鼓腹蟾（第394页）和大头鼓腹蟾（第396页）。

菲氏鼓腹蟾体纤细而腿长；趾间具部分蹼；指、趾末端具吸盘；体背部棕色或黄褐色带有散布黑色点斑，后腿后部有棕色或黄色点斑；很多个体背中部有从头部延伸至后部的灰白色宽纵纹。

实际大小

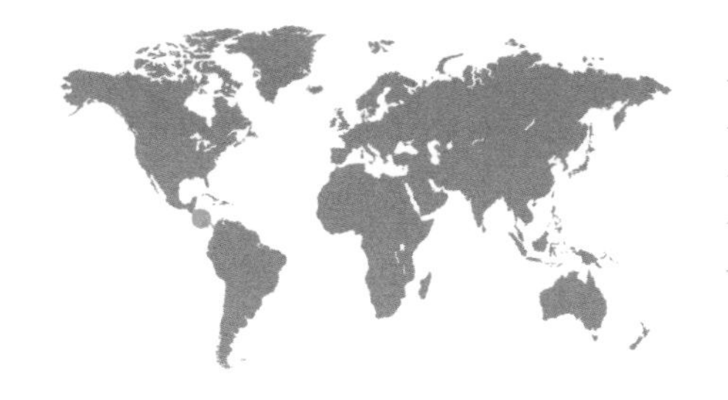

科名	鼓腹蟾科Craugastoridae
其他名称	无
分布范围	中美洲，北起洪都拉斯南至巴拿马
成体生境	森林，海拔0—1200 m
幼体生境	卵内发育
濒危等级	无危。分布范围部分地区种群受到壶菌病感染而下降

成体体长
雄性
1³⁄₁₆—1¹¹⁄₁₆ in (30—43 mm)
雌性
1¹⁵⁄₁₆—2¹³⁄₁₆ in (50—70 mm)

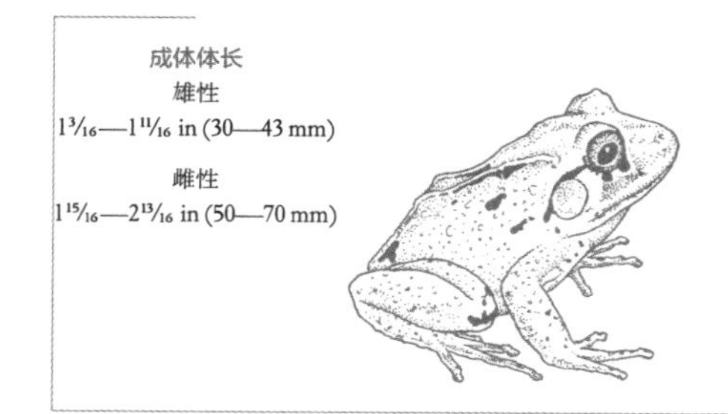

大头鼓腹蟾
Craugastor megacephalus
Broad-headed Rain Frog
(Cope, 1875)

该蛙生活于森林地面落叶堆中，它白天在其他动物的洞穴内躲藏，晚上则蹲守在洞口伏击路过的猎物。它主要以昆虫为食，但是体型较大的个体也捕食小型蛙类和蜥蜴。雄性不会鸣叫，其繁殖习性还没有被报道。在该物种中已经发现了造成壶菌病的真菌，极可能是造成部分地区种群数量明显下降的原因。

相近物种

背褶鼓腹蟾 *Craugastor rugosus* 分布于哥斯达黎加和巴拿马，这种大型蛙类的皮肤极为粗糙并布满褶皱。胖鼓腹蟾 *Craugastor opimus* 是分布于巴拿马与哥伦比亚的极为罕见的一种大型蛙类。另见奥氏鼓腹蟾（第394页）与菲氏鼓腹蟾（第395页）。

实际大小

大头鼓腹蟾得名于其相对宽大的头部；背部有脊状突起形成的沙漏图案；背面为灰色、棕褐色或橄榄色，有时带有浅橙色的色调；身体和四肢腹面为红色或橘黄色并带有交错的深棕色斑纹。

科名	鼓腹蟾科Craugastoridae
其他名称	无
分布范围	洪都拉斯西部与西北部
成体生境	山地森林，海拔1050—1720 m
幼体生境	卵内发育
濒危等级	极危。其森林栖息地受到严重破坏且原始森林中的种群受到壶菌病的感染而下降

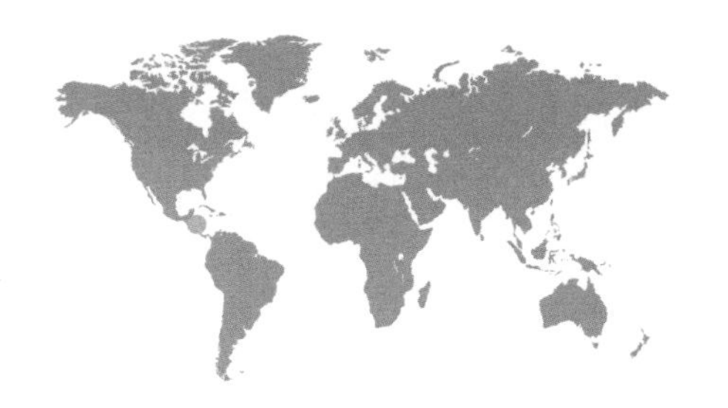

米氏鼓腹蟾
Craugastor milesi
Miles' Robber Frog
(Schmidt, 1933)

成体体长
雄性
¾—1 in (19—26 mm)
雌性
1—$1\frac{7}{16}$ in (25—37 mm)

这种小型蛙类主要见于溪流附近的落叶堆中，曾经是常见种，但是自从20世纪80年代起，其种群数量便急剧下降，自从1983年起就再也未曾被见到，因而2004年已被宣布灭绝，但是2008年在库苏克国家公园发现了一只幸存的个体。米氏鼓腹蟾分布于中美洲，尤其是在高海拔溪流中繁殖的众多物种之一，其原始生境中的种群数量由于壶菌病的蔓延而下降。

实际大小

相近物种

金溪鼓腹蟾 *Craugastor aurilegulus* 是一个濒危物种，见于洪都拉斯北部云雾林中的溪流旁，其高海拔种群几近消失，但低海拔种群则情况较好，这是受壶菌病感染的典型状况。另见奥氏鼓腹蟾（第394页）、菲氏鼓腹蟾（第395页）与大头鼓腹蟾（第396页）。

米氏鼓腹蟾吻端圆；指、趾长，其末端具小吸盘；背面为橄榄绿色，带有不规则的深色斑纹，后腿上具深色交叉线纹；身体与四肢腹面为黄色带有深色碎斑，胯部与大腿内侧有一橘黄色斑块。

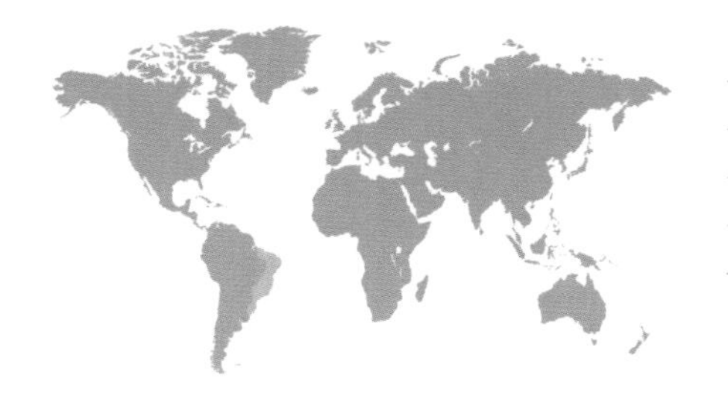

科名	鼓腹蟾科Craugastoridae
其他名称	无
分布范围	巴西东部与东南部
成体生境	森林
幼体生境	卵内发育
濒危等级	无危。分布范围广且无种群下降迹象

成体体长
雄性
1¼—1¾ in (32—45 mm)
雌性
1¾—2 9/16 in (44—64 mm)

双点背嵴蟾
Haddadus binotatus
Clay Robber Frog
(Spix, 1824)

实际大小

该物种是分布于巴西大西洋沿岸森林中的常见种，但对其了解却很少。它主要见于森林地面的落叶堆中，晚上便爬到低矮的植物上。雨季开始时进行繁殖，雄性在灌木丛中鸣叫，发出短促而低沉的鸣叫声。与鼓腹蟾科的其他物种一样，卵为直接发育，孵化出小幼蛙。它以蜘蛛和昆虫为食，但与其他相似蛙类不同，它似乎会避开蚂蚁。

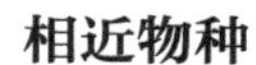

相近物种

背嵴蟾属 *Haddadus* 目前有三个物种，均见于巴西东部大西洋沿岸森林中。目前对双点背嵴蟾的相关研究较少，它很有可能是几个物种的复合种。最后一次采集到褶皱背嵴蟾 *Haddadus plicifer* 已经是100年前了；因为没有种群状态的有效信息，目前该物种被列为“数据缺乏”等级。

双点背嵴蟾吻略突出；四肢纤长；指、趾间无蹼；指、趾腹面的关节下瘤明显；体色为黄色、赭色、红棕色或棕色，带有数目多变的深色点斑，很多个体有一条深色条纹贯穿眼部。

科名	离趾蟾科Eleutherodactylidae
其他名称	无
分布范围	巴拿马西部
成体生境	森林，海拔680—790 m
幼体生境	卵内发育
濒危等级	尚未评估

黄染散离趾蟾
Diasporus citrinobapheus
Yellow Dyer Rain Frog
Hertz, Hauenschild, Lotzkat & Köhler, 2012

成体体长
雄性
11/16—3/4 in (17—20 mm)
雌性
7/8 in (22 mm);
依据一号标本

这是一种色彩鲜艳的微型蛙类，其得名于抓捕者接触它时，皮肤会像被黄色染料染过一样。这种皮肤分泌物的功效目前尚不得而知，但似乎是无毒的。该物种直到2012年才被发现，发现它的第一条线索就是其独特的求偶鸣叫声。可以推测它和离趾蟾科其他物种一样，卵直接发育孵化出小幼蛙。它仅被发现于一个分布点，很可能受到森林砍伐的严重威胁。

实际大小

黄染散离趾蟾是世界上体型最小的蛙类之一；眼大；指、趾末端具吸盘；体色为黄色或橘黄色，有些个体有棕色斑纹，头上两眼之间有一条线纹尤为突出。

相近物种

目前，散离趾蟾属 *Diasporus* 有11个[①]物种被描述，均发现于中美洲与南美洲北部，关于该属物种的研究还很少。喉褶散离趾蟾 *Diasporus gularis* 在哥伦比亚西部与厄瓜多尔西北部为常见种。虎斑散离趾蟾 *Diasporus tigrillo* 仅知两号雄性标本，发现于哥斯达黎加的一个山谷中。

① 译者注：依据Frost (2018)，散离趾蟾属目前有15个物种。

科名	离趾蟾科Eleutherodactylidae
其他名称	古巴红臀蟾
分布范围	古巴东部
成体生境	潮湿森林，海拔30—1150 m
幼体生境	卵内发育
濒危等级	濒危。一个稀有物种，虽然分布于一些保护区内，但还是受栖息地破坏的威胁

成体体长
雄性
最大 ⅞ in (21 mm)
雌性
最大 1 in (25 mm)

铁砧离趾蟾
Eleutherodactylus acmonis
El Yunque Robber Frog
Schwartz, 1960

实际大小

铁砧离趾蟾体型纤瘦；四肢细长；眼大；体前部与前肢为黄色或鞣色，缀以错综复杂的棕色或黑色大理石纹；体后部与后肢背面为橘黄色或红棕色；手和脚为浅灰色，身体腹部为棕色。

这种多彩的小型蛙类发现于古巴关塔那摩省内两个分隔的地区，即使在适合的生境里也很罕见。它主要活动于地面上、岩石缝间，偶尔也见于低矮植物上。雄性的求偶鸣叫是一连串颤音。卵为直接发育，卵被产在地面上，孵化出小幼蛙。栖息地面临木炭制造、自给农业与旅游业扩张造成的破坏与退化的威胁。

相近物种

铁砧离趾蟾是该属在古巴分布的体型最大的物种，其他很多物种都受到岛屿森林的破坏而濒临灭绝。里氏离趾蟾 *Eleutherodactylus ricordii* 与布氏离趾蟾 *Eleutherodactylus bresslerae* 均分布于古巴东部，前者被列为易危物种，而后者被列为极危物种。

科名	离趾蟾科Eleutherodactylidae
其他名称	波多黎各火箭蛙
分布范围	波多黎各东南部
成体生境	岩石堆缝隙与洞穴
幼体生境	卵内发育
濒危等级	易危。分布范围非常狭小且栖息地受到破坏

库氏离趾蟾
Eleutherodactylus cooki
Cook's Robber Frog
Grant, 1932

成体体长
雄性
平均 $1\frac{11}{16}$ in (43 mm)
雌性
平均 2 in (51 mm)

库克离趾蟾是非常稀有的物种，它的大眼睛能使其在洞穴栖息地内也能看到东西，这是一种适应机制。它在潮湿的岩石表面分团产卵，每团约 16 枚，雄性会护卵，大多数雄性每次只守护一团卵，有些会有2—3团，极少数甚至能守护四团。雄性下巴上黄色色斑的面积因个体而异，雌性似乎偏好与下巴颜色更黄的雄性交配并把卵交给它去抚育。该物种的栖息地非常有限，并且受到城市拓展的威胁。

相近物种

离趾蟾属 *Eleutherodactylus* 目前至少有 187 个物种[①]，其中有几种分布于加勒比岛上。例如马提尼克离趾蟾 *Eleutherodactylus martinicensis*，分布在多个岛屿上，被列为近危物种，它在圣卢西亚因栖息地丧失及大鼠、猫、狐獴等入侵生物的捕食而已经灭绝。

库氏离趾蟾体型纤瘦；四肢细长；眼大而突出；背面为均一的浅红棕色或绿棕色；指、趾末端具大吸盘；腹部为白色，雄性下巴与胸部还有面积大小不同的黄色色斑。

实际大小

① 译者注：依据Frost (2018)，离趾蟾属目前有192个物种。

科名	离趾蟾科Eleutherodactylidae
其他名称	叩呿蛙
分布范围	波多黎各，引入到维尔京群岛、多米尼加与美国佛罗里达州与夏威夷
成体生境	包括城市区域在内的各种生境
幼体生境	卵内发育
濒危等级	无危。在波多黎各的自然分布地区中常见并在其他地方为入侵物种

成体体长
雄性
$1^3/_{16}$—$1^7/_{16}$ in (30—37 mm)
雌性
$1^7/_{16}$—2 in (36—52 mm)

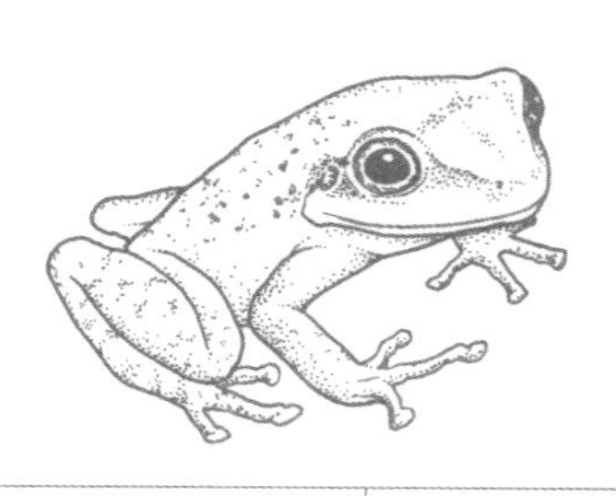

叩呿离趾蟾
Eleutherodactylus coqui
Puerto Rican Coqui
Thomas, 1966

实际大小

该蛙得名于其雄性的叫声，这种叫声由低沉的“叩”（co）与之后高音调的“呿”（qui）两种声音组合而成。由于雄性与雌性听觉敏感性的差异，雄性能听到领域性鸣叫的“叩”（co）声，而雌性听到的则是求偶鸣叫的“呿”（qui）声。雄性会将雌性引导至一个适合于产卵的地方，如一片卷曲的树叶里。极不寻常的是，该物种为体内受精，在交配期间，雌雄性之间会采用一种后腿反向抱对的姿势，这样雄性的泄殖腔孔会压在雌性的泄殖腔孔上。雄性会护卵，直到孵化出体长仅为 6 mm 的小幼蛙。

相近物种

约氏离趾蟾 *Eleutherodactylus johnstonei* 分布于西印度群岛的很多岛屿上，奇怪的是雄性或雌性单独但不会同时护卵。与叩呿离趾蟾一样，它也曾被“偷渡”到其他地方，最有可能是通过植物运送而引入，目前还没有像叩呿离趾蟾那样严重危害夏威夷群岛的四个主岛。

叩呿离趾蟾体型非常丰满；指、趾间无蹼，但末端有吸盘；眼大；鼓膜明显；背面为均一的灰色或灰棕色；有一条深色条纹贯穿眼部。

科名	离趾蟾科Eleutherodactylidae
其他名称	牙买加火箭蛙
分布范围	牙买加西部
成体生境	森林，海拔635 m以下
幼体生境	卵内发育
濒危等级	易危。在石灰岩洞中进行繁殖，栖息地受采矿、采石和旅游的威胁

坎氏离趾蟾
Eleutherodactylus cundalli
Cundall's Robber Frog
Dunn, 1926

成体体长
雄性
7/16—1 7/16 in (11—36 mm)
雌性
平均 2 3/8 in (60 mm)

坎氏离趾蟾是一个生活于森林中的物种，其繁殖行为非常独特，它进入到距离洞口深达 87 m 的石灰岩岩洞中繁殖。雄性具有领地性并会在岩石裸露处鸣叫，卵被产在洞底并由雌性护卵直到孵出小幼蛙，孵化期大于 30 天。孵化出的幼蛙会爬到雌性背上，由雌性背着它们出洞并进入森林，一只雌性一次最多可以背 72 只幼蛙。洞穴为它们的卵提供温湿度稳定的发育环境，但是孵出的幼蛙需要借助亲代的帮助才能到达地面并进入森林中。

相近物种

离趾蟾属 *Eleutherodactylus* 至少有 19 个物种分布在牙买加，有几种已经濒临灭绝。穴居离趾蟾 *Eleutherodactylus cavernicola* 是穴居性的物种，仅见于牙买加南部海岸的一个分布点，被列为极危物种。拟叶离趾蟾 *Eleutherodactylus sisyphodemus* 也同样如此，仅分布于该岛西北部的一个森林自然保护区内。

坎氏离趾蟾吻端突出；四肢细长；眼大；指、趾细长，末端具吸盘；背面有各种各样的棕色影斑，带有不规则的深色点斑与斑块，有一条黑色线纹贯穿眼部。这张照片展示的是一个背上驮有很多幼蛙的雌性。

实际大小

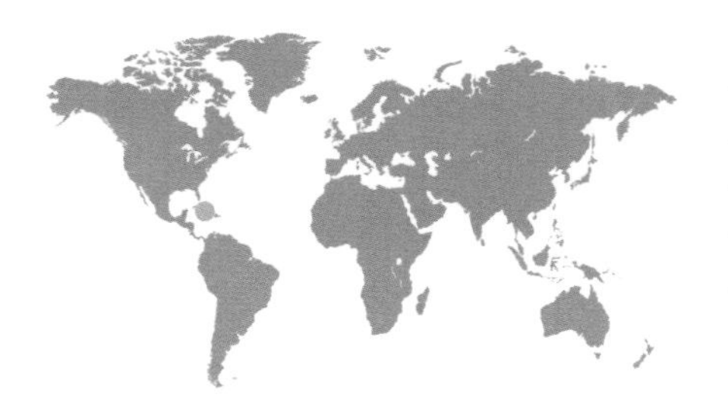

科名	离趾蟾科Eleutherodactylidae
其他名称	蒙特利比里亚侏儒离趾蟾
分布范围	古巴东部
成体生境	潮湿森林，海拔600 m以下
幼体生境	卵内发育
濒危等级	极危。分布范围非常狭小且栖息地受到森林砍伐与采矿的威胁

成体体长
雄性
平均 3/8 in (10 mm)
雌性
平均 7/16 in (11 mm)

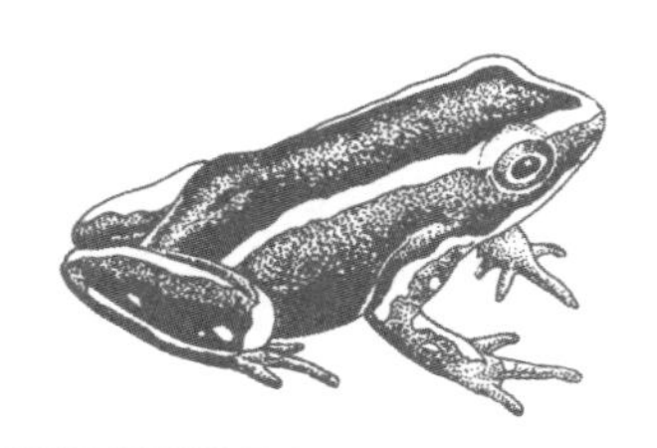

利比里亚离趾蟾
Eleutherodactylus iberia
Monte Iberia Eleuth

Estrada & Hedges, 1996

实际大小

利比里亚离趾蟾吻端突出；皮肤富有光泽；身体与四肢背面为黑色或深棕色；从吻端至体后部左右两侧各有一条黄色或铜色线纹达白色的胯部；前肢与后肢各有一条白色纵纹。

这个微型物种是世界上最小的蛙类之一，分布于古巴的利比里亚山。它主要以螨虫类为食，这也是其皮肤有毒分泌物的化合物来源。体表鲜艳的颜色能够警示潜在的捕食者它有毒。这种性状与南美箭毒蛙类所共有，但两者的亲缘关系其实很远。雄性的叫声由不规则的高声调叽喳声构成。雌性每次仅产一枚大卵。蝌蚪期在卵内完成，直接孵化出小幼蛙。

相近物种

离趾蟾属 *Eleutherodactylus* 其他三个分布于古巴的物种同样体型非常小，每次产卵一枚。缘离趾蟾 *Eleutherodactylus limbatus* 体长 12 mm，局限分布于古巴南部，被列为易危物种。东部离趾蟾 *Eleutherodactylus orientalis* 体长为 14 mm，分布于古巴东部，被列为极危物种；同样被列为极危物种的古巴离趾蟾 *Eleutherodactylus cubanus* 体长 14 mm，在岛上零散分布。

科名	离趾蟾科Eleutherodactylidae
其他名称	诺顿盗蛙、刺绿蛙
分布范围	海地南部、多米尼亚东南部
成体生境	森林洞穴内
幼体生境	卵内发育
濒危等级	极危。分布范围非常狭小且栖息地已遭破坏

成体体长
2½—2¹¹⁄₁₆ in (62—66 mm)

诺氏离趾蟾
Eleutherodactylus nortoni
Spiny Giant Frog
Schwartz, 1976

这种鲜为人知的蛙类从2006年以后就销声匿迹了，其栖息地因森林砍伐、木炭生产、农业用地与采矿而遭到严重破坏。虽然它有限的分布区内也有一些保护区域，但是因为疏于管理，其栖息地还在被不断破坏。它生活于森林地区的水沟洞穴内，雄性在树上或岩石上鸣叫。卵被产在地面上并直接发育孵化出小幼蛙，蝌蚪期在卵内完成。

相近物种

厌离趾蟾 *Eleutherodactylus inoptatus* 是分布于海地与多米尼亚的大型常见蛙类。拟厌离趾蟾 *Eleutherodactylus chlorophenax* 仅见于海地，其山地森林栖息地已经遭到严重破坏，被列为极危物种。同样被列为极危物种的卡氏离趾蟾 *Eleutherodactylus karlschmidti* 分布于波多黎各，在山地溪流中生活，有人认为其种群下降是由于壶菌病的感染，目前可能已经灭绝了。

诺氏离趾蟾的英文译名“刺巨蛙”来源于其背部与四肢上散布的棘刺，在眼部尤为明显；眼大；指、趾末端具三角形吸盘；头部、背部和四肢为浅灰色，背上有不规则的绿色斑纹，四肢背面有绿色横纹。

实际大小

科名	离趾蟾科Eleutherodactylidae
其他名称	无
分布范围	古巴东部
成体生境	山地雨林，海拔450—1830 m
幼体生境	卵内发育
濒危等级	极危。分布范围面积仅10 km²，且森林栖息地正在退化

成体体长
雄性
最大 1 7/16 in (37 mm)
雌性
最大 2 1/16 in (53 mm)

图基诺离趾蟾

Eleutherodactylus turquinensis

Turquino Robber Frog

Barbour & Shreve, 1937

图基诺离趾蟾身体非常圆胖；背部布满疣粒；吻短；指、趾末端具小吸盘；趾间具蹼；背面为棕褐色、绿棕色或橙褐色，带有深棕色斑纹，头顶为砖红色；四肢背面有深浅不一的横纹。

这种非常稀有的蛙类仅分布于古巴东部马埃斯特拉山脉，主要见于山区溪流附近，当其受到惊扰时会快速跳入水中。雄性于夜间在岩石缝间鸣叫，发出一连串叽喳声。可以推测，该物种和同属其他物种一样，在地面上产卵且直接孵化出小幼蛙。其栖息地受到农业扩张与人类居住的破坏，可能也容易受到壶菌病的影响。

相近物种

与图基诺离趾蟾一样，山溪离趾蟾 *Eleutherodactylus rivularis* 也分布于马埃斯特拉山脉的山溪附近，仅见于三个分布点，被列为极危物种。楔纹离趾蟾 *Eleutherodactylus cuneatus* 则分布于古巴东南部山区，为常见种，它将卵产在溪流边的岩石下。海离趾蟾 *Eleutherodactylus riparius* 在古巴广泛分布于多种栖息地，也是一个常见种。

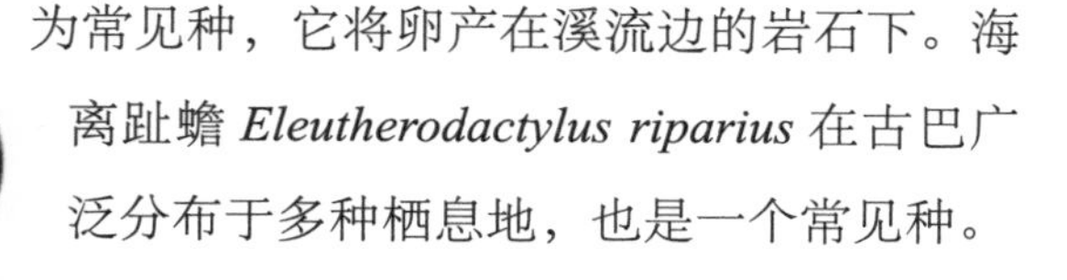

科名	离趾蟾科Eleutherodactylidae
其他名称	无
分布范围	古巴、巴哈马、土耳其、凯科斯群岛、开曼群岛、美国（佛罗里达州、路易斯安纳州和亚拉巴马州）；引入到牙买加、关岛、夏威夷、中美洲（墨西哥、洪都拉斯、巴拿马）
成体生境	林区、花园、郊区
幼体生境	卵内发育
濒危等级	无危。分布区广，栖息于多种生境，数量稳定

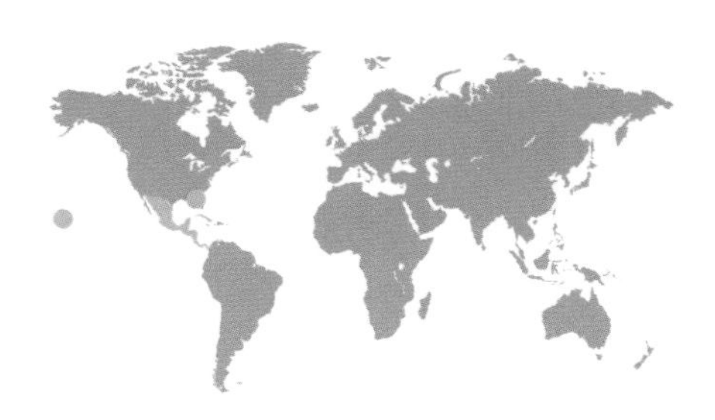

温室离趾蟾
Eleutherodactylus planirostris
Greenhouse Frog
(Cope, 1862)

成体体长
雄性
$1\frac{3}{16}$—$1\frac{3}{8}$ in (30—35 mm)
雌性
$1\frac{9}{16}$—$1\frac{15}{16}$ in (40—50 mm)

这种小型蛙类得名于其主要栖息于花园。它入侵到佛罗里达州，然后从此一直蔓延到美国南部的其他各州。人们一直认为它们是19世纪晚期被当地人从西印度群岛引入到佛罗里达的，但最近的遗传分析表明早在7000万年前到4亿年前该蛙就已经到达佛罗里达了。它们于4—9月在湿地中繁殖。雄性发出一种轻柔的、像蟋蟀一般的叫声，随后雌性在潮湿的土壤中产下2—26枚卵。卵直接孵化出长度为5 mm、带有尾巴的小幼蛙。

温室离趾蟾吻端突出；眼大；指、趾长，末端扁平；背面棕色或褐色，带有红色斑块和深色斑点；吻端橘红色或红色。有些个体背部还有两条浅色的纵纹；四肢背面有横纹；腹面白色。

相近物种

离趾蟾属 *Eleutherodactylus* 有接近200个物种，其中三种分布于得克萨斯州。格兰德离趾蟾 *Eleutherodactylus cystignathoides* 分布于得克萨斯州东南部和墨西哥，常见于花园里。马氏离趾蟾 *Eleutherodactylus marnockii* 和斑点离趾蟾 *Eleutherodactylus guttilatus* 都栖息于岩石区，躲藏在石缝中。

实际大小

科名	离趾蟾科Eleutherodactylidae
其他名称	无
分布范围	哥伦比亚、厄瓜多尔东部、秘鲁东北部、巴西西部
成体生境	低地热带森林，最高海拔200 m
幼体生境	推测为卵内发育
濒危等级	无危。种群数量稳定，分布于很多保护区内

成体体长
½—⁹⁄₁₆ in (13—14 mm)

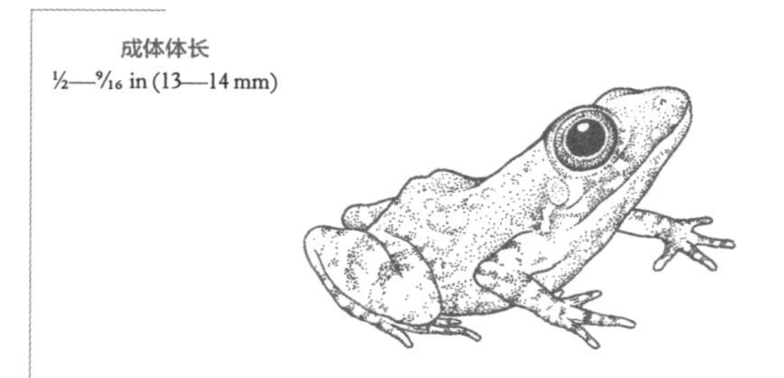

混隐蟾
Adelophryne adiastola
Yapima Shield Frog
Hoogmoed & Lescure, 1984

实际大小

混隐蟾吻端圆；第四指很短小；指、趾末端尖而突出；背面棕色，带有深色斑点；四肢背面有深色横纹；咽喉部和胸部浅色，带有深色斑点。

热带森林底部所积累的厚厚落叶层对小型蛙类来说是绝佳的栖息地，不仅能为它们提供覆盖物，还能提供充足的食物。遗憾的是，因为这些蛙类的体色隐蔽性很强，通常很难被观察到，尤其是混隐蟾这个物种。因此，人们很可能低估了这类物种的多样性和数量。混隐蟾是近期才被报道的栖息于落叶层的几个物种之一，它在栖息地中非常隐蔽。雄性有时会鸣叫，但目前还没有观察到其交配和产卵方式。

相近物种

隐蟾属 *Adelophryne* 共有九个物种，都分布于南美洲北部，它们的手指和脚趾前端尖，第四指短小。圭亚那隐蟾 *Adelophryne gutturosa* 分布于委内瑞拉西部、圭亚那和巴西，雌性只产一枚小卵，该属其他物种因为体型小，可能情况类似。

科名	斜蟾科Strabomantidae[1]
其他名称	无
分布范围	秘鲁南部
成体生境	湿润的草原和灌丛，海拔3400—3700 m
幼体生境	卵内发育
濒危等级	濒危。分布区狭窄，栖息地因农业侵占而受胁

呆苔蟾
Bryophryne cophites
Cusco Andes Frog
(Lynch, 1975)

成体体长
雄性
最大 7/8 in (23 mm)
雌性
最大 1⅛ in (29 mm)

这种体型小而圆胖的蛙类没有听觉和鸣叫能力。雄性的发声系统缺失，而雌雄均缺乏鼓膜和内耳结构。该物种为直接发育，即蝌蚪期在卵内完成。雌性在苔藓的巢里产下约20枚大卵，然后照料它们直到孵化出幼蛙（体长6—7 mm）。它目前仅知分布于秘鲁南部的玛努国家公园（Manú National Park），但可能其他地方也有分布。2009年，该物种的壶菌病检测呈阳性。

实际大小

呆苔蟾身体短胖；头窄；眼大；吻端圆；背面灰色、棕色或褐色，背中央通常有一条不明显的浅色纵线；腹面灰色，带有深色花斑。

相近物种

呆苔蟾是苔蟾属 *Bryophryne* 八个物种[2]中最早被发现的。这些物种都分布于秘鲁南部，它们的草原栖息地因农业侵占而遭到破坏。布氏苔蟾 *Bryophryne bustamantei* 已被列为濒危物种，但其他物种是近期才被发现的，因此关于它们的濒危等级还未评估。

① 译者注：依据Frost (2018)，斜蟾科已被并入鼓腹蟾科Craugastoridae，后同。
② 译者注：依据Frost (2018)，苔蟾属目前有14个物种。

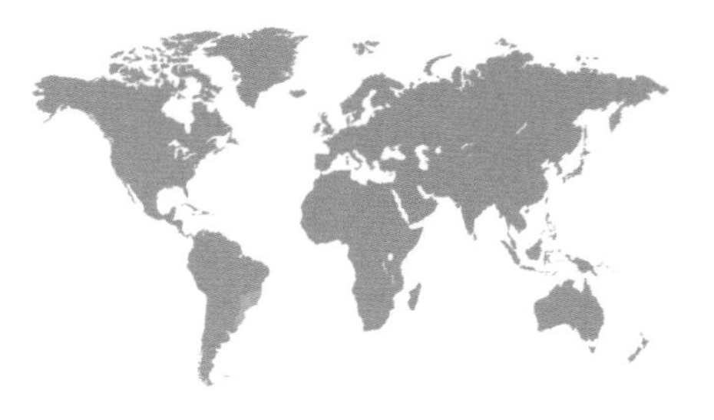

科名	斜蟾科Strabomantidae
其他名称	无
分布范围	巴西东南部里约热内卢州
成体生境	森林
幼体生境	推测为卵内发育
濒危等级	无危。在森林砍伐的地区种群数量有所下降，但是在保护区有发现

成体体长
9/16—11/16 in (15—18 mm)

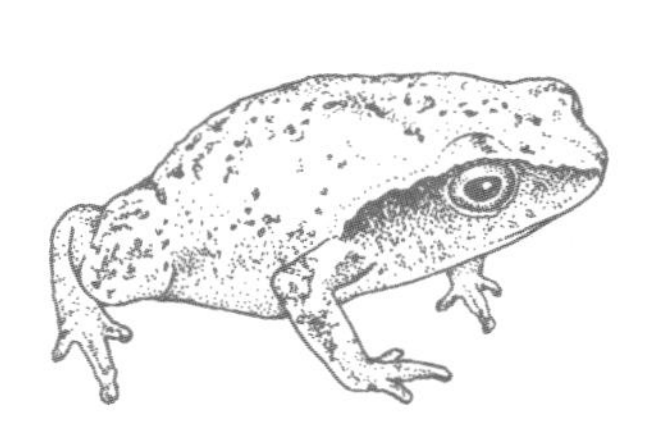

科氏真帕蟾

Euparkerella cochranae

Cochran's Guanabara Frog

Izecksohn, 1988

实际大小

科氏真帕蟾头窄；吻端突出；头侧的棱明显，从吻端延伸到耳后；体背部红棕色有深色斑块，四肢背面有横纹。

这种小型蛙类是大西洋沿岸森林生态区的一员，它生活于森林地面的落叶层中，发现于里约热内卢州（以前称作瓜纳巴拉州，也是该物种的俗名科氏瓜纳巴拉蟾的由来）。它主要在夜间活动，雄性会发出一种单音节鸣叫，当受到攻击时，它会采取一种腿部僵直的防御姿势。科氏真帕蟾是体型微型化的范例之一，这种进化趋势在无尾目很多科中都曾发生。这与其生活于地表、落叶层中的习性有关，在这种微生境中，有非常丰富的小型无脊椎动物可以作为食物。与其他体型微型化的蛙类一样，该物种指与趾骨骼数目有所减少。

相近物种

在真帕蟾属 *Euparkerella* 中还有另外三个物种[①]，也都是生活于大西洋沿岸森林的落叶层的小型蛙类。巴西真帕蟾 *Euparkerella brasiliensis* 也分布于里约热内卢州，是较常见的物种，在城市有树木的花园中也有发现。而壮真帕蟾 *Euparkerella robusta* 和三指真帕蟾 *Euparkerella tridactyla* 在圣埃斯皮里图州都只有很小的分布范围。

①译者注：依据Frost (2018)，真帕蟾属目前有五个物种。

科名	斜蟾科Strabomantidae
其他名称	无
分布范围	巴西东南部
成体生境	山地雨林，海拔最高1200 m
幼体生境	推测为卵内发育
濒危等级	数据缺乏。其栖息地正在被农业与城市化不断侵占

成体体长
雄性
平均 1⅝ in (41 mm)
雌性
1¾—1⅞ in (44—48 mm)

隐生全腺蟾
Holoaden pholeter
Holoaden Pholeter
Pombal, Siqueira, Dorigo, Vrcibradic & Rocha, 2008

这个最近才被描述的蛙类非常难于发现，主要是由于其生活史中大部分时间都藏在地下。其种本名“*pholeter*”的希腊文意为“潜伏在洞中的人”。隐生全腺蟾栖息于土壤的浅洞内，洞内和洞口附近的地面被清扫得非常干净。当受到攻击时，它会释放出一种无色的黏性分泌物，其化学成分还不清楚。和同科其他成员一样，该物种可能也产大型的卵，直接孵化出小幼蛙。有研究报道表明，同属的另一个物种布氏全腺蟾 *Holoaden bradei* 对卵有亲代抚育行为。

实际大小

隐生全腺蟾头大；吻端略圆；眼大而前倾；四肢长而纤细；背部具很多小的隆起的腺体；背部与两侧为紫棕色至黑色，四肢深棕色，腹部有一白色斑块。

相近物种

全腺蟾属 *Holoaden* 还有另外三个物种，都被称为高地蟾，分布于巴西东南部。布氏全腺蟾仅在伊塔蒂亚亚山有极小的分布区，其栖息地已经遭受到了严重破坏，人们认为该物种还受到霜冻的残酷打击，已经被列为极危物种。分布于圣保罗的苏氏全腺蟾 *Holoaden suarezi*，于2013年被描述。

科名	斜蟾科Strabomantidae
其他名称	无
分布范围	厄瓜多尔北部
成体生境	云雾林，海拔1486—2215 m
幼体生境	未知。可能是卵内发育
濒危等级	数据缺乏。非常罕见；分布于很小的一个区域，其中包含两个保护区

成体体长
雄性
平均 9/16 in (15 mm)
雌性
平均 5/8 in (16 mm)

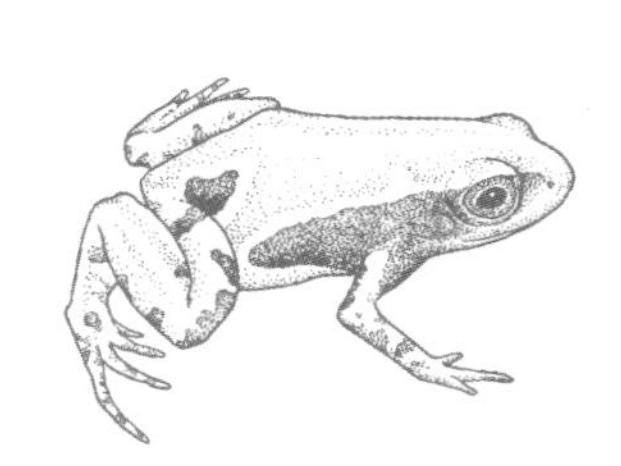

科氏诺蟾
Noblella coloma
Coloma's Noble Rain Frog
Guayasamin &Terán-Valdez, 2009

实际大小

科氏诺蟾的体型小；吻端圆；指、趾末端尖；背面棕色，头侧和体侧黑色，腹面亮橘黄色或红色；胯部、手臂和腿上有一些深色斑块。

这种极其罕见的蛙类分布于安第斯山脉西坡，栖息于密集的云雾林中的落叶层，昼夜都有活动。它于1994年被发现，人们只见过它11次。对于它的繁殖方式还一无所知，但推测它和斜蟾科的其他物种相似，也为直接发育，也就是没有游离的蝌蚪期，而是雌性产下较大的卵，直接孵化出小幼蛙。

相近物种

科氏诺蟾亮橘黄色的腹部可与同属其他11个物种相区分。蚁诺蟾 *Noblella myrmecoides* 是秘鲁西部、巴西东部及玻利维亚北部较常见的物种，其学名的种本名是“像蚂蚁”的意思，形容它体型小。秘鲁诺蟾 *Noblella peruviana* 是栖息于高海拔的物种。

科名	斜蟾科Strabomantidae
其他名称	无
分布范围	秘鲁南部
成体生境	云雾林，海拔1830—2740m
幼体生境	卵内发育
濒危等级	易危，分布狭窄，因小农业的侵占而导致分布区碎片化

库斯科寒蟾
Psychrophrynella bagrecito
Bagrecito Andes Frog
(Lynch, 1986)

成体体长
雄性
½—⅝ in (13—16 mm)
雌性
9/16—¾ in (14—19 mm)

这是一种体型小而短胖的蛙类，最早被发现于秘鲁和厄瓜多尔的安第斯山脉。它栖息于常年低温的高海拔地区，通常见于云雾林的落叶层中。繁殖期为每年的8—10月。对于其繁殖方式尚无明确报道，但可以推断它与同科的其他物种一样都为直接发育，也就是说，它没有游离的蝌蚪期，而由成体产较大的卵并直接孵化出小幼蛙。

实际大小

库斯科寒蟾体型短胖；头部窄；吻端突出；背部和四肢背面有深浅不同的棕色纹；体侧和头侧为深棕色；腹面白色或乳白色，带有棕色斑点。

相近物种

目前，寒蟾属 *Psychrophrynella* 共包含21个物种[①]，均分布于安第斯山脉的高海拔地区。伊氏寒蟾 *Psychrophrynella iatamasi*[②]分布于玻利维亚的云雾林中；隐存寒蟾 *Psychrophrynella usurpator* 则是分布于秘鲁高海拔灌木丛中的濒危物种，因为农业发展，尤其是土豆种植面积的扩大，它已经失去了大部分的栖息地。

① 译者注：依据Frost (2018)，寒蟾属目前仅有三个物种。
② 译者注：依据Frost (2018)，该物种已被移入小云林蟾属*Microkayla*。

科名	斜蟾科Strabomantidae
其他名称	无
分布范围	哥伦比亚北部
成体生境	森林和高山苔原，海拔1550—3500 m
幼体生境	卵内发育
濒危等级	濒危。因农业侵占而丧失栖息地，导致种群数量下降

成体体长
11/16—7/8 in (18—22 mm)

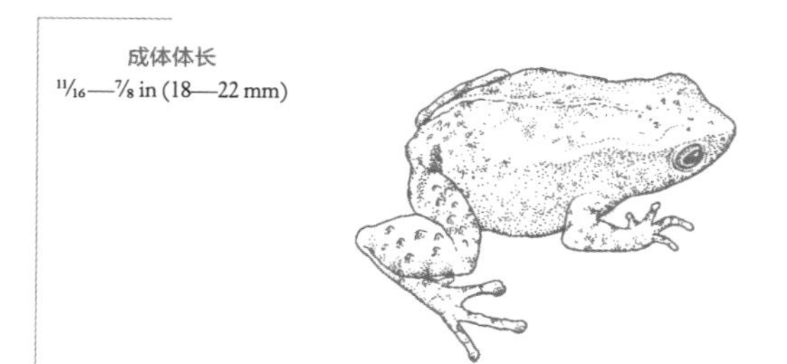

沃氏基蟾
Geobatrachus walkeri
Walker's Sierra Frog
Ruthven, 1915

实际大小

沃氏基蟾体型短胖；头宽；吻短；指、趾短；背面颜色很多变，有灰褐色、黄褐色、红棕色，有时带有深棕色或黑色斑点；腹面深灰色。

这种小而短胖的蛙类仅知分布于哥伦比亚北部圣玛尔塔内达华山脉的五个地点。人们曾经认为它只栖息于森林里，2008 年，在林线以上的高山稀疏草地沼泽里发现了它。除旱季外，它全年均可繁殖；在岩石和倒木下产卵，直接发育形成小幼蛙，没有游离的蝌蚪期。它昼夜都活动，可见于原木和岩石下面，以及凤梨科植物里。

相近物种

该属中只有这一个物种。圣玛尔塔内达华山脉的另一个单型属①是白骨玻璃蛙属 *Ikakogi*，仅辖有泰罗纳玻璃蛙（第 267 页）。

①译者注：仅包含一个物种的属被称作单型属。

科名	斜蟾科Strabomantidae
其他名称	无
分布范围	秘鲁、哥伦比亚、厄瓜多尔、巴西西部
成体生境	雨林和云雾林，海拔100—1935 m
幼体生境	卵内发育
濒危等级	无危。分布区很广，包括一些保护区

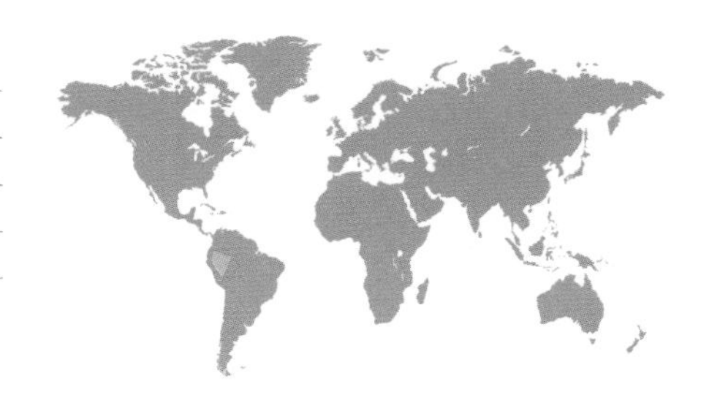

黑纹窄吸盘蟾
Hypodactylus nigrovittatus
Black-banded Robber Frog
(Andersson, 1945)

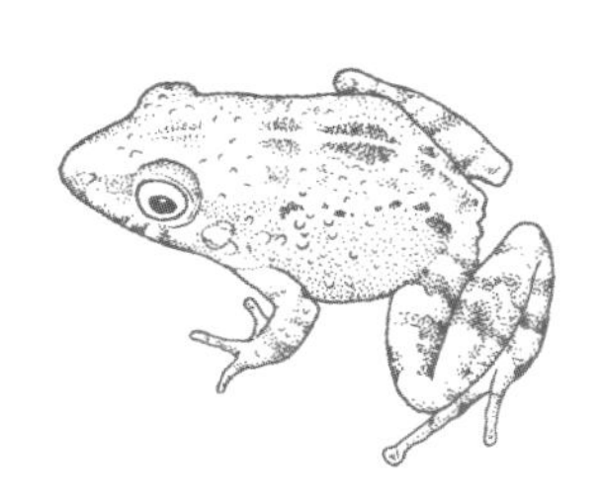

成体体长
雄性
$^{11}/_{16}$—1 in (17—25 mm)
雌性
1—1¼ in (25—31 mm)

这种常见的蛙类分布于安第斯山脉东坡和亚马孙河流域上游的广阔地区，白天在地面的落叶层活动，夜晚偶尔发现于植物上。它的吻端有一个肉质突起，有人认为是用于挖洞的工具。和斜蟾科其他物种一样，它也为直接发育，雌性在地上产下较大的卵，直接发育出小幼蛙，不经历游离的蝌蚪期。

实际大小

黑纹窄吸盘蟾体型短胖；吻端突出；指、趾末端尖；背面棕色，有深色斑块，四肢背面有深色横纹；在背部靠近大腿的地方有明显的黑色斑块；腹部黄色，咽喉部白色。

相近物种

窄吸盘蟾属 *Hypodactylus* 包含 12 个物种，分布于哥伦比亚、厄瓜多尔和秘鲁的安第斯山脉。分布于厄瓜多尔和哥伦比亚的库尤哈窄吸盘蟾 *Hypodactylus elassodiscus* 和分布于厄瓜多尔的卡奇窄吸盘蟾 *Hypodactylus brunneus* 已被列为濒危物种。农业发展、森林被破坏，使它们失去了栖息地。

科名	斜蟾科Strabomantidae
其他名称	无
分布范围	阿根廷北部、玻利维亚南部
成体生境	潮湿山地森林，海拔700—2200 m
幼体生境	卵内发育
濒危等级	无危。在森林砍伐区域中种群数量有下降，但是在一些保护区还很常见

成体体长
雄性
1—1¼ in (25—31 mm)
雌性
1⅛—1$\frac{9}{16}$ in (29—40 mm)

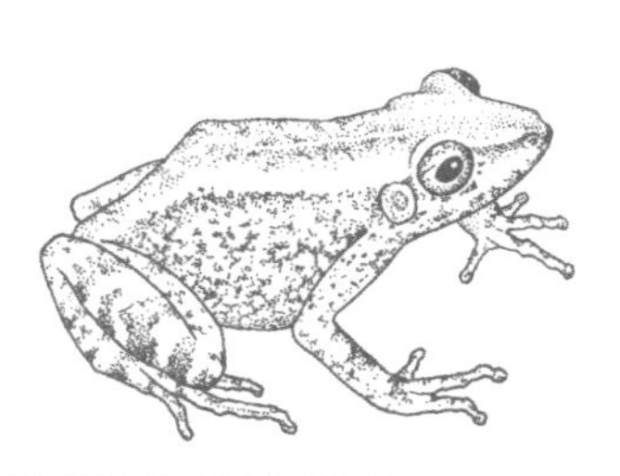

褶盘山斜蟾
Oreobates discoidalis
Tucuman Robber Frog
(Peracca, 1895)

实际大小

褶盘山斜蟾体圆胖；吻端突出；眼大；指、趾长而纤细；色斑多变，背部从灰白色到深棕色，四肢具横纹；有一条黑色条纹贯穿眼部，虹膜为金色。

这种营地栖生活的蛙类见于安第斯山脉东侧森林的落叶层中。雄性表现出很强的领地性，其声音通信包含三种独特的鸣叫声，比很多蛙类的叫声都富有美感，其广告鸣叫同时兼有吸引异性和驱逐其他雄性的作用。当其他雄性竞争对手过于接近自己的领地时，雄性领主会发出领地鸣叫；当雄性竞争对手继续逼近自己时，雄性领主则会发出争斗鸣叫，打斗也随之而来。卵被产在倒木下，直接发育成小幼蛙。

相近物种

山斜蟾属 *Oreobates* 目前包含23个物种[①]，有一些是最近才被描述的。巴里图山斜蟾 *Oreobates barituensis* 分布于阿根廷，它和褶盘山斜蟾 *Oreobates discoidalis* 非常相似，但是可以通过广告鸣叫声来进行鉴别。斑腿山斜蟾 *Oreobates cruralis* 见于玻利维亚和秘鲁的潮湿雨林中。伊氏山斜蟾 *Oreobates ibischi* 在玻利维亚是常见种，可在当地花园和森林中见到。

① 译者注：依据Frost (2018)，山斜蟾属目前有24个物种。

科名	斜蟾科Strabomantidae
其他名称	无
分布范围	秘鲁中部
成体生境	云雾林，海拔2300—2700 m
幼体生境	卵内发育
濒危等级	濒危。分布范围十分狭窄；但是主要分布于一个保护区内，受到农业扩张的威胁

布氏安第斯蟾
Phrynopus bracki
Brack's Andes Frog
Hedges, 1990

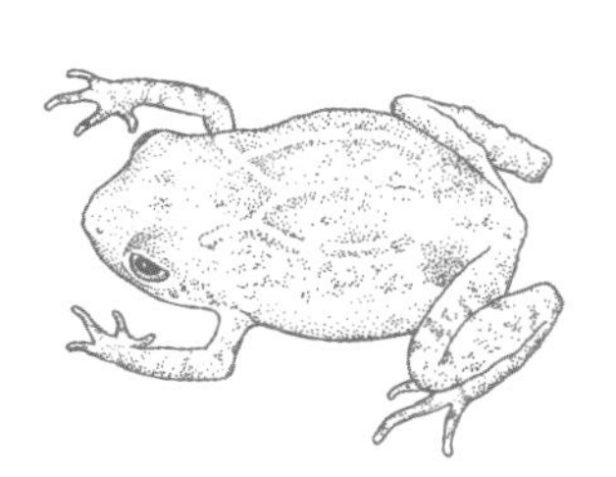

成体体长
雄性
9/16—5/8 in (15—16 mm)
雌性
平均 3/4 in (20 mm)

这种小而隐秘的蛙类仅分布于秘鲁安第斯山脉东侧的亚纳查加山。其领域性强，主要见于森林地表的落叶堆中。卵被产于地面并直接发育成小幼蛙。尽管其大部分分布区都位于保护区内，但森林由于扩大红辣椒种植园而被砍伐，该物种的未来仍不容乐观。

实际大小

布氏安第斯蟾体圆胖；眼大；四肢很短；指、趾短；皮肤光滑，富有光泽，主要为棕色带有不明显深色斑纹。

相近物种

在目前划归于安第斯蟾属 *Phrynopus* 的 26 个物种[①]中，绝大多数都分布于安第斯山脉，很多物种都生活于高海拔区域且分布范围很窄。其中五个物种被列为极危，包括两个分布于秘鲁的物种：分布于三座山峰的达氏安第斯蟾 *Phrynopus dagmarae* 和仅分布于一个地点的海姆安第斯蟾 *Phrynopus heimorum*，两者都受到扩大土豆种植面积而破坏栖息地的威胁。

① 译者注：依据Frost (2018)，安第斯蟾属目前有35个物种。

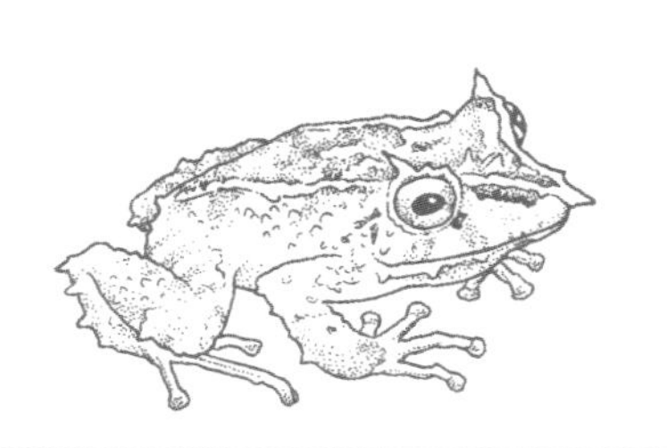

科名	斜蟾科Strabomantidae
其他名称	太平洋盗蛙
分布范围	厄瓜多尔、哥伦比亚南部
成体生境	云雾林，海拔1460—2800 m
幼体生境	卵内发育
濒危等级	无危。易受到栖息地丧失（因森林砍伐）或气候变化的威胁

成体体长
雄性
¾—⅞ in (19—21 mm)
雌性
1³⁄₁₆—1⅜ in (30—35 mm)

长吻锯树蟾
Pristimantis appendiculatus
Pinocchio Rain Frog
(Werner, 1894)

实际大小

长吻锯树蟾的眼睑上、脚跟和跗足外侧都有突出的长疣粒；眼大，虹膜呈银色；指、趾细长，末端有三角形吸盘；体色为绿色、黄色和深、浅棕色的混合斑块。

这种独特的蛙类因吻端有一个肉质疣状突起而得名，这让它看起来像长了个长鼻子。长吻锯树蟾分布于安第斯山脉的太平洋沿岸，喜欢在密林中的低矮植物上活动。成体在夜间活动，幼体则昼夜都活动。它在雨季繁殖，雄性发出人耳几乎听不见的叫声。雌性在落叶层里产卵，而后直接孵化出小幼蛙。雄性和雌性的体型相差非常大。

相近物种

锯树蟾属 *Pristimantis* 包含约 470 个物种[①]，是脊椎动物里最庞大的一个属。跟刺锯树蟾 *Pristimantis calcarulatus* 是厄瓜多尔和哥伦比亚云雾林中的常见种，其脚跟上一个有突出的刺。它已被列为易危物种，与长吻锯树蟾 *Pristimantis appendiculatus* 一样，其栖息地也岌岌可危。

① 译者注：依据Frost (2018)，锯树蛙属目前已有522个物种。

科名	斜蟾科Strabomantidae
其他名称	河谷盗蛙
分布范围	哥伦比亚、厄瓜多尔
成体生境	潮湿热带森林，海拔最高1910 m
幼体生境	卵内发育
濒危等级	无危。但是在其多数分布区域内种群数量已有下降

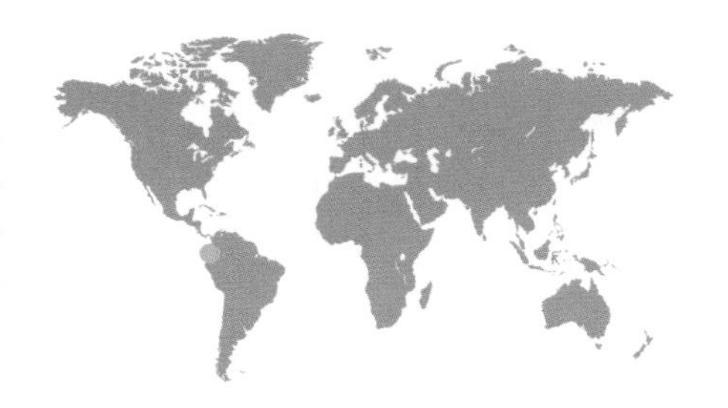

成体体长
雄性
$^{11}/_{16}$—$1^{1}/_{16}$ in (18—27 mm)
雌性
$1^{1}/_{8}$—$1^{1}/_{4}$ in (28—31 mm)

铜锯树蟾
Pristimantis chalceus
Copper Rain Frog
(Peters, 1873)

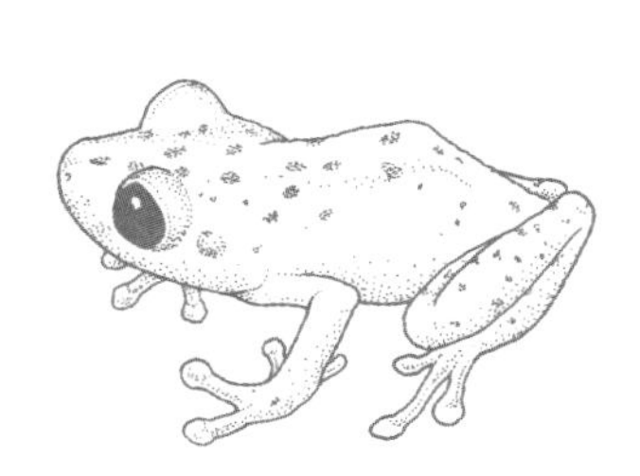

这种树栖蛙类最为突出的特征就是背部、头部和腿部皮肤上布满痣粒的特殊质感。它生活于安第斯山脉太平洋沿岸低坡，白天躲避在凤梨科植物或象耳叶植物的叶腋内，到了晚上，它则爬到植株上，距离地面60—150 cm。该物种曾见于橡胶种植园和自然林中。以前人们认为它是一个常见种，但最近的调查中并未发现其身影，表明种群数量已经下降，很有可能是由于栖息地丧失、气候变化或疾病所造成的。

实际大小

铜锯树蟾体纤细；吻端钝；眼大而突出；虹膜黑色；指、趾末端具发达吸盘；背面铁锈粉色至锈白色，腹面白色；手、足为黄色。

相近物种

与铜锯树蟾亲缘关系最近的物种是刺吸盘锯树蟾*Pristimantis scolodiscus*，它是一个濒危物种，主要分布于哥伦比亚与厄瓜多尔的安第斯山西坡，对它而言，最大的威胁是由农业包括非法植物种植的扩张而造成的物种栖息地丧失，也有可能受到疾病的严重影响。

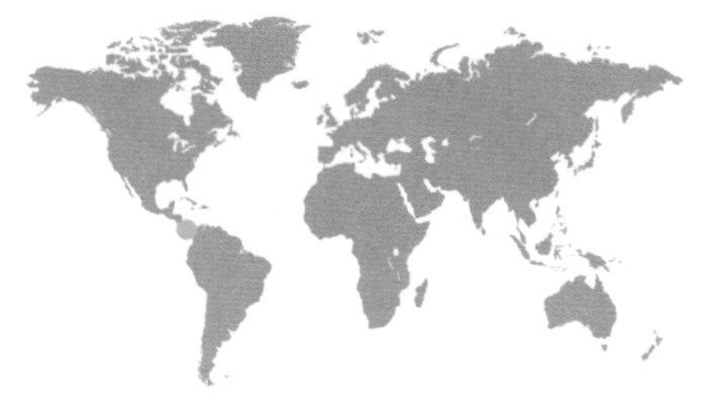

科名	斜蟾科Strabomantidae
其他名称	无
分布范围	哥斯达黎加东南部、巴拿马
成体生境	森林，海拔450—1450 m
幼体生境	卵内发育
濒危等级	尚未评估

成体体长
雄性
¾—⅞ in (19—21 mm)
雌性
15/16—1½ in (23—38 mm)

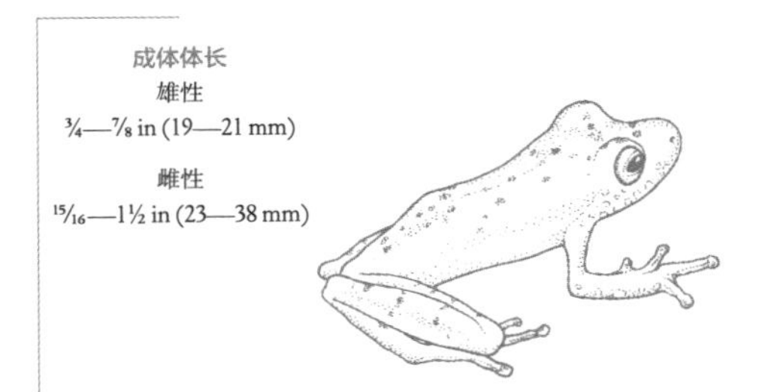

育幼锯树蟾
Pristimantis educatoris
Pristimantis Educatoris

Ryan, Lips & Giermakowski, 2010

实际大小

育幼锯树蟾体纤细；头大；吻部延长；四肢长；背面浅褐色或棕色，腹面白色；背部具由棕色点斑构成的4—5个“V”形条纹，后腿背面具横纹；有部分个体在体侧部有大的白色或黄色点斑。

这个像雨蛙似的物种生活于森林地面的茂密植被里。雄性的鸣叫声是一种轻柔的“唧唧”声。雌性在棕榈叶的上表面产卵15—20枚。随后，雌性会守在卵旁至少28天，直到孵化出小幼蛙为止。白天，雌性待在卵上，夜晚则守在卵旁边。雌性的守卫阻止了捕食者对卵的侵害，而雌性在白天对卵的覆盖可能防止了水分蒸发。该物种在20世纪80年代末到90年代初未受到席卷中美洲的壶菌病浪潮的影响。

相近物种

核叶锯树蟾 *Pristimantis caryophyllaceus* 分布于哥斯达黎加、巴拿马和哥伦比亚，比育幼锯树蟾体型小，被列为近危物种。其栖息地大部分都已经被破坏，并且在一些地区中受到壶菌感染的影响。悦锯树蟾 *Pristimantis ridens* 是从洪都拉斯到哥伦比亚的常见种。

科名	斜蟾科Strabomantidae
其他名称	无
分布范围	巴西、秘鲁东部、玻利维亚东北部、厄瓜多尔东南部、哥伦比亚东南部
成体生境	潮湿森林，海拔100—1800 m
幼体生境	卵内发育
濒危等级	无危。种群数量稳定且在秘鲁和玻利维亚为常见种

点斑锯树蟾

Pristimantis fenestratus

Rio Mamore Robber Frog

(Steindachner, 1864)

成体体长
雄性
1—1¼ in (25—32 mm)
雌性
1⅜—1¾ in (35—45 mm)

这种常见的蛙类分布广泛，覆盖亚马孙河流域的绝大部分地区。它生活于非常接近地面的地方，成体为夜行性而幼体为日行性。它在11月至次年5月间繁殖。雄性通过在枯枝落叶或者灌木丛中鸣叫来守卫领地。雌性在落叶层下的土壤里产卵10—20枚，卵较大且充满卵黄。该物种无游离的蝌蚪期，由卵直接孵化出小幼蛙。

实际大小

点斑锯树蟾头大；眼很大；后肢长；指、趾较长且末端呈“T”形；背面为浅棕色，四肢有深色横纹；嘴唇上方有亮暗相间的垂直条纹；腹面乳白色。

相近物种

点斑锯树蟾与尖吻锯树蟾 *Pristimantis conspicillatus* 很相似，后者也是生活于哥伦比亚、厄瓜多尔、秘鲁和巴西的亚马孙河流域森林中的物种。北部的委内瑞拉于2002年发现了萨里沙瑞拿马锯树蟾 *Pristimantis sarisarinama*，分布于委内瑞拉桌状平顶山区顶部，海拔高度为1000—1400 m，以发现地的名称命名。

科名	斜蟾科Strabomantidae
其他名称	无
分布范围	厄瓜多尔北部
成体生境	森林，海拔1850—2063 m
幼体生境	卵内发育
濒危等级	尚未评估。仅知于三个分布点

成体体长
雄性
平均 11/16 in (17 mm)
雌性
3/4—15/16 in (20—24 mm)

变形锯树蟾

Pristimantis mutabilis

Mutable Rain Frog

Guayasamin, Krynak, Krynak, Culebras & Hutter, 2015

实际大小

变形锯树蟾吻短而圆；眼大；指、趾末端具圆形吸盘；背面为浅棕色至灰绿色，饰以深棕色斑纹，背部两侧各有一条橘黄色的细线纹；雌性腹胯部有一块红色斑纹并向内扩展至大腿内侧。

这种长相怪异的蛙类直到2013年才被发现，它得名于可以迅速并彻底改变皮肤质感的能力。在短短的几分钟之内，它的皮肤就可以从非常光滑变成布满大量棘刺状突起。这种变形的机制目前尚不清楚，但很有可能是为了增强它在苔藓密布的树干上的伪装能力。变形锯树蟾是树栖型物种，有至少三种独特的高音鸣叫声。

相近物种

与该物种亲缘关系最近的是普通锯树蟾 *Pristimantis verecundus*，栖息于哥伦比亚与厄瓜多尔高海拔森林中。与变形锯树蟾不同的是它并不能改变皮肤的质感，已被列为易危物种。橙眼锯树蟾 *Pristimantis sobetes* 可以改变皮肤质感，分布于厄瓜多尔高海拔地区，已被列为濒危物种。

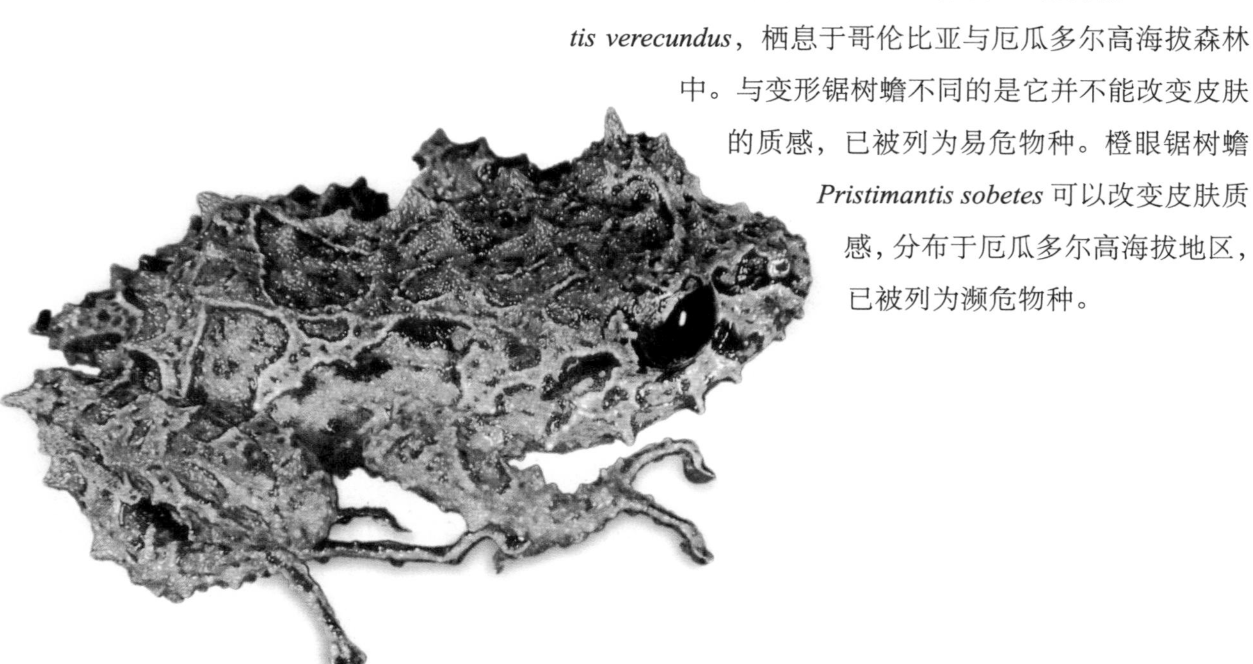

科名	斜蟾科Strabomantidae
其他名称	饰纹盗蛙
分布范围	厄瓜多尔
成体生境	潮湿森林，海拔400—1800 m
幼体生境	卵内发育
濒危等级	易危。由于农业与森林砍伐而丧失了大部分栖息地，但是在一些保护区内有分布

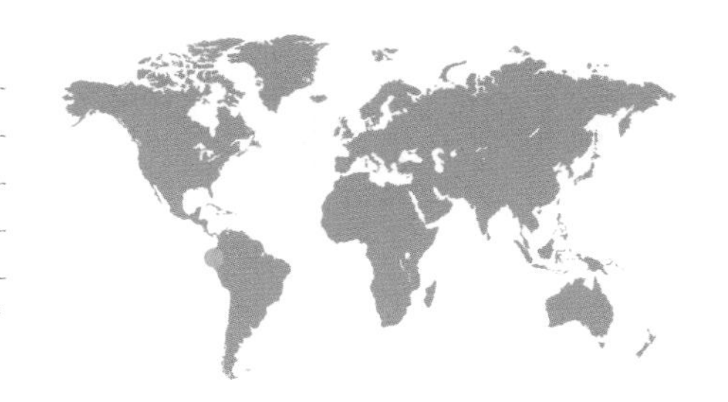

成体体长
雄性
7/8—1 1/16 in (22—27 mm)
雌性
1 1/4—1 9/16 in (31—40 mm)

饰纹锯树蟾
Pristimantis ornatissimus
Ornate Rain Frog
(Despax, 1911)

这种漂亮的雨林蛙类见于安第斯山的太平洋沿岸低坡，主要在夜间活动，趴在距离地面 80—300 cm 高的大树叶上。白天，它在叶子上或者象耳类植物的叶腋里睡觉。它也见于香蕉种植园中。当被捉住后，它会产生一种恶臭的分泌物。该物种已经比过去少见了许多，种群下降的主要原因是其森林栖息地的丧失和破碎化，可能还包括无规律的降雨和疾病。

实际大小

饰纹锯树蟾吻端突出；眼大；指、趾较长，末端具三角形吸盘；背面为黄色或翠绿色，背部杂以黑色斑纹与纵纹，四肢上有横纹；指与趾为橘黄色；腹面为黄色或白色。

相近物种

在锯树蟾属 *Pristimantis* 内大约 470 个物种之中，与饰纹锯树蟾 *Pristimantis ornatissimus* 亲缘关系最近的是单纹锯树蟾 *Pristimantis unistrigatus*，主要生活于哥伦比亚与厄瓜多尔的安第斯山的山谷中，它在人类改造了的栖息地，如农场和花园中也能茁壮成长。雨后，在基多市区也经常能听到其叫声。它在地洞里产卵。

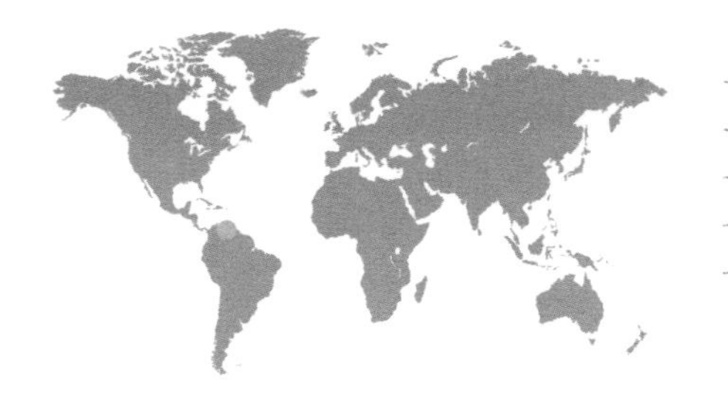

科名	斜蟾科Strabomantidae
其他名称	无
分布范围	委内瑞拉北部
成体生境	云雾林，海拔250—1600 m
幼体生境	卵内发育
濒危等级	易危。森林栖息地因农业用地而被清除，种群数量正在下降

成体体长
雄性
1³⁄₁₆—1½ in (30—38 mm)
雌性
1¹⁵⁄₁₆—2¹⁵⁄₁₆ in (49—74 mm)

双脊斜蟾
Strabomantis biporcatus
Puerto Cabello Robber Frog

Peters, 1863

这种地栖性蛙类因其非常宽的头部而闻名。它在夜晚活动，似乎在栖息地内营定居生活，观察发现，数天内都能在相同的躲藏处找到同一个个体。曾发现一只雌性在厚厚的落叶层下的洞穴里护卵，一窝卵共有45枚。该物种为直接发育，蝌蚪期在卵内完成，直接孵出很小的幼蛙。当受到惊扰时，雌性会吸入空气使身体膨胀，伸开四肢抬起身体来护卵，同时还发出一阵响亮的尖叫声。

相近物种

斜蟾属 *Strabomantis* 共有16个物种，有时也被称作宽头蛙，主要分布于中美洲与南美洲。背疣斜蟾 *Strabomantis helonotus* 分布于厄瓜多尔，皮肤十分粗糙，被列为极危物种，有可能已经灭绝。无角斜蟾 *Strabomantis necerus* 也分布于厄瓜多尔，可能由于壶菌病的影响，自从1995年以来就再也没有见到过了。

双脊斜蟾头部非常宽大；体型圆胖；后腿非常有力；头部、背部与四肢背面布满疣粒；背部有明显的肤褶；背面为棕色带有不规则黑斑，腹面为棕褐色或白色。

实际大小

科名	弱节蛙科Arthroleptidae
其他名称	无
分布范围	几内亚、科特迪瓦与利比里亚三国交界的宁巴山
成体生境	山地草甸、灌丛与森林，海拔500—1650 m
幼体生境	卵内发育
濒危等级	濒危。分布范围非常狭小，受采矿与农业造成的栖息地破坏的威胁

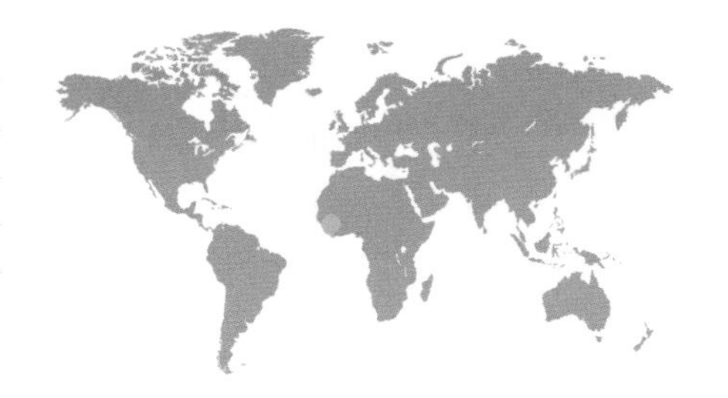

成体体长
平均 ¾ in (20 mm)

胫行弱节蛙
Arthroleptis crusculum
Guinea Screeching Frog
Angel, 1950

尽管宁巴山是世界遗产地，但依然遭受铁矿与铝土矿过度开采的影响。不仅如此，这片自然栖息地还因发展农业用地而遭到破坏。与弱节蛙属 *Arthroleptis* 其他物种一样，胫行弱节蛙在非洲南部也被称为“喳喳蛙”，但往往只闻其声而难觅其踪。它们在土壤下的洞穴里产下卵黄充足的大卵，为直接发育类型，卵直接孵化出小蛙，蝌蚪期在卵内完成。虽然该蛙仅在宁巴山的圭亚那区域有分布记录，但是也可能分布于利比里亚和科特迪瓦等区域。

实际大小

胫行弱节蛙头宽；四肢较短；背部、吻部与后腿背面布满疣粒；与弱节蛙属的其他物种一样，第三指很长，尤其是雄性；该蛙体色为红棕色，常伴以深棕色斑块。

相近物种

弱节蛙属共有49个物种，分布于非洲撒哈拉沙漠以南的绝大多数地区。花背弱节蛙 *Arthroleptis poecilonotus* 分布范围很广，西起几内亚比绍，东至乌干达。相比之下，洞栖弱节蛙 *Arthroleptis troglodytes* 仅在津巴布韦的一片高海拔地区有分布，营穴居生活，被列为极危物种。另见副花背弱节蛙（第426页）与狭趾弱节蛙（第427页）。

① 译者注：依据Frost (2018)，弱节蛙属目前已有47个物种。

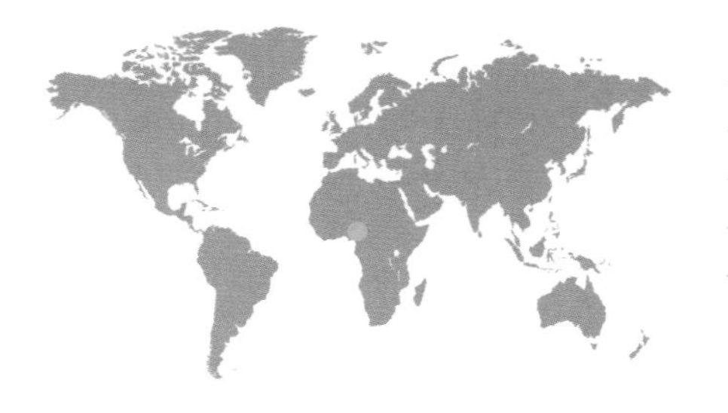

科名	弱节蛙科Arthroleptidae
其他名称	无
分布范围	喀麦隆与尼日利亚山区，海拔1000—1900 m
成体生境	森林、桉树种植园、农场、草原
幼体生境	卵内发育
濒危等级	无危。似乎能很好地适应人类改造的栖息地

成体体长
雄性
7/8—15/16 in (22—24 mm)
雌性
15/16—1 1/8 in (24—29 mm)
均依据很少的标本

副花背弱节蛙
Arthroleptis palava
Problem Squeaker Frog

Blackburn, Gvoždík & Leaché, 2010

实际大小

副花背弱节蛙体呈球形；前肢粗短；头部为三角形；指、趾间具蹼，指、趾较长；皮肤光滑，为浅棕色，背部有深棕色与黑色斑纹；背部中间常有一条浅色细纵纹直达体后部。

该物种的种本名“*palava*”在中西非皮钦英语中的意思是“问题”，是指直到2010年还不清楚它是否为一个独立物种。在此之前，该蛙一直与花背弱节蛙*Arthroleptis poecilonotus*相混淆，后者的分布范围西起几内亚比绍，东至乌干达。关于副花背弱节蛙的生活史目前一无所知，但应该和同属其他物种一样在落叶层中生活并产卵，卵直接孵化出小蛙。

相近物种

副花背弱节蛙是该属分布在中非与西非的几个物种之一。孪生弱节蛙*Arthroleptis adelphus*在喀麦隆、赤道几内亚和加蓬相当常见，但是加纳的克罗克索瓦弱节蛙*Arthroleptis krokosua*和喀麦隆的佩氏弱节蛙*Arthroleptis perreti*都因其森林栖息地受到人类居住地扩张而退化或破坏，均被列为濒危物种。另见胫行弱节蛙（第425页）与狭趾弱节蛙（第427页）。

科名	弱节蛙科Arthroleptidae
其他名称	沙丘吱叫蛙、大草原吱叫蛙、铲足吱叫蛙
分布范围	非洲东部与南部，北起肯尼亚南至南非东北部，西到安哥拉
成体生境	干燥森林与海岸林地，也见于郊区花园中
幼体生境	卵内发育
濒危等级	无危。分布范围广且总体上无种群下降迹象

狭趾弱节蛙
Arthroleptis stenodactylus
Common Squeaker
Pfeffer, 1893

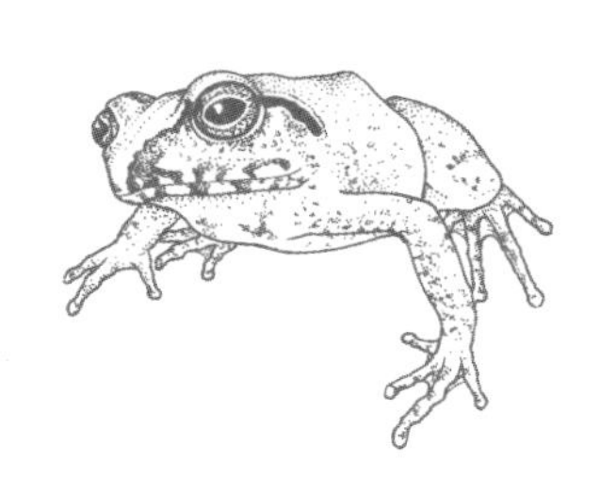

成体体长
雄性
1⅛—1⅜ in (28—35 mm)
雌性
1⅛—1¾ in (28—44 mm)

人们常听到狭趾弱节蛙尖锐而带金属音的鸣叫声，但却很难看到这种小蛙。小身材和体色使它能够很好地隐蔽在所栖息的落叶层中。它的繁殖受夏天雨水的刺激，在南非，繁殖期在12月至次年2月。雄性在地面上鸣叫并和雌性交配，卵被产在浅洞内，每窝卵33—80枚。亲代不护卵，卵直接发育孵出小幼蛙。

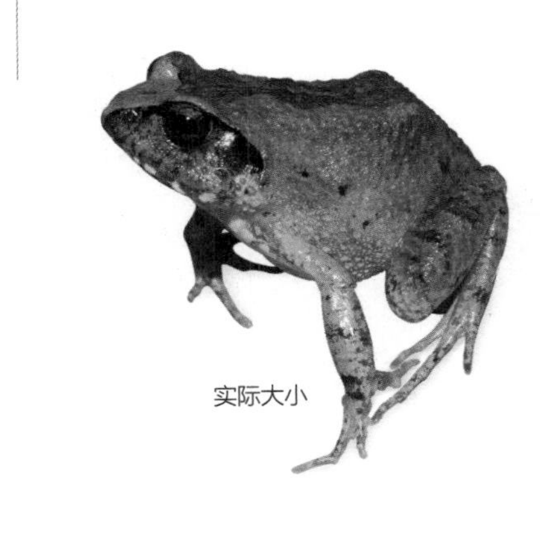
实际大小

相近物种

在南非分布的弱节蛙属*Arthroleptis*其他成员中，与狭趾弱节蛙广泛的分布范围形成鲜明对比的是瓦氏弱节蛙*Arthroleptis wahlbergii*，仅分布于南非北部一片非常狭小的区域内，它体型更小，产卵数也更少，每窝卵11—30枚。尽管被列为无危物种，但其生存区域面临甘蔗种植地扩张与城市发展的威胁。另见胫行弱节蛙（第425页）与副花背弱节蛙（第426页）。

狭趾弱节蛙后腿短；两后足均有一个用来挖掘的硬蹠突；第三指很长，尤其是雄性；指、趾间均无蹼；背部为亮棕色或暗棕色，眼前后有一条深色条纹。

科名	弱节蛙科Arthroleptidae
其他名称	无
分布范围	喀麦隆西部与西南部
成体生境	高地森林
幼体生境	森林溪流
濒危等级	易危。栖息地受森林砍伐与小农耕作的破坏

成体体长
平均 2 in (50 mm)

冠纹无胸柱蛙
Astylosternus diadematus
Victoria Night Frog
Werner, 1898

实际大小

冠纹无胸柱蛙皮肤光滑；头宽；吻端钝圆；眼大而突起；指、趾细长；背部为深棕色带有深色点斑，后腿有深棕色横带纹；头顶上两眼之间有一条边缘为黄色的深色带纹，眼睛虹膜为鲜红色。

该物种种本名的意思是“戴上王冠”，是指其头上两眼间的线纹。该属物种的生活史还鲜为人知。它们主要分布于西非与中非，被称为“夜蛙”。与其近缘属（弱节蛙属 *Arthroleptis*）物种不同，无胸柱蛙属 *Astylosternus* 物种的卵会孵化出生活于溪流中的蝌蚪。这类物种很特殊的是趾端有隐藏的爪，但实际上这些爪子是最末端的一枚趾骨，似乎是用于防御的——但只在极端情况下才使用，因为爪子会穿透皮肤和皮下组织。

相近物种

贝氏无胸柱蛙 *Astylosternus batesi* 是较常见的物种，分布于中非的广阔地区，包括加蓬与相邻国家。南哈山无胸柱蛙 *Astylosternus nganhanus* 仅知采于喀麦隆高海拔地区的五号标本，被列为极危物种。

科名	弱节蛙科Arthroleptidae
其他名称	无
分布范围	喀麦隆西部
成体生境	山地森林的河流附近，海拔1700—2100 m
幼体生境	溪流
濒危等级	极危。分布范围非常狭小并且受森林砍伐的威胁

阿尔斯克心舌蛙
Cardioglossa alsco
Alsco Long-fingered Frog
Herrmann, Herrmann, Schmitz & Böhme, 2004

成体体长
雄性
15/16—1 3/16 in (24—30 mm)
雌性
1—1 5/16 in (25—34 mm)

这种小型蛙类的种本名“*alsco*”来源于美国亚麻供应公司（American Linen Supply Company）的英文首字母缩写，因为该公司于2000年赞助了发现这种蛙类的科学考察。仅知其分布在喀麦隆西部沙巴尔姆巴波山南坡的森林中，也是森林砍伐极为严重的地区。它生活于溪流里，主要隐藏在石头下。在旱季听到过它的叫声，卵被产在溪流中的石头下，蝌蚪也在这里发育。

实际大小

阿尔斯克心舌蛙体型圆胖；吻端突出；背部为棕褐色带有大块深棕色斑纹，体侧部为粉红色；四肢背面棕褐色有深棕色横纹；有一条黑色纵纹从吻部穿过眼部达胯部；四肢与身体腹面为蓝色。

相近物种

目前，心舌蛙属 *Cardioglossa* 已描述的16个物种[①]中，大多数都分布于西非，这里的很多物种都受到森林栖息地丧失的威胁。丽心舌蛙 *Cardioglossa pulchra* 分布于喀麦隆与尼日利亚，被列为濒危物种。三带心舌蛙 *Cardioglossa trifasciata* 分布于喀麦隆，被列为极危物种。

① 译者注：依据Frost (2018)，心舌蛙属目前有19个物种。

科名	弱节蛙科Arthroleptidae
其他名称	无
分布范围	喀麦隆中部与西部
成体生境	山地森林，海拔1200—2650 m
幼体生境	溪流
濒危等级	濒危。分布范围窄，受栖息地破坏的威胁

成体体长
雄性
平均 ⅞ in (21 mm)
雌性
平均 1 in (25 mm)

佩氏纤趾蛙
Leptodactylodon perreti
Perret's Egg Frog

Amiet, 1971

实际大小

佩氏纤趾蛙体型圆而丰满；趾长而纤细；指、趾间无蹼；背部皮肤为橘黄色至棕色，混以大量黑色点斑；四肢为颜色更深的棕色，有黑色斑纹；眼睛虹膜为黑色。

相对于非洲南部与东部而言，对西非的蛙类研究还十分匮乏。纤趾蛙属 *Leptodactylodon* 共有 15 个物种，很多都因其身体形状而常被称为“蛋蛙”。它们主要分布在尼日利亚东部、喀麦隆、赤道几内亚和加蓬。佩氏纤趾蛙的雄性在溪流附近的地洞里鸣叫。蝌蚪生活于溪流中，嘴部呈伞状且向上翘起，它会把嘴贴在水面上，而身体悬浮在水中，目前还不知道这种姿势是为了觅食还是呼吸。

相近物种

红腹纤趾蛙 *Leptodactylodon erythrogaster* 被列为极危物种，仅分布于喀麦隆西部玛嫩勾巴山东南坡。其蝌蚪体型纤长，适应于钻到石头缝中，它既能向前游动也能后退。默氏纤趾蛙 *Leptodactylodon mertensi* 也分布于玛嫩勾巴山，被列为濒危物种；分布于西非山脉中的布氏纤趾蛙 *Leptodactylodon boulengeri* 则被列为易危物种。

科名	弱节蛙科Arthroleptidae
其他名称	棕色森树蛙、约氏树蛙
分布范围	肯尼亚、坦桑尼亚、马拉维、莫桑比克、津巴布韦
成体生境	干燥低地森林
幼体生境	水塘与池塘
濒危等级	无危。分布范围广，但部分地区受到栖息地破坏的威胁

成体体长
雄性
1¾—1¹⁵⁄₁₆ in (44—50 mm)
雌性
2⅜—2¹³⁄₁₆ in (60—70 mm)

黄斑小黑蛙
Leptopelis flavomaculatus
African Yellow-spotted Tree Frog
(Günther, 1864)

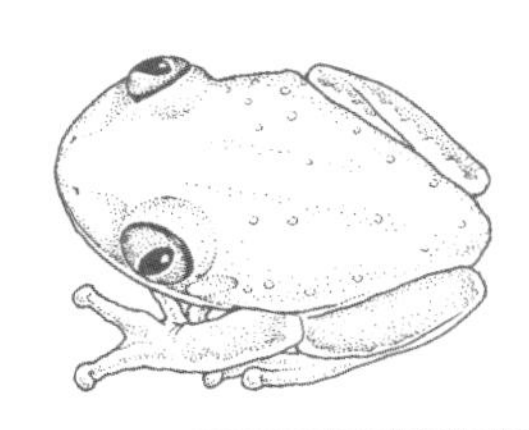

这种大型树栖型蛙类的体色极富变化，因此只有部分个体的体色与其名称相符。实际上，该蛙只有年轻个体才有黄斑。从日落到黎明期间，雄性通常位于离地面 4 m 高的植物上或在地下的洞穴中鸣叫，其叫声是一种轻柔而持续的叫喊声，听起来像是从更远处传来的。卵被产在水塘或池塘附近的浅坑里，蝌蚪需要自己进入水体中。

相近物种

目前，小黑蛙属 *Leptopelis* 共有 53 个物种，分布于非洲的森林中。虫纹小黑蛙 *Leptopelis vermiculatus* 与黄斑小黑蛙 *Leptopelis flavomaculatus* 的棕色个体极为相似，分布于坦桑尼亚的东乌桑巴拉山，近年来受到非法开采金矿的严重威胁，被列为濒危物种。另见纳塔尔小黑蛙（第 432 页）与乌卢古鲁小黑蛙（第 433 页）。

黄斑小黑蛙体型健壮；四肢短小；眼大；有两个体色色型：幼体与一些雄性成体为嫩绿色并带有黄色点斑；雌性成体与另外其他的雄性成体则为灰棕色，背部带有深棕色三角形斑块；趾间具蹼；指、趾末端具发达吸盘。

实际大小

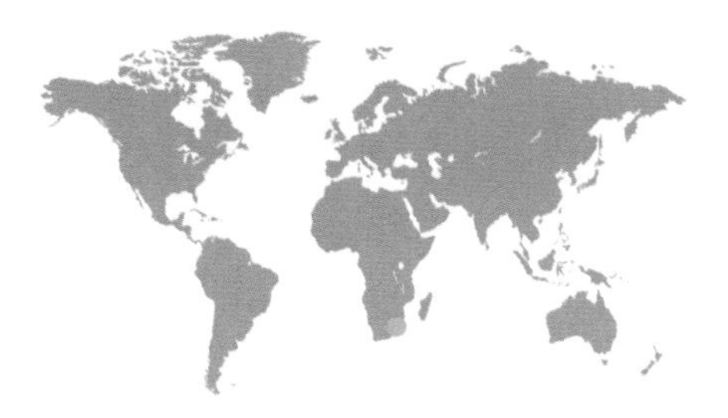

科名	弱节蛙科Arthroleptidae
其他名称	林树蛙、沙哑树蛙
分布范围	南非夸祖鲁-纳塔尔省海岸
成体生境	海岸森林与沼泽
幼体生境	静水塘与沼泽
濒危等级	无危。在部分地区由于抽水而造成栖息地丧失，导致种群数量下降

成体体长
雄性
平均 1 15/16 in (49 mm)
雌性
平均 2 3/8 in (60 mm);
最大 2 5/8 in (65 mm)

纳塔尔小黑蛙
Leptopelis natalensis
Natal Tree Frog
(Smith, 1849)

这种漂亮的蛙类在夏天的雨季繁殖。雄性在高高的树枝上鸣叫，先是一阵细微的嗡嗡声，之后是类似于“呀克……呀克”（yack···yack）的响亮声音。雌性会爬上树来寻找雄性，抱对后再下到地面。雌性在水边的土壤里或腐叶堆里挖一个浅巢，产下约 200 枚卵，再用树叶盖起来。孵化完成后，蝌蚪会自己进入水里。通常，蝌蚪能在地面上蠕动甚至通过弹动尾部而跳跃。

相近物种

莫桑比克小黑蛙 *Leptopelis mossambicus* 与纳塔尔小黑蛙生活史相似且分布区重叠，前者通身为棕色。长趾小黑蛙 *Leptopelis xenodactylus* 为浅黄绿色，分布于夸祖鲁 - 纳塔尔高原的一小块区域，指与趾长且无吸盘，其栖息地已经退化或已被破坏，被列为濒危物种。另见黄斑小黑蛙（第 431 页）与乌卢古鲁小黑蛙（第 433 页）。

实际大小

纳塔尔小黑蛙眼极大且指向前方，虹膜为红色或金色；体色多变，有绿色、浅灰棕色或乳白色，一些个体则呈现出这些颜色结合形成的斑驳的体色，显得十分漂亮；指、趾末端有发达的吸盘。

科名	弱节蛙科Arthroleptidae
其他名称	乌卢古鲁林树蛙
分布范围	坦桑尼亚东阿克山
成体生境	雨林
幼体生境	森林水塘
濒危等级	濒危。受到因森林砍伐和非法采矿而导致栖息地丧失的威胁

成体体长
雄性
1⅛—1½ in (28—38 mm)
雌性
1¹³⁄₁₆—1⅞ in (46—48 mm)

乌卢古鲁小黑蛙
Leptopelis uluguruensis
Uluguru Tree Frog
Barbour & Loveridge, 1928

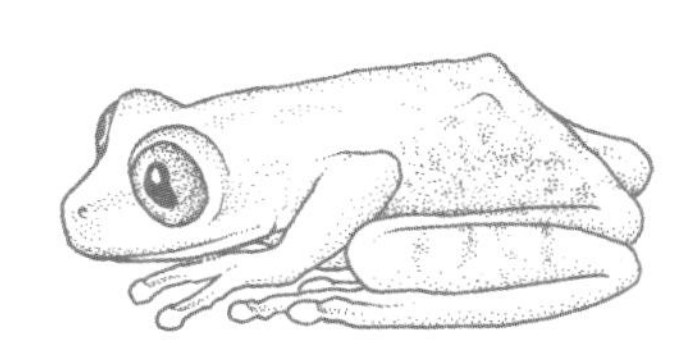

该蛙得名于乌卢古鲁山——构成坦桑尼亚东阿克山的几座山脉之一。这片地区是由森林和草地覆盖的古老高原，造就了其他任何地方都望尘莫及的丰富的动植物多样性。这片区域成为世界范围内所划定的 24 个生物多样性热点地区之一。乌卢古鲁小黑蛙是在这些山脉中发现的众多小黑蛙属 *Leptopelis* 物种之一，除了知道其雄性的叫声为短暂的噼啪声外，目前对该物种还知之甚少。

实际大小

乌卢古鲁小黑蛙头宽；吻钝圆；眼极大，瞳孔直立，虹膜棕色或银白色；趾间具部分蹼；指、趾末端具发达吸盘；背面为蓝绿色或黄棕色，通常有白色或黄色的斑点与环纹。

相近物种

东阿克山的森林正遭受因砍伐和为了给农业用地腾出空间而被清除的威胁，乌松布拉东部区域也正受到非法开采金矿的威胁，造成溪流的汞污染。虫纹小黑蛙 *Leptopelis vermiculatus* 体表为绿色和棕色，被列为濒危物种。巴氏小黑蛙 *Leptopelis barbouri*[①]眼睛为红色，在水下 10 m 处产卵，被列为易危物种。另见黄斑小黑蛙（第 431 页）与纳塔尔小黑蛙（第 432 页）。

① 译者注：依据Frost (2018)，巴氏小黑蛙已被作为黄斑小黑蛙*Leptopelis flavomaculatus*的同物异名。

科名	弱节蛙科Arthroleptidae
其他名称	无
分布范围	非洲西部，从尼日利亚东南部经喀麦隆到赤道几内亚北部
成体生境	低地森林，海拔最高900 m
幼体生境	溪流中
濒危等级	无危。由于森林砍伐，部分地区的种群数量可能在下降，但分布范围广且包含一些保护区

成体体长
平均 2⅟₁₆ in (53 mm)

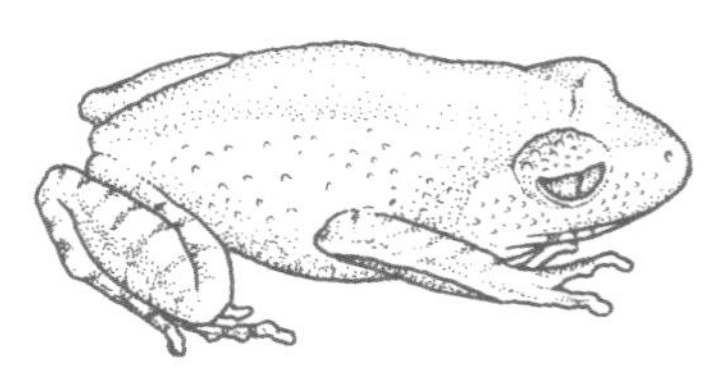

背褶暮蛙

Nyctibates corrugatus

Southern Night Frog

Boulenger, 1904

实际大小

背褶暮蛙头大；眼大且瞳孔纵置；背部皮肤具大量肤褶；四肢纤细，指、趾长，且末端略微扩大；背部为棕色且四肢上有深色窄线纹。

这种鲜为人知的蛙类的种本名“*corrugatus*”来源于其背部皮肤上很多小的“V”形肤褶。该蛙为常见种，生活于低地区域，在多石且水质澄澈的湍急溪流中繁殖。雄性在溪流附近的地面上鸣叫。其蝌蚪尾长而尾肌发达，这使得它们能在溪流中游动。

相近物种

背褶暮蛙是本属唯一的物种，与非洲西部另外两种蛙类——加蓬暗蛙（第 435 页）与壮发蛙（第 436 页）最为相似。

科名	弱节蛙科Arthroleptidae
其他名称	无
分布范围	非洲西部，北起尼日利亚南至安哥拉
成体生境	低地雨林
幼体生境	溪流中
濒危等级	无危。分布范围广泛但很多地区的种群数量由于森林砍伐而下降

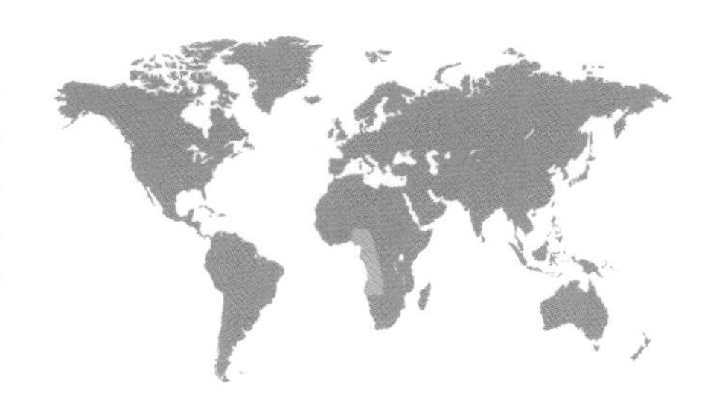

成体体长
平均 2³⁄₁₆ in (57 mm)

加蓬暗蛙
Scotobleps gabonicus
Gaboon Forest Frog
Boulenger, 1900

尽管该蛙分布广泛且常见，但目前关于它的所有信息几乎都还停留在1900年由比利时生物学家乔治·阿尔伯特·布兰吉（George Albert Boulenger）依据一号标本所发表的原始描述——他描述了超过2000个动物物种，包括很多蛙类。该蛙主要见于低地雨林中，在溪流里繁殖，它显然更偏好宽而浅且带有沙质河岸的溪流。曾在4月听到其鸣叫声，在5月发现它的卵。2009年组织的一次调查中发现几个个体感染了造成壶菌病的病原体，但是该物种受壶菌病的影响有多严重目前仍不清楚。

实际大小

相近物种

加蓬暗蛙是本属唯一的物种，与非洲西部另外两种的蛙类——背褶暮蛙（第434页）与壮发蛙（第436页）最为相似。

加蓬暗蛙体型圆胖；头大；眼大且瞳孔纵置；背部疣粒密布；指、趾较长且末端略微扩大；趾间具部分蹼；背面为棕色，背部带有黑色小点斑且四肢背面有横纹；头部两眼间有一块深色斑纹。

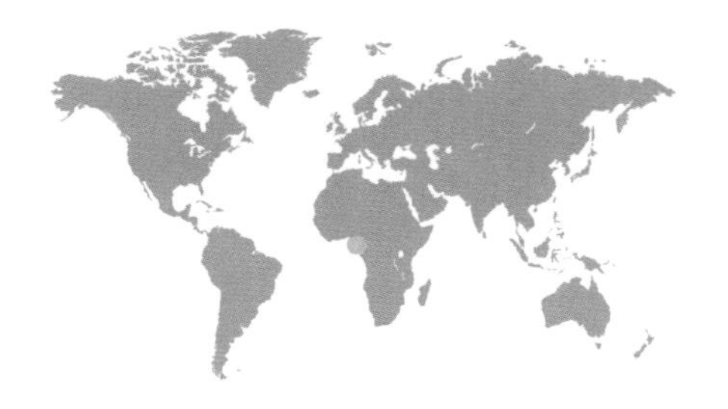

科名	弱节蛙科Arthroleptidae
其他名称	无
分布范围	中非海岸，从尼日利亚东南部到刚果民主共和国
成体生境	低地雨林
幼体生境	湍流河水中
濒危等级	无危。由于被当作食物而被捕捉，在村落附近罕见

成体体长
雄性
3¹³⁄₁₆—5⅛ in (98—130 mm)
雌性
3⅛—4⅜ in (80—113 mm)

壮发蛙
Trichobatrachus robustus
Hairy Frog
Boulenger, 1900

这种奇怪的蛙类有两点特殊之处：第一，繁殖期时，雄性的体侧与后肢上会长出像头发一样的较长的皮肤附生物。其繁殖行为尚未被观察到，知道仅雄性会护卵，这些卵附着在水下的岩石上，雄性会待在其上面。体表的这些“头发”内血液交换能力很强，这使得这些雄性可以在水里获取氧气，而不用再到水面上呼吸。第二个独特之处是它们可以用后足上尖锐的“爪子”重创敌人，其实这些“爪子”并非真正意义上的爪，而是透过皮肤而伸出来的趾骨断端①。

相近物种

壮发蛙是发蛙属*Trichobatrachus*唯一的物种，与其他蛙类都不相似。该蛙的成体与蝌蚪在喀麦隆及西非与中非其他国家中被抓来食用。巨谐蛙（第527页）与无胸柱蛙属*Astylosternus*的物种——冠纹无胸柱蛙（第428页）也同样如此。这些地区分布的蛙类对于当地人来说无疑是重要的食物来源。

实际大小

壮发蛙的体长较短；体型健壮；头宽；吻端钝圆；四肢有力、肌肉发达；眼大，瞳孔直立；趾间具部分蹼；体色一般为橄榄绿色或棕色，背部中间常有一条深色宽条斑达体后部。

① 译者注：受到威胁时，壮发蛙能利用肌肉主动将趾骨末端折断，并使锋利的断骨端刺出皮肤，起到“爪”的作用。

科名	非洲树蛙科Hyperoliidae
其他名称	无
分布范围	非洲西部与中部，西起尼日利亚东南部，穿过赤道几内亚与加蓬，东到刚果民主共和国东北部
成体生境	低地雨林
幼体生境	积水的树洞中
濒危等级	无危。部分分布区种群下降且受到森林砍伐的威胁

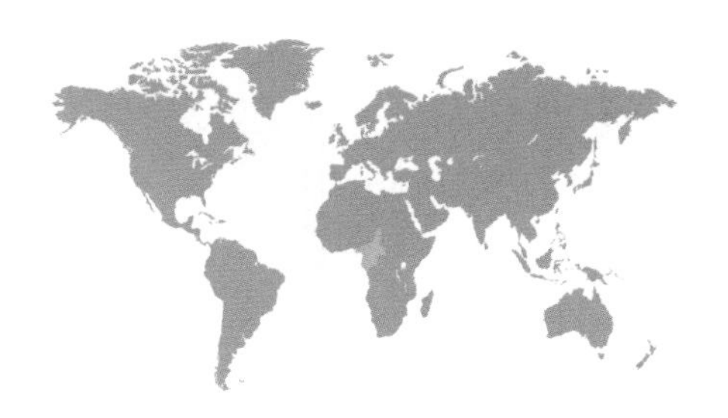

成体体长
最大 1⁷⁄₁₆ in (36 mm)

棘跟刺蛙
Acanthixalus spinosus
African Wart Frog
(Buchholz & Peters, 1875)

这种非常隐秘的蛙类得名于其头部、背部与腿部的大量瘰粒。它整天都待在充满水的树洞里，只把鼻尖露出水面。因未曾记录雄性有求偶鸣叫声，所以雄性可能不会鸣叫，有人认为雌雄性之间是靠气味来互相定位的。卵被产在树洞里的水面之上，每窝卵 8—10 枚。卵孵化以后蝌蚪就会掉到水里，它们需要花费三个月左右的时间来完成变态。幼蛙体色为橘黄色或紫色。

实际大小

棘跟刺蛙吻长而大；眼突起；头部、背部与腿部有很多疣粒；每条后腿的后部都有一排棘刺；指、趾末端具发达吸盘，雄性的吸盘比雌性的更大；背面为橄榄绿色或棕色，带有黑色斑纹。

相近物种

该属还有另外一个物种——索氏跟刺蛙 *Acanthixalus sonjae*。它比棘跟刺蛙的头更宽一些，分布于科特迪瓦与加纳，其种群数量正在不断下降，已被列为近危物种。这两个物种都依赖于成熟的大型树木的积水树洞进行生存和繁衍，但是现在这种大树变得越来越少了。

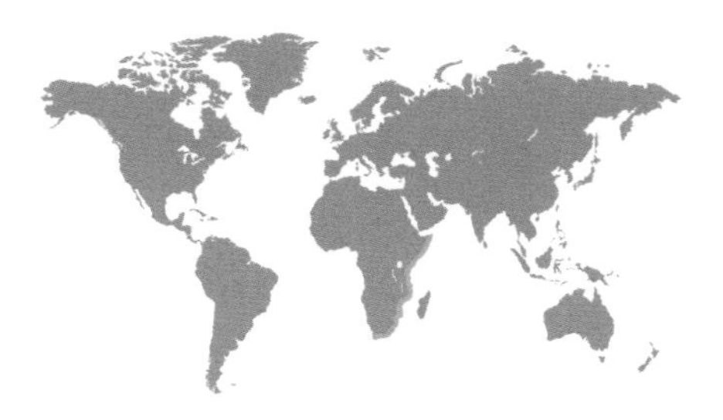

科名	非洲树蛙科Hyperoliidae
其他名称	纤折叶蛙、皮氏香蕉蛙
分布范围	东非海岸低地，北起索马里南至南非
成体生境	海岸林地、灌丛、草甸
幼体生境	永久性沼泽与水塘
濒危等级	无危。分布范围非常狭小但能适应的生境类型较多，也能适应人类改造的栖息地

成体体长
雄性
9/16—7/8 in (15—22 mm)
雌性
5/8—15/16 in (16—24 mm)

纤非刺蛙

Afrixalus delicatus

Delicate Spiny Reed Frog

Pickersgill, 1984

实际大小

纤非刺蛙体型长而纤细；眼大而突出；吻端突出；指、趾间具蹼，末端具吸盘；体色非常多变，背面为黄棕色或银白色带有纵向深色条纹，其中两条在两眼间融合。

这种体型小巧而纤瘦的蛙类在水塘边繁殖，它会将长叶植物的叶子粘起来对卵形成一个保护窝。卵被产在非常接近水面或刚刚入水的地方。雌性偶尔也会分批产卵，两次之间最多相隔三天，并由不同的雄性受精，雌性采用这种方法最多可以与三只雄性交配。在交配之前，雄性会聚集在一起，每只雄性都会发出一种嗡嗡的叫声，持续时间可达 22 秒。蝌蚪身体较长且呈流线型，能长到 38 mm。

相近物种

与相似物种额棘非刺蛙（第 440 页）相比，纤非刺蛙吻部更突出。响尾蛇非刺蛙 *Afrixalus crotalus* 是另外一种小型芦苇蛙类[①]，在马拉维、莫桑比克与津巴布韦的草甸临时性水塘内繁殖，雄性的叫声是一连串模糊的咯咯声与咔嗒声。

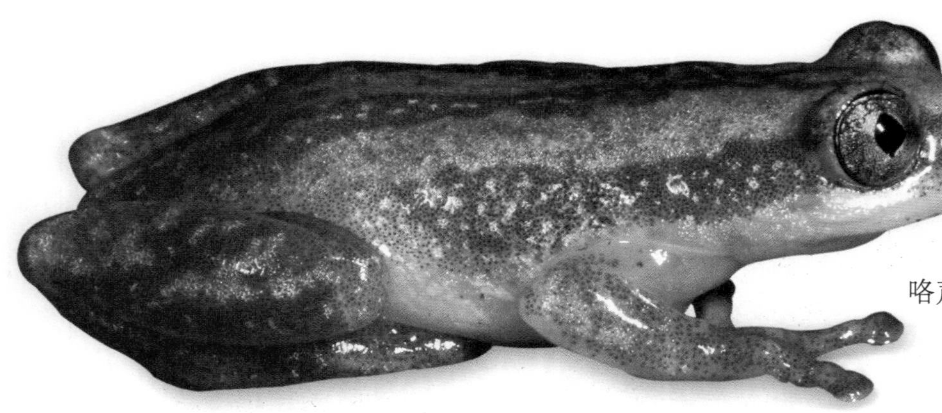

① 译者注：芦苇蛙 (Reed Frog) 是对非洲树蛙科物种的统称。

科名	非洲树蛙科Hyperoliidae
其他名称	福氏刺芦苇蛙
分布范围	非洲东部与南部，从肯尼亚到南非
成体生境	稀树草原、灌木草原与草甸，在水塘与沼泽附近的植物内生活
幼体生境	水塘与沼泽
濒危等级	无危。分布范围广且总体上无种群下降迹象

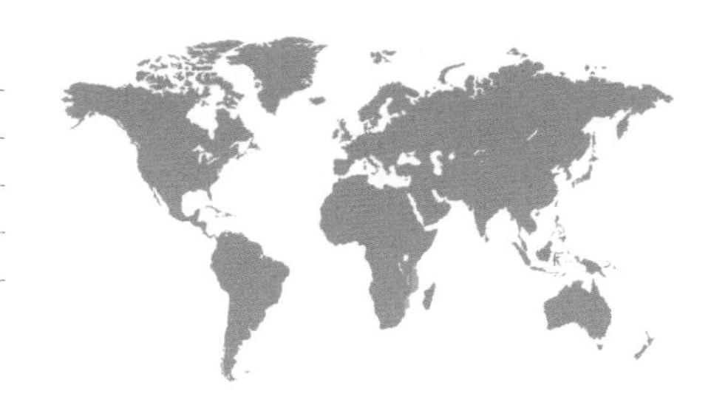

成体体长
雄性
1⅛—1½ in (29—38 mm)
雌性
1³⁄₁₆—1⁹⁄₁₆ in (30—40 mm)

福氏非刺蛙
Afrixalus fornasini
Greater Leaf-folding Frog
(Bianconi, 1849)

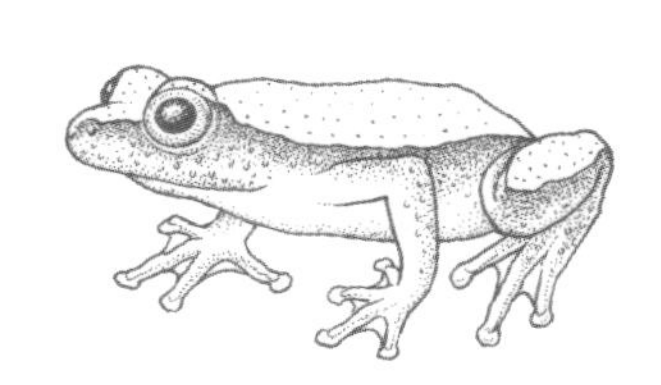

从9月末到次年6月，雄性会在挺水植物的高处鸣叫。雄性间通过鸣叫、追逐，有时甚至是打斗来守卫它们的有利位置。当雌性发现雄性之后，就会一起转移到水塘旁，在悬于水面的叶子上产20—50枚卵。雄性用后腿把叶子折起来包住卵，直到被雌性产生的分泌物将卵与叶子牢牢黏住。卵孵化以后，蝌蚪就会掉入水中。

实际大小

福氏非刺蛙身体较长；吻长；四肢长而纤细；指、趾间具蹼，末端具吸盘；背部为浅灰色，中间向后常有一深棕色纵纹；背部、体侧部与四肢背面布满尖部为黑色的棘刺，每一枚棘刺都位于一个小白点上。

相近物种

该属分布于非洲，共有31个物种，这些蛙类经常暴露于烈日下，其皮肤有很强的防止水分散失的机能。金非刺蛙 *Afrixalus aureus* 是莫桑比克、南非与斯威士兰的常见小型蛙类。该属的另一个物种——克氏非刺蛙 *Afrixalus knysnae* 分布范围非常狭小并被列为濒危物种。另见额棘非刺蛙（第440页）。

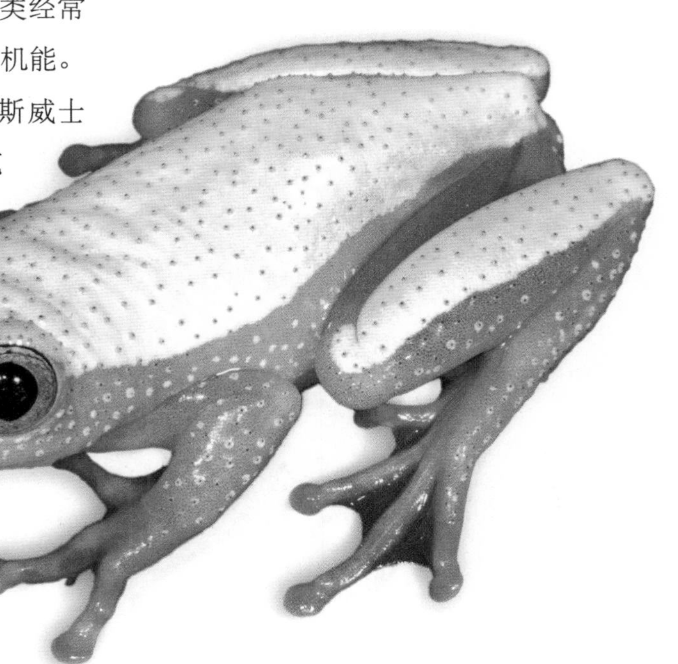

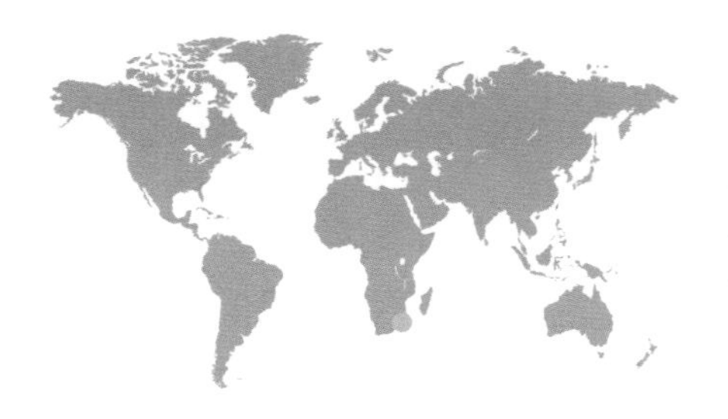

科名	非洲树蛙科Hyperoliidae
其他名称	金刺芦苇蛙、纳塔尔香蕉蛙、纳塔尔折叶蛙
分布范围	南非夸祖鲁-纳塔尔省与东开普省海岸
成体生境	灌木丛与干燥森林
幼体生境	临时性水塘与水库
濒危等级	近危。因农业与城市化导致栖息地丧失而使种群数量下降

成体体长
雄性
最大 ¾ in (20 mm)
雌性
最大 1 in (25 mm)

额棘非刺蛙
Afrixalus spinifrons
Natal Spiny Reed Frog
(Cope, 1862)

实际大小

额棘非刺蛙得名于其头部、背部与吻部的大量黑色小棘刺；这种蛙吻端钝圆；眼大而突起；指、趾间具发达吸盘；背面为黄色或棕色，或有 1—2 条深色条纹纵贯全背。

这种小型蛙类从春天到仲夏进行繁殖，有时会大量聚集成群，雄性会形成合鸣。这种很轻的叫声由两部分构成："吱噗……嗤呦"（zip...trill），第一部分是向其他雄性发出的一种争斗信号，而雌性则会对第二部分声音以回应。在整个"合唱团"中，有 5% 的雄性是不发声的"随从"雄性，它们会拦截那些试图接近发声者的雌性。卵被产在距离水面很近的叶子上，每窝卵 10—50 枚，这些叶子在交配时被折起来包住卵。卵孵化以后，蝌蚪就会掉入水中。

相近物种

分布范围非常广的纤非刺蛙（第 438 页）比额棘非刺蛙的吻部更突出。乌卢古鲁非刺蛙 *Afrixalus uluguruensis* 仅分布于坦桑尼亚的东阿克山，其栖息地受到森林砍伐与金矿开采的威胁，被列为濒危物种。另见福氏非刺蛙（第 439 页）。

科名	非洲树蛙科Hyperoliidae
其他名称	无
分布范围	喀麦隆与加蓬
成体生境	热带密林
幼体生境	溪流
濒危等级	无危。无种群衰退迹象但易受森林砍伐的威胁

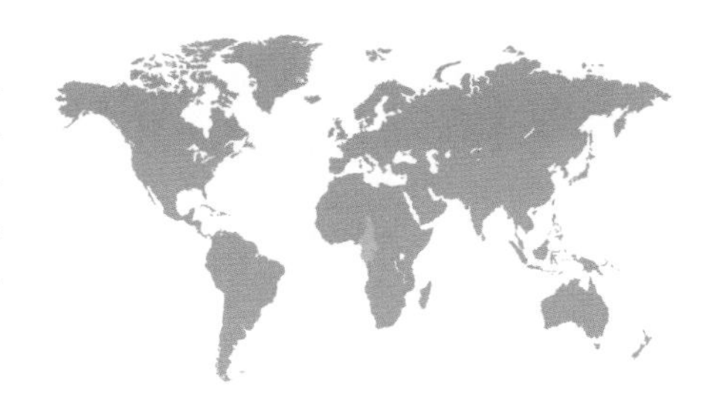

成体体长
1—1¼ in (26—31 mm)

助产护卵蛙
Alexteroon obstetricans
Alexteroon Obstetricans
(Ahl, 1931)

这种引人注目的小型蛙类在繁殖期显然并不营群居生活，当雄性在溪流上面的叶子上鸣叫时，会与其他雄性远远隔开。其叫声是一种尖锐的“托克”（toc）声，重复5—6次。一对蛙每窝卵可产40—50枚，这些卵被包裹在一大团透明的胶状物中，由雌性护卵。很明显，卵上的胶状物与其他很多物种的卵一样都是不溶解的，因此雌性不得不帮助其蝌蚪从卵中蠕动出来；随后蝌蚪们会掉入下面的水里，并以水中的植物为食。

实际大小

助产护卵蛙体型扁平；指、趾末端具大吸盘；眼大；四肢边缘有弱肤褶；背部皮肤为翠绿色并散以小而略微突起的白色点斑；四肢腹面为绿松石色，腹部透明，从下方可以看到内脏器官。

相近物种

护卵蛙属*Alexteroon*的另外两个物种也都生活于非洲西部“角落”的密林中。高鸣护卵蛙*Alexteroon hypsiphonus*是一个广布种，分布在喀麦隆、加蓬和刚果。据说它会在很高的树上鸣叫，但是产卵时会下到溪流的上游去。红唇护卵蛙*Alexteroon jynx*是一种体型非常小的蛙类，被列为极危物种，因为它仅被发现于喀麦隆的一个分布点。

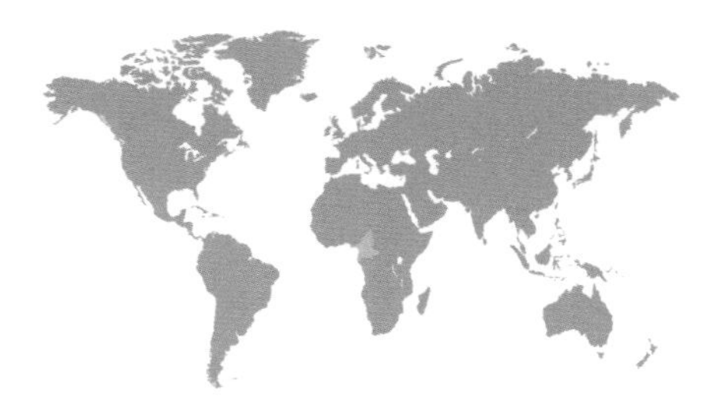

科名	非洲树蛙科Hyperoliidae
其他名称	*Hyperolius köhleri*（科勒非洲树蛙）
分布范围	喀麦隆、尼日利亚东南部、赤道几内亚、加蓬北部
成体生境	森林与草地，海拔最高1800 m
幼体生境	溪流
濒危等级	无危。种群状态已知，但种群数量很可能会因为森林砍伐而下降

成体体长
雄性
1—1¹⁄₁₆ in (26—27 mm)
雌性
未知

科氏绿非树蛙

*Chlorolius koehleri*①

Koehler's Green Frog

Mertens, 1940

实际大小

科氏绿非树蛙头部扁平；眼大而突出；指、趾末端具吸盘；背面为草绿色并混以红棕色点斑；四肢、手部和足部为黄绿色；腹面为浅绿色，喉部颜色为绿松石蓝。

这种鲜为人知的小型蛙类的雄性叫声十分轻柔，这使得它们非常难于发现。其体侧部、四肢与后足腹面有黑色棘刺，有可能是为了在繁殖过程中辅助雄性在湍流的溪水中抱紧雌性。该物种生活于低地与山地森林还有草甸上，还见于咖啡种植园以及被砍伐或其他因人类活动而破坏的森林中。它在溪流内产卵，其蝌蚪也在溪水中进行发育。

相近物种

科氏绿非树蛙是本属唯一的物种②，以前该物种被划分在非洲树蛙属 *Hyperolius* 内，后者是小型非洲树蛙的一个大类群（第 446—451 页），但是科氏绿非树蛙雄性无声囊，且其体侧、后腿腹面具棘刺而不同于非洲树蛙属的物种。

①② 译者注：依据Frost (2018)，绿非树蛙属*Chlorolius*已被并入非洲树蛙属。

科名	非洲树蛙科Hyperoliidae
其他名称	无
分布范围	刚果民主共和国东部
成体生境	草地，海拔2400—2850 m
幼体生境	洪泛草原
濒危等级	数据缺乏。分布范围小而罕见

铜光金非树蛙

Chrysobatrachus cupreonitens

Itombwe Golden Frog

Laurent, 1951

成体体长
雄性
¾—¹⁵⁄₁₆ in (19—24 mm)
雌性
1¹⁄₁₆—1⁵⁄₁₆ in (27—34 mm)

伊托姆伯维山脉位于坦干依喀湖西部，属于森林高原生境类型，是大猩猩、黑猩猩与非洲丛林象 *Loxodonta africana* 以及几种特有蛙类的栖息地，2006 年建立了自然保护区。铜光金非树蛙自 1951 年发现之后就再无踪迹了，但是在 2011 年的一次科学考察中又重新发现了该物种以及另外三种蛙类。该蛙种尤为特殊的是其雌性的体长要比雄性大得多，在交配期间，雄性会采取胯部抱对的方式紧紧环抱住雌性的腰间而不是腋窝下，除此之外，对于它的习性与行为还所知甚少。

实际大小

铜光金非树蛙后腿较短；指、趾末端具吸盘；躯干部与四肢背面为翠绿色与棕色并缀以黑色点斑，同时还有金黄色的金属光泽；体侧、身体与四肢腹面为白色或粉色。

相近物种

铜光金非树蛙是本属唯一的物种。根据其解剖学特征与胯部抱对的方式可将它与本科其他物种区分开来。

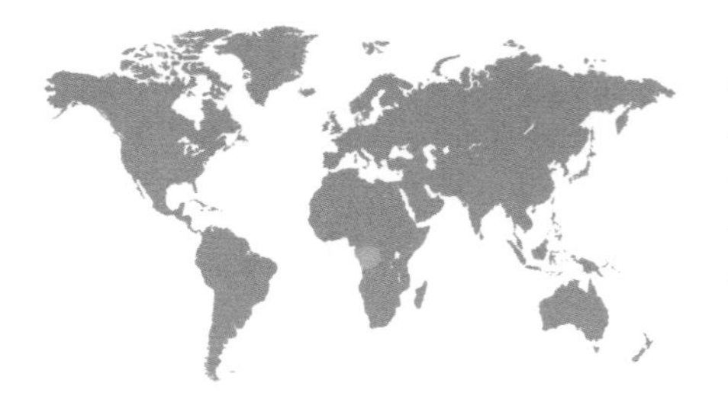

科名	非洲树蛙科Hyperoliidae
其他名称	无
分布范围	喀麦隆、赤道几内亚、加蓬、刚果共和国、刚果民主共和国
成体生境	热带森林
幼体生境	静水与流水中
濒危等级	无危。为常见种且似乎能适应栖息地的环境变化

成体体长
雄性
1⁹⁄₁₆—2⅛ in (39—54 mm)
雌性
1⅞—2¼ in (48—58 mm)

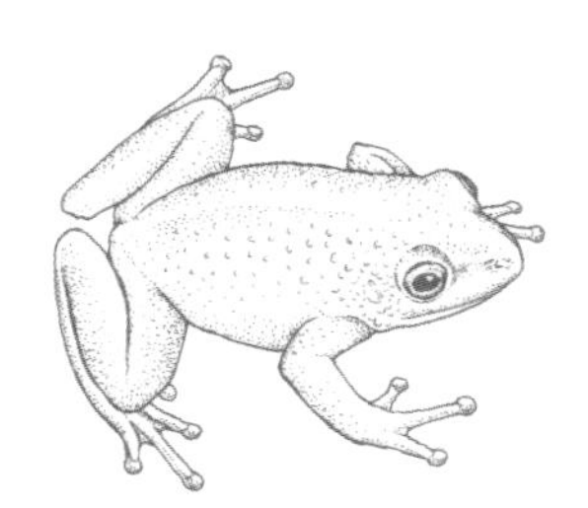

格氏隐囊树蛙
Cryptothylax greshoffii
Greshoff's Wax Frog
(Schilthuis, 1889)

这种常见蛙类主要见于森林空地，但包括旷野在内的很多种生境都有发现，该蛙与沼泽、湖、溪流及大型河流这种繁殖场所密切相关。雄性在水边的低矮的树枝上鸣叫，发出一种类似于敲击木头的声音。雌性将卵产在悬于水面的树叶上，每窝卵为11—19枚，卵大且覆盖在大量的胶状物内。卵孵化后，其蝌蚪就会掉进水中。雌性比雄性颜色更加鲜艳，一般体色更红且其前足与后足为亮橙色。

格氏隐囊树蛙眼大，具钻石形瞳孔和金绿色的虹膜；趾间具蹼；指、趾末端具吸盘；背面颜色范围从茶棕色到红色，腹面为粉色至白色；通常雌性比雄性体色更红。

相近物种

隐囊树蛙属 *Cryptothylax* 仅有的另一个物种是小隐囊树蛙 *Cryptothylax minutus*，比格氏隐囊树蛙的体型更小，仅分布于刚果民主共和国的通巴湖。已经多年未曾有记录，并被列入200种“消失”两栖类的名单里。

实际大小

科名	非洲树蛙科Hyperoliidae
其他名称	蓝背芦苇蛙
分布范围	马达加斯加东北部
成体生境	雨林、干燥森林、稀树草原与沙丘边缘，也见于农田、村落与城市地区
幼体生境	临时性与永久性水塘
濒危等级	无危。分布范围很广且总体上无种群下降迹象

成体体长
雄性
最大 1⅜ in (35 mm)
雌性
最大 1⁹⁄₁₆ in (40 mm)

马岛异非树蛙

Heterixalus madagascariensis
Madagascar Reed Frog

(Duméril & Bibron, 1841)

这种小型蛙类是异非树蛙属 *Heterixalus* 的一员，也是马达加斯加岛的特有种。由于马达加斯加岛长期的地理隔离，岛上分布的很多蛙类都是特有种。马达加斯加岛大面积的森林破坏已经对很多种蛙类产生了糟糕的影响，但是对于这些马岛异非树蛙的影响似乎并没有其余大多数蛙类那么大，可能是因为它在诸如稻田与甘蔗地等人造栖息地中也能茁壮成长。该蛙似乎可以终年繁殖，雄性在夜间鸣叫产卵场靠近池塘和沼泽。白天受到惊扰时它通常会跳入水中。

实际大小

马岛异非树蛙眼大并突起，虹膜为金色；鼻孔与眼之间有一条深色纵纹；手、脚与四肢腹面为橘黄色；体背部色斑多变，有绿色、棕色、蓝色或白色等不同颜色，体色还会随着温度变化而改变，温度变冷时体色趋向于棕色，变热时则趋向于白色。

相近物种

异非树蛙属 *Heterixalus* 共有 11 个物种，该属所有物种的生活史都相似。仅有两个物种被列为近危物种，需要注意保护。卡氏异非树蛙 *Heterixalus carbonei* 从未在森林之外被见到过，它似乎不能适应人类居住的栖息地。鲁氏异非树蛙 *Heterixalus rutenbergi* 为栖息地特化的物种，生活于高海拔荒野生境中，并仅能在酸性水中繁殖。

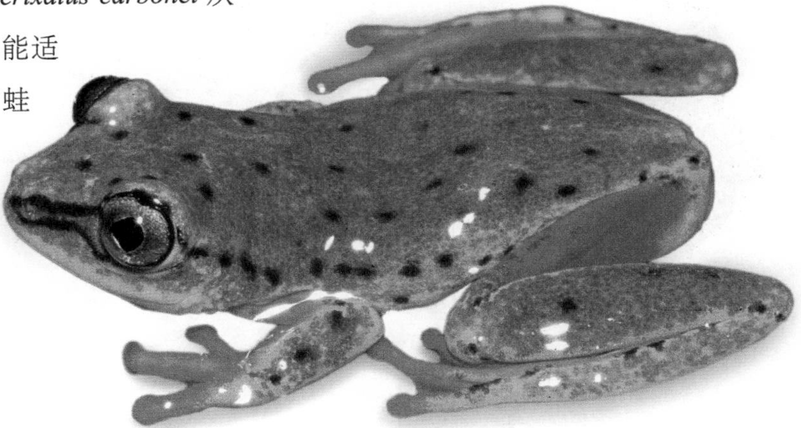

科名	非洲树蛙科Hyperoliidae
其他名称	丽点莎草蛙、黄点芦苇蛙
分布范围	东非海岸区域，北起索马里南至南非
成体生境	稀树草原近水处
幼体生境	临时性或永久性浅水塘与沼泽地
濒危等级	无危。分布范围很广但是在南非受栖息地丧失的威胁

成体体长
1¹⁄₁₆—1⁵⁄₁₆ in (27—34 mm)

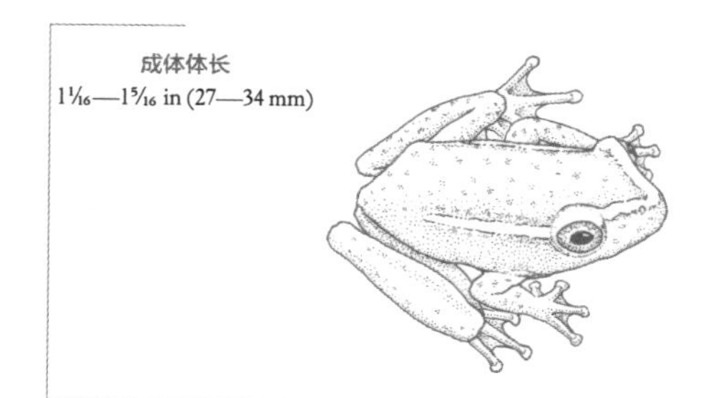

丽点非洲树蛙
Hyperolius argus
Argus Reed Frog

Peters, 1854

实际大小

丽点非洲树蛙是一种体型较宽的芦苇蛙类；指、趾间具蹼，且末端具发达的吸盘；雄性背面主要为绿色，有一条浅色中线纹，腹面为白色；雌性腹面为浅棕色或微红色，腹面为橘黄色；四肢与后足为红色；背部常缀以大的边缘黑色的乳白色圆点。

这种漂亮而小巧的蛙类，外表有着十分惊人的性二态，雄性与雌性在体色与斑纹上都有差异。它在春雨过后便开始繁殖，雄性在挺水植物上鸣叫并产生一种急促重复的、低音调的咯咯声。雌性产卵200枚左右，每批约30枚，因为它们在涨水的时候产卵，所以卵主要见于水下。雌雄性之间的色斑差异曾用于研究化学污染对于性发育的影响。幼年雄性个体经过化学试剂暴露后会产生雌性化，发育成雌性的色斑形式。

相近物种

丽点非洲树蛙不仅在性别间存在色斑差异，不同分布区范围内也有色斑差异，因此仅依据外表来区分丽点非洲树蛙与其他近缘种是有问题的。在南非，它与体型小得多的小非洲树蛙（第449页）毗连分布。在西非，丽点非洲树蛙与点斑非洲树蛙 *Hyperolius guttulatus* 在体型和外表上相似。

科名	非洲树蛙科Hyperoliidae
其他名称	大理石芦苇蛙
分布范围	东非，从莫桑比克北部到南非
成体生境	多种生境，临时性或永久性池塘、大坝与沼泽地等附近
幼体生境	临时性或永久性池塘、大坝或沼泽地
濒危等级	无危。分布范围很广且总体上无种群下降迹象，其分布范围扩张至南非

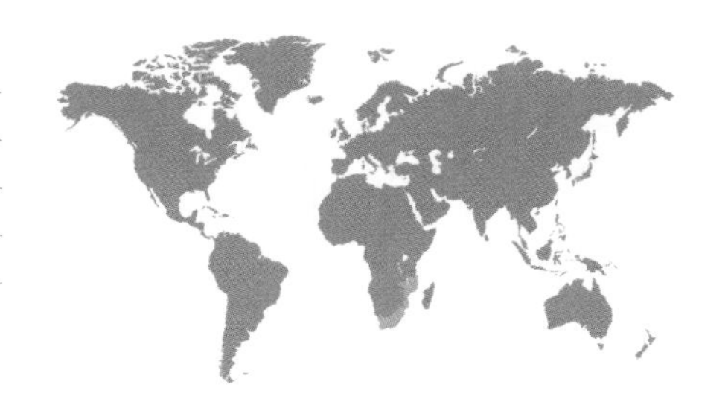

理纹非洲树蛙

Hyperolius marmoratus

Painted Reed Frog

Rapp, 1842

成体体长
雄性
$\frac{15}{16}$—$1\frac{1}{4}$ in (25—31 mm)
雌性
$1\frac{1}{16}$—$1\frac{5}{16}$ in (27—33 mm)

尽管该蛙体型很小，但是雄性能发出所有蛙类中声音最响亮的叫声：一种非常短促的“喂噗”（whipp）声。这种叫声能量消耗很大，雄性仅能鸣叫几晚，然后会离开合鸣的地方几晚来储备能量，之后再返回来继续鸣叫。雌性会偏好音调较低、体型较大的雄性，但是对于雄性来说，繁殖成功的决定因素是在一个繁殖期里，它们能参加合鸣并鸣叫的天数。雌性在水中产 150—650 枚卵，每批卵 20 枚左右。

实际大小

理纹非洲树蛙吻端钝圆；眼大；指、趾末端具发达吸盘；通常来说其背部有三种色型：点状斑、线状纹（如图所示）与大理石纹，有些个体的色型是这三种色型的结合形式；颜色则更加多变，其中最为保守的特征是手与足呈鲜红色。

相近物种

理纹非洲树蛙的分类地位目前仍存在争议，有些生物学家认为它是一个独立种，而有些人则将其视作黄绿非洲树蛙 *Hyperolius viridiflavus* 的一个亚种，黄绿非洲树蛙主要分布于非洲撒哈拉沙漠以南的地区。体色对于解决分类问题没有太大的作用，因为黄绿非洲树蛙种组已经描述的色型至少就有 40 种。有些物种，如安哥拉非洲树蛙 *Hyperolius angolensis*[①]，是通过特殊的叫声来区分的。

① 译者注：依据Frost (2018)，安哥拉非洲树蛙已被作为双带非洲树蛙*Hyperolius parallelus*的同物异名。

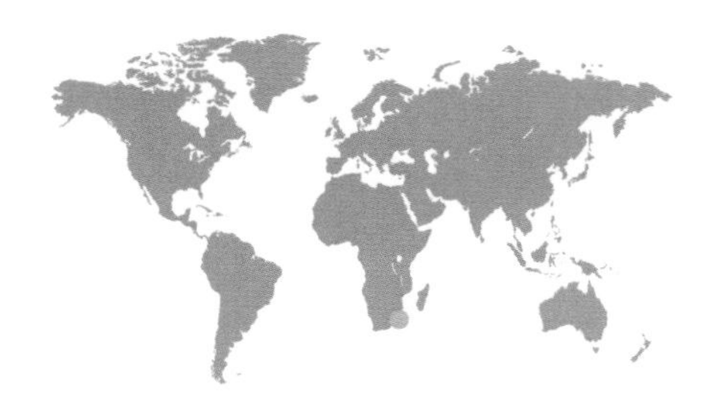

科名	非洲树蛙科Hyperoliidae
其他名称	阿沃卡芦苇蛙
分布范围	南非夸祖鲁-纳塔尔省海岸、斯威士兰
成体生境	海岸草甸与灌木草原
幼体生境	池塘与沼泽
濒危等级	极危。分布范围非常狭小且受到栖息地破坏与污染的威胁

成体体长
雄性
最大 ⅞ in (22 mm)
雌性
最大 1⅛ in (29 mm)

皮氏非洲树蛙

Hyperolius pickersgilli

Pickersgill's Reed Frog

Raw, 1982

实际大小

皮氏非洲树蛙有两种色型，幼体与许多成熟雄性为浅棕色带有深色边缘的白色或黄色条纹，从吻部沿两侧穿过眼部直达胯部；所有雌性与一些雄性则为翠黄绿色，体两侧的纵纹随年龄增长而逐渐衰退。

这种非常隐秘的小型蛙类在海岸边池塘与沼泽的静水中繁殖，雄性在水边茂密植被丛的隐秘处鸣叫，叫声轻柔，类似于蟋蟀叫。它将卵产在凝胶物质中并附着在水面的植物上，其蝌蚪孵化后就会掉到下面的水中。该物种在颜色上存在性二态（见左图注）。其分布范围非常狭小且受到因发展农业与城市化而导致栖息地丧失的威胁，它还遭受到用于控制疟蚊的农药DDT的沉重打击。

相近物种

皮氏非洲树蛙的分布区与半吸盘非洲树蛙（第450页）有重叠。后者是在斯威士兰与南非的常见蛙类。突吻非洲树蛙 *Hyperolius nasutus* 在非洲撒哈拉沙漠以南有非常广泛的分布区域。其身体延长，吻端突出，雄性的声音是一种高音调的叽喳声。

科名	非洲树蛙科Hyperoliidae
其他名称	侏儒芦苇蛙、睡莲叶蛙、透明树蛙
分布范围	东非海岸平原，北起索马里南至南非，内陆分布于马拉维与博兹瓦纳
成体生境	稀树草原与灌丛的开阔沼泽地中
幼体生境	池塘
濒危等级	无危。分布范围很广，分布区范围内有一些保护区，在很多地方为常见种

小非洲树蛙
Hyperolius pusillus
Water Lily Reed Frog
(Cope, 1862)

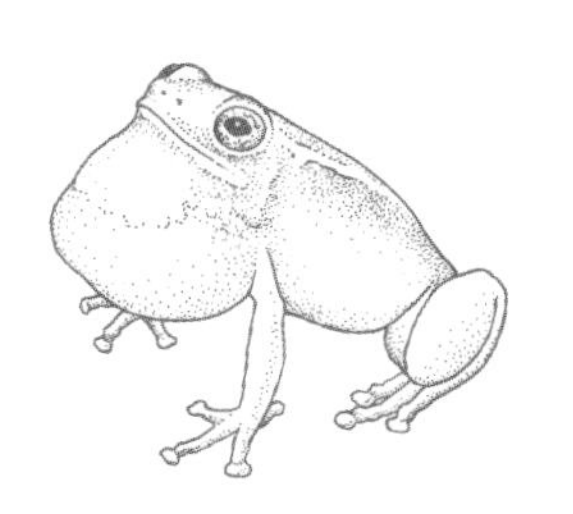

成体体长
雄性
⅝—¾ in (16—20 mm)
雌性
¹¹⁄₁₆—1 in (18—25 mm)

这种微型蛙类正如其英文译名“睡莲芦苇蛙”，其生活与睡莲密不可分。一场大雨就会触发睡莲池塘里雄性的合鸣，雄性会坐在睡莲叶子上并发出一连串的高音调咔嗒声，其声囊结构十分特殊，具两个辅叶。雄性会积极地保卫自己鸣叫的领地，并用鼓起的声囊互相撞击。雌性产卵可达500枚，每批20—120枚，并将它们排成单层，安置在浮水植物的叶子之间。卵与刚孵化出的蝌蚪为绿色。

实际大小

小非洲树蛙吻端钝圆；趾间具蹼；指、趾末端具吸盘；背面为透明的绿色，有时缀以小的深色点斑；指与趾部为绿色、黄色或橘黄色；腹部有一块透明区域，可以看到内脏器官。

相近物种

绿非洲树蛙 *Hyperolius viridis* 是另一种小而通体绿色的芦苇蛙，仅分布于坦桑尼亚西部。它会在池塘边的草丛里鸣叫，这点不同于小非洲树蛙。尖头非洲树蛙 *Hyperolius acuticeps*[①]也在池塘边的高处鸣叫，发出一种类似于昆虫叫的叽喳声，其分布范围非常广，从埃塞俄比亚到津巴布韦和南非。

① 译者注：依据Frost (2018)，尖头非洲树蛙已被作为小眼非洲树蛙*Hyperolius microps*的同物异名。

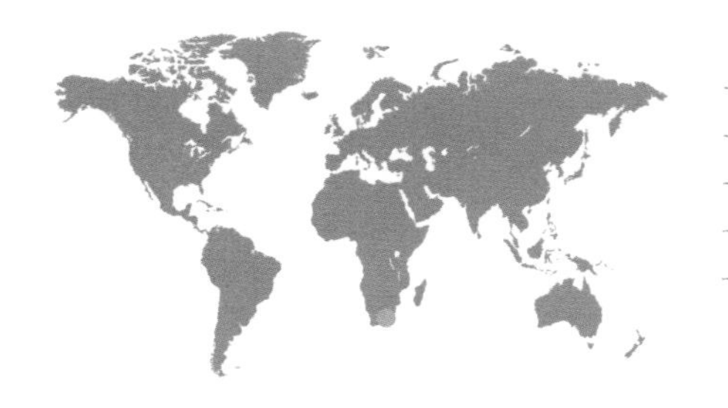

科名	非洲树蛙科Hyperoliidae
其他名称	海芋蛙、休氏芦苇蛙、侧黄芦苇蛙
分布范围	南非、斯威士兰东海岸
成体生境	深水附近的茂密芦苇地
幼体生境	池塘、湖水与河流深水中
濒危等级	无危。不是常见种，并且在分布区部分范围内受到栖息地破坏的威胁

成体体长
雄性
平均 1 in (25 mm)
雌性
平均 1⅛ in (28 mm);
最大 1⅜ in (35 mm)

半吸盘非洲树蛙
Hyperolius semidiscus
Yellow-striped Reed Frog

Hewitt, 1927

实际大小

这种小型蛙类发现于很深的水体附近。其蝌蚪在该环境中体型能长到很大，体长最大可达 48 mm。雄性的叫声先是短促的嘎吱声，随后则是尖锐的呱呱声，雄性一般会选择浮水植物如睡莲上或是在水体附近芦苇或树上的高处鸣叫。雌性最多可产 200 枚卵，并会将每批约 30 枚卵放置在沉水植物上。该物种因能够改变体色而闻名，可以从绿色变为棕色并恢复。

相近物种

半吸盘非洲树蛙的分布区与皮氏非洲树蛙（第 448 页）重叠。后者是一种非常罕见的蛙类，也分布于斯威士兰与南非，但是可通过半吸盘非洲树蛙四肢上的红色色斑与之区分。因为有一条黄色纵纹，半吸盘非洲树蛙与丽点非洲树蛙（第 446 页）比较相似。

半吸盘非洲树蛙的英文名（黄纹芦苇蛙）得名于从眼部或吻端开始、沿体侧部的黑边黄色粗线纹；背面为绿色或棕色，腹面为乳白色或黄色，四肢的隐蔽面、手指与脚趾为橘黄色或红色；大腿背面常散以黄色点斑。

科名	非洲树蛙科Hyperoliidae
其他名称	绿芦苇蛙、史密斯芦苇蛙、稻草莎蛙、绿莎蛙、黄绿芦苇蛙
分布范围	东非，北起肯尼亚南至南非
成体生境	稀树草原、开放林地、灌丛与海岸区域
幼体生境	河边、临时性池塘、水库等周围的芦苇地
濒危等级	无危。为常见种，种群数量未下降

舌疣非洲树蛙
Hyperolius tuberilingus
Tinker Reed Frog
(Smith, 1849)

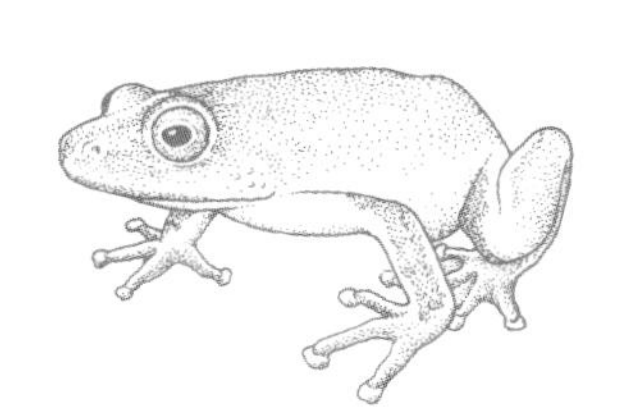

成体体长
雄性
1—$1\frac{5}{16}$ in (25—33 mm)
雌性
$1\frac{3}{16}$—$1\frac{9}{16}$ in (30—40 mm)

这种常见蛙类的叫声是由各种断奏音符组成的，这些音符通常有2—3种，最多可以达到6种。音符的数量取决于该雄性所处的竞争性鸣叫环境，它会尽量与这个合唱队里其他雄性叫声的音符数保持一致。而雌性更有可能去接近叫声音符数更多的雄性，可能是因为更容易确定它的位置。雄性在植物水面以上部分鸣叫，从黎明一直到黄昏。雌性产一团300—400枚的黏性卵，并将卵附着在刚出水面的植物上。

实际大小

舌疣非洲树蛙吻端突出，这点可以与其他芦苇蛙类相区分；该种有两种体色阶段：所有的幼体与一些雄性呈棕色至绿色，带有黄色纵纹，而所有雌性与一些雄性为通身翠绿色或黄色；眼大；指、趾末端具吸盘。

相近物种

舌疣非洲树蛙是分布区跨越非洲撒哈拉以南的四种非常相似的蛙类之一。在西非，纯色非洲树蛙 *Hyperolius concolor* 从塞拉利昂到喀麦隆都有分布。鲍氏非洲树蛙 *Hyperolius balfouri* 分布于肯尼亚至喀麦隆，而基伍湖非洲树蛙 *Hyperolius kivuensis* 则见于安哥拉、赞比亚、坦桑尼亚、乌干达、南苏丹与埃塞俄比亚。

科名	非洲树蛙科Hyperoliidae
其他名称	无
分布范围	科特迪瓦、加纳
成体生境	森林
幼体生境	植被茂盛的大池塘
濒危等级	易危。其森林栖息地受到因农业用地与人类居住而破坏的威胁

成体体长
雄性
1 7⁄16—1 9⁄16 in (37—40 mm)
雌性
未知

树栖肛褶蛙
Kassina arboricola
Ivory Coast Running Frog
Perret, 1985

与其他肛褶蛙一样，这种小型蛙类并不会跳跃而是在地面上依靠后肢交替爬行。雄性通过鸣叫来吸引雌性，鸣叫地点在地面上或在植株的高处。其鸣叫是一种爆裂声。卵被附着在沉水植物上。其蝌蚪以植物为食，尾鳍很高，全长可达 58 mm，以一种缓慢而优雅的姿态在水中游动。

相近物种

科氏肛褶蛙 *Kassina cochranae* 分布于非洲西部，分布西起塞拉利昂，东至加纳南部，它在外表上与习性上都与树栖肛褶蛙十分相似。斯氏肛褶蛙 *Kassina schioetzi* 是近年来才被描述的新种，也分布于科特迪瓦。

树栖肛褶蛙体型与四肢纤瘦；眼大而突起；皮肤光滑；身体与四肢呈灰色，带有很多白色边缘的黑色大斑点；有些个体的点斑排列成行；腹部为深灰色，上臂、大腿与后足上均有黄色斑块。

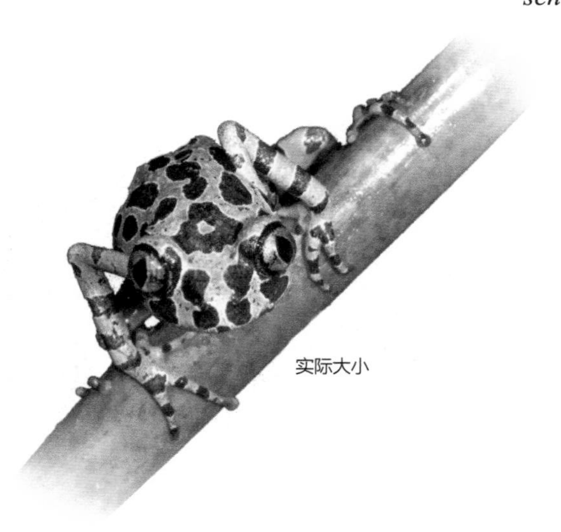

实际大小

科名	非洲树蛙科Hyperoliidae
其他名称	棕点树蛙、斑点援木蛙、斑点跑蛙、浅湖蛙
分布范围	东非，北起肯尼亚南部南至南非东北部
成体生境	稀树草原与草原近水处，也见于农田
幼体生境	大的临时性与永久性池塘、水塘与水库
濒危等级	无危。分布范围很广且总体上无种群下降迹象

红斑肛褶蛙

Kassina maculata

Red-legged Kassina

(Duméril, 1853)

成体体长
雄性
1¾—2⅝ in (45—65 mm)
雌性
1¹⁵⁄₁₆—2¾ in (50—68 mm)

该蛙得名于其腿部的红色斑块，当处于休息状态时红斑大部分都看不到，而处于防御状态时则会暴露出来。这种红斑是一种信号，昭告它的皮肤将分泌一种造成哺乳类捕食者严重呕吐的有毒物。尽管红斑肛褶蛙主要营水生生活，但它可以爬至植株的叶腋内躲避。其雄性在水面漂浮时鸣叫，听起来就像是泡泡破裂的声音。雌性产卵单枚或4—5枚，形成一簇黏在沉水植物上。其蝌蚪需要长达10个月的时间才能完成变态发育，有的全长可达到130 mm。

相近物种

红斑肛褶蛙的红色色斑可以与塞内加尔肛褶蛙（第454页）相区分。库凡古肛褶蛙 *Kassina kuvangensis* 分布于安哥拉与赞比亚，皮肤内含有毒素，可使哺乳类捕食者因呼吸衰竭而丧命，其腿部隐藏的部分为红色与灰色。

红斑肛褶蛙体大而圆胖；眼突出；皮肤光滑；指、趾末端具圆吸盘；背面为灰色，有大的、白色边缘的黑色点斑；胯部、腋窝与四肢腹面为鲜红色带黑色点斑，腹部为白色。

实际大小

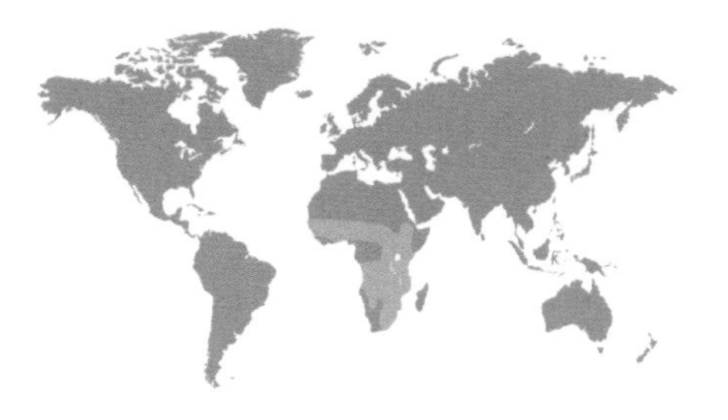

科名	非洲树蛙科Hyperoliidae
其他名称	跑蛙，气泡肛褶蛙
分布范围	非洲撒哈拉沙漠以南
成体生境	热带稀树草原与草地近水处
幼体生境	暂时性与永久性池塘、水塘
濒危等级	无危。分布范围很广且总体上无种群下降迹象

成体体长
1—1¹⁵⁄₁₆ in (25—49 mm)

塞内加尔肛褶蛙
Kassina senegalensis
Bubbling Kassina

(Duméril & Bibron, 1841)

这种蛙的英文译名“气泡肛褶蛙”源于很多雄性一起鸣叫时，会通过类似于泡泡破裂的叫声来彼此应答，这种声音常在雨后的热带稀树草原上被听到。雌性可产260—400枚卵，这些卵粘连在沉水植物上。和其他肛褶蛙一样，它的蝌蚪具典型的非常宽而呈红色的尾部，在水中缓慢而优雅地游动，全长可达80 mm。在旱季时期，成体可经常见于蚁巢和蝎子、鼹鼠、金鼹挖的洞中。

相近物种

肛褶蛙属*Kassina*的16个物种[①]都有相似的生活史。多斑肛褶蛙 *Kassina maculifer* 分布于肯尼亚、索马里与埃塞俄比亚等地非常干燥的稀树草原中。施氏肛褶蛙 *Kassina schioetzi* 分布于科特迪瓦与几内亚，是一种森林物种，呈橄榄绿或米黄色，有大的黑色点斑。若藏肛褶蛙 *Kassina jozani* 分布地非常狭窄——桑给巴尔乔扎尼天然林保护区，被列为濒危物种。

塞内加尔肛褶蛙体型较大，呈子弹型；眼突起，皮肤光滑；它的运动方式为步行而不是跳跃，后腿相对较短；在其分布范围内体色非常多变，南非的个体为灰色或赭色，背部中间有一个棕色或黑色纵纹延伸至体后部，也有其他条纹与斑点类型。

实际大小

① 译者注：依据Frost (2018)，肛褶蛙属目前有15个物种。

科名	非洲树蛙科Hyperoliidae
其他名称	威氏跑蛙
分布范围	刚果民主共和国南部、赞比亚西部和北部，可能分布于安哥拉
成体生境	潮湿的热带草原
幼体生境	未知，可能是洪泛草原
濒危等级	无危。其目前状况未知

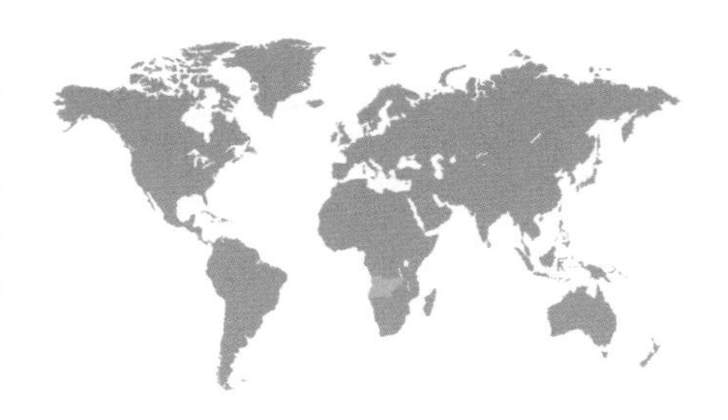

成体体长
11/16—7/8 in (17—22 mm);
雌性的平均体长略大于雄性

威氏卡西蛙
Kassinula wittei
De Witte's Clicking Frog
Laurent, 1940

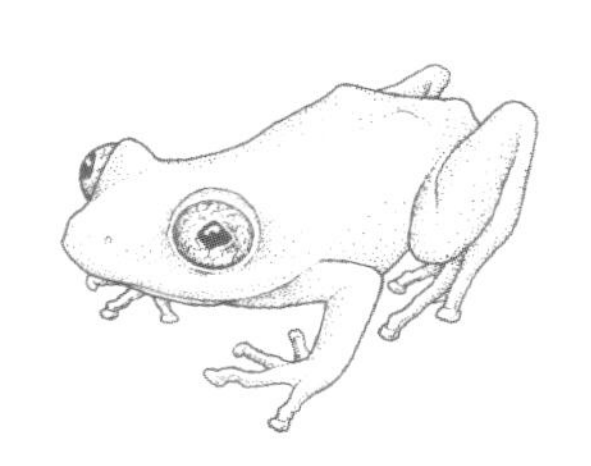

这种体型很小的蛙类隐蔽于栖息地中，很难见到。它们分布于中非高海拔地区的辽阔大草原中，在雨季的 11 月到次年 4 月期间繁殖。雄性在洪水浸没的草丛中鸣叫，发出连续的双音节金属音。比肛褶蛙属 *Kassina*（第 452—454 页）物种的体型小，但外形和生活习性上非常相似。

实际大小

威氏卡西蛙体型短小；吻端突出；眼大；指、趾末端有小吸盘；背面黑色或深棕色，带有交织的纵纹；腹面白色。

相近物种

威氏卡西蛙是卡西蛙属 *Kassinula* 唯一的物种。它与肛褶蛙属的关系接近，但它体型更小，在骨骼上也有细微差异，求偶鸣叫声也不同。

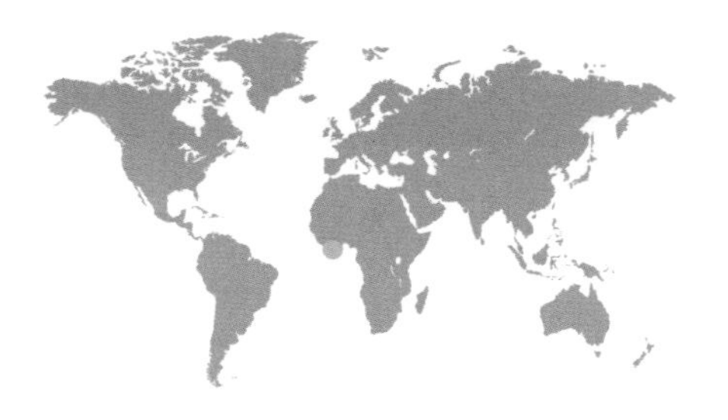

科名	非洲树蛙科Hyperoliidae
其他名称	无
分布范围	科特迪瓦南部
成体生境	雨林
幼体生境	溪流及河流
濒危等级	易危，目前只局限分布于一个地区

成体体长
雄性
⅞—1⁵⁄₁₆ in (23—34 mm)
雌性
1⅛—1⅜ in (28—35 mm)

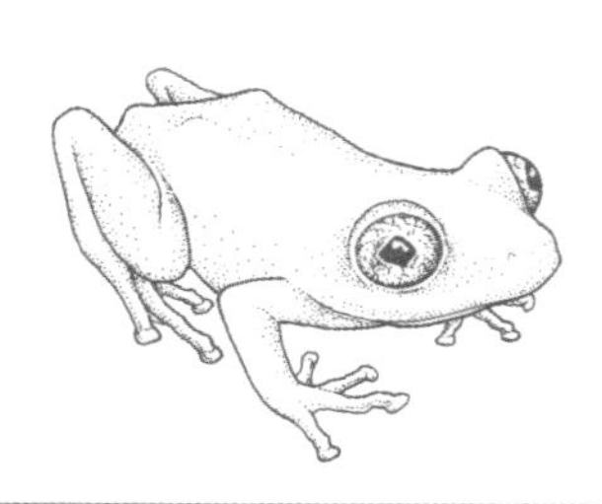

蓝眼默蛙
Morerella cyanopthalma
Morerella Cyanopthalma

Rödel, Assemian, Kouamé, Tohé & Perret, 2009

实际大小

蓝眼默蛙体型细小；眼大而突起；指、趾末端有吸盘；雌性背面棕红色、鲜红色或橘红色，虹膜呈灰色或亮蓝色；雄性在白天时背面棕红色，夜间变为黄色，虹膜呈棕色；雌、雄的腹面都是白色到黄色。

这种小型蛙类发表于2009年，雄性和雌性在形态上有显著区别，雌性的体色更为鲜艳。蓝眼默蛙只被发现于靠近阿比让的邦科国家公园（Banco National Park），可能在科特迪瓦其他地方也有分布。它主要在夜间活动，雄性在溪流和小河上方的叶片上鸣叫。其求偶鸣叫是单音节，重复2—3次。雌性分团产卵30—144枚，附着在水上方的叶片上。据观察，成体在卵附近，可能有某些形式的亲代抚育。

相近物种

蓝眼默蛙是该属唯一的物种。除了体色特别以外，它与非洲树蛙科其他蛙类在骨骼特征和遗传方面都有差异。

科名	非洲树蛙科Hyperoliidae
其他名称	无
分布范围	尼日利亚、喀麦隆、赤道几内亚、加蓬、刚果民主共和国
成体生境	低地热带雨林
幼体生境	缓速溪流
濒危等级	无危。因森林砍伐而导致数量下降，但分布于一些保护区内

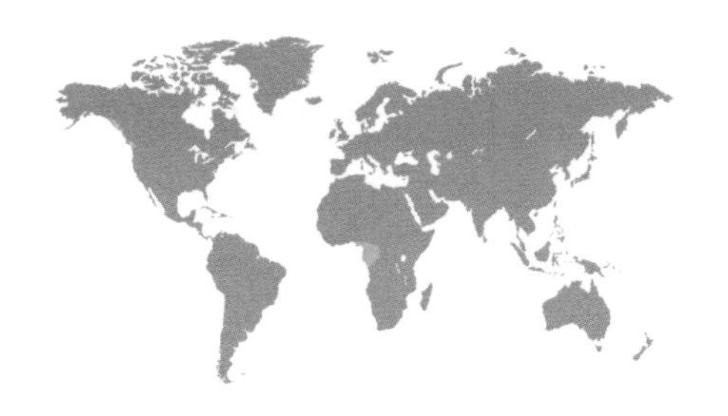

成体体长
1³⁄₁₆—1⁵⁄₁₆ in (30—33 mm)

灰眼蛙
Opisthothylax immaculatus
Gray-eyed Frog
(Boulenger, 1903)

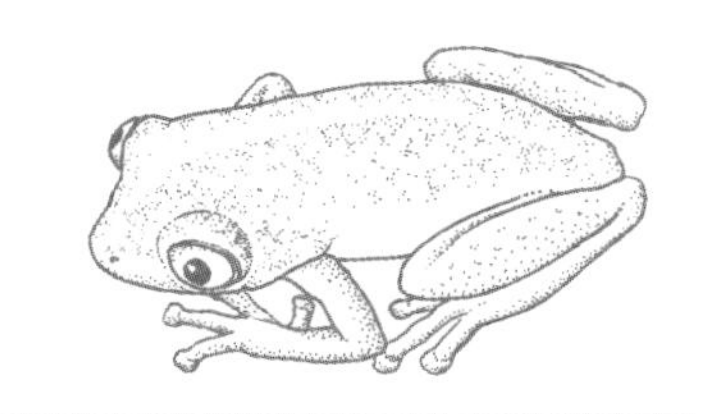

在交配时，雄性和雌性会齐心协力地把泡沫状卵泡裹在树叶里保护起来。雄性在溪边的树上鸣叫，发出低沉的、带有鼻音的“哆……哆”（doet...doet）的叫声。雌性在树叶上产6—10枚充满卵黄的卵。接着，雄性移到雌性后面并抱住它的腰部，雌性用后腿将分泌出的黏液拍打成泡沫，雄性则用后腿将下面的树叶卷起来把卵包裹住。2—3周后，孵化出的蝌蚪便会落入下面的溪流里。

实际大小

灰眼蛙体型细长；皮肤散布小疣粒；吻端突出；眼大而突起；指、趾末端有吸盘；体色多变，从红棕色、橘黄色到黄色；身体和四肢腹面黄色；虹膜呈灰色或黄色。

相近物种

灰眼蛙是该属唯一的物种，也是非洲树蛙科中唯一产泡沫状卵泡的蛙类。

科名	非洲树蛙科Hyperoliidae
其他名称	山肛褶蛙
分布范围	埃塞俄比亚
成体生境	山区草地，海拔1980—3200 m
幼体生境	临时或永久性水塘
濒危等级	易危。仅知分布于一处很小的区域，且栖息地正在减少

成体体长
雄性
$1\frac{3}{8}$—$1\frac{7}{8}$ in (35—47 mm)
雌性
$1\frac{9}{16}$—$1\frac{15}{16}$ in (39—49 mm)

库尼拟肛褶蛙
Paracassina kounhiensis
Kouni Valley Striped Frog
(Mocquard, 1905)

库尼拟肛褶蛙体型短胖；吻端钝；后肢较短；指、趾长；背面金棕色，带有镶浅色边的黑色大斑；胯部有明显的黄色斑块；腹面浅灰色和深灰色相混杂。

库尼拟肛褶蛙是在埃塞俄比亚高原发现的两种蛙类之一。与众不同的是，该蛙专门以陆生蜗牛类为食。其头骨和上下颌经过演化，使嘴巴能够张得很大，可以吞下一整只蜗牛，向内倾斜的齿便于它能捕食蛞蝓与蜗牛。白天时，雄性在浮水植物上发出单声的“噼啪”（popping）叫声。它最早发现于东非大裂谷东部，分布范围包括贝尔山国家公园（Bale Mountains National Park）。

相近物种

拟肛褶蛙属 *Paracassina* 中的另一个物种是暗色拟肛褶蛙 *Paracassina obscura*。它们在习性、外形和食性上都很相似，但暗色拟肛褶蛙分布于东非大裂谷西部海拔 3000 m 的区域。有时，它也会出现在乡村花园和郊区。

科名	非洲树蛙科Hyperoliidae
其他名称	无
分布范围	非洲中西部，刚果盆地
成体生境	雨林和毗连的开阔草原
幼体生境	池塘与大水塘
濒危等级	无危。常见种，分布范围广且种群数量稳定

成体体长
1¾—2¼ in (45—59 mm)

伦氏背疣树蛙
Phlyctimantis leonardi
Olive Striped Frog
(Boulenger, 1906)

该蛙所属的背疣树蛙属 *Phlyctimantis* 所辖物种很少，均为大型蛙类，主要分布于中非的森林里。它通常在洪泛草原和农田内人工池塘等空旷区域内出现并繁殖。雄性在水边灌木丛中鸣叫，稍有风吹草动便跳入水中。其四肢和腹部上鲜亮的颜色很可能是警戒色。当受到攻击或者骚扰时，该属其他物种会采用暴露身上鲜亮色图案的姿势来吓退进攻者。

实际大小

伦氏背疣树蛙吻大而钝圆；眼突出；四肢纤细；指、趾末端具小吸盘；背部为乳白色、黄棕色、棕色或灰色，有时具散布深色斑纹；四肢内侧有黑色与黄色条纹，腹面为浅乳白色或灰色。

相近物种

背疣树蛙属包含四个物种[①]，遍布非洲中部。靠西边，从利比里亚到喀麦隆，布氏背疣树蛙 *Phlyctimantis boulengeri* 是常见种，其防御姿势有将头部放在双臂之间的动作。靠东边，在乌干达和卢旺达，多疣背疣树蛙 *Phlyctimantis verrucosus* 以被抓住时能释放令人作呕的味道而闻名。

① 译者注：依据Frost (2018)，背疣树蛙属目前有五个物种。

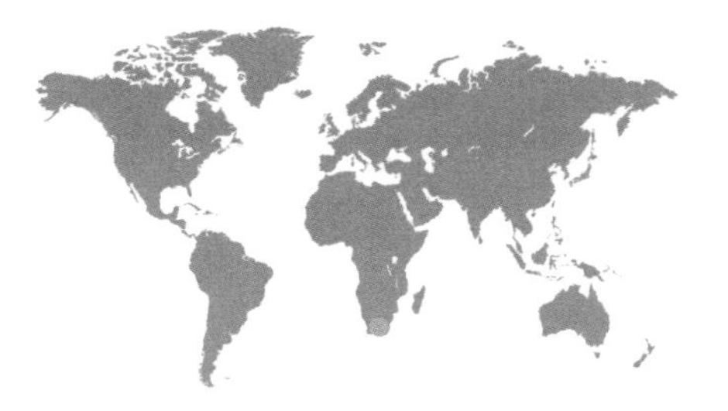

科名	非洲树蛙科Hyperoliidae
其他名称	跃蛙
分布范围	南非、莱索托、斯威士兰
成体生境	草地和高山荒原
幼体生境	临时或永久性水塘
濒危等级	无危。未发现数量下降，分布于一些人造环境中

成体体长
雄性
平均 1⁵⁄₁₆ in (33 mm);
最大 1¾ in (44 mm)
雌性
平均 1⅜ in (35 mm)

离指蛙
Semnodactylus wealii
Weale's Running Frog
(Boulenger, 1882)

离指蛙善于攀爬。与众不同的是，它的四根手指排列分成两对，之间距离大，使其能牢牢地抓住叶子。在地面上它更偏向于爬行而非跳跃。雄性的叫声响亮而刺耳，能持续半秒左右。雄性和雌性会在离水不远的地方抱对，然后爬到水里，在沉水植物上产100—150枚卵。当受到侵扰时，它会装死，把背部和四肢向上折起。它的皮肤毒素能令捕食者产生剧烈的恶心感。

离指蛙身体呈椭圆形；四肢长；指、趾端无吸盘；眼大而突起；背面灰色、橄榄绿色或黄色，带有黑色纵纹；四肢腹面和手、脚掌为鲜黄色。

相近物种

离指蛙是该属唯一的物种，和肛褶蛙关系近，尤其是与塞内加尔肛褶蛙（第454页）在外形上较为相似。

实际大小

科名	非洲树蛙科Hyperoliidae
其他名称	塞舌尔岛蛙
分布范围	马埃岛、普拉兰岛、西卢埃特岛、拉迪格岛、塞舌尔岛
成体生境	残余的雨林、种植园
幼体生境	水塘
濒危等级	无危物种。分布狭窄，但未发现数量下降

成体体长
雄性
最大 2 in (51 mm)
雌性
最大 3 in (76 mm)

塞舌尔疾胫蛙
Tachycnemis seychellensis
Seychelles Tree Frog
(Duméril & Bibron, 1841)

这种大而帅气的蛙类很罕见，夜间活动，白天在高高的树叶中或棕榈树叶里睡觉。到交配时，它们才会下来并在缓速溪流里产下100—150枚卵。尽管许多天然雨林已经被破坏，但其在种植园里依旧保持着稳定的数量，并随处可见。

相近物种

塞舌尔疾胫蛙是该属唯一的物种。它与分布于马达加斯加岛的异非树蛙属（第445页）的关系最为接近。这两个支系在3500万年前到1000万年前冈瓦纳古陆分裂时开始分化。

塞舌尔疾胫蛙的手指上吸盘大，脚趾上的吸盘则小一些；体色在不同岛屿间有变异。在马埃岛和普拉兰岛，雄性呈棕色，雌性呈绿色；在西卢埃特和拉迪格岛，雌雄都呈绿色。所有色型的体侧和腹部颜色都比背部的浅。

实际大小

科名	短头蛙科Brevicipitidae
其他名称	普通雨蛙
分布范围	南非，西起安哥拉，东到莫桑比克
成体生境	灌木丛、沙土质林地
幼体生境	卵内发育
濒危等级	无危。分布范围广，栖息环境多样，包括郊区

成体体长
雄性
平均 1⁷⁄₁₆ in (37 mm)
雌性
平均 1¹⁵⁄₁₆ in (49 in);
最大 2³⁄₈ in (60 mm)

散疣短头蛙
Breviceps adspersus
Bushveld Rain Frog
Peters, 1882

这种穴居的小型蛙类主要待在地下，只有雨后才出来觅食和交配。它们用后腿向后挖洞。雄性体型小于雌性，四肢也特别短，不能像其他蛙类一样交配时抱住雌性。因此，在抱对时雌性从背上产生分泌物，像胶水一样把两者粘住。在地下产卵约 45 枚，紧紧黏成一团球，而后直接孵化出小幼蛙。当其在地下受到侵袭时，身体会瞬间膨胀，把自己牢牢地卡在洞穴里。

散疣短头蛙的身体胖而圆；四肢粗短；脸部扁平；嘴小；眼向前突起；后脚上的角质蹠突，用来挖洞；背面浅棕色或深棕色，带有几行镶深色边的黄色或橘黄色斑块；眼到腋部有一条像戴了面具的深色纵纹。

相近物种

散疣短头蛙与分布于南非东部、莫桑比克和坦桑尼亚北部的莫桑比克短头蛙 *Breviceps mossambicus* 最接近，这两个物种偶尔会杂交。巴氏短头蛙 *Breviceps bagginsi* 仅分布于南非夸祖鲁 - 纳塔尔的几个地方，其种本名来源于托尔金（J. R. R. Tolkien）的《霍比特人》（*The hobbit*）里的主人公名字[1]，现已被列为濒危物种。另见大眼短头蛙（第 463 页）和多疣短头蛙（第 464 页）。

实际大小

① 译者注：Bilbo Baggins。

科名	短头蛙科Brevicipitidae
其他名称	布氏短头蛙、蹼足雨蛙
分布范围	纳马夸兰海岸、纳米比亚及南非地区
成体生境	海岸沙丘
幼体生境	卵内发育
濒危等级	易危。因钻石开采破坏栖息地而受胁

大眼短头蛙
Breviceps macrops
Desert Rain Frog
Boulenger, 1907

成体体长
雄性
平均 1¼ in (31 mm)
雌性
平均 1⁹⁄₁₆ in (40 mm);
最大 1¹⁵⁄₁₆ in (50 mm)

非洲西南部干燥的海岸线上罕有蛙类，其唯一的淡水来源就是偶尔从海上吹来的浓雾。这些水分对大眼短头蛙这种小型穴居蛙类来说已经足够了。其学名意为“头小而眼大的蛙”。它的趾间有蹼，使其能够方便地在柔软的沙地上行走和挖洞。它只在夜间到地面上觅食，常在动物粪便附近捕食甲虫和其他昆虫。目前还没有观察到其交配行为，但在每年6—10月，在有雾或雾散之后可以听到它发出悠长的、哨声般的鸣叫。

实际大小

大眼短头蛙体型胖而圆；四肢短；眼很大；手和脚像船桨，带有肉状蹼；背面白色或带有黄色，通常有深棕色的大理石斑纹；腹面白色，腹部透明的皮肤看起来就像肚子上的一扇窗户。

相近物种

与大眼短头蛙相似，纳马短头蛙 *Breviceps namaquensis* 也长着一双大眼睛。不同的是，纳马短头蛙趾间无蹼，它分布于非洲西南部的干旱台地高原。山短头蛙 *Breviceps montanus* 眼睛小，分布于南非桌状山的高山硬叶灌木群落中以及南非开普半岛附近地区。另见散疣短头蛙（第462页）和多疣短头蛙（第464页）。

科名	短头蛙科Brevicipitidae
其他名称	纳塔尔短头蛙、粗皮雨蛙
分布范围	南非东部莱索托、斯威士兰
成体生境	森林及邻近草地；夸祖鲁-纳塔尔沿海森林
幼体生境	卵内发育
濒危等级	无危。有些地方因森林砍伐而受胁；可栖息于郊区的花园

成体体长
雄性
平均 1⁵⁄₁₆ in (33 mm)
雌性
平均 1⅝ in (42 mm);
最大 2¹⁄₁₆ in (53 mm)

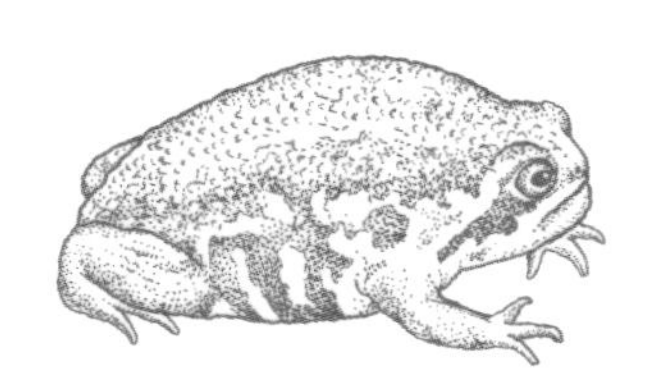

多疣短头蛙

Breviceps verrucosus

Plaintive Rain Frog

Rapp, 1842

多疣短头蛙体型非常肥胖，呈圆形；头很小；四肢短；眼小；背面棕褐色或深棕色，杂以黑点；有些个体头背有黑色斑，以及背中央有一条浅色纵线；腹面通常呈浅色，雄性的喉部深色。

该蛙的英文译名“哀伤雨蛙”，是形容雄性的求偶鸣叫像长而哀伤的口哨声。其学名的种本名“*verrucosus*”是指皮肤表面因疣粒多而粗糙。雨季的8—11月，大量雄性聚集在一起合鸣。雄性间通过叫声相互响应，因此叫声响彻整个群体。与同属其他物种一样，雄性体重仅有雌性的1/3，在交配时将自己粘在雌性背上（第462页）。蛙卵被产在潮湿的土壤深处，直接发育成小蛙。

相近物种

林短头蛙 *Breviceps sylvestris* 分布于南非北部的山林里，雄性在地下浅层建造地下室和通道网，其栖息地易受到森林砍伐的影响，而被列为濒危物种。哨声短头蛙 *Breviceps sopranus* 是一种体型很小的物种，发现于2013年，其求偶鸣叫似高音的口哨声。另见散疣短头蛙（第462页）和大眼短头蛙（第463页）。

科名	短头蛙科Brevicipitidae
其他名称	无
分布范围	靠近坦桑尼亚乞力马扎罗山的北修山
成体生境	潮湿的山区森林，海拔1730—2000 m
幼体生境	推测可能为卵内发育
濒危等级	极危。分布区非常狭窄，栖息地受到森林砍伐的威胁

成体体长
雄性
7/8—1 1/8 in (23—29 mm)
雌性
1 5/16—1 3/4 in (33—45 mm)

拉氏丽条蛙
Callulina laphami
Lapham's Warty Frog
Loader, Gower, Ngalason & Menegon, 2010

这种近期才被发现的小蛙，面临着堪忧的未来。因森林砍伐，它的栖息地仅剩下 16.5 km^2，甚至仍在减少。它栖息于海拔 1730—2000 m 的区域，白天通常见于潮湿的岩石下，晚上则在灌丛中和小树上活动。雄性在低枝上发出连续的颤鸣声。该物种及其同属物种的繁殖模式尚不得而知，但推测可能产卵于地下并直接孵化出小蛙。

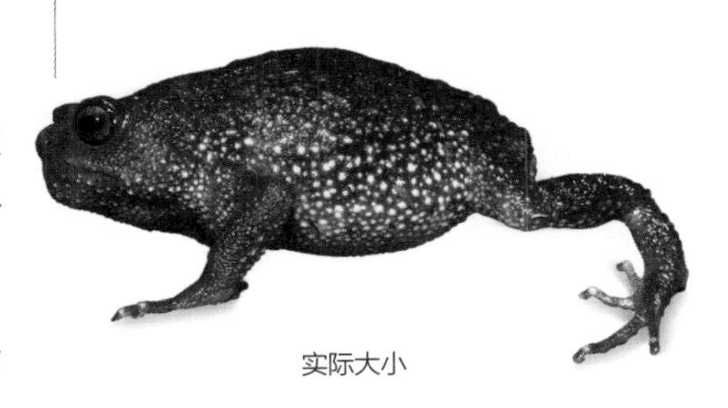

实际大小

拉氏丽条蛙体型短胖，呈球形；脸部扁平；四肢细长；指、趾间无蹼，末端也无吸盘；背面深棕色，带有白色小斑点；腹面浅色；头顶两眼间有一条红色（偶有绿色）横纹。

相近物种

丽条蛙属 *Callulina* 共有九个物种，均分布于坦桑尼亚和肯尼亚的东弧山中。2004 年以前，该属还仅有克氏丽条蛙 *Callulina kreffii* 这一个物种，后来详细的研究表明这片区域的一些孤立山脉中还分布着一些特有物种。例如，仅分布于肯尼亚泰塔山的达氏丽条蛙 *Callulina dawida*。

科名	肩蛙科Hemisotidae
其他名称	斑点铲吻蛙、斑点吻掘蛙
分布范围	南非东部
成体生境	草原与稀树草原
幼体生境	季节性水体
濒危等级	易危。分布范围非常狭小，栖息地受破坏而碎片化，同时还受到植物入侵与农业污染的威胁

成体体长
雄性
平均 1⅝ in (41 mm);
最大 2 in (51 mm)

雌性
平均 2⅝ in (65 mm);
最大 3⅛ in (80 mm)

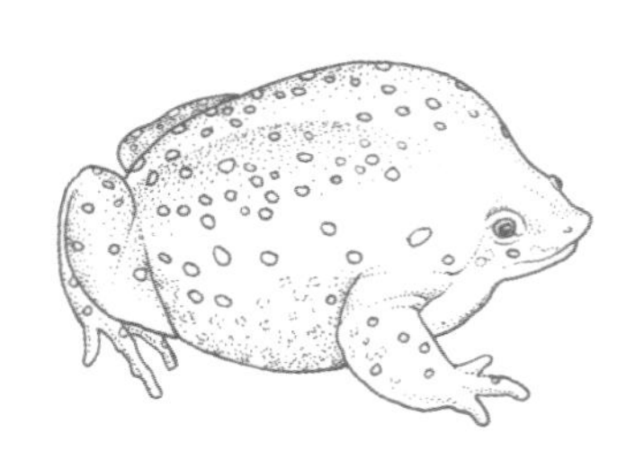

黄点肩蛙
Hemisus guttatus
Spotted Burrowing Frog
(Rapp, 1842)

这种大型蛙类在每年 8—12 月期间的雨季繁殖，通常在雨水形成的沼泽与河流边缘进行。雄性会在极难发现的隐蔽处发出一种类似于蟋蟀叫声的颤音。当一对蛙开始抱对时，雄性就会紧紧环抱住雌性的腹部，随后雌性会背着雄性在泥土里挖洞。雌性在洞穴中产卵约200枚，并会用一层空卵囊作为保护层覆盖于其上。雌性会守护在卵旁边直到孵化，然后会帮助蝌蚪从卵中出来并将它们背到开阔的水体中。

黄点肩蛙头小；眼很小；吻尖且吻端坚硬；身体呈球形；皮肤光滑并富有光泽；后肢与前肢肌肉发达且手指很粗；背部橄榄绿色、深棕色或紫色，带有黄色点斑，腹部为白色。

相近物种

肩蛙属 *Hemisus* 的九个物种都是用吻部来挖掘洞穴的，它们会用尖尖的吻部推动松软的土壤并用发达的前肢将土清走。这些蛙通常见于横跨东非和南非的潮湿栖息地中。小蹠突肩蛙 *Hemisus microscaphus* 见于埃塞俄比亚，而橄榄绿肩蛙 *Hemisus olivaceous* 分布于刚果盆地。另见理纹肩蛙（第 467 页）。

实际大小

科名	肩蛙科Hemisotidae
其他名称	大理石吻掘蛙
分布范围	非洲撒哈拉沙漠以南的大部分地区
成体生境	草原与稀树草原
幼体生境	季节性水体
濒危等级	无危。分布范围非常广泛且总体上无种群下降迹象

理纹肩蛙
Hemisus marmoratus
Mottled Shovel-nosed Frog
(Peters, 1854)

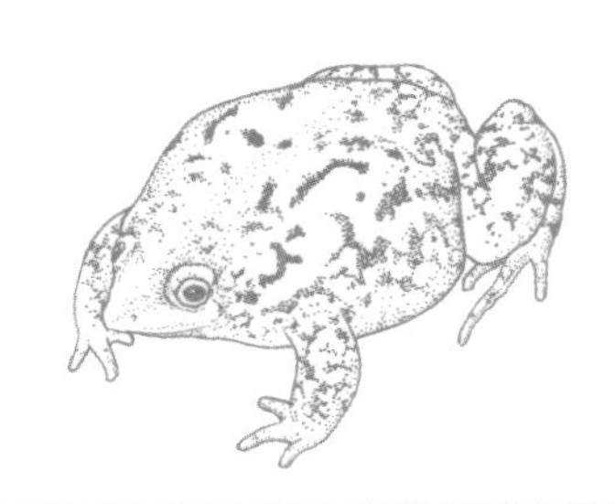

成体体长
雄性
⅞—1⅜ in (22—35 mm)
雌性
1⅛—2⅛ in (29—55 mm)

该蛙大多数时间都生活在地下，当环境条件潮湿时它会出来，并用长而富有黏性的舌头来取食蚂蚁和白蚁。它在干旱季节则变得不活跃，藏在很深的地下并用泥土将自己包裹住。大雨过后，雄性会在隐蔽处鸣叫，发出一种持续几秒的嗡嗡叫声。雌性在水体附近的伐木下或石头下产卵，每窝卵 80—250 枚。随后的雨水会使水位上涨并将巢穴淹没，雌性这时会挖掘出一条水道来帮助蝌蚪到达开阔水体中。

相近物种

尽管肩蛙属 *Hemisus* 的大多数物种主要生活于稀树草原与草地中，佩氏肩蛙 *Hemisus perreti* 主要分布于刚果盆地的热带森林中。几内亚肩蛙 *Hemisus guineensis* 分布范围非常广泛，西起安哥拉，东至莫桑比克，主要见于临时性水体附近的草地中。另见黄点肩蛙（第 466 页）。

理纹肩蛙体型丰满而呈球形；头小；吻尖而硬；眼后方有一条横向的肤褶；前肢肌肉发达；皮肤为浅棕色，背部有代表性的深棕色或深灰色大理石纹，但是有一些个体体色均一。

实际大小

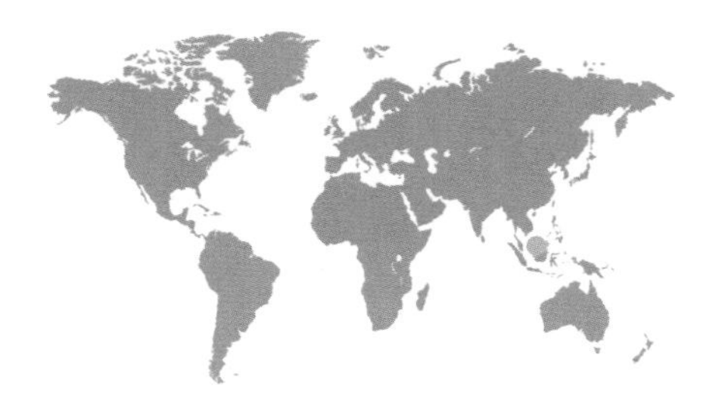

科名	姬蛙科Microhylidae
其他名称	长吻蛙
分布范围	婆罗洲北部
成体生境	低地森林，海拔500 m以下
幼体生境	未知
濒危等级	易危。栖息地受到森林砍伐的严重威胁

成体体长
雄性
未知

雌性
1³⁄₁₆—1⅝ in (30—41 mm)

婆罗洲若姬蛙

Gastrophrynoides borneensis

Borneo Narrowmouth Toad

(Boulenger, 1897)

实际大小

婆罗洲若姬蛙头部呈锥形；前肢短；指、趾短而粗硬；眼小，呈球状；皮肤光滑而富有光泽，背面为灰棕色，缀以大量散布的白色小点斑；腹部为白色。

尽管婆罗洲若姬蛙常被称为蟾蜍，但实际上它的样子一点也不像蟾蜍。其体型纤细、形态优雅而且皮肤还十分光滑。在野外很少能遇到该蛙，它被发现于落叶堆下、充满水的树洞中或是朽木中。它的体型及突出的吻部与发达的后腿都表明这是一种善于挖掘的物种，眼睛小则表明它很少出现在地面上。它主要生活于婆罗洲的低地森林中，但这个地区正面临大面积森林砍伐，导致其受到栖息地破坏与碎片化的威胁。该蛙的分布区不在任何保护区中。

相近物种

婆罗洲若姬蛙一直以来都被认为是若姬蛙属 *Gastrophrynoides* 唯一的物种，但是2008年在马来半岛另一座隔离的山顶上又发现了另外一种极其相似的物种——无斑若姬蛙 *Gastrophrynoides immaculatus* 在外表上与婆罗洲若姬蛙非常相似，但是其吻部更长，身上没有斑点。与婆罗洲若姬蛙一样，它的生活习性和繁殖生物学都还鲜为人知。

科名	姬蛙科Microhylidae
其他名称	无
分布范围	巴布亚新几内亚东南部
成体生境	云雾林，海拔630—800 m
幼体生境	暂无研究报道，但很可能是卵内发育
濒危等级	尚未评估。分布范围非常狭小

埃氏岳姬蛙

Oreophryne ezra

Oreophryne Ezra

Kraus & Allison, 2009

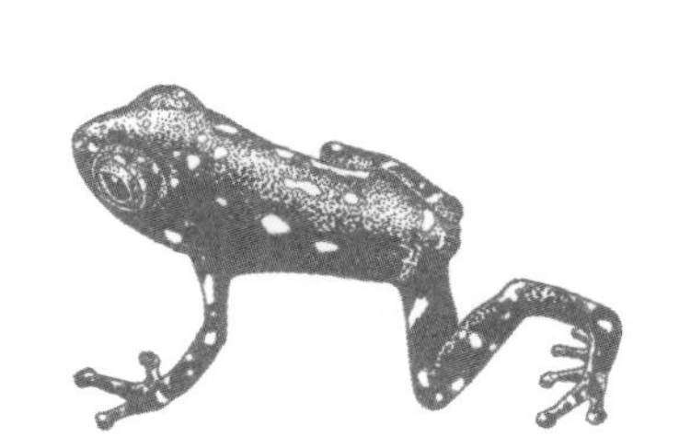

成体体长
雄性
⅞—1 in (22—26 mm)
雌性
平均 1 in (25 mm)

很多蛙类的体色都会随着年龄增长而变化，但是很少有像埃氏岳姬蛙这种小型蛙类一样体色变化如此明显。其幼体为黑色且带有黄色点斑，而成体为桃红色且眼睛为闪耀的蓝色。这两种色型可能都对潜在的捕食者来说是一种警戒色，表示它难吃或有毒，但该假说还未被证实。它只分布于巴布亚新几内亚的路易西亚德群岛中苏德斯特岛上的一座山里，生活于云雾林中并主要以蚂蚁为食。该蛙的未来生存状况令人担忧：它分布仅局限于山顶上，一旦气候变化严重影响到其栖息地，它便无处可逃。

实际大小

埃氏岳姬蛙的体型小；吻端钝圆；眼大而突起；趾末端具有发达的小吸盘，指末端的吸盘则更大一些；趾间具蹼；幼体背面为黑色带有黄色点斑，成体为桃红色；幼体腹面为浅蓝色，成体则呈黄色；眼睛虹膜为亮蓝色或浅蓝色。

相近物种

埃氏岳姬蛙的体色可能在该属中独一无二，因为本属其他物种终生体色都呈褐色、棕色或灰色。然而目前对该属的了解仍不多，可能还有其他相似物种有待发现。体色随年龄而发生变化在非洲树蛙属 *Hyperolius* 的非洲芦苇蛙类物种中常见。如理纹非洲树蛙（第 447 页）的幼体为均一的棕色，但会逐渐演变出多种多样的色型。

科名	姬蛙科Microhylidae
其他名称	山鸣蛙
分布范围	印度尼西亚龙目岛与巴厘岛
成体生境	山地森林，海拔1000 m以上
幼体生境	可能在卵内
濒危等级	濒危。已经多年未见报道

成体体长
平均 1⅛ in (29 mm)

山岳姬蛙
Oreophryne monticola
Lombok Cross Frog
(Boulenger, 1897)

实际大小

目前对这种小型蛙类知之甚少，自从 1930 年以来便再未曾见过它的踪迹了。它是分布于龙目岛与巴厘岛内森林高原的物种，卵的发育类型可能为直接发育，产下的卵直接发育为小蛙而无游离的蝌蚪期。在巴厘岛，其栖息地森林受到保护，但主要着眼于人类休闲度假而非生物多样性的保护。该物种可能在龙目岛的一个保护区中有分布，最近有人报道在巴厘岛的低地沼泽中发现了该蛙，但至今还未得到证实。

相近物种

分布于东南亚的岳姬蛙属 *Oreophryne* 目前有 55 个物种[①]，有几个物种最近才被描述，它们被称为十字蛙，其生活习性尚不完全清楚。小岳姬蛙 *Oreophryne minuta* 仅有 12 mm 长，是该属体型最小的蛙类，仅见于巴布亚新几内亚的一个分布点。安氏岳姬蛙 *Oreophryne anthonyi* 是该属物种体型的另一个极端，体长为 50 mm，在巴布亚新几内亚常见，其分布海拔可达 2800 m。

山岳姬蛙吻短；四肢短；指端的吸盘比趾端更大；头部、背部与四肢上有大量疣粒；背面棕色色斑多样，有时有一条或多条纵纹；大腿隐蔽的地方为亮粉红色且下部色浅，带有棕色点斑。

① 译者注：依据Frost (2018)，岳姬蛙属目前有69个物种。

科名	姬蛙科Microhylidae
其他名称	无
分布范围	巴布亚新几内亚南部
成体生境	雨林，海拔可达1000 m
幼体生境	卵内发育
濒危等级	尚未评估

成体体长
雄性
11/16—7/8 in (18—22 mm)
雌性
7/8—1 1/16 in (21—27 mm)

护卵岳姬蛙

Oreophryne oviprotector

Oreophryne Oviprotector

Günther, Richards, Bickford & Johnston, 2012

这种小型蛙类得名于特殊的护卵方式。卵较大，每窝约 8 枚，被产在离地面 10—350 cm 高的树叶下表面。在晚上几乎总是雄性护卵，但有时雌性也会来坐在卵上。如果将护卵的亲代转移走，这些卵就会因干燥失水而死亡。卵为直接发育，孵化出小幼蛙。雄性在晚上鸣叫，发出一种响亮的咯咯声。每个雄性都会对附近其他雄性的叫声进行响应，因此它们联合的叫声就会像波浪一样穿过森林。

实际大小

护卵岳姬蛙体型小；背部、头部与四肢上有无数小疣粒；指、趾末端吸盘发达，指吸盘大于趾端吸盘；背面为棕色，体侧部带有嫩绿色纵条纹，腹面为白色。

相近物种

目前，岳姬蛙属 *Oreophryne* 有 55 个物种[①]，有些物种是最近才被描述的。根据它们的叫声可以将其分成两类：一类是发出“吱吱”的叫声，另一类则发出“咯咯”的叫声，如护卵岳姬蛙。其他属于“咯咯”叫声的还有高山岳姬蛙 *Oreophryne alticola*，分布在巴布亚新几内亚高海拔草甸；还有伊登堡岳姬蛙 *Oreophryne idenburgensis*，也分布于巴布亚新几内亚，是一种见于雨林的大型蛙类。

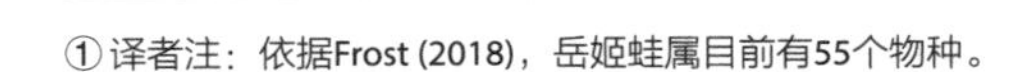

① 译者注：依据Frost (2018)，岳姬蛙属目前有55个物种。

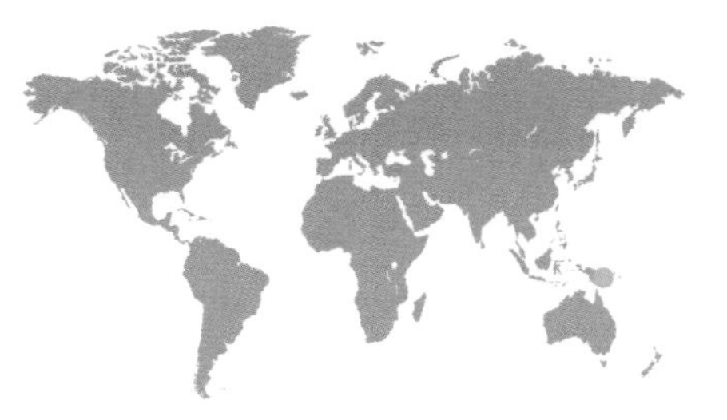

科名	姬蛙科Microhylidae
其他名称	无
分布范围	巴布亚新几内亚东部
成体生境	山地雨林，海拔2400—2500 m
幼体生境	未见报道，但可能是卵内发育
濒危等级	极危。分布区域非常狭窄且种群数量已经下降

成体体长
9/16—7/8 in (14—21 mm)

西氏侏姬蛙

Albericus siegfriedi[①]

Albericus Siegfriedi

Menzies, 1999

实际大小

西氏侏姬蛙体圆胖；四肢细短；吻端突出；头部与腿部有大量顶部尖锐突起的疣粒；指、趾末端具吸盘；背面为浅棕色并带有弥散的深棕色斑纹。

这种小型蛙类的属名是以德国神话中矮人国国王艾伯里克而命名，仅见于巴布亚新几内亚的艾利巴利山的山坡上。通常雄性会在晚上爬到低矮的植被上鸣叫，其叫声类似于嗡嗡声。目前尚未观察到该物种的繁殖活动，但可以推测它的卵应该为直接发育，蝌蚪期在卵内即可完成并直接孵化出小蛙。该蛙分布的山区周围的森林大多已被破坏，其栖息地还受到日趋频繁的丛林大火的威胁。

相近物种

目前，侏姬蛙属 *Albericus* 已经发现了 18 个物种[②]，仅分布于巴布亚新几内亚。大多数物种体色都极为单调，但是血斑侏姬蛙 *Albericus sanguinopictus*[③] 为浅蓝色或浅绿色并缀以红色点斑，仅分布于巴布亚新几内亚东南部的辛普森山。大多数物种叫声为嗡嗡声，但是鼠鸣侏姬蛙 *Albericus murritus*[④]的叫声则为吱吱声。

①②③④ 译者注：依据Frost (2018)，侏姬蛙属已被并入山姬蛙属*Cheorophryne*，该属目前有34个物种。

科名	姬蛙科Microhylidae
其他名称	无
分布范围	新几内亚
成体生境	低地与丘陵地带的雨林中，海拔可达1000 m；也见于城市花园中
幼体生境	未知
濒危等级	无危。分布范围广且种群数量稳定

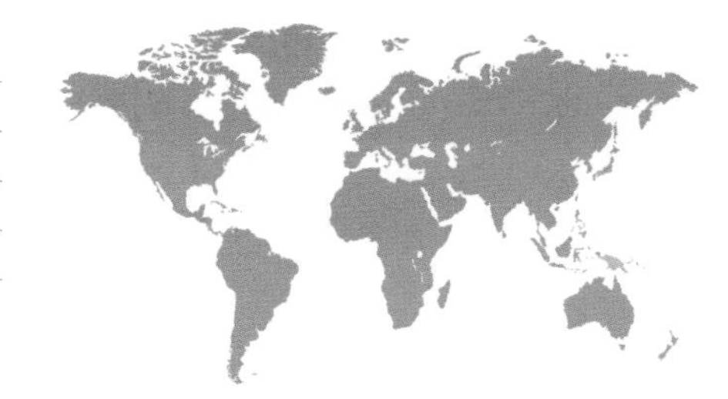

成体体长
最大 2⅝ in (65 mm)

灌丛星姬蛙
Asterophrys turpicola
New Guinea Bush Frog
(Schlegel, 1837)

这种体型非常圆胖的蛙类因其外表和好斗的行为而闻名，它的躯干与腿部长有尖锐棘刺，眼睑与下颌的棘刺则尤为明显。嘴很大，口裂很宽，这使它能够以蜥蜴、昆虫和其他蛙类为食。当受到惊扰时，它就会张大嘴巴并伸出亮蓝色的舌头。它主要生活于森林地面，雄性在林中鸣叫，发出一种类似于小猫叫的喵喵声。该物种可耐受栖息地的破坏，并可见于城市花园中。

灌丛星姬蛙的身体与头部很宽；四肢短；有一条棘突从鼓膜而达腋窝；指、趾末端具吸盘；背面为黄棕色带有黑色斑块，体侧部与腹面为浅棕色。

相近物种

星姬蛙属 *Asterophrys* 还有另外一个物种①，白足星姬蛙 *Asterophrys leucopus*。比灌丛星姬蛙体型更小，分布范围非常狭窄，仅见于巴布亚新几内亚中部海拔1600 m 的一个分布点，其叫声是一连串快速重复的音符。与灌丛星姬蛙一样，其躯干与头部也有很多棘刺，但它的舌头不是蓝色的。

实际大小

① 译者注：依据Frost (2018)，星姬蛙属目前有七个物种。

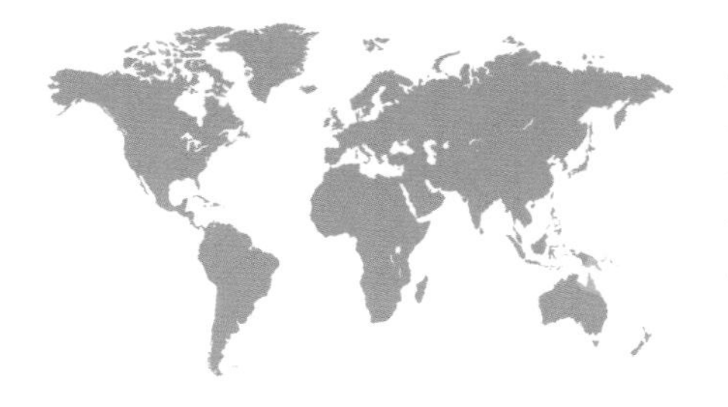

科名	姬蛙科Microhylidae
其他名称	金陆蛙、尖锐鸣蛙
分布范围	澳大利亚昆士兰北部、巴布亚新几内亚
成体生境	草甸森林与低地雨林
幼体生境	未知
濒危等级	无危。种群数量稳定且栖息地未受到威胁

成体体长
雄性
11/16—3/4 in (17—20 mm)
雌性
3/4—7/8 in (19—23 mm)

细指澳姬蛙
Austrochaperina gracilipes
Slender Frog

Fry, 1912

实际大小

细指澳姬蛙体型粗短；吻端突出；眼小；指、趾末端具吸盘，指端吸盘较小而趾端吸盘较大；背面为灰棕色带有深色斑纹，体背中间至体后部有一条浅色细纵纹；体侧部为黑色且腋窝下、胯部与大腿内侧有橘黄色斑块。

这种隐秘的小型蛙类最常见于临时性或永久性溪流附近的落叶堆中。雄性会在距地面约 50 cm 的树枝上鸣叫，发出一连串持续 10—20 秒的高音调“噼噗”声。除此之外，其他繁殖生物学信息目前尚不清楚，但是它很有可能在陆地上产大型卵且直接发育成为小蛙。该蛙局限分布于澳大利亚约克角半岛的狭窄区域，而在巴布亚新几内亚分布则更为广泛。

相近物种

澳姬蛙属 *Austrochaperina* 目前已描述的物种有 27 个[①]，其中仅有五种在澳大利亚有分布，其他大多数物种主要分布于巴布亚新几内亚，并且还不断有新种发现。孪生澳姬蛙 *Austrochaperina adelphe* 分布于澳大利亚阿纳姆岛的最北端。短肢澳姬蛙 *Austrochaperina brevipes* 在巴布亚新几内亚只有很小的一片栖息地，已观察到该蛙的雄性护卵行为。

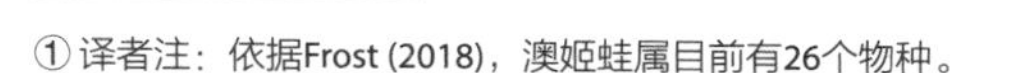

① 译者注：依据Frost (2018)，澳姬蛙属目前有26个物种。

科名	姬蛙科Microhylidae
其他名称	无
分布范围	印度尼西亚西巴布亚省
成体生境	雨林，海拔500—750 m
幼体生境	在卵内发育
濒危等级	尚未评估。在狭窄的分布范围内常见

翁迪沃伊丽面蛙
Callulops wondiwoiensis
Callulops Wondiwoiensis
Günther, Stelbrink & von Rintelen, 2012

成体体长
雄性
1¹⁵⁄₁₆—2³⁄₁₆ in (49—57 mm)
雌性
2³⁄₁₆—2½ in (56—62 mm)

这个最近才被描述的蛙类得名于其发现地新几内亚西部的翁迪沃伊山，在森林地面松软土壤中的洞穴内被找到。夜晚早些时候，雄性会在它的洞穴内或附近鸣叫，发出6—9声响亮的嘎嘎声，类似野鸭的叫声，正在鸣叫的雄性彼此之间会保持至少20 m的距离。其幼体常见于瀑布边，幼体的眼睛很大，体色不同于成体呈棕色，而是呈黑色并带有白色斑点和黄色斑块。

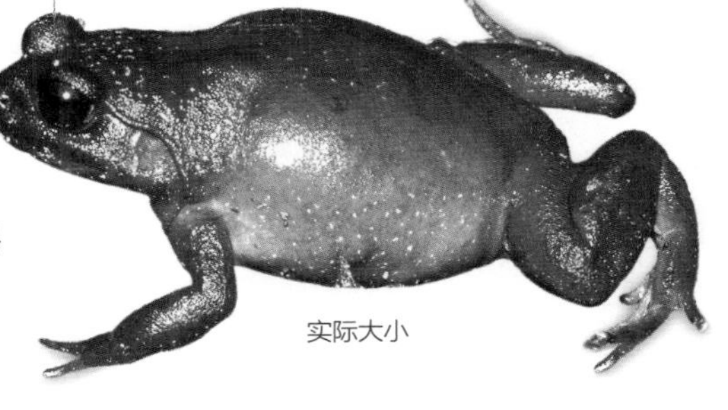

实际大小

翁迪沃伊丽面蛙体型圆胖；后腿短；吻端钝圆；眼大；指、趾末端具吸盘；背面为灰棕色或红棕色，带有白色小点斑，点斑在体侧部尤为众多；腹面为浅棕色至白色。

相近物种

丽面蛙属 *Callulops* 目前包含24个物种，其中有几个物种是最近才被描述的。瓣脸丽面蛙 *Callulops valvifer* 分布于新几内亚西部的法克法克瀑布中，它的叫声很大，以至于可以盖过其他蛙类的鸣叫声。该物种最初于1910年仅依据在蛇胃里发现的一号幼体标本而发表。

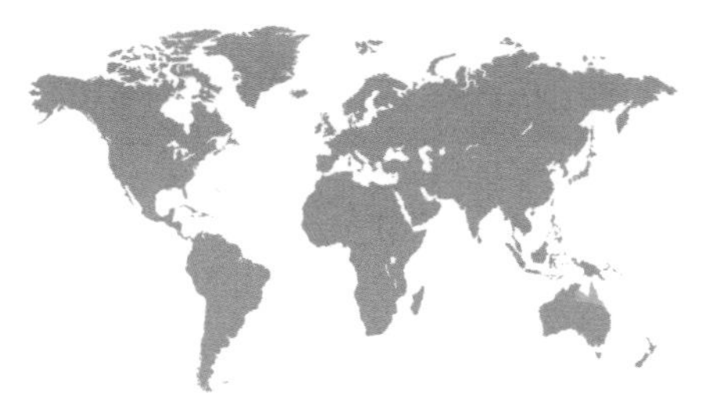

科名	姬蛙科Microhylidae
其他名称	蜂鸣育幼蛙、蜂鸣雨林蛙
分布范围	澳大利亚昆士兰北部
成体生境	潮湿森林，海拔900—1300 m
幼体生境	卵内发育
濒危等级	近危。分布范围非常狭小且栖息地受到抽水而造成的威胁

成体体长
雄性
$\frac{1}{2}$—$\frac{9}{16}$ in (12—15 mm)
雌性
$\frac{1}{2}$—$\frac{11}{16}$ in (13—17 mm)

嗡鸣钝姬蛙
Cophixalus bombiens
Buzzing Frog
Zweifel, 1985

实际大小

嗡鸣钝姬蛙体型丰满；吻端突出；背面为暗红棕色带有深色斑纹；体背中间常有一条浅棕色纵纹，向头部方向逐渐变宽；腹面为暗色带有灰色斑点。

这种小型蛙类得名于其雄性的求偶鸣叫声类似于昆虫的嗡嗡声，雄性主要在地面附近鸣叫。除此之外，其他繁殖生物学尚不清楚，但是可以推测其卵应该是直接发育类型，蝌蚪期在卵内完成。它主要分布于温莎台地的三个小分布区中，栖息在依赖充沛降水的藤蔓森林中。它在分布区内比较常见，似乎尚未受到选择性伐木的影响。

相近物种

到目前为止，钝姬蛙属 *Cophixalus* 已经描述了63个物种，其中14个分布在澳大利亚①。丽斑钝姬蛙 *Cophixalus concinnus* 见于昆士兰东北部，被列为极危物种。仅知于一个分布点，这片区域在山地雨林之内，面积不足10 km^2 且正受到气候变化的影响。另见嘎鸣钝姬蛙（第477页）和岩栖钝姬蛙（第478页）。

① 译者注：依据Frost (2018)，钝姬蛙属目前有65个物种，其中19个分布于澳大利亚。

科名	姬蛙科Microhylidae
其他名称	北部育幼蛙、格声育幼蛙、铁锈育幼蛙
分布范围	澳大利亚昆士兰北部
成体生境	热带雨林
幼体生境	卵内发育
濒危等级	近危。在保护区内有一片非常狭小的分布区域

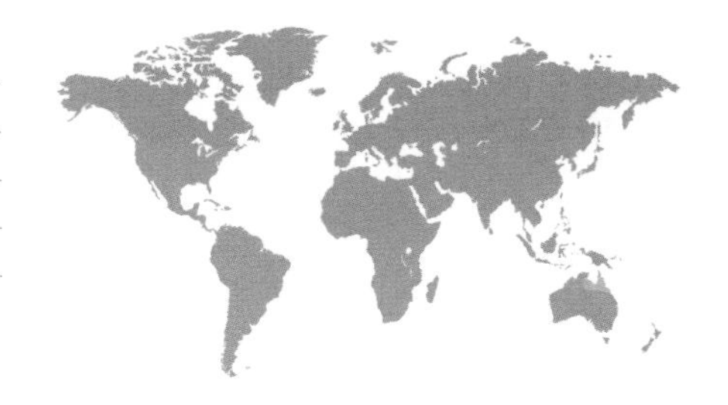

嘎鸣钝姬蛙
Cophixalus crepitans
Rattling Frog
Zweifel, 1985

成体体长
雄性
½—⁹⁄₁₆ in (12—14 mm)
雌性
平均 ⁹⁄₁₆ in (14 mm)

这种体型非常小巧的蛙类的英文译名“嘎声蛙”得名于其雄性的求偶鸣叫是持续约两秒钟、音调很高的嘎嘎声。其繁殖生物学的具体特征尚不清楚，但是可以推测是直接发育类型，蝌蚪期在卵内完成。它主要分布于昆士兰北部科恩镇附近的一片非常狭小的森林里，其生存曾受到森林砍伐的严重威胁，但是现在这片栖息地已经受到完全保护，仅面临旅游业的威胁。

实际大小

嘎鸣钝姬蛙体型丰满；眼大；吻端圆；四肢相对较长；指、趾末端具吸盘；背面为棕色带有黄色或橘黄色斑块与包括两肩膀之间“W”形斑在内的黑色斑纹；腹面为橘黄色、黄色或黄绿色。

相近物种

半岛钝姬蛙 *Cophixalus peninsularis* 与嘎鸣钝姬蛙发现于同一区域，目前仅知两号标本，体型较后者稍大一些。杂鸣钝姬蛙 *Cophixalus infacetus* 见于昆士兰凯恩斯南部的雨林中，卵产在潮湿的地方，呈带状，每串 8—13 枚，卵直接孵化出小蛙。另见嗡鸣钝姬蛙（第 476 页）与岩栖钝姬蛙（第 478 页）。

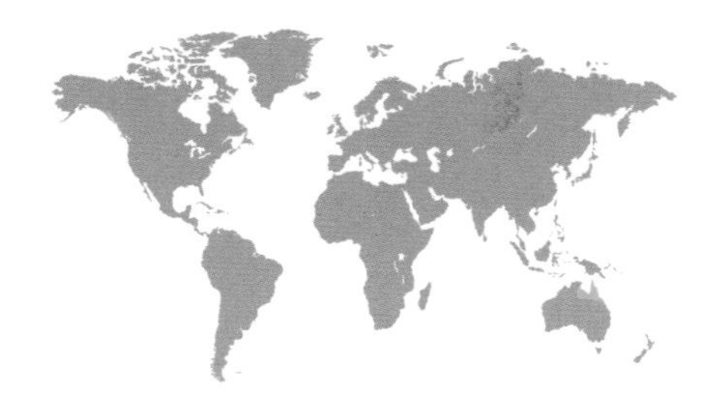

科名	姬蛙科Microhylidae
其他名称	布莱克山卵石蛙、卵石育幼蛙、岩蛙
分布范围	澳大利亚昆士兰北部
成体生境	雨林内的鹅卵石上
幼体生境	卵内发育
濒危等级	易危。尽管分布区域位于一个国家公园内，但是范围非常狭小

成体体长
雄性
1⅛—1⅜ in (29—35 mm)
雌性
1^{9}⁄$_{16}$—1^{13}⁄$_{16}$ in (39—46 mm)

岩栖钝姬蛙
Cophixalus saxatilis
Black Mountain Rainforest Frog

Zweifel & Parker, 1977

雨林蛙类（钝姬蛙属 *Cophixalus*）的物种非常狭窄地分布于昆士兰北部雨林。其栖息地仅限于库克敦南部布莱克山里一片小于 200 km^2 的区域中，仅见于该地区花岗岩大卵石堆上，在岩石缝中繁殖。雄性的叫声是一连串咔嗒声，持续 2—3 秒，听起来就像轻敲声。岩栖钝姬蛙的独特之处在于雄性体色为金黄色并杂以棕色斑纹，然而雌性却是亮黄色。

相近物种

岩地钝姬蛙 *Cophixalus kulakula* 分布于昆士兰北部的托泽山，也见于卵石堆上。分布在昆士兰北部的无指盘钝姬蛙 *Cophixalus neglectus* 是一个濒危物种，有报道表明它会将卵产在地面上并由双亲之一来进行照料。另见嗡鸣钝姬蛙（第 476 页）与嘎鸣钝姬蛙（第 477 页）。

岩栖钝姬蛙体型圆胖；皮肤具疣粒；眼大；指、趾末端具三角形吸盘；雌性背面为亮黄色，雄性为黄色或棕色，雄性胯部有一块橘黄色斑纹；腹面为绿色。

实际大小

科名	姬蛙科Microhylidae
其他名称	无
分布范围	遍布于巴布亚新几内亚与一些沿岸岛屿上
成体生境	低地森林，海拔最高3750 m
幼体生境	卵内发育
濒危等级	无危。常见种且种群数量稳定

淡红林草蛙

Hylophorbus rufescens

Red Mawatta Frog

Macleay, 1878

成体体长
雄性
1⅛—1¼ in (28—32 mm)
雌性
1⁹⁄₁₆—1⅝ in (39—42 mm)

这种小型蛙类被描述成“步行 - 跳跃蛙”，主要在夜晚活跃于森林地面。雄性用含有一连串响亮声的鸣叫来吸引雌性，雄性会在落叶堆下的地里制造出一个杯型的巢穴，雌性在里面产大约 13 枚卵。有实验表明，雄性会不断积极地护卵，当受到惊扰时，它会使身体膨胀并向前猛扑，还会吃掉入侵的蚂蚁。如果把护卵的雄性移走，卵通常会因为天敌捕食或者真菌感染而死亡。

实际大小

淡红林草蛙四肢较长；指与趾长；趾吸盘大于指吸盘；吻端突出；眼大；背部具疣粒；体色为深橄榄棕色或淡红色，带有深色斑驳的花纹。

相近物种

林草蛙属 *Hylophorbus* 这个鲜为人知的属目前已描述 12 个物种，有一些是最近才发现的。其中最小的是理氏林草蛙 *Hylophorbus richardsi*，只有 23 mm 长，仅见于巴布亚新几内亚的山脉中两个分布点。最大的是翁迪沃伊山林草蛙 *Hylophorbus wondiwoi*，仅见于新几内亚西部印度尼西亚的巴布亚省的万达门半岛，生活于一处仍受森林砍伐影响的区域内。

科名	姬蛙科Microhylidae
其他名称	无
分布范围	巴布亚新几内亚东南部
成体生境	山地潮湿森林，海拔830—1045 m
幼体生境	卵内发育
濒危等级	尚未评估。分布范围可能非常狭窄

成体体长
雄性
1¼—1¾ in (32—44 mm)
雌性
1 11/16—1 13/16 in (43—46 mm)

奥罗滑姬蛙

*Liophryne miniafia*①

Liophryne Miniafia

Kraus, 2014

奥罗滑姬蛙头宽；四肢较长；指与趾长；从吻端经过眼上方并沿体侧有一条纵向肤褶，在头部这条肤褶将浅棕色的头顶与深棕色的面部隔开；背面有绿色、棕色与赭色多种体色变异，在后腿上有一些微弱的深色横纹。

巴布亚新几内亚有很多最近才被描述的蛙类，也有更多目前还未曾描述的新种。这个国家还有广大的地区没有进行过彻底的探索考察，因此在这里，尤其是在山地中发现新种的概率很大。奥罗滑姬蛙这种最近才发现的蛙类仅分布于纳尔逊角附近一处由火山形成的隔离山群中，可能是穴居物种，曾在夜晚听到过它在洞穴中发出单音节鸣叫。

相近物种

奥罗滑姬蛙是滑姬蛙属 *Liophryne* 七个物种②中最晚被描述的。红指滑姬蛙 *Liophryne rhododactyla*③的英文译名“欧文·斯坦利岭陆蛙”源于其巴布亚新几内亚东部山区的分布地，其鸣叫声听起来像是猫叫。齿滑姬蛙 *Liophryne dentata*④分布在同一区域，雄性会用响彻森林的一阵叫声来回应其他雄性的鸣叫。

①②③④ 译者注：依据Frost (2018)，滑姬蛙属已被并入楔姬蛙属 *Sphenophryne*。

科名	姬蛙科Microhylidae
其他名称	无
分布范围	巴布亚新几内亚东南角
成体生境	森林
幼体生境	可能在卵内发育
濒危等级	尚未评估

成体体长
$\frac{1}{4}$—$\frac{5}{16}$ in (7—8 mm)

阿马乌幼姬蛙

Paedophryne amauensis

Paedophryne Amauensis

Rittmeyer, Allison, Gründler, Thompson & Austin, 2012

这种微型蛙类发现于 2009 年，可能是世界上最小的脊椎动物。目前仅知一个分布点，它主要生活于落叶堆中，跳跃高度可达自身体长的 30 倍。阿马乌幼姬蛙主要在夜间活动，雄性在黎明和黄昏时分鸣叫，发出一种类似于昆虫摩擦翅膀的非常尖锐的声音，持续鸣叫 1—2 分钟，然后才会休息一下。还没有观察到其交配行为，但可以推测，该蛙和同科其他蛙类一样是直接发育，产出的卵直接孵化出小蛙。

实际大小

阿马乌幼姬蛙是一种微型的蛙类；头宽且四肢相对较长；背面为深棕色伴以各种不规则的棕褐色或铁锈棕色斑纹；体侧部与腹部为棕色或灰色并散以蓝白色点斑。

相近物种

目前，幼姬蛙属 *Paedophryne* 已经有六个物种并且都是在 2010 年之后才被描述的。斯氏幼姬蛙 *Paedophryne swiftorum* 体长 8—9 mm，只比阿马乌幼姬蛙稍微大一点，两者生活习性非常相似。这两个物种都具有在进化过程中经历微型化的两栖类的鲜明特征，例如，它们第一趾、指为退化残肢，其他的指节骨骼数目也减少了。

科名	姬蛙科Microhylidae
其他名称	无
分布范围	印度尼西亚巴布亚省
成体生境	雨林，海拔350—850 m
幼体生境	卵内发育
濒危等级	数据缺乏。该物种未受到明显的威胁且至少在一个保护区内有分布

成体体长
雄性
1—1⁵⁄₁₆ in (26—33 mm)
雌性
1¹⁄₁₆—1⁵⁄₁₆ in (27—34 mm)

负子伪丽皮蛙

*Pseudocallulops pullifer*①
Pseudocallulops Pullifer

(Günther, 2006)

实际大小

负子伪丽皮蛙体型纤细；四肢细长；眼大；指吸盘大于趾吸盘；背面为棕色带有不规则的深色点斑与斑纹，躯干部与四肢腹面为乳白色；后腿每侧膝关节下有一个浅色斑点。

该蛙描述于2006年，仅知于新几内亚翁迪沃伊山多岩石的东坡的一个分布点，但在新几内亚其他地区可能也有分布。该蛙可能是常见种：一位研究者在一段4 km长的步行中计数了有100个鸣叫的雄性。雄性在岩石缝中鸣叫，发出一连串响亮的呱呱声，并在傍晚过后的头几个小时里叫个不停。据推测，其卵可能由雄性进行守护，因为卵孵化后雄性会守在微小的幼蛙旁边并让它们爬到自己的背上，然后这个雄性会背着它们好几天时间。

相近物种

伪丽皮蛙属 *Pseudocallulops* 直到2009年才被建立，该属目前包含两个物种②。宽指伪丽皮蛙 *Pseudocallulops eurydactylus*③与负子伪丽皮蛙的习性相似，仅体型稍大一点，也发现于新几内亚西部。它们与角楔姬蛙（第483页）一样，背着幼蛙可能是为了使幼蛙尽可能扩散得更远。

①②③④ 译者注：依据Frost (2018)，伪丽皮蛙属*Pseudocallulops*已被并入星姬蛙属*Asterophrys*。

科名	姬蛙科Microhylidae
其他名称	无
分布范围	巴布亚新几内亚
成体生境	雨林，海拔1500 m；也见于花园和退化的森林中
幼体生境	卵内发育
濒危等级	无危。属常见种且分布范围广

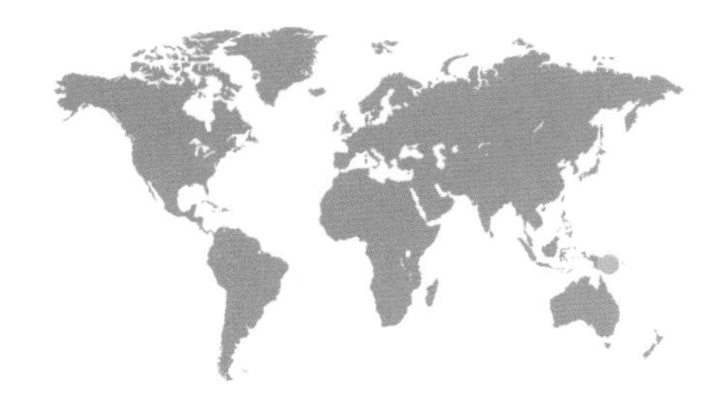

成体体长
平均 1⅝ in (42 mm)

角楔姬蛙
Sphenophryne cornuta
Horned Land Frog
Peters & Doria, 1878

这种夜行性蛙类的亲代抚育形式尤为特殊。雌性产卵 20—30 枚，直接发育成为小幼蛙。当卵孵化后，小幼蛙就会爬到它们父亲的背上。白天，背着小幼蛙的雄性会躲藏起来，晚上则在森林地面上来回移动，最远距离产卵地可达 50 m，这种行为会持续 3—9 个晚上。每晚都会有一些幼蛙从它们父亲的背上跳下去，消失在落叶堆中。这种行为能够确保幼蛙们广泛扩散，从而减少彼此之间的食物竞争。

实际大小

相近物种

角楔姬蛙是该属唯一的物种[①]，它与巴布亚新几内亚的另一种蛙——施氏滑姬蛙 *Liophryne schlaginhaufeni*[②]亲缘关系很近，后者刚孵化出的小幼蛙和前者非常相似，也是由父亲背在背上。另见负子伪丽皮蛙（第 482 页）。

角楔姬蛙吻尖并突起；每侧眼睑上方均有一枚明显而柔软的棘刺；四肢长且外缘具棘；指与趾长，末端均具吸盘；背面为暗灰色或棕色，体侧部颜色较浅，腹面为灰色、红棕色或红色并带有白色点斑。

① 译者注：依据Frost (2018)，因分类变动，楔姬蛙属*Sphenophryne*目前已有14个物种。
② 译者注：依据Frost (2018)，滑姬蛙属*Liophryne*已被并入楔姬蛙属。

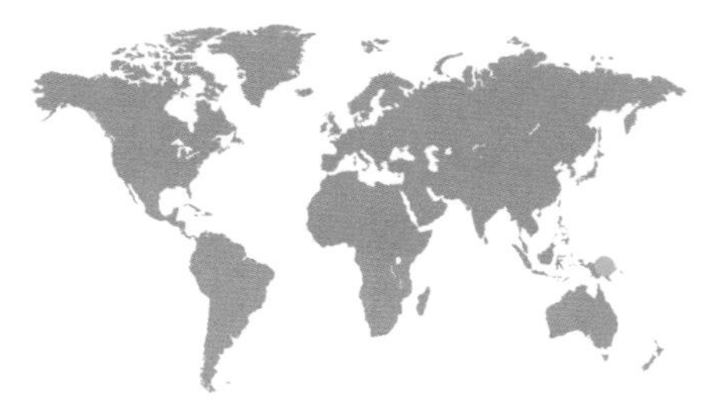

科名	姬蛙科Microhylidae
其他名称	无
分布范围	巴布亚新几内亚西北部
成体生境	雨林，海拔900—1400 m
幼体生境	卵内发育
濒危等级	数据缺乏。似乎是常见种且在无明显威胁的偏远地区有分布

成体体长
雄性
1 7/16—1 13/16 in (37—46 mm)
雌性
未知

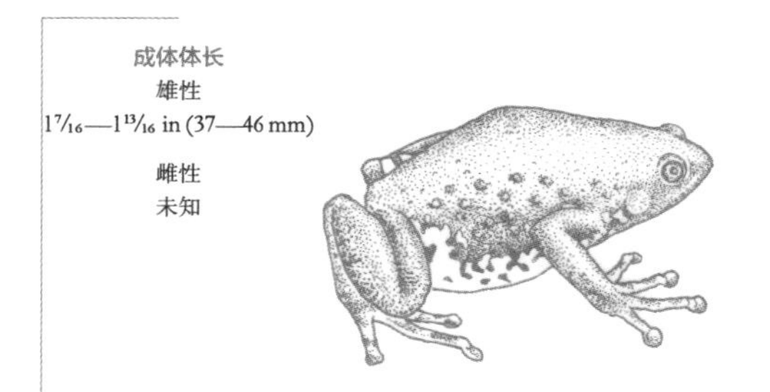

树栖异吻蛙
Xenorhina arboricola
Xenorhina Arboricola

Allison & Kraus, 2000

该蛙仅知少量几号雄性标本。不同寻常的是，它生活在高高的树上，却具有典型穴居型蛙类的很多解剖学特征。实际上，它确实是会将自己埋在落叶堆里，但并非森林地面上的落叶堆，而主要是潮湿热带森林中的兰科植物、蕨类与其他附生植物等树木上，有一号标本就发现于一个老旧鸟巢中所堆积的落叶里。夜晚，雄性大多在很高的树上鸣叫，发出一系列 12—14 声悦耳的音调，曾发现一只雄性正在守护一串 11 枚卵。

树栖异吻蛙体型丰满；四肢长而纤细；吻端突出；眼小；指、趾末端具发达吸盘；皮肤光滑，具散布的白色结节；背面为灰棕色，腹面为灰色；体侧部、四肢、指与趾上具不规则斑纹。

相近物种

异吻蛙属 *Xenorhina* 目前包含 32 个物种，均为穴居型蛙类，卵都是直接孵化出小幼蛙。与同属其他物种不同的是，树栖异吻蛙的指、趾末端具很大的吸盘，这是营树栖生活的典型特征。尖头异吻蛙 *Xenorhina oxycephala* 在巴布亚新几内亚的西部与北部是常见种，雄性在土壤下鸣叫，发出的鸣叫声与树栖异吻蛙的相似。

实际大小

科名	姬蛙科Microhylidae
其他名称	无
分布范围	马达加斯加东部
成体生境	森林，海拔最高1300 m
幼体生境	树木与其他植物上积水的洞内
濒危等级	无危。在栖息地受到破坏的地区中种群下降，但是在一些保护区有分布

布氏无犁齿蛙
Anodonthyla boulengerii
Boulenger's Climbing Frog
Müller, 1892

成体体长
雄性
11/16—7/8 in (17—22 mm)
雌性
11/16—7/8 in (18—21 mm)

这种常见小型蛙类的雄性于夜间在距地面 1—2 m 高的树干上鸣叫，其叫声是一种悦耳的单音调声，每分钟重复 140—175 次。雌性在积水的树洞或棕榈树的叶腋内产卵，每窝 23—30 枚。雄性会守在卵与发育中的蝌蚪附近，保护它们不受捕食者的侵害。蝌蚪为内源性营养型，这意味着它们没有嘴，而是通过吸收由其母体所提供的卵黄来完成整个发育阶段。

实际大小

布氏无犁齿蛙的吻部钝圆；眼大；指末端具发达吸盘；头部、背部与四肢背面有很多尖锐的结节；体色极富变化，但是背面典型的颜色是棕色，带有白色点斑，腹面为浅灰色。

相近物种

无犁齿蛙属 *Anodonthyla* 目前有 11 个物种，其中有几个是 2010 年才描述的，所有物种都分布于马达加斯加。缓鸣无犁齿蛙 *Anodonthyla moramora* 是一种小型蛙类，分布于马达加斯加岛东部的一个国家公园里的狭小区域内；黑喉无犁齿蛙 *Anodonthyla nigrigularis* 见于马达加斯加岛南部与中部。这两个物种的濒危等级都尚未评估。

科名	姬蛙科Microhylidae
其他名称	无
分布范围	马达加斯加西北部
成体生境	森林
幼体生境	树木与其他植物上积水的洞内
濒危等级	极危。分布范围非常狭小

成体体长
雄性
⅞—1 in (23—26 mm)
雌性
未知

贝拉拉树姬蛙
Cophyla berara
Cophyla Berara

Vences, Andreone & Glaw, 2005

实际大小

贝拉拉树姬蛙体型纤细；吻短；眼大；指端具发达吸盘；背面为浅棕色带有深色斑纹；从眼部至腋窝处有一条深色纵纹；腹面为乳白色至白色。

目前还没有采集到这种非常稀有的蛙类的雌性个体。雄性于夜晚在距地面 1—2 m 的树叶上鸣叫，其叫声是一种悦耳的单音调声，持续时间还不到一秒钟。可以推测，该蛙应该与其近缘种一样，在积水树洞中产卵，且蝌蚪发育完全依靠母体提供的卵黄。它仅发现于在马达加斯加岛西北部萨哈玛拉扎半岛的安那波哈左森林（Anabohazo Forest）之内。最近这片森林被确立为保护区。

相近物种

贝拉拉树姬蛙是该属三个物种[①]中最近被描述的。隐树姬蛙 *Cophyla occultans* 体型更小，鲜为人知；叶趾树姬蛙 *Cophyla phyllodactyla* 则体型稍大一点，于 1880 年描述。和贝拉拉树姬蛙不同的是，叶趾树姬蛙鸣叫声更为短促，该物种似乎可在一些被改变的栖息地存活，在马达加斯加北部极为常见。

① 译者注：依据Frost (2018)，因分类变动，树姬蛙属目前已有19个物种。

科名	姬蛙科Microhylidae
其他名称	无
分布范围	马达加斯加西北部，包括诺西贝岛
成体生境	森林
幼体生境	可能是在植物叶腋内的小水洼中
濒危等级	濒危。分布范围非常狭小且受到森林栖息地破坏的威胁

成体体长
1—1$\frac{3}{16}$ in (25—30 mm)

米氏平节蛙
*Platypelis milloti*①
Nosy Be Giant Tree Frog
(Guibé, 1950)

这种色彩斑斓的小型蛙类主要见于植物的叶腋内，尤其是在露兜树属 *Pandanus* spp. 中。雄性在晚上鸣叫，发出一种短促而悦耳的音调，迅速重复而又十分规律。其繁殖行为还未被观察到，但很可能和它们亲缘关系很近的物种一样，将卵产在植物叶腋内的小水洼中，蝌蚪没有嘴，不进食，而是依赖于卵内的卵黄来维持生长。与马达加斯加的其他很多森林蛙类一样，其栖息地正受到森林砍伐、木炭烧制、牲畜放牧、火灾与人类居住的侵吞与破坏。

实际大小

米氏平节蛙吻端突出；眼大；指、趾末端具发达吸盘；背面为巧克力棕色，带有引人注目的黑色、黄色与红色斑块，有一些边缘为黄色；两眼间有一条宽的黄色带纹，背部中间至体后部有一条黄色纵纹；腹部与四肢腹面为鲜红色。

相近物种

目前，平节蛙属 *Platypelis* 包括 12 个物种②，分布于马达加斯加，大多数物种体型都很小。巴氏平节蛙 *Platypelis barbouri*③ 体型很小，在马达加斯加东部常见且分布广泛，其蝌蚪在积水树洞中发育。大平节蛙 *Platypelis grandis*④是一种大型蛙类，体长可达 105 mm，已观察到这种雄性的护卵行为。

①②③④ 译者注：依据Frost (2018)，平节蛙属已被并入树姬蛙属*Cophyla*。

科名	姬蛙科Microhylidae
其他名称	无
分布范围	马达加斯加中部与东部
成体生境	森林
幼体生境	可能在积水树洞中
濒危等级	无危。部分地区种群数量由于森林砍伐而下降，但是在一些保护区内有分布

成体体长
雄性
1—1³⁄₁₆ in (26—30 mm)
雌性
1⅛—1¼ in (29—31 mm)

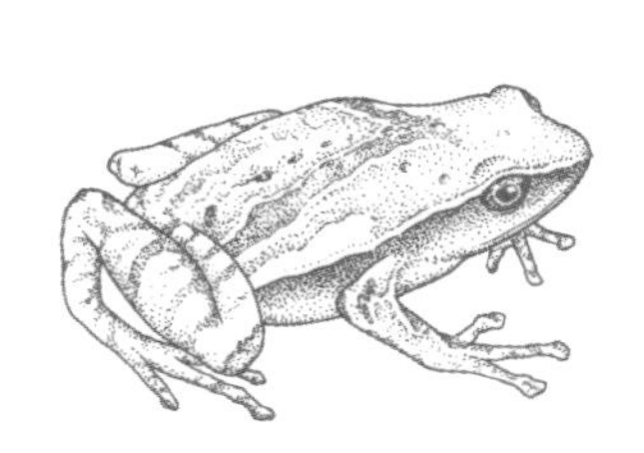

树栖齿全蛙
Plethodontohyla mihanika
Malagasy Climbing Rain Frog

Vences, Raxworthy, Nussbaum & Glaw, 2003

实际大小

这种小型蛙类的成体、幼体与蝌蚪曾同时见于积水树洞中，表明这种环境是它的繁殖场，且该种很可能具有亲代抚育的行为。雄性在树干上鸣叫，发出优美的声音，以每分钟约 11 声的频率进行。卵被产在卵带里。该物种的森林栖息地已经受到农业扩张、森林砍伐、木炭加工、外来桉树物种的入侵与扩散、过度放牧、火灾与人类居住扩张的严重破坏。

相近物种

目前，马达加斯加的齿全蛙属 *Plethodontohyla* 已知有十个物种[①]。其中的一些，如眼斑齿全蛙 *Plethodontohyla ocellata* 为陆栖型蛙类且在土壤中营穴居生活，其背后部有两个边缘白色的黑色大点斑。其他物种，如背斑齿全蛙 *Plethodontohyla notosticta* 则与树栖齿全蛙一样营树栖生活。

树栖齿全蛙吻端突出；指、趾末端具扩大的吸盘；有一条浅色线纹从吻部直达胯部，在色浅的背部与色深的体侧部之间形成一清晰界线；背部为浅棕色带有深色斑纹，体背后侧常含一个倒置的“V”形斑纹与两个深色点斑。

① 译者注：依据Frost (2018)，齿全蛙属目前有九个物种。

科名	姬蛙科Microhylidae
其他名称	萨卡那掘蛙
分布范围	马达加斯加东部
成体生境	森林，海拔最高1500 m
幼体生境	洞穴内
濒危等级	无危。部分地区的种群数量下降但是在一些保护区内有分布

成体体长
1⁹⁄₁₆—2⅜ in (40—60 mm)

阿氏菱体蛙

Rhombophryne alluaudi

Fort Dauphin Digging Frog

(Mocquard, 1901)

实际大小

很难见到这种体型粗壮、短胖的蛙类，因为它们待在洞穴中、朽木下或深落叶堆中，深居简出。尽管很难找到它，但是其单音节、间隔时间很长的求偶鸣叫，常从森林地面上传来。它们的卵产在洞穴中，卵很大，里面充足的卵黄可为蝌蚪提供足以完成变态发育所需的营养，因此蝌蚪就不用再去自己觅食了。马达加斯加的森林普遍受到来自农业扩张、木料开采、木炭采集与放牧的破坏。

相近物种

目前，菱体蛙属 *Rhombophryne* 有 11 个物种[①]，其中一个直到 2014 年才被描述。龟菱体蛙 *Rhombophryne testudo* 仅在大雨过后才出现，它眼睛很小，当受到惊扰时，会采取一种与众不同的防御姿势——伸展四肢并将背部反弓成凹形。仅知它有三个分布点，已被列为易危物种。

阿氏菱体蛙身体与头部很宽；皮肤光滑；眼部与腋窝之间有一条斜行肤褶；背面为棕色，背部带有多变的深棕色斑纹；四肢上有深棕色横纹；腹部为黄色。

① 译者注：依据Frost (2018)，因分类变动，菱体蛙属目前已有60个物种。

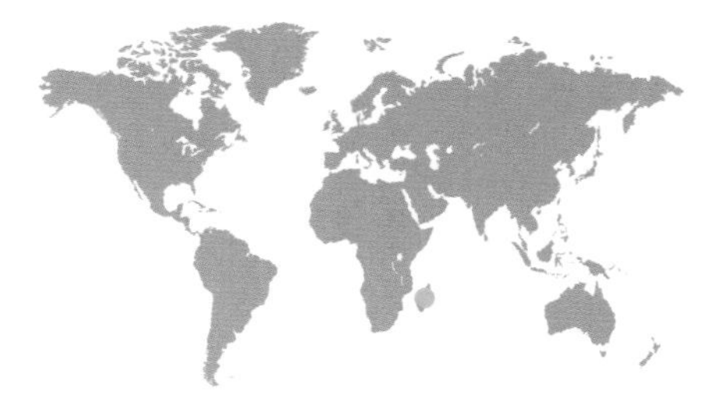

科名	姬蛙科Microhylidae
其他名称	无
分布范围	马达加斯加中部
成体生境	山地森林
幼体生境	未知
濒危等级	极危。分布于一个保护状况不佳的森林保护区内两个碎片化栖息地中

成体体长
雄性
平均 9/16 in (14 mm)
雌性
平均 9/16 in (15 mm)

海氏截趾蛙

Stumpffia helenae[1]

Helena's Stump-toed Frog

Vallan, 2000

实际大小

海氏截趾蛙指与趾短；指末端略微扩大；吻端突出；体色为灰色，背部后侧有两个黑色点斑，当其处于休息状态时，黑色点斑则被大腿所隐蔽；背部中间常有一条橘黄色细纵纹延伸至体后。

马达加斯加的截趾蛙因其慢吞吞的移动方式而闻名，但是它们受惊时也可以迅速地跳开。海氏截趾蛙白天活动且主要见于地面的落叶堆中。这种小型蛙类背后部有两个类似于眼睛的黑点，有人认为这种眼斑可以使其天敌的攻击产生偏差而远离头部要害。雄性的叫声是一种规律重复的高声调叽喳声。此外，其繁殖行为还没有被报道，但是它有可能在陆地上产泡沫状卵泡。

相近物种

目前，截趾蛙属 *Stumpffia* 已有 15 个物种[2]，有两个直到 2013 年才被描述。大截趾蛙 *Stumpffia grandis*[3]尽管只有约 25 mm 长，但已经是目前在马达加斯加东部和东北部发现的最大蛙类了；而体型最小的侏儒截趾蛙 *Stumpffia pygmaea*[4]，仅有 11 mm 长，分布仅限于马达加斯加海岸的诺西贝和诺西空巴的小岛上。

①②③④ 译者注：依据Frost (2018)，截趾蛙属已被并入菱体蛙属*Rhombophryne*。

科名	姬蛙科Microhylidae
其他名称	无
分布范围	马达加斯加东北部
成体生境	海岸森林与灌丛，也见于城市花园中
幼体生境	水塘或缓速溪流
濒危等级	近危。分布范围的大部分地区种群都已经下降，但是比曾经被大肆捕捉时的情况有所好转

成体体长
雄性
2⅜—2⅝ in (60—65 mm)
雌性
3⅛—4¾ in (80—120 mm)

番茄蛙

Dyscophus antongilii

Tomato Frog

Grandidier, 1877

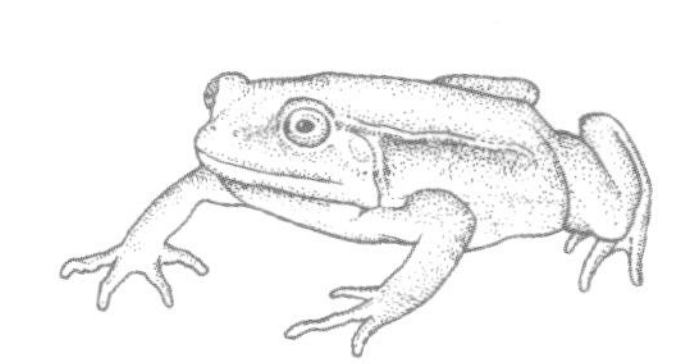

该蛙的名称“番茄蛙”确实恰如其分，其鲜艳的体色可以警告潜在的天敌。当番茄蛙受到攻击或被抓住时，其皮肤可以产生一种防御性的白色分泌物。在抵御蛇类等捕食者时，这种分泌物可将其上下颌黏住；对于人类而言，它会引起皮肤的过敏反应。番茄蛙可在一年中任意时间的大雨过后繁殖，雄性发出一连串低声调的叫声。其卵被产在水塘中或缓速溪流里，卵小、呈黑色，每窝1000—1500枚。番茄蛙曾经一度面临国际宠物贸易大量捕捉的严重威胁，目前该蛙已经受到了保护，并成为马达加斯加岛动物保护的“旗舰物种”。

相近物种

番茄蛙是本属三个物种之一。吉氏番茄蛙 *Dyscophus guineti* 的体色通常更黄，主要见于马达加斯加东部的森林溪流中，有时与番茄蛙杂交。岛屿番茄蛙 *Dyscophus insularis* 比其他两者体型更小，体色为灰棕色，分布于马达加斯加西部。

实际大小

番茄蛙体型极丰满；吻短；眼大而突起，虹膜成金色；雄性体色为金黄色至橘黄色，雌性则为橘黄色至深红色，有时或为棕色；雌雄性的腹面均为白色；有些个体沿体侧部还有黑色斑纹。

科名	姬蛙科Microhylidae
其他名称	无
分布范围	巴西东南部
成体生境	低地森林，海拔最高200 m
幼体生境	临时性水塘
濒危等级	无危。分布范围部分地区中种群下降但在一些保护区内有分布

成体体长
雄性
平均 ¾ in (20 mm)
雌性
平均 1 in (26 mm)

帕氏弯犁蛙
Arcovomer passarellii
Passarelli's Frog
Carvalho, 1954

实际大小

帕氏弯犁蛙吻端突出；眼很小；后腿、前腿、手指与脚趾均较长；体色为棕色或灰色，背部中间有一边缘呈波浪形的深色宽条纹延伸至体后；有一条白色条纹从眼后延伸至腋窝，吻端部有一个"V"形的白色线纹。

这种鲜为人知的小型蛙类是巴西东南部大西洋沿岸森林的众多特有蛙类之一，它常见于森林地面的落叶堆中。雄性的叫声是一种短促而尖锐的口哨声，雌性在大雨过后形成的临时性水塘中产70—100枚卵。繁殖生物学的其他方面尚无报道。当受到惊扰时，它会采取一种典型的四肢僵直的防御姿势——四肢会外伸而呈星状。

相近物种

帕氏弯犁蛙 *Arcovomer passarellii* 是本属已描述的唯一物种。有人提出分布于圣埃斯皮里图州体型略小的个体可能是一个独立的物种。

科名	姬蛙科Microhylidae
其他名称	无
分布范围	巴西东南部
成体生境	森林，海拔最高2600 m
幼体生境	池塘
濒危等级	无危。很常见，种群似乎很稳定

成体体长
雄性
平均 ⅞ in (21 mm)
雌性
平均 1 in (26 mm)

白点短锁蛙
Chiasmocleis leucosticta
Santa Catarina Humming Frog
(Boulenger, 1888)

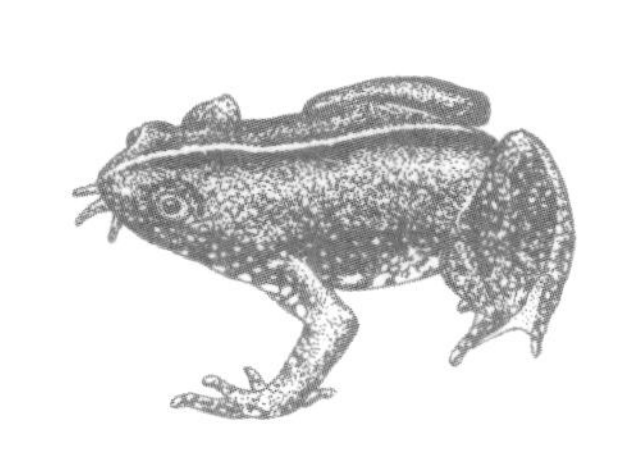

这种小型蛙类是巴西大西洋沿岸森林的居民，其繁殖方式十分特殊。在一场大雨过后，一大群雄性聚集在池塘边鸣叫，与雌性抱对以后，雄性会粘在雌性的背部，一起漂浮在水面上。雌性将头浸入水中并产出 1—4 枚卵，随后雄性会对这些卵进行受精。这一过程会重复约 70 次，产出约 200 枚受精卵，呈一团漂浮于水面。这对蛙还会一直抱对，然后下潜至卵下面，并从鼻孔吹出气泡，这些气泡在下方为受精卵提供支持力。

实际大小

白点短锁蛙体型丰满；头小；吻端突出；眼小；皮肤光滑且背面体色为黑色或棕色，缀以浅蓝色的小点斑；腹部颜色黑白相间，前肢与后肢背面可能会有橘黄色斑纹。

相近物种

目前，短锁蛙属 *Chiasmocleis* 共有 29 个物种[①]，它们被称为蜂鸣蛙，主要分布于巴拿马与热带南美洲。德氏短锁蛙 *Chiasmocleis devriesi* 体型相对较大，体长可达 42 mm，主要见于秘鲁，直到 2009 年才被描述。另外一种大型蛙类，阿氏短锁蛙 *Chiasmocleis avilapiresae* 于 2008 年在巴西的亚马孙河流域中被发现。

① 译者注：依据Frost (2018)，短锁蛙属目前有34个物种。

科名	姬蛙科Microhylidae
其他名称	哥斯达黎加纳尔逊蛙
分布范围	哥斯达黎加、巴拿马、哥伦比亚、厄瓜多尔
成体生境	低地森林，海拔最高1600 m
幼体生境	临时性水塘与沼泽
濒危等级	无危。其分布范围的部分区域受到森林砍伐的威胁

成体体长
雄性
1⁹⁄₁₆—2⅜ in (40—60 mm)
雌性
1¹⁵⁄₁₆—2¹³⁄₁₆ in (50—70 mm)

黑栉姬蛙

Ctenophryne aterrima

Black Narrow-mouthed Frog

(Günther, 1901)

这种体态丰满的蛙类习性十分隐秘，通常见于落叶堆中、倒木下，偶尔在很深的地下也可见到。它在雨夜下就会变得活跃起来，繁殖期在6—8月之间。雄性似乎不会用叫声来吸引异性，卵被产在浅浅的水塘和沼泽里，在这种生境中也可以找到体型相当大的蝌蚪。其后足内侧长有一个铲形大蹠突，表明它有时会在土里掘洞。

黑栉姬蛙身体呈球形；头短而窄；眼小；前肢短，后肢较长；趾间具蹼；有一条横向肤褶紧靠眼后；背面为均一的深灰色、棕色或黑色，腹面为棕色。

相近物种

栉姬蛙属 *Ctenophryne* 目前有六个物种，它们被称作卵蛙，主要分布于中美洲和南美洲。热氏栉姬蛙 *Ctenophryne geayi* 是亚马孙河流域低地生境的常见种。卡皮斯山栉姬蛙 *Ctenophryne carpish* 则见于秘鲁高海拔云雾林中，被列为濒危物种。

实际大小

科名	姬蛙科Microhylidae
其他名称	无
分布范围	阿根廷、玻利维亚、巴西、巴拉圭
成体生境	开阔地中松软潮湿的土壤里
幼体生境	临时性池塘
濒危等级	无危。尽管很难见到，但是在适合的生境里数量很多

成体体长
1⁹⁄₁₆—1¹⁵⁄₁₆ in (40—50 mm);
雌性大于雄性

穆氏革背蛙
Dermatonotus muelleri
Muller’s Termite Frog
(Boettger, 1885)

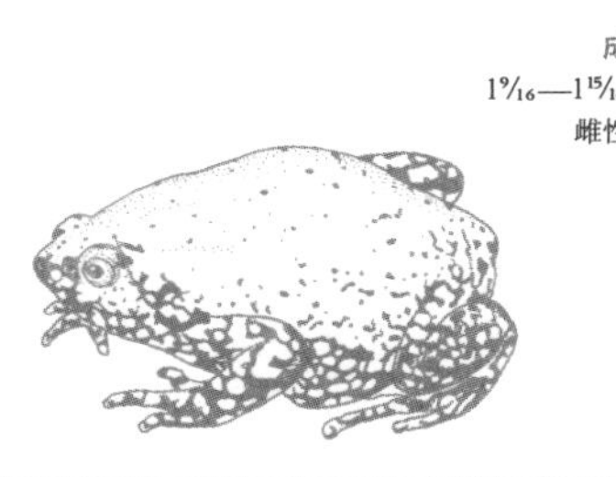

这种非同寻常的蛙类在一些地方的种群数量很大，但因其生活于很深的地下，所以很少能见到。穆氏革背蛙会挖出一个地下洞室并在旱季时期生活于其中。在挖掘的时候，首先将头部探入松软潮湿的土壤里，用前肢进行挖掘。它主要以白蚁为食，在 9 月至次年 2 月期间会大量出现在临时性池塘里进行繁殖，因此也被称为“爆发式繁殖者”，一般在五天之内完成交配和产卵。其皮肤可以产生一种白色分泌物，具有抗寄生虫与真菌的功效，这引起了制药业的极大兴趣。

实际大小

穆氏革背蛙体形粗壮；头很小；前肢与后肢均较短；眼小，向前突起；两眼后有一条横向肤褶；指与趾端钝圆；皮肤光滑，背部为橄榄绿色至棕色，体侧部与四肢带有不规则的黑色斑纹。

相近物种

穆氏革背蛙是本属唯一的物种，在形态和习性上都十分独特。它与非洲的肩蛙属 *Hemisus*（第 466—467 页）穴居型蛙类一样，都具头部朝前的挖掘习性，这是趋同进化的典型案例（大多数穴居蛙类在挖掘时是用后腿向后进行挖掘）。此外，穆氏革背蛙与肩蛙属（第 466—467 页）物种一样，可以将头部向下弯曲达 90 度，这在所有蛙类中都是特有的。

科名	姬蛙科Microhylidae
其他名称	无
分布范围	南美洲北部、巴拿马、特立尼达和多巴哥
成体生境	开阔的稀树草原、草甸与灌丛，海拔最高500 m
幼体生境	临时性水塘
濒危等级	无危。在很多地方常见且总体上无种群下降迹象

成体体长
最大 $1\frac{9}{16}$ in (40 mm);
雌性略大于雄性

卵形小锁蛙
Elachistocleis ovalis
Common Oval Frog
(Schneider, 1799)

实际大小

卵形小锁蛙体扁平，呈卵圆形；头很小；吻端突出；眼很小；前肢与后肢均较短；脚趾较长；背部为浅灰色或棕色，有时背部中间有一条浅色细纵纹至体后部；腹面为灰白色并可能为嫩黄色。

这种小型蛙类在南美洲低地地区分布极为广泛，但是因其隐秘的生活习性而十分罕见。有时可见于落叶堆中或树洞内，但在旱季则会在地下躲避起来。在大雨过后，它会在洪泛区域聚集，雄性发出一种“噢噢噢”（eeee）的求偶鸣叫。卵被产在水里，仅两天就可以孵化出蝌蚪。蝌蚪发育非常迅速，在卵产下的八周后就可以完成变态。

相近物种

目前，小锁蛙属 *Elachistocleis* 已有 17 个物种[①]，被通称为卵形蛙。考虑其分布如此广泛，卵形小锁蛙 *Elachistocleis ovalis* 很可能包含不止一个物种。双色小锁蛙 *Elachistocleis bicolor* 分布于阿根廷、乌拉圭、巴拉圭与巴西。在交配期间，雄性会通过胸部腺体产生的一种分泌物来粘在雌性的背上，该特征可能在本属其他物种中也存在。

① 译者注：依据Frost (2018)，小锁蛙属目前有18个物种。

科名	姬蛙科Microhylidae
其他名称	得州狭口蟾、西部狭口蟾
分布范围	美国中部与南部、墨西哥
成体生境	草甸、沙漠灌丛与松栎林
幼体生境	永久性、临时性水塘与其他小型水体
濒危等级	无危。在很多地方常见且总体上无种群下降迹象

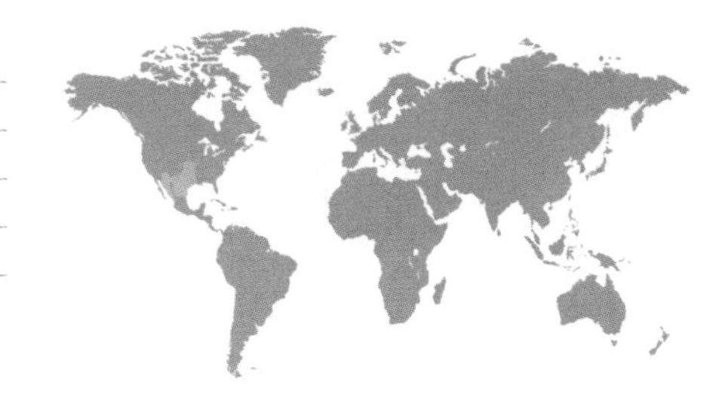

成体体长
¾—1⅝ in (19—42 mm)
雌性大于雄性

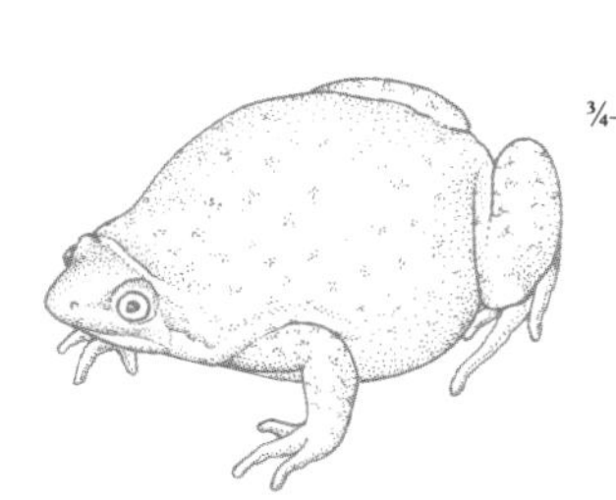

橄榄色腹姬蛙
Gastrophryne olivacea
Great Plains Narrow-mouthed Toad
(Hallowell, 1856)

这种隐秘的蛙类在繁殖期以外很难被发现，它生活于任何一个潮湿的藏身之处。大雨可以刺激雄性在池塘里一起合鸣，它们主要在池塘边缘鸣叫，鸣叫时只把头部探出水面。雄性的叫声是一种尖锐的“噼噗”声，听起来像是发怒的蜜蜂。当雄性抱紧雌性后，其胸部的腺体就会产生一种分泌物来将它紧紧地粘在雌性的背后。雌性可以产约2000枚卵，漂浮在水面上。

实际大小

橄榄色腹姬蛙体型丰满；头小；吻端突出；眼小；前肢与后肢短；趾间无蹼；皮肤光滑，背部为灰色、橄榄绿色或棕褐色，有时缀以小黑点斑；腹面为浅灰色且无斑纹。

相近物种

腹姬蛙属 *Gastrophryne* 目前有四个物种，被称作美洲狭口蛙。卡罗莱纳腹姬蛙 *Gastrophryne carolinensis* 分布于美国南部，外表与行为上都与橄榄色腹姬蛙相似。秀丽腹姬蛙 *Gastrophryne elegans* 分布于中美洲与墨西哥。

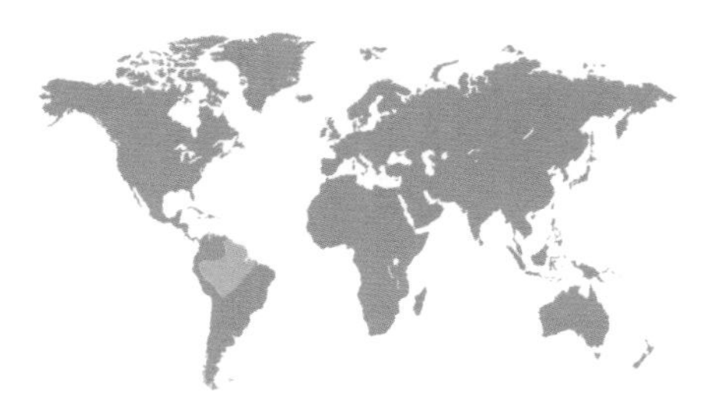

科名	姬蛙科Microhylidae
其他名称	亚马孙绵羊蛙
分布范围	南美洲亚马孙河流域西北部与西部
成体生境	森林
幼体生境	池塘
濒危等级	无危。在分布范围内的一些地方常见而其他地区稀少，但总体上无种群下降迹象

成体体长
雄性
1⁵⁄₁₆—1⁹⁄₁₆ in (34—39 mm)
雌性
1⁹⁄₁₆—1¾ in (39—44 mm)

玻利维亚咩姬蛙

Hamptophryne boliviana
Bolivian Bleating Frog
(Parker, 1927)

实际大小

这种水栖型蛙类的英文译名“亚马孙绵羊蛙”来源于雄性的求偶鸣叫听起来就像绵羊的咩咩声。它是一种“爆发式繁殖者”，雨后，雄性会在池塘边大量聚集并一起合鸣。其卵被产下以后会在水面上铺开并形成一层薄膜。在繁殖期以外，雄性通常见于森林地面上的落叶堆中。该物种在其分布范围的大部分地区都十分罕见，但是在玻利维亚和秘鲁则是常见种。

相近物种

该属还有另外一个成员，唇褶咩姬蛙 *Hamptophryne alios* 见于秘鲁且在玻利维亚广泛分布，但是其全面的分布情况仍不清楚，其濒危等级尚未评估。

玻利维亚咩姬蛙的体形丰满；头小；吻端突出；眼极小；背面为棕色或红棕色，带有深色斑块；体背部中间有一条很窄的浅色纵纹延伸至体后部，从吻部经过眼睛至体侧部有一条黑色带纹直达胯部。

科名	姬蛙科Microhylidae
其他名称	墨西哥狭口蟾
分布范围	美国得克萨斯州；中美洲，从墨西哥至哥斯达黎加
成体生境	荆棘灌丛与稀树草原
幼体生境	临时性与永久性水塘
濒危等级	无危。在分布范围的大多数地区并无种群下降迹象，但在美国得克萨斯州被列为受威胁物种

成体体长
雄性
1—1½ in (25—38 mm)
雌性
1⅛—1⅝ in (29—41 mm)

黄腹斑瘤姬蛙
Hypopachus variolosus
Sheep Frog
(Cope, 1866)

这种小型蛙类食性特化，只吃蚂蚁和白蚁。其后足上具铲状的角质蹠突，可用于向后挖掘松软的土壤。它白天在洞穴中或倒木下躲藏起来。在大雨过后，黄腹斑瘤姬蛙就会为了繁殖而迁移到永久性或临时性水塘边，雄性在池塘边缘或漂浮于开阔水体中鸣叫，发出一种类似于绵羊的咩咩叫声，雌性产卵约700枚。由于其栖息地的破坏，该物种在美国得克萨斯州已经受到了保护，但是在其他分布区内还是常见种。

实际大小

黄腹斑瘤姬蛙体圆胖；吻端突出；紧靠眼后的皮肤内有一条横向肤褶穿过头部；脚趾长；趾间无蹼；背部为棕色带有深色点斑，中间有一条黄色窄线纹直达体后部；眼后至体侧部有一条宽的黑色带纹。

相近物种

另外三种绵羊蛙（瘤姬蛙属 *Hypopachus* 的物种）都分布于中美洲。棕背瘤姬蛙 *Hypopachus ustum* 与其他物种不同，其后足有一对角质蹠突，而其余的蛙类只有一个。巴氏瘤姬蛙 *Hypopachus barberi* 由于其松栎林栖息地的大面积破坏而被列为易危物种。

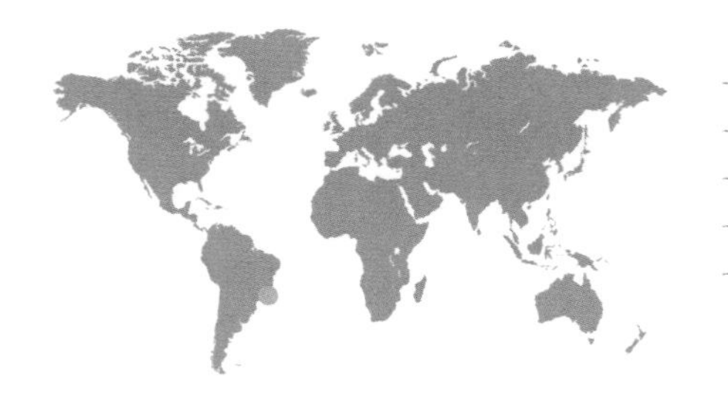

科名	姬蛙科Microhylidae
其他名称	无
分布范围	巴西东南部
成体生境	森林
幼体生境	卵内发育
濒危等级	无危。种群数量稳定且分布范围内有几个保护区

成体体长
$^{9}/_{16}$—$1^{9}/_{16}$ in (15—40 mm)

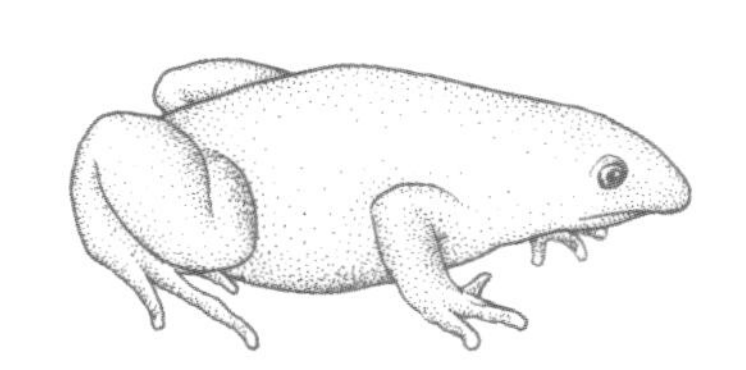

小眼锥头蛙
Myersiella microps
Rio Elongated Frog
(Duméril & Bibron, 1841)

实际大小

小眼锥头蛙的身体呈球形；头小，呈三角形；吻端突出且远超过口部；前肢短而粗壮；眼极小；皮肤光滑；背面为深棕色带有白色小点斑，腹面为浅棕色。

这种分布于巴西大西洋沿岸森林的蛙类由于生活在地下而极难被发现，它会用明显突起的吻部在松软的土壤中向前挖掘。它在雨季时会活跃于地表，发出一种长而清晰的声音。小眼锥头蛙雄性会紧紧抱在雌性的胯部，雌性在地下挖掘产卵洞穴的同时拖着雄性前进。产卵约 14 枚，卵大，经过大约 19 天直接孵化出小幼蛙。有研究报道了一个雌性具有明显的护卵行为。

相近物种

该属只有一个物种，即小眼锥头蛙，它在外表与行为上都与联腭蛙属 *Synapturanus*（第 517 页）物种十分相似。与其他头部向前挖掘的蛙类一样，如非洲的肩蛙属 *Hemisus*（第 466—467 页）物种，其肩部骨骼排列都得到了强化。

科名	姬蛙科Microhylidae
其他名称	无
分布范围	巴西东南部
成体生境	森林
幼体生境	临时性小池塘
濒危等级	无危。种群数量稳定且分布范围内有几个保护区

厚皮硬虹蛙
Stereocyclops incrassatus
Brazilian Dumpy Frog
Cope, 1870

成体体长
雄性
1⁷⁄₁₆—1¹³⁄₁₆ in (37—46 mm)
雌性
1⁷⁄₁₆—1¾ in (37—45 mm)

这种鲜为人知的小型物种主要分布于巴西东南部海岸的大西洋沿岸森林中。尽管其数量较多，但它一般在栖息地中活动非常隐秘，只在夜晚出来，所以很难被发现，偶尔见于森林地面的落叶堆中。其食性很广，主要取食蚂蚁和甲虫。该物种为“爆发式繁殖者”，每年的第一场雨后会在森林池塘中大量聚集。其卵与蝌蚪在水中发育。

实际大小

厚皮硬虹蛙体较扁；头小；前肢短小而后肢肌肉非常发达；眼极小；背面为浅棕色或灰色，背部中间有一条浅色细纵纹延伸至体后部；背部有较深色的微弱斑纹，体侧为深棕色。

相近物种

巴西的硬虹蛙属 *Stereocyclops* 还有另外三个已知物种。分布于巴西东南部的帕克硬虹蛙 *Stereocyclops parkeri* 与厚皮硬虹蛙最为相似。巴伊亚硬虹肛蛙 *Stereocyclops histrio* 分布于巴西东部，其濒危等级尚未评估。蹼趾硬虹蛙 *Stereocyclops palmipes* 于 2012 年被描述，濒危等级也同样尚未评估。

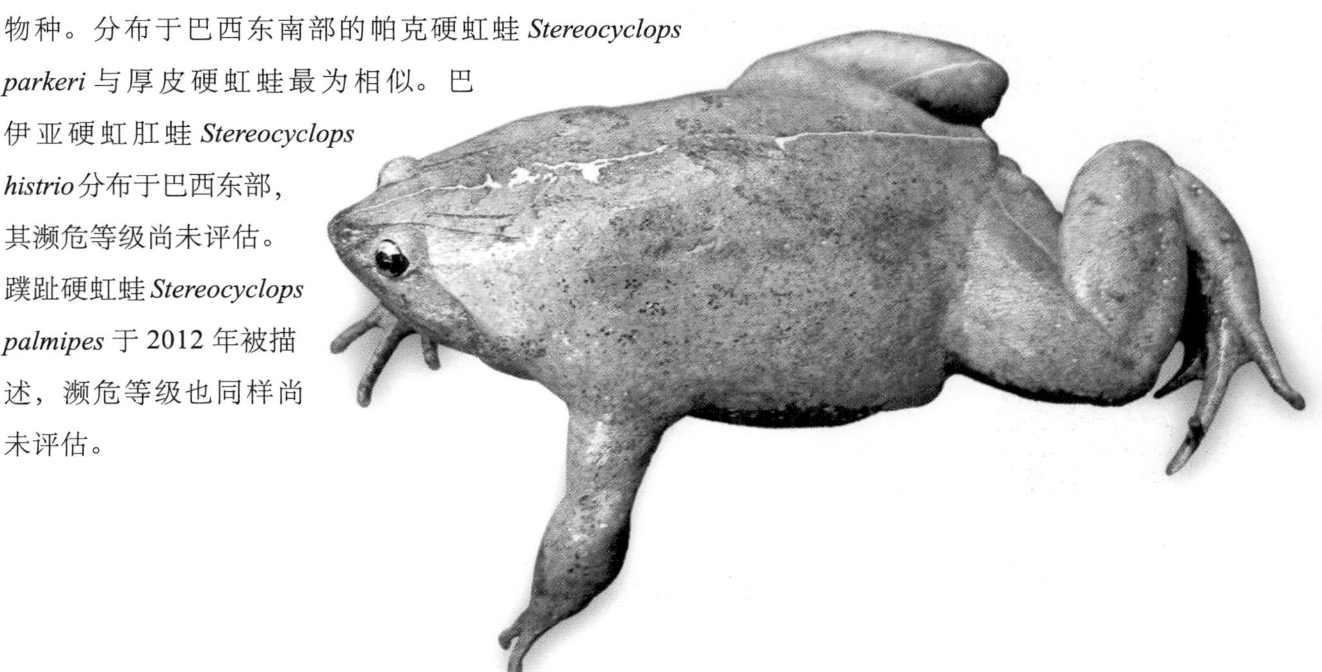

科名	姬蛙科Microhylidae
其他名称	罗杰三指蛙、乌桑巴拉山香蕉蛙、乌桑巴拉山蓝腹蛙
分布范围	坦桑尼亚东北部东阿尔克山
成体生境	森林
幼体生境	树洞内的小水洼和折断的竹节中
濒危等级	濒危。分布范围非常狭小且受到森林砍伐的威胁

成体体长
⅞—1⅛ in (23—28 mm)

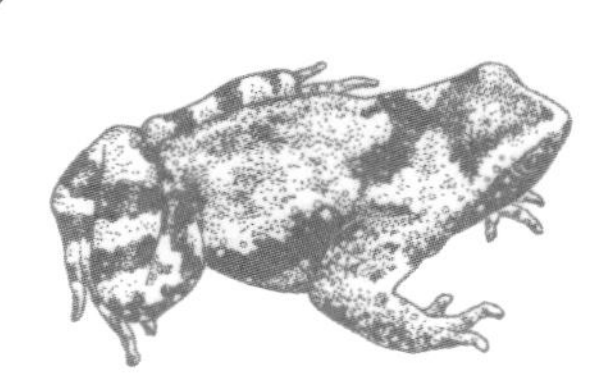

罗氏缺指蛙
Hoplophryne rogersi
Tanzania Banana Frog

Barbour & Loveridge, 1928

实际大小

这种微型蛙类的雌性非常特殊，前肢仅有三指；雄性的大拇指已经由一枚棘刺所替代，其作用可能是在交配期间紧紧抓住雌性。处于繁殖期的雄性在胸部和前肢上也会出现大型腺体。该蛙仅分布于坦桑尼亚的东阿尔克山与南恩古鲁山区中，在落叶堆中与香蕉树的叶腋内常见。它在积水树洞和死亡的断竹节内形成的小水洼中繁殖。卵被产在水面上方垂直的表面上。

相近物种

缺指蛙属 *Hoplophryne* 还有另外一个物种，乌卢古鲁山缺指蛙 *Hoplophryne uluguruensis* 也被列为濒危物种，其外表与行为都与罗氏缺指蛙十分相似，尽管在东阿尔克山很多地方都有分布，但这两个物种并不同域分布。有报道称，乌卢古鲁山缺指蛙的雌性有护卵行为。

罗氏缺指蛙吻部短而突出；背面为蓝灰色带有深色斑块，与四肢上的横纹颜色相同；腹面为浅蓝色带有错综复杂的黑色大理石纹。

科名	姬蛙科Microhylidae
其他名称	红褐边黏蛙、沙捞越颗粒蛙
分布范围	马来西亚沙捞越州
成体生境	低地森林
幼体生境	可能在小水洼中
濒危等级	易危。分布范围非常狭小且栖息地受到森林砍伐的威胁

成体体长
雄性
平均 1¹⁄₁₆ in (27 mm)
雌性
1½—1⁵⁄₈ in (38—41 mm)

中介细狭口蛙
Kalophrynus intermedius
Intermediate Sticky Frog

Inger, 1966

这种鲜为人知的小型蛙类生活于森林地面的落叶堆中，以蚂蚁和白蚁为食。它的英文译名“黏蛙”，来源于被抓住后，其背部腺体分泌的黏性液体，这使得蛇类等天敌难以下咽。中介细狭口蛙的繁殖行为目前还没有研究报道。本属其他物种会将卵产在小水洼中，漂浮于水面上。卵内的卵黄丰富，蝌蚪不用进食，仅依靠卵黄就足以完成变态发育所需的所有营养。

中介细狭口蛙头部较窄；吻端突出；四肢短；皮肤粗糙并呈腺体质感，从吻端到胯部有一条明显的肤褶；背部为棕色带有黑色斑纹，体侧部为红色、黄色或乳白色；胸部与腹部为乳白色。

相近物种

目前，亚洲的细狭口蛙属 *Kalophrynus* 已经描述了22 个物种[①]，其中多数物种都被称作黏蛙。肋疣细狭口蛙 *Kalophrynus pleurostigma* 为常见种且在东南亚广泛分布。微细狭口蛙 *Kalophrynus minusculus* 仅分布于印度尼西亚苏门答腊岛南部与爪哇岛北部非常狭窄的范围，正受到栖息地破坏的威胁，被列为易危物种。巴里奥细狭口蛙 *Kalophrynus barioensis* 分布于沙捞越州，直到 2011 年才被描述。

① 译者注：依据Frost (2018)，细狭口蛙属目前有26个物种。

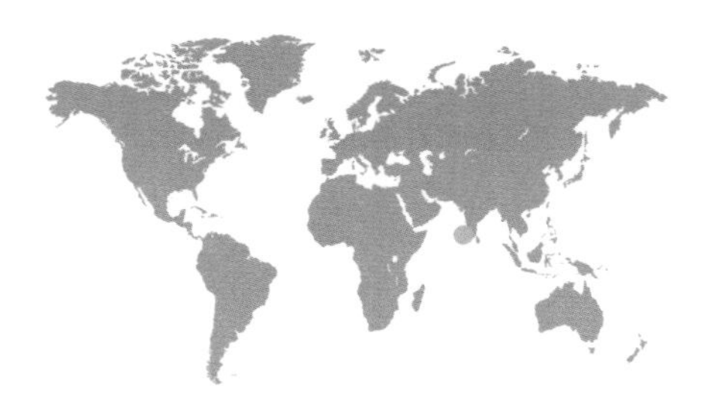

科名	姬蛙科Microhylidae
其他名称	黑姬蛙、黑狭口蛙
分布范围	印度喀拉拉邦
成体生境	森林，海拔900—1200 m
幼体生境	可能在溪流水塘中
濒危等级	濒危。一种非常罕见的蛙类，可能在一些保护区内有分布

成体体长
平均 1⁵⁄₁₆ in (34 mm)

印度黑姬蛙

Melanobatrachus indicus
Kerala Hills Frog

Beddome, 1878

实际大小

印度黑姬蛙头小；吻端突出；背部为黑色，胯部有一块红色斑纹穿过后腿基部，胸部也有红色斑块；背部皮肤布满疣粒，而体侧部与腹部皮肤光滑；后腿短；指与趾较短；指、趾间无蹼。

印度西高止山脉在印度西海岸呈南北走向，这种小型蛙类就分布于这条山脉。自从1878年被描述以来，人们仅在1928年、1992年和1996年见过它三次。它与其他分布在西高止山脉的很多蛙类一样，都是该地区的特有种。大多数个体被发现时都藏在倒木下，它可能生活于森林地面上的落叶堆中。雄性无声囊，可能不以鸣叫来吸引雌性。

相近物种

作为黑姬蛙属 *Melanobatrachus* 唯一的物种，印度黑姬蛙与分布于西高止山脉的其他蛙类的亲缘关系都不接近。与该物种亲缘关系最近的蛙类可能是坦桑尼亚的罗氏缺指蛙（第502页），两个物种已分化了1.4亿年之久。

科名	姬蛙科Microhylidae
其他名称	橙色洞穴蛙、线纹铲足蛙
分布范围	缅甸、泰国、越南、马来半岛
成体生境	森林、受干扰的栖息地、花园
幼体生境	临时性水塘
濒危等级	无危。栖息地的大部分地区都受到森林砍伐而丧失，但是其分布范围内含有一些保护区

成体体长
雄性
平均 1 11/16 in (43 mm)
雌性
平均 1 15/16 in (50 mm)

多斑丽狭口蛙

*Calluella guttulatus*①

Burmese Squat Frog

(Blyth, 1856)

这种体型非常短胖的蛙类因其主要生活于地下而十分罕见。该物种繁殖的时候，有时会大量聚集在大雨过后形成的临时性水塘中，因而在其部分分布区内，被人类趁机捕捉食用。雄性的下巴有一个能充气膨胀的单声囊。在交配期间，雄性会抱紧雌性的胯部。此外，其他任何繁殖行为目前都不得而知。当受到惊扰时，它会充气来使身体膨胀，并将身体后部暴露给敌人。

相近物种

目前，亚洲的丽狭口蛙属 *Calluella* 已知八个物种②，被统称为蹲蛙。椒红丽狭口蛙 *Calluella capsa*③得名于其鲜红色与橄榄色的体色，直到 2014 年才在马来西亚沙捞越被发现。微丽狭口蛙 *Calluella minutus*④分布于马来半岛，是一种体型极小的物种。

多斑丽狭口蛙体宽而略扁平；头短而钝圆；四肢很短；头侧上具一条大肤褶并将鼓膜遮住；皮肤体色多变，从红棕色到粉红色至淡紫色，背部有深色、波浪形的斑纹；头部颜色比身体较深。

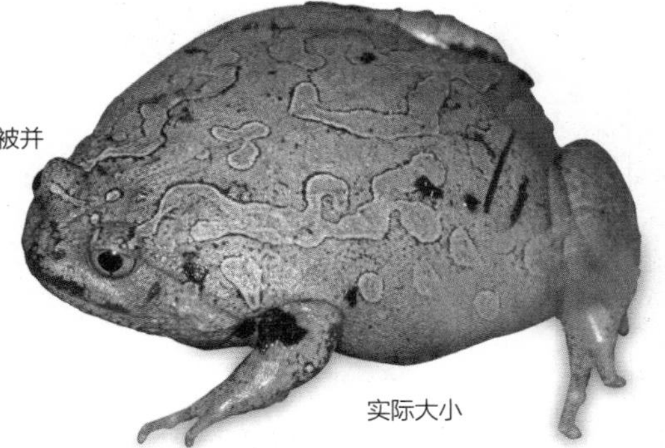

实际大小

①②③④ 译者注：依据Frost (2018)，丽狭口蛙属已被并入小狭口蛙属*Glyphoglossus*。

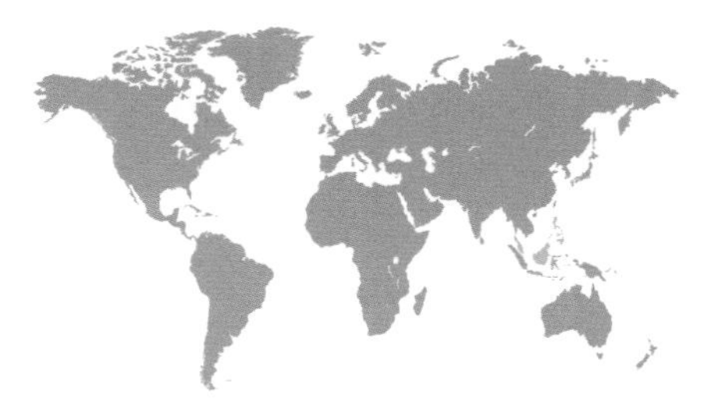

科名	姬蛙科Microhylidae
其他名称	棕色多刺蛙、藏红腹蛙、刺足跟蛙
分布范围	婆罗洲、菲律宾、马来半岛
成体生境	雨林
幼体生境	临时性小水塘
濒危等级	无危。由于森林砍伐导致多数地区种群受到威胁，但是在一些保护区内有分布

成体体长
雄性
11/16—7/8 in (18—21 mm)
雌性
3/4—15/16 in (20—24 mm)

棕刺姬蛙
Chaperina fusca
Yellow-spotted Narrow-mouthed Frog

Mocquard, 1892

实际大小

棕刺姬蛙身体呈杏仁形；指、趾末端变宽；背部为黑色，常带有大理石绿或蓝色斑纹，不过一些个体有很多白色小点斑；体侧部与腹部为黑色并散以大的黄色点斑；前腿与后腿为棕色并带有浅色横纹与斑块。

这种体型很小的蛙类每侧肘部与足跟部都有一枚柔韧的棘刺，其生物学功能目前仍不清楚。非常特别的是，当它被抓住的时候，其腹部的黄色会染到捕抓者的手指上。它生活于森林地面，也会爬到植被上，在小水塘内繁殖，也包括在朽木和枯死的竹子中形成的小水洼。雄性会在小水塘周围聚集，发出一种极为微弱的类似于昆虫发出的嗡嗡声。其蝌蚪为滤食性，在静水水体中悬浮游动且以微小的水生生物为食。

相近物种

棕刺姬蛙是本属唯一的物种，可通过其足跟部与肘部的棘刺与同科其他物种相区分。

科名	姬蛙科Microhylidae
其他名称	钝头洞穴蛙、厚唇蛙
分布范围	柬埔寨、缅甸、泰国、越南
成体生境	森林
幼体生境	临时性水塘
濒危等级	近危。主要由于人类的过度消耗而导致种群下降，但是其分布范围包含几个保护区

喉垂小狭口蛙
Glyphoglossus molossus
Balloon Frog
Günther, 1869

成体体长
雄性
2½—3 in (63—77 mm)
雌性
最大 3⅗₁₆ in (86 mm)

作为餐桌上的一道美味，这种穴居性蛙类的种群数量由于当地居民的过度捕捉而开始下降。随着种群数量的下降，市场上出售的个体也逐渐越来越少。喉垂小狭口蛙是“爆发式繁殖者”，在大雨过后的洪泛区域里大量涌现出来并开始交配。雄性漂浮在开阔水体上鸣叫，身体膨胀得就像一个气球，但是它非常机警，一有风吹草动就沉入水中。雄性会将自己粘在雌性的背上，然后这对蛙会反复进行产卵过程，在此过程中，它们头部浸入水下，在水面上每次产下200—300枚卵。

喉垂小狭口蛙体呈球形；吻短而钝圆；眼大并突起，略微前倾；特有的非常厚的嘴唇与其他蛙类截然不同；背面为深棕色或缀以浅棕色斑块；四肢背面带有黄棕色的斑块与斑点。

相近物种

喉垂小狭口蛙是该属唯一的物种[①]，与其他向后挖土的蛙类一样，该蛙每侧后足上也都有一个大的角质蹠突。

实际大小

① 译者注：依据Frost (2018)，小狭口蛙属目前有九个物种。

科名	姬蛙科Microhylidae
其他名称	带纹牛蛙、美丽狭口蛙、马来牛蛙、马来西亚狭口蛙、公牛蛙
分布范围	印度、斯里兰卡、柬埔寨、印度尼西亚、缅甸、泰国、马来半岛，引入至婆罗洲①
成体生境	林地、湿地、农田与城市地区
幼体生境	临时性水塘
濒危等级	无危。分布范围极为广泛且部分地区种群数量正在上升

成体体长
雄性
2⅛—2 13/16 in (54—70 mm)
雌性
2 3/16—2 15/16 in (57—75 mm)

花狭口蛙

Kaloula pulchra

Asian Painted Frog

Gray, 1831

当这种体色醒目的蛙类受到威胁或惊扰时，会吸入空气使其原本就非常短胖的身体更加膨胀。其皮肤还会分泌一种令人感到厌恶但无毒的物质。它白天躲避，晚上才会出现并主要以蚂蚁为食。在大雨过后，雄性就会在临时性水塘周围聚集，发出一种响亮而低沉的鸣叫声来吸引雌性。它们有时会同时鸣叫，但更多的是交替鸣叫。交配期间雄性会把自己贴在雌性的背部，卵漂浮于水面。花狭口蛙的适应能力很强，在人类居住地周围也很繁盛。

花狭口蛙体型圆胖；头小；眼大；吻短；吻端圆；背部为深棕色带有不规则的黄色斑块，体两侧有黄色或粉红色粗纵纹从眼部延伸至胯部；腹面为黄棕色。

相近物种

狭口蛙属 *Kaloula* 目前有 19 个物种②，被统称为亚洲狭口蛙。白斑狭口蛙 *Kaloula baleata* 原产于婆罗洲与东南亚其他地区。北方狭口蛙 *Kaloula borealis* 分布于中国与韩国，常见于稻田中。另见斯里兰卡狭口蛙（第 509 页）。

实际大小

① 译者注：依据“中国两栖类”数据库，该物种也分布于中国云南、广东、广西、海南、福建、香港、澳门。
② 译者注：依据Frost (2018)，狭口蛙属目前有17个物种。

科名	姬蛙科Microhylidae
其他名称	印度锦蛙、斯里兰卡锦蛙
分布范围	斯里兰卡、印度、孟加拉国、尼泊尔
成体生境	林地、湿地、农田与城市地区
幼体生境	临时性水塘
濒危等级	无危。一般较为常见且其分布范围内包含几个保护区

斯里兰卡狭口蛙

*Kaloula taprobanica*①

Sri Lankan Bullfrog

(Parker, 1934)

成体体长

雄性

2⅛—2¹³⁄₁₆ in (54—70 mm)

雌性

2³⁄₁₆—2¹⁵⁄₁₆ in (57—75 mm)

这种色彩斑斓的蛙类主要生活于地下，夜晚外出觅食。虽然外表有几分笨拙，但是它却善于攀爬。在大雨过后便立即在稻田与路边池塘中繁殖。雄性在开阔水体中边游泳边鸣叫。雌性产大量的小型卵，漂浮于水面。当受到攻击或惊扰时，它会吸入空气像吹气球一样膨胀起来并将四肢蜷缩在身体下面。它也会产生一种皮肤分泌物，可对人体皮肤造成灼痛感。

相近物种

斯里兰卡狭口蛙是狭口蛙属 *Kaloula* 的 19 个物种之一，曾被认为是花狭口蛙（第 508 页）的一个亚种，该属物种被统称为亚洲狭口蛙。连斑狭口蛙 *Kaloula conjuncta* 分布于菲律宾，是一种完全营树栖生活的蛙类，后肢趾端具发达吸盘，在树洞中繁殖。

斯里兰卡狭口蛙体型圆胖；头小；眼大；吻短，吻端圆；背部为灰色至黑色，带有醒目的红色或橘黄色斑块，有时在体侧部形成一条带纹；腹面为黄棕色并缀以黑色点斑。

实际大小

① 译者注：依据Frost (2018)，该物种已被移入锯腭蛙属*Uperodon*。

科名	姬蛙科Microhylidae
其他名称	婆罗洲树蛙
分布范围	印度尼西亚婆罗洲西部与北部、苏门答腊
成体生境	低地森林，海拔最高200 m
幼体生境	树洞内的小水洼中
濒危等级	无危。但是其低地森林栖息地受到大面积的森林砍伐的威胁

成体体长
雄性
¾ in (19—26 mm)
雌性
⅞—1⅛ in (23—29 mm)

巽他后脊蛙
Metaphrynella sundana
Borneo Tree-hole Frog

(Peters, 1867)

实际大小

这是一种小型蛙类，其简单而又尖细的叫声是婆罗洲低地森林里特有的声音。与很多蛙类不同的是，其叫声的音调极富变化。雄性会守卫着自己的积水树洞，将树洞作为共鸣腔，并根据其声学特性而改变自己的鸣叫频率。通过这种方式，每个雄性都能使自己叫声的传播距离得到最大化，最远可达 50 m。雌性偏好低音调的叫声，会在中意的雄性树洞内产卵，蝌蚪也在其中发育。

相近物种

后脊蛙属 *Metaphrynella* 还有另外一个物种，即附指后脊蛙 *Metaphrynella pollicaris*，分布于马来半岛与泰国。它在积水的树洞里和竹子中繁殖，有人认为条件适宜的产卵场数量是其种群数量的限制性因素。

巽他后脊蛙体型健壮；吻端突出且略微上翘；眼大；躯干部与四肢皮肤上具有很多疣粒；指、趾末端具吸盘；趾间具蹼；背面为浅到深棕色，带有深色斑块，与后肢背面的横纹颜色相同。

科名	姬蛙科Microhylidae
其他名称	爪哇合鸣蛙、爪哇狭口蛙
分布范围	印度尼西亚爪哇与苏门答腊南部
成体生境	森林，海拔最高1600 m
幼体生境	水塘、池塘、沼泽
濒危等级	无危。其森林栖息地受到森林砍伐的威胁，但是能够适应于生境变化的栖息地

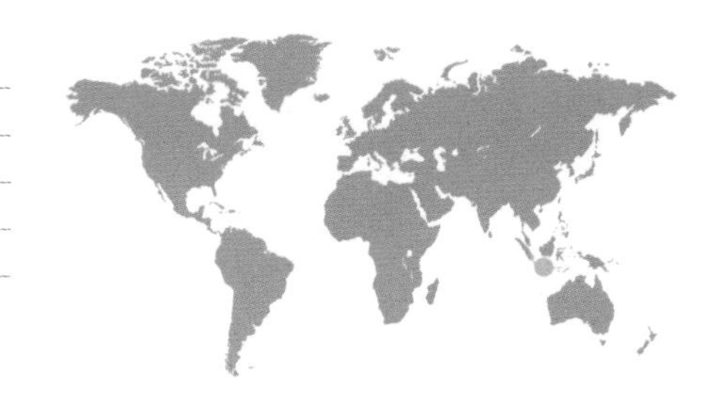

玛瑙姬蛙
Microhyla achatina
Java Rice Frog
Tschudi, 1838

成体体长
雄性
平均 ¾ in (20 mm)
雌性
平均 1 in (25 mm)

虽然这种小型蛙类的自然栖息地是森林，但是也常见于稻田和花园中，这表明它能够适应东南亚大面积的森林砍伐。它生活于森林地面的落叶堆中，以蚂蚁、白蚁和其他小型昆虫为食。在繁殖期，它们会在水塘和池塘边大量聚集。雄性在夜晚鸣叫，能够形成一种类似于蟋蟀叫声的合鸣。雌性每窝产卵约为 20 枚。

实际大小

玛瑙姬蛙体形丰满；头较窄；眼小；背部为黄棕色带有深色斑纹，背部中间或有一条浅色窄长线纹延伸至体后；体侧部颜色通常较背部更深。

相近物种

姬蛙属 *Microhyla* 目前有 38 个物种[①]，分布在亚洲。卡氏姬蛙 *Microhyla karunaratnei* 的种群数量已经由于森林栖息地的破坏而下降，并且目前仅见于两个分布点，被列为极危物种。拉芒姬蛙 *Microhyla perparva* 生活于婆罗洲的低海拔森林中，被列为近危物种。另见婆罗洲姬蛙（第 512 页）。

① 译者注：依据Frost (2018)，姬蛙属目前有41个物种。

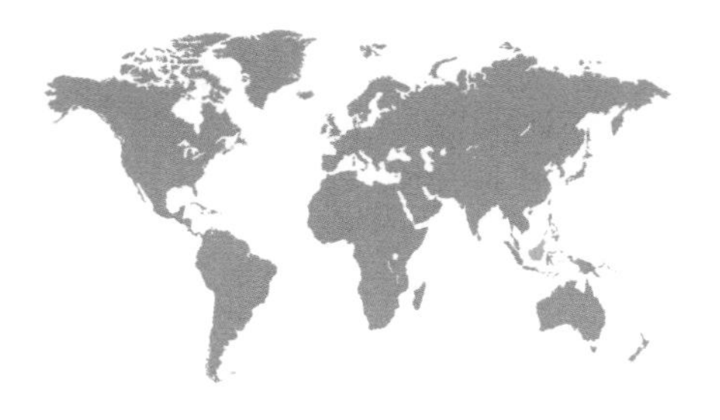

科名	姬蛙科Microhylidae
其他名称	*Microhyla nepenthicola*（猪笼草姬蛙）、婆罗洲合鸣蛙、婆罗洲狭口蛙
分布范围	婆罗洲
成体生境	森林
幼体生境	猪笼草内的水洼里
濒危等级	无危。其栖息地受到森林砍伐的威胁，但是分布范围包含几个保护区

成体体长
雄性
⅜—½ in (10—13 mm)
雌性
11/16—¾ in (17—19 mm)

婆罗洲姬蛙

Microhyla borneensis

Borneo Rice Frog

Parker, 1928

实际大小

婆罗洲姬蛙体形丰满；身体略扁；头窄；吻端突出；背部皮肤具疣粒；背面为红棕色带有浅色斑纹，四肢上有深色横纹；下唇与体侧有黑色纹。

婆罗洲姬蛙曾经是世界最小的蛙类之一。这种微型两栖类的生活与一种食虫植物猪笼草（*Nepenthes ampullaria*）关系非常密切，这种猪笼草以掉入自己瓶状叶中的植物碎屑与昆虫为食。该蛙因体型小而能在瓶状叶内来回走动，它可以附着在光滑面，而避开诱捕昆虫的蜡质区域。除了干燥的夜晚外，雄性可终年鸣叫，被吸引而来的雌性进入瓶状叶内，它们将卵产在叶壁上。小蝌蚪摄取卵内的卵黄进行发育，变态后的幼蛙仅 3.5 mm 长。

相近物种

婆罗洲姬蛙目前是姬蛙属 *Microhyla* 38 个物种中体型最小的成员。加帛姬蛙 *Microhyla petrigena* 也分布于婆罗洲，是本属另外一种很小型的蛙类，它在澄澈的山溪旁的坑洞中繁殖。红姬蛙 *Microhyla rubra* 在印度、斯里兰卡、缅甸和孟加拉国为常见种，在人类居住地附近也可以见到。另见玛瑙姬蛙（第 511 页）。

科名	姬蛙科Microhylidae
其他名称	布氏饰纹狭口蛙、德力娟蛙、伪饰纹狭口蛙
分布范围	缅甸、泰国、柬埔寨、老挝、越南、马来半岛、安达曼和尼科巴群岛①
成体生境	低地森林
幼体生境	暂时性积雨水洼中
濒危等级	无危。在一些地区中种群下降，但在一些保护区中有分布

德力小姬蛙
Micryletta inornata
Deli Paddy Frog
(Boulenger, 1890)

成体体长
雄性
平均 $\frac{7}{8}$ in (23 mm)
雌性
平均 1$\frac{3}{16}$ in (30 mm)

这种毫不起眼的小型蛙类还鲜为人知。德力小姬蛙主要见于低地森林的林缘地带与受干扰的生境中，生活在地面与低矮的植被上，主要以各种小型昆虫为食。该物种为“爆发式繁殖者”，这意味着它会在大雨过后的很短时间内，以很大的数量聚集起来进行繁殖。它所产的卵漂浮于临时性雨水洼的水面上。

实际大小

德力小姬蛙身体扁平；皮肤光滑；吻端圆；四肢、指与趾均长而纤细；背面体色多变，从深红棕色至紫罗兰色，有深色斑纹或斑点，或无斑；常有一条黑色宽纹贯穿眼部延伸至体侧。

相近物种

小姬蛙属 *Micryletta* 还有另外两个已描述的物种。史氏小姬蛙 *Micryletta steinegeri* 分布于中国台湾，由于人类居住与农业用地的侵占而导致森林被不断砍伐，该蛙已经非常罕见并且被列为濒危物种。红足小姬蛙 *Micryletta erythropoda* 仅见于越南的一个分布点，其濒危等级尚未确定。

① 译者注：依据“中国两栖类”数据库，该物种也分布于中国云南、广西、海南。

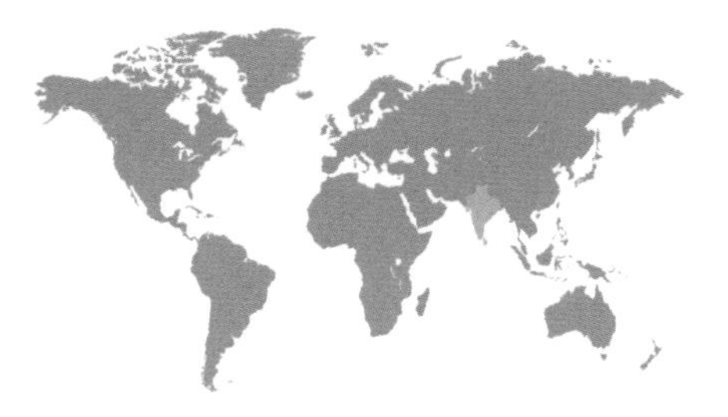

科名	姬蛙科Microhylidae
其他名称	理纹狭口蛙、白蚁巢蛙、杂色拉曼蛙
分布范围	印度、斯里兰卡
成体生境	低地森林，海拔最高1000 m（印度）
幼体生境	小型临时性水塘
濒危等级	无危。局部种群数量丰富，种群数量稳定

成体体长
平均 1⅜ in (35 mm)

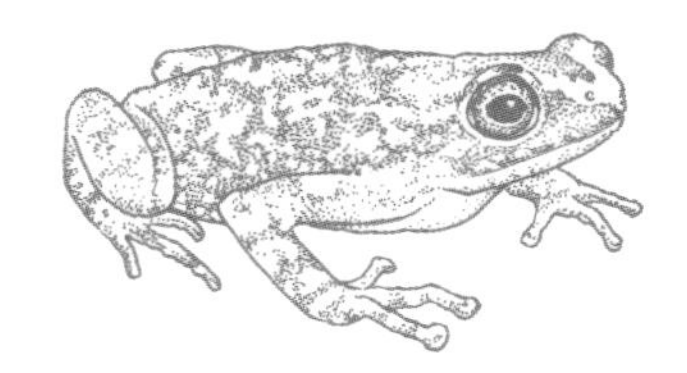

花斑拉曼蛙

*Ramanella variegatus*①
Eluru Dot Frog

(Stoliczka, 1872)

实际大小

花斑拉曼蛙头短；吻端钝圆；指端具发达的吸盘，但趾端无吸盘；背面为深棕色，常伴以不规则的浅棕色斑块；前足与后足上有浅色圆斑，腹面为白色且无斑点。

这种小型蛙类在多种栖息地中均有报道，包括落叶堆、树干上、树洞里、白蚁巢和稻田中。曾有报道发现它在抽水马桶里游动。它主要见于土壤干燥的地区和地被植物上，如岩石和倒木。一场雨过后，该蛙就会立刻出来，在雨水形成的小水洼中进行繁殖。曾观察到雄性漂浮于水面上或在水体附近的草茎和低矮植物上鸣叫。

相近物种

拉曼蛙属 *Ramanella* 目前有九个已描述的物种②，遍布于印度与斯里兰卡。理纹拉曼蛙 *Ramanella mormorata*③非常罕见，被列为濒危物种，仅在印度西高止山脉有分布。同样分布于西高止山脉的高山拉曼蛙 *Ramanella montana*④被列为近危物种，有报道称，曾见到该物种多达四只雄性个体在积水树洞里一起鸣叫。

①②③④ 译者注：依据Frost (2018)，拉曼蛙属已被并入锯腭蛙属*Uperodon*，该属目前包括12个物种。

科名	姬蛙科Microhylidae
其他名称	球形蛙、小气球蛙
分布范围	印度南部与东部、斯里兰卡北部
成体生境	土壤里
幼体生境	池塘、稻田
濒危等级	无危。种群数量较稳定，但在一些地区受到城市化的威胁

狭口锯腭蛙

Uperodon systoma

Marbled Balloon Frog

(Schneider, 1799)

成体体长

雄性

1¾—2¹⁄₁₆ in (45—53 mm)

雌性

1¹⁵⁄₁₆—2¹¹⁄₁₆ in (50—66 mm)

因适应于土壤内穴居生活，这种体型极为短胖的蛙类在地面上移动显得非常笨拙，在水中游泳也虚弱无力。它主要以白蚁为食，有时还会在白蚁巢中居住下来。它仅在雨季期间才现于地表，于5—7月之间繁殖。雄性有一个特别大的声囊，在池塘边或稻田边鸣叫，发出一种类似于绵羊咩咩叫的声音。该蛙能在地面下生存很长时间，曾经在地面下1 m深处发现一只个体，可能已经有13个月没有进食了。

实际大小

相近物种

该属的另一个物种是卵圆锯腭蛙 *Uperodon globulosus*，分布于印度、尼泊尔与孟加拉国，其体型比狭口锯腭蛙大，体色为深灰色。它的肺部吸气膨胀时能超过脊椎上的平面，看起来像一个气球。由于其穴居的习性，很少能够见到它的踪迹，但是至少比以前所认为的更为常见。

狭口锯腭蛙体型圆胖；眼小；吻短且吻端钝圆；每侧后足上具两枚角质蹠突用以向后挖土；背面为粉棕色，带有错综复杂的深棕色大理石纹；腹面为白色，无点斑。

科名	姬蛙科Microhylidae
其他名称	无
分布范围	哥伦比亚、委内瑞拉、法属圭亚那、巴西北部
成体生境	沙质土壤雨林，海拔最高1100 m
幼体生境	多沙溪流中
濒危等级	无危。由于森林砍伐部分地区的种群下降，但在一些保护区中有分布

成体体长
雄性
最大 2⅛ in (55 mm)
雌性
最大 2⅜ in (61 mm)

皮氏大耳姬蛙

Otophryne pyburni

Pyburn's Pancake Frog

Campbell & Clarke, 1998

从形态和体色两方面来看，该蛙看起来更像是一片叶子，这使得它能在森林地面上很好地伪装起来。雄性白天在溪流附近的隐蔽处鸣叫，雌性产的卵较大，孵化出的蝌蚪也很特别：它们适应于钻入沙子中生活，其上下唇齿的特殊排列并非用来取食，而是用以防止沙子进入肠道。此外，它们还有一根很长的呼吸管，可伸出沙子来呼吸。

相近物种

该属另外两个物种与皮氏大耳姬蛙一样，主要以蚂蚁为食且在溪流内繁殖。壮大耳姬蛙 *Otophryne robusta* 分布于委内瑞拉、法属圭亚那与圭亚那的森林中。施氏大耳姬蛙 *Otophryne steyermarki* 是一个高海拔物种，见于几座桌状山或平顶山，在委内瑞拉与圭亚那呈点状分布，有报道称，法属圭亚那的瓦延皮（Wayampi）人食用这种蛙类。

皮氏大耳姬蛙身体较宽；四肢短；吻端非常突出；从吻端沿体侧有一条浅黄色纵纹达胯部处，这条纵纹将深棕色的体侧与从红棕色至黄色的背部相隔开，其上或有黑色斑纹；后腿腹面与后足为橘黄色。

实际大小

科名	姬蛙科Microhylidae
其他名称	无
分布范围	哥伦比亚、委内瑞拉、巴西
成体生境	雨林
幼体生境	卵内发育，之后在远离水的洞穴中
濒危等级	无危。尽管很少见到，但种群数量应该稳定且未受威胁

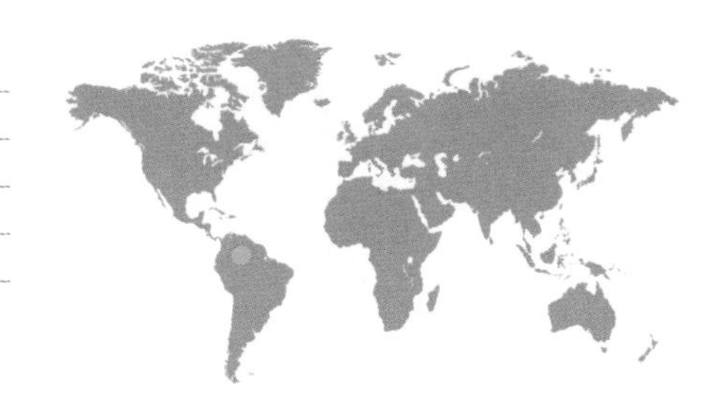

成体体长
平均 1⅛ in (28 mm)

萨氏联腭蛙
Synapturanus salseri
Timbo Disc Frog
Pyburn, 1975

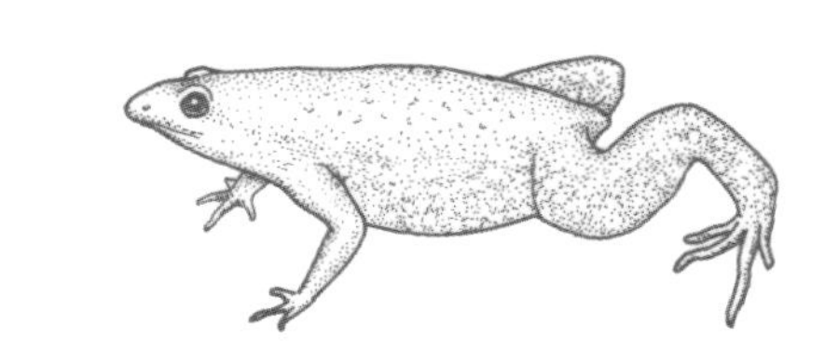

这种小型蛙类习性隐秘，因此很难见到。它生活于森林地面浅层的洞穴或窟窿里，以蚂蚁和蜘蛛为食。在持续的强降雨过后开始繁殖，雄性在错杂的树根下的洞穴里鸣叫，是一种长而无杂音的口哨声。雌性在雄性的洞穴内产下约八枚卵，然后雄性会一直守在卵附近。卵内包含大量卵黄足以维持蝌蚪发育所需的所有营养，蝌蚪在发育后期会从卵中孵化出来，变态过程就发生在这个远离水的洞穴中。

实际大小

萨氏联腭蛙体型粗壮；后腿长而发达；头窄；吻端突出；指与趾细长，其间均不具蹼；背面为红棕色或灰色并缀以小的乳白色点斑；通常吻端部分的颜色很浅。

相近物种

本属还有另外两个物种，分布于南美洲北部，它们的习性和萨氏联腭蛙非常相似。米氏联腭蛙 *Synapturanus mirandaribeiroi* 见于哥伦比亚、巴西、圭亚那、苏里南和法属圭亚那，可以根据鸣叫声与萨氏联腭蛙相区分，前者口哨般的叫声比较短促。暗色联腭蛙 *Synapturanus rabus* 分布于哥伦比亚、厄瓜多尔和秘鲁。

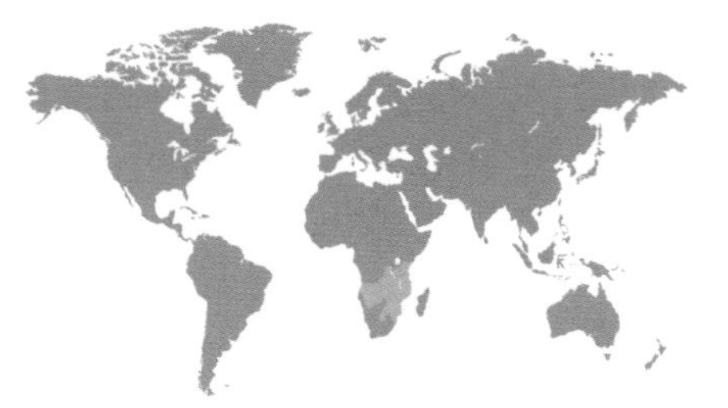

科名	姬蛙科Microhylidae
其他名称	带纹橡胶蛙
分布范围	非洲中部与东部，北起索马里南至南非，西到安哥拉与纳米比亚
成体生境	草甸与稀树草原，海拔最高1450 m。也见于农田中
幼体生境	临时性水塘和池塘
濒危等级	无危。种群数量似乎比较稳定且分布范围内包含几个保护区

成体体长
雄性
最大 2¹⁄₁₆ in (53 mm)
雌性
最大 2⅝ in (65 mm)

双带蟾姬蛙
Phrynomantis bifasciatus
Red-banded Rubber Frog
(Smith, 1847)

由于适应了爬行和跑动的运动方式，这种色彩斑斓的蛙类和其他跳跃的蛙类不同，其后腿相对更短、更细。它常见于倒木下或白蚁巢中，也会攀爬。在大雨过后，它在能找到的任何小水洼里繁殖，也包括大象的积水足印中。雄性的叫声是一种优美动听的颤音，可持续2—3秒，在500 m开外都能听到。雌性产卵约1500枚，并将卵黏附在浮水植物上。当受到惊扰时，该蛙会用一种背对敌人并伸展后腿以展示身体后部的姿势来进行防御。当受到攻击时，该蛙的皮肤会分泌一种有毒物。

相近物种

近缘蟾姬蛙 *Phrynomantis affinis* 分布于刚果民主共和国、纳米比亚与赞比亚，也是一种极为罕见的蛙类。索马里蟾姬蛙 *Phrynomantis somalicus* 分布于埃塞俄比亚与索马里。蟾姬蛙属 *Phrynomantis* 中五个物种的蝌蚪均为滤食性，常见其悬浮在开阔的水体中，当受到捕食者威胁时，蝌蚪会紧紧聚成一团。另见小眼蟾姬蛙（第519页）。

双带蟾姬蛙体延长且略微扁平；吻端突出；四肢短小；指与趾端扩大；背部为灰色或棕色，带有两条粉红色、橘黄色或红色线纹；在肛门上方有一个大圆斑，四肢上点斑较小；皮肤光滑且富有光泽。

实际大小

科名	姬蛙科Microhylidae
其他名称	阿克拉蛇颈蛙、西非橡胶蛙
分布范围	非洲西部与中部，西起塞内加尔东至刚果民主共和国与南苏丹
成体生境	草甸、稀树草原
幼体生境	临时性水塘与池塘
濒危等级	无危。种群数量似乎比较稳定且分布范围包含几个保护区

成体体长
雄性
1⁷⁄₁₆—1⅞ in (37—47 mm)
雌性
1⅝—2½ in (41—63 mm)

小眼蟾姬蛙
Phrynomantis microps
Red Rubber Frog
Peters, 1875

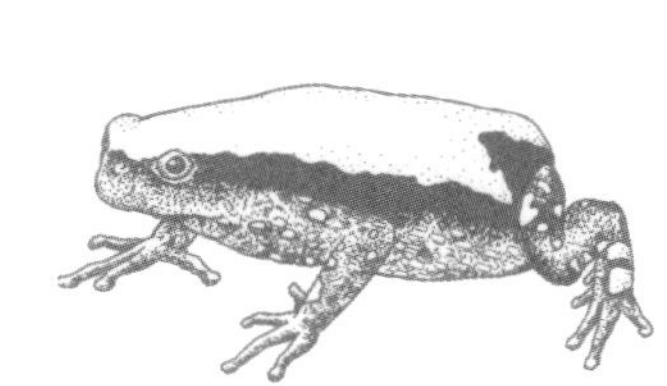

非洲西部的稀树草原一年中的大多数时间都很干燥，因此适合蛙类藏身的潮湿之处数量既少相隔又远，有时还会被蚂蚁占据。而这种色彩艳丽的蛙类在旱季时可以与蚂蚁和平共处。在它进入一个蚁穴之前，它会弓着身子让蚂蚁们仔细检查。虽然这些蚂蚁会攻击并杀死其他蛙类，但通常不会攻击小眼蟾姬蛙，如果一只蚂蚁咬了它，会立即被它的皮肤毒素杀死。特别的是蟾姬蛙属 *Phrynomantis* 的蝌蚪受到捕食者威胁时会聚集成紧紧的一团。

相近物种

非洲的蟾姬蛙属共有五个物种，被称为橡胶蛙或蛇颈蛙，它们的颈部非常灵活，头部可以左右转动。连斑蟾姬蛙 *Phrynomantis annectens* 生活于纳米比亚、安哥拉与南非的沙漠地区中，是一种“裂缝爬行者”，因其身体扁平而能爬到潮湿的石缝深处。另见双带蟾姬蛙（第 518 页）。

小眼蟾姬蛙身体延长；颈部较长；吻端钝圆；四肢较短；指端扩大且呈三角形；趾间无蹼；皮肤光滑而富有光泽，背部为红色或橘黄色，体侧与四肢为黑色，带有不同数量的橘黄色或红色斑点。

实际大小

科名	姬蛙科Microhylidae
其他名称	无
分布范围	马达加斯加东部，海拔最高300 m
成体生境	雨林
幼体生境	池塘
濒危等级	无危。由于森林砍伐，其大部分生境都已经丧失，但是其分布范围内包含几个保护区

成体体长
雄性
¾—⅞ in (19—22 mm)
雌性
⅞—1 in (22—26 mm)

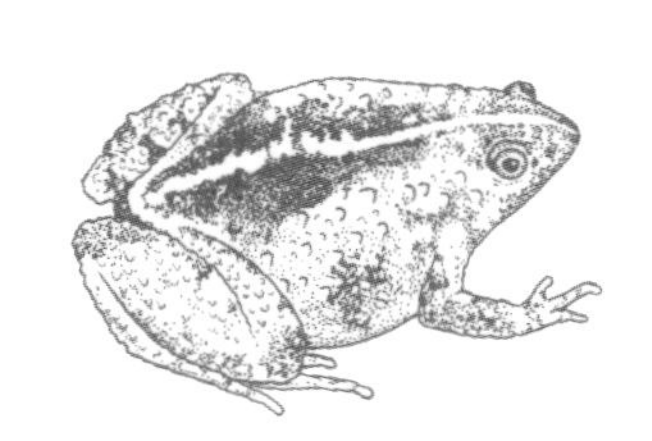

蹼足水姬蛙

Paradoxophyla palmata

Web-foot Frog

(Guibé, 1974)

实际大小

尽管已经完全适应于水生生活，但这种小型蛙类只会因为繁殖而短暂进入水体。一年中的大多数时间它都在森林地表生活，在旱季期间则会挖洞藏于地下。它极善游泳，身体呈流线型，后肢长而发达，趾间为全蹼。其繁殖受大雨的触发，雄性发出一种响亮且悦耳的颤音，听起来像是蟋蟀的叫声。雌性产卵100—400枚，漂浮于水面之上。

相近物种

该属另一个物种是水栖水姬蛙 *Paradoxophyla tiarano*，于2006年被描述，主要见于马达加斯加岛东北部，与蹼足水姬蛙十分相似，但后趾间的蹼较弱。两个物种都分布于马达加斯加曾经广袤的雨林所残存的几处斑块中。

蹼足水姬蛙体宽；略扁平；头窄且眼小；后肢长，肌肉发达；趾间全蹼；体色很多变，背面常呈灰色或棕色并带有黑色点斑；四肢背面有深色横纹；腹面为白色带有灰色斑块。

科名	姬蛙科Microhylidae
其他名称	马达加斯加彩虹蛙、红雨蛙
分布范围	马达加斯加中南部
成体生境	岩石峡谷，海拔700—1000 m
幼体生境	水塘
濒危等级	濒危。分布范围非常狭小且受到宠物贸易的大量捕捉，到2008年才被列为极危物种，目前该物种的采集已经受到了限制

成体体长
雄性
$\frac{3}{4}$—$1\frac{3}{16}$ in (20—30 mm)
雌性
$1\frac{3}{16}$—$1\frac{9}{16}$ in (30—40 mm)

戈氏掘姬蛙
Scaphiophryne gottlebei
Gottlebe's Narrow-mouthed Frog
Busse & Böhme, 1992

虽然在人工饲养条件下很难存活，但这种非常稀有的蛙类因体色独特而在国际宠物贸易中风靡一时。它生活于马达加斯加岛伊萨卢山狭窄的峡谷中，相对于周围干热的环境，那里可以提供凉爽、潮湿的生存条件。它的指端扩大，形成爪子状的角质化指盘，使其夜间能在岩石表面爬行。在白天，它会用后足上铲状蹠突挖土而藏在地下。当溪流经峡谷而水量减少时，它就在残余的水洼里繁殖。

实际大小

戈氏掘姬蛙体型圆胖；吻短；眼大而突起；趾间具蹼，指末端扩大；每侧后足上均具有一个角质蹠突；背面饰以醒目的红色、绿色与白色的斑块，这些斑块边缘还有宽的黑线纹环绕；腹部为灰色。

相近物种

目前，掘姬蛙属 *Scaphiophryne* 已经描述 11 个物种[①]，它们常被称为马达加斯加雨蛙。理纹掘姬蛙 *Scaphiophryne marmorata* 具有引人注目的绿色与棕色斑纹，为夜行性物种，主要生活于马达加斯加东部的雨林中，被列为易危物种。马达加斯加掘姬蛙 *Scaphiophryne madagascariensis* 主要分布于高海拔地区，被列为近危物种。

① 译者注：依据Frost (2018)，掘姬蛙属目前有九个物种。

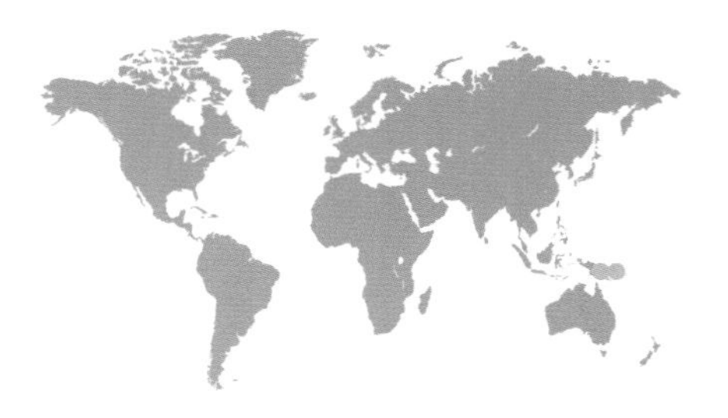

科名	亚洲角蛙科Ceratobatrachidae
其他名称	耿氏三角蛙、所罗门岛睫角蛙、所罗门岛叶蛙
分布范围	所罗门群岛、巴布亚新几内亚布干维尔岛与布卡岛
成体生境	热带雨林
幼体生境	卵内发育
濒危等级	无危。部分地区种群下降但能适应于改变了的生境，如花园

成体体长
雄性
最大 2½ in (62 mm)
雌性
最大 3½ in (90 mm)

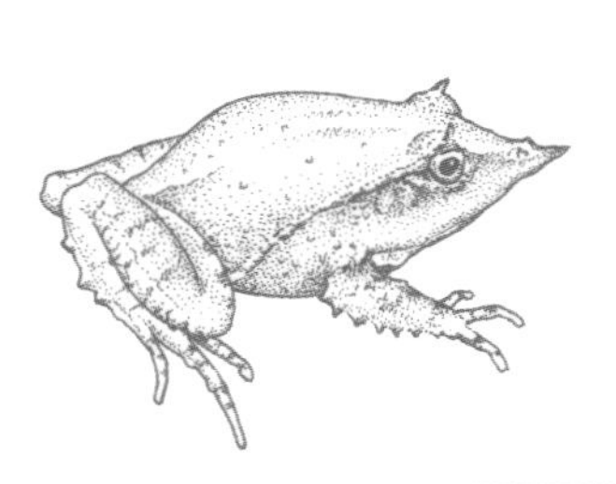

耿氏亚洲角蛙
*Ceratobatrachus guentheri*①
Solomon Island Horned Frog

(Boulenger, 1884)

这种大型蛙类是伏击型掠食者，它利用与枯叶极为相似的外表，很好地伪装在落叶堆中，一旦猎物进入其攻击范围之内便立刻出击。它们以昆虫、蜘蛛、其他蛙类和小型爬行类为食。雄性的求偶鸣叫听起来像是犬吠声。雌性在树根部的小洞中产 10—30 枚豌豆大小的卵。蝌蚪在卵内发育，直接孵化出小幼蛙，这种孵化类型称为直接发育。该蛙曾经因为国际宠物贸易而被大量采集并出口，但是现在受到了相关法规的管控。

耿氏亚洲角蛙体型略呈三角形；体形丰满；吻部很长且吻端突出；眼睑上方与四肢外缘均有锥状皮肤衍生物；背部皮肤上的纵行肤褶与枯叶叶脉相似；眼大；指与趾细长；背面棕色阴影多变。

相近物种

耿氏亚洲角蛙是本属唯一的物种。它利用体形和皮肤纹路来拟态枯叶的方式与角蟾科 Megophryidae 物种极为相似。后者大多生活于亚洲森林的落叶堆中（第 64—80 页）。

实际大小

① 译者注：依据Frost (2018)，亚洲角蛙属*Ceratobatrachus*已被并入逊蹼蛙属*Cornufer*。

科名	亚洲角蛙科Ceratobatrachidae
其他名称	格氏逊蹼湍蛙、巨蹼蛙
分布范围	所罗门群岛、巴布亚新几内亚的布干维尔岛和新不列颠岛
成体生境	低地雨林
幼体生境	卵内发育
濒危等级	无危。在部分地区种群下降但在改变了的生境如退化的森林和花园中也能很好地存活

成体体长
最大 6⅝ in (165 mm)

格氏盘沟蛙
*Discodeles guppyi*①
Shortland Island Webbed Frog
(Boulenger, 1884)

这种大型蛙类因被食用与国际宠物贸易贩卖而遭到长期捕捉。在20世纪90年代，所罗门群岛的两栖类、爬行类和蝴蝶的出口备受关注。自那时起，国际协定开始将这些贸易严格控制起来。尽管受到捕捉，并且其大多数栖息地也受到了破坏，但该蛙已经适应了变化的生境，相对还算常见。它为直接发育类型，在地面上产卵，直接孵化出小幼蛙。

格氏盘沟蛙是一种大型蛙类；头大；眼极大；后腿发达有力；趾间具蹼；背部布满疣粒；背面为橄榄绿色带有深色斑块，后腿上常有横纹；腹部为灰白色。

相近物种

盘沟蛙属 *Discodeles* 目前有五个物种，都分布于巴布亚新几内亚和所罗门群岛。蟾样盘沟蛙 *Discodeles bufoniformis*②见于所罗门群岛与布干维尔岛，与格氏盘沟蛙非常相似，并且两种蛙同病相怜——都被人类食用。马鲁库纳盘沟蛙 *Discodeles malukuna*③鲜为人知，且仅局限分布于所罗门群岛的瓜达尔卡纳尔岛。

实际大小

①②③ 译者注：依据Frost (2018)，盘沟蛙属已被并入逊蹼蛙属*Cornufer*。

科名	亚洲角蛙科Ceratobatrachidae
其他名称	所罗门逊蹼湍蛙
分布范围	所罗门群岛、巴布亚新几内亚
成体生境	热带雨林
幼体生境	卵内发育
濒危等级	易危。受到森林砍伐的威胁

成体体长
雄性
1¹¹⁄₁₆—2⅛ in (43—54 mm)
雌性
2¹⁵⁄₁₆—3¼ in (75—84 mm)
以上量度仅依据很少的标本

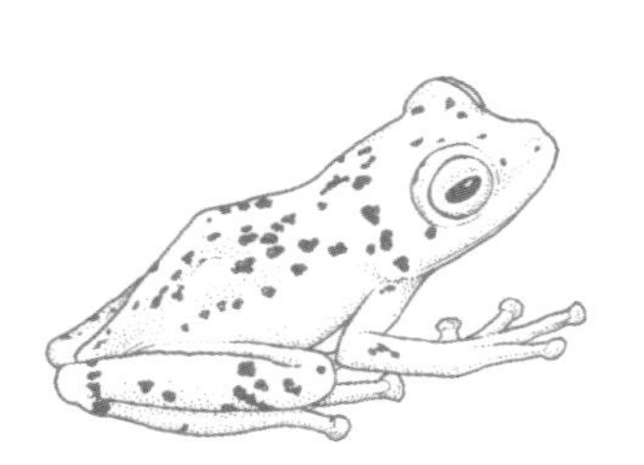

所罗门蹼掌蛙

*Palmatorappia solomonis*①

Solomon Island Palm Frog

(Sternfeld, 1920)

这种极为罕见的蛙类更多时候是只闻其声而不见其踪。雄性的叫声是一种音调由低到高的“呼 - 咦”（whoo-ee）声，于2009年在所罗门群岛部分岛屿的一次调查中记录到。以前报道该蛙的雄性会在倒木上、岩石上和其他显眼的位置鸣叫。该物种分布于所罗门群岛的几个岛屿，以及邻近的巴布亚新几内亚的布干维尔岛和布卡岛。它无游离的蝌蚪期，为直接发育类型，卵孵化出小幼蛙。

所罗门蹼掌蛙头宽；眼大，瞳孔横置；指、趾末端具发达吸盘；背部、前肢与后肢为绿色并散以黑色点斑，体侧部与腹部为黄色；瞳孔为浅蓝色、灰色或棕色。

相近物种

所罗门蹼掌蛙是该属唯一的物种，研究者认为它可能包含不止一个物种。

实际大小

① 译者注：依据Frost (2018)，该物种已被作为赫氏*Cornufer heffernani*的同物异名，同时，蹼掌蛙属*Plamatorappia*也被作为逊蹼蛙属*Cornufer*的同物异名。

科名	亚洲角蛙科Ceratobatrachidae
其他名称	希甘特皱地蛙
分布范围	菲律宾南希甘特岛
成体生境	岩石缝和森林中洞穴内
幼体生境	卵内发育
濒危等级	极危。分布范围仅有10 km^2且其森林栖息地已经被完全破坏

岛屿扁手蛙
Platymantis insulatus
Island Forest Frog
Brown & Alcala, 1970

成体体长
雄性
1 7/16—1 5/8 in (37—42 mm)
雌性
1 9/16—1 13/16 in (40—46 mm)

南希甘特岛位于菲律宾，是面积只有300公顷的一座火山岛，由石灰岩构成，岛屿上洞穴密布，以前曾被森林覆盖。这些洞穴为数百万只蝙蝠提供了理想的栖身之所，它们的粪便已经将洞穴填满。现在岛上的森林已经被大量破坏，并且还受到石灰岩和蝙蝠粪便开采的威胁。就在这样死气沉沉的岛屿之上，这种极其罕见的蛙类还是顽强地生存下来了，它生活在洞穴和岩石缝中还保持着一定湿度的地方。与该科其他物种一样，它也没有游离的蝌蚪期，卵被产在地面上并直接孵化出小幼蛙。

相近物种

目前，扁手蛙属 *Platymantis* 已经描述有72个物种，分布范围横跨索林门群岛、菲律宾与太平洋的其他岛屿[①]。背褶扁手蛙 *Platymantis corrugatus* 为地栖型物种，在菲律宾分布广泛。吕宋扁手蛙 *Platymantis luzonensis* 仅见于吕宋岛，是菲律宾最大的岛，营树栖生活且被列为近危物种。另见维提岛扁手蛙（第526页）。

岛屿扁手蛙后腿较长；头窄；吻端钝圆；眼大；指与趾细长且末端膨大；背面体色多变，最常见的为绿色或棕色，带有不规则的深色斑块，四肢背面有横纹。

实际大小

① 译者注：依据Frost (2018)，因分类变动，扁手蛙属中的部分物种已被移出，目前仅包括32个物种，均分布于菲律宾。

科名	亚洲角蛙科Ceratobatrachidae
其他名称	维提岛逊蹼湍蛙、莱武卡皱地蛙
分布范围	斐济
成体生境	低地雨林
幼体生境	卵内发育
濒危等级	近危。目前分布仅限于几个岛屿

成体体长
雄性
1¼—1¾ in (32—45 mm)
雌性
1⅞—2⅜ in (47—60 mm)

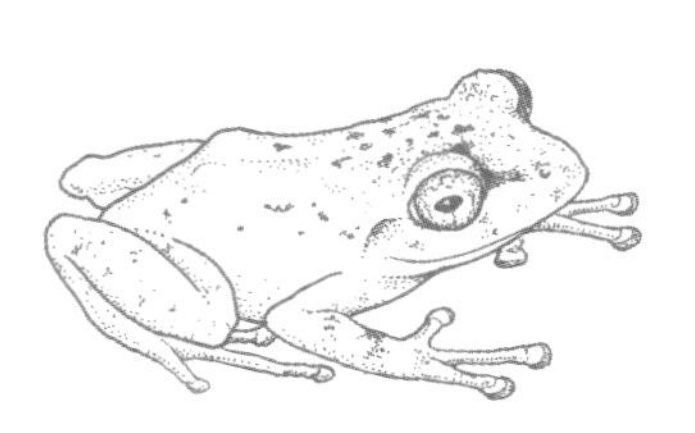

维提岛扁手蛙
*Platymantis vitiensis*①
Fiji Tree Frog
(Girard, 1853)

这种大型树蛙见于斐济群岛东部较潮湿的岛屿上。非比寻常的是，在繁殖期，雄性和雌性都会鸣叫，但是雌性的叫声比雄性更轻（雄性有声囊而雌性没有）。12 月到次年 3 月为其繁殖期，蛙卵被产在露兜树、蕨类和百合花科植物的叶腋内，每窝卵 20—40 枚。蝌蚪在卵内发育，4—5 周后孵化出小幼蛙。该蛙在夜间的颜色比白天浅。

相近物种

在扁手蛙属 *Platymantis* 目前已经描述的 72 个物种②之中，有 25 个物种都在受威胁物种名单之内。斐济扁手蛙 *Platymantis vitianus*③是一种大型蛙类，被列为濒危物种，目前仅见于斐济的一些未受猫鼬入侵的岛屿上。主要在地面上活动，但鸣叫时会爬到树叶上去。另见岛屿扁手蛙（第 525 页）。

维提岛扁手蛙前肢与后肢均较长；指、趾末端具吸盘（指端的吸盘特别大）；背面体色多变，可以是灰色、黄色、橘黄色、红色或棕色，但绝不呈绿色；背部中间或有一条浅色纵纹达体后部 腹面为白色。

实际大小

①③ 译者注：依据Frost (2018)，该物种已被移入逊蹼蛙属*Cornufer*，该属目前有58个物种。
② 译者注：依据Frost (2018)，因分类变动，扁手蛙属中的部分物种已被移出，目前仅包括32个物种，均分布于菲律宾。

科名	谐蛙科Conrauidae
其他名称	巨滑蛙
分布范围	喀麦隆西南部、赤道几内亚
成体与幼体生境	成体与雨林河流中
濒危等级	濒危。受到作为食物捕捉与森林栖息地破坏的威胁

成体体长
6¾—13 in (170—330 mm)

巨谐蛙
Conraua goliath
Goliath Frog
(Boulenger, 1906)

巨谐蛙是世界上最大的蛙类，有些个体体重可达 3 kg。它生活于河床为沙质的雨林河流的急水与小瀑布中。晚上，它到陆地上搜寻食物，然而也因此被当地人捕捉，对他们而言该蛙是重要的食物来源。其繁殖行为目前尚未观察到。卵被产在沉水植物上，每窝数百枚卵。巨谐蛙的蝌蚪以长在石头上的河苔草类植物 *Dicraea warmingii* 为食。雌雄两性之间似乎没有明显差异，也没有求偶鸣叫。

巨谐蛙体型大而健壮；后腿很长；眼大；趾间具全蹼；背面为深绿色至黑色；腹部与四肢腹面为金黄色或橘黄色。

相近物种

谐蛙属 *Conraua* 目前有六个物种，都分布于非洲。厚足谐蛙 *Conraua crassipes* 生活于从尼日利亚经喀麦隆到刚果民主共和国的湍急河流中，有报道其雄性会鸣叫。德氏谐蛙 *Conraua derooi* 体型约为巨谐蛙的一半，生活于加纳与多哥的森林溪流中，被列为极危物种。

实际大小

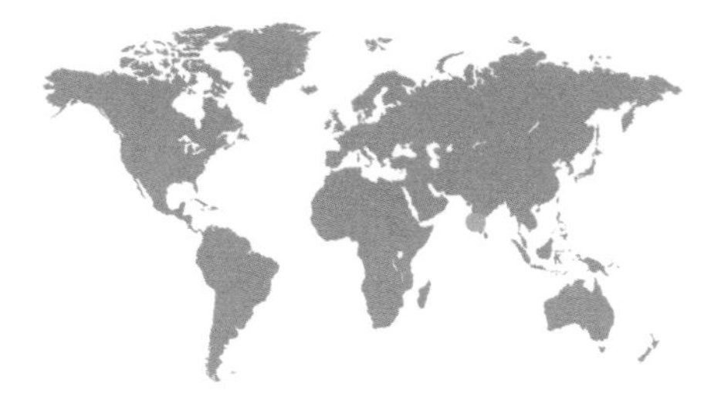

科名	小跳蛙科Micrixalidae
其他名称	棕热带蛙、卡拉卡德舞蹈蛙
分布范围	印度西部西高止山脉
成体生境	茂密森林湍急的溪流附近
幼体生境	茂密森林湍急的溪流里
濒危等级	近危。其森林栖息地受到森林砍伐的威胁

成体体长
平均 1¼ in (32 mm)

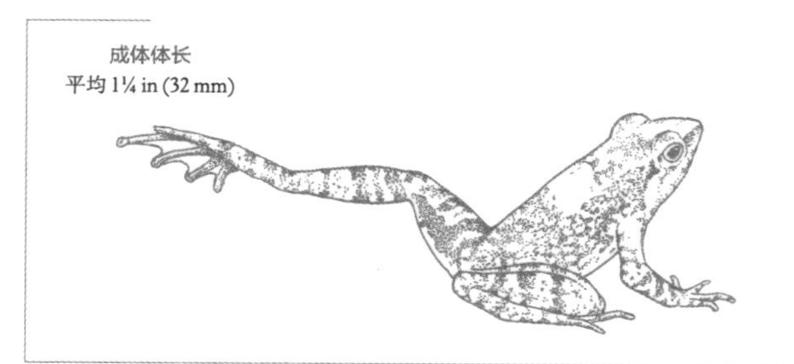

棕小岩蛙

Micrixalus fuscus

Dusky Torrent Frog

(Boulenger, 1882)

实际大小

这种小型蛙类白天活动，在繁殖期时，每天早上六点到下午六点鸣叫。雄性会亢奋地守卫岩石，防止任何想取而代之的对手。为此它会鸣叫并摆足，两条后腿轮流伸展并将趾蹼展开。这种同时用声音与视觉两种信号交流的模式与其栖息地环境有关：湍流的溪水和瀑布会发出很大的噪音，这意味着仅靠鸣叫并不是一种阻止对手的有效手段，尤其是在距离比较远的情况下。

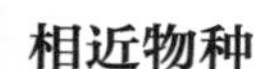

相近物种

小岩蛙属 *Micrixalus* 物种统称为印度舞蹈蛙，目前已经有 26 个物种①，其中很多都是近几年才被描述的。仅 2014 年这一年就描述了至少 14 个新种。喜叶小岩蛙 *Micrixalus phyllophilus* 与岩栖小岩蛙 *Micrixalus saxicola* 都只分布于印度西高止山脉区域，那里正受到森林砍伐的威胁，这两个物种都被列为易危物种。

棕小岩蛙吻端尖；趾间具蹼；从眼部至体后部有一条纵行肤褶；背面为棕褐色或红棕色带有黑色点斑和斑块，四肢具横纹；腹面为金黄色，大腿背面有一条白色条纹。

① 译者注：依据Frost (2018)，因分类变动，小岩蛙属目前有24个物种。

科名	夜蛙科Nyctibatrachidae
其他名称	斯里兰卡疣蛙
分布范围	斯里兰卡南部
成体生境	缓流河水与沼泽地中
幼体生境	水塘与稻田
濒危等级	无危。由于沼泽地排水与农药污染，部分地区种群下降

皱皮副大头蛙

Lankanectes corrugatus

Corrugated Water Frog

(Peters, 1863)

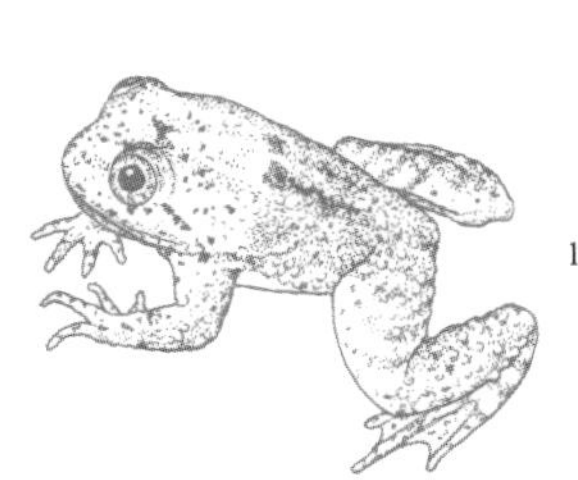

成体体长

雄性

平均 $1\frac{3}{8}$ in (35 mm)

雌性

$1\frac{7}{16}$—$2\frac{13}{16}$ in (37—71 mm)

这种蛙为严格的水栖型物种，对水生生活适应性很强。其得名于穿过背部的横向肤褶。鼻孔与眼部位于头部上侧方，这样在它们休息时就可以只把眼与鼻孔露出水面。该蛙皮肤具侧线感受器，这是两栖类幼体①在水中检测震动的微小受体。当该蛙处于浑水中，其色斑与皮肤的图案能使其很好地进行伪装。蝌蚪见于稻田中。

相近物种

皱皮副大头蛙是副大头蛙属 *Lankanectes* 唯一的物种。据其皮肤上的肤褶，可与其他斯里兰卡的蛙类相区分。

实际大小

皱皮副大头蛙四肢的肌肉非常发达；吻短；眼朝向顶部；趾间具全蹼；背面体色为棕色或橙棕色，带有黑色斑块与点斑，背部常有一条黄色或橘黄色纵纹至体后部；腹面为浅棕色或白色。

① 译者注：侧线器官在鱼类中也普遍存在，功能相同。

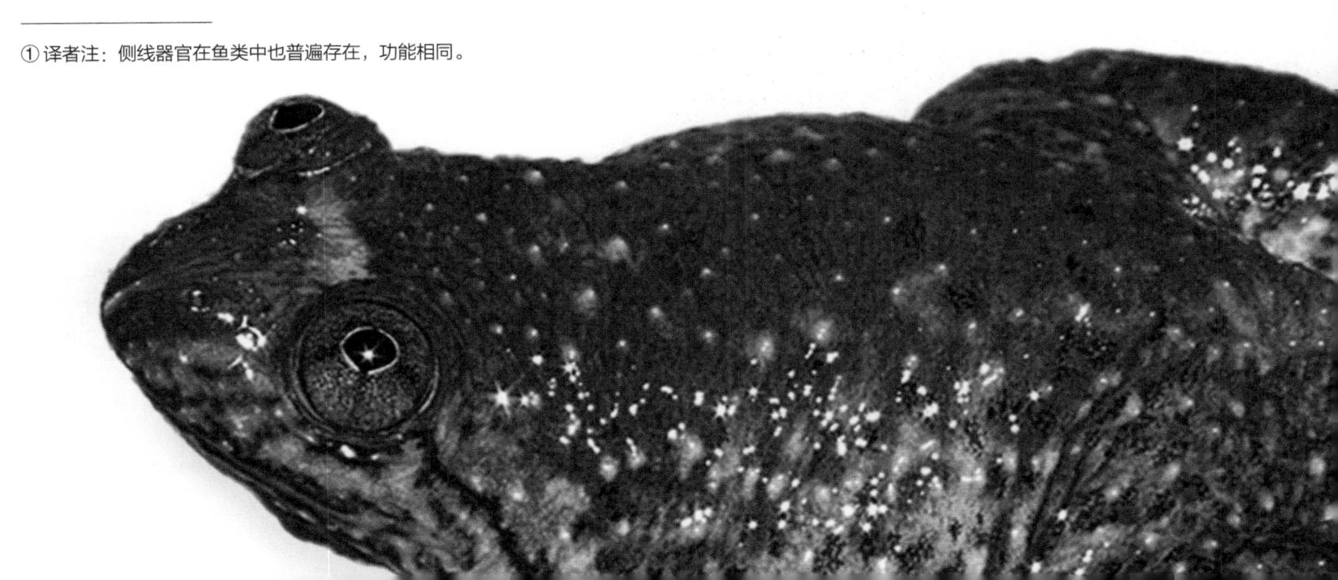

科名	夜蛙科Nyctibatrachidae
其他名称	阿氏夜蛙、阿氏皱蛙、胡氏昏蛙
分布范围	印度西部的西高止山脉
成体生境	高地森林的溪流附近
幼体生境	溪流
濒危等级	易危。分布范围非常狭小且栖息地受到破坏与污染

成体体长
雄性
1¼—1⅞ in (32—48 mm)
雌性
1 7/16—2 in (37—52 mm)

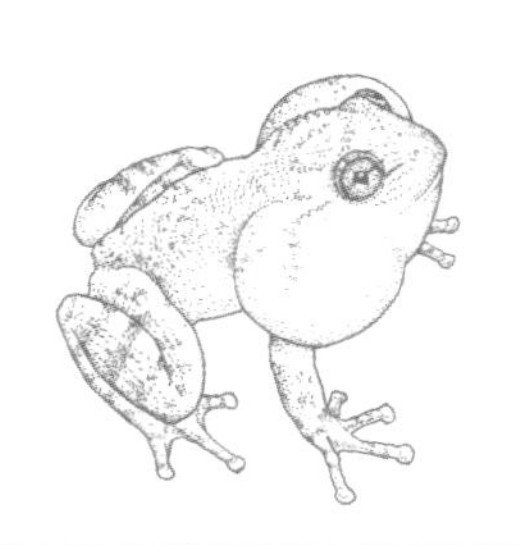

胡氏夜蛙
Nyctibatrachus humayuni
Bombay Night Frog

Bhaduri & Kripalani, 1955

实际大小

这种罕见的蛙类在交配时，雄性不与雌性抱对，这在旧大陆蛙类中相当独特。它在每年5—9月印度的雨季期间繁殖，雄性具有领地性，常在细树枝或岩石上鸣叫。雌性则接近鸣叫的雄性，在雄性鸣叫的地方产下一窝卵，随后雌性便离开。雄性会对这些卵受精，然后便转移到下一个鸣叫的地方重复这一过程。因此，雄性会对由不同雌性产下的几窝卵受精。当卵孵化后，蝌蚪就会掉到下方的水中。

相近物种

夜蛙属 *Nyctibatrachus* 目前共有28个物种[①]，都分布于印度。焦格瀑布夜蛙 *Nyctibatrachus jog* 仅在西高止山脉有一个分布点，与胡氏夜蛙相反，其雄性在交配期间会紧紧抱住雌性，但是会在雌性产卵前松开。另见卡纳塔克夜蛙（第531页）。

胡氏夜蛙体态丰满；皮肤褶皱；吻端钝圆；眼向前突起；趾间具部分蹼；指、趾末端具吸盘；背面为棕色或红棕色，腹面为浅灰色；处于繁殖期的雄性大腿部会有一块块橘黄色或粉红色腺体。

① 译者注：依据Frost (2018)，夜蛙属目前有36个物种。

科名	夜蛙科Nyctibatrachidae
其他名称	皱蛙
分布范围	印度西部西高止山脉
成体生境	热带雨林湍急的溪流附近
幼体生境	溪流
濒危等级	濒危。分布范围非常狭小且栖息地受到森林砍伐、采矿与旅游业的威胁

成体体长
雄性
平均 2¾ in (68 mm)
雌性
平均 3⁵⁄₁₆ in (85 mm)

卡纳塔克夜蛙
Nyctibatrachus karnatakaensis
Giant Wrinkled Frog

Dinesh, Radhakrishnan, Manjunatha Reddy & Gururaja, 2007

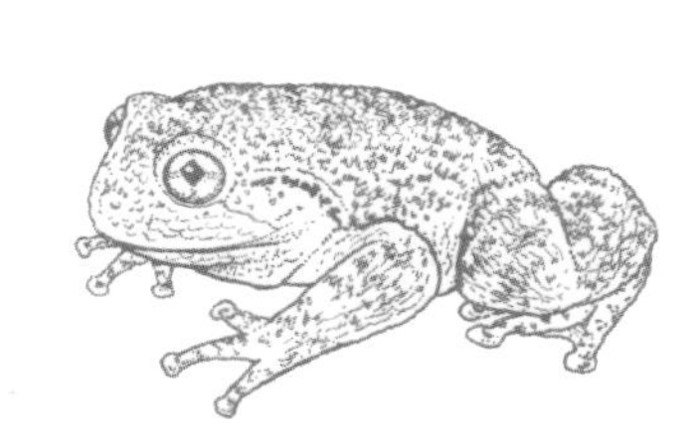

这种非常稀有的大型蛙类常见于卵石下的洞穴中，一旦受到惊扰就会跳入水中，并可以潜入水下很长时间。它主要在夜间活动。在繁殖期，雄性会发出一种“喔克……喔克……喔克”（wok...wok...wok）的叫声，雌性会将卵产在溪流上方的叶子上，蝌蚪在这种环境中发育。该蛙仅在印度西部西高止山脉卡纳塔克邦的一小块区域中有分布。这片峰峦叠嶂郁郁葱葱的地区是很多特有蛙类的家园，但是其中很多都被列为濒危物种。

相近物种

卡纳塔克夜蛙是同属28个物种中体型最大的成员。而小夜蛙 *Nyctibatrachus minimus* 仅有 12 mm 长，是印度已知最小的蛙类，在其栖息地中主要营陆栖生活。坎那达夜蛙 *Nyctibatrachus kumbara* 栖居于溪流中，可能是雄性会将泥覆盖在卵上的唯一蛙类。另见胡氏夜蛙（第 530 页）。

卡纳塔克夜蛙体型圆胖；背部与喉部皮肤褶皱；吻端圆；眼大而向前突起；趾间具蹼；指、趾末端具吸盘；背部为红棕色，体侧部与四肢为棕色，缀以黄色点斑；腹面为黄色。

实际大小

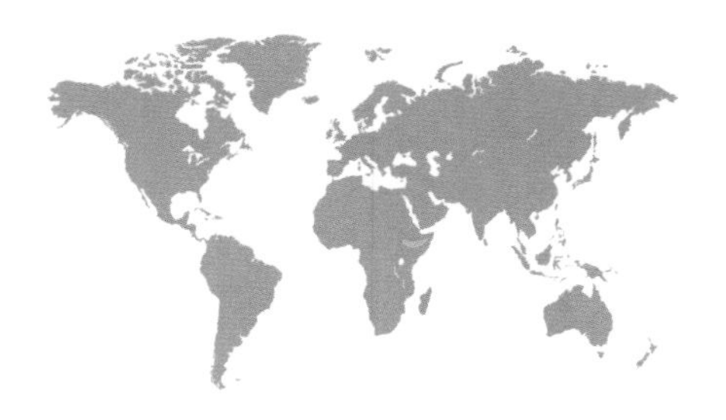

科名	跳石蛙科Petropedetidae
其他名称	无
分布范围	埃塞俄比亚南部
成体生境	林地与森林，海拔2400—3200 m
幼体生境	未知
濒危等级	极危。分布范围非常狭小，自从1986年以来便极少见到

成体体长
雄性
¾—⅞ in (19—22 mm)
雌性
⅞—1¹⁄₁₆ in (23—27 mm)

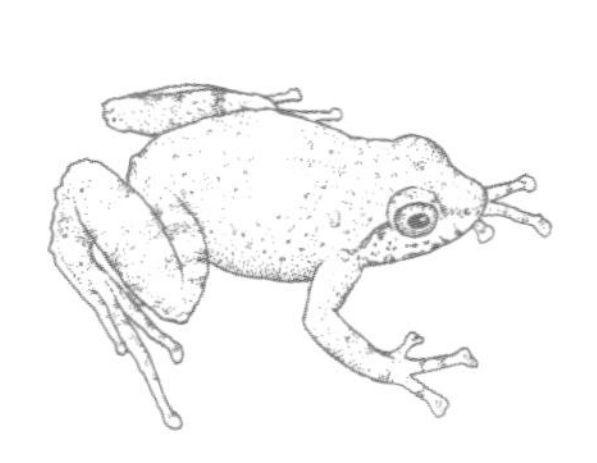

贝尔山石楠蛙
Ericabatrachus baleensis
Bale Mountains Frog

Largen, 1991

实际大小

贝尔山石楠蛙头小；吻端圆；体形丰满；背部具很多疣粒；指与趾细长；指、趾末端具吸盘；背面为绿色、棕色或淡红色，杂以细微白色点斑；有一条深色条纹从眼部至腋窝处。

埃塞俄比亚南部的巴莱山因其特有物种丰富而举世闻名，包括埃塞俄比亚狼 *Canis simensis* 与几种蛙类。这种微型蛙类见于湍急小溪的浅滩上，1986 年数量还非常多，但之后就几乎销声匿迹了。它生活的溪流已经由于家畜放牧而遭到严重破坏；2008 年从当地的几种蛙类里检测出了壶菌病。目前对其繁殖生物学仍不清楚，但推测雌性可能将卵产在陆地上。

相近物种

贝尔山石楠蛙是本属唯一的物种，与跳石蛙属 *Petropedetes* 的物种——非洲水蛙之间的亲缘关系很近。详见武氏跳石蛙（第 533 页）。

科名	跳石蛙科Petropedetidae
其他名称	无
分布范围	非洲西部，从尼日利亚东部至加蓬南部
成体生境	低地森林
幼体生境	溪流
濒危等级	尚未评估

成体体长
雄性
$1\frac{5}{16}$—$1\frac{3}{4}$ in (33—44 mm)
雌性
$\frac{7}{8}$—$1\frac{13}{16}$ in (21—46 mm)

武氏跳石蛙
Petropedetes vulpiae
Fuch's Water Frog

Barej, Rödel, Gonwouo, Pauwels, Böhme & Schmitz, 2010

这是一种鲜为人知的蛙类。在繁殖期时，雄性身体会经历几个显著的变化，这些变化与雨季的时间恰好相同。雄性的前臂会变得比雌性更大、更发达，每侧大拇指上也都会长出一枚尖锐的棘刺。此外，在其很大的鼓膜上面也会长出一个肉质乳突，其功能目前尚不清楚。雄性在岩石缝中鸣叫，发出一种轻柔的“嘟克……嘟克……嘟克”（douc...douc...douc）的叫声。该蛙将卵产在潮湿的岩石上，雄性晚上会一直守在卵旁边。

实际大小

相近物种

跳石蛙属 *Petropedetes* 目前共有九个物种[①]，均分布于非洲西部与中部。蹼趾跳石蛙 *Petropedetes palmipes* 见于喀麦隆、赤道几内亚与加蓬的溪流中。佩氏跳石蛙 *Petropedetes perreti* 分布于喀麦隆。这两种蛙不同于武氏跳石蛙，它们的后足具蹼，表明其习性为水栖性，都被列为濒危物种。

武氏跳石蛙头大而宽；背部与体侧部具突出的疣粒；眼大；鼓膜很大且轮廓明显；指与趾细长，且末端变宽；背面为棕色带有深棕色斑块，腹面为白色。

① 译者注：依据Frost (2018)，跳石蛙属目前有八个物种。

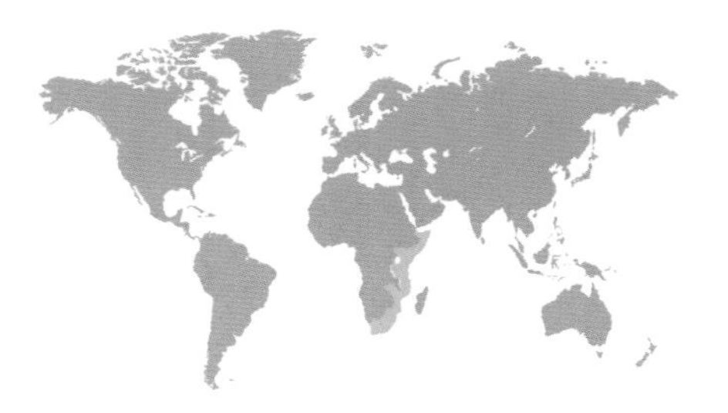

科名	蟾蛙科Phrynobatrachidae
其他名称	东部塘蛙、小塘蛙、桑给巴尔塘蛙
分布范围	非洲东部，北起肯尼亚与索马里，南至莫桑比克与南非
成体生境	稀树草原与草甸的永久性水体附近
幼体生境	临时性或永久性水塘与池塘
濒危等级	无危。在其广袤的分布区内常见；仅南非的种群数量有下降

成体体长
雄性
11/16—1⅛ in (18—28 mm)
雌性
⅞—1 3/16 in (21—30 mm)

拟蝗蟾蛙
Phrynobatrachus acridoides
East African Puddle Frog
(Cope, 1867)

实际大小

与非洲的其他塘蛙一样，这种小型蛙类的皮肤布满瘰粒而长得有些像蟾蜍。它分布于低地区域中有永久性水体的地方，身上的色斑使其在泥塘里能够很好地伪装。塘蛙几乎在一年中任意时间都可以繁殖，因此在适宜的生境中极为常见。该蛙的叫声尖锐而刺耳，听起来像是蟋蟀的叫声。卵成簇产出并附着在水生植物上。

相近物种

蟾蛙属 *Phrynobatrachus* 有将近 90 个物种，分布范围横跨非洲大陆撒哈拉沙漠以南。几内亚蟾蛙 *Phrynobatrachus guineensis* 分布于科特迪瓦与塞拉利昂，生活于干燥的森林中的水塘与溪流里，它将卵产在积水树洞内、果壳里与蜗牛壳中，已被列为近危物种。另见纳塔尔蟾蛙（第 535 页）。

拟蝗蟾蛙眼大；背部皮肤具疣粒；指、趾末端具小吸盘；背面为灰绿色或灰棕色，体背中部或有一条窄长的淡黄色线纹延伸至体后；腹面为白色。

科名	蟾蛙科Phrynobatrachidae
其他名称	纳塔尔蛙、史密斯蛙
分布范围	非洲撒哈拉沙漠以南，除了热带雨林和沙漠地带之外的大部分地区
成体生境	稀树草原与草甸的临时性水体附近
幼体生境	临时性或永久性水塘或池塘
濒危等级	无危。在其广袤的分布范围内常见且在很多保护区中都有分布

纳塔尔蟾蛙

Phrynobatrachus natalensis

Snoring Puddle Frog

(Smith, 1849)

成体体长
雄性
1—1$\frac{5}{16}$ in (25—34 mm)
雌性
1—1$\frac{9}{16}$ in (26—40 mm)

这种小型蛙类的英文译名“鼾鸣塘蛙”来源于其雄性的求偶鸣叫听起来像是一种轻而缓慢的鼾声。在潮湿的天气里，雄性可昼夜不停地鸣叫，雄性之间也会为了守护池塘边的鸣叫地点而频繁地争斗。雌性产卵约 200 枚，卵在水面形成一层薄膜，27—40 天后完成变态。该物种的变异很大，尤其是在色斑、大小与繁殖时间等方面，实际上可能包含了多个物种。

实际大小

纳塔尔蟾蛙体型圆胖；头小；吻端突出；眼间距小；背部常有大量疣粒；背面为灰色、绿色或棕色，背部中间常有一条黄色或浅绿色纵纹延伸至体后；腹面为乳白色。

相近物种

蟾蛙属 *Phrynobatrachus* 的一些物种体型很小，小蟾蛙 *Phrynobatrachus parvulus* 的体长绝不超过 25 mm，叫声类似于蟋蟀的颤音，在非洲南部广泛分布。近危物种喜叶蟾蛙 *Phrynobatrachus phyllophilus* 见于科特迪瓦、利比里亚与塞拉利昂，体长最大为 23 mm，每次在小水洼边上的草、树叶上产下一小团卵黄丰富的卵。另见拟蝗蟾蛙（第 534 页）。

科名	背脊蛙科Ptychadenidae
其他名称	伊氏掘蛙
分布范围	遍布非洲撒哈拉沙漠以南的大多数地区
成体生境	稀树草原、草甸
幼体生境	临时性水塘
濒危等级	无危。无种群下降迹象

成体体长
雄性
2—2⅝ in (52—65 mm)
雌性
1 13/16—2 13/16 in (46—70 mm)

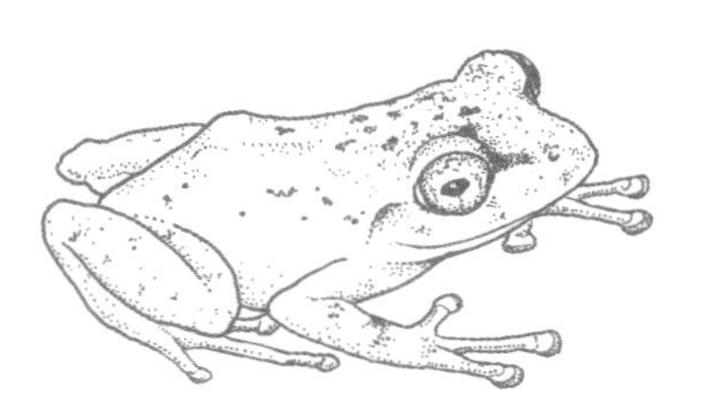

饰纹锦背蛙
Hildebrandtia ornata
Ornate Frog
(Peters, 1878)

这种色彩斑斓的蛙类因其大多数时间生活于地下而较为罕见。它会用后足上的铲状大蹠突在松软的土壤里向后方掘洞。该蛙在初夏的雨后出现，并在临时性浅水塘周围聚集，有时集群的个体数量很多。雄性的叫声沙哑，听起来就像是猫头鹰或鸭子的叫声，在很远的地方都能听到。卵被单个产出，并散布于浅水中。人工饲养条件下的蝌蚪为肉食性，但是在野外是否也为肉食性目前仍不确定。在布基纳法索，该蛙被人们当作食物，并被作为传统药物。

相近物种

锦背蛙属 *Hildebrandtia* 还有另外两个物种同样鲜为人知，但是它们可能也和饰纹锦背蛙有着相似的生境和繁殖习性。大耳锦背蛙 *Hildebrandtia macrotympanum* 分布于埃塞俄比亚、索马里与肯尼亚。丽吻锦背蛙 *Hildebrandtia ornatissima* 是一种尤为漂亮的蛙类，具有绿色、粉红色与黄色斑块与黑色点斑构成的复杂色斑。

饰纹锦背蛙体极圆胖；吻钝；眼大；手指短；色斑多变，最为常见的色型是背部中间有一条绿色或金棕色的宽纵纹延伸至体后，其他条纹的颜色有棕色、白色与红棕色；一些个体主要为绿色并带有浅黄色杂斑；腹面为白色。

实际大小

科名	背脊蛙科Ptychadenidae
其他名称	无
分布范围	非洲西部与中部，西起塞内加尔东至南苏丹
成体生境	树木繁盛的稀树草原
幼体生境	小型临时性静水塘
濒危等级	无危。无种群下降迹象

比氏背脊蛙
Ptychadena bibroni
Broad-banded Grass Frog
(Hallowell, 1845)

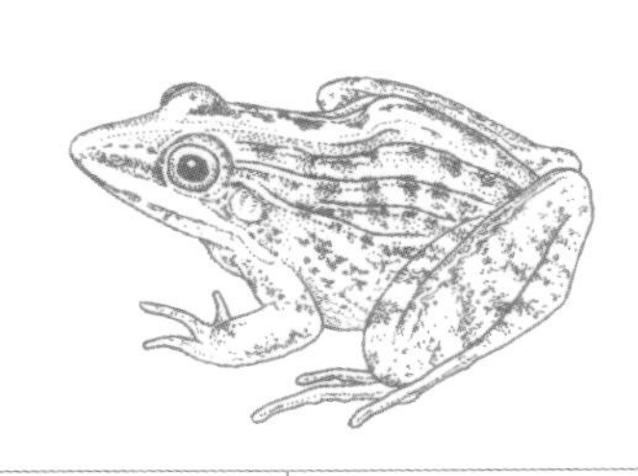

成体体长
雄性
1⁵⁄₁₆—2 in (34—52 mm)
雌性
1⁵⁄₁₆—2⁹⁄₁₆ in (34—64 mm)

与同属其他物种一样，该蛙有着惊人的跳跃力。它凭借其隐蔽色躲避在草丛中，当受到惊扰时会迅速跳开，通常会朝着有水的方向跳去。它在大雨过后的夜晚交配，雄性发出一种吱吱响的叫声。雌性每窝产卵 800—1500 枚，漂浮于水面之上。在其分布范围的部分地区如布基纳法索，该蛙是当地人的重要食物来源，并被作为各种传统药物。

相近物种

在分布于西非的几种背脊蛙之中，栖息于森林中的长吻背脊蛙 *Ptychadena longirostris* 头部很尖且后腿极长。图氏背脊蛙 *Ptychadena tournieri* 则是见于稀树草原的体型纤细的小型蛙类，也见于洪泛稻田中，它的英文译名“图氏火箭蛙”来源于其突出的跳跃能力。

比氏背脊蛙后腿发达而有力；头呈三角形且吻端突出；背部有四条纵向脊疣；背面为灰色或浅棕色并带有棕色或黑色斑块；常有一条浅色纵纹从吻端贯通全身。

实际大小

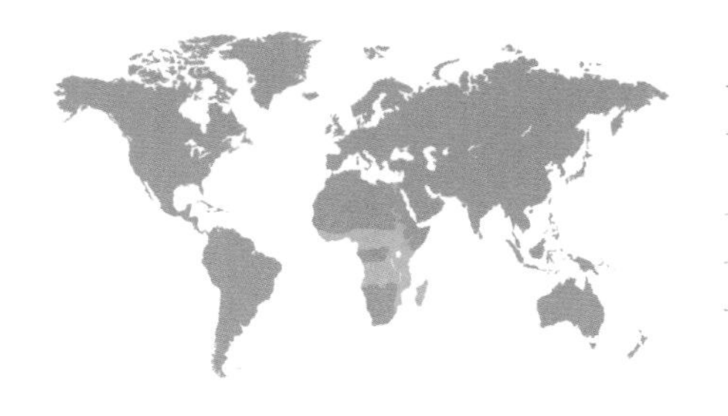

科名	背脊蛙科Ptychadenidae
其他名称	马斯克林脊蛙
分布范围	非洲西部、中部、东部与南部的大部分地区，马达加斯加，马斯克林群岛
成体生境	有水的任意生境
幼体生境	稻田、水渠、积水的车辙
濒危等级	无危。分布范围广，总体上无种群下降迹象，在受干扰的生境中常见

成体体长

雄性

$1\frac{11}{16}$—$2\frac{3}{16}$ in (43—57 mm)

雌性

$1\frac{11}{16}$—$2\frac{3}{4}$ in (43—68 mm)

马斯克林背脊蛙

Ptychadena mascareniensis

Mascarene Grass Frog

(Duméril & Bibron, 1841)

该蛙最初发现于马斯克林群岛（毛里求斯、留尼汪岛和罗德里格斯岛），它具有两种独特的防御策略：其一是在跳跃的同时排空膀胱里的尿以迷惑来犯之敌；其二被称作“起泡呻吟”，即产生泡沫状分泌物，并发出呻吟声，同时身体还会变得僵直。它在雨季繁殖，不同分布区的雄性叫声不同，南非种群的鸣叫以一声带鼻音的嘟声开始，随后是一连串的咯咯声。雌性在浅水处产卵并将卵黏附在水生植物上。

马斯克林背脊蛙吻端突出；四肢长；有两对肤棱纵贯其背；鼓膜大；趾间具蹼；背部为棕色，中间有一条宽纵纹延伸至后部，颜色为白色、米黄色、黄色、橘黄色或绿色；背部有深色点斑且腿部有深色条纹。

实际大小

相近物种

与马斯克林背脊蛙一样，只要有可以利用的水体，很多背脊蛙都能很好地适应人类改造过的栖息地，背脊蛙属 *Ptychadena* 的 48 个物种[①]之中仅有两个被列为濒危物种。布氏背脊蛙 *Ptychadena broadleyi* 仅见于马拉维南部，在潮湿的岩石表面上繁殖且受到森林砍伐的威胁；牛氏背脊蛙 *Ptychadena newton* 只在几内亚湾的圣多美和普林西比的小岛上有分布，目前受到湿地流失的威胁。

① 译者注：依据Frost (2018)，背脊蛙属目前有51个物种。

科名	背脊蛙科Ptychadenidae
其他名称	宽纹草蛙、莫桑比克草蛙、单纹草蛙
分布范围	东非，北起索马里南至南非与纳米比亚
成体生境	草甸、稀树草原
幼体生境	浅水洼地、洪泛草原
濒危等级	无危。分布范围广，总体上无种群下降迹象，可耐受栖息地干扰

莫桑比克背脊蛙

Ptychadena mossambica

Mozambique Ridged Frog

(Peters, 1854)

成体体长
雄性
$1\frac{1}{8}$—$1\frac{3}{4}$ in (29—44 mm)
雌性
$1\frac{5}{16}$—$2\frac{1}{16}$ in (33—53 mm)

有报道称该蛙的跳跃高度最高可达 3 m。当受到惊扰时，它趋向于跳到茂密的植被中而非水中。雨后它可在浅水边形成规模庞大的繁殖群体，雄性在隐蔽性很好的地方发出一种不间断的嘎嘎声，这种鸣叫活动大约在午夜时分达到高峰。与其他多种蛙类一样，在不同分布区的个体体型也大相径庭：赞比亚与坦桑尼亚的个体就比南非的体型小。莫桑比克背脊蛙可耐受生境变化，在农田中也能存活。

实际大小

莫桑比克背脊蛙的吻端很突出；背部每侧都有明显的肤棱；背部为灰色、棕色或绿色，带有一条奶油色的宽纵纹延伸至体后，边缘具黑色点斑；从吻端至鼓膜有一条深色条纹，上唇部有一条白色纵纹。

相近物种

斑腿背脊蛙 *Ptychadena taenioscelis* 就像其英文译名“侏儒草蛙”所指的一样，比同属其他物种体型都要小，主要分布于西起安哥拉，东至坦桑尼亚的广袤的稀树草原与草甸中，在南非夸祖鲁 - 纳塔尔的热带稀树草原林地中也有分布。硬吻背脊蛙 *Ptychadena porosissima* 分布范围南起南非东开普省，北至肯尼亚，此外在埃塞俄比亚还有一个隔离的种群。

科名	背脊蛙科Ptychadenidae
其他名称	尖吻蛙、尖鼻草蛙、尖鼻火箭蛙
分布范围	非洲西部、中部、东部与南部的大部分地区，从塞内加尔至南非
成体生境	草甸、稀树草原、海岸栖息地
幼体生境	临时性小水体
濒危等级	无危。分布范围广，总体上无种群下降迹象，可适应于改变了的生境

成体体长
雄性
1⁹⁄₁₆—2½ in (40—62 mm)
雌性
2—3⁵⁄₁₆ in (51—85 mm)

尖吻背脊蛙
Ptychadena oxyrhynchus
Sharp-nosed Ridged Frog

(Smith, 1849)

因其出类拔萃的跳跃能力，这种大型背脊蛙曾一度保持着蛙类跳远的世界纪录，这种能力使它能更好地躲避敌害。它在夏天的雨季期间繁殖，雄性在临时性小水塘周围的隐蔽处发出一种高音调颤音，鸣叫活动在午夜后达到高峰。在交配期间，雌性将泄殖腔孔抬升出水面，因此产出的卵在进入水之前完成受精。在尼日利亚与布基纳法索，该蛙是当地人重要的食物来源之一。

相近物种

杂纹背脊蛙 *Ptychadena perplicata* 的吻部比其他大多数背脊蛙都要钝，分布于安哥拉与赞比亚北部，还可能也分布于刚果民主共和国，但是对于该物种其他方面还少有了解。格氏背脊蛙 *Ptychadena grandisonae* 仅见于坦桑尼亚的乌德宗瓦山脉高海拔草原中。

实际大小

尖吻背脊蛙后腿发达有力；吻端尖；背部肤棱明显；吻背部有一块浅棕色三角形斑；背部为棕色、浅棕色或绿色并带有深色斑，四肢上有深色横纹；眼睛与鼓膜较大。

科名	蛙科Ranidae
其他名称	无
分布范围	中国南部的海南岛
成体与幼体生境	森林里湍急的溪流
濒危等级	濒危。森林砍伐和水电开发而导致栖息地减少和碎片化

海南湍蛙
Amolops hainanensis
Hainan Torrent Frog
(Boulenger, 1900)

成体体长
雄性
平均 2⅞ in (73 mm)
雌性
平均 3⅛ in (80 mm)

该蛙得名于其栖息环境：生活在急流及其附近。繁殖期 4—8 月，卵附着于瀑布附近的岩石上。其蝌蚪腹部有很大的吸盘，使之可以吸附在岩石上。如果想抓住尾巴提起一只吸附在石头上的蝌蚪，它可以抵抗相当于自身体重 60 倍的力量。特别的是，蝌蚪具有一种有毒腺体。除了栖息地受到威胁外，该蛙还被当地人捕食。

相近物种

湍蛙属 *Amolops* 有 48 个物种①，分布于尼泊尔、印度、中国及马来半岛等，均栖息于山区溪流附近。棕点湍蛙 *Amolops loloensis* 分布于中国四川省的高海拔地区，被列为易危物种，其栖息地遭到破坏，并受到来自采矿的化学污染。

海南湍蛙身体扁平；四肢发达；皮肤有疣粒；指、趾末端吸盘很大；趾间有蹼；背面橄榄绿或深棕色，带有深色大斑及浅色小斑；腹面肉红色。

实际大小

① 译者注：依据Frost (2018)，湍蛙属目前有51个物种。

科名	蛙科Ranidae
其他名称	华东弹琴蛙、琴蛙
分布范围	中国的华中和华南地区，包括台湾
成体生境	沼泽、水田、沟渠和水塘，最高海拔1800 m
幼体生境	池塘和水塘
濒危等级	无危。分布区广，种群数量稳定，且分布于一些保护区内

成体体长
雄性
1⅝—2¼ in (42—59 mm)
雌性
1⅞—2⅝ in (47—65 mm)

弹琴蛙
Babina adenopleura[①]
Olive Frog
(Boulenger, 1909)

绝大多数蛙类在交配之前，都有一个“抱对”的过程，即雄性爬到雌性背上，并紧紧抱住雌性。抱对持续的时间在不同物种间差异很大：大蟾蜍（第163页）可持续2—3天；多色斑蟾（第160页）可持续一个月；而中国的弹琴蛙抱对平均时间仅持续11分钟，其中还包括用于产卵的三分钟。在弹琴蛙的交配过程中，其他雄性进行干扰的情况很常见，企图取代已经抱对的雄性，因此，缩短抱对时间或许可以降低雄性被竞争对手取代的风险。

弹琴蛙吻端突出；眼大；鼓膜显著；后肢发达；背侧褶明显；背面绿色或棕色，有棕色或黑色斑点；头侧有深色纵纹；四肢背面有深色横纹。

相近物种

琉球琴蛙 *Babina okinavana*[②]的体型小而胖，分布于日本南部的小群岛，它将卵产在水塘边所掘的湿泥洞里，蝌蚪会被雨水冲进水里。琉球琴蛙因其栖息地破坏而被列为濒危物种。滇蛙 *Babina pleuraden*[③]是中国的常见物种，但数量已在下降。

实际大小

①②③ 译者注：依据Frost (2018)，该物种已被移入琴蛙属*Nidirana*。

科名	蛙科Ranidae
其他名称	奄美大岛蛙
分布范围	日本南部的奄美大岛和加计吕麻岛
成体生境	山区森林
幼体生境	小水塘
濒危等级	濒危。分布区非常狭窄，栖息地因森林砍伐而受胁；也被引入物种猫鼬捕食

成体体长
雄性
3⅝—5 in (93—126 mm)
雌性
4⁵⁄₁₆—5½ in (111—140 mm)

粗皮拇棘蛙
Babina subaspera
Otton Frog
(Barbour, 1908)

这种大型蛙类不同寻常之处是其前肢有五根手指，而其他蛙类一般只有四根。多出的一根手指为“伪拇指”，是一个突起的刺状骨被皮肤和肌肉包裹。雄性的伪拇指要比雌性的长而粗，这可以使雄性抱对时能抱紧雌性，并利于雄性间的打斗，而雌性的该结构可能没有功能。粗皮拇棘蛙在4—8月繁殖，雌性产卵约1300枚，卵产在掘出的直径约30 cm的窝里。

相近物种

拇棘蛙属 *Babina* 已知十个物种①。霍氏琴蛙 *Babina holsti* 体型大而胖，分布于日本南部一些群岛的山区，也被叫作剑琴蛙。和粗皮拇棘蛙一样，剑琴蛙也有伪拇指，它被列为濒危物种。林琴蛙 *Babina lini*②分布于中国、老挝和泰国，能发出低音的求偶鸣叫，它被人类捕食，其濒危等级还未评估。

实际大小

粗皮拇棘蛙身体胖，头大，四肢发达；雄性的前臂比雌性粗而发达；趾间有蹼；背面布满疣粒，尾棕绿色而带有深色斑；四肢背面有深色横纹。

① 译者注：依据Frost (2018)，由于分类变动，拇棘蛙属目前仅有两个物种。
② 译者注：依据Frost (2018)，该物种被移入琴蛙属*Nidirana*。

科名	蛙科Ranidae
其他名称	马拉巴蛙
分布范围	印度西高止山脉
成体生境	热带森林
幼体生境	自然或人工的水塘和湖泊
濒危等级	近危。因森林砍伐而导致栖息地大量破坏；被路杀的频率高

成体体长
平均 3⅛ in (80 mm)

短脚双色蛙
Clinotarsus curtipes
Bicolored Frog
(Jerdon, 1853)

这种大型地栖蛙类生活在热带森林的落叶堆里。它在繁殖时会迁移到水塘和湖边，因而很多个体被路杀（在公路上被车轧死）。对它的繁殖行为还知之甚少，仅知雄性的鸣叫声为连续的单音节，雄性之间会互相打斗。其蝌蚪形成大而密集的群体，会被当地人捕食。与其他很多蛙类一样，它的皮肤由于分泌物含抗菌肽而引起制药业的关注。

相近物种

双色蛙属 *Clinotarsus* 里还有另外一个物种[①]，高山双色蛙 *Clinotarsus alticola*。该物种栖息于森林里的溪流中，蝌蚪大，尾基部有红色或黄色眼斑，它分布于印度北部、孟加拉国北部、缅甸和越南，可能包含不止一个物种。

短脚双色蛙眼大，大于鼓膜；腿细；趾间有蹼；背侧褶从眼后到胯部，是浅色体背和深色体侧的分界线；背面黄色、橘黄色、粉红色或前棕色；体侧棕色或黑色。

实际大小

① 译者注：依据Frost (2018)，双色蛙属目前有三个物种。

科名	蛙科Ranidae
其他名称	无
分布范围	婆罗洲东北部
成体生境	丘陵地带的森林
幼体生境	湍急的溪流
濒危等级	无危。未发现种群数量下降

成体体长
雄性
1$\frac{5}{8}$—2 in (42—52 mm)
雌性
2$\frac{15}{16}$—3$\frac{1}{8}$ in (75—80 mm)

凹耳胡蛙
Huia cavitympanum
Hole-in-the-head Frog
(Boulenger, 1896)

这种极不寻常的蛙类在非常湍急的溪流里繁殖。在这种生境下它将面临两大挑战：其一是雄性主要用来吸引雌性的鸣叫声根本无法被听见，因此，它可以发出人类的耳朵所听不到的高频超声波，但凹耳胡蛙却因头侧有深度内陷的鼓膜，可以听到这种超声波信号而不被水流声所干扰。这种非常奇特的“耳朵”使之能听到超声波，也因此得名。其二是为了不被流水冲走，它的蝌蚪在腹面有一个吸盘，能使之吸附在石头上。

相近物种

胡蛙属 *Huia* 还有另外四个物种，均分布于东南亚的溪流环境里。爪哇胡蛙 *Huia masonii* 因森林砍伐而受胁，被列为易危物种。已知的另一种可以通过超声通信的蛙类是凹耳臭蛙（第 552 页），分布于中国。

凹耳胡蛙得名于其眼后深度的凹陷。它吻端圆；后肢长；指、趾端略扩大呈吸盘；趾间全蹼；头和身体背面棕褐色，体侧棕褐色或粉灰色而带有深棕色斑；咽喉、胸和腹部白色或黄白色。

实际大小

科名	蛙科Ranidae
其他名称	丹氏巴布蛙、澳洲牛蛙、水蛙、木蛙
分布范围	澳大利亚昆士兰州北部和北领地东部；新几内亚
成体生境	低地雨林
幼体生境	临时性和永久性溪流
濒危等级	无危。种群数量稳定

成体体长
雄性
1$\frac{11}{16}$—2¼ in (43—58 mm)
雌性
2¼—3⅛ in (58—81 mm)

丹氏水蛙
*Hylarana daemeli*①
Australian Wood Frog
(Steindachner, 1868)

这种优美的蛙类是物种众多的蛙科（被称作真蛙类）在澳大利亚的唯一成员，它在约克角半岛很常见。它以节肢动物和小型蛙类为食，仅在夜间活动。其繁殖期在春季和夏季。雄性有一对声囊，在水边发出求偶鸣叫，类似“呤克”（quack）的连续低音。雌性可产下数千枚卵，呈不规则的一团。该蛙在新几内亚也常见，被当地人捕食。

相近物种

水蛙属 *Hylarana* 有大约 85 个物种②，多数都分布于东南亚。岢南河水蛙 *Hylarana baramica*③分布于印度尼西亚、马来西亚和新加坡。苏拉威西水蛙 *Hylarana celebensis*④分布于印度尼西亚。马基拉岛水蛙 *Hylarana kreffii* 分布于巴布亚新几内亚和所罗门群岛。

实际大小

丹氏水蛙身体长；吻端突出；后肢长而发达；眼大；鼓膜显著；背侧褶从眼后到胯部；背面橄榄绿或棕色，带有不规则的深色斑；四肢背面有深色横纹；腹面白色。

①④ 译者注：依据Frost (2018)，该物种已被移入巴布蛙属*Papurana*。
② 译者注：依据Frost (2018)，因分类变动，水蛙属目前仅有四个物种。
③ 译者注：依据Frost (2018)，该物种已被移入斑蛙属*Pulchrana*。

科名	蛙科Ranidae
其他名称	金线水蛙、绿荷蛙
分布范围	东南亚（北起缅甸，南至印度尼西亚和菲律宾群岛）
成体生境	洪泛平原，最高海拔1200 m
幼体生境	水塘
濒危等级	无危。种群数量稳定

绿水蛙
Hylarana erythraea
Green Paddy Frog
(Schlegel, 1837)

成体体长
雄性
1¼—1⅞ in (32—48 mm)
雌性
1⅞—3$\frac{1}{16}$ in (48—78 mm)

这种呈流线型的蛙类非常机警，难以靠近。它在人工改造的环境下也很繁盛，如灌溉的水渠和水稻田等，常发现它待在浮水植物上或蹲坐在水边。在沙捞越和菲律宾，该蛙终年都可以繁殖。雄性晚上在开阔的水面上鸣叫，发出像鸟叫的吱吱声。绿水蛙常与其他蛙类同域分布。该物种的蓝色变异个体较为常见，这是其由于皮肤缺乏可以产生黄色色素的黄色素细胞。

相近物种

水蛙属 *Hylarana* 有一些物种分布于中亚。马拉巴尔山水蛙 *Hylarana malabarica*①是分布于印度的一种特别艳丽的蛙类。肘腺水蛙 *Hylarana cubitalis*②分布于缅甸和泰国等，由于其栖息的森林被普遍砍伐而导致数量下降。

绿水蛙身体细长；吻端突出；后肢长而发达；眼大；鼓膜显著；背侧褶白色，从眼后到胯部；背面及体侧上部为亮绿色，体侧下部和腹面白色，有黑色斑点；四肢背面棕色。

实际大小

①② 译者注：依据Frost (2018)，该物种已被移入肱腺蛙属*Sylvirana*。

科名	蛙科Ranidae
其他名称	金背蛙、湖加兰蛙、斑腿蛙
分布范围	非洲（西起塞内加尔，向东北至厄立特里亚，南达马拉维和莫桑比克）
成体生境	稀树草原
幼体生境	水塘
濒危等级	无危。种群数量稳定

成体体长
雄性
平均 3¹⁄₁₆ in (78 mm)
雌性
平均 3⁵⁄₁₆ in (86 mm)

加兰水蛙
*Hylarana galamensis*①
Galam White-lipped Frog
(Duméril & Bibron, 1841)

这种大型蛙类是以塞内加尔的一个湖而命名的。该蛙是水栖物种，可以经常在河边和水塘边见到，是西非地区重要的食物和传统药物的来源。雄性从第一场降雨时开始鸣叫，但交配和产卵一般在数周或数月后。雄性于夜晚在水边隐蔽处鸣叫，像带鼻音的羊叫声。雌性产卵 1500—4000 枚，浮在水面上。

相近物种

粗皮水蛙 *Hylarana asperrima*②已被列为濒危物种，在喀麦隆和尼日利亚森林里的缓水溪流内繁殖，其栖息地因森林砍伐而被破坏。达氏水蛙 *Hylarana darlingi*③是一个常见种，栖息于安哥拉、赞比亚、津巴布韦和莫桑比克多样的环境里。

加兰水蛙体型丰满；吻端突出；后肢较短；眼大；鼓膜显著；背侧褶扁平，从眼后达身体末端；背面浅棕色或深棕色，身体和后肢背面有不规则的深色斑；上唇白色。

实际大小

①②③ 译者注：依据Frost (2018)，该物种已被移入白唇蛙属*Amnirana*。

科名	蛙科Ranidae
其他名称	*Sylvirana guentheri*（沼肱腺蛙）、沼蛙
分布范围	中国南方，包括澳门和香港；越南；被引入到关岛
成体生境	水塘、沼泽、沟渠及稻田，最高海拔1100 m
幼体生境	水塘、稻田及缓水溪流
濒危等级	无危。种群数量较稳定，但在中国有下降

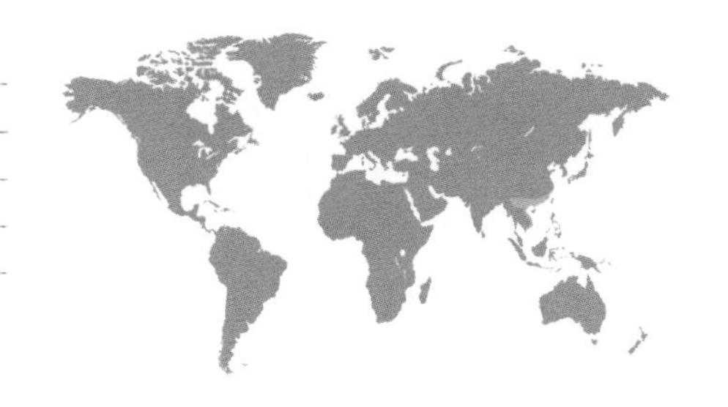

沼水蛙

Hylarana guentheri[1]

Günther's Frog

(Boulenger, 1882)

成体体长
雄性
2½—2¾ in (63—68 mm)
雌性
2¹⁵⁄₁₆—3 in (75—76 mm)

这种健壮的蛙类在5—6月繁殖，雄性发出低音的鸣叫，雌性产卵2000—3000枚。雄性可活1—4年，较大的雌性可活2—6年[2]。由于该物种在中国的大部分地区被人类捕食而导致其数量下降。食用该蛙将带来一定风险，因为它是很多线虫类的中间宿主之一，可引起血管圆线虫病，影响人的中枢神经系统。该蛙因其皮肤中含有抗菌物质而被药物研究人士所关注。

相近物种

近征水蛙 *Hylarana attigua* 是溪流繁殖型物种，仅知其分布于老挝和越南的四个地点，因森林栖息地被破坏而被列为易危物种。长趾水蛙 *Hylarana macrodactyla* 是常见物种，分布于缅甸、泰国、柬埔寨、老挝、越南和中国南方的各类潮湿环境。

沼水蛙吻端长而突出；头扁；后肢长；眼很大；鼓膜显著；背侧褶显著，从眼后延伸到身体末端；背面棕色或棕黄色，有深色斑点；四肢背面有深色横纹；上唇有一条浅色纵纹。

实际大小

① 译者注：依据Frost (2018)，该物种已被移入肱腺蛙属*Sylvirana*。
② 译者注：其寿命的数据可能有问题，尚需证实。

科名	蛙科Ranidae
其他名称	*Pulchrana picturata*（花斑蛙）
分布范围	婆罗洲、苏门答腊岛、印度尼西亚；马来半岛可能也有分布
成体生境	雨林，最高海拔1000 m
幼体生境	溪流边的静水塘
濒危等级	无危。因森林砍伐导致种群数量下降，但分布于一些保护区内

成体体长
雄性
1⁵⁄₁₆—1⁷⁄₈ in (33—47 mm)
雌性
1¹⁵⁄₁₆—2¾ in (49—68 mm)

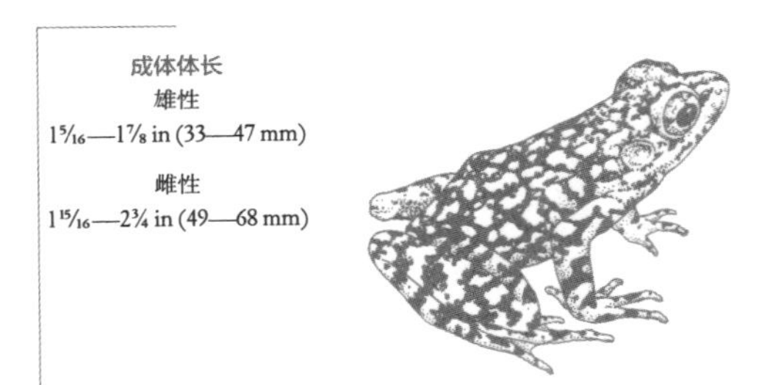

斑水蛙
Hylarana picturata[①]
Spotted Stream Frog

(Boulenger, 1920)

这种鲜艳的蛙类栖息于低海拔小型溪流边的落叶层，并在此繁殖。它白天躲在落叶下，雄性于夜间单独在水边的高处鸣叫，偶尔也有一大群一起合鸣。其蝌蚪生活在溪边有落叶层的静水塘里。斑水蛙的皮肤含有抗菌物质，引起壶菌病的真菌检测为阳性，但还不知道它是否易受到感染。

相近物种

斑水蛙与侧纹水蛙 *Hylarana signata*[②]非常相似，而且易混淆，两者的生境也非常相似。侧纹水蛙体侧从吻端到胯部有一条连续的细纹，分布于马来半岛、苏门答腊岛和婆罗洲。

实际大小

斑水蛙头呈三角形；眼大；四肢细长；指、趾长，末端膨大；背面棕色或黑色，有绿色、橘黄色或红色的杂斑；腹面浅灰色，带有白色斑点。

①② 译者注：依据Frost (2018)，该物种已被移入斑蛙属*Pulchrana*。

科名	蛙科Ranidae
其他名称	婆罗湍蛙、亚庇湍蛙
分布范围	婆罗洲东北部
成体生境	山区森林
幼体生境	清澈而多岩石的小溪
濒危等级	近危。分布区狭窄，因森林砍伐而受胁，但分布于一些保护区内

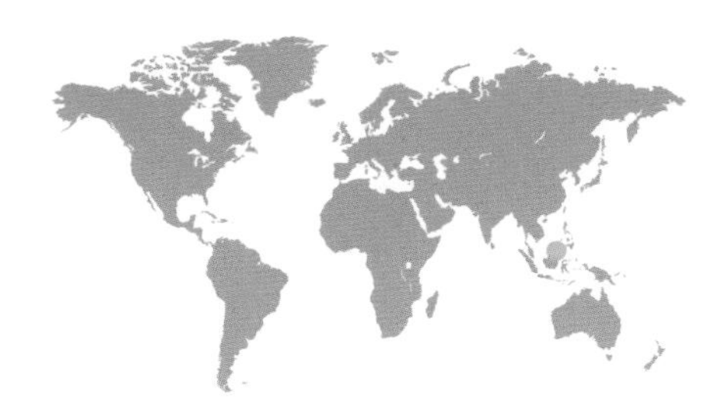

亚庇裂喙湍蛙
Meristogenys kinabaluensis
Montane Torrent Frog
(Inger, 1966)

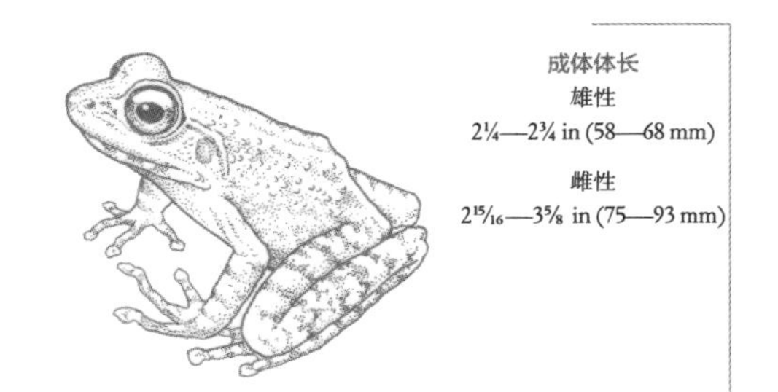

成体体长
雄性
2¼—2¾ in (58—68 mm)
雌性
2¹⁵⁄₁₆—3⅝ in (75—93 mm)

该蛙的虹膜呈绿色，其蝌蚪适应于在湍急的山溪里生存：腹面有一个较大的吸盘，可以吸附在水里的岩石上，其尾肌发达，可以对抗急流，其嘴里的角质颌用于刮食岩石上的藻类。蝌蚪全长最长可达 60 mm。成体和幼体常发现于溪边的森林里，它们捕食昆虫、蜈蚣和蝎子。雄性在靠近溪流的石头或植物上鸣叫，雌性产的蛙卵附着在岩石的水下部分。

相近物种

目前，裂喙湍蛙属 *Meristogenys* 有 12 个物种①，其中有几个是近年来发表的。它们都分布于婆罗洲，在山溪里繁殖，蝌蚪都相似。西部裂喙湍蛙 *Meristogenys jerboa* 仅分布于一个保护区里的一个地点，被列为易危物种。北部裂喙湍蛙 *Meristogenys orphnocnemis* 体型小，为无危物种。

实际大小

亚庇裂喙湍蛙吻端钝；眼大；后肢长；趾间全蹼；指、趾长，末端吸盘呈三角形；背面橄榄绿，有棕红色斑；体侧绿色；腹面黄色；四肢背面棕色，有深色横纹；眼睛的虹膜亮绿色。

① 译者注：依据Frost (2018)，裂喙蛙属目前有13个物种。

科名	蛙科Ranidae
其他名称	凹耳蛙
分布范围	中国东部（浙江省）①
成体生境	山区和丘陵的森林
幼体生境	湍急的溪流
濒危等级	易危。因森林砍伐而导致分布地碎片化，已知的分布点少

成体体长
雄性
平均 1¼ in (32 mm)
雌性
平均 2³⁄₁₆ in (56 mm)

凹耳臭蛙
Odorrana tormota
Concave-eared Torrent Frog

(Wu, 1977)

实际大小

凹耳臭蛙的背侧褶显著，呈黑色，从眼后延伸至胯部；雄性的耳道深凹陷，鼓膜位于耳道内；背面棕褐色，通常有黑色斑点；上唇有一条白色纵纹。

在嘈杂而湍急的溪流里生活和繁殖的蛙类都面临一个问题：它们无法听到其他声音。一些蛙类的雄性进化出通过视觉信号来吸引雌性，如棕小岩蛙（第 528 页）；其他的，像凹耳臭蛙和凹耳胡蛙（第 545 页）则能发出高频的超声波，因频率高于流水声而能被听到。雄性发出包含了高频音的像鸟叫的复杂鸣叫声，能与同生境里其他蛙类的干扰声相区分。与其他蛙类不同的是，凹耳臭蛙的雌性也能鸣叫，其叫声中的高频音能使雄性精确定位雌性。

相近物种

臭蛙属 *Odorrana* 有 56 个物种，都分布于东亚②。中国的大绿臭蛙 *Odorrana graminea* 叫声中也有高频音，但它没有像凹耳臭蛙那样凹陷的耳道。日本的奄美臭蛙 *Odorrana amamiensis* 因很多自然栖息地被破坏，而被列为濒危物种。

① 译者注：应为安徽省和浙江省。
② 译者注：依据Frost (2018)，臭蛙属目前有58个物种，分布于东亚和东南亚。

科名	蛙科Ranidae
其他名称	伊伯利亚绿蛙、佩氏蛙
分布范围	西班牙、葡萄牙、法国南部，引入到加那利群岛、马德拉群岛和巴利阿里群岛
成体生境	水塘和缓流河里或岸边
幼体生境	水塘和缓流河
濒危等级	无危。因使用农药，一些分布区内数量有下降

成体体长
雄性
1$\frac{3}{8}$—2$\frac{13}{16}$ in (35—70 mm)
雌性
1$\frac{3}{4}$—3$\frac{5}{16}$ in (45—85 mm)

佩氏侧褶蛙
Pelophylax perezi
Iberian Water Frog
(López-Seoane, 1885)

该蛙除冬天外，生命里的大部分时间都在水里。其繁殖期在春天，雄性前肢第一指上会长出角质婚垫，用来抱紧雌性。雄性的叫声像深沉的咆哮声或笑声。根据体型大小，雌性可产卵800—10000枚，呈一大团。欧洲水栖蛙类的一些物种之间会杂交，产生独特而可识别的类型，称为杂交种。在法国南部，佩氏侧褶蛙和湖侧褶蛙（第554页）产生的杂交种，曾被发表为葛氏侧褶蛙 *Pelophylax grafi*。

相近物种

目前，侧褶蛙属 *Pelophylax* 有26个物种①，分布于欧洲、亚洲、北非和中东。地中海岛屿上有一些特有物种，如克里特侧褶蛙 *Pelophylax cretensis* 仅分布于克里特岛，被列为濒危物种；喀帕苏斯侧褶蛙 *Pelophylax cerigensis* 仅分布于希腊的喀帕苏斯岛，被列为极危物种。另见湖侧褶蛙（第554页）和撒哈拉侧褶蛙（第555页）。

佩氏侧褶蛙的眼大而突出，靠近头顶，使之浮在水里时能观察周围环境；背侧褶显著；体色多变，绿色、棕色、灰色或黄色，带有深色斑点。

实际大小

① 译者注：依据Frost (2018)，侧褶蛙属目前有21个物种。

科名	蛙科Ranidae
其他名称	湖蛙、笑蛙
分布范围	欧洲西部至中亚
成体与幼体生境	静水和流水
濒危等级	无危。对污染有高耐受度，在人工环境内繁盛，很多地方有分布扩张

成体体长
雄性
最大 4¾ in (120 mm)
雌性
最大 6¹¹⁄₁₆ in (170 mm)

湖侧褶蛙
Pelophylax ridibundus
Marsh Frog
(Pallas, 1771)

湖侧褶蛙的后肢很长；皮肤有疣粒；背侧褶显著；趾间有蹼；体色多变，背面棕色或灰色，通常有绿色或黄色斑点，还有很多深色大斑；背中央通常有一条浅绿色纵纹。

实际大小

湖侧褶蛙是欧洲当地最多的蛙类。它们生活在水里，但一般在陆地上捕食，如昆虫和其他无脊椎动物；会在水塘、湖泊、溪流和河岸边晒太阳。当其受到惊扰时就扑通一声跳进水里。该蛙的繁殖期在春季，雄性浮在水面鸣叫来守卫领地，其嘴两边各有一个声囊，叫声响亮。愿意接受交配的雌性会发出叫声，并靠近领地里的雄性。根据体型大小，雌性产卵最多可达16000枚。

相近物种

湖侧褶蛙与莱氏侧褶蛙 *Pelophylax lessonae* 分布区有很多重叠，生境也相似。在很多地方，这两种蛙会产生杂交，如以前的美味侧褶蛙 *Pelophylax esculentus* 就是杂交种。大多数情况下，美味侧褶蛙不能繁殖，因此这个杂交种的存在与否取决于两个亲本是否继续杂交。另见佩氏侧褶蛙（第 553 页）和撒哈拉侧褶蛙（第 555 页）。

科名	蛙科Ranidae
其他名称	摩洛哥绿蛙、北非绿蛙
分布范围	北非（西起摩洛哥，东至埃及；以及阿尔及利亚南部）
成体生境	水塘、溪流、灌溉水渠、水库及周围
幼体生境	水塘、溪流、灌溉水渠、水库
濒危等级	无危。分布区广泛，数量未见下降

撒哈拉侧褶蛙
Pelophylax saharicus
Sahara Frog
(Boulenger, 1913)

成体体长
雄性
1⁹⁄₁₆—2¹⁵⁄₁₆ in (40—75 mm)
雌性
1⁹⁄₁₆—4⅛ in (40—105 mm)

撒哈拉沙漠似乎是一个不太可能找到蛙类的地方，但撒哈拉侧褶蛙却在北非的马格利布地区很繁盛，它也分布于撒哈拉沙漠一些孤立的绿洲内。与其他相近蛙类不同的是，该蛙终年都在活动，似乎没有休眠期。在很多地方，撒哈拉侧褶蛙主要依赖于人类修建的水渠和水库，这些都是为了收集和储存短缺的水源。该蛙几乎终生都生活在水里，仅在捕食时才会上岸。

撒哈拉侧褶蛙吻端突出；眼靠近头顶；背侧褶显著；趾间有蹼；背面以绿色为主，有棕色大斑；四肢背面有棕色横纹。

相近物种

撒哈拉侧褶蛙与佩氏侧褶蛙（第 553 页）非常相似，但在遗传学上有明显区别。贝氏侧褶蛙 *Pelophylax bedriagae* 是地中海东部地区的常见物种，在土耳其和埃及，大量被作为食物出口。因为过度利用，阿拉伯和希腊的伊庇鲁斯侧褶蛙 *Pelophylax epeiroticus* 已被列为易危物种。另见湖侧褶蛙（第 554 页）。

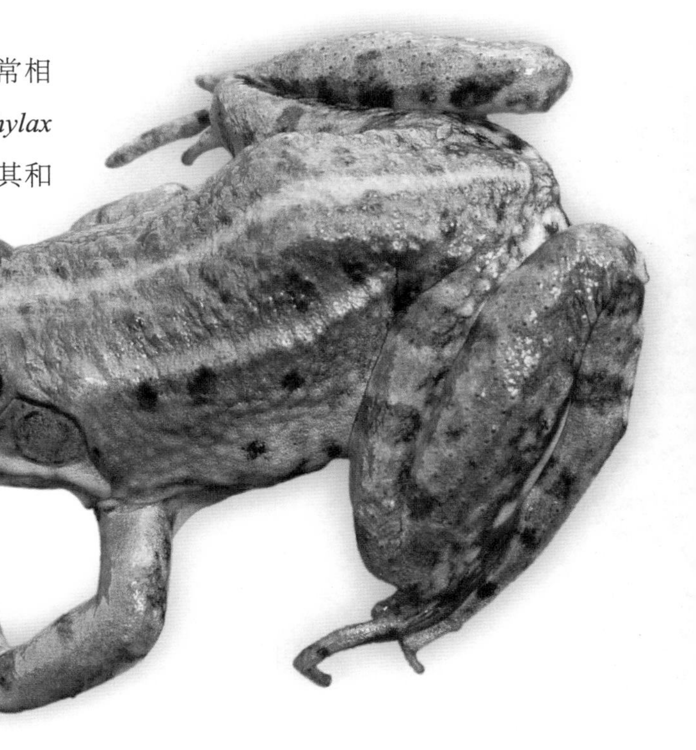

实际大小

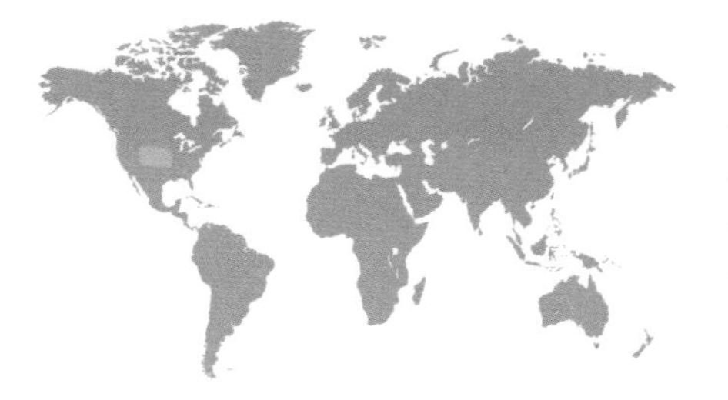

科名	蛙科Ranidae
其他名称	*Lithobates areolatus*、印第安纳蛙
分布范围	美国中部
成体生境	草原、牧场、松林、林地、河漫滩
幼体生境	临时性水塘和水淹地区
濒危等级	近危。因湿地排水和肉食性鱼类的引进而数量下降

成体体长
雄性
2⅜—4⅜ in (61—112 mm)
雌性
2 13/16—4¾ in (70—121 mm)

穴居蛙
Rana areolata[①]
Crawfish Frog
Baird & Girard, 1852

这种大型蛙类的名称来源于其生活习性——每年有超过十个月都栖息在小龙虾的洞里或地下其他洞穴里。它很依恋自己的洞穴，为了去繁殖的水塘，在经过长达 1.2 km 的艰险跋涉后，它仍然会返回洞穴。这种对巢穴的强烈依赖，使得生物学家有机会通过摄像和无线电追踪来观察它们的行为，这在其他蛙类里是难以实现的。这些研究显示穴居蛙有非凡的能力，每年离家后都能找到回家的路。

相近物种

穴居蛙与卡罗莱纳地鼠蛙（第 560 页）和黑地鼠蛙 *Rana sevosa*[②]合鸣很接近。它们都是“爆发式繁殖”，在大雨后集群。穴居蛙的合鸣声被比作“喂食时的猪圈”（Roger Conant），而两种地鼠蛙的鸣叫声则像深沉的鼾声。黑地鼠蛙被列为极危物种。

实际大小

穴居蛙身体短胖，像个蟾蜍，但皮肤光滑没有瘰粒；眼大；鼓膜清晰；背面灰色或灰绿色，带有镶浅色边的大黑斑；腹面白色无斑。

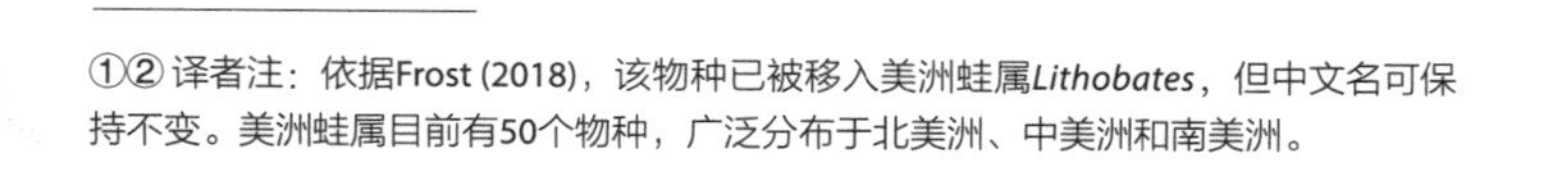

①② 译者注：依据Frost (2018)，该物种已被移入美洲蛙属*Lithobates*，但中文名可保持不变。美洲蛙属目前有50个物种，广泛分布于北美洲、中美洲和南美洲。

科名	蛙科Ranidae
其他名称	瑞典沼泽蛙
分布范围	欧洲中部和东部（瑞典、芬兰、俄罗斯大部分地区）
成体生境	苔原、林地、干草原
幼体生境	静水水体，包括小水塘和大型湖泊
濒危等级	无危。分布区非常广泛，很多地方数量巨大，未发现数量下降

成体体长
2⅛—2¹³⁄₁₆ in (55—70 mm)

田野林蛙
Rana arvalis
Moor Frog
Nilsson, 1842

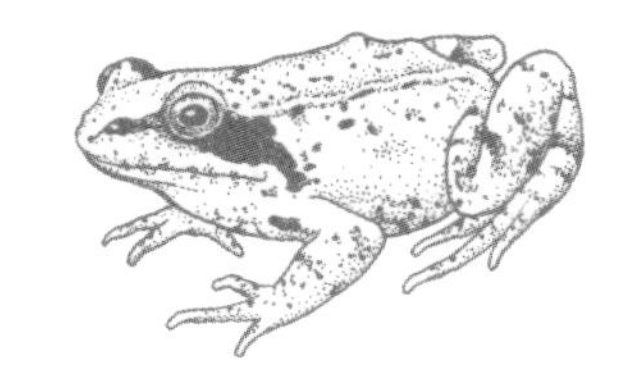

有趣的是，这种小型林蛙在几天的繁殖期里，雄性会变成亮丽的浅蓝色。有研究表明，雌性可能更偏爱于颜色最亮的雄性，但目前还缺乏充足的证据。可能是由于雄性变成蓝色，因此在混乱的求偶竞争中，雌性能从其他雄性里区分出雄性。田野林蛙的交配是“爆发式”的，仅发生在数天内，有非常多的个体四处乱爬来寻找配偶。根据不同海拔高度，繁殖期在3—6月间，雌性产卵500—3000枚。

相近物种

田野林蛙是蛙属 *Rana* 众多物种中的一个，蛙属物种广泛分布于欧洲和亚洲，外形和生活史都很相似。田野林蛙与欧洲林蛙（第570页）和捷林蛙（第563页）很相似，但是田野林蛙的后腿较短，吻端较突出。

田野林蛙吻端突出；眼大；皮肤光滑；背侧褶细；背面通常棕红色，头侧从吻端至鼓膜有深色纵纹；腹面白色无斑；后腿较短，背面有深棕色横纹。

实际大小

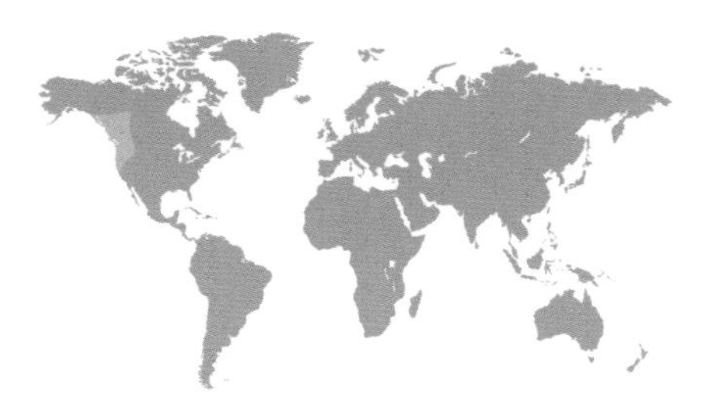

科名	蛙科Ranidae
其他名称	红腿蛙
分布范围	北美洲西部（不列颠哥伦比亚，南至加利福尼亚北部）
成体生境	水塘、溪流附近以及低地和丘陵地带的湿地
幼体生境	池塘和水塘
濒危等级	无危。因城市扩展和湿地排水，部分分布区的数量有下降

成体体长
雄性
1¾—2$^{13}/_{16}$ in (44—70 mm)
雌性
1⅞—3⅞ in (48—100 mm)

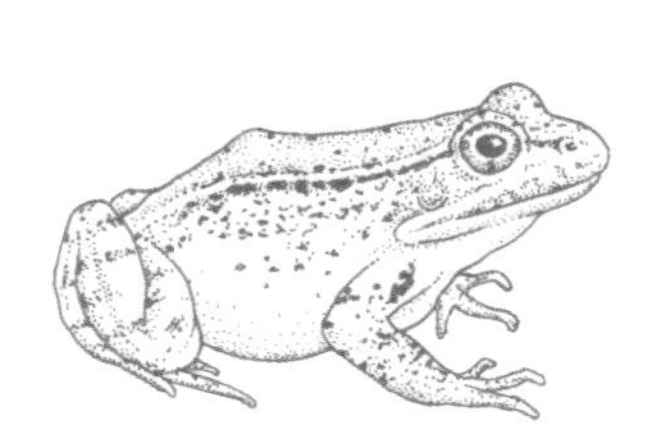

北红腿林蛙
Rana aurora
Northern Red-legged Frog

Baird & Girard, 1852

北红腿林蛙得名于腹部和后腿腹面的红色斑纹；其背面呈棕色、灰色、橄榄绿或微红色，带有很多黑色斑点；眼大而突出；背侧褶发达。

北红腿林蛙短暂的繁殖期在初春，它们在植物覆盖度好的小水塘里集群。雄性的叫声比很多蛙类都低——因为没有声囊，而且在水面下鸣叫，类似轻笑声夹杂着呻吟声。它曾经是数量非常大的蛙类物种，但目前在很多分布区都有所下降，主要是由于栖息地的丧失。例如，由于湿地排水，该蛙在俄勒冈州的威拉梅特河谷几乎绝迹。还有一个威胁，是该蛙在其蝌蚪期受到食蚊鱼的影响——以前为了控制疟疾而将食蚊鱼引进到当地的生态系统里。

实际大小

相近物种

加州红腿林蛙 *Rana draytonii* 曾经被作为北红腿林蛙的一个亚种，其体型更大，曾经分布于加利福尼亚州北部至墨西哥，数量很大。1895 年时估计有 12000 只被加州当地人捕食。现在，该蛙已被列为易危物种，在很多分布区内已绝迹，主要由于风力带来了加州的中央谷地这个密集农业区的杀虫剂而引发污染。

科名	蛙科Ranidae
其他名称	无
分布范围	美国的加利福尼亚州、俄勒冈州和华盛顿州
成体生境	山林和草地的水塘附近，分布上限为林木线
幼体生境	融雪形成的浅水塘
濒危等级	近危。因鳟鱼和美洲牛蛙的引入，以及紫外线辐射增强，其数量在很多分布区内急剧下降

成体体长
雄性
1¾—2¼ in (44—58 mm)
雌性
1^13/16—2^15/16 in (46—75 mm)

瀑林蛙
Rana cascadae
Cascades Frog
Slater, 1939

尽管瀑林蛙的栖息地相对还未受到人类活动的影响，但其数量在大部分分布区内急剧下降。1990 年在俄勒冈州进行了一次详细调查，曾经记录过该蛙的 30 个分布点，其中 80% 的分布点里都已绝迹。这很可能是由于臭氧层变薄引起紫外线辐射水平增加，从而导致了该蛙数量下降。紫外线可以破坏两栖类受精卵里的遗传物质，尤其是像瀑林蛙这类物种将卵产在靠近水面、能被阳光照射的地方。

相近物种

俄勒冈斑林蛙 *Rana pretiosa* 分布区与瀑林蛙相同，但海拔更低。该蛙在很多分布区内数量下降，尤其是加利福尼亚州，主要由于其栖息的湿地被排水，其已被列为易危物种。黄腹林蛙 *Rana luteiventris* 受胁不严重，分布区可到不列颠哥伦比亚。

瀑林蛙背侧褶显著；背面浅棕色或绿色，带有清晰的黑斑；胸和腹部黄色或白色，四肢背面有深色横纹；大多数个体吻端至鼓膜有深色纵纹。

实际大小

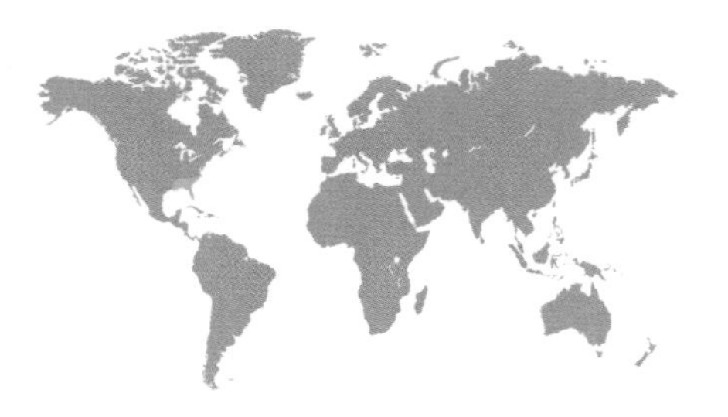

科名	蛙科Ranidae
其他名称	佛州地鼠蛙
分布范围	美国东南部
成体生境	松林和弃田的沙土地，靠近临时性和永久性水塘
幼体生境	没有鱼类的临时性或永久性水塘
濒危等级	近危。因栖息地破坏而导致很多分布区数量下降

成体体长
2½—3¹⁵⁄₁₆ in (63—102 mm)

卡罗莱纳地鼠蛙
Rana capito[①]
Carolina Gopher Frog
Leconte, 1855

这种长得像蟾蜍的蛙得名于它在其他动物的洞穴里生活，尤其是在地鼠穴龟 *Gopherus polyphemus* 的洞穴。它白天隐藏在地下，夜间在其洞穴附近活动觅食。晚冬和早春时，大雨触发其短暂的繁殖期，它迁移到没有掠食性鱼类的水塘里。雄性的求偶鸣叫深沉，像持续的鼾声。雌性分团产卵 1000—2000 枚，附着在挺水植物的茎上。佛罗里达地鼠蛙目前被作为卡罗莱纳地鼠蛙的一个亚种 *Rana capito aesopus*。

卡罗莱纳地鼠蛙体型短胖；吻端圆；四肢短；皮肤有疣粒，像蟾蜍；背侧褶显著，呈棕色或红褐色；背面乳白色、灰色或深灰色，带有很多黑色圆斑。

实际大小

相近物种

黑地鼠蛙 *Rana sevosa*[②]曾经被作为卡罗莱纳地鼠蛙的一个亚种，但遗传学研究显示它为一个独立的种。黑地鼠蛙的体色比卡罗莱纳地鼠蛙深，有时几乎是黑色。由于栖息地破坏，该蛙已减少得仅剩一个孤立的种群栖息于一个水塘里，数量可能已少于 100 只。

①② 译者注：依据Frost (2018)，该物种已被移入美洲蛙属*Lithobates*，但中文名可保持不变。美洲蛙属目前有50个物种，广泛分布于北美洲、中美洲和南美洲。

科名	蛙科Ranidae
其他名称	*Lithobates catesbeianus*
分布范围	美国中部和东部，加拿大；已扩散到美国西部很多地区，曾被引进到世界上很多国家
成体及幼体生境	大型水塘和湖泊
濒危等级	无危。种群数量持续增加的少数蛙类之一。在世界上很多地方被作为宠物

美洲牛蛙
*Rana catesbeiana*①
North American Bullfrog
Shaw, 1802

成体体长
雄性
3½—7$\frac{3}{16}$ (90—180 mm)
雌性
4¾—7⅞ in (120—200 mm)

虽然在其部分自然分布区的数量有所下降，但这种体型巨大的蛙类在世界上很多地区都是臭名昭著的入侵种——最初它被作为食物而引进到这些地区。由于缺乏自然捕食者，它在新到的地方能很快繁衍，并取代本土蛙类。其蝌蚪生长速度快，并与本土蝌蚪争夺食物资源，而成体则捕食体型比自己小的本土蛙类。更为严重的是，美洲牛蛙能传播壶菌病，但自身却有免疫力。将该蛙引进到世界上其他地区，是致命的壶菌病扩散的主要因素。

美洲牛蛙是北美洲体型最大的蛙类。后肢长而健壮；鼓膜显著，雄性的鼓膜大于雌性；背面通常绿色，带有棕色斑点，头背通常呈绿色。腹面白色，常带有黄色；雄性前臂较雌性的粗。

实际大小

相近物种

虽然体型不如美洲牛蛙大，但猪蛙 *Rana grylio*②常与之混淆。它分布于美国南部从得克萨斯州到南卡罗莱纳州的低地沼泽和湖泊，得名于其繁殖期时，低音的鸣叫声像猪的咕哝声。其叫声终年都可以听到，但在3—9月间最多。

①② 译者注：依据Frost (2018)，该物种已被移入美洲蛙属*Lithobates*，但中文名可保持不变。美洲蛙属目前有50个物种，广泛分布于北美洲、中美洲和南美洲。

科名	蛙科Ranidae
其他名称	*Lithobates clamitans*、噪蛙、大肚皮
分布范围	美国东部、加拿大东部
成体生境	永久性浅水水体及附近
幼体生境	永久性浅水水体
濒危等级	无危。分布区广，未发现数量明显下降

成体体长
雄性
2³⁄₁₆—4 in (57—103 mm)
雌性
2⅜—4⅛ in (60—105 mm)

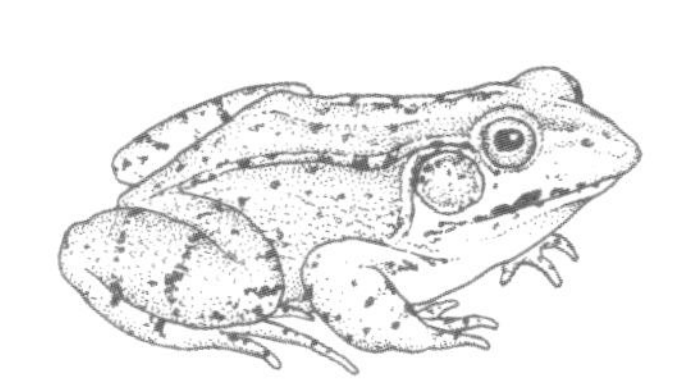

绿噪蛙

Rana clamitans[①]

Green Frog

Latreille, 1801

绿噪蛙体色多变，除绿色外，有些个体更偏棕色、深灰色或铜色。上唇绿色；腹面白色；体侧有发达的肤褶，但没有贯通至胯部；鼓膜显著，雄性的更大。

这种大型蛙类在水塘和浅水湖泊里繁殖，雄性会守卫领地等待雌性产卵。雄性的叫声像拨动松弛的班卓琴琴弦时发出的声音。大体型雄性叫声较小体型的更深沉，当后者听到其低沉的叫声时，一般会选择退却。雄性若能长时间守卫领地，则会得到与更多雌性进行交配的机会。绿噪蛙有两个亚种，分别是绿噪蛙北方亚种 *Rana clamitans melanota* 和绿噪蛙南方亚种，或称铜色噪蛙 *Rana c. clamitans*。后者体型较小，体色通常为铜色。

实际大小

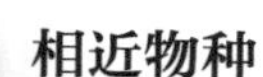

相近物种

木匠蛙 *Rana virgatipes*[②]得名于其叫声像是在不停地钉钉子。它几乎是全水栖的蛙类，分布于美国东海岸各州的潮湿地区，因此有时被称作水苔蛙。狗鱼蛙 *Rana palustris*[③]也分布于美国东部，其皮肤分泌物有毒，这在蛙属 *Rana* 物种中是罕有的。

①②③ 译者注：依据Frost (2018)，该物种已被移入美洲蛙属*Lithobates*，但中文名可保持不变。美洲蛙属目前有50个物种，广泛分布于北美洲、中美洲和南美洲。

科名	蛙科Ranidae
其他名称	无
分布范围	欧洲中部和南部，北部有零星的种群
成体生境	广阔的落叶林、沼泽草甸
幼体生境	林地和林缘的水塘和沼泽
濒危等级	无危。由于栖息地破坏，部分分布区的数量有所下降

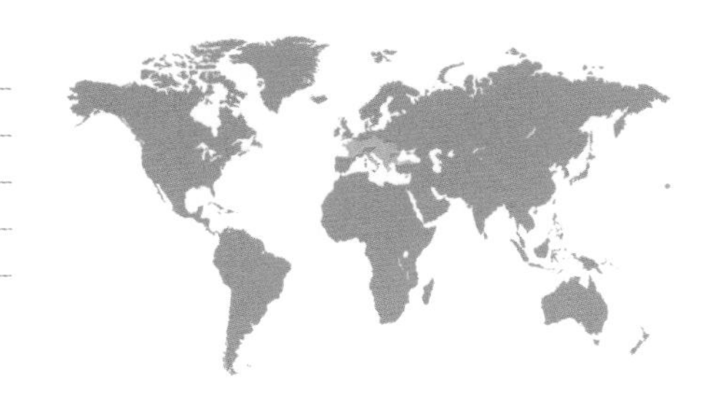

成体体长
雄性
1⁹⁄₁₆—2⅝ in (40—65 mm)
雌性
1⅝—3½ in (42—90 mm)

捷林蛙
Rana dalmatina
Agile Frog
Fitzinger, 1839

捷林蛙是分布于欧洲的林蛙类物种之一，它得名于受到威胁后能跳很远的特征。其繁殖期在早春，雄性发出“咕……咕……咕”（quar...quar...quar）的叫声来吸引雌性。雌性分团产卵 450—1800 枚。和其他很多蛙类一样，雌性看似仅与一只雄性交配，所有卵都由同一只雄性进行受精，但遗传学研究发现约 18% 的卵群被两只雄性受精。

相近物种

捷林蛙分布区与欧洲林蛙（第 570 页）相同，但前者的繁殖期在早春。拉氏林蛙 *Rana latastei* 栖息于意大利北部及邻近国家的低地区，其叫声像猫叫，已被列为易危物种。

捷林蛙吻端突出；鼓膜靠近眼；后肢很长，趾间有蹼；背面浅棕色，腰部带有黄色；背面有深棕色斑点；四肢具深棕色横纹；头侧的眼前后有黑色纵纹。

实际大小

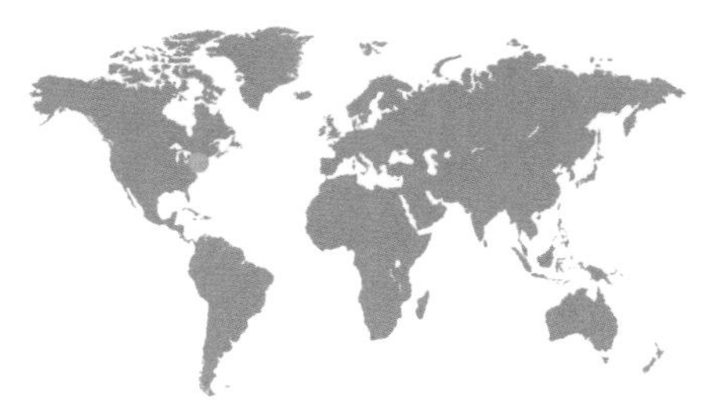

科名	蛙科Ranidae
其他名称	*Lithobates kauffeldi*
分布范围	美国纽约市及周边城市
成体生境	各种淡水生境
幼体生境	浅水塘
濒危等级	尚未评估。狭域分布于城市区

成体体长
¾—3⁵⁄₁₆ in (20—85 mm);
雄性通常更小

纽约豹纹蛙

*Rana kauffeldi*①

Atlantic Coast Leopard Frog

Feinberg, Newman, Watkins-Colwell, Schlesinger, Zarate, Curry, Shaffer & Burger, 2014

2014 年宣布发现该新种蛙类，引起了很多媒体的注意，因为它是在世界上人口最密集的地区被发现的。该物种是“隐存种”的一个案例，也就是说某个物种曾经被错误地包含在其他物种内，例如，纽约豹纹蛙以前被包含在南部豹纹蛙（第 568 页）内。它于 2 月迁移到繁殖场所，叫声在 3 月最强烈。五只或更多的雄性聚集为一群，晚上在浅水塘内鸣叫，吸引雌性。雌性分团产卵，与其他雌性的卵产在一起。

相近物种

纽约豹纹蛙在外形上与北部豹纹蛙（第 567 页）、南部豹纹蛙（第 568 页）都很相似。这三个物种在鸣叫声上的区别是：纽约豹纹蛙发出单音节的“咯”（chuck）；南部豹纹蛙完全是多音节的“呃咳……呃咳……呃咳”（ak...ak...ak）；北部豹纹蛙则是连续的呼噜声。这三个物种在遗传方面也截然不同。

纽约豹纹蛙体型细长而健壮；背侧褶很明显；四肢发达；背面棕色、灰色或绿色，带有深色大斑点；腹面白色或乳白色；鼓膜中间有模糊的浅色斑。

实际大小

①② 译者注：依据Frost (2018)，该物种已被移入美洲蛙属*Lithobates*，但中文名可保持不变。美洲蛙属目前有50个物种，广泛分布于北美洲、中美洲和南美洲。

科名	蛙科Ranidae
其他名称	马德雷黄腿蛙、南部黄腿山蛙
分布范围	美国中部的两个地区以及加利福尼亚州南部
成体生境	湿润的草地、溪流和湖泊，最高海拔2300 m
幼体生境	溪流和湖泊
濒危等级	濒危。美国南部的分布濒临灭绝。数量下降的原因是鱼类的引进、壶菌病和杀虫剂的威胁

山黄腿蛙
Rana muscosa
Mountain Yellow-legged Frog
Camp, 1917

成体体长
雄性
1$\frac{9}{16}$—2$\frac{15}{16}$ in (40—75 mm)
雌性
1¾—3½ in (45—89 mm)

这种濒危的蛙类主要营水栖，山区积雪融化时，它迅速开始繁殖。自 19 世纪初期开始，鳟鱼被引进到内华达山脉的很多永久性水体，带来了灾难性影响，比如鳟鱼会吃蝌蚪。近期实施的行动，将很多小型湖泊里的鳟鱼清除，使得一些蛙类的种群数量得到恢复。山黄腿蛙还很容易受到壶菌病感染的影响。另外，风力带来了农业区的杀虫剂，使该蛙与加州其他很多蛙类一样，可能受到严峻的影响。

山黄腿蛙在被捉住时，能发出类似大蒜的气味；背面黄色、棕红色或橄榄绿色，带有棕色或黑色网状纹；后肢背面有横纹；四肢腹面和腹部微红色带有黄色或橘黄色。

相近物种

内华达黄腿蛙 *Rana sierrae* 分布于加利福尼亚州北部和内华达州，受胁因素与山黄腿蛙相同，它也被列为濒危物种，它的后肢较短，求偶鸣叫与山黄腿蛙不同。丘陵黄腿蛙 *Rana boylii* 分布海拔较低，因其溪流生境破坏，大部分分布区的数量都已下降，被列为近危物种。

实际大小

科名	蛙科Ranidae
其他名称	*Lithobates palustris*、黄腿蛙
分布范围	美国东部、加拿大东部部分地区
成体生境	永久性的浅水水体及附近
幼体生境	林地里的水塘或水池
濒危等级	无危。分布区广，未发现数量下降

成体体长
雄性
1$\frac{11}{16}$—2$\frac{3}{16}$ in (43—57 mm)
雌性
2$\frac{1}{8}$—3$\frac{1}{16}$ in (54—78 mm)

狗鱼蛙
Rana palustris[①]
Pickerel Frog
Leconte, 1825

狗鱼蛙皮肤分泌物有毒，在蛙属 *Rana* 物种中较罕见。其腿内侧和腹部还有黄色或橘黄色斑块，形成警戒色。该蛙在早春升温时迁移到繁殖场所，其繁殖时间南部分布区较北部早。雄性在水面下鸣叫。雌性在水下产卵一团，为 2000—3000 枚。非繁殖期时，该物种常发现于洞穴内。

实际大小

相近物种

狗鱼蛙易与纽约豹纹蛙（第 564 页）、北部豹纹蛙（第 567 页）和南部豹纹蛙（第 568 页）相混淆，但狗鱼蛙背部的大斑块更偏向于方形，而不是圆形或椭圆形。此外，狗鱼蛙皮肤分泌物有毒，该特征也与后三种蛙不同。

狗鱼蛙背面呈灰色或棕褐色，带有深棕色或黑色大斑块，常排列为两行；后肢背面有棕色或黑色横纹；大腿内侧和腹部有亮黄色或橘黄色斑块；浅色的背侧褶显著。

① 译者注：依据Frost (2018)，该物种已被移入美洲蛙属*Lithobates*，但中文名可保持不变。美洲蛙属目前有50个物种，广泛分布于北美洲、中美洲和南美洲。

科名	蛙科Ranidae
其他名称	*Lithobates pipiens*
分布范围	加拿大、美国
成体生境	草地、丛林、森林
幼体生境	永久性水塘和缓速溪流
濒危等级	无危。分布区很广，但在很多地区数量急剧下降，尤其是美国西部

成体体长
$1\frac{15}{16}$—$4\frac{5}{16}$ in (50—110 mm)
雄性通常更小

北部豹纹蛙

*Rana pipiens*①

Northern Leopard Frog

Schreber, 1782

虽然该蛙的分布区很广，在美国东部大部分地区常见，但在美国西部的数量下降值得引起关注。部分原因是栖息地丧失和美洲牛蛙（第 561 页）被引入到该地区，但还有很多细微的因素。莠去津（Atrazine）是北美使用最多的除草剂，这种除草剂会干扰豹纹蛙类的生殖系统发育，使很多雄性发育成雌雄同体，同时具有卵巢和睾丸。硝酸盐类化肥则损害蝌蚪的生长和发育。严重畸形的案例在豹纹蛙类幼体里是否普遍还不清楚。

北部豹纹蛙体型细长而健壮；背侧褶显著；四肢长而发达；背面绿色或棕色，有镶浅色边的深色大斑；腹面白色或乳白色；上唇有白色纵纹。

相近物种

南部豹纹蛙（第 568 页）分布于美国南部。分布范围稍窄的平原豹纹蛙 *Rana blairi*②栖息于美国中部的草原和草地。内华达豹纹蛙 *Rana onca*③曾被认为已经灭绝，但目前在内华达州、亚利桑那州和犹他州还有少量分布点，被列为濒危物种。

实际大小

①②③ 译者注：依据Frost (2018)，该物种已被移入美洲蛙属 *Lithobates*，但中文名可保持不变。美洲蛙属目前有50个物种，广泛分布于北美洲、中美洲和南美洲。

科名	蛙科Ranidae
其他名称	*Lithobates sphenocephalus*
分布范围	美国南部
成体生境	各种淡水生境
幼体生境	浅水塘
濒危等级	无危。分布区广，未发现数量下降

成体体长
$1\frac{15}{16}$—$3\frac{1}{2}$ in (50—90 mm)
雄性通常更小

南部豹纹蛙
Rana sphenocephala[①]
Southern Leopard Frog
Cope, 1889

南部豹纹蛙常被发现于距水源有一定距离的草地。其北部种群的繁殖期在春季，而南部种群在全年的大雨过后均可繁殖。雄性有一对声囊，夜晚温度较高时鸣叫，浮于水面或蹲坐在浮水植物上。其叫声是连续而快速的、刺耳的咕哝声。螯虾会捕食蛙卵，但发育中的胚胎能感知到捕食者的存在而提前孵化。当南部豹纹蛙受到惊扰时，会呈“Z”形连续跳跃。

相近物种

南部豹纹蛙体型小于北部豹纹蛙（第567页），其分布区与格兰德豹纹蛙 *Rana berlandieri*[②]有部分重叠，后者分布于美国南部、墨西哥和中美洲，体色较浅，繁殖期较早。低地豹纹蛙 *Rana yavapaiensis*[③]分布于亚利桑那州和墨西哥的半荒漠地区。

南部豹纹蛙体型细长而健壮；背侧褶显著；四肢长而发达；背面棕色、灰色或绿色，有深色大斑；腹面白色或乳白色；鼓膜中央有一个浅色斑点。

实际大小

①②③ 译者注：依据Frost (2018)，该物种已被移入美洲蛙属*Lithobates*，但中文名可保持不变。美洲蛙属目前有50个物种，广泛分布于北美洲、中美洲和南美洲。

科名	蛙科Ranidae
其他名称	*Lithobates sylvaticus*
分布范围	美国阿拉斯加和东北部各州、加拿大
成体生境	林地
幼体生境	临时性浅水塘
濒危等级	无危。分布区广，未发现数量下降

成体体长
$1\frac{3}{8}$—$3\frac{1}{16}$ in (35—82 mm)
雄性通常更小

北美林蛙

Rana sylvatica[①]

Wood Frog

Leconte, 1825

这是北美蛙类中唯一一种可分布于北极圈以北的物种，其分布可达最北的林木线。之所以能栖息于如此寒冷的环境内，是因为它的体内含有大量的葡萄糖和尿素，能起到抗冻剂的作用，使其冬天能在冰冻的土地里存活。它是春天里最早繁殖的蛙类，在融雪的水坑里聚集。其交配期短暂，由于雄性数量多于雌性，因此竞争激烈。有些雌性会被多个雄性重重抱住而致死。

北美林蛙头侧的吻端至鼓膜后方有深色斑；背侧褶显著；背面棕色、棕褐色、粉色或棕红色，有时带有黑色斑点；上唇有一条浅色纵纹；后肢背面有横纹。

相近物种

水貂蛙 *Rana septentrionalis*[②]的分布也很靠北，分布于加拿大东部和美国东北部，但它没有北美林蛙的耐冻力。水貂蛙被捉住时，会发出像水貂的臭味或是腐败的洋葱气味。该物种有较多畸形，四肢或缺或多，其原因尚不清楚。

实际大小

①② 译者注：依据Frost (2018)，该物种已被移入美洲蛙属*Lithobates*，但中文名可保持不变。美洲蛙属目前有50个物种，广泛分布于北美洲、中美洲和南美洲。

科名	蛙科Ranidae
其他名称	林蛙、草蛙
分布范围	欧洲大部分地区，包括斯堪的纳维亚和俄罗斯西部；被引入到爱尔兰
成体生境	各种潮湿的地方
幼体生境	静水，如湖泊、水塘、水渠和积水坑
濒危等级	无危。分布区很广，未发现数量下降

成体体长
$1\frac{15}{16}$—$4\frac{5}{16}$ in (50—110 mm);
雄性通常更小

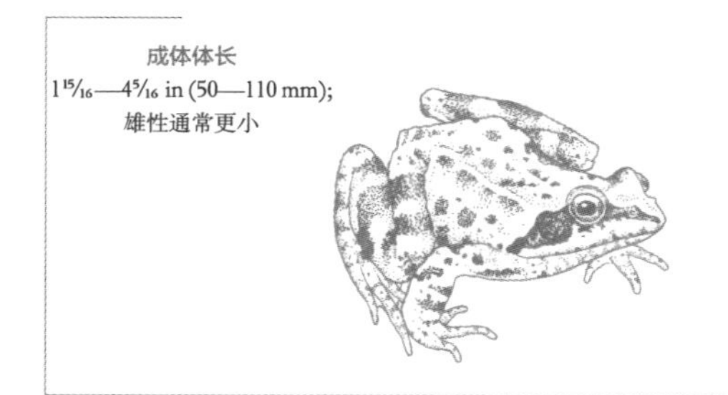

欧洲林蛙

Rana temporaria

European Common Frog

Linnaeus, 1758

欧洲林蛙在早春时迁移到繁殖水塘，数量通常很多。雄性先到达，并在水里鸣叫，有时浸没在水里，发出深沉的叫声。雄性前肢比雌性更粗、更发达，拇指上有大面积的黑色婚垫。这些特征使雄性在抱对时能紧紧抱住雌性，很难分开；而雌性胸部甚至会留下两处伤口。雌性产卵1000—4000枚，但仅有少数能存活到成年。其蝌蚪会被蝾螈、鱼、昆虫幼虫捕食，而成体则是苍鹭最爱的食物。

欧洲林蛙后腿长而发达；体色很多变，通常是绿色或棕色，有的是红色、黄色和蓝色；背面有黑色大斑点；后肢背面有黑色横纹；背侧褶间距小于蛙属其他物种。

相近物种

欧洲林蛙是分布于欧洲的几种林蛙之一，其他种还包括田野林蛙（第557页）和捷林蛙（第563页）。比利牛斯林蛙*Rana pyrenaica*狭域分布于法国南部和西班牙北部山区，体型大约只有欧洲林蛙的一半。由于栖息地丧失、污染和鳟鱼入侵，其数量已下降，已被列为濒危物种。

实际大小

科名	蛙科Ranidae
其他名称	*Glandirana rugosa*、粗皮蛙
分布范围	日本，引入到夏威夷
成体生境	低地或低山靠近水的地方
幼体生境	水塘、水渠和水稻田
濒危等级	无危。未发现数量下降

日本粗皮蛙

*Rugosa rugosa*①

Japanese Wrinkled Frog

Temminck & Schlegel, 1838

成体体长
雄性
1³⁄₁₆—1⅞ in (30—47 mm)
雌性
1¾—2⅜ in (44—60 mm)

该蛙是日本的特有种，于 19 世纪晚期被引入夏威夷并成功地在此繁衍。该物种适应性很强，可在水稻田和人工水池内栖息并繁殖，在日本长期被当地人捕食。雌性产卵为几个小团。冬天它在水里度过，在有些地方，其蝌蚪也在水里越冬，在孵化后的第二年变态；但在气候温暖的夏威夷，则没有此现象。该蛙被报道有难闻的气味。

实际大小

相近物种

粗皮蛙属 *Rugosa* 有四个物种②，分布于中国、朝鲜半岛、俄罗斯和日本。东北粗皮蛙 *Rugosa emelianjovi*③分布于朝鲜半岛和中国东北，栖息于多种淡水生境，包括缓速河流和水稻田。天台粗皮蛙 *Rugosa tientaiensis*④较少见，分布于中国中部⑤，因栖息地破坏和污染而受胁。

日本粗皮蛙得名于其体背和体侧有非常明显的纵向疣粒；其体型细长；头较大；吻端突出；趾间有蹼；体色多变，为灰色、绿色或棕色，后肢背面有横纹。

---

①②③④ 译者注：依据Frost (2018)，粗皮蛙属已被作为腺蛙属*Glandirana*的同物异名。该属目前有五个物种。由于“粗皮蛙”名称已使用较广泛，故建议原被称为“粗皮蛙”的物种仍可沿用原中文名。

⑤ 译者注：依据“中国两栖类”数据库，天台粗皮蛙分布于中国东部（浙江省及安徽省南部）。

科名	蛙科Ranidae
其他名称	无
分布范围	菲律宾吕宋岛
成体生境	山区溪流及附近
幼体生境	山区溪流（推测）
濒危等级	尚未评估

成体体长
雄性
1⅞—2⅙ in (47—53 mm)
雌性
2¼—2$^{13}/_{16}$ in (59—71 mm)

橙斑山溪蛙

Sanguirana aurantipunctata

Sanguirana Aurantipunctata

Fuiten, Welton, Diesmos, Barley, Oberheide, Duya, Rico & Brown, 2011

在过去的20年里，我们对世界上两栖类的认识有了很大改变。截至2002年，共有约5400个两栖类物种被描述和命名；到2014年中期，该数字达到了7300个，而且几乎每周都有增加。一部分原因，是对以前多样性认识不足的地区进行了更详尽的调查。橙斑山溪蛙这种非常美丽的蛙类，直到2011年才被学术界发现。作为夜行性动物，它栖息于湍急溪流附近的岩石或植物上，可能在溪流里产卵。

橙斑山溪蛙体型细长；眼大而突出；后肢细长，趾间有蹼；手特别大，指端吸盘大；背面亮黄绿色，雄性背面散有灰色、紫色或橘黄色小斑点，雌性为橘黄色的花形大斑点（如下图）。

相近物种

山溪蛙属 *Sanguirana* 有八个物种，是菲律宾群岛的特有种。吕宋山溪蛙 *Sanguirana luzonensis* 和巴尔巴兰山溪蛙 *Sanguirana igorata* 的数量都有所下降，已被分别列为近危和易危物种。其原因是由于农业和人类活动影响而导致森林栖息地被破坏。

实际大小

科名	蛙科Ranidae
其他名称	黑斑岩蛙
分布范围	婆罗洲、菲律宾
成体生境	森林，最高海拔1400 m
幼体生境	湍急溪流的水潭
濒危等级	尚未评估

成体体长
雄性
$1\frac{1}{8}$—$1\frac{7}{16}$ in (29—37 mm)
雌性
$1\frac{3}{4}$—$2\frac{1}{8}$ in (44—55 mm)

黑斑溅蛙
Staurois guttatus
Bornean Foot-flagging Frog
(Günther, 1858)

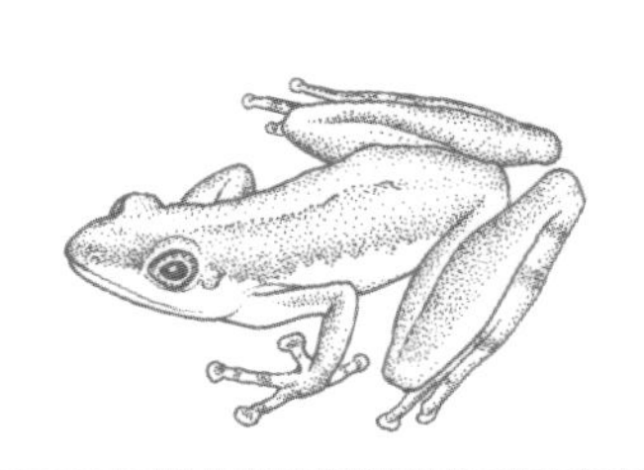

这种小型蛙类常趴在湍急溪流里能被溅水的石头上。它白天活动，雄性和雌性通过视觉和听觉信号进行交流。雄性发出尖锐刺耳的唧唧叫声，向雌性宣示自己的存在，随后，雄性向靠近它的雌性展示不同的姿势，包括在空中挥动其后肢，并展开趾间蓝绿色的蹼。雌性也通过姿势和叫声回应雄性。蝌蚪生活在溪流底部沉积的落叶层里，身上呈红色和亮蓝色。

实际大小

相近物种

溅蛙属 *Staurois* 有六个物种，均分布于婆罗洲和菲律宾群岛的森林中，因其栖息于溪流附近有溅水的环境，因此被称为溅蛙。绿斑溅蛙 *Staurois tuberilinguis* 和黄斑溅蛙 *Staurois latopalmatus* 均分布于婆罗洲。溅蛙属所有物种都因为森林栖息地破坏而受到威胁。

黑斑溅蛙体型狭窄；吻端突出；后肢细长；指、趾吸盘发达；背面亮绿色，带有黑色大斑点；趾蹼蓝绿色。

科名	跳蛙科Ranixalidae
其他名称	布氏棕蛙
分布范围	印度西部西高止山
成体生境	森林，海拔400—1200 m
幼体生境	溪流
濒危等级	易危。分布区狭窄，因森林砍伐而减少和片段化

成体体长
1¼—1½ in (32—38 mm)

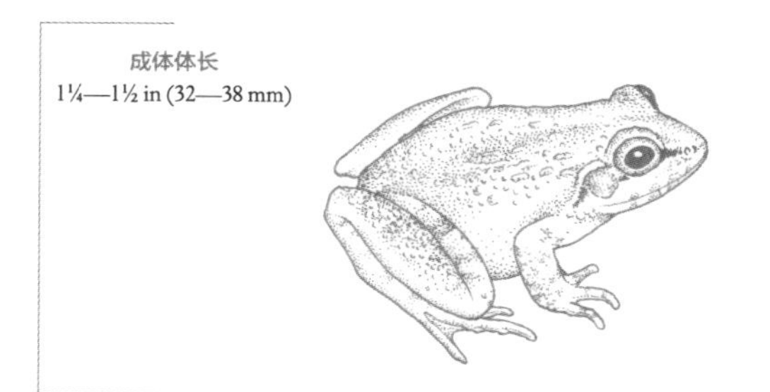

雷氏跳蛙

Indirana leithii

Leith's Leaping Frog

(Boulenger, 1888)

实际大小

雷氏跳蛙背部有一些较长的疣粒；颞褶呈腺体状；趾间有部分蹼；指、趾末端有吸盘；背面棕色，有深色小斑点；四肢背面有深色横纹。

这种稀有而鲜为人知的蛙类的蝌蚪有着不同寻常的行为。它们的蝌蚪趴在山溪附近有水雾的潮湿岩石表面，能利用长尾巴跳进2 m开外的水潭里，但几分钟后又爬回到岩石上。成体营地栖，生活在落叶堆和草地上，或是山坡上的水渠里。该蛙的交配情况还没有被报道，仅知其产卵于溪流的水潭里。已经有一些个体被检测到感染了壶菌病，但还没有表现出外部症状。

相近物种

跳蛙属*Indirana*目前已有11个物种[①]，估计还会有更多物种将会被发现。它们分布于印度中部和南部，大多数都因不同程度的森林砍伐而面临威胁。小手跳蛙*Indirana semipalmata*分布于西高止山，被列为无危物种；相反，蟾皮跳蛙*Indirana phrynoderma*[②]也分布于西高止山，却已被列为极危物种。

①译者注：依据Frost (2018)，跳蛙属目前已有14个物种。
②译者注：依据Frost (2018)，该物种已被移入韦蛙属*Wakerana*。

科名	叉舌蛙科Dicroglossidae
其他名称	俾路支山蛙、穆氏蛙
分布范围	阿富汗、巴基斯坦、印度
成体生境	山区溪流
幼体生境	山区溪流的水潭
濒危等级	无危。在巴基斯坦可能受到农药和清洁剂的不良影响；在印度数量下降

成体体长
雄性
2¾—3⅛ in (68—81 mm)
雌性
$3\frac{1}{16}$—$3\frac{9}{16}$ in (79—91 mm)

坎儿井蛙

Chrysopaa sternosignata

Karez Frog

(Murray, 1885)

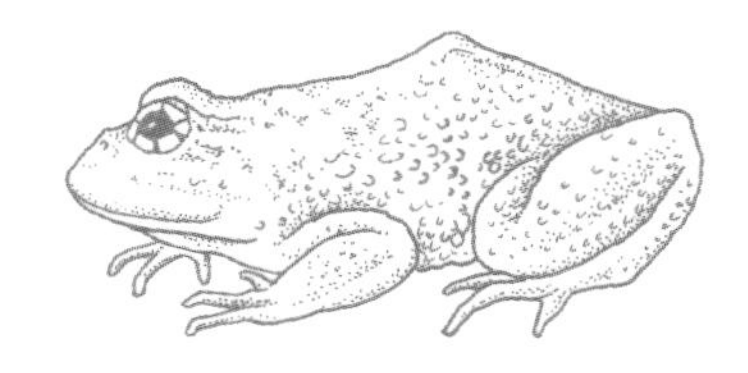

该蛙是以坎儿井——巴基斯坦干旱地区的一种由大量地下渠道组成的古老灌溉系统而命名。该蛙完全营水栖，甚至冬天都待在溪流里，能在冰面下缓慢移动。其繁殖期在4—6月，雄性在日落后鸣叫，发出低音的悦耳叫声。卵大，附着在沉水植物上。该物种的数量在印度急剧下降，部分原因是蝌蚪被用于捕鱼的化学物质毒死。

相近物种

坎儿井蛙属 *Chrysopaa* 仅有坎儿井蛙一个物种。它与倭蛙属 *Nanorana* 接近，后者分布于亚洲大陆，大多数物种栖息于高海拔溪流中。另见云南棘蛙（第582页）。

坎儿井蛙头宽，略扁平；眼靠近头顶；趾间全蹼；皮肤较松弛，离水后形成褶皱；背部具疣粒，疣粒顶端有疣刺；背面橄榄棕色或深绿色，带有黄色、橙黄色或红色小斑点。

实际大小

科名	叉舌蛙科Dicroglossidae
其他名称	绿疣蛙（越南）、跃水蛙（印度）
分布范围	伊朗、阿富汗、巴基斯坦、印度、尼泊尔、孟加拉国、斯里兰卡
成体生境	小型和大型水体，最高海拔2500 m
幼体生境	小型和大型水体
濒危等级	无危。大多数分布区内很常见，但部分分布区内因湿地排水和污染而受胁

成体体长
雄性
$1\frac{3}{8}$—$1\frac{3}{4}$ in (35—45 mm)
雌性
$1\frac{15}{16}$—$2\frac{5}{8}$ in (50—65 mm)

掠水蛙
Euphlyctis cyanophlyctis
Common Skittering Frog
(Schneider, 1799)

这是一种偏好水栖的蛙类，得名于当其逃避危险时能以很快的速度掠过水面——它扁平的身体充气膨胀，以后肢提供动力。掠水蛙的鸣叫声终年都可以听到，但繁殖期在温度上升的初夏，雄性聚集在一起，相互间乱跳，不断鸣叫。有报道称，雌性会通过鸣叫来回应雄性，雌性不止与一只雄性交配，但目前对其交配行为还没有详尽的描述。夜间，该蛙离开水去捕食昆虫。

相近物种

掠水蛙属 *Euphlyctis* 有六个物种①，也被称为五指蛙，主要分布于亚洲。阿拉伯掠水蛙 *Euphlyctis ehrenbergii* 分布于沙特阿拉伯和也门。六趾掠水蛙 *Euphlyctis hexadactylus* 是一种大型蛙类，非同寻常的是它主要以植物为食——其肠道内容物中超过 80% 是植物。

掠水蛙的头部和身体略扁平；眼位于头顶；趾间全蹼；背面灰色、橄榄绿或棕色，带有不规则的黑色斑点；腹面白色，体侧常有一条浅色纵纹。

① 译者注：依据Frost (2018)，掠水蛙属目前有八个物种。

科名	叉舌蛙科Dicroglossidae
其他名称	亚洲半咸水蛙、爪哇疣蛙、红树林蛙、稻田蛙
分布范围	泰国、马来西亚、婆罗洲、菲律宾、印度尼西亚、中国等
成体生境	红树林沼泽、低地湿地、水稻田
幼体生境	咸水、半咸水或淡水水塘
濒危等级	无危。分布区很广，部分地区种群数量有增加

海陆蛙
Fejervarya cancrivora
Crab-eating Frog
(Gravenhorst, 1829)

成体体长
雄性
2—2¹³⁄₁₆ in (51—70 mm)
雌性
2¹⁄₁₆—3³⁄₁₆ in (53—82 mm)

海陆蛙可能是唯一一种能长期生活在咸水及其附近的蛙类。它栖息于沿海的红树林沼泽，以蟹类为食。它也可以生活在不同的淡水环境里，包括水稻田，以昆虫和小型蛙类为食。它终年都可繁殖，但主要在雨季。雄性不会形成合鸣，而是在水体附近彼此间隔开，发出像漱口的叫声。该蛙在很多分布区内被人类捕食，在爪哇则被大量捕捉并以蛙腿出口。

相近物种

现在还很不确定陆蛙属 *Fejervarya* 有多少物种，一个权威的数据是 42 种[①]。马来泽陆蛙 *Fejervarya limnocharis* 也称作泽蛙，分布区非常广，从巴基斯坦到靠近中国，南至印度尼西亚，它是一种小型蛙类，在人类聚居地附近很常见，也是雨季到来后最早开始鸣叫的蛙类之一。另见南亚泽陆蛙（第 578 页）。

海陆蛙的背部和四肢背面有很多小疣粒和肤棱；头大；吻长；眼大；鼓膜显著；腿发达而有力；趾间有蹼；背面灰色或棕色，带有不规则深色斑块；四肢背面有横纹。

实际大小

① 译者注：依据Frost (2018)，陆蛙属目前有45个物种。

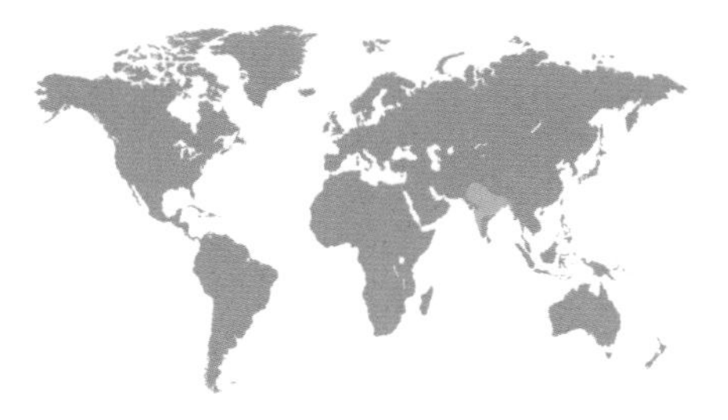

科名	叉舌蛙科Dicroglossidae
其他名称	*Zakerana syhadrensis*、孟买疣蛙、稻田蛙、山蟋蟀蛙、长腿蟋蟀蛙、希哈具蛙
分布范围	巴基斯坦、印度、孟加拉国、尼泊尔
成体生境	湿地、水稻田
幼体生境	水塘
濒危等级	无危。分布区很广，主要威胁来自于农药

成体体长
雄性
$^{11}/_{16}$—$^{3}/_{4}$ in (17—19 mm)
雌性
$^{3}/_{4}$—$^{7}/_{8}$ in (20—23 mm)

南亚泽陆蛙
Fejervarya syhadrensis
Southern Cricket Frog
(Annandale, 1919)

实际大小

南亚泽陆蛙的背部有纵向肤棱；背部和四肢背面有小疣粒；吻端突出；眼大；鼓膜显著；后肢长而发达；背面灰色，带有深色斑点，有时背中央有一条浅色的宽纵线。

这种小型蛙类常见于农业区，并受到农民的重视，因为它能消灭害虫及其幼虫。4—6 月雨季到来时它开始繁殖，可持续到 9 或 10 月。在繁殖期，雄性在水边彼此间隔 1 m 左右，隐藏在水边植物里，与相邻的雄性轮流鸣叫。其叫声像老式打字机敲击键盘发出的咔嗒声。卵被分成几小团产出，附着在水生植物上。

相近物种

南亚泽陆蛙分布广泛且常见，但同属的其他物种则很少见。尼尔吉里泽陆蛙 *Fejervarya nilagirica* 仅分布于印度西高止山的森林里，由于森林砍伐而受胁，被列为濒危物种。同样被列为濒危的还有斯里兰卡泽陆蛙 *Fejervarya greenii*，因森林砍伐、鳟鱼入侵和使用农药而受胁。另见海陆蛙（第 577 页）。

科名	叉舌蛙科Dicroglossidae
其他名称	非洲虎蛙、巨泽蛙、枕槽牛蛙
分布范围	撒哈拉以南的非洲中部地区，西起塞内加尔，东至肯尼亚
成体生境	稀树草原，也可在森林里
幼体生境	临时性鱼塘和水塘
濒危等级	无危。分布区广，有的地方因人类捕食而数量下降

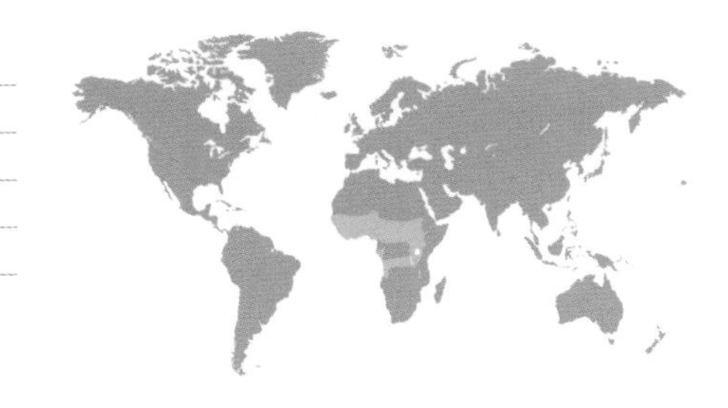

成体体长
雄性
2¾—4⁵⁄₁₆ in (68—110 mm)
雌性
4⁵⁄₁₆—5⁵⁄₁₆ in (110—135 mm)

枕槽虎纹蛙
Hoplobatrachus occipitalis
Crowned Bullfrog
(Günther, 1858)

在其部分分布区内，这种大型蛙类对人类有两大利用价值：一是成体发达的腿部可作为食物来源，尤其是在西非；二是蝌蚪捕食蚊子的幼虫，因而可以控制疟疾。该蛙的大蝌蚪也捕食小蝌蚪，雌性产卵时，会小心选择水塘，避开已经有蝌蚪的以及会很快干涸的水塘。该蛙皮肤里有黏液腺，这使皮肤非常光滑，此外，当它受到惊扰时，可跃过水面逃跑，并发出一种特别的口哨声。

枕槽虎纹蛙得名于其枕部有一条横贯两眼间的浅绿色或黄色肤沟；体型大，略扁平；眼突出，位于头顶；鼻孔向上突起；皮肤有很多疣粒；指、趾间均全蹼；背面黄绿色、橄榄色或棕色，带有深色斑；腹面白色。

相近物种

虎纹蛙属 *Hoplobatrachus* 有五个物种，分布贯穿非洲和亚洲。南印度虎纹蛙 *Hoplobatrachus crassus* 是一种大型水栖蛙类，分布于印度、孟加拉国、尼泊尔和斯里兰卡，以其蝌蚪对其他物种蝌蚪的攻击性而闻名。印度河虎纹蛙 *Hoplobatrachus tigerinus* 则以企图捕食任何移动的东西而闻名，它分布于亚洲很多地区，被引入马达加斯加和马尔代夫。

实际大小

科名	叉舌蛙科Dicroglossidae
其他名称	巴氏河蛙、巴氏疣蛙
分布范围	缅甸、泰国、马来半岛、苏门答腊、印度尼西亚、新加坡
成体与幼体生境	森林溪流
濒危等级	近危。由于人类捕食和栖息地森林砍伐，很多分布区的数量有所下降

成体体长
雄性
$3\frac{5}{16}$—$4\frac{15}{16}$ in (85—125 mm)
雌性
$3\frac{1}{2}$—$10\frac{1}{4}$ in (90—260 mm)

巨型大头蛙

Limnonectes blythii

Giant Asian River Frog

(Boulenger, 1920)

这种水栖蛙类的大型个体重量可超过 1 kg，使其成为人们感兴趣的食物来源。在一些有人类捕捉的地区，该蛙的数量已经下降，但在其他未被干扰的栖息地里，数量还保持稳定。在被捕捉过的地区，种群数量需要 5—10 年才能恢复。与众不同的是，该物种雄性不鸣叫，而雌性鸣叫。有人认为雌性鸣叫是为了让雄性意识到雌性的存在。雄性在溪流沙底上掘一个凹洞，卵就被产在里面。

相近物种

大头蛙属 *Limnonectes* 目前有 61 个物种①被描述。雄性体型大还是雌性体型大，以及下颌前端一对犬齿状骨突的大小，在物种间有差异。大嘴大头蛙 *Limnonectes megastomias* 分布于泰国，雄性体型大于雌性，雄性头很大，齿状骨突大，以利于雄性间的打斗。

实际大小

巨型大头蛙四肢长而发达；趾间全蹼；吻端突出；眼大；体色多变，背面为绿色、棕色或棕红色；后肢背面通常有横纹；有些个体头和身体背部中央有一条黄色宽纹。

① 译者注：依据Frost (2018)，大头蛙属目前有72个物种。

科名	叉舌蛙科Dicroglossidae
其他名称	锡兰流线蛙
分布范围	斯里兰卡西南部
成体生境	湿润的热带森林，最高海拔1200 m
幼体生境	多岩石的山区溪流
濒危等级	易危。因森林砍伐而丧失大部分栖息地，并受到旱灾的影响

斯里兰卡侏蛙
Nannophrys ceylonensis
Sri Lankan Rock Frog
Günther, 1869

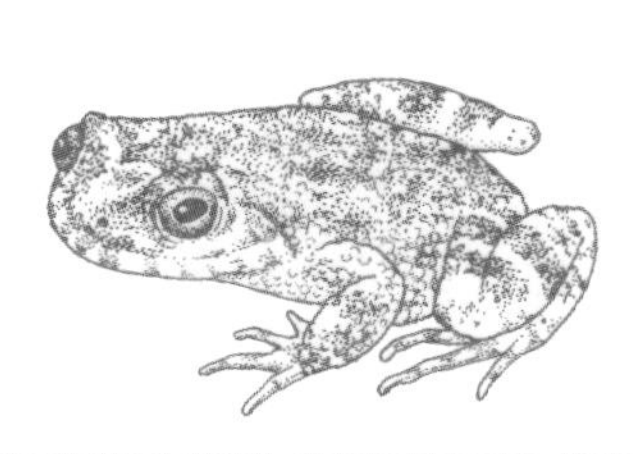

成体体长
雄性
1⁵⁄₁₆—1¹¹⁄₁₆ in (33—43 mm)
雌性
1¾—2¹⁄₁₆ in (45—53 mm)

这种罕见蛙类的蝌蚪和成体都栖息于多岩石的山溪里。成体常蹲坐在急流里的岩石上，能够伪装在藻类和苔藓的背景里安全藏身。卵被产在能溅到水的岩石缝里，雄性将守护卵直到其孵化。蝌蚪为半陆生，大部分时间都在水体之外。它们的口周围有一个吸盘，使之能吸附在岩石上。蝌蚪最初是植食性，长大后则转变成肉食性。

相近物种

斯里兰卡的侏蛙属 *Nannophrys* 已知有四个物种，也称作流线蛙。斑侏蛙 *Nannophrys marmorata* 仅分布于纳克勒斯山，被列为极危物种。科卡嘎拉侏蛙 *Nannophrys naeyakai* 于2007年被发表，仅发现于两个地点，被列为濒危物种。耿氏侏蛙 *Nannophrys guentheri* 已经超过100年未被发现，被列为灭绝物种。

斯里兰卡侏蛙身体宽而扁平；头大；眼大；吻端钝；皮肤粗糙，布满疣粒；背面黄色或橄榄绿，散有棕色斑点；四肢背面有棕色横纹。

实际大小

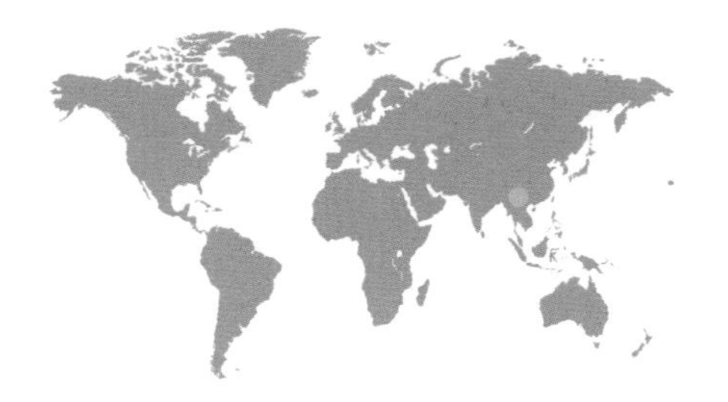

科名	叉舌蛙科Dicroglossidae
其他名称	无
分布范围	中国西南地区、缅甸、越南
成体生境	森林和草地的溪流，最高海拔3000 m
幼体生境	有岩石的溪流
濒危等级	濒危。因为人类过度捕食和栖息地破坏而导致数量下降

成体体长
雄性
最大 3¹³⁄₁₆ in (98 mm)
雌性
最大 3⅞ in (99 mm)

云南棘蛙
Nanorana yunnanensis
Yunnan Spiny Frog
(Anderson, 1879)

云南棘蛙体型健壮；头宽而扁平；后肢发达；趾间全蹼；雄性前臂较雌性更粗壮，繁殖期时雄性胸部具有密集的婚刺；体背皮肤具疣粒，背面灰色或棕黄色，腹面灰色或黄色。

这种大型蛙类因其雄性的胸部在繁殖期具有婚刺而得名。雄性拥有婚刺与发达的前肢，这使它能在交配时将雌性牢牢抱住。它常蹲坐于湍急溪流里布满苔藓的岩石上形成很好的伪装。繁殖期持续较长，4—6月都能发现其隐匿于石块下方的蛙卵。被人类捕食是导致该蛙种群数量下降的主要原因。对其肌肉组织进行分析后，发现其营养价值较猪肉和牛肉更高，口感也更好①。

相近物种

倭蛙属 *Nanorana* 包括 28 个物种，都分布于亚洲大陆，大部分物种都栖息于高海拔溪流中。其中，分布于中国的倭蛙 *Nanorana pleskei* 因过度捕捉而导致数量下降，已被列为近危物种。棘臂蛙 *Nanorana liebigii* 栖息于印度、中国和尼泊尔的高海拔地区。

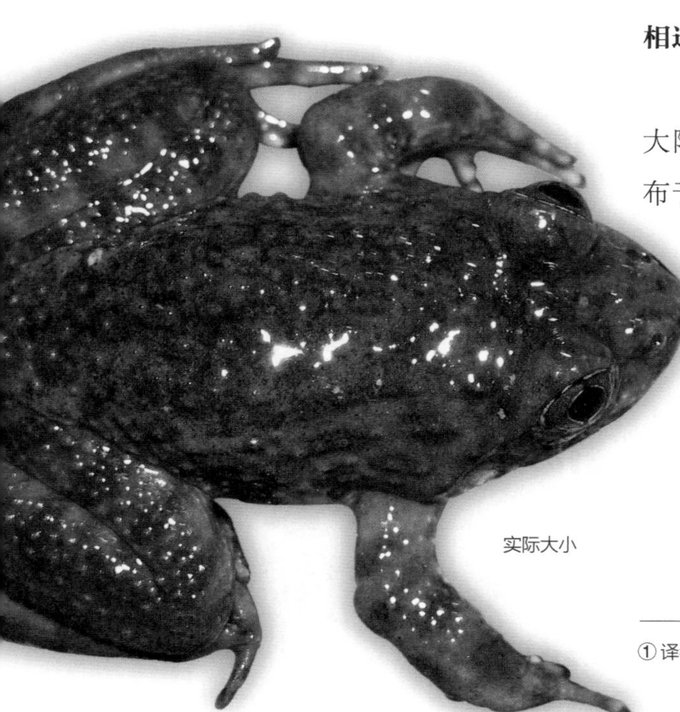

实际大小

① 译者注：对其肌肉组织的分析是基于科学研究，并不建议捕食野生蛙类。

科名	叉舌蛙科Dicroglossidae
其他名称	棘蛙、香港棘蛙
分布范围	中国东部和南部，包括香港
成体生境	森林和灌丛的溪流，最高海拔1400 m
幼体生境	急速溪流
濒危等级	易危。大部分栖息地被破坏，广泛被人类捕食

小棘蛙
Quasipaa exilispinosa
Hong Kong Spiny Frog
(Liu & Hu, 1975)

成体体长
雄性
最大 2³⁄₈ in (61 mm)
雌性
最大 2³⁄₁₆ in (57 mm)

该蛙类虽然被人类广泛捕食，但其生活史却鲜为人知。雄性体型大于雌性，雄性前臂很发达，雄性间经常打斗。在繁殖期，雄性胸部和前肢指上有尖锐的婚刺，但其生物学功能还不清楚，可能是使雄性借此来抱紧雌性。该物种于夜间活动，白天则躲避在岩石和落叶堆下，以昆虫、小龙虾和小蛙为食。卵分为 5—10 团产出，附着在浅水潭的岩石上。

相近物种

棘胸蛙属 *Quasippa* 包括 10 个物种①，都分布于亚洲。棘胸蛙 *Quasippa spinosa* 体型大于小棘蛙，在中国被视为美味佳肴，已被列为易危物种。棘腹蛙 *Quasippa boulengeri* 也分布于中国，壶菌病检测为阳性，已被列为濒危物种。

小棘蛙体型短胖；吻短；皮肤较粗糙；趾间有蹼；背面浅灰色或棕红色，带有深色杂斑，后肢背面有深色横纹；腹面黄色。

实际大小

① 译者注：依据Frost (2018)，棘胸蛙属目前有11个物种。

科名	叉舌蛙科Dicroglossidae
其他名称	印度穴蛙、旁遮普牛蛙
分布范围	巴基斯坦、印度、斯里兰卡、尼泊尔、孟加拉国、缅甸
成体生境	各种干旱地区
幼体生境	临时性水塘
濒危等级	无危。分布范围广，种群稳定，分布于一些保护区内

成体体长
雄性
$1\frac{5}{8}$—$2\frac{1}{8}$ in (41—55 mm)
雌性
$1\frac{11}{16}$—$2\frac{3}{16}$ in (43—57 mm)

短头球蛙
Sphaerotheca breviceps
Burrowing Frog
(Schneider, 1799)

实际大小

短头球蛙体型圆滚滚的，它栖息于松软的沙土地，能用后脚上铲状的角质内蹠突来向后掘土。它在夜间外出捕食，常捕食蜈蚣和马陆。繁殖期在夏天雨季的第一场阵雨后开始，雄性聚集在大型水塘附近，相互间隔开。它们的叫声是连续的“哦哇……哦哇……哦哇”（awang...awing...awang）。雌性分批产卵，卵大，浮于水面并黏在草本植物的叶片上。

相近物种

球蛙属 *Sphaerotheca* 有 11 个物种①，均分布于亚洲。石斑球蛙 *Sphaerotheca rolandae* 和多氏球蛙 *Sphaerotheca dobsonii* 在外形和生境上都很相似，均分布于印度，后者还分布于斯里兰卡。在外形上，锯腭蛙 *Uperodon* 与球蛙属相似，但亲缘关系很远。见狭口锯腭蛙（第 515 页）。

短头球蛙身体短而壮；后肢短；眼大；吻短而钝；背面黄色或浅橄榄绿色，带有深色的大理石斑纹；四肢背面有深色横纹；背中央通常有一条浅色纵纹。

① 译者注：依据Frost (2018)，球蛙属目前有九个物种。

科名	叉舌蛙科Dicroglossidae
其他名称	菲律宾东方蛙、斑点坑蛙
分布范围	菲律宾、婆罗洲、马来半岛、越南
成体生境	低地森林，最高海拔1200 m
幼体生境	水坑
濒危等级	无危。因森林砍伐，部分地区数量有所下降

成体体长
雄性
⅞—1¼ in (21—31 mm)
雌性
1⅜—1⅞ in (35—48 mm)

黄腹浮蛙
Occidozyga laevis
Yellow-bellied Puddle Frog
(Günther, 1858)

这种小型蛙类栖息于水坑里，包括由犀牛和猪打滚压出来的水坑，以及亚洲象的积水脚印里。其体色与泥浆水颜色一致，悬浮在水里时只把吻端和眼睛露出水面。当它在森林的地面上移动时，只能一点一点地短距离跳跃。不同寻常的是，当它张开嘴冲向猎物时，还会伸出前肢并展开手指将猎物扒进嘴里。该蛙的蝌蚪体形细长，比较特别的是它们以水生昆虫及其幼虫为食。

相近物种

黄腹浮蛙分布广泛，呈间断分布，似乎包含了不止一个物种。目前，浮蛙属 *Occidozyga* 有 12 个物种。巴卢浮蛙 *Occidozyga baluensis* 分布于婆罗洲，栖息于有泥浆和鹅卵石的浸水坑里，已被列为近危物种。西里伯斯浮蛙 *Occidozyga celebensis* 分布于苏拉威西，在水稻田内生活和繁殖。

黄腹浮蛙的眼向上突出；身体短胖；后肢短而肥；趾间具全蹼；体背皮肤上有褶状结构和一些椭圆形疣粒；背面深棕灰色，腹部和大腿腹面柠檬黄色。

实际大小

科名	箱头蛙科Pyxicephalidae
其他名称	安哥拉河蛙
分布范围	非洲南部与东部，北起埃塞俄比亚，南至南非，西达安哥拉
成体生境	草甸与稀树草原河流
幼体生境	池塘与溪流边缘
濒危等级	无危。分布范围广且未受到严重的威胁

成体体长
雄性
平均 2½ in (62 mm)

雌性
平均 2⅞ in (73 mm);
最大 3½ in (90 mm)

安哥拉阿箱头蛙
Amietia angolensis
Common River Frog

(Bocage, 1866)

这种大型蛙类极善游泳，它具有长而发达的后腿，同时还擅长跳跃。一年中任意时间都可以进行繁殖，雄性在浮水植物上或者在水体边缘日夜鸣叫不停。当受到惊扰时，它便跳入水中并把自己埋在池塘或溪流底部的泥里面。其鸣叫由开始的一声呱叫声和随后一连串的咔嗒声构成。雌性产 400—500 枚卵。蝌蚪需要两年的时间才能完成变态，全长可达 80 mm。

安哥拉阿箱头蛙吻端突出；眼大而前突；鼓膜大；后腿长，肌肉发达；趾间具部分蹼；该蛙体色非常多变，背面有醒目的棕色、绿色与金黄色斑纹；背部中间常有一条浅色窄纵纹延伸至体后，腹面为白色。

相近物种

就该蛙极为广阔的分布范围而言，实际上可能并不只是一个物种。有两个物种，即分布于坦桑尼亚的细褶阿箱头蛙 *Amietia tenuoplicata* 和分布于马拉维与坦桑尼亚的绿网阿箱头蛙 *Amietia viridireticulata*①，它们于 2007 年才从安哥拉阿箱头蛙中被独立出来。嵴阿箱头蛙 *Amietia vertebralis* 是一种体型非常庞大的蛙类，头巨大且嘴宽，分布于莱索托。另见棕喉阿箱头蛙（第 587 页）。

实际大小

① 译者注：依据Frost (2018)，绿网阿箱头蛙被作为细褶阿箱头蛙的同物异名。

科名	箱头蛙科Pyxicephalidae
其他名称	黑喉河蛙
分布范围	南非东开普省与西开普省
成体生境	草甸与高山硬叶灌木群落中的河流
幼体生境	池塘与水库
濒危等级	无危。分布范围广，未受到严重的威胁并且可适应于被人类改变的栖息地

成体体长
雄性
平均 2¹⁵⁄₁₆ in (75 mm)
雌性
平均 3½ in (90 mm);
最大 4¹⁵⁄₁₆ in (125 mm)

棕喉阿箱头蛙
Amietia fuscigula
Cape River Frog
(Duméril & Bibron, 1841)

这种体型庞大的蛙类以能吃任何移动的物体而闻名，主要以昆虫为食，还会捕食老鼠、其他蛙类和螃蟹。在干旱区域，该蛙主要见于永久性泉水、池塘与农用水库中。另外，它也会沿着大多数植被茂盛的小河与溪流生活。它能够很好地适应于人类的干扰，也可见于农田中。该蛙可终年繁殖，但主要还是在雨季进行。由于其体型很大，因此常被苍鹭与其他水鸟视为理想的美餐。

相近物种

阿箱头蛙属 *Amietia* 目前已经有 16 个物种，但是可能还有更多物种有待发现。波因顿阿箱头蛙 *Amietia poyntoni* 主要分布于莱索托与南非东部。威特阿箱头蛙 *Amietia wittei* 则分布于肯尼亚、坦桑尼亚与刚果民主共和国的山脉中。另见安哥拉阿箱头蛙（第 586 页）。

实际大小

棕喉阿箱头蛙吻端突出；眼大而前突；鼓膜大；后腿很长且肌肉发达；趾间全蹼；皮肤光滑，背部有纵向肤褶；体色常为棕色或橄榄绿色，中间有一条黄色或白色纵纹延伸至体后部。腹面为白色。

科名	箱头蛙科Pyxicephalidae
其他名称	休氏苔藓蛙、纳塔尔苔藓蛙
分布范围	南非东部
成体生境	森林与茂密灌丛中的潮湿地带，海拔最高2700 m
幼体生境	卵内发育
濒危等级	无危。在很多保护状况良好、高海拔地区中有分布

成体体长
雄性
平均 ⅞ in (22 mm)
雌性
平均 1⅛ in (29 mm)

休氏陆箱头蛙
Anhydrophryne hewitti
Natal Chirping Frog

(Fitzsimons, 1947)

实际大小

休氏陆箱头蛙是一种微型的蛙类；手指与脚趾均细长；背面为橘棕色、深棕色、灰色或黑色，有时背部中间还有一条浅色纵纹延伸至体后部；从吻端至腋窝下有一条深色纵纹，上唇部有一条白色纵纹；腹部为灰白色并带有斑驳的深色纹路。

这种微型蛙类非常难以见到，甚至在它鸣叫的时候。它主要见于德拉肯斯山脉中瀑布附近的潮湿地带中。8 月至次年 1 月间繁殖，雄性在植被中隐秘处发出一种类似于昆虫的“啼克……啼克……啼克”（tik...tik...tik）的叫声。雌性在溪流旁边的苔藓或落叶堆中产卵，每窝 14—40 枚。无游离的蝌蚪期，卵大约 20 天后直接孵化出小幼蛙。

相近物种

陆箱头蛙属 *Anhydrophryne* 还有另外两个物种，都分布于南非。恩贡格尼陆箱头蛙 *Anhydrophryne ngongoniensis* 行踪十分隐秘，叫声也很安静，直到 1993 年才被人类发现，分布仅限于南非东部悬崖的雾带中，但目前其森林栖息地大部分地区已经被开拓为农田与种植园，它已被列为极危物种。拉氏陆箱头蛙 *Anhydrophryne rattrayi* 分布于东开普省，体长小于 22 mm，被列为濒危物种。

科名	箱头蛙科Pyxicephalidae
其他名称	德氏唧鸣蛙
分布范围	南非西开普省
成体生境	高山硬叶灌木群落渗流中
幼体生境	卵内发育
濒危等级	近危。仅知两个分布点

成体体长
雄性
平均 9/16 in (15 mm)
雌性
平均 11/16 in (17 mm)

德氏节箱头蛙

Arthroleptella drewesii

Drewes' Moss Frog

Channing, Hendricks & Dawood, 1994

这种微型蛙类通常只闻其声不见其踪，其微小的体型和隐蔽色都使它在其茂密植被下的生境中很难被发现。从6—9月的雨季期间可以听到它的叫声，由5—7声短促的吱吱声构成。雌性在苔藓下产卵，每窝大约10枚。卵为直接发育类型，孵化出小幼蛙，无游离的蝌蚪期。该物种面临的生存威胁来自于其高山硬叶灌木群落中可迅速蔓延的偶发性丛林火灾。

实际大小

相近物种

苔藓蛙类（节箱头蛙属 *Arthroleptella* 的物种）目前已经描述的有七个物种①，分布于南非西开普省的山中。莱氏节箱头蛙 *Arthroleptella lightfooti* 见于桌山最高点，常在瀑布附近产卵，被列为近危物种。背褶节箱头蛙 *Arthroleptella rugosa* 分布区面积小于1 km^2，被列为极危物种。

德氏节箱头蛙的吻短钝圆；眼大；背部有成列的黑色疣粒；指与趾末端略微扩大；通体棕色，四肢颜色稍浅；有一条面具状黑色条纹贯穿眼部。

① 译者注：依据Frost (2018)，节箱头蛙属目前有十个物种。

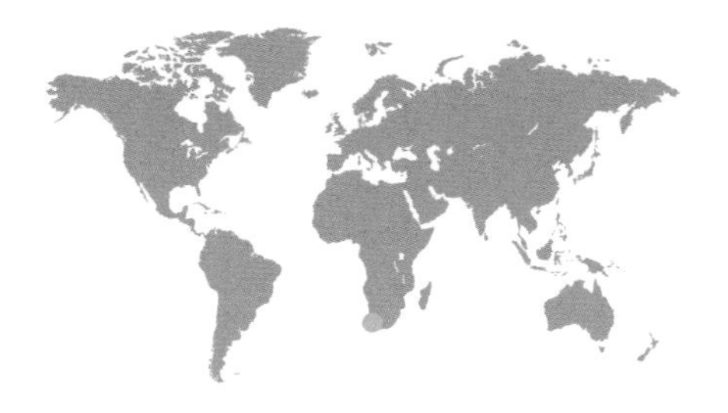

科名	箱头蛙科Pyxicephalidae
其他名称	开普丽蛙、开普金属蛙
分布范围	南非西开普省
成体生境	低洼的沙地中
幼体生境	临时性浅水塘中
濒危等级	近危。以前的栖息地超过90%的面积已经由于城市化与农业开垦而丧失

成体体长
雄性
平均 1 in (25 mm)
雌性
平均 1¼ in (32 mm);
最大 1$\frac{9}{16}$ in (39 mm)

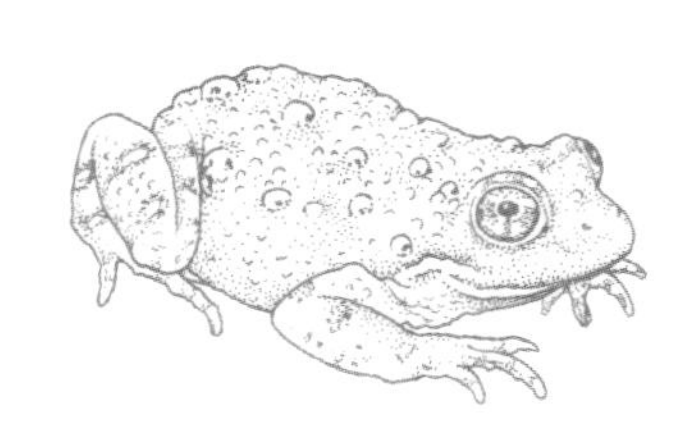

开普软胸箱头蛙

Cacosternum capense

Cape Caco

Hewitt, 1925

开普软胸箱头蛙可通过其背部的大量水疱状的腺体与其他软胸箱头蛙相区分；体型纤细而延长；头相对较小；背面为灰色、乳白色或棕色并缀以深色斑纹；腹面为白色，带有橄榄绿色或黑色不规则的大斑块。

这种小型蛙类实际上已经是软胸箱头蛙（或称丽蛙）中体型最大的一员了，主要分布在南非。一年中大多数时间生活于地下，在6—8月冬季暴雨过后才会出现并在浅水塘中繁殖。雄性在夜间鸣叫，发出一种短促的、速率为每秒两次的“嘎吱”声，它们很少会聚集起来形成合鸣。卵被分团产出，包裹于胶状物中，并附着于沉水植物上。当将其与其他蛙类在同一生态缸内进行饲养时，别的蛙类就会死亡，这表明它有毒。

相近物种

软胸箱头蛙属 *Cacosternum* 目前已经描述17个物种①。贝氏软胸箱头蛙 *Cacosternum boettgeri* 分布广泛，在南非大多数草原中都能见到，是一种体型极小的蛙类，体长绝不超过23 mm。纳马夸兰软胸箱头蛙 *Cacosternum namaquense* 生活于岩石区中，分布仅限于南非与纳米比亚南部的纳马夸兰地区。另见沙地软胸箱头蛙（第591页）。

① 译者注：依据Frost (2018)，软胸蛙属目前有16个物种。

科名	箱头蛙科Pyxicephalidae
其他名称	沙地丽蛙
分布范围	南非西开普省与北开普省
成体生境	干旱灌丛、半荒漠、岩石区
幼体生境	临时性溪流
濒危等级	无危。分布范围广泛且未受到严重威胁

成体体长
雄性
⅞—1 in (23—26 mm)
雌性
⅞—1¼ in (23—31 mm)

沙地软胸箱头蛙
Cacosternum karooicum
Karoo Caco
Boycott, de Villiers & Scott, 2002

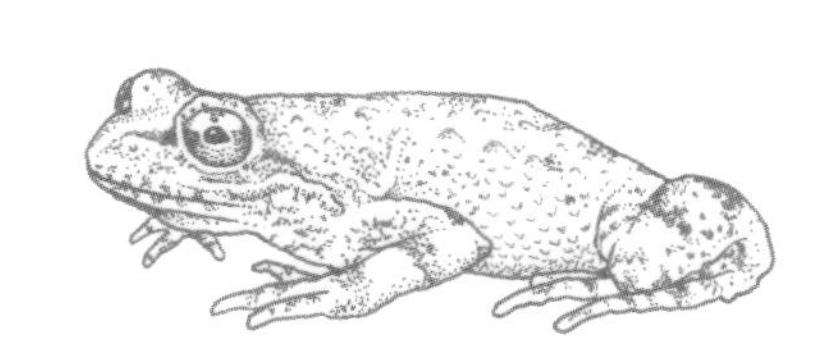

这种微型蛙类得名于其栖息地被称为南非干旱台地高原(Karoo),该地是南非的一片广袤的半荒漠地区。该蛙扁平的身体能够使其躲进深深的岩石缝中并在其中度过旱季。它是一种机会主义繁殖者，在一年中任意时间均能繁殖，只要雨量能保证临时性溪流流动即可。雄性一半身体浸在水中进行鸣叫，发出持久而刺耳的咯咯声。它还有一种领域性鸣叫，用来与其他雄性保持距离。雌性把卵产在较大型的水塘中并附着在沉水植物上，以便于能够维持足够长的时间来保证蝌蚪完成变态。

实际大小

沙地软胸箱头蛙的头部与身体扁平；吻钝；背部具圆形小疣粒；体色为橄榄绿色或卡其色，有时还带有铜色或红色的色调，躯干与四肢上有深色斑块；腹面为白色并带有黑色密点，这些点斑主要集中在下巴处。

相近物种

目前，软胸箱头蛙属 *Cacosternum* 有 17 个物种，体型均很小。侏儒软胸箱头蛙 *Cacosternum nanum* 体型最大也只有 16 mm，它在降雨量高的地区常见，在小水洼里繁殖，有报道称其蝌蚪完成变态仅需 17 天。体型同样小的小软胸箱头蛙 *Cacosternum parvum* 是一个高海拔物种，分布于德拉肯斯山脉与斯威士兰。另见开普软胸箱头蛙（第 590 页）。

科名	箱头蛙科Pyxicephalidae
其他名称	开普平原蛙
分布范围	南非海岸低地，从南非西开普省的开普半岛至厄加勒斯角
成体与幼体生境	与高山硬叶灌木群落相伴的酸性黑水塘
濒危等级	极危。受到栖息地丧失的威胁

成体体长
雄性
平均 ½ in (12 mm)
雌性
平均 9/16 in (15 mm);
最大 11/16 in (18 mm)

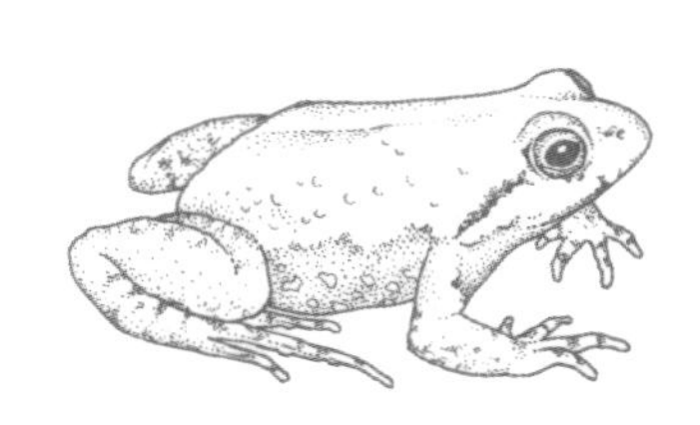

开普小箱头蛙
Microbatrachella capensis
Micro Frog
(Boulenger, 1910)

实际大小

开普小箱头蛙的体型极为丰满；四肢短瘦；吻钝圆；皮肤光滑且脚趾间具全蹼；背面为棕色、绿色或灰色并带有浅色斑点，背部中间常有一条浅色细线纹延伸至后部；腹部为棕色带有白色点斑。

由于人类居住地的广泛扩张，这种微型蛙类已经丧失了其大于 80% 的极为特殊的栖息地——与南非西开普省独特的高山硬叶灌木群落相联系的酸性黑水塘。随着 5 月冬雨的到来，它会从旱季躲避的地方出现，雄性在新长出的水生植物上开始鸣叫。求偶鸣叫大多于夜晚进行，有时会形成规模庞大的合鸣，其鸣叫声由一连串低音调的刮擦声构成。雌性每批产下最多 20 枚卵，附着在刚进入水面以下的沉水植物上。

相近物种

开普小箱头蛙是本属唯一的物种，与软胸箱头蛙属 *Cacosternum* 物种（第 590—591 页）的亲缘关系最为密切。该蛙与一种远缘蛙类——吉氏爪蟾（第 55 页）共同生活在这种非常特殊并且危在旦夕的栖息地中。

科名	箱头蛙科Pyxicephalidae
其他名称	博氏蛙、纳塔尔跳水蛙、纳塔尔蛙
分布范围	南非夸祖鲁-纳塔尔与东开普省海岸
成体生境	海岸森林，海拔最高900 m
幼体生境	森林溪流
濒危等级	濒危。栖息地大部分地区因农业与城市化而丧失

成体体长
雄性
平均 1 in (25 mm)
雌性
平均 1 5/16 in (34 mm);
最大 1 7/16 in (37 mm)

博氏纳塔蛙
Natalobatrachus bonebergi
Kloof Frog
Hewitt & Methuen, 1912

这种体格健壮的小型蛙类生活于浅水溪流附近的森林峡谷中并在浅溪中繁殖。由于它不仅擅于在陆地上跳跃，而且长于在水里游泳，因此极难捕捉。8 月至次年 5 月期间，雄性在距水面上方 1—2 m 高的树枝上鸣叫，发出一种极为微弱的“咔嗒”声。雌性每窝产卵 75—95 枚，并将卵粘在溪流内静水塘上方的树叶上、细枝条上或岩石上。卵在六天后孵化，蝌蚪会掉入下面的水中。在卵孵化以前，雌性会视察卵的情况并在上面撒尿以保持湿润。

实际大小

博氏纳塔蛙的吻端很突出；体型纤细；后腿长而肌肉发达；指与趾较长且趾末端有“T”形吸盘；背部皮肤上有脊状纵向肤褶，背部颜色为棕色或绿色，中间有一条浅色纵纹延伸至体后部；有一条深色纵纹从吻部延伸至腋窝处，腿部具横纹。

相近物种

博氏纳塔蛙是该属内唯一的物种。其形态学与生境都与该科的圆足箱头蛙属（第 596 页）非常相似。

科名	箱头蛙科Pyxicephalidae
其他名称	布氏山蛙
分布范围	马拉维南部、莫桑比克北部
成体生境	森林与草甸，海拔1200—3000 m
幼体生境	山区溪流中
濒危等级	濒危。分布范围非常狭小且受到森林砍伐与丛林火灾的威胁

成体体长
最大 1⅛ in (28 mm)

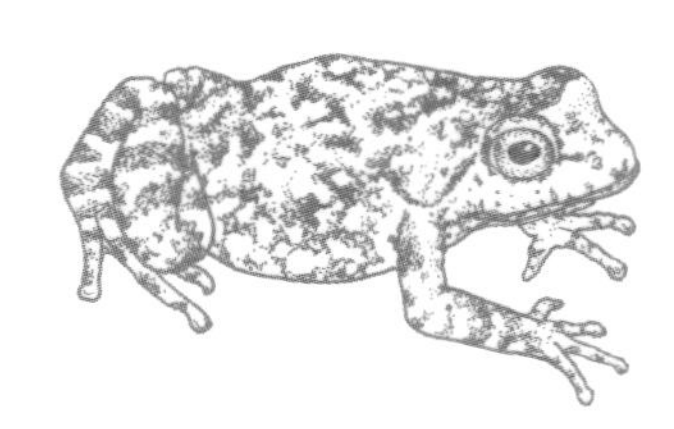

布氏拟箱头蛙
Nothophryne broadleyi
Mongrel Frog
Poynton, 1963

实际大小

布氏拟箱头蛙身体扁平；眼大而突出；背部具大量疣粒；指、趾间均无蹼，指、趾末端具小吸盘；背面为棕色或绿色，中间有一条浅色纵纹延伸至体后部；头部两眼间有一条浅色横纹，后部以一条深色纹为界，四肢上有深色横纹。

这种小型蛙类仅知于马拉维的姆兰杰山与莫桑比克的利巴韦山的五个分布点，但可能在其他地方也有分布。布氏拟箱头蛙生活于高海拔草原的岩石区与森林中，会大量聚集进行繁殖，至少在姆兰杰山是这样。雄性的叫声是一种微弱的叽喳声。卵被分团产出，每窝约 30 枚，产在溪流边水流过的岩石表面生长的潮湿苔藓中。卵孵化以后，蝌蚪就会在潮湿的岩石上蠕动并扩散开来。目前，在马拉维分布的该蛙个体中检测出引起壶菌病的真菌。

相近物种

布氏拟箱头蛙是本属唯一的物种，其生活环境与繁殖生物学都非常特化，这在该科内其他近缘物种中都绝无仅有。

科名	箱头蛙科Pyxicephalidae
其他名称	科格尔山蛙
分布范围	南非西开普省西南部
成体生境	高山硬叶灌木群落，海拔200—1800 m
幼体生境	浅水塘或缓流溪水中
濒危等级	近危。分布范围非常狭小，但分布区大部分区域都位于保护区内

沼泽箱头蛙
Poyntonia paludicola
Montane Marsh Frog
Channing & Boycott, 1989

成体体长
雄性
平均 7/8 in (23 mm)
雌性
平均 1 in (26 mm);
最大 1 3/16 in (30 mm)

这种隐秘的小型蛙类仅见于非洲南端降雨量很高的一片区域中，安全地生活在潮湿苔藓的掩护中。它在一年中任意时间内的暴雨期间均可繁殖。雄性发出一种独特、刺耳的“呱克……呱克……呱克”（kruck...kruck...kruck）求偶鸣叫声，但交配行为还没有观察到。蝌蚪主要藏身于泥土中，尾部极为细长。该蛙需要在山谷底部的渗流区域进行繁殖，但这种生境受到溪流筑坝和随后洪水泛滥的威胁。

实际大小

沼泽箱头蛙吻短而圆；头窄；眼睛向上突起；后腿短而强壮；身体背部、侧部与四肢上的皮肤非常粗糙并布满疣粒；背面为灰色或棕色，一些个体背部中间有淡红色纵纹延伸至体后部；眼睛与上颌间有白色或橘黄色纹。

相近物种

沼泽箱头蛙是本属唯一的物种，其体型和疣粒密布的背部使它外表上看起来都更像是蟾蜍，同时形态上与该科其他蛙类也不同。就其栖息地和微小的体型而言，它与节箱头蛙属 *Arthroleptella* 的物种（第 589 页）较为相似，但是可以根据它们低沉的鸣叫声相区分。

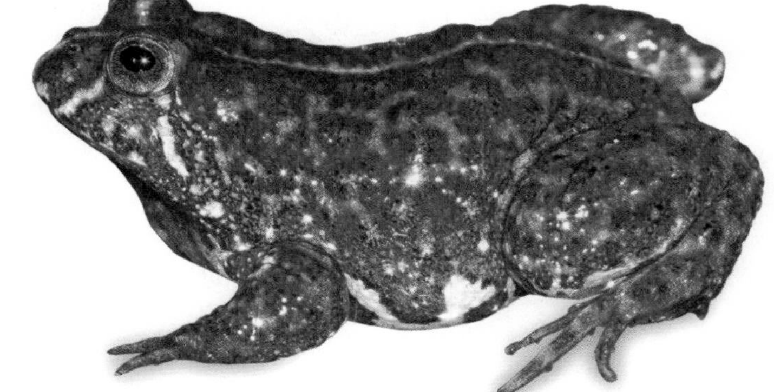

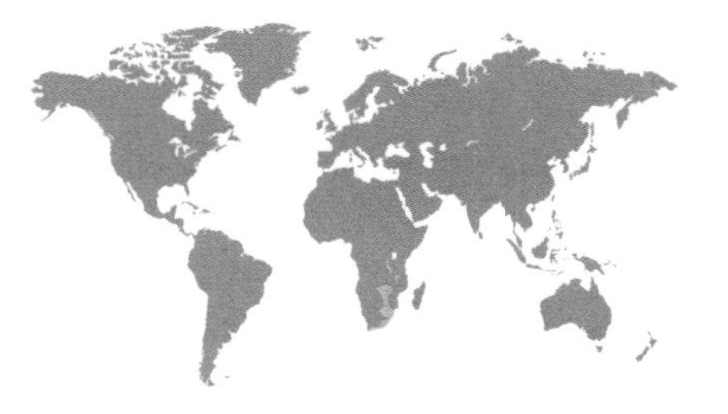

科名	箱头蛙科Pyxicephalidae
其他名称	长趾蛙、条纹草蛙
分布范围	南非、津巴布韦、莫桑比克、赞比亚、斯威士兰
成体生境	草原、稀树草原、林地、荒野、高山硬叶灌木群落
幼体生境	永久性水塘、湖泊和水库
濒危等级	无危。分布范围广泛且包括几个保护区

成体体长
雄性
⅞—1 7/16 in (23—37 mm)
雌性
1 3/16—1 15/16 in (30—50 mm)

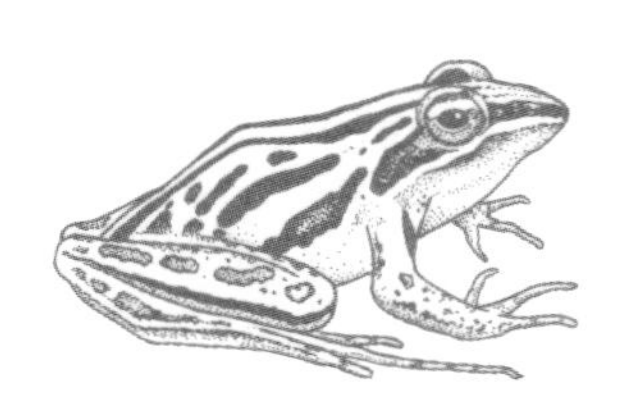

丽纹圆足箱头蛙
Strongylopus fasciatus
Striped Stream Frog

(Smith, 1849)

这种外表健壮的蛙类后腿极长，身体呈流线形，当受到惊扰时跳跃力十分惊人。在其栖息地的各种永久性水体附近都能发现它，并且在花园与种植园中也能很好地生存。该蛙在秋季与初冬季温度下降时开始繁殖。雄性具单声囊，鸣叫声为一连串高音调的叽喳声。雌性在长满草的浅水塘中或溪流里产卵，每次单个产出。

丽纹圆足箱头蛙吻部很突出；眼大；后腿很长；指、趾极为细长；背面有深棕色纵纹，与银白色、黄色或金棕色条纹形成鲜明对比；后腿为棕色并带有深色点斑；有一条深色纵纹贯穿眼部，其下方还有一条白色纵纹。

相近物种

目前，非洲的圆足箱头蛙属 *Strongylopus* 有 11 个物种[①]。斯普林博克圆足箱头蛙 *Strongylopus springbokensis* 是一种极为罕见的蛙类，仅见于非洲西南部干燥山区的泉水附近。博氏圆足箱头蛙 *Strongylopus bonaespei* 分布于南非西开普省的山脉中。乞力马扎罗圆足箱头蛙 *Strongylopus kilimanjaro* 于 2005 年被描述，仅分布于坦桑尼亚的乞力马扎罗山。

实际大小

① 译者注：依据Frost (2018)，圆足箱头蛙属目前有十个物种。

科名	箱头蛙科Pyxicephalidae
其他名称	普通沙蛙、条纹皮克希[①]、颤鸣沙蛙
分布范围	除热带森林以外的非洲撒哈拉沙漠以南地区
成体生境	包括干旱地区在内的稀树草原
幼体生境	临时性水塘
濒危等级	无危。分布范围非常广泛且种群数量稳定

成体体长
雄性
1½—1¾ in (38—45 mm)
雌性
1⁹⁄₁₆—2¼ in (40—58 mm)

隐耳瘤跟箱头蛙
Tomopterna cryptotis
Cryptic Sand Frog
(Boulenger, 1907)

这种很常见的蛙类得名于其鼓膜隐藏于皮肤之下。它的后足上具发达的铲状蹠突用以向后挖掘沙子，并且一年中大多数时间都深藏于地下。春天的第一场雨就会引发它的繁殖活动，主要在临时性小水塘中进行。雄性会发出一连串金属般的啁啾声，雌性在浅水中产下2000—3000枚卵。在布基纳法索，该蛙被当作食物与传统药物的重要材料。

实际大小

隐耳瘤跟箱头蛙的身体紧凑几近球形；四肢短；皮肤布满疣粒；每侧后足底部均具一枚大的铲状蹠突；背面为棕色或米黄色并带有深色斑块，背部中间常有一条浅色纵纹延伸至体后部；身体与四肢腹面为白色。

相近物种

目前，瘤跟箱头蛙 *Tomopterna* 共有15个物种，因为它们的分布范围极为广泛，其物种数量很有可能还会进一步增加。隐耳瘤跟箱头蛙可能就不止包含一个物种。该蛙在外表上与坦迪瘤跟箱头蛙 *Tomopterna tandyi* 和德氏瘤跟箱头蛙 *Tomopterna delalandii* 几乎完全相同，后两者都分布于南非，并且只能通过它们独特的鸣叫声才能有效区分。

① 译者注：欧美玩家所使用的名称之一，皮克希是英国西南部传说中爱恶作剧的精灵。

科名	箱头蛙科Pyxicephalidae
其他名称	西非棕蛙
分布范围	喀麦隆南部，包括比奥科岛在内的赤道几内亚、加蓬西部
成体生境	森林中沼泽地与农田中的灌木丛
幼体生境	水塘与沼泽
濒危等级	无危。种群数量稳定且能忍受一定程度的栖息地变化

成体体长
雄性
$2\frac{5}{8}$—$3\frac{7}{16}$ in (65—88 mm)
雌性
3—$3\frac{11}{16}$ in (76—95 mm)

腹斑奥箱头蛙
Aubria subsigillata
Brown Ball Frog

(Duméril, 1856)

与其他蛙类不同的是，这种高度水栖性物种主要的食物来源是鱼类，不过它也会吃较小的蛙类和节肢动物。它在夜间活动，白天则将自己深埋在泥土中。它在湿地或沼泽地区中的水塘里繁殖，雄性漂浮于开阔水体里鸣叫，其鸣叫声听起来像是定音鼓的声音。卵带呈长串状。该蛙的濒危等级还不太清楚，但是它可见于被广泛用于农业的灌木丛地区，这表明它能够耐受栖息地变化。

腹斑奥箱头蛙是一种体型大而强壮的蛙类；后腿肌肉发达；吻端突出；眼大而突起；趾间具部分蹼；背部为深棕色并带有黑色斑块，身体腹面与下巴为棕色，缀以白色大斑点。

相近物种

奥箱头蛙属 *Aubria* 还有另外两个物种①，它们都和腹斑奥箱头蛙一样生活在相同生境中并且都有吃鱼的习性。马萨克奥箱头蛙 *Aubria masako* 是一种分布于刚果盆地、喀麦隆和加蓬的大型蛙类。西部奥箱头蛙 *Aubria occidentalis* 描述于 1995 年，分布于西非，分布范围从利比里亚至喀麦隆。

实际大小

① 译者注：依据Frost (2018)，西部奥箱头蛙被作为腹斑箱头蛙的同物异名，因此，奥箱头蛙属目前仅有两个物种。

科名	箱头蛙科Pyxicephalidae
其他名称	非洲牛蛙、巨皮克希①
分布范围	非洲东部与南部，北起肯尼亚，南至南非，西达纳米比亚
成体生境	稀树草原、草地
幼体生境	临时性水塘
濒危等级	无危。分布范围内的部分地区种群数量由于城市化而下降，并且在部分地方被当地人作为食物来源

非洲牛箱头蛙
Pyxicephalus adspersus
Giant Bullfrog
Tschudi, 1838

成体体长
雄性
平均 6⅝ in (165 mm);
最大 9⅝ in (245 mm)
雌性
平均 4½ in (114 mm)

这种巨型蛙类的雄性体重最大可达 1.4 kg，因彼此之间的侵略性和雄性的勤劳而闻名。雄性比雌性的体型大出很多，在繁殖期时，雄性的下颌还会长出两枚长牙。雄性会守卫鸣叫地、卵和蝌蚪，随着蝌蚪的生长和发育，雄性还会挖掘出一条水渠而使蝌蚪们能够到达更大更广阔的水体中去。该蛙的繁殖发生在暴雨过后，而在干旱的年份中则可能不繁殖。在没有雨的条件下，该蛙能够将自己包裹在茧里而待在地下数年之久。

非洲牛箱头蛙是一种巨大的蛙类；头部十分硕大；嘴部很宽；背部有纵向肤褶，后足上有大的角质蹠突；背面为深绿色、灰色或绿色，腹面为白色；雄性前肢基部有一块亮黄色或橘黄色斑块。

相近物种

非洲的箱头蛙属 *Pyxicephalus* 有四个物种，但其有效性争论一直很大，争论在很大程度上都是来源于博物馆标本的错误鉴定。2013 年窄头箱头蛙 *Pyxicephalus angusticeps* 被证实是一个独立的有效种，该蛙头部不如本属其他物种那样巨大，分布于肯尼亚、坦桑尼亚和莫桑比克的海岸低地中。另见可食箱头蛙（第600 页）。

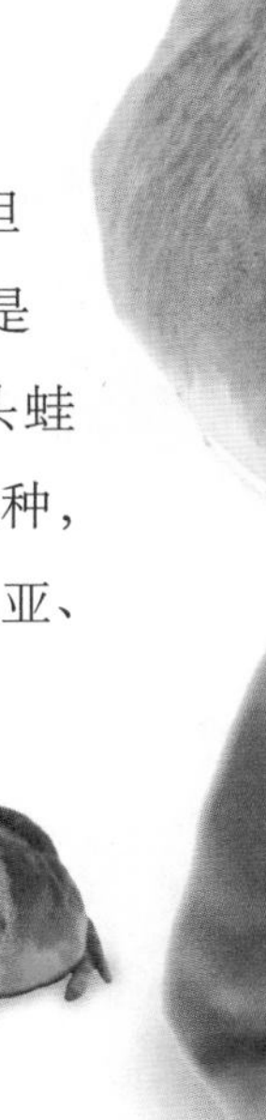

实际大小

① 译者注：欧美玩家所使用的名称之一，皮克希是英国西南部传说中爱恶作剧的精灵。

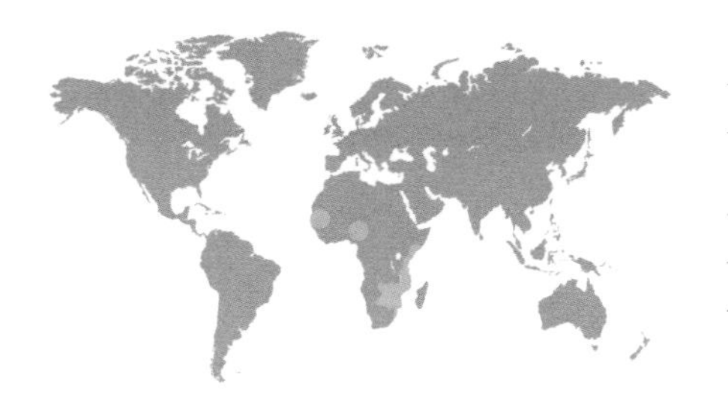

科名	箱头蛙科Pyxicephalidae
其他名称	非洲牛蛙、小牛蛙、皮特牛蛙
分布范围	东非，北起索马里南至南非北部；在西非包括塞内加尔、毛里塔尼亚与尼日利亚有隔离的种群
成体生境	干旱的稀树草原
幼体生境	临时性水塘
濒危等级	无危。分布范围内部分地区种群下降，尤其是在西非被用于食物而捕捉

成体体长
雄性
$3\frac{1}{4}$—$4\frac{3}{4}$ in (83—120 mm)
雌性
$3\frac{5}{16}$—$4\frac{5}{16}$ in (85—110 mm)

可食箱头蛙
Pyxicephalus edulis
Edible Bullfrog
Peters, 1854

尽管不是最大的非洲牛蛙类，但可食箱头蛙仍是体型庞大的蛙类，并被人类广泛捕食。雄性的体重可达雌性的两倍。该物种不需要像非洲牛箱头蛙 *Pyxicephalus adspersus*（第 599 页）一样需要太多的雨量来引发繁殖，因此它的繁殖倾向于响应第一场雨，这比其他更大型的物种都要早。雄性的叫声听起来像是小狗的叫声，它的白色声囊充气膨胀之后可通过月光而看到。在莫桑比克，该蛙在稻田中繁殖，一年中大约有十个月都生活于地下，将自己包裹在一个由数层蜕下的皮肤所构成的防水茧囊中。

可食箱头蛙是一种体型圆胖的蛙类；四肢很短；眼突起；背部有纵向肤褶与圆形疣粒；后足上具大的角质蹠突；趾间具蹼；背面为淡黄色或橄榄绿色，腹面为白色；雄性体色更倾向于偏绿色，而雌性则偏棕色，雄性喉部为黄色。

相近物种

目前，在箱头蛙属 *Pyxicephalus* 已描述的四个物种中，最不为人所了解的要数奥伯箱头蛙 *Pyxicephalus obbianus*。其主要见于索马里北部的沿海地区，是一种不太常见的蛙类，但仍被列为无危物种，部分原因是其可以耐受多种不同的栖息地。另见非洲牛箱头蛙。

实际大小

科名	树蛙科Rhacophoridae
其他名称	伯氏蛙
分布范围	日本本州、九州、四国岛
成体生境	山区
幼体生境	山区溪流
濒危等级	无危。常见种，种群数量稳定

成体体长
雄性
1⁷⁄₁₆—1¾ in (37—44 mm)
雌性
1¹³⁄₁₆—2¾ in (49—69 mm)

伯氏溪树蛙
Buergeria buergeri
Kajika Frog
(Temminck & Schlegel, 1838)

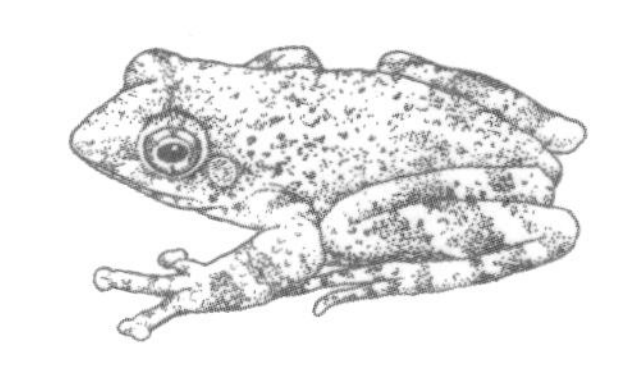

这种栖息于溪流里的蛙类在4—8月间繁殖，雄性前肢指上会长出婚垫，它整天都在沿着溪流的陆地上鸣叫以守卫领地。雌雄抱对后，就进入溪流，在岩石下产数团球状的卵团，共200—600枚卵。雄性会花费大约20天待在繁殖场所，雌性则只待1—2晚。因此，繁殖场所的性比是非常明显的雄性居多。蝌蚪在溪流的卵石间生活，啃食藻类。

相近物种

溪树蛙属 *Buergeria* 所包含的物种很少，仅有五种。壮溪树蛙 *Buergeria robusta* 仅分布于中国台湾；日本溪树蛙 *Buergeria japonica* 分布于中国台湾及日本南部的一些小岛；海南溪树蛙 *Buergeria oxycephala* 分布于中国海南岛，曾经常见，但现在已被列为易危物种，其大部分栖息地变成了农田。

伯氏溪树蛙体型较细长；趾间有蹼；背面皮肤较粗糙；背面绿色或灰色，带有深绿色斑块，四肢背面有深色横纹；有些个体的背部和头背面有棕红色斑块；腹面白色。

实际大小

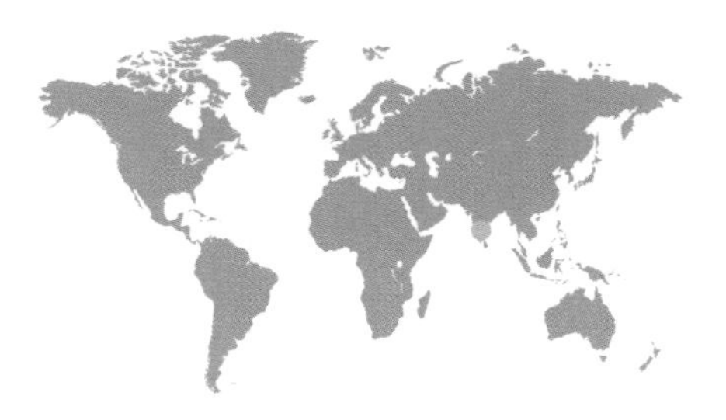

科名	树蛙科Rhacophoridae
其他名称	无
分布范围	印度南部喀拉拉邦
成体生境	森林，海拔1100—1600 m
幼体生境	湿地和沼泽
濒危等级	尚未评估。大部分森林栖息地因发展农业而丧失

成体体长
雄性
平均 1⁹⁄₁₆ in (40 mm)
雌性
2⅜ in (61 mm);
仅依据一号标本

比氏贝树蛙

Beddomixalus bijui

Biju's Tree Frog

(Zachariah, Dinesh, Radhakrishnan, Kunhikrishnan, Palot & Vishnudas, 2011)

这种树栖蛙类仅知一个分布点，就是印度南部喀拉拉邦的一处茶园。繁殖期 4—6 月，聚集在湿地和沼泽周围。雄性除了鸣叫外，还会从背部和体侧的腺体上发出一阵闻起来像橡胶烧焦的气味，其功能还不清楚。雄性最初在高树上鸣叫，入夜后，就下降到地面。卵被雌性分团产出，附着在水下的草本植物上。

相近物种

贝树蛙属 *Beddomixalus* 仅有比氏贝树蛙一个物种，发表于 2011 年。它是印度西部西高止山地区很多稀有的特有蛙类之一，曾经被归入泛树蛙属 *Polypedates*。另见沙漏泛树蛙（第 614 页）、斑点泛树蛙（第 615 页）和沼林默树蛙（第 609 页）。

比氏贝树蛙体型长而纤细；吻端突出；趾间有蹼；指、趾末端吸盘发达；背面棕红色，体侧有一条浅色纵纹；腹面白色或黄白色；头背面两眼间有一条深色细纹。

实际大小

科名	树蛙科Rhacophoridae
其他名称	西部泡巢蛙
分布范围	非洲西部和中部，西起塞拉利昂，东至乌干达
成体生境	雨林
幼体生境	小水塘
濒危等级	无危。部分地区因森林砍伐而数量下降，但分布区位于一些保护区内

成体体长
雄性
1¹⁵⁄₁₆—1 in (44—49 mm)
雌性
2—2³⁄₈ in (51—60 mm)

微红攀蛙
Chiromantis rufescens
African Foam-nest Tree Frog

Günther, 1869

该蛙栖息于森林里，雌性会产出可发泡的分泌物，由雌性和1—3只雄性用后腿快速拍打成泡沫状卵泡，并将其挂在水塘上方的树枝上，水塘也可以是积水的车辙印或大象脚印。雌性将卵产在卵泡里，所有关注到的雄性都会对其进行受精。5—8天后，卵孵化出蝌蚪并掉进下方的水里。卵泡有时候会被筑在废弃的织巢鸟鸟巢内，这可能是为了降低被猴子吃掉的风险。

相近物种

攀蛙属 *Chiromantis* 有至少15个物种①，分布于非洲和亚洲，都会筑悬挂的卵泡。其中，小型的婆罗洲攀蛙 *Chiromantis inexpectatus* 分布于婆罗洲，2014年才被发表。克氏攀蛙 *Chiromantis kelleri* 和彼氏攀蛙 *Chiromantis petersi* 都分布于非洲东部和东北部干旱的稀树草原。另见大灰攀蛙（第604页）。

微红攀蛙体型细长；眼大；四肢长；指、趾间均有蹼；指、趾端吸盘大；背面灰色或灰绿色，常有不明显的深色大理石纹；胸部和腹部白色，四肢腹面亮绿色。

实际大小

① 译者注：依据Frost (2018)，攀蛙属目前已有19个物种。

科名	树蛙科Rhacophoridae
其他名称	灰泡巢蛙、南泡巢树蛙
分布范围	非洲东部和南部，北起肯尼亚，南达南非，西至安哥拉
成体生境	树木繁茂的草原
幼体生境	小水塘和水池
濒危等级	无危。分布区广，未发现数量下降

成体体长
雄性
$1\frac{11}{16}$—$2\frac{15}{16}$ in (43—75 mm)
雌性
$2\frac{3}{8}$—$3\frac{1}{2}$ in (60—90 mm)

大灰攀蛙
Chiromantis xerampelina
African Gray Tree Frog
Peters, 1854

这种大型蛙类的皮肤能减少水分的散失，在较干旱的情况下也能在树上存活。它能改变体色来伪装自己，还能在炎热的白天变成很浅的颜色，甚至变成白色。雄性在水塘边的树枝上鸣叫，可聚集 12 只雄性。当雌性靠近时，就被其中一只雄性抱住。雌性能产出一种分泌物，由一只或多只雄性用后肢搅打成一团泡沫。雌性在泡沫里产下多达 1200 枚卵，被一只或多只雄性受精。

相近物种

在亚洲分布有一些攀蛙属 *Chiromantis* 物种。背条攀蛙 *Chiromantis doriae* 是常见物种，它西起印度，东至中国和越南。萨姆库斯攀蛙 *Chiromantis samkosensis* 仅分布于柬埔寨豆蔻山脉海拔 5000 m 处。另见微红攀蛙（第 603 页）。

大灰攀蛙体型宽短；四肢细长；指、趾间有蹼；指、趾端有吸盘；眼突起，瞳孔横置；夜晚时，背面灰色或浅棕色，带有深色斑，白天则背面几乎是白色。

实际大小

科名	树蛙科Rhacophoridae
其他名称	白耳树蛙
分布范围	婆罗洲东北部
成体生境	森林，最高海拔750 m
幼体生境	水塘或缓速溪流
濒危等级	近危。因森林砍伐，很多分布区的种群数量下降，但分布于一些保护区内

成体体长
雄性
11/16—3/4 in (18—20 mm)
雌性
未知

白耳费树蛙
Feihyla kajau
Dring's Flying Frog
(Dring, 1983)

该蛙很小，也很稀有，与其他一些树蛙一样，被称为“飞蛙”。但它们并不能真正飞翔，而是伸开有肤褶的四肢和有蹼的脚，在树木间向下滑翔。白耳费树蛙在大雨后的夜晚繁殖，雄性沿小溪集群形成合鸣。它们在叶片上鸣叫，发出连续的“咔嗒”声。卵附着在叶片下表面，孵化后，蝌蚪就掉进下方的水里。

实际大小

白耳费树蛙的趾间有蹼；前臂和跗足外缘有波浪状的肤褶；指、趾末端吸盘发达；背面绿色，带有白色小斑点；鼓膜周围有白色斑块；大腿内侧橘黄色，体侧和腹部肉色。

相近物种

费树蛙属 *Feihyla* 是近期才从树蛙属 *Rhacophorus* 里划分出来的，目前已包括三个物种①。白颊费树蛙 *Feihyla palpebralis* 栖息于中国和越南森林里的沼泽，在水面上的植物的茎上产卵。它已被列为近危物种，栖息地受到森林砍伐和污染的威胁。

① 译者注：依据Frost (2018)，费树蛙属目前有四个物种。

科名	树蛙科Rhacophoridae
其他名称	星眼高止蛙
分布范围	印度泰米尔纳德邦的西高止山南部
成体生境	山区森林，海拔1700—2000 m
幼体生境	山区溪流
濒危等级	数据缺乏。数量似乎在下降，获得更多数据后可能需要列为受胁

成体体长
雄性
1$^{9}/_{16}$—2 in (39—52 mm)
雌性
2¼—2$^{11}/_{16}$ in (58—67 mm)

星眼高止树蛙

Ghatixalus asterops

Ghat Tree Frog

Biju, Roelants & Bossuyt, 2008

该蛙分布于印度南部高海拔山区的隔离森林斑块区。它栖息于溪流附近的植物和落叶层上。雄性的鸣叫包含5—7声像鸟叫的口哨音。卵被雌性产在卵泡里，附着在溪边有苔藓的3 m高的岸边。卵产出四天后，就孵化出小蝌蚪，掉进水里。该物种的种本名“*asterops*”是“星状眼睛”的意思。

相近物种

高止树蛙属 *Ghatixalus* 还有另一个物种，绿高止树蛙或称多变高止树蛙 *Ghatixalus variablilis*。它与星眼高止树蛙的生境相似，但其分布更靠北，两者分布区没有重叠。它的求偶鸣叫声很特别，背面通常是绿色，眼睛没有辐射状金线而与星眼高止树蛙不同。

实际大小

星眼高止树蛙的吻端圆；眼大；有颞褶；背面灰色、棕色或乳白色，带有棕色的不规则斑块；体侧黄色，带有棕色斑块；四肢背面有横纹；眼睛的虹膜黑色，饰有辐射状的细金线。

科名	树蛙科Rhacophoridae
其他名称	无
分布范围	越南
成体生境	山区森林，海拔600—1300 m
幼体生境	水塘和水坑
濒危等级	尚未评估

成体体长
雄性
⅞—1 in (21—25 mm)
雌性
1—1¹⁄₁₆ in (26—27 mm)

光氏纤树蛙
Gracixalus quangi
Quang's Tree Frog

Rowley, Dau, Nguyen, Cao & Nguyen, 2011

这种小型树蛙仅知分布于越南山区的一片调查人员很少涉足的区域。随着调查的深入，可能还会发现新的分布点。该物种为树栖，分团产卵，每团有7—18枚卵，包裹在卵胶囊里，附着在水塘和水坑上方的树叶上。孵化后，蝌蚪掉进下方的水里。雄性的广告鸣叫不同寻常的是其多变：发出次序不同的鸟叫声、咔嗒声和啾啾声，两次鸣叫的声音不会重复。

实际大小

光氏纤树蛙身体扁平；吻端突出，呈三角形；背部、四肢背面和眼睑上有很多小疣刺；指、趾端吸盘大；趾间有蹼；背面橄榄绿，体侧蓝绿色带有绿色、黑色或棕色斑点；腋部和胯部有黄色斑块。

相近物种

纤树蛙属 *Gracixalus* 目前有十个物种[1]，随着调查的深入，还会有更多物种被发现。密疣纤树蛙 *Gracixalus lumarius* 发表于2014年，得名于其背面有密集的疣刺。它在植株的积水里繁殖，如树干和树枝上有少量积水的蛀洞。

① 译者注：依据Frost (2018)，纤树蛙属目前有13个物种。

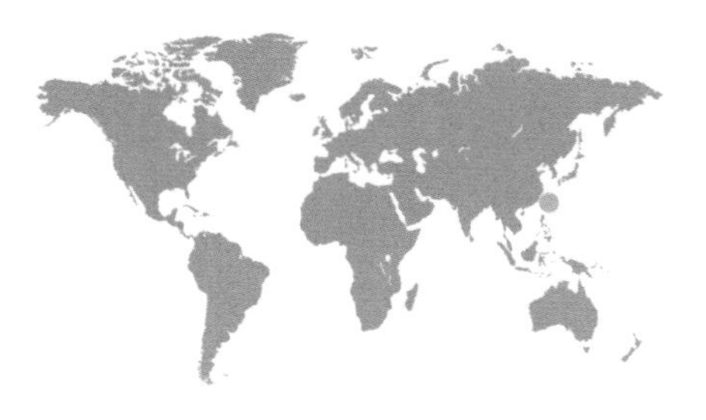

科名	树蛙科Rhacophoridae
其他名称	面天树蛙
分布范围	中国台湾
成体生境	灌丛、草丛和水稻田，最高海拔750 m
幼体生境	浅水塘
濒危等级	无危。部分地区数量下降，但分布区位于一些保护区内

成体体长
$^{15}/_{16}$—1 $^{11}/_{16}$ in (24—43 mm)
雌性大于雄性

面天原指树蛙
Kurixalus idiootocus
Temple Tree Frog
(Kuramoto & Wang, 1987)

实际大小

面天原指树蛙身体细长；吻端突出；眼大而突起；指、趾长，末端有吸盘；背面灰色、浅棕色、深棕色或黄色，背部有一个沙漏形的深色斑。

该蛙学名的种本名来源于希腊文“*idios*”和“*ooticus*”，意思是“独特的产卵方式”。它的卵不产在水里，通常产在水塘边 50 cm 高的树叶背面或岩缝里。卵发育完成后，由一场大雨使蝌蚪孵化出来，并被雨水冲入水塘。雄性的叫声像有颤音的鸟叫。

相近物种

原指树蛙属 *Kurixalus* 目前有 12 个物种[①]。面天原指树蛙栖息于低海拔区，而琉球原指树蛙 *Kurixalus eiffingeri* 则栖息于日本和中国台湾的较高海拔区，在山区森林积水的树洞里产卵。雌性会再产出未受精的卵来喂食蝌蚪。当雌性来喂食时，蝌蚪会轻咬它的皮肤来讨要食物。

① 译者注：依据Frost (2018)，原指树蛙属目前有15个物种。

科名	树蛙科Rhacophoridae
其他名称	无
分布范围	印度南部
成体生境	低地沼泽森林
幼体生境	水塘或小溪
濒危等级	尚未评估。很多沼泽生境都已被破坏

沼林默树蛙

Mercurana myristicapalustris

Mercurana Myristicapalustris

Abraham, Pyron, Ansil, Zachariah & Zachariah, 2013

成体体长
雄性
平均 1⁷⁄₁₆ in (36 mm)
雌性
2⅝ in (65 mm);
仅依据一号标本

这种树蛙最近才被发现，它在雨季前繁殖。雄性先在小溪和水塘上方鸣叫，入夜后，下到较矮的树枝上鸣叫，此时，雄性间为争夺鸣叫位置而打斗的可能性增加。当雌雄抱对成功后，就下到地面，体色逐渐变得暗淡，直到在泥里难以被看见。雌性用后腿将受精卵推进湿泥里，使其在湿泥中发育。

实际大小

沼林默树蛙的眼大而突出；四肢细长；趾间有蹼；指、趾末端有吸盘；背面锈棕色，体侧和上臂有黄色斑块；腹面白色。

相近物种

默树蛙属 *Mercurana* 发表于 2013 年，以歌手弗雷迪·默丘里（Freddie Mercury）的姓氏命名。它是印度西高止山和斯里兰卡生物多样性热点地区的很多蛙类新种中的一个代表。另见比氏贝树蛙（第 602 页）。

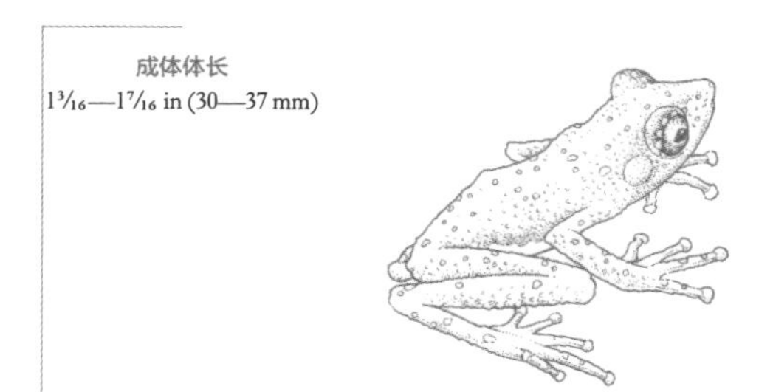

科名	树蛙科Rhacophoridae
其他名称	印尼刺树蛙
分布范围	菲律宾的棉兰老岛、莱特岛、保和岛和巴西兰群岛
成体生境	森林，海拔500—1000 m
幼体生境	积水的树洞
濒危等级	易危。很多栖息地因森林砍伐而被破坏和碎片化

成体体长
1³⁄₁₆—1⁷⁄₁₆ in (30—37 mm)

刺疣夜树蛙
Nyctixalus spinosus
Spiny Tree Frog
(Taylor, 1920)

实际大小

刺疣夜树蛙的吻端突出；四肢细长；头背有骨质棱；指、趾末端有吸盘；趾间有蹼；背面红棕色，散有黄色或橘黄色斑点，并布满白色刺疣；腹面黄色或橘黄色。

这种蛙得名于其身体、头和四肢背面布满白色的小刺疣。它为树栖，夜间活动，白天发现于森林底部的落叶层。它跳跃敏捷，主要以蚂蚁为食。其交配行为还没有报道，仅知雌性在积水树洞里产卵30—40枚，蝌蚪也在积水树洞里发育。

相近物种

雨夜蛙属 *Nyctixalus* 还有另外两个物种。肉桂夜树蛙 *Nyctixalus pictus* 分布于菲律宾的巴拉望岛、婆罗洲、印度尼西亚的苏门答腊岛以及马来半岛，因森林砍伐而被列为近危物种。珍珠夜树蛙 *Nyctixalus margaritifer* 是分布于爪哇岛的稀有物种。

科名	树蛙科Rhacophoridae
其他名称	无
分布范围	马来西亚沙巴
成体生境	森林，海拔640—1800 m
幼体生境	卵内发育（推测）
濒危等级	易危。分布区狭窄而片断化，分布于一个保护区内

棕绿小树蛙

Philautus bunitus

Green Bush Frog

Inger, Stuebing & Tan, 1995

成体体长
雄性
1⅜—1⅝ in (35—41 mm)
雌性
1¾—1¹³⁄₁₆ in (44—46 mm)

这种树蛙很会伪装，生活在离地几米高的树上。经常能听到叫声，但难得见到它。雄性的叫声是响亮而刺耳的连续音节。交配尚未观察到，但相信它与同属其他物种一样，产下较大的卵，蝌蚪期在卵里完成，直接孵化出小蛙。该蛙应该是在树上生长的潮湿的附生植物里产卵。虽然在基纳巴卢山的数量还很多，但因森林砍伐，它在北婆罗洲狭窄的分布区里数量下降。

实际大小

棕绿小树蛙体型短胖；头宽；眼大；指、趾末端有吸盘；趾间有蹼；背面浅绿色，带有棕色或黑色碎斑；腹面绿色或橘黄色；眼睛的虹膜橘黄色。

相近物种

赫氏小树蛙 *Philautus hosii* 也分布于北婆罗洲，眼睛呈醒目的绿色。它在溪流上方的树叶上产卵，已被列为近危物种。虫纹小树蛙 *Philautus vermiculatus* 是泰国和马来半岛的常见物种。另见艾氏小树蛙（第612页）和姆鲁山小树蛙（第613页）。

科名	树蛙科Rhacophoridae
其他名称	艾氏飞蛙、苔斑树蛙
分布范围	婆罗洲、菲律宾的巴拉望岛
成体生境	森林
幼体生境	未知
濒危等级	近危。很多分布区内因森林砍伐而导致栖息地丧失

成体体长
雄性
1 3/16—1 1/4 in (30—32 mm)
雌性
1 3/4—1 15/16 in (45—49 mm)

艾氏小树蛙
Philautus everetti
Everett's Tree Frog
(Boulenger, 1894)

这种小型树蛙多发现趴在有苔藓的树木上，它皮肤的色斑使其能很好地伪装起来。雄性的叫声是短而刺耳的连续音节。该蛙有游离的蝌蚪。有人认为该蛙难以被发现是因为其隐蔽的体色，而并不是因为稀有。它曾经被发现于一些未受干扰的森林，但其栖息地正面临大规模森林砍伐，它的未来需依靠森林保护区来维持。

相近物种

小树蛙属 *Philautus* 目前已包括 52 个物种①，主要分布于东南亚。莱特岛小树蛙 *Philautus leitensis* 分布于菲律宾，被列为易危物种，它是完全陆栖的物种，将卵产在陆地上，直接孵化出小蛙。另见棕绿小树蛙（第611 页）和姆鲁山小树蛙（第 613 页）。

艾氏小树蛙体型短胖；四肢细长；吻端圆；头和身体背面皮肤上有突起的疣粒，肩部有一行刺疣；背面杂以绿色和黑色，体侧和腹面黄色；头顶两眼之间有一条浅色横纹。

实际大小

① 译者注：依据Frost (2018)，小树蛙属目前有55个物种。

科名	树蛙科Rhacophoridae
其他名称	无
分布范围	马来西亚沙捞越
成体生境	森林，海拔约200 m
幼体生境	卵内发育
濒危等级	濒危。很多分布区内因森林砍伐而导致栖息地丧失

成体体长
雄性
平均 1⁵⁄₁₆ in (33 mm)
雌性
平均 1¹¹⁄₁₆ in (43 mm)

姆鲁山小树蛙

Philautus kerangae

Kerangas Bubble-nest Frog

Dring, 1987

该蛙将卵产在二齿猪笼草 *Nepenthes bicalcarata* 的瓶状叶里。卵可能是分批产下，每次 6—8 枚，依据一次观察得知，可能是由雄性进行守卫。雄性的叫声是响亮而刺耳的连续音节，通常在离地 2—5 m 的高处。该蛙没有游离的蝌蚪，卵直接发育成小蛙，体长约 8 mm。猪笼草生长在泥炭沼泽森林里，渍水土壤可以使落叶和枯木不会完全分解。这是婆罗洲的典型生境，但正在被快速破坏。

实际大小

姆鲁山小树蛙皮肤粗糙有疣粒；四肢细长；眼大而突起；指、趾末端吸盘发达；背面杂以绿色和棕色；腹面白色，杂有棕色斑。

相近物种

婆罗洲至少分布有小树蛙属 *Philautus* 19 个物种。英氏小树蛙 *Philautus ingeri* 是其中体型最大的一种，体长超过 50 mm。一种与小树蛙属关系很远的蛙类——婆罗洲姬蛙（第 512 页），将卵产在苹果猪笼草 *Nepenthes ampullaria* 里，这种猪笼草与姆鲁山小树蛙产卵的二齿猪笼草关系较近。这并没有看起来那么危险，这两种植物都不是肉食性的。另见棕绿小树蛙（第 611 页）和艾氏小树蛙（第 612 页）。

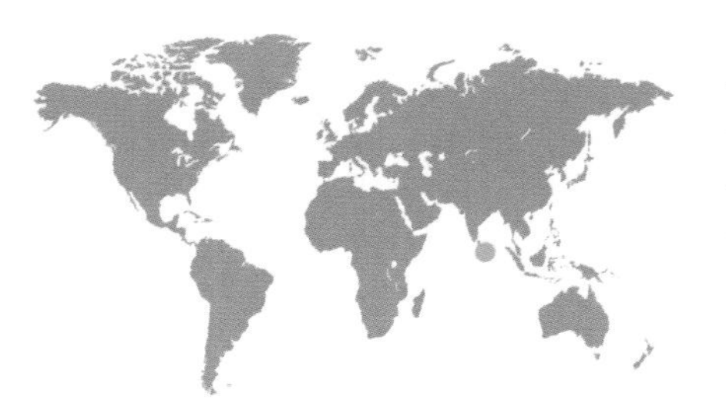

科名	树蛙科Rhacophoridae
其他名称	斯里兰卡泛树蛙
分布范围	斯里兰卡南部
成体生境	林地和森林，最高海拔1525 m
幼体生境	水塘、水池和其他静水水体
濒危等级	无危。常见种，能很好地适应各种人工环境

成体体长
雄性
1 15/16—2 3/8 in (50—60 mm)
雌性
2 7/8—3 1/2 in (72—90 mm)

沙漏泛树蛙
Polypedates cruciger
Common Hourglass Tree Frog

Blyth, 1852

这种大型树蛙得名于头和身体背面醒目的斑纹形状。它是常见物种，生活在人类周围，见于香蕉园、庭院，甚至是屋子里。它营树栖，卵被产在卵泡里，并悬挂在水塘上方的植物上，蝌蚪孵化后就掉进水里。它面临的唯一威胁来自农药。对于很多蛙类来说，哪怕是非常低浓度的杀虫剂、除草剂和化肥，都能降低蝌蚪的生长速率，导致幼体严重畸形，如缺少四肢。

沙漏泛树蛙头大；眼大而突起；四肢细长；趾间有蹼；指、趾端有吸盘；背面棕绿色、棕色或黄色，头和身体背面有一个沙漏形的深色斑；上唇有白色纵纹。

相近物种

泛树蛙属 *Polypedates* 有 26 个物种[1]，广泛分布于亚洲。爪哇泛树蛙 *Polypedates leucomystax* 是东南亚的常见种，在不同地区有不同的名称。它能改变体色，白天为均一的浅色，晚上颜色则变深并有斑纹。另见斑点泛树蛙（第 615 页）。

实际大小

① 译者注：依据Frost (2018)，泛树蛙属目前有24个物种。

科名	树蛙科Rhacophoridae
其他名称	印度泛树蛙、喜山泛树蛙
分布范围	印度、尼泊尔、不丹、孟加拉国、斯里兰卡
成体生境	湿润的森林，最高海拔3000 m
幼体生境	临时性水塘和水稻田
濒危等级	无危。常见种，能很好地适应各种人工环境

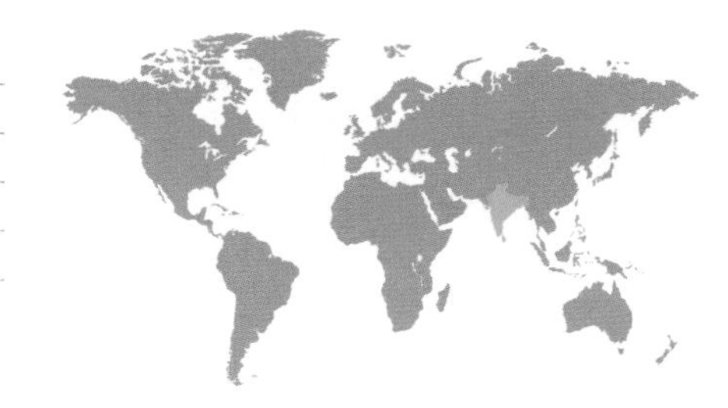

斑点泛树蛙
Polypedates maculatus
Chunam Tree Frog
(Gray, 1830)

成体体长
雄性
1$\frac{5}{16}$—2$\frac{3}{16}$ in (34—57 mm)
雌性
1¾—3½ in (44—89 mm)

这种树蛙能很好地适应于有人类的地方，包括一些有大型花园的半都市化城市。旱季时，它经常在房屋里避难。它在雨季繁殖，雄性在4—10月的傍晚后鸣叫，发出升音阶的砰砰声。卵被产在卵泡里，附着在水上方的树上，孵化后蝌蚪就掉进水里。旱季时，它的皮肤分泌一种黏液和脂类的混合物，可以在一定程度上减少水分散失。

相近物种

泛树蛙属 *Polypedates* 有26个物种[①]，广泛分布于亚洲，其中，分布于婆罗洲的骨耳泛树蛙 *Polypedates otilophus* 是最奇特的物种之一。雌性体长可达100 mm。它得名于在眼后、鼓膜上方的一个锋利的骨质棱。它能发出一种难闻的霉臭味。另见沙漏泛树蛙（第614页）。

斑点泛树蛙吻端突出；眼大；四肢长；趾间有蹼；指、趾末端有吸盘；背面橄榄绿、栗褐色、灰色或黄色，有深色斑点和斑块，四肢背面有横纹；上唇有白色纵纹。

实际大小

① 译者注：依据Frost (2018)，泛树蛙属目前有24个物种。

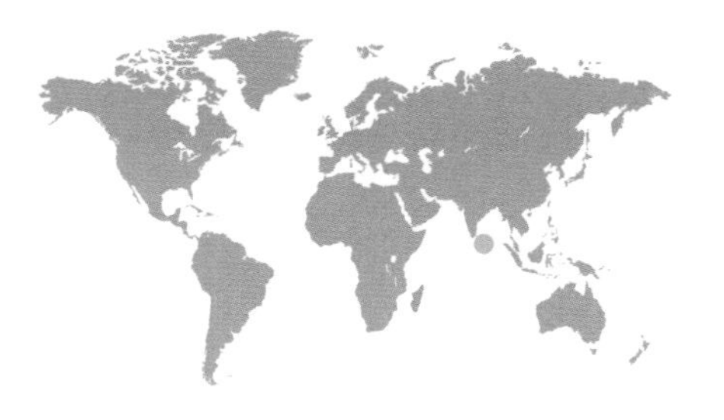

科名	树蛙科Rhacophoridae
其他名称	无
分布范围	斯里兰卡中部
成体生境	湿润的森林
幼体生境	卵内发育
濒危等级	易危。分布区狭窄，对环境变化敏感

成体体长
雄性
平均 1⁵⁄₁₆ in (33 mm)
雌性
1⁷⁄₁₆—1¹¹⁄₁₆ in (36—43 mm)

哈氏伪小树蛙
Pseudophilautus hallidayi
Halliday's Shrub Frog

(Meegaskumbura & Manamendra-Arachchi, 2005)

实际大小

哈氏伪小树蛙体型小而壮；头较大；身体短；眼大；指、趾端吸盘发达；趾间有蹼；背面棕绿色，带有不规则深色斑；腹面浅色。

这种树蛙小而隐秘，在持续降雨开始时繁殖。虽然经常出现在溪流边的岩石上，但它并不在水里繁殖。雄性在离地 5 m 的高处鸣叫，雌性找到雄性后进行抱对，再下降到地面上。雌性一边驮着雄性，一边用后肢和吻部在地上挖一个深洞。对卵受精，雄蛙便离开，而雌蛙将卵与土壤混合并掩盖后再离开。卵会直接发育成小蛙。

相近物种

伪小树蛙属 *Pseudophilautus* 目前有 78 个物种[①]，分布于斯里兰卡和印度，其中大多数为直接发育，没有游离的蝌蚪，在地上产卵。圆吻伪小树蛙 *Pseudophilautus femoralis* 与众不同的是在树叶下表面产卵。该属有些物种已经被宣告灭绝，分布于斯里兰卡的星点伪小树蛙 *Pseudophilautus stellatus* 曾被认为于 150 年前就已灭绝，但 2009 年又被重新发现。另见大蹼伪小树蛙（第 617 页）。

① 译者注：依据Frost (2018)，伪小树蛙属目前有79个物种。

科名	树蛙科Rhacophoridae
其他名称	大脚伪小树蛙
分布范围	斯里兰卡中部
成体生境	湿润的森林，海拔603—760 m
幼体生境	卵内发育
濒危等级	极危。分布区非常狭窄，因栖息地破坏和化学污染而受胁

成体体长
雄性
15/16—13/16 in (24—30 mm)
雌性
13/16—15/8 in (30—42 mm)

大蹼伪小树蛙
Pseudophilautus macropus
Webtoe Tree Frog
(Günther, 1869)

这种蛙类非常稀有，栖息于斯里兰卡纳克勒斯山不到 10 km^2 的范围内。主要被发现于落叶层下或趴在湿润的岩石上。与同属物种一样，大蹼伪小树蛙也是直接发育，它在溪流附近的土洞里产卵。蝌蚪期完全在卵内，直接孵化出一个小蛙。其栖息的天然森林很多已经被小豆蔻种植园所取代。如果不喷洒农药，它还有可能在这种环境里生存。

相近物种

大蹼伪小树蛙皮肤光滑，但斯里兰卡分布的该属其他物种的皮肤则很粗糙。锥疣伪小树蛙 *Pseudophilautus schmarda* 分布于中部山区，身上布满了突起的疣粒，它已被列为濒危物种；而分布于斯里兰卡西南部的多疣伪小树蛙 *Pseudophilautus cavirostris*，背部和四肢背面也布满了疣粒和疣刺。另见哈氏伪小树蛙（第616页）。

大蹼伪小树蛙体型短胖；吻端圆；眼大；指、趾末端吸盘发达；趾间全蹼；背面通常深棕色，带有棕黑色斑块，头背通常有一个“W”形斑；四肢背面有横纹。

实际大小

科名	树蛙科Rhacophoridae
其他名称	耿氏灌树蛙、白点灌树蛙
分布范围	印度喀拉拉邦南部
成体生境	湿润的森林
幼体生境	卵内发育（推测）
濒危等级	极危。分布区非常狭窄，因栖息地破坏而受胁

成体体长
雄性
平均 1 in (25 mm)
雌性
平均 1⅛ in (28 mm)

蓝斑灌树蛙
Raorchestes chalazodes
Chalazodes Bubble-nest Frog
(Günther, 1876)

实际大小

蓝斑灌树蛙吻端圆；眼大；指、趾端吸盘发达；背面为明亮的荧光绿色，大腿和体侧下方有蓝色斑；眼睛的虹膜黑色而带有亮黄色斑，有时使瞳孔形成一个十字形。

这种美丽的微型蛙类发现于1874年，但曾经有超过130年没有再被见到。一项在2010年发起的，寻找世界上“消失的两栖类”的倡议，最终使蓝斑灌树蛙和50个目标物种里的另外四个，在印度被重新发现。该蛙属夜行性，栖息于印度南部豆蔻丘陵的芦苇丛中。目前对于其繁殖行为一无所知，仅仅是推测，它可能与其近缘种一样，在陆地上产卵，并直接孵化出小蛙。

相近物种

目前，灌树蛙属 *Raorchestes* 有50个物种[①]，都是小型蛙类，雄性有一个较大的单声囊，分布于南亚和东南亚。灌树蛙属在印度西高止山脉的多样性特别高，新物种不断被发现。卡卡西灌树蛙 *Raorchestes kakachi* 是一种棕色的小蛙，发表于2012年，分布于西高止山南部山区。

① 译者注：依据Frost (2018)，灌树蛙属目前已有62个物种。

科名	树蛙科Rhacophoridae
其他名称	衣笠飞蛙
分布范围	日本本州和佐渡岛
成体生境	森林，最高海拔2000 m
幼体生境	水池和水塘
濒危等级	无危。种群数量稳定，分布区内有很多保护区

衣笠树蛙
Rhacophorus arboreus
Forest Green Tree Frog
(Okada & Kawano, 1924)

成体体长
雄性
1⅝—2⅜ in (42—60 mm)
雌性
2¼—3³⁄₁₆ in (59—82 mm)

该蛙的一些繁殖种群已经成为旅游观光资源，这些地方有大量个体集中繁殖。雄性体型一般小于雌性，雄性发出的叫声包括2—6个“咔嗒”声。一只雌性常被多只雄性抱住。该蛙产卵300—800枚，包裹在一个卵泡里，悬挂在水塘上方的树枝上。泡沫团是一种以白蛋白为主的物质，从雌性泄殖腔里分泌出来，经由其后肢拍打而形成。泡沫的外层会逐渐变硬，当蝌蚪孵化后，就从中蠕动出来掉进下面的水里。

相近物种

舒氏树蛙 *Rhacophorus schlegeli* 分布于日本的本州、四国和九州等岛，它在地面的洞里产卵，并被包裹在卵泡里。其叫声与衣笠树蛙不同，此外，交配时雌性通常仅与一只雄性抱对。

衣笠树蛙头大；指、趾末端吸盘大；指、趾间均有蹼；背面为绿色或绿色而带有镶黑边的棕色斑；腹部白色；四肢腹面带有红色。

实际大小

科名	树蛙科Rhacophoridae
其他名称	黑蹼树蛙、瑞氏飞蛙
分布范围	印度尼西亚的爪哇和苏门答腊；马来西亚的马来半岛、沙巴和沙捞越
成体生境	低海拔森林
幼体生境	森林里的非永久性水塘
濒危等级	近危。易受到森林砍伐的威胁，没有分布于任何保护区内

成体体长
雄性
1⅝—2 in (42—52 mm)
雌性
2⅛—3⅛ in (55—80 mm)

马来黑蹼树蛙
Rhacophorus reinwardtii
Green Flying Frog

(Schlegel, 1840)

这种被称为“飞蛙”的树蛙并不是真正能飞，而是能在大树之间缓慢地滑翔下降。滑翔时，它张开手指和脚趾，利用指、趾间的蹼来降低下降速度。其大部分时间都生活在高高的树冠层，很少能见到，只有繁殖期时才大量聚集在水塘周围。雄性在树上鸣叫，发出低而清脆的咯咯声。卵被产在一个大卵泡里，悬挂在水塘上方的树枝上。当卵孵化后，蝌蚪就掉进下面的水里。

相近物种

印支黑蹼树蛙 *Rhacophorus kio* 分布于印度、中国、泰国、越南、柬埔寨和老挝，因为外形上很相似，直到近期才从马来黑蹼树蛙里分划出来。婆罗洲有代表性的是黑掌树蛙 *Rhacophorus nigropalmatus*（也叫华莱士飞蛙），体型大，指、趾间的蹼是黑色，分布于印度尼西亚、泰国和马来西亚。另见吸血蝠树蛙（第621页）。

马来黑蹼树蛙体型大；指、趾间全蹼；掌突和蹠突大；前肢肘部和胫跗部各有一个片状的皮肤突起；背面深绿色，散布有黑点；体侧黄色带有黑色斑块及蓝色斑点；胯部、四肢腹面和足为黄色。

实际大小

科名	树蛙科Rhacophoridae
其他名称	无
分布范围	越南南部
成体生境	常绿林，海拔1470—2004 m
幼体生境	积水的树洞
濒危等级	濒危。分布狭窄，因栖息地破坏而受胁

成体体长
雄性
1⅝—1¾ in (42—45 mm)
雌性
1½—2⅛ in (38—54 mm)

吸血蝠树蛙

Rhacophorus vampyrus

Vampire Flying Frog

Rowley, Le, Tran, Stuart & Hoang, 2010

这是近期才被发现的蛙类，得名于其蝌蚪口部的独特构造，而非指成体。卵被产在卵泡里，黏附于积水树洞上方的洞壁，卵孵化后，蝌蚪掉进水里，它们以雌性提供的未受精卵为食。蝌蚪口部的上颌有一行向后的角质颌，下颌有一对向前的尖齿状角质钩。这种结构可能适应于吃蛙卵。

相近物种

分布于亚洲的树蛙属 *Rhacophorus* 目前有 87 个物种[①]，约有 1/4 是在过去的十年里发表的。主要是因为一些偏僻的国家，如越南，直到近期才被详细调查。跟突树蛙 *Rhacophorus calcaneus* 分布于越南和老挝，是鲜为人知的一个物种，因森林砍伐而受胁，被列为近危物种。另见马来黑蹼树蛙（第 620 页）。

吸血蝠树蛙吻端钝；眼大；掌突和蹠突很发达；脚跟部有一个突起；白天时，背面浅棕褐色，夜间变为砖红色；指、趾蹼展开为灰色；眼睛的虹膜为明黄色。

实际大小

① 译者注：依据Frost (2018)，树蛙属目前已有91个物种。

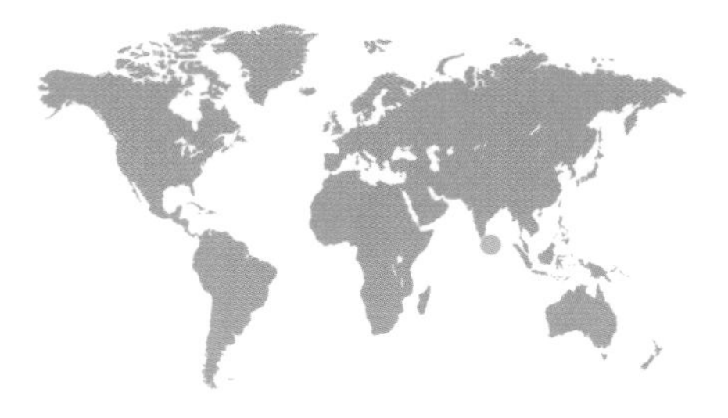

科名	树蛙科Rhacophoridae
其他名称	*Polypedates eques*、耿氏泛树蛙、鞍斑树蛙、马刺树蛙
分布范围	斯里兰卡
成体生境	森林，海拔1200—2135 m
幼体生境	永久性和临时性水塘
濒危等级	濒危。分布狭窄，因森林砍伐而导致栖息地破坏

成体体长
雄性
1¼—1$\frac{9}{16}$ in (32—40 mm)
雌性
2½—2$\frac{13}{16}$ in (62—71 mm)

沙漏尖吻树蛙
Taruga eques
Montane Hourglass Tree Frog

(Günther, 1858)

这种树栖蛙类仅分布于斯里兰卡中部山区，其性二态很明显，雌性体型远大于雄性。沙漏尖吻树蛙栖息于森林的树冠层，繁殖期下到水面上方的树叶上。雌性将卵产在卵泡里，多个雄性对卵进行受精。卵在卵泡里孵化后，蝌蚪掉进下面的水里。和斯里兰卡很多地方一样，分布有该物种的森林因伐木或开垦用于种植茶叶和蔬菜而受到破坏。幸运的是，该物种也分布于受到保护的霍顿平原国家公园（Horton Plains National Park）里。

沙漏尖吻树蛙得名于栖息地北部有一个深色的沙漏形斑块。它的吻端很突出；脚跟部有一个锥状突起；泄殖腔附近有一些疣粒；眼后到体侧中部有一条肤褶；体色多变，背面灰色、棕色、黄色或红色；腹面黄色。

相近物种

尖吻树蛙属 *Taruga* 目前有三个物种，均分布于斯里兰卡。长尖吻树蛙 *Taruga longinasus* 的吻端非常长而尖，与沙漏尖吻树蛙的生活史相似，也已被列为濒危物种。背条尖吻树蛙 *Taruga fastigo* 仅分布于斯里兰卡西南部的一个独立的小地点，被列为极危物种。

实际大小

科名	树蛙科Rhacophoridae
其他名称	棘皮树蛙
分布范围	泰国，马来西亚的马来半岛、沙巴东部，新加坡
成体生境	低地森林，最高海拔800 m
幼体生境	积水的树洞
濒危等级	无危。在新加坡为极危；很多分布区有森林砍伐的风险

粗疣棱皮树蛙
Theloderma horridum
Rough Tree Frog
(Boulenger, 1903)

成体体长
雄性
未知

雌性
1⁹⁄₁₆—1¹⁵⁄₁₆ in (40—49 mm)

由于这种树蛙很稀有，或是很难寻找，因此对其生物学规律还知之甚少。支持“很难寻找”说法者的解释，是该蛙非常完美地拟态树皮。据报道，雄性的叫声是连续而低音的咕哝声和嘎嘎声，卵被产在卵泡里并附着在积水树洞上方。蝌蚪全长约 32 mm。

实际大小

相近物种

棱皮树蛙属 *Theloderma* 目前有 23 个物种①，有一些物种是近期才被发现的，因此可能还会继续有其他新物种被发现。分布于越南的里氏棱皮树蛙 *Theloderma ryabovi* 和印度的那加兰棱皮树蛙 *Theloderma nagalandensis* 同时发表于 2006 年。分布于泰国和马来半岛的弱疣棱皮树蛙 *Theloderma licin* 发表于 2007 年。由于亚洲地区低地森林被广泛砍伐，因此大多数物种都受胁。

粗疣棱皮树蛙得名于其头、身体和四肢背面布满了大小疣粒，以及疣粒上的小白刺；它的掌突和蹠突很大，呈亮橘黄色；背面深棕色，体侧有深色斑块；腹面深灰色，饰有白斑。

① 译者注：依据Frost (2018)，棱皮树蛙属目前有25个物种。

科名	曼蛙科Mantellidae
其他名称	无
分布范围	马达加斯加东北部与中部
成体生境	森林，海拔1700 m
幼体生境	水塘或缓速溪流
濒危等级	无危。由于森林砍伐部分地区种群下降，但在一些保护区内有分布

成体体长
雄性
2⅜—3⅛ in (60—80 mm)
雌性
2⅜—4 in (60—103 mm)

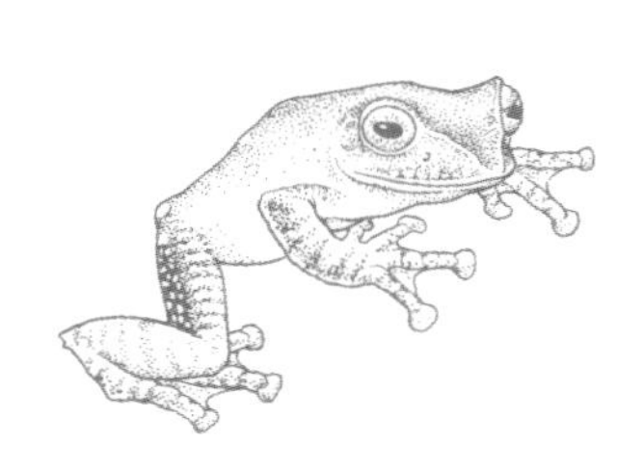

马岛牛眼蛙
Boophis madagascariensis
Madagascar Bright-eyed Frog
(Peters, 1874)

马岛牛眼蛙是马达加斯加目前发现的体型最大的蛙类之一。这种体格健壮的树栖蛙类可见于距离地面10 m以上的地方，并且能跳出很远的距离。雄性会在水里或是在水体附近聚集合鸣，雌性通常产卵约400枚。据描述，其鸣叫声是一种呻吟声，近来的研究表明这种叫声极为复杂，目前已经鉴别出了不少于28种特殊的叫声类型，其叫声的多样性对于蛙类来说是史无前例的。然而这些不同的鸣叫声具体作用尚不得而知。

马岛牛眼蛙眼大；吻端突出；四肢较长；手、足大；指、趾间均具部分蹼；指、趾末端具大吸盘；肘部与足跟部具棘刺状皮肤衍生物；背面为米黄色、棕色或淡红色，四肢有深色横纹。腹面为乳白色。

相近物种

目前，牛眼蛙属 *Boophis* 已经描述的物种达76种[①]之多，主要分布在马达加斯加及其相邻的马约特岛。短肢牛眼蛙 *Boophis brachychir* 是一种小型树蛙，也长有和马岛牛眼蛙 *Boophis madagascariensis* 一样奇特的肘部和足跟部的皮肤衍生物。白唇牛眼蛙 *Boophis albilabris* 是一种体型巨大的翠绿色的树蛙，趾间为满蹼。另见威氏牛眼蛙（第625页）。

实际大小

① 译者注：依据Frost (2018)，牛眼蛙属目前已有77个物种。

科名	曼蛙科Mantellidae
其他名称	无
分布范围	马达加斯加中部
成体生境	森林，海拔最高2100 m
幼体生境	山区溪流
濒危等级	极危。仅知于一个未受保护的分布点

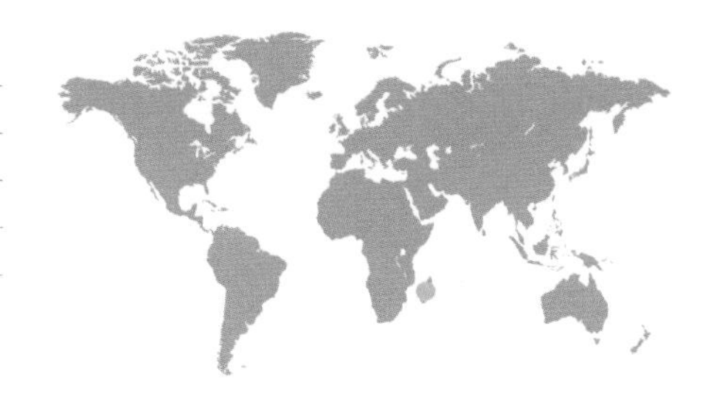

威氏牛眼蛙
Boophis williamsi
Williams' Bright-eyed Frog
(Guibé, 1974)

成体体长
雄性
平均 1⁷⁄₁₆ in (37 mm)
雌性
1⁹⁄₁₆—1¾ in (40—44 mm)

该蛙是马达加斯加岛上众多罕见蛙类中最为稀有的之一，是山顶分布的物种。该岛中部过去曾大部分被安卡拉特拉地层所覆盖的零散森林，它们就在其碎斑块残迹中的一片面积小于 10 km^2 未受保护的弹丸之地上艰难度日。蝌蚪在湍流的山溪冷水环境中发育，体型能长到很大，大吸盘状的嘴部能够使它们爬到岩石上刮食藻类。

实际大小

相近物种

目前，牛眼蛙属 *Boophis* 已经描述的物种有 76 种，均为马达加斯加特有种。古多牛眼蛙 *Boophis goudotii* 是一种大型蛙类，体长可达 100 mm，已知它可捕食威氏牛眼蛙 *Boophis williamsi*。其攀爬能力很弱，虽然其自然栖息地为森林环境，但是它在被人类改变的栖息地如稻田中也能很好存活，被列为无危物种。另见马岛牛眼蛙（第 624 页）。

威氏牛眼蛙体型纤细；前腿与后腿均较长；眼大；皮肤除背部后侧的一块地方具疣粒外光滑；指与趾很长，其末端均具发达吸盘；身体背面与后腿为棕色并散以橘黄色点斑，腹面为灰白色。

科名	曼蛙科Mantellidae
其他名称	无
分布范围	马达加斯加西部
成体生境	干燥森林
幼体生境	临时性水塘和稻田
濒危等级	濒危。仅见于单个分布点且受到栖息地破坏的威胁

成体体长
雄性
1⁹⁄₁₆—1¾ in (39—45 mm)
雌性
平均 2⅜ in (60 mm)

宽头无趾沟蛙
Aglyptodactylus laticeps
Aglyptodactylus Laticeps

Glaw, Vences & Böhme, 1998

实际大小

这种地栖性蛙类因其杰出的跳跃力而闻名，仅生活于马达加斯加西海岸附近的奇林地森林（Kirindy Forest）中，多见于森林地面的落叶堆上。它是一种“爆发式繁殖者”，在暴雨过后会大量聚集在小型临时性水塘和稻田周围。雌性产大约 4000 枚黑色小型卵，很快便可以孵化出蝌蚪。蝌蚪仅需 12 天左右就可以完成变态，以确保其能够在繁殖水塘干涸之前顺利登陆。

相近物种

无趾沟蛙属 *Aglyptodactylus* 有三个物种①，被统称为马达加斯加跳蛙。马岛无趾沟蛙 *Aglyptodactylus madagascariensis* 是一种相对常见的物种，在马达加斯加东部有非常广阔的分布区。斧指无趾沟蛙 *Aglyptodactylus securifer* 也分布于奇林地森林，被列为无危物种，在抱对期间，雄性体色会从棕色变为鲜黄色，而雌雄性分开之后颜色又会很快恢复。

宽头无趾沟蛙的体型粗壮；头大而宽；眼极大；后腿发达有力；趾间具蹼；指与趾较长，其末端不具吸盘；皮肤光滑，体色呈灰色或浅棕色，体侧部有黑色斑纹，后腿上有棕色横纹。

① 译者注：依据Frost (2018)，无趾沟蛙属目前有六个物种。

科名	曼蛙科Mantellidae
其他名称	无
分布范围	马达加斯加西部
成体生境	干燥的森林和灌木丛生的稀树草原
幼体生境	临时性水塘
濒危等级	无危。分布范围很广且可见于多种退化或变化了的生境中

翘唇响鸣曼蛙
Laliostoma labrosum
Madagascar Bullfrog
(Cope, 1868)

成体体长
雄性
1¾—2³⁄₁₆ in (44—56 mm)
雌性
2³⁄₁₆—3⅛ in (56—80 mm)

在旱季时从未见到过这种大型蛙类的身影，因为那时它在地下隐居。在大雨过后，它们才会在地面现身并聚集在临时性水塘周围，数量有时很大。雄性晚上坐在它们所选择的水塘边陆地上鸣叫，据描述，其鸣叫声听起来并不悦耳。雌性产卵量很大。随着蝌蚪逐渐生长发育，有时它们会变成肉食性，蝌蚪之间同类相残或者以其他蛙类的蝌蚪为食。

相近物种

翘唇响鸣曼蛙是本属唯一的物种，它与马达加斯加的其他任何蛙类都不相似。其体型健壮且为穴居型，这点与其他分布于大陆上的箱头蛙属物种相似，但亲缘关系很远。

翘唇响鸣曼蛙体型粗壮；头大；嘴部很宽；眼大而突起；背部皮肤上有纵向肤褶；趾间具蹼；背面为灰色或浅棕色并带有浅色与深色斑纹；后腿具横纹，腹面为白色。

实际大小

科名	曼蛙科Mantellidae
其他名称	无
分布范围	马达加斯加东部
成体生境	森林
幼体生境	水塘
濒危等级	无危。在森林被清除的地区中种群已经消失，但至少还在一个保护区和一些退化了的生境中有分布

成体体长
¾ in (19—20 mm)

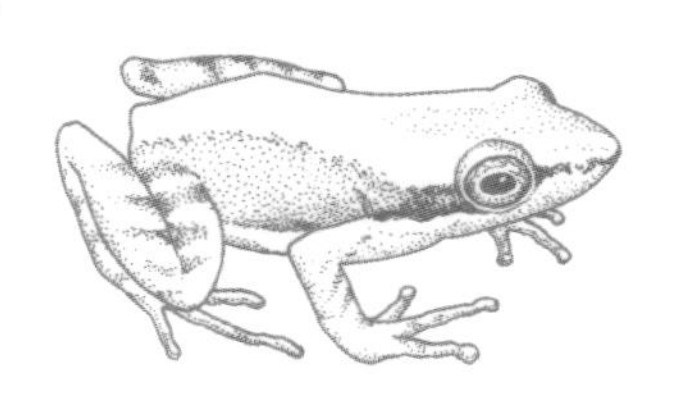

布曼蛙
Blommersia blommersae
Moramanga Madagascar Frog

(Guibé, 1975)

实际大小

布曼蛙的吻端突出；趾间具蹼；指、趾末端膨大；皮肤光滑且色型多样，棕色的暗斑不同；有一条深色纵纹从吻端穿过眼部而达鼓膜处。

这种小型蛙类见于马达加斯加残存的森林区域中及其边缘地带、沼泽地里和水塘周围。暴雨过后雄性便在低矮的植被上日夜鸣叫，有时会大量聚集并形成合鸣。其鸣叫声由2—3声非常响亮的叽喳声组成。雌性产的卵被包裹在大量的胶状物质之中，并黏在悬于水塘上方的叶片上，因此当卵孵化以后，蝌蚪就会掉到下面的水塘里。

相近物种

目前，布曼蛙属*Blommersia*已描述十个物种，其中的榈叶布曼蛙*Blommersia angolafa*描述于2010年。它在两方面比较特殊：第一，雄性和雌性的体色不同，雄性为橘黄色而雌性为棕色；第二，它主要生活于落叶堆附近与棕榈树的盈水苞叶中。卵被产在极小的水洼里，蝌蚪也在其中发育。

科名	曼蛙科Mantellidae
其他名称	无
分布范围	马达加斯加东南部
成体生境	森林，海拔最高1000 m
幼体生境	未知
濒危等级	濒危。由于森林砍伐，其分布范围已经缩减到了一小块区域，但在两个国家公园内有分布

成体体长
2⅜—3⅛ in (60—80 mm)

小耳博曼蛙
Boehmantis microtympanum
Angel's Madagascar Frog
(Angel, 1935)

这种大型蛙类的种本名得名于其不明显的小鼓膜。该特征加上它生活于嘈杂的湍流山溪中，表明其的听力可能很差，还有人认为其雄性不会发声。它在夜间活动，多见于急流中的大石头上。它也被人类捕食，但这可能并不足以导致其种群数量下降，主要原因还是开发农田而使其森林栖息被破坏。

小耳博曼蛙体型粗壮；头宽；眼大；趾间具蹼；指、趾末端具发达吸盘；皮肤光滑，背面为橄榄绿色，带有不明显的浅色和深色斑纹；腹面为白色。

相近物种

小耳博曼蛙是本属唯一的物种，以前划分在趾盘曼蛙属 *Mantidactylus*，见波氏趾盘曼蛙（第636页）内。该蛙在外表上和格氏趾盘曼蛙 *Mantidactylus grandidieri* 极其相似，后者也生活于原始森林的湍急溪流中，但是可以通过其指与趾端大得多的吸盘与后者相区分。

实际大小

科名	曼蛙科Mantellidae
其他名称	无
分布范围	马达加斯加东部
成体生境	雨林，海拔最高700 m
幼体生境	卵内发育（推测）
濒危等级	无危。由于森林砍伐部分地区种群下降，但是在一些保护区内有分布

成体体长
雄性
$1\frac{7}{16}$—$1\frac{11}{16}$ in (36—43 mm)
雌性
$1\frac{5}{8}$—$1\frac{7}{8}$ in (41—47 mm)

橘黄桥趾曼蛙

Gephyromantis luteus

White Madagascar Frog

(Methuen & Hewitt, 1913)

实际大小

这种大型蛙类生活于马达加斯加东海岸的沿岸原始森林中。白天主要见于地面上的落叶堆中，并且能够跳出很远的距离，到了夜晚它便爬到树上。雄性在距离地面 1—2 m 的树枝上鸣叫，其叫声由一连串很动听的音符构成。该蛙不会集群合鸣，也不在水体附近鸣叫，这表明它与其近缘物种一样，卵被产在地面并且直接孵化出小幼蛙。

橘黄桥趾曼蛙的吻端突出；四肢长而肌肉发达；眼大而突起；雄性有一对声囊，嘴部每侧各有一个；背部与腿部为浅棕色或红棕色并带有深色斑纹，尤其是在腿部位置；指、趾末端具吸盘；趾间具部分蹼。

相近物种

目前，桥趾曼蛙属 *Gephyromantis* 已经描述的物种共有 41 个①，它们被统称为粒蛙，因为其背部布满疣粒与肤褶。背疣桥趾曼蛙 *Gephyromantis granulatus* 就是一个很好的例子。刻纹桥趾曼蛙 *Gephyromantis sculpturatus* 是橘黄桥趾曼蛙 *Gephyromantis luteus* 的近缘物种，并且分布于马达加斯加东部海岸森林生境中，它随海拔的升高而逐渐取代后者。

① 译者注：依据Frost (2018)，桥趾曼蛙属目前有44个物种。

科名	曼蛙科Mantellidae
其他名称	无
分布范围	马达加斯加东部
成体生境	雨林，海拔最高1400 m
幼体生境	植物叶腋内的积水洼中
濒危等级	无危。部分地区种群下降，但是在几个保护区内有分布

花吉曼蛙
Guibemantis pulcher
Tsarafidy Madagascar Frog
(Boulenger, 1882)

成体体长
雄性
平均 1 in (25 mm)
雌性
⅞—1⅛ in (22—28 mm)

这种蛙类体型小巧、色彩斑斓，它将卵产在螺旋松 *Pandanus* spp.（也被称为露兜树）这类植物叶腋中的小水洼中。这些棕榈树般的植物分布在热带，在马达加斯加，它们的叶子被人们广泛用于制作小屋的屋顶。目前仍不清楚其蝌蚪在小水洼中到底是靠自己捕食，还是像其他很多在植物中繁殖的蛙类那样由父母喂养。该蛙的成体及其近缘种的大腿腹面有非常明显的股腺，其具体功能尚不得而知。

实际大小

花吉曼蛙吻端突出；眼大而突起；皮肤光滑；指、趾末端具发达吸盘；头部、身体与四肢为绿色并带有棕色或紫色的点斑，从吻端穿过眼部沿体侧有一条紫色的纵纹。

相近物种

马达加斯加的吉曼蛙属 *Guibemantis* 目前有 14 个物种，很可能还会增添新的成员。树皮吉曼蛙 *Guibemantis liber* 因其非常响亮的鸣叫声而闻名，和同属其他物种不同的是，它在池塘里而不是在植物叶腋内的小水洼中。斑点吉曼蛙 *Guibemantis punctatus* 得名于其身体背部散有很多斑点。

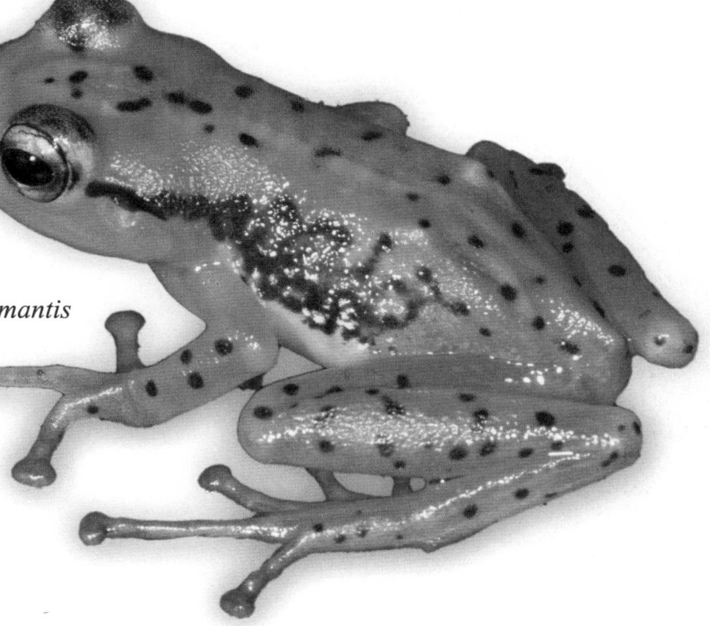

① 译者注：依据Frost (2018)，吉曼蛙属目前有15个物种。

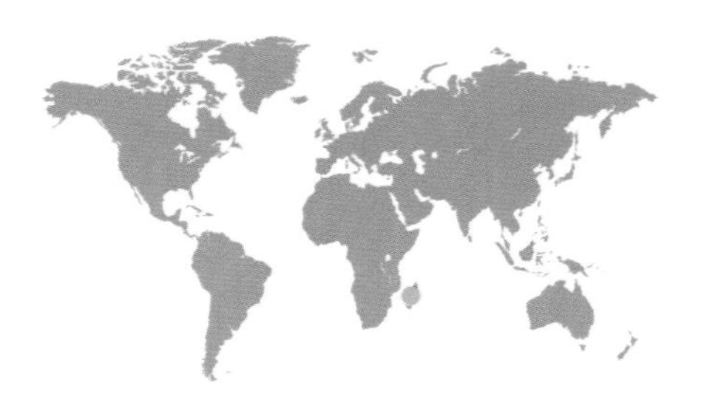

科名	曼蛙科Mantellidae
其他名称	红曼蛙
分布范围	马达加斯加东部
成体生境	潮湿森林
幼体生境	小水塘
濒危等级	极危。其栖息地已经由于森林砍伐而严重退化与破碎化，并且风靡于宠物贸易中

成体体长
雄性
¾—15/16 in (19—24 mm)
雌性
¾—1¼ in (19—31 mm)

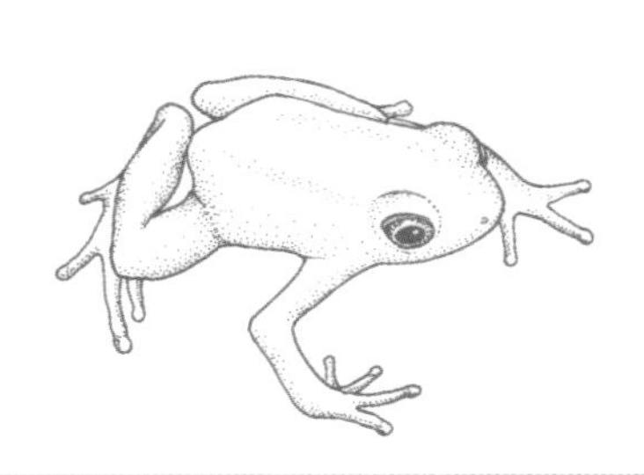

金色曼蛙
Mantella aurantiaca
Golden Mantella

Mocquard, 1900

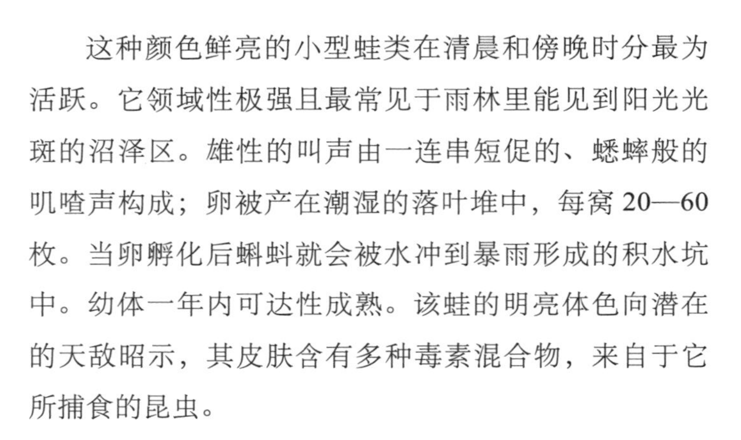

实际大小

金色曼蛙是一种体型小而丰满的蛙类；皮肤颜色有从金黄色到橘黄色再到红色等多种色型；眼睛的虹膜为黑色；指、趾间均不具蹼；指、趾细长，其末端均有小吸盘；雌性体型比雄性略宽；幼体为绿色与黑色。

这种颜色鲜亮的小型蛙类在清晨和傍晚时分最为活跃。它领域性极强且最常见于雨林里能见到阳光光斑的沼泽区。雄性的叫声由一连串短促的、蟋蟀般的叽喳声构成；卵被产在潮湿的落叶堆中，每窝20—60枚。当卵孵化后蝌蚪就会被水冲到暴雨形成的积水坑中。幼体一年内可达性成熟。该蛙的明亮体色向潜在的天敌昭示，其皮肤含有多种毒素混合物，来自于它所捕食的昆虫。

相近物种

金色曼蛙的颜色可与本属其他15个物种相区分，该属大多数物种都面临着栖息地破坏与国际宠物贸易捕捉的威胁，都处于不同程度的灭绝危机之中。目前这种基于国际宠物贸易的捕捉已经受到了比以前有效得多的国际监管。另见科氏曼蛙（第633页）、马岛曼蛙（第634页）和翠绿曼蛙（第635页）。

科名	曼蛙科Mantellidae
其他名称	黑金蛙、科氏金蛙、小丑曼蛙
分布范围	马达加斯加中部
成体生境	溪流沿岸森林，海拔1000—2000 m
幼体生境	溪流中
濒危等级	濒危。受到栖息地破坏和宠物贸易过度采集的威胁

成体体长
⅞—1⅛ in (22—29 mm)

科氏曼蛙
Mantella cowanii
Cowan's Mantella
Boulenger, 1882

这种蛙类极为罕见，栖息在马达加斯加中东部的高原，生活于山溪沿岸的森林中。据估计，其种群数量在过去的15年里已经下降了80%，其分布范围已经缩小至不到10 km^2。尽管在2009年发现另外新的分布点，但该蛙还是非常罕见的，并且在任何保护区内都没有分布。科氏曼蛙的大部分森林栖息地都已经受到了破坏。祸不单行，它还受到国际宠物贸易大量捕捉的灭顶之灾。2003年马达加斯加已经宣布终止了该蛙的出口。

实际大小

科氏曼蛙体型小而粗壮；吻端突出；皮肤富有光泽；头部、躯干部和四肢为黑色，四肢上与胯部处有红色，有时为橘黄色或黄色的斑块；眼睛虹膜为黑色；腹面有蓝色斑点。

相近物种

科氏曼蛙与巴氏曼蛙 *Mantella baroni* 非常相似，两物种之间还可以杂交，后者能够耐受栖息地的改变，是一种常见蛙类，被列为“无危”等级。藏红曼蛙 *Mantella crocea* 主要为金黄色或者绿色，在湿地中繁殖，被列为濒危物种。另见金色曼蛙（第632页）、马岛曼蛙（第634页）和翠绿曼蛙（第635页）。

科名	曼蛙科Mantellidae
其他名称	马达加斯加锦曼蛙
分布范围	马达加斯加东部
成体生境	原始森林的溪流附近
幼体生境	溪流中
濒危等级	易危。受到栖息地破坏和宠物贸易过度捕捉的威胁

成体体长
雄性
最大 ⅞ in (22 mm)

雌性
最大 1 in (25 mm)

马岛曼蛙
Mantella madagascariensis
Madagascan Mantella

(Grandidier, 1872)

实际大小

马岛曼蛙体型小而粗胖；吻端突出；体色极富变化，但是大多数个体头部、背部为黑色，躯干周围有宽的带纹；从眼后至吻端延伸有一条金黄色或绿色窄纵纹；前臂和每侧体侧部的大斑块为黄色或绿色，带有黑色斑纹；四肢和每侧胯部有一块绿色、黄色或橘黄色的斑块，有黑色横纹；四肢腹面或为红色。

这是一种体色极为鲜亮的微型蛙类。它们白天活动，在地面上跳跃。该蛙仅幸存于马达加斯加岛上残存的原始森林斑块中，体色非常多变，有些个体呈绿色、黄色或黑色。雄性具有领地性，会发出一种类似于叽喳声的鸣叫。在交配期间，雌性将卵产在地面上，但是蝌蚪在溪流中发育。曼蛙属 *Mantella* 和分布在南美的亲缘关系很远的箭毒蛙类（第 356—389 页）是趋同进化的典型案例。它们都在白天活动、皮肤可以产生有毒的分泌物并且体色艳丽，其鲜艳的色调是在警示潜在的天敌——它们是有毒的。

相近物种

马岛曼蛙的色斑与巴氏曼蛙 *Mantella baroni* 非常相似，两者常常被混淆起来。后者是一种常见的蛙类，和被列为易危物种的丽曼蛙 *Mantella pulchra* 也比较像。目前，曼蛙属 *Mantella* 共有 16 个物种，其中大多数物种都受到马达加斯加普遍的栖息地破坏与退化的影响。另见金色曼蛙（第 632 页）、科氏曼蛙（第 633 页）和翠绿曼蛙（第 635 页）。

科名	曼蛙科Mantellidae
其他名称	黄绿曼蛙
分布范围	马达加斯加北部
成体生境	干燥低地，海拔最高300 m
幼体生境	临时性溪流中
濒危等级	濒危。受到栖息地破坏和宠物贸易过度捕捉的威胁

成体体长
雄性
⅞—1 in (22—25 mm)
雌性
1¹⁄₁₆—1³⁄₁₆ in (27—30 mm)

翠绿曼蛙
Mantella viridis
Green Mantella
Pintak & Böhme, 1988

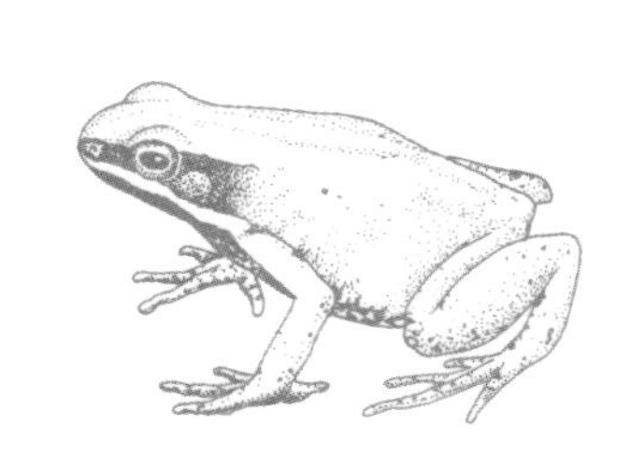

翠绿曼蛙仅分布于马达加斯加北角一块非常小的区域中，这种具有领域性的小型蛙类生活在溪流附近，主要以昆虫和其他无脊椎动物为食，其中部分食物能够为其提供有毒的化合物，能使天敌感到恶心。雄性的鸣叫声由一连串“咔嗒”声构成，并以此来吸引雌性。它们在陆地上进行交配，卵被产在溪流附近的地面上。在暴雨期间孵化出蝌蚪，再被水冲到溪流中去。宠物贸易的大量捕捉曾使其种群数量受到重创，但这种情况已经得到了控制，并且该物种也有几个人工繁殖种群。

实际大小

翠绿曼蛙的背部、头部与腿部为绿色或黄色，有一块面罩状的斑纹贯穿眼部；上唇部有一条白色纵纹；腹面为黑色并饰以蓝色点斑；指、趾末端具小吸盘；雌性比雄性体型更宽、更丰满。

相近物种

翠绿曼蛙与埃氏曼蛙 *Mantella ebenaui* 亲缘关系很近，后者也分布于马达加斯加最北部，被列为无危物种。同样被列为无危物种的贝齐寮曼蛙 *Mantella betsileo* 分布于马达加斯加东部和中部的很多地区中。另见金色曼蛙（第 632 页）、科氏曼蛙（第 633 页）和马岛曼蛙（第 634 页）。

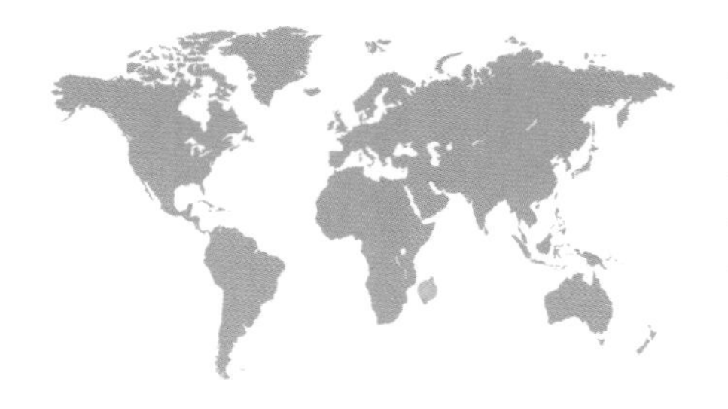

科名	曼蛙科Mantellidae
其他名称	无
分布范围	马达加斯加中部
成体生境	山地森林
幼体生境	缓流溪流
濒危等级	极危。分布范围因栖息地破坏已缩减成了单个分布点

成体体长
雄性
1—1¼ in (25—32 mm)
雌性
15/16—1 5/16 in (24—34 mm)

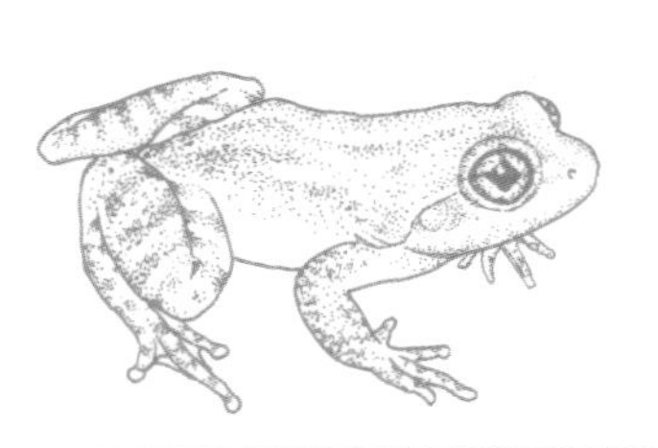

波氏趾盘曼蛙

Mantidactylus pauliani

Mantidactylus Pauliani

Guibé, 1974

实际大小

波氏趾盘曼蛙体型小而非常圆胖；吻短；眼突出；指、趾末端较钝；趾间具蹼；背面为棕色并带有深棕色大斑点，腿上有深棕色横纹；腹面为浅灰色。

这种微型蛙类代表了一类面临严峻灭绝危险的高海拔栖息的两栖类。栖居于森林里的蛙类天生趋向于占据较小的分布范围，其栖息地环境一旦发生人为或气候改变引起的变化，就因无法扩散到其他地方而坐以待毙。马达加斯加中部的安卡拉特拉山是大约 15 种蛙类的家园，但是其自然林栖息地因树木砍伐和森林火灾而丧失。这种水生蛙类似乎仅幸存于森林残遗边缘的一条溪流中。

相近物种

目前，马达加斯加的趾盘曼蛙属 *Mantidactylus* 共有 31 个物种。与波氏趾盘曼蛙最为接近的是安山曼蛙 *Mantidactylus madecassus*，其分布于海拔 1500—2500 m，主要生活于林木线以上的山区溪流中，仅知于大约十个分布点，被列为濒危物种。

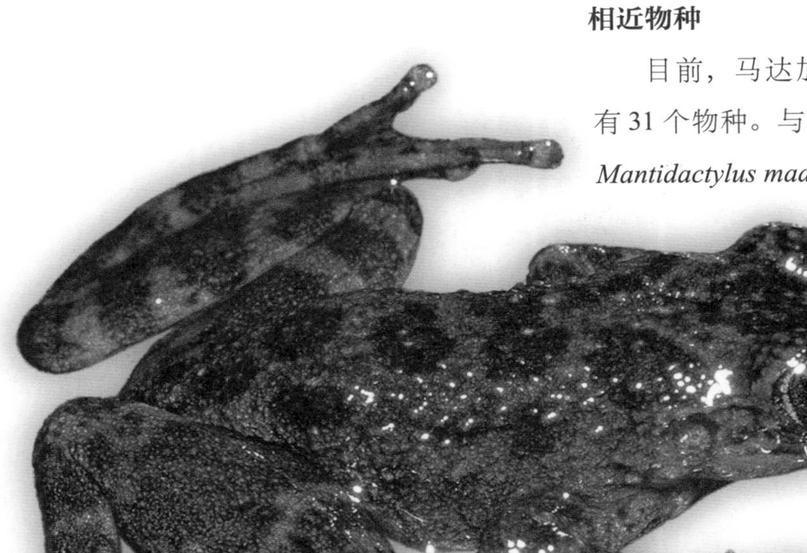

科名	曼蛙科Mantellidae
其他名称	无
分布范围	马达加斯加东南部
成体生境	海拔1350—2500 m，林木线以上的林间岩石裸露地带
幼体生境	溪流
濒危等级	易危。其栖息地已经严重退化并破碎化，但是在一些保护区内有分布

秀丽刺曼蛙
Spinomantis elegans
Elegant Madagascar Frog
(Guibé, 1974)

成体体长
雄性
未知

雌性
1^{15}/$_{16}$—2^{3}/$_{8}$ in (50—60 mm)

这种帅气的蛙类十分罕见，以至于目前还没有采集到过雄性成体。它主要生活于马达加斯加的山中巨石堆和洞穴中，雄性在洞穴中或在岩石缝中鸣叫。蝌蚪生活于溪流之中，至少需要一年才能达到变态阶段，因此蝌蚪就会长到很大，全长可达 106 mm。和其他生活于高海拔环境的蝌蚪一样，该蛙的蝌蚪体色也呈黑色，其皮肤中的黑色素可能是抵御紫外线辐射的机制，以最大化吸收太阳的热量，也有可能是抵御天敌的措施。

秀丽刺曼蛙体型修长而优美；四肢长而纤细；眼大而突起；指与趾细长，其末端具有吸盘；背面为棕色，带有边缘黄色的深色大斑块，形成美丽的网纹图案；腹面为浅棕色。

相近物种

目前，刺曼蛙属 *Spinomantis* 中已经描述有 12 个物种，仅见于马达加斯加东部。布氏刺曼蛙 *Spinomantis brunae* 海拔分布较低，主要生活于原始森林的多石溪流中，被列为濒危物种。佩氏刺曼蛙 *Spinomantis peraccae* 分布范围极为广泛，在缓流的森林溪水中繁殖，被列为无危物种。

实际大小

科名	曼蛙科Mantellidae
其他名称	无
分布范围	马达加斯加北部
成体生境	石灰岩裸露地带
幼体生境	小水塘
濒危等级	易危。非常罕见且分布范围极为狭小

成体体长
雄性
$2\frac{1}{16}$—$2\frac{3}{16}$ in (53—56 mm)
雌性
$2\frac{11}{16}$ in (66—67 mm)
雌雄均各依据四号标本

岩曼蛙

Tsingymantis antitra

Tsingymantis Antitra

Glaw, Hoegg & Vences, 2006

这种蛙类最近才被发现，它得名于其栖息地——喀斯特石灰岩构造，在马达加斯加称之为“tsingy”。目前仅知一个分布点，即马达加斯加北部的安卡拉特拉特别保护区（Ankarana Special Reserve）。曾在岩石散布的干涸河床上观察到它的繁殖行为，雄性的叫声由一连串很轻而短促的音符构成，每隔一定时间则会重复。曾在河床中多石的小水潭中发现其蝌蚪，这种环境所能提供的食物不多。岩曼蛙的蝌蚪口器形状与那些以卵为食的蝌蚪相似，但是目前还没有直接证据表明这种蝌蚪就是食卵的。

岩曼蛙指、趾末端的吸盘极为发达；眼睛很大；鼓膜明显；雌性背部皮肤光滑而雄性则具有腺体；背面为棕色并带有不规则的绿色或浅棕色斑纹；腹部为蓝白色，喉部和四肢处为棕色；眼睛虹膜为银色。

相近物种

岩曼蛙是本属唯一的物种。遗传数据支持其骨骼分析结果，表明该物种与曼蛙科的其他物种在大约4000万年前分化，处于该科演化的早期阶段。与该科的其他物种不同，该物种主要生活于相对干燥的栖息地中，而前者主要见于潮湿的森林栖息地中。

实际大小

科名	曼蛙科Mantellidae
其他名称	无
分布范围	马达加斯加西北部
成体生境	森林
幼体生境	未知
濒危等级	数据缺乏。仅知于一片狭小的区域

侏儒韦曼蛙
Wakea madinika
Wakea Madinika
(Vences, Andreone, Glaw & Mattioli, 2002)

成体体长
雄性
7/16—1/2 in (11—13 mm)
雌性
9/16—5/8 in (15—16 mm)

这种微型蛙类仅知于一个分布点，即马达加斯加西北部的桑比尔拉诺地区的一个可可种植园中。该物种发现于可可种植园中，表明它可能并不完全依赖于森林自然栖息地。所有标本都发现于池塘附近，很可能是其繁殖场所。其种本名“*madinika*”在马达加斯加语中意为“小”，旨在说明它是曼蛙科已知物种中最小的。该蛙主要生活于落叶堆中，鸣叫声是一种微弱的叽喳声，在夜晚才能听得到。

实际大小

侏儒韦曼蛙体型纤细；前臂细长；背部为浅棕色带有灰色斑纹，在肩部有一块“X”形的斑纹，其后有一个倒“V”形斑纹；体侧部为灰棕色带有深色点斑，有一条深色纵纹贯穿眼部；四肢为棕灰相间并带有深色斑纹，腹部为银色或白色。

相近物种

侏儒韦曼蛙是本属唯一的物种，与趾盘曼蛙属 *Mantidactylus*（第 636 页）和布曼蛙属 *Blommersia*（第 628 页）属的物种最为接近。它和隐生布曼蛙 *Blommersia sarotra* 这种分布于马达加斯加岛中部的不起眼的棕色小蛙非常相似，有人认为后者将卵产在水体附近的地面上。

附　录

名词术语

两栖纲（Amphibia）生物分类单元之一，包含无尾目（蛙类和蟾类）、有尾目（蝾螈类）和蚓螈目（蚓螈类）。两栖类为外温脊椎动物，通常部分时间生活在陆地上，部分时间生活在水里，繁殖依赖水。

抱对（amplexus）两栖类的一种交配行为——交配过程中，雄性用前肢紧紧环抱住雌性的腋下或腹部周围。绝大部分物种中，雌性将卵排出体外，随后由雄性进行体外受精。

人为因素（anthropogenic）由人类造成的因素，过去通常指因人类活动而导致的环境改变。

无尾目（Anura）生物分类单元之一，隶属于两栖纲，包括蛙类和蟾类。顾名思义，无尾目的意思是“没有尾巴”，表现了无尾类和其他两栖类最明显的区别。

腋窝（armpit）前肢与身体相接区域的下方。

生物多样性（biodiversity）地球上或某一栖息地中，物种的丰富程度，通常通过物种的数量来衡量。

生物防治媒介（biological control agent）一种用以防治害虫的生物。然而这类生物的使用却不一定能见效。经典案例包括澳大利亚昆士兰州引入的蔗蟾蜍*Rhinella marina*（第210页），原本希望它能控制甘蔗害虫，现在却导致生态灾难。

灌木外尔德草原（Bushveld）位于非洲南部的一种生态区，特点是海拔高、降水少，植被为亚热带草原和林地。

浅色旱热落叶矮灌木林（Caatinga）位于巴西东北部的一种生态区，特点为年降水量低、高温和沙漠灌木植被。

巴西热带稀树草地（Cerrado）位于巴西中部的一种生态区，具有半湿润的疏林草原植被。

查科森林（Chaco）位于南美中部的一种生态区。其特点是高温、干旱或半干旱的气候，植被类型包括森林、稀树草原至沙漠植物。也被称为格兰查科（Gran Chaco），并被细分为南查科、中查科和北查科。

壶菌病（chytridiomycosis）一种感染两栖类的传染性疾病，由真菌类病原体——蛙壶菌*Batrachochytrium dendrobatidis*引起。在过去的30年中，壶菌病导致全球许多蛙类出现灾难性的种群下降甚至物种灭绝，其中尤其以在高海拔溪流中繁殖的物种最易受到打击。

濒危野生动植物物种国际贸易公约（CITES）该多边协议于1975年制定，旨在通过贸易监督与管理保护世界上的动植物种类。

泄殖腔（cloaca）包括无尾类在内的某些动物位于身体后方的唯一开口，为消化系统和生殖系统共用。尿液、粪便、精子和卵子均通过该开口排出体外。

云雾林（cloud forest）一种位于热带、亚热带或高海拔地区的森林。由于云层很低，导致森林非常潮湿，适宜苔藓的生长。

趋同进化（convergent evolution）不具亲缘关系的两个物种独立进化出以适应环境的性状，比如类似的外部形态或颜色。蛙类中的例子包括马达加斯加的曼蛙类（曼蛙科Mantellidae）和南美洲的箭毒蛙类（箭毒蛙科Dendrobatidae），两者都呈现类似的鲜艳体色。

共同骨化（co-ossification）不同部位通过骨质化而连接成一个整体。比如布氏凹盔蛙*Aparasphenodon brunoi*（第278页），其头顶的皮肤就与头骨共同骨化，连为一体。

隐蔽（crypsis）通过伪装和/或行为以避免被捕食者发现的能力。

隐存种（cryptic species）一个物种，外形与另一物种[①]相似，因此一直被误认为是后者，但其实两者遗传差异很大，相互为独立物种。比如，纽约豹纹蛙*Rana kauffeldi*（第564页）就曾一直被误认作是广泛分布的南部豹纹蛙*Rana sphenocephala*（第568页）。

亲敌效应（dear enemy recognition）领域性动物对于熟悉和陌生的入侵者作出的不同反应。比如美洲牛蛙*Rana catesbeiana*（第561页），雄性能够辨别邻居的鸣叫声并怀有较少敌意。而对于陌生的入侵者，雄性会表现出更强的侵略性以捍卫领地。

双色型（dichromatism）出现两种不同的颜色。性双色型是指同一物种的雌雄双方体色不同，比如丽点非洲树蛙*Hyperolius argus*（第446页）。

直接发育（direct development）两栖类中，由受精卵直接发育为成体形态的过程。其间没有游离的蝌蚪期，例如叩呿离趾蟾*Eleutherodactylus coqui*（第402页）。

背面（dorsal）背部或身体上方表面。

干燥森林（dry forest）生长在降水稀少地区的森林，林中动植物都适宜了干旱的气候。

生态系统（ecosystem）相互作用的整个生物群落与其生活的物理环境的统称。

外温动物（ectothermic）[②]通过与环境的热交换来调节体温，如蛙类等（另参见内温动物endothermic）。

特有种（endemic）仅分布于某特定地理区域（而未在其他地区出现）的物种。

内温动物（endothermic）[③]通过体内新陈代谢所产生的热量来调节体

---

① 译者注：已经描述并发表。

② 译者注：过去常与冷血动物、变温动物等概念混用，现在统一称为外温动物。

③ 译者注：过去常与温血动物、恒温动物等概念混用，现在统一称为内温动物。

温，如鸟类和哺乳类（另参见外温动物ectothermic）。

体内营养（endotrophic）从其他生物体内获取营养。布氏无犁齿蛙*Anodonthyla boulengeri*（第485页）的蝌蚪，即为体内营养发育。它不在母体体外进食，而是完全依靠母体提供的卵黄完成发育。

地棘蛙素（epibatidine）安氏地毒蛙*Epipedobates anthonyi*（第370页）与三色地毒蛙*Epipedobates tricolor*（第371页）皮肤中分泌的一种有毒生物碱。人工合成的地棘蛙素被用作非致死性的镇痛剂。

夏眠（estivation）在炎热干燥的季节比如夏季，动物进入蛰伏状态。鞋匠新澳蟾*Neobatrachus sutor*（第101页）一生中大部分时间都在夏眠。在澳大利亚西部炎热的气候下，鞋匠新澳蟾躲在地下，直到大雨过后才钻出地面繁殖（另参见冬眠hibernation）。

爆发式繁殖（explosive breeding）一种繁殖策略，即数量庞大的蛙类成体在短时间内聚集到一起，参与繁殖、争夺配偶。由于竞争激烈，狂热的雄性有时会试图与其他雄性甚至是没有生命的物体交配。

滤食性动物（filter-feeder）通过过滤悬浮在水中的食物颗粒进食的动物，比如棕刺姬蛙*Chaperina fusca*（第506页）的蝌蚪。

幼蛙（froglet）蛙类的幼体，要么刚刚由蝌蚪完成变态，要么刚通过直接发育从卵中孵化出来。

高山硬叶灌木群落（fynbos）位于南非西开普省的一种生态区，其特征为山区地貌和地中海气候。冬季凉爽湿润，夏季炎热干燥。当地的植物已经适应了变化无常的降水和贫瘠的土壤。超过七成的植物都是该生态区的特有物种。该地区特有的蛙类物种包括保护级别为极危的罗氏沼蟾*Heleophryne rosei*（第85页）。

颗粒腺（granular gland）皮肤中的一种腺体，能分泌毒液或乳浆，是一种防御机制。

腹部（groin）后腿与腹部相接的部分。

两栖爬行动物学（herpetology）研究两栖类和爬行类的学科。

冬眠（hibernation）为了节约能量，动物进入蛰伏状态。顾名思义，冬眠发生在温度下降、食物稀少的冬季（另参见夏眠estivation）。

杂交生殖（hybridogenesis）一种半克隆的生殖方式，其中基因组的一半来自于有性生殖，另一半来自于克隆。例如，湖侧褶蛙*Pelophylax ridibundus*（第554页）和莱氏侧褶蛙*Pelophylax lessonae*的杂交后代为美味侧褶蛙*Pelophylax esculentus*。美味侧褶蛙相互之间不能繁殖，但可以进行杂交生殖，即与两个亲本物种繁殖并产生后代。

卵内抵抗（intracapsular resistance）卵内发育停滞，直到外界环境满足特定的需求，比如卵完全被水淹没。

国际自然保护联盟濒危物种红色名录（IUCN Red List of Threatened Species）又称IUCN红色名录、红皮书，是全球动植物的濒危等级的名录。等级分为灭绝、野外灭绝、极危、濒危、易危、近危、无危和数据缺乏。“受威胁”的物种包括了极危、濒危和易危三个级别。对于IUCN红色名录中所列的每一个物种，其等级都列在本书生物资料的“濒危等级”一栏。

侧线器官（lateral-line organs）蝌蚪体侧的器官，对水流敏感，能够感应到捕食者的移动。由于蛙类成体很少在水下进食，因此侧线器官通常在变态后消失。但也有少数物种的成体保留了该器官，比如非洲爪蟾*Xenopus laevis*（第56页）。

求偶场（lek）一群雄性聚集到一个限定的区域，通过展示自己（蛙类中为求偶鸣叫）以赢取雌性，比如意大利雨蛙*Hyla intermedia*（第299页）。

生物集群灭绝事件（mass extinction event）地球上生命的多样性和丰富度在短时间内出现的大规模减少事件。比如6600万年前所发生的灭绝事件，导致了全球75%的物种灭绝，也包括绝大部分恐龙。科学家们相信，自末次冰川时代以来，目前正在发生的大量动物灭绝（也包括蛙类）正代表着新一轮的生物集群灭绝，也被称为全新世灭绝事件，或第六次灭绝事件。

变态（metamorphosis）生物体发生形态改变的一种生物过程。蛙类和蟾类通常都会在蝌蚪期结束时经历变态。在此过程中，蝌蚪会发育出肺部并长出四肢，其尾部会被吸收掉。这种形态上的改变常常会伴随着行为和生境的变化。

微型化（miniaturization）一种在蛙类和蟾类中多次独立出现的进化趋势，尤其在湿润的热带森林中最为普遍。微型化使得这些物种能够利用其他很多脊椎动物无法涉足的微小生态环境。这样的例子有阿马乌幼姬蛙*Paedophryne amauensis*（第481页）。该蛙被认为是世界上最小的脊椎动物，体长仅有7 mm。在进化过程中出现微型化的两栖类骨骼数量也会减少，特别是手掌和脚掌中的骨骼。

黏液腺（mucus gland）皮肤中分泌黏液的腺体。黏液能保护皮肤，并促进氧气渗透进皮肤。

穆氏拟态（Müllerian mimicry）拟态的一种。具有共同天敌的两个或多个有毒物种进化形成了相似的外形和颜色，达到共同威慑它们天敌的目的。比如，拟态短指毒蛙*Ranitomeya imitator*（第386页）就与多斑短指毒蛙*Ranitomeya variabilis*、奇异短指毒蛙*Ranitomeya fantastica*和腹斑短指毒蛙*Ranitomeya ventrimaculata*相似。

土著（native）因自然过程而仅存在于某地理区域中，没有借助人类的协助。

婚垫（nuptial pad）雄性蛙类在繁殖期中，前肢皮肤上生出的一块粗糙表面，以帮助雄性在抱对时更牢固地抓住雌性。

婚刺（nuptial spine）婚垫的一种极端形态，在皮肤表面形成刺状突起。这些尖刺也可能用于雄性之间的打斗。

眼斑（ocelli）肱刺蛙科Centrolenidae某些物种身上的小斑点。异色玻璃蛙*Nymphargus anomalus*（第268页）的背上和腿上排列着这种眼斑。

卵生（oviparity）产卵，而非直接产下活动的幼体。在两栖类中，卵通常被排出雌性体外，在体外受精。

臭氧层（ozone layer）大气平流层中的一个区域，富含臭氧分子，能吸收紫外线辐射。

乳突（papilla）乳头状突起。

帕拉莫植被（Páramo）位于南美洲安第斯山脉林木线以上、雪线以下的生态区，其特征包括每日大幅度起伏的气温、山地地形、贫瘠的土壤和草地灌木植被。

耳后腺（parotoid gland）某些蛙类和蟾类在靠近鼓膜处的一块瘰粒集中的皮肤腺。该腺体能分泌乳白色的毒浆或刺激物作为防御。

护穴（phragmosis）善于打洞的动物利用其自身的一部分作为屏障，堵住洞穴入口。例如，布氏凹盔蛙*Aparasphenodon brunoi*（第278页）白天躲藏在凤梨科植物或树洞中时，会用其头顶堵住洞穴入口。

植物池（phytotelma，复数phytotelmata）陆生植物体内的一个水体。某些蛙类在这类水体中繁殖作为蝌蚪的栖息地。比如网纹短指毒蛙*Ranitomeya reticulata*（第387页）。

无线电遥测（radio telemetry）一种将无线电发射器装到蛙类身上的技术，用于追踪它们的活动。

蛙病毒（ranaviruses）一系列能感染两栖类的病毒，一般认为由鱼类病毒进化而来。能在部分物种中造成大规模群体死亡，比如20世纪80年代英国东南部的欧洲林蛙*Rana temporaria*（第570页）死亡事件。

红腿病（red-legged disease）又简称红腿，是一种由嗜水气单胞菌*Aeromonas hydrophila*引起的疾病，曾造成某些无尾类大规模死亡，比如20世纪七八十年代美国科罗拉多州的西北蟾蜍*Anaxyrus boreas*（第143页）死亡事件。

释放鸣叫（release call）在交配中，当某个体被同性或其他物种的个体抱住时所发出的鸣叫，以促使对方将其释放。

巴西海滨旱化森林（restinga）巴西东北部一片靠海的热带和亚热带森林。

水霉菌（*Saprolegnia*）一种真菌病原体，能感染两栖类的卵和胚胎。

随从策略（satellite strategy）繁殖中的一种节省体力的求偶策略。雄性个体坐在其他鸣叫的雄性旁边，自己保持沉默，却试图截获被叫声吸引而来的雌性。

性二态（sexual dimorphism）同一物种的雌雄两性在体型或颜色上存在差异的现象。比如雄性丽点非洲树蛙*Hyperolius argus*（第446页）的背部通常为绿色，正中有一条浅色纵纹，腹部为白色。而雌性背部则为浅棕色或偏红色，腹面为橘黄色，四肢和后足为红色。

秀拉森林（shola）位于印度南端的相互隔离的一片片高山森林。正因为相互隔离，在这些森林中生活着许多生存受到威胁的特有种。

针突（spicule）微小如针般的构造，比如在异色玻璃蛙*Nymphargus anomalus*（第268页）身上的眼斑中就有针突。

协同作用（synergy）单独因素之间通过相互作用，所产生的作用大于各因素单纯相加。

跗骨（tarsal bone）脚踝骨，无尾类的这几块骨骼显著延长。

特普伊桌状山（tepui）也称平顶山，海拔1000—3000 m，为委内瑞拉东部和圭亚那西部的特有地形。其与世隔绝的特点造就了该生境中高度的物种特有化。

河鲀毒素（tetrodotoxin）某些鱼类和两栖类所具有的一种神经毒素，比如五指斑蟾*Atelopus chiriquiensis*（第154页）。

幼蟾（toadlet）蟾蜍类的幼体，要么刚刚由蝌蚪完成变态，要么刚通过直接发育从卵中孵化出来。

黥基构造（*tsingy*）位于马达加斯加的一处遍布针状喀斯特石灰岩构造的地区。

疣粒（tubercle）圆形的小突起或隆起。其中，蹠突为足基部的突起，是鉴别某些物种的重要特征。

鼓膜（tympanum）位于眼睛后方的一个椭圆形薄膜，将声音传递到蛙类的内耳。

预感反射（unken reflex）某些蛙类物种采取的一种防御姿态。它们将身体扭曲，展示出颜色鲜艳的腹面以吓退捕食者，比如在红腹铃蟾*Bombina bombina*（第43页）中就能见到。

紫外光B（UV-B）紫外线中波长为280—315纳米的部分，能导致灼伤和皮肤癌。对蛙类而言，紫外光B会破坏卵中的DNA，导致发育畸形和夭折。同时还能作为环境应激源，使蛙类更易受到疾病（如壶菌病）的感染。

腹面（ventral）腹部所在的一面。

胎生（viviparity）胚胎在母体内发育，母体直接生下活动的幼体而非产卵，比如托氏胎生蟾*Nectophry-noides tornieri*（第193页）。

湖盆（vlei）南非的一种季节性浅水湖。

声囊（vocal sac）一个具有弹性的皮肤薄膜，开口位于蛙类的口腔中。当声囊被来自肺部的空气充满时，能够放大由喉头发出的鸣叫声。有的蛙类只有一个声囊，位于下颌处；另一些物种则有一对声囊，位于口腔两侧。

湿润森林（wet forest）生长在高降雨量地区的森林，其中的植被也适应了这样的环境。

黄色素细胞（xanthophore）含有黄色色素的细胞。如果蛙类缺乏黄色素细胞，它就会呈现蓝色，比如一些绿水蛙*Hylarana erythraea*（第547页）。

旱生的（xeric）非常干旱的、如同沙漠的。旱生生境的特点为极少的降水量和生活在其中、已经演化出适应特征的动植物。

泽氏斑蟾毒素（zetekitoxin）一种致命的神经毒素。在自然界中，只有泽氏斑蟾*Atelopus zeteki*（第161页）体内能够制造这种毒素。

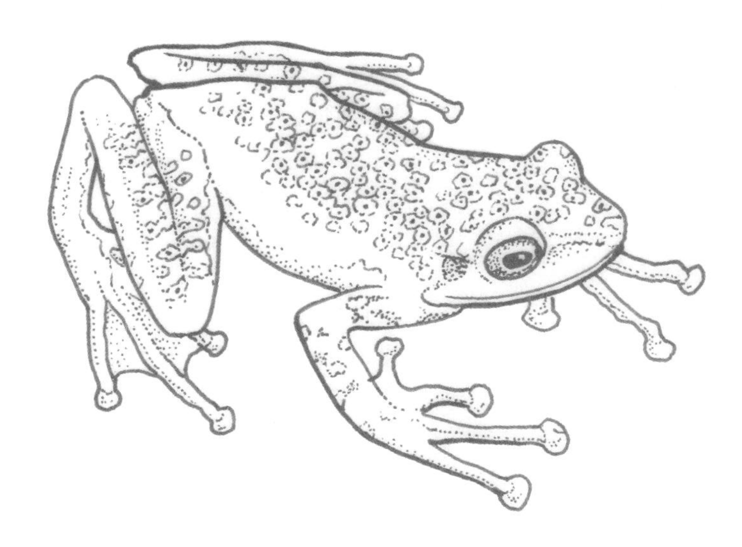

资 源

下面选择性列出一些网络资源和文献，对蛙类有兴趣的读者可以参考。

重要网站

现在几乎每周都有新物种被描述发表，此外，两栖类的分类经常发生变化。因此，网络资源能最好地反映最新信息。以下是三个特别重要的网站：

AmphibiaWeb（两栖类网站）

提供已知两栖类物种的形态、生活史和分布信息，而且有分布图和很多物种的不同照片。也有参考信息完善的两栖类种群下降描述。

www.amphibiaweb.org

Amphibian Speices of the World 6.0（世界两栖类物种，6.0版）

一个在线参考网站，提供最新的两栖类命名与分类信息。对于每个物种、属和科等分类阶元，它都能提供名称随时间改变的详尽的、参考信息完善的说明。

http://research.amnh.org/vz/herpetology/amphibia

IUCN Red List of Threatened Species（IUCN濒危物种红色名录）

提供每个物种的：红色名录等级、地理分布范围、种群变化趋势、栖息地与生态、威胁与保护措施。

www.iucnredlist.org

其他网站

African Amphibians（非洲两栖类）

提供非洲两栖类的信息。

www.africanamphibians.myspecies.info

Amphibian Ark（两栖类方舟）

世界动物园和水族馆联合会（World Association of Zoos and Aquariums）创办的网站，着力于濒危两栖类的人工饲养。

www.amphibianark.org

Amphibians.org（两栖类组织）

两栖类专家组（Amphibian Specialist Group）和两栖类存续联盟（Amphibian Survival Alliance）的联合网站，是致力于一起实施两栖类保护、研究和教育的团队。

www.amphibians.org

Frogs of Borneo（婆罗洲蛙类）

提供婆罗洲的蛙类的信息和很多照片。

frogsofborneo.org

Saving the Frogs!（拯救蛙类！）

致力于在全球范围内保护蛙类的组织。
www.savethefrogs.com

延伸阅读：概况

Collins, J. P. & Crump, M. L.
Extinction in Our Times. Global Amphibian Declines
New York, USA: Oxford University Press, 2009.

Dodd, C. K.
Amphibian Ecology and Conservation. A Handbook of Techniques
Oxford, UK: Oxford University Press, 2010.

Duellman, W. E. & Trueb, L.
Biology of Amphibians
New York, USA: McGraw-Hill, 1986.

Halliday, T. & Adler, K.
The New Encyclopedia of Reptiles and Amphibians
Oxford, UK: Oxford University Press, 2002.

Lannoo, M. (Ed.)
Amphibian Declines. The Conservation Status of United States Species
Berkeley, USA: University of California Press, 2005.

Moore, R.
In Search of Lost Frogs: the Quest to Find the World's Rarest Amphibians
London, UK: Bloomsbury, 2014.

Semlitsch, R. D. (Ed.)
Amphibian Conservation
Washington, USA: Smithsonian Institution, 2003.

Smith, R. K. & Sutherland, W. J.
Amphibian Conservation. Global Evidence for the Effects of Interventions
Exeter, UK: Pelagic Publishing, 2014.

Stebbins, R. C. & Cohen, N. W.
A Natural History of Amphibians
Princeton, USA: Princeton University Press, 1995

Stuart, S., Hoffmann, M., Chanson, J., Cox, N., Berridge, R., Ramani, P. & Young, B.
Threatened Amphibians of the World
Barcelona, Spain: Lynx Editions, 2008.

Wells, K. D.
The Ecology and Behavior of Amphibians.
Chicago, USA: University of Chicago Press, 2007.

延伸阅读：地区野外指南

Arnold, E. N. & Ovenden, D. W.
A Field Guide to the Reptiles and Amphibians of Britain and Europe
2nd edn. London, UK: HarperCollins, 2002.

Barker, J., Grigg, G. C. & Tyler, M. J.
A Field Guide to Australian Frogs.
Chipping Norton, Australia: Surrey Beatty & Sons, 1995.

Channing, A.
Amphibians of Central and Southern Africa
Ithaca, USA: Cornell University Press, 2001.

Du Preez, L. & Carruthers, V.
A Complete Guide to the Frogs of Southern Africa
Cape Town, South Africa: Struik Nature, 2009.

Elliott, L., Gerhardt, C. & Davidson, C.
The Frogs and Toads of North America
Boston, USA: Houghton Mifflin Harcourt, 2009.

学术论文

Kiesecker, J. M., Blaustein, A. R. & Belden, L. K. (2001) "Complex causes of amphibian population declines." *Nature*: 410; 681–684.

Stuart, S. N., Chanson, J. S., Cox, N. A., Young, B. E., Rodrigues, A. S. L., Fischman, D. L. & Waller, R. W. (2004). "Status and trends of amphibian declines and extinctions worldwide." *Science*: 306; 1783–1786.

Wake, D. B. & Vredenburg, V. T. (2008) "Are we in the midst of the sixth mass extinction? A view from the world of amphibians." *Proceedings of the National Academy of Sciences*: 105; 11466–11473.

关于命名规则

学名和常用名

每个物种的学名[①]都由两部分构成，包括一个属名（例如，*Rana*）和一个种本名（例如，*temporaria*），这样产生的物种学名（*Rana temporaria*）全球所有的语言都能够识别。很多蛙和蟾蜍的名称随着时间都有过变化。例如，在2005年，哈氏伪小树蛙首次描述并被命名为*Philautus hallidayi*，但在2009年被重新命名为*Pseudophilautus hallidayi*。很多以前描述的物种的名称已经变更过多次了。一个物种的名称可能仅仅因为一篇最新发表的文章而改变，建立和改变命名的规则是受一个国际法规所管理的。一些物种名称的改变目前可能存在争议，同时也没有被所有的官方机构所承认。本书采用AmphibiaWeb（www.amphibiaweb.org）网站的物种科学命名法，这偶尔会有一些物种的命名与Amphibian Species of the World（ASW）网站中（www.research.amnh.org）不同。例如，美洲牛蛙在本书中和AmphibiaWeb网站中都被称作*Rana catesbeiana*，但是在ASW网站中则为*Lithobates catesbeianus*。在这种情况或者其他情况下，替代的学名在本书每个物种顶部信息表中"其他名称"一栏中给出。

大多数蛙和蟾蜍都至少有一个常用名，对于常用名而言并没有一个通用的规定衡量其正确与否。在本书中，很多物种我们都列举出了几个英文名，但是没有列举可能只用于局部地区的非英文名称。

作者引用

每个物种学名后都有一个作者名[②]和日期，如*Rana temporaria* Linnaeus, 1758。其含义是这个物种是由卡尔·林奈（Carl Linnaeus）于1758年首次描述的。作者名和日期没有加括号是因为欧洲林蛙这个物种目前所用的学名是由林奈在1758年所赋予的。对于另外的物种，作者名和日期出现在括号里，如*Hyla arborea* (Linnaeus, 1758)。这表明1758年林奈首次描述了该物种，但是他当时命名的学名并不是当前人们所接受的学名（他当时称之为*Rana arborea*）。

① 译者注：也称拉丁名。

② 译者注：通常是姓氏。

英文名索引

学名索引

科名索引

致 谢

作者致谢

感谢常春藤出版社（Ivy Press），尤其要感谢卡罗莱纳·厄尔（Caroline Earle）和赫达·劳埃德-伦内维格（Hedda Lloyd-Roennevig）的耐心与帮助，同时感谢AmphibiaWeb网站的大卫·韦克（David Wake）及其同事们对于诸多分类学疑问的解答。迈克·兰诺（Mike Lannoo）热心地对部分文本内容进行了阅读并评论，马蒂·克伦普（Marty Crump）和琼-马克·海罗（Jean-Marc Hero）解答了蛙类的相关疑问。

照片出处

出版社感谢以下个体或机构为本书供图。我们已经尽最大努力来致谢每一幅图的提供者，然而如果有任何无意的遗漏，在此表示诚挚的歉意，同时感谢读者发现并告知我们本书中任何需要校正的地方，这些将会在以后的重印或再版中进行修改。

Alamy /© blickwinkel: 326; /imageBROKER: 18; /© National Geographic Image Collection: 200; /Nic Hamilton Photographic: 31; /© Jim Zuckerman: 383. **American Museum of Natural History** /C. W. Myers: 362. **Carlos Henrique Almeida**: 255. **Esteban Alzate Basto**: 270, 286. **Franco Andreone**: 489, 491, 633. Marion Anstis: 96, 112, 338, 477. **Alejandro Arteaga** /www.tropicalherping.com: 412, 418. **Auscape** /ardea.com /Greg Harold: 108; /John Wombey: 117, 119, 340. **Champika Bandara**: 131. **Néstor G. Basso**: 129. **Shannon Behmke**: 258. **Michal Berec**: 363, 433. **Wouter Beukema**: 45, 50–1, 81, 162, 513, 610. **David P. Bickford**: 468, 472, 483. **Bigal River Biological Reserve, Orellana, Equador** /www.bigalriverbiologicalreserve.org /CC BY 3.0: 263. **David C. Blackburn**: 57, 426, 535. **Wolfgang Böhme**: 214. **Richard Boycott**: 85, 170, 212, 590. **Forrest Brem**: 32. **Thomas Brown** /CC BY 3.0: 79. **Wolfgang Buitrago González**: 358. **Alessandro Catenazzi**: 261, 409, 413. **Zachary A. Cava**: 80. **Alan Channing**: 455, 463, 592. **John Clare / Amphibianphotos.com**: 61, 148, 192, 275, 385–6, 558, 599–600. **Adam G. Clause**: 559. **Nick Clemann**: 113, 118. **Coastal Plains Institute and Land Conservancy** /D. Bruce Means: 393. **Martin Cohen** /Wild About Australia: 120. **Luis A. Coloma (Centro Jambatu)**: 152, 197, 303, 423, 494. **Werner Conradie**: 438, 450, 534, 539, 594. **Camilo Contreras Carrillo**: 256. **M. A. Cowan**: 107. **Paul Crump**: 147. **Yuriy Danilevsky** /CC BY 3.0: 167. **Dr. Indraneil Das**: 168, 601, 611. **Mrs Percy Dearmer** /Public domain: 22. **Maximilian Dehling**: 545, 613. **Dr. Rudolf Diesel** /ScienceMedia: 403. **K. P. Dinesh**: 178, 531, 544. **Naomi Doak, /**Calumma Images: 87–88. **Maik Dobiey**: 158, 210, 259, 304, 324, 371, 375, 508, 557. **Cliff and Suretha Dorse**: 464, 595. **Robert Drewes**: 189, 502, 589. **Bernard Dupont**: 5, 202, 348, 355, 376, 462, 547, 580, 586, 604. **Peter Eaton** /CCBY-SA 2.0: 243. **Devin Edmonds**: 164, 285, 384, 485, 627–8. **Scott Eipper** /NATUREFORYOU: 105, 116, 121, 123. **Tobias Eisenberg**: 229, 350, 415. **Endangered Species International** /Pierre Fidenci: 571, 585. **Albert Feng**: 552. **Juan David Fernandez**: 408. **Don Filipiak**: 272, 420. **Aah-Yeah** /CC BY 3.0: 46. **FLPA**: /Chris Mattison: 25 (bottom); /Pete Oxford /Minden Pictures: 36. **Edgardo Patricio Flores** /CC BY-SA 2.0: 90. **Stephen Forder**: 138. **Paul Freed**: 142, 218, 290, 623. **Sarig Gafny, School of Marine Sciences, Ruppin Academic Center, Israel**: 47. **Biswarup Ganguly** /CC BY 3.0: 509. **Philip-Sebastian Gehring**: 634. **Arthur Georges**: 236, 242. **Getty** /Joel Sartore: 33. **Prathamesh Ghadekar**: 574, 615. **Ariovaldo A. Giaretta**: 231. **LeGrand Nono Gonwouo**: 425. **Philip Gould**: 364, 499, 537, 579. **Girish Gowda**: 215. **Lucas Grandinetti** /CCBY-SA 2.0: 221. **Brian Gratwicke** /CC BY 3.0: 140, 154, 226, 307, 359, 369, 459, 596. **Michael Graziano**: 40, 276, 497. **Eli Greenbaum**: 443. **Joyce Gross**: 143. **Rainer Günther**: 475, 482. **Václav Gvoždík**: 58, 172, 427, 429, 533. **Wulf Haacke**: 203. **A. Haas** / CeNak, Hamburg: 67, 70, 72, 74, 153, 184, 199, 510, 551, 573, 583, 612. **Célio F. B. Haddad**: 245, 252, 334, 391. **Amir Hamidy**: 473. **James H. Harding**: 141, 569. **S. Blair Hedges**: 417. **Jean-Marc Hero**: 122, 336. **Hans Werner Herrmann**: 527. **Andreas Hertz**: 424. **Fabio Hidalgo Wildlife Photographer**: 309. **Mareike Hirschfeld**: 442. **Jeremy Holden**: 507, 605. **Greg Hollis**: 103. **Alan Huettt** /CC BY-SA 2.0: 19. **Huw** /CC BY-SA 2.0: 30. **Images of Africa** /Leonard Hoffman: 55. **Instituto Biotrópicos** /Izabela M. Barata: 235. **Instituto de Biodiversidad Tropical** /César Luis Barrio Amorós: 155, 322, 328, 517. **iStock** /Aralip: 25 (top); /Fabio Maffei: 13; /phloxii: 23. **Peter Janzen**: 185, 191, 198, 306, 327, 333, 337, 373, 378–9, 399, 402, 439, 447, 505, 576, 578, 614, 619, 631–2. **Andres Felipe Jaramillo Martinez**: 266, 372. **John B. Jensen**: 560. **Sun-Jiajie**: 541. **Tim Johnson**: 543. **Jordan de Jong**: 93, 98–100, 109, 111. **Greg F. M. Jongsma**: 136, 444. **Karl-Heinz Jungfer**: 224. **F. Kacoliris**: 251. **Muhammad Sharif Khan**: 575. **Andreas Kay**: 419. **Jörn Köhler**: 159, 302, 320. **Yasunori Koide** /CC BY 3.0: 165. **Philippe J. R. Kok, Vrije Universiteit, Brussel**: 196, 361. **Jonathan Kolby**: 3, 14, 292, 397. **Fred Kraus** 469, 480, 484, 523, 546. **Kerry Krieger** /www.savethefrogs.com: 91. **H. Krisp** /CC BY 3.0: 24. **Tim Krynak**: 422. **Axel Kwet**: 126, 217, 220, 493. **Malcolm Largen**: 132, 458. **Ignacio Jose de La Riva**: 265, 441. **Ch'ien C. Lee**: 64. **Twan Leenders**: 44, 75, 150, 161, 219, 237, 271, 274, 277, 287, 298, 314, 332, 374, 380, 395–6, 453, 518, 561–2, 567, 620. **J. P. van Leeuwen**: 193. **Vincent Lin**: 542. **Nathan Litjens**: 94–5, 341, 345, 506, 512. **Ray Lloyd**: 110, 114–5. **Victor Fabio Luna-Mora**: 222, 262, 365. **John D. Lynch**: 208. **Raúl Maneyro**: 188. **D. Mahsberg**: 456. **Shawn Mallan**: 498. **Rafael Márquez**: 555. **Chris Mattison**: 48, 156, 522. **Buddhika Mawella** /CC BY 3.0: 581. **Adam McArthur**: 524. **Lindley McKay**: 206. **Michele Menegon**: 465, 532. **Jan Van der Meulen**: 329, 360, 381. **Zeeshan A. Mirza**: 528. **Robin Moore** /iLCP: 405. **Georg Moser**: 186. **Arturo Muñoz Saravia**: 416. **National Biodiversity Institute, Quito-Equador** /Jorge Brito M.: 370. **Nature Picture Library** /MYN: Andrew Snyder: 54; /Visuals Unlimited: 15. **Truong Nguyen**: 73, 549. **Matthew Niemiller**: 149, 182, 407. **David Nixon** /midlandsreptiles.com: 92, 102. **Andreas and Christel Nöllert**: 49, 78, 82, 169, 295, 299, 335, 550, 554, 622. **Kristiina Ovaska**: 133. **Ted Papenfuss**: 173. **Michel de Aguiar Passos**: 177. **Pedro L. V. Peloso**: 284, 492. **Paola Peltzer & Lajmanovich R., Laboratorio de Ecotoxicologia. FBCB-UNL-ConICET. Santa Fe, Argentina**: 280. **Weslei Pertel**: 315. **Trung My Phung**: 65. **Martin Pickersgill**: 135, 139, 174, 207, 431, 440, 515. **Todd W. Pierson**: 77, 163, 283, 297, 300, 318, 325. Tyrone Ping: 466, 588. **Jose Pombalen**: 441. **Daniel Portik**: 52, 428, 430, 434–6, 452, 548, 598, 603. Serban Proches 84, 137. **Diogo B. Provete**: 246, 249, 421, 495. **Robert Puschendorf**: 160, 351. **Alonso Quevedo**: 267, 414. **David V. Raju**: 86, 175, 602, 606, 609, 618. **Pooja Rathod**: 504. **Lawrence Reeves**: 525. **Sean B. Reilly**: 470, 511. **Samuel Renner**: 187. **Stephen Richards**: 479, 471. **Rittmeyer E.N., Allison A., Gründler M.C., Thompson D.K., Austin C.C.** /CC BY 3.0: 481. **Mark-Oliver Rödel**: 166, 194. **Ariel Rodríguez**: 201, 400, 404, 406. **Santiago Ron** /FAUNAWEBEQUADOR: 268, 289, 312, 390. **Gonçalo M. Rosa**: 461, 538, 568, 630. **Daniel Rosenberg**: 157. **Sean Rovito**: 179, 308, 394. **Jodi J. L. Rowley**: 71, 607. **Paddy Ryan** /Ryan Photography: 59, 526. **Mario Sacramento**: 209, 238, 254, 279, 282, 353, 500. **Richard Sage**: 60, 127–8, 130, 146, 176, 190, 556, 565. **MSC. Rodrigo DEO. L. Salles**: 410. **Ryan Sawby**: 234, 244. **Ivan Sazima**: 281. **Greg Schechter** /CC BY 3.0: 296. **Rob Schell Photography**: 144, 151, 352. **Andreas Schlüter**: 305. **Ingrid Sellschop**: 448. **Chintan Seth**: 68. **Shi Jingsong**: 69. **Shutterstock** /Ryan M. Bolton: 20, 313, 330; /Mark Bridger: 7 (bottom); /Patrick K. Campbell: 37; /© CreativeNature R.Zwerver: 570; /davemhuntphotography: 11 (bottom right); /© Dirk Ercken: 6, 11 (top right), 17, 382, 388; /Ginger Livingston Standards: 10 (bottom left); /© Neil Hardwick: 553; /© Vitalii Hulai: 43, 339; /ilikestudio: 7 (top); /Mirek Kijewski: 2; /Brian Lasenby: 10 (bottom right); /Fabio Maffei: 11 (bottom left); /Jason Mintzer: 29; / Morphart Creation: 640–1, 655; /Klaus Ulrich Mueller: 11 (top left); / Hein Nouwens: 38–39, 643; /© Dr. Morley Read: 28, 366; /Aleksey Stemmer: 1, 9 (bottom left), 16, 331; /StevenRussellSmithPhotos: 566; /Andrew Snyder 230; /TessarTheTegu: 21; /viktori-art: 8; /Hector Ruiz Villar: 12; /xpixel: 9 (bottom right). **L. Shyamal** /CCBY-SA 2.0: 514. **Joanna McLellan Smith**: 223. **Mirco Sole**: 53, 125, 241, 310, 501. **Angel Solis**: 181, 264, 323. **Ruchira Somaweera**: 66, 106, 346, 503, 529. **Matt Summerville**: 347. **James Lawrence Taylor**: 240. **Frank Teigler**: 56, 205, 319, 349, 449, 536. **Mauro Teixeira Junior**: 171, 216, 232–3, 260, 278, 301, 354, 356, 392, 398. **Rodrigo Tinoco**: 253, 496. **Anna Todd**: 577. **Josiah Townsend**: 291, 316–7. **Dao Tran**: 621. **Robert Tropek**: 457. **Evan Twomey**: 389. **Kanishka Ukuwela**: 617. **U.S. Fish and Wildlife Service** /Charles H. Smith /Public domain: 27, 183; /Jan P. Zegarra: 401. **Jean-Pierre Vacher**: 516. **Eric Vanderduys**: 97, 104, 342–4, 474, 476, 478. **Jhonattan Vanegas**: 269. **Carlos R. Vásquez Almazán**: 294, 321. **Miguel Vences**: 41–2, 89, 101, 134, 211, 432, 437, 445–6, 451, 454, 486–8, 490, 521, 540, 587, 593, 624–6, 629, 635–9. **Luke & Ursula Verburgt (Enviro-Insight)**: 83, 204, 288, 387, 460, 467, 597. **Atherton de Villiers**: 591. **Jan Van Der Voort**: 145, 563. **Chung-Wei Yu**: 608. **Nayana Wijayathilaka**: 584, 616. **E. R. Wild**: 227. **Bert Willaert** /www.bertwillaert.com: 63, 124, 257, 530. **Christopher J. Williams**: 357. **Brad Wilson**: 195, 293, 367–8, 377. **Germano Woehl Jr**: 250, 273. **Sebastian Wolf**: 520. **University of Kansas** / Rafe Brown: 572; University of Kansas Digital Archive: 248; William Duellman: 180, 213, 225, 228, 239, 247, 311. **USCS** / Chris Brown / Public domain: 62. **Huang-Yaohua**: 76. **Liu Ye**: 582. **Brian Zarate**: 564. **Ginny Zeal**: 35.

译后记

几个月来挑灯翻译的日子已然成为过去时态。还记得动笔的第一个物种是北美特有的尾蟾。其时窗外隆冬烈风、白雪皑皑。时至最后译完印度西高止山的虎纹黄背蟾，已是暖阳熏得游人醉的春末。除了时间如流水之类的老生常谈，也为耗时之久而感到汗颜。曾以为专业科研人员翻译科普类书籍不过是水到渠成，等轮到自己时，才直观地感受到圆圈外面的空白。

翻译进度缓慢的原因之一，是由我的专业背景驱使，让我乐意在原文基础上增补额外的信息，包括浅显易懂的名词解释、日益详细的物种生活史和最新的系统分类研究成果等。又比如在本书开篇《种群数量下降》部分的两栖类濒危等级表格中，我“自作主张”重新制表，将英文原版2004年的数据更新到了最近的2016年数据，使其与我们的时代更息息相关。因此，在翻译过程中我使用了大量的“译者注”。

原因之二，却是我始料未及的。英文原版中，所有物种都标注了学名，其中大部分还附有英文名。然而如何翻译中文名，就成了常常让我挠头的难题。不过这也正是乐趣所在。严复翻译赫胥黎的《天演论》时，首次提到译事三难——信、达、雅。百余年后，作为进化生物学领域的一名“小学生”，我也当竭力而为。

记忆犹新的一个例子，是分布于澳大利亚的龟蟾科、横斑蟾属的*Mixophyes balbus*（第98页），英文名为Stuttering Frog。因为拉丁语里“*balbus*”和英文“stutter”同为“结巴”之意，两者相互佐证，所以我希望中文名也保持一致。不过无论是结巴蟾、口吃蟾或磕巴蟾，都有信无雅，堪与蟹类中的正直爱洁蟹、变态蟳之类不相伯仲。思来想去，唯觉文言里的“謇”（音jiǎn）字似乎更佳——言不通利，谓之謇吃。出人意料的是，当我在微博上聊及此事时，大家几乎一边倒的反对文言，认为因其生僻，不利于知识的传播，反而觉得大白话似的名称更通俗易懂。大家的反应让我不得不反思，中文名的翻译是否真如网友所说，雅则雅矣，殊无必要？思来想去，最终还是参照老先生们编纂的《拉汉英两栖爬行动物名称》，译为喷横斑蟾，让这场争论尘埃落定。

如果说喷横斑蟾只是字面的纠结，那下面这个例子才算环环相扣，牵连出名称背后的故事。南美洲特有的雨蟾科、雨蟾属的 *Batrachyla fitzroya*，不但没有中文名，连英文名也没有。拉丁词典查不到种本名“*fitzroya*”的词根，令我百思不得其解。虽然该物种仅出现在条带雨蟾的“相近物种”讨论中，并非正文介绍，但我依然饶有兴趣地去刨根问底。我很快就找到了最初发表的原始描述文献，竟然只有摘要是英文，其他全是西班牙文。多亏有便捷的网络，我才知道该雨蟾的模式产地长满了智利柏 *Fitzroya cupressoides*，而作者便索性以智利柏的属名 *Fitzroya* 给这种雨蟾命名。然而我的疑问依然没有解决。智利柏，这种安地斯山脉特有的参天大树，其属名到底有什么含义？我只有继续挖掘文献。原来是为了纪念英国人罗伯特•费兹罗伊（Robert FitzRoy，1805–1865），以他的姓氏作为智利柏的属名，而后来也就成了这种雨蟾的种本名，中文名似乎理所应当译为智利柏雨蟾。

然而我对费兹罗伊这个人产生了兴趣。他曾为英国海军中将，后任英国气象局局长，创立了天气预报。此人看似和生物学并没有什么联系。通常，只有杰出的博物学家或分类学家的名字，才有资格用来给物种命名，因为这是一种极高的荣誉。那费兹罗伊又有什么贡献？我继续翻阅他更早的简历，发现他从皇家海军学院毕业后曾当过船长，驾驶的是一艘双桅横帆船，名叫小猎犬号。而这艘船在我的中学生物课本上有一个更熟悉的名称——贝格尔号。第二次远航时，费兹罗伊船长招聘了一位不到 23 岁的年轻博物学家同行。两人秉性相投，经过近五年的航程，游历了南半球。回到英国后，年轻的博物学家写下有名的《小猎犬号航海记》。又过了 20 年，已经谢顶的博物学家把航行得到的启示进行整理归纳，出版了一本惊天动地的著作——《物种起源》。

至此，鉴于费兹罗伊对进化论诞生的贡献，他的名字有足够的资格给智利柏命名。那雨蟾的中文名呢，究竟是智利柏雨蟾还是费兹罗伊雨蟾？是信手拈来的称呼还是蕴藏历史的名称？每个人心中或许都有自己的答案。对我而言，科学的严谨性和文艺的浪漫主义难以兼顾。言必有“信”，需要尊重物种命名者的原本意图。

2018 年 2 月，蒋珂（左）与吴耘珂（右）在四川峨眉山的溪流中寻找峨眉髭蟾。

不过我们应当记住，每个看似平凡的物种名称背后，都可能藏有一段横跨历史的故事，就如同浩瀚的文献海洋中一颗闪烁的明珠。所谓，众里寻他千百度，欲说还休，欲说还休。

吴耘珂

2017 年 10 月 10 日于

美国马萨诸塞州鳕鱼角

2018 年 3 月 15 日修定

博物文库·自然博物馆丛书

◎ 甲虫博物馆
◎ 蘑菇博物馆
◎ 贝壳博物馆
◎ 树叶博物馆
◎ 兰花博物馆
◎ 蛙类博物馆
◎ 细胞博物馆
◎ 病毒博物馆
◎ 鸟卵博物馆
◎ 种子博物馆
◎ 毛虫博物馆